陶瓷瓷质砖
抛光技术及装备

朱正焱　朱浩河　封珍　编著

中国建材工业出版社

图书在版编目（CIP）数据

陶瓷瓷质砖抛光技术及装备/朱正焱，朱浩河，封珍编著．—北京：中国建材工业出版社，2011.6

ISBN 978-7-80227-872-1

Ⅰ．①实…　Ⅱ．①朱…　②朱…　③封…　Ⅲ．①建筑陶瓷-抛光　Ⅳ．①TQ174.76

中国版本图书馆 CIP 数据核字（2010）第 202736 号

内　容　简　介

本书图文并茂、内容翔实、数据准确、通俗易懂，注重实用性、理论联系实际、理论与经验融通。本书涵盖了整个瓷质砖抛光行业的管理、工艺技术、质量检验、操作技能和设备的结构原理、维护保养等内容。其中三、四、五、六章为主要章节，编写极为详细，对实际生产极具指导性和可读性。

本书可作为大专院校机械专业、陶瓷专业的自修课程，中专技校、高级职业学校的教科书，抛光行业在职员工自学读本，陶瓷企业员工技能培训教材，也可作为陶瓷企业抛光管理者的参考读物，社会青年择业前的自学课本。

陶瓷瓷质砖抛光技术及装备

朱正焱　朱浩河　封珍　编著

出版发行：中国建材工业出版社

地　　址：北京市西城区车公庄大街 6 号

邮　　编：100044

经　　销：全国各地新华书店

印　　刷：北京鑫正大印刷有限公司

开　　本：787mm×1092mm　1/16

印　　张：24.75

字　　数：630 千字

版　　次：2011 年 6 月第 1 版

印　　次：2011 年 6 月第 1 次

书　　号：ISBN 978-7-80227-872-1

定　　价：65.00 元

本社网址：www.jccbs.com.cn

序

朱正焱先生（以下简称朱师傅）和我都是江西乐平人，他是我的长辈，也是挚友。

1992年与同学等创办科达机电之后，我们设计的中国第一台陶瓷磨边机、中国第一台刮平定厚机、中国第一台抛光机，市场反应非常好，先后变成抢手货。企业规模迅速扩大，同时吸引了更多的人才，而朱师傅正是此时进入科达的。

他是一位非常实干的好手，虽然没有上过大学，没有高级工程师之类的职称，但是他的技术他的设计和他的动手能力都非常强，包括生产管理以及设备调试都是一把好手。

在科达机电的那段时间，他对工作都是勤勤恳恳，任劳任怨。对于一丁点问题都会激发他无限的兴趣。从抛光线的技术设计、生产制造到售后服务，他都熟练而且精通。有什么想法或者有什么问题，我们都会在一起探讨和试验。

可以说，他也是一个对工作和自己都是极为负责的人。

2006年冬，朱正焱将本书初稿送到我的手里，问我有没有出版的价值？有没有出版的必要？那时虽然我已经离开了科达，但当我看完书稿的前言和目录，就感觉非常的亲切。利用几天时间，将此书看完之后，感觉此书是一本难得的实用性技术书，它对行业是有价值的，也是有出版意义的。

从我个人的角度出发，我非常希望此书能早日面世。

一是自己在景德镇陶瓷学院学的是陶瓷机械设计，教书也是教陶瓷机械设计，创业也是陶瓷机械，30多年来，对陶瓷机械特别有感情；二是中国第一台陶瓷磨边机和中国第一台抛光机是我设计的，在这个设计过程中，有很多想法有很多感悟，但是自己没有时间去整理去梳理，而此书已经全部整理出来了，也算是帮我了一个心愿。

对于行业而言，这本书也非常具有实用性。

陶瓷地砖磨边、抛光技术属于陶瓷深加工行业，其最早装备由意大利引进，但是目前在世界范围内找不到一本较为系统、全面、实用的理论书籍。1995年后，这项技术在我国迅速发展，由于此项技术的传承大都靠师傅的言传身教，因此，生产工人的技能提高缓慢，技工缺口很大，此书恰恰填补了此项空白，此其一；中国的陶瓷机械装备业都是经过引进消化吸收的过程，然后再到实践，这个实践的过程就会有很多变数，从原理到制造，从生产到调试再到售后，整个过程包含其中。此书从理论的提炼到技术的指导，不仅可以为大学生和一线操作人员提供参考，同时为建陶机械装备业的研究起到了非常好的指引作用，此其二；中国已经成为继意大利之后的第二个能够提供整套装备的国家，我们的产量占全球六成以上，我们需要从理论上去研究，从而实现新创，此其三。

以上三点，是此书的价值，也是此书的亮点。

产业进步离不开装备技术先行。国产化、低投资带来了我国陶瓷产业的飞跃发展。

作者花费十几年的时间，记录、收集陶瓷地砖抛光技术的资料和数据，同时将自己从事此项工作十多年的经验，将它们揉合、整理、编著成书，并在自己退休之前将其出版，这不仅凝聚了作者的心血和对所从事行业的热情，更凝聚了许多行业人士无尽的期盼。

我们既是老乡又是曾经的同事，两人对陶瓷机械的感情又同样的热烈和痴迷。所以，对于此书的出版，我也理应做出力所能及的帮助和支持。

是以为序。

2011年5月于佛山

前　　言

1995 年冬天，在我国南方大地上响起一声惊雷——国产瓷质砖抛光线诞生了。雷声震撼着整个建筑陶瓷业界，也震惊了世界陶瓷装备制造业界。在此之前，我国陶瓷装备一直依赖进口，瓷砖压制机、瓷砖烧成辊道窑、抛光机生产线（简称抛光线）、磨边机、切砖机、输送皮带和同步齿形带等，甚至连抛光砖都要进口，每年要花费国家大量外汇，消耗国家大量财力。进口设备不但价格昂贵，而且还因配件供应不及时，售后服务跟不上，以至于制约了我国建筑陶瓷业的发展，成为建筑陶瓷业的一个瓶颈。国产抛光线一诞生就以无比巨大的力量推动着国内建筑陶瓷业快速发展，1996～1998 年，在我国南方广东佛山、西部四川夹江、东部山东淄博、临沂，三大陶瓷生产基地相继建立，抛光线每年以一百六十余条需求量递增，使高品质的抛光砖走进寻常百姓家，从而使我国房屋建筑走向辉煌。1996～2007 年，我国陶瓷装备制造业一路高歌猛进，国产大吨位瓷砖压制机、高效节能辊道窑、国产输送皮带、无驳接同步齿形带等，十二年过去，弹指一挥间，我国从一个陶瓷装备进口国变成了一个陶瓷装备出口大国，从而彻底打破了制约我国建筑陶瓷业发展的瓶颈。高品质的抛光砖不仅能满足国内建筑的需要，现已大量出口到世界各地。

本书作者系国内第一个摆复式抛光磨头、国内第一台抛光机、刮平机制造者之一，第一条抛光线安装调试者之一。从 1995 年下半年到现在，本书作者从事过抛光线的技术设计、生产制造、售后服务和抛光砖厂管理工作，在实际工作中积累了较丰富的实践经验。通过考察国内三大陶瓷生产基地对抛光技术的掌握和对抛光设备的使用调整、维护管理，深深地感到由于陶瓷抛光行业发展速度太快，而从事陶瓷抛光行业的管理、技术、操作维护人员数量和技能跟不上其发展的需要，再由于该行业在世界范围内目前还没有一部系统、规范、实用的教材，使各陶瓷企业无法对员工进行系统的技能培训，而是用传统的师傅带徒弟方式培养人才，使陶瓷抛光行业人才缺口过大。2006～2009 年广东佛山陶瓷基地已向江西丰城、高安和景德镇、湖南衡阳、沈阳法库、山东蓬莱、四川成都等地发展，总投资近五百亿元。新陶瓷基地建成以后，陶瓷抛光行业人才缺口会更大。作为该行业的工程技术人员，感到责任重大，决心将自己多年的实践经验整理编写出来，贡献于社会，贡献于陶瓷抛光行业。在强大的社会责任感的驱使下，本书作者于 2001 年开始，进行了七年的编写工作。由于抛光设备不断发展，抛光技术和生产效率不断提高，作者于 2010 年再一次对原书稿进行了修订和补充。

本书图文并茂、内容翔实、数据准确、通俗易懂，注重实用性、理论联系实际、理论与经验融通。本书涵盖了整个瓷质砖抛光行业的管理、工艺技术、质量检验、操作技能和设备的结构原理、维护保养等内容。其中三、四、五、六章为主要章节，编写极为详细，对实际生产极具指导性和可读性。

本书可作为大专院校机械专业、陶瞪专业的自修课程，中专技校、高级职业学校的教科书，抛光行业在职员工自学读本，陶瓷企业员工技能培训教材，陶瓷企业抛光管理者的参考读物，社会青年择业前的自学课本。

尊敬的读者和抛光行业的后来者们：

您想成为瓷质砖抛光车间主管吗?

您想成为瓷质砖抛光线调试工程师和高手吗?

您想成为瓷质砖抛光线线长吗?

您想成为瓷质砖抛光机、刮平机、粗磨机、磨边机机手吗?

本书助您成功!

“三人同行，必有我师。”借此书出版之际，向在我从事瓷质砖抛光线技术设计、生产制造、售后服务、砖厂管理工作中与我进行过合作、讨论、帮助的同事和朋友们致以诚挚的感谢！同时敬请读者对本书提出批评、指正和宝贵意见！

编者

2011.1

目　录

第一章　瓷质砖抛光工艺的起源和发展

早在远古的石器时代，我们的祖先就利用石材制作成石器，然后用这些石器去捕猎、挖掘。他们是怎样将石材加工成石器的呢？一是利用天然石材；二是用天然象形石材经过在结构粗糙的石料上磨制而成；三是利用石材本身相互碰撞而产生一些象形石，再将这些象形石在结构粗糙的石料上磨成石器。随着铁器时代的到来，利用铁器（如铁錾、铁凿、铁铲）将石材加工成建筑材料，如石板、石梁、石砖、石柱等，还能加工成装饰艺术品，如石狮、石牛、石马、石龙、石牌坊等，故宫太和殿的石级装饰龙，杭州灵隐寺一线天的石佛，埃及金字塔里的石雕。图 1-1 是石雕—石级装饰龙照片，图 1-2 是石佛照片。人们是怎样使这些石雕光洁圆滑的呢？用铁凿是无法达到的。是先用结构粗糙的石料把被加工件的铁器刀痕磨平，后用结构中等的石料把粗磨的痕迹磨掉，再用结构较细的石料把被加工件磨到光洁圆滑，在磨制过程中加水冷却除尘，这就是最古老的石材磨光工艺，也就是现代所称谓的石材抛光工艺的起源。随着时间的推移，这种磨光工艺得到普遍的应用和发展，在汉代就有将玉石（结构非常致密且有花纹、颜色的石材）加工成玉器、玉佩。这种玉器不仅细腻圆滑，而且光亮照人。古人说："玉不琢不成器"，应理解为玉器是经过千百次的磨光而成。相传较为精致的石雕的最后一道工序是用千层垫旧的鞋底擦磨的，因旧鞋底中夹嵌着一些细微沙尘，具有一定的磨光功能，经反复摩擦，使石雕光洁圆滑。加工玉器的最后一道工序则是用丝绸粘上颗粒非常细微的石粉，在玉器上不断地抛磨，从而使玉器光亮照人，这种古老的玉器抛光工艺直至今天都还在应用。

图 1-1　石雕—石级装饰龙

图 1-2　石佛

从图 1-3 可以看出，早在明清时期我国民间就已研制出木制的玉器磨抛设备，它由木水桶（1）、滴水竹管（2）、驱动绳（3）、磨抛轮（4）、木轴（5）、驱动踏板（6）和木机架（7）组成。其工作原理是操作工人用脚踏动左右两个驱动踏板（6），从而使驱动绳（3）产生正、反两个方向的拉力，利用这个拉力来驱动木轴（5）带动磨抛轮（4）正、反方向旋转，对玉器和小型石雕进行磨削和抛光，通过竹管（2）滴水冷却除尘，使玉器更加细腻圆滑，讨人喜爱。这也大大地提高了玉器和石器的加工效率，由原来人工往复磨抛过渡到间歇式正反旋转磨抛，是古老的石材磨抛工艺的进化和提升。

由于天然石材开采困难，费用昂贵，人们思考着寻找建材的新材源，随着混凝土的研制成功，缓解了建材的危机。混凝土可浇注成水泥板、水泥柱、水泥地面、水泥桥梁等。在混凝土内人为地加入大小等同的石子，然后进行磨光，在磨光过程中用水进行冷却除尘，经加水磨光的地面光洁照人（图 1-4），得到了一种奇特的效果。这一效果使人们惊喜，也使建筑、建材向前发展了一步。早在 20 世纪 60 年代，水磨石厅堂地面、水磨石阶梯就已成为建筑行业的时尚。这种水磨石的磨光工艺是古老的石材磨光工艺的继续和发展。

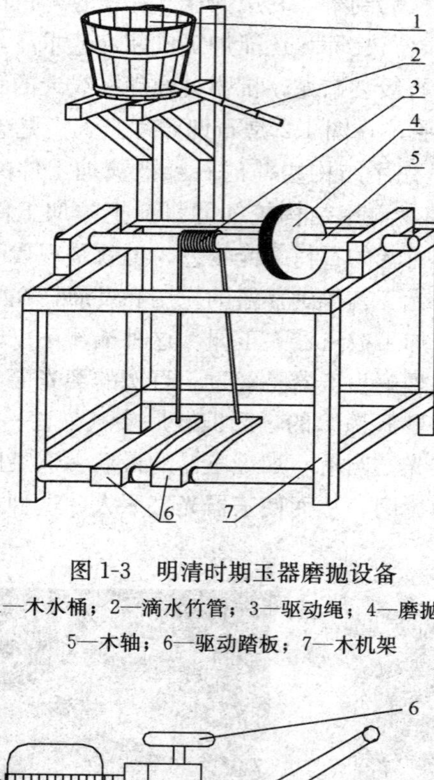

图 1-3　明清时期玉器磨抛设备

1—木水桶；2—滴水竹管；3—驱动绳；4—磨抛轮；5—木轴；6—驱动踏板；7—木机架

图 1-4　水磨石地面局部照片

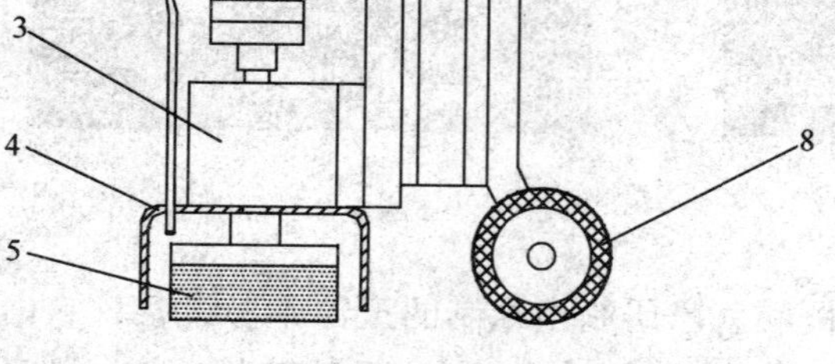

图 1-5　水磨石地面磨光机

1—电机；2—冷却水管；3—轴承座；4—防水罩；5—磨具；6—调节手轮；7—扶手；8—行走轮

从水磨石磨光机的结构看（图 1-5），这是一种飞跃。它由电机（1）、冷却水管（2）、轴承座（3）、防水罩（4）、磨具（5）、调节手轮（6）、扶手（7）和行走轮（8）组成。电机（1）通过轴承座（3）直接驱动磨具（5）高速旋转，用磨具的端面对水泥地面进行磨光，通过冷却水管（2）引入自来水进行冷却除尘，操作工人通过扶手（7）推动磨光机在水泥地面上按一定的路线一边磨光一边行走，当磨具磨损时可通过调节手轮（6）降低磨具，使磨具的端面与所磨光的水泥地面保持面接触，由粗号向细号更换磨具，最终将水泥地面磨成

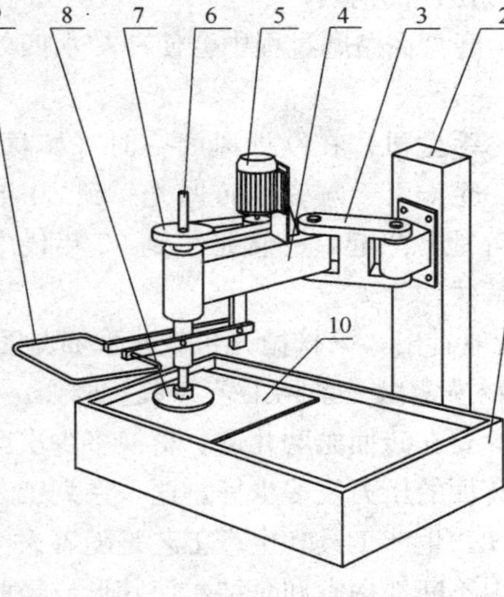

图 1-6 手扶瓷砖抛光机

1—工作台；2—机座；3—摇臂 1；4—摇臂 2；5—电机；6—主轴；7—皮带轮；8—磨盘；9—扶手；10—瓷砖

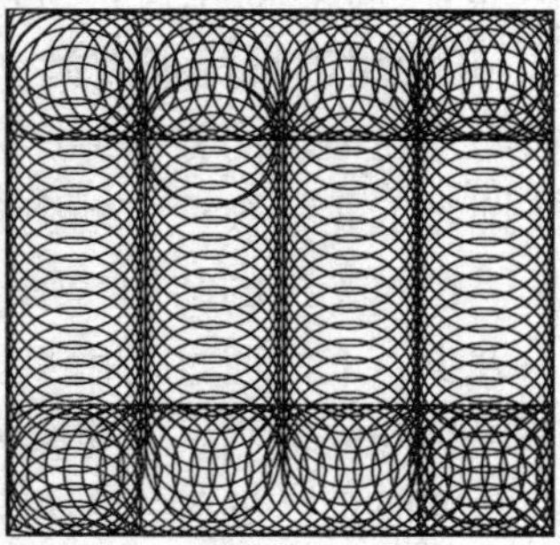

图 1-7 手抛砖抛光纹理图

平整细腻、光亮如镜的水磨石地面。人们采用机械旋转磨削代替人工往复运动磨削，采用自制的磨具（即磨具轮可制成各种不同目号和规格）和水冷却除尘，大大地提高了效力和效果，更重要的是这种飞跃为现在的瓷砖抛光工艺奠定了基础。

随着社会经济的发展和生活水平的提高，水磨石水泥地面不能满足人们对美的追求，陶瓷地砖的研制成功，尤其是抛光后的地面砖（图 1-9），其色彩艳丽，平滑细腻，光亮似镜，

图 1-8 手扶抛光机抛砖操作现场

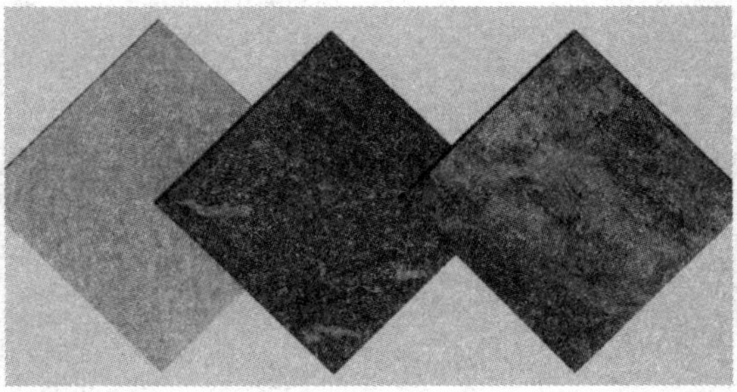

图 1-9 各式抛光砖实物照片

普遍得到人们的赞赏和应用，因而逐步替代资源有限的天然石材制品。最原始的瓷质砖抛光是在单一磨头的手扶抛光机（图 1-6）上完成的，从手扶抛光机的结构可以看出，它有摇臂 1 和摇臂 2，有两个活动支点，因此工人通过扶手（9）可以操作磨盘（8）在瓷砖（10）面上任何一个地方进行抛磨。工人操纵旋转的磨盘（8）在瓷砖（10）面上按一定路线移动，由粗到细更换磨具 4～5 次，逐渐将瓷砖抛至所需光洁度。一个熟练工人单班产量（以 500mm×500mm 砖计）约 10～12m^2，手扶抛光机的生产成本较低，但它最明显的不足是受人为因素影响较大，其操作熟练程度直接影响产品产量、质量及破损率的高低。由于磨头的回转半径较小，在加工较大规格的产品时，无法得到一个较为平整的表面和均匀的光洁度，

表面光度呈波浪纹，所以其产品只能适合较低层次的消费。

由图 1-8 可以看出，由于没有防水装置，磨盘在抛磨过程中会使冷却水四处飞溅，工人劳动强度大，工作环境恶劣。

20 世纪 70～80 年代，手扶抛光机（俗称手抛机）在欧洲风靡一时（如意大利、罗马、德国），开始用于石材板面抛光，经过试验，逐步用于陶瓷地砖抛光。到 80 年代末期、90 年代初期才在中国南方（如广东佛山、福建等地）兴起，一直延续到 90 年代中期，这种手扶瓷砖抛光工艺才被全自动瓷砖抛光工艺所替代。

从手扶抛光机的结构（图 1-6）可以清晰地看出，手扶抛光机较水磨石地面磨光机又前进了一大步。人们通过使用手扶抛光机，逐步摸索出一系列工艺参数，例如：磨盘的转速、抛光磨块目号的选用、每更换一次磨块后磨盘要在砖面抛磨几遍、更换多少次磨块才能使砖面光度达到要求、操作工人利用扶手施加给砖面的压力是多少等。这一系列工艺参数为现代瓷质砖抛光工艺的形成奠定了基础。由此可知，生产工具和生产工艺是随着人类社会不断进步而发展起来的，是人们在长期的生产实践中不断地探索和总结，使其形成经验，而后人又在前人经验的基础上创新和提高，从而不断地推动社会进步和人类文明，因此我们可以断定瓷质砖抛光工艺起源于古老的石材磨光工艺。

复习思考题

1. 瓷砖抛光工艺从何进化而来？
2. 现代石材手抛机与明清时期玉石抛磨机有哪些不同？
3. 水磨石地面磨光机给了你哪些启示？

第二章　现代瓷质砖抛光工艺及设备概述

所谓现代瓷质砖抛光工艺是以先进的全自动抛光设备匹配金刚石耐磨工具和多种目号的磨具，高效地、高质量地、连续式地生产出抛光砖的工艺，也就是现代的抛光设备和先进的磨具有机的结合，以尽量高的速度生产出高品质的抛光砖的全过程。

抛光生产线是一个总称，它包含着好几道工序，如图 2-1 所示。按设备的性能分有 4 种工序，即刮平定厚工序（图 2-1 中的 1～4 部分）、抛光工序（图 2-1 中的 5～8 部分）、磨边倒角工序（图 2-1 中的 9～12 部分）、风干分选工序（图 2-1 中的 13～16 部分）。细分有自动进砖工序（图 2-1 中的 1 部分）、刮平定厚工序（图 2-1 中的 2 部分）、粗磨工序（图 2-1 中的3～4 部分）、粗抛工序（图 2-1 中的 5～6 部分）、精抛工序（图 2-1 中的 7～8 部分）、磨边倒角工序、风干分选工序，其中粗磨工序有的厂家不配置，在这些工序之间用连接线架将其连接成线。在线的始端，将被加工的瓷质砖由自动送砖机匀速喂入。首先，通过刮平定厚机将砖表面刮平，并得到相同的厚度，有粗磨工序的就经粗磨机将刮平刀痕磨平后再进行粗、精抛工序，无粗磨工序配置的直接进粗、精抛光机，随着被加工砖的行进，磨头上磨料粒度逐渐降低，从而逐渐减少砖表面的粗糙度，直至达到光洁度要求为止，再通过磨边倒角机后使其得到尺寸相同、形状规整的产品，经过干燥、打蜡等工序后，即可分选包装，整个过程一气贯通，全自动运行。

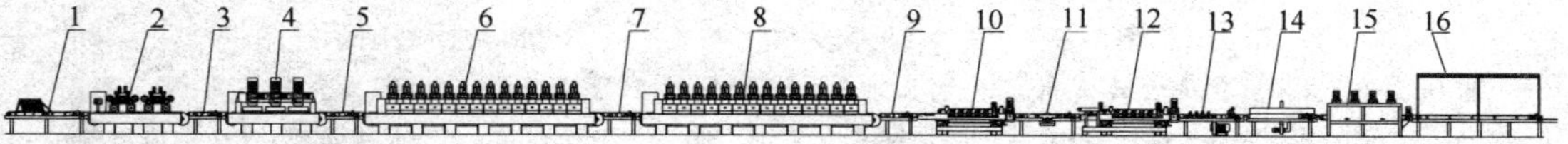

图 2-1　陶瓷地砖自动抛光生产线工序说明图

1—自动喂砖机；2—刮平定厚机；3—连接线架；4—粗磨机；5—连接线架；6—（粗抛）抛光机（1）；7—连接线架；8—（中、精抛）抛光机（2）；9—连接线架；10—磨边机（1）；11—转向机（线架）；12—磨边机（2）；13—风干扫尘线架；14—烘箱；15—打蜡机；16—分选线架（分选台）

早在 20 世纪 80 年代初期国外就已研制成功了这种全自动抛光生产线，意大利就有多家制造厂商，到 90 年代初被我国陶瓷生产厂家引进，到 90 年代中期即 1995 年下半年中国第一台自制的抛光机在广东佛山科达陶瓷机械厂研制成功，这一成功推动了中国建筑陶瓷行业的高速发展。由于全自动抛光生产线国产化，到 1997 年就完全替代了进口，为国家节约了大量的外汇。从 1996 年到 1998 年，在这短短的几年时间里，在我国广东佛山、山东淄博、四川夹江各种规模的陶瓷厂、抛光砖厂像雨后春笋般地建造起来，各种规格、级别、花色的抛光砖争奇斗艳。由于大量的抛光砖涌向市场，使抛光砖的价格由昂贵变为低廉，使抛光砖走进了寻常百姓家。1998 年以来，我国自制的全自动陶瓷瓷质砖抛光生产线不仅能满足国内市场的需求，而且冲出了国门，远销世界各地。

由于抛光机的制造和销售的利润空间可观，于是全国有多家机械厂争相制造抛光设备，如科达陶瓷机械有限公司、星光工模具厂、科信达陶瓷机械厂、捷成机械厂、科泰陶瓷机械厂等，产品结构形式多以仿进口机结构，以科达为代表的厂家是仿意大利卓马机结构，以星光工模具厂为代表的厂家是仿意大利百利通机结构，特别是磨头的结构有仿卓马、贝德利尼、百利通、西美等形式，只有科信达陶瓷机械厂早期制造的抛光机整个磨头上、下部是自行设计的。其结构为磨头连着上部为一体，一同升降，磨头是锥齿轮结构传动，其他厂家生产的抛光机都是采用主轴同磨头连在一起升降，而整个磨头上部是固定不动的。

抛光磨头采用磨块摆动式结构，摆动式结构的磨头在磨削的过程中磨块自行摆动（图 2-2），对砖面有压光的作用；而圆锥齿轮传动结构的磨头只有磨削的性能（图 2-3），没有压光的性能，如果砖质疏松，在砖面就会出现毛孔，摆动式磨头通过压光可以弥补一些这类的缺陷。

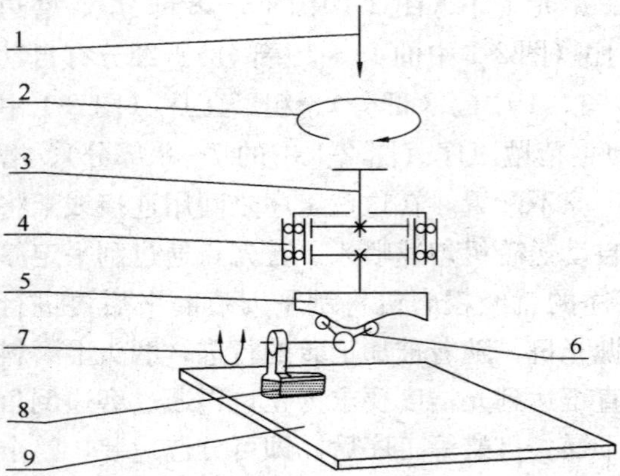

图 2-2　摆动式结构的磨头对砖面有压光作用示意图

1—气缸压力方向；2—磨头公转方向；3—磨头轴；4—减速机构；5—凸轮；6—摆杆机构；7—磨块往复摆动方向；8—磨块；9—砖

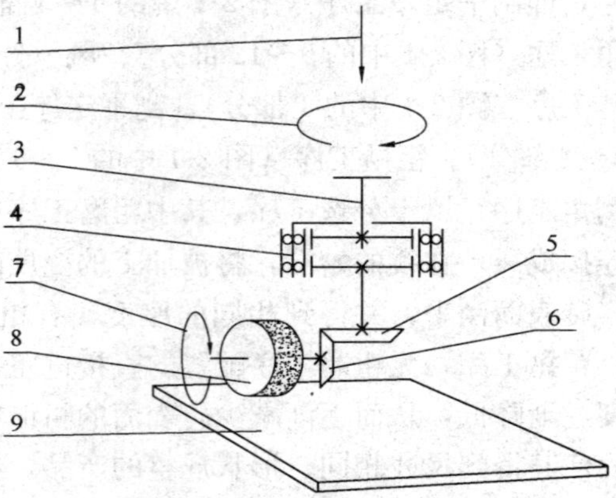

图 2-3　圆锥齿轮传动结构的磨头磨轮对砖面磨削示意图

1—气缸压力方向；2—磨头公转方向；3—磨头轴；4—变速机构；5—大锥齿轮；6—小锥齿轮；7—磨轮自转方向；8—圆柱（圆锥）磨轮；9—砖

直至 2001 年，国内外瓷质砖抛光生产线制造商的产品配置概况见表 2-1。

表 2-1　国内外常见抛光生产线配置概况表

生产厂	主传输带形式	刮平定厚方式	抛光磨头型式	抛光磨头加压方式	抛光磨头支承方式	大规格砖抛光方式	磨边机配置
CEMAR 卓马（意大利）	宽平皮带两边加可调不锈钢挡板	金刚石滚筒交叉铣刮	行星式＋摆动式	气动	统一横梁支承	平面轴承支承曲柄连杆摆动	对磨双压带式
PEDRINI 贝德利尼（意大利）	固定规格口袋式平皮带	金刚石滚筒交叉铣刮	摆动式	液压	独立双柱支承	加长加大磨头固定式	对磨压轮式
BRETON 百利通（意大利）	宽平皮带两边加可调不锈钢挡板	金刚石滚筒交叉铣刮	圆柱滚动式＋摆动式	气动	统一横梁支承	平面轴承支承曲柄连杆摆动	对磨单压带式

续表

生产厂	主传输带形式	刮平定厚方式	抛光磨头型式	抛光磨头加压方式	抛光磨头支承方式	大规格砖抛光方式	磨边机配置
KEDA 科达（中国）	宽平皮带两边加可调不锈钢挡板	金刚石滚筒交叉铣刮	摆动式	气动	统一横梁支承	平面轴承支承曲柄连杆或双蜗箱摆动	对磨双压带式
SIMEC 西美（意大利）	宽平皮带两边加可调不锈钢挡板	金刚石滚筒单向铣刮	圆锥滚动式或行星式＋摆动式	气动	统一横梁支承	平面轴承支承曲柄连杆摆动	对磨压轮式
ANGORA 安哥拉（意大利）	宽平皮带两边加可调不锈钢挡板	金刚石滚筒单向铣刮	摆动式	气动	统一横梁支承	平面轴承支承曲柄连杆摆动	对磨压轮式
ZONATO 山纳图（意大利）	宽平皮带两边加可调不锈钢挡板	金刚石滚筒单向铣刮	摆动式	气动	统一横梁支承	平面轴承支承曲柄连杆摆动	对磨压轮式
GREGORI 格里哥利（意大利）	宽平皮带两边加可调不锈钢挡板	平面刀盘往复铣刮	行星式＋摆动式	气动	统一横梁支承	平面轴承支承曲柄连杆摆动	对磨单压带式
科信达（中国）	宽平皮带两边加可调不锈钢挡板	金刚石滚筒交叉铣刮	（前期）圆锥滚动式（现在）摆动式	气动	统一横梁支承	平面轴承支承曲柄连杆或双蜗箱摆动	对磨压轮式
捷成（中国）	宽平皮带两边加可调不锈钢挡板	金刚石滚筒交叉铣刮	圆柱滚动式＋摆动式	气动	统一横梁支承	平面轴承支承曲柄连杆摆动	对磨压轮式
中太（中国）	宽平皮带两边加可调不锈钢挡板	金刚石滚筒交叉铣刮	摆动式	气动	统一横梁支承	平面轴承支承曲柄连杆摆动	对磨压轮式
科泰（中国）	宽平皮带两边加可调不锈钢挡板	金刚石滚筒交叉铣刮	摆动式	气动	统一横梁支承	平面轴承支承曲柄连杆摆动	正切对磨单压带式
新光（中国）	宽平皮带两边加可调不锈钢挡板	金刚石滚筒交叉铣刮	圆柱滚动式＋摆动式	气动	统一横梁支承	平面轴承支承曲柄连杆摆动	对磨压轮式

可见各厂家在基本配置上大同小异，但在细部结构上，仍有许多不尽相同之处，从中也能看出瓷质砖抛光线设备的发展趋势。

一、刮平定厚工艺

目前普遍采用高速旋转的金刚石滚筒对瓷质砖表面进行刚性铣刮加工，如图 2-4 所示，使瓷质砖得到一个平整的表面及相同的厚度，从而大大提高了抛光的产量和质量。

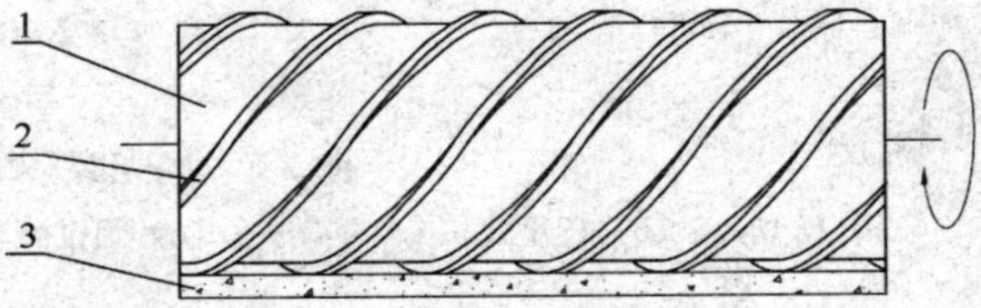

图 2-4　刮平定厚示意图

1—滚筒（滚刀）体；2—金刚砂刀条；3—瓷质砖

由于滚筒上金刚石砂条呈螺旋线或人字形均布，刃口对砖表面是以线接触的方式进行连续加工，大大降低了刀具对砖的压力，有效地减少了瓷砖的破损率，而冷却水又能以高速直接冲到磨削点上，有效地改善了刀具的冷却效果。

为了进一步提高产量，降低破损率，采取的是多次铣刮、转向后再多次铣刮的加工方式，即每片砖面经过4～6次铣刮加工后转90°方向，再铣刮加工4～6次，从而减少了每一次的切削量，加之金刚石滚筒有粗、中、细之分，先粗刮、后中刮、再精刮，使砖的平整度更好，压破砖块的可能性更低。每个滚筒上金刚砂条螺旋线条数有5～9条之分，条数多时增加了与砖表面的接触点，从而也加快了切削速度。在刮削量（刮削深度）的调整方面，各厂家均采用两速串连成大减速比的蜗轮蜗杆减速器、带动螺杆升降机构进行微量调节，并配以高精度的位移测量显示仪器。例如科达陶瓷机械有限公司制造的刮平机上配置的滚筒位置度测量仪的分辨率已能精确到0.02mm。

2005年9月科泰机电公司研制出摆动式刮平机，刮刀一边绕轴高速旋转对砖面进铣刮，一边沿轴心线往复运动（即往复摆动），非常有效地提升了刮平效果，使砖面平整细腻，消除了刮刀纹，达到粗磨工艺的效果，对提高抛光线速度、减少粗抛磨块消耗、减少抛光磨头数量的配置有显著的作用。

二、抛光工艺

抛光有粗、中、精抛之分，主要是根据磨料粒度不同，而起不同的作用。粗抛至中抛，主要目的是消除刮平定厚工序留下的刀痕，平整细化砖的表面；中抛至精抛过程才是真正的上光工序。在设备方面，各厂家重点研究的是抛光磨头部件的结构，如图2-5所示。

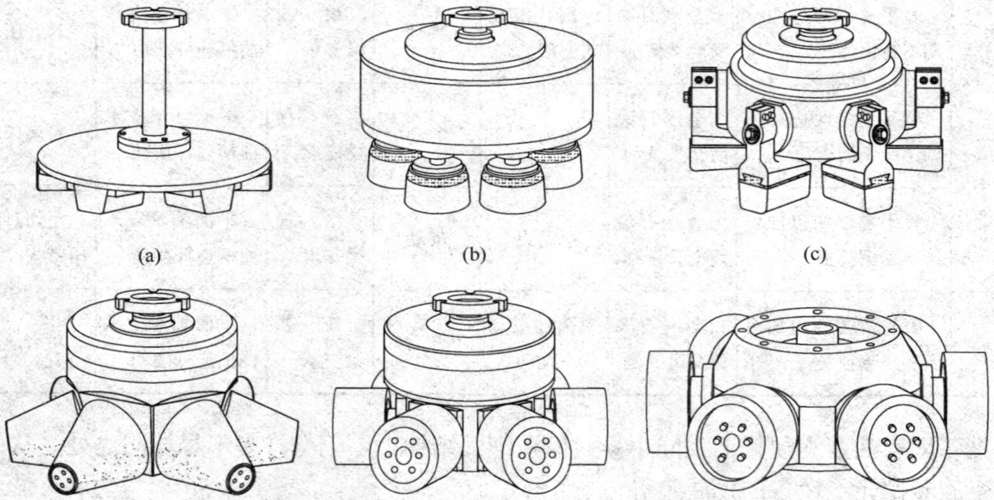

(a) (b) (c) (d) (e) (f)

图2-5 抛光磨头结构形式示意图

（a）转盘式；（b）行星式；（c）摆动式；（d）圆锥滚动式；（e）圆柱滚动式；（f）粗磨头

（1）早期使用的转盘式磨头，2～5块磨块固定在转盘上随之转动，转盘与转轴之间装有橡胶弹性联轴器，传动精度较低，磨块与砖面为面接触，磨屑排出有困难，冷却效果差，对砖面压力大，破损率高，此种结构磨头除在手抛机上及石材行业少量使用外，在瓷质砖抛光线上已不再使用。近年来，有的厂家将这种转盘式磨头进行改良，提高传动精度，在转盘下面焊接金刚砂磨料条，用在粗抛工序上，但由于排屑不好，使金刚砂磨料失去了自利性能，效果不理想。

（2）早期使用的行星磨头，虽然磨块与瓷砖表面为端面接触，同样存在上述缺点，但磨块随主轴旋转的同时，通过行星增速结构增加了磨块的自转，大大提高了磨削效率，比较适合于粗抛工序。但由于更换磨块困难，现在国内已很少使用。

（3）摆动式磨头是目前普遍使用的较为理想的结构形式，磨块一边随主轴旋转，一边绕摆杆轴摆动，摆动角度为 30°，磨块与转面为线接触，便于排屑和冷却，有很好的研磨效果，可用于粗、中、精抛工序。

（4）1995 年国外研究开发的圆锥滚动式磨头，既保留了摆动式磨头的线接触研磨方式，又有行星磨头连续转动的特性，且圆锥式磨具与砖接触各点的线速比相同，在当时是属于较为理想的磨头，但由于磨具结构复杂、制造困难、消耗费用高等问题，当时也只是用于粗抛工序，没有得到推广和发展。1996 年后国内有的厂家也研究开发出类似的圆锥滚动式磨头，磨具的锥度方向与国外的相反，是倒锥形式，并且配置在粗、中、精抛工序上，由于是锥齿轮传动结构和锥齿轮的制造精度的问题，致使整线噪声大，并且故障率高。因此没得到广泛的使用，现在少量配置在粗抛工序中使用。

（5）1998 年国内自主研究开发的圆柱式粗抛磨头，既保留了摆动式磨头的线接触研磨方式，又有行星磨头连续转动的特性，磨具制作容易，能高效地磨除刮刀纹，使砖面平整，可节省粗抛磨块和减少整线磨头个数的配置，是提高线速度和粗抛效率的理想粗抛磨头，国内许多厂家争相制造。但同样存在故障率高的缺点，由于对砖面没有压光作用，也只能少量用于粗抛工序。

（6）1998 年，国内又研制出一种粗磨头（俗称“八爪鱼”），采用螺旋锥齿轮传动，八个磨轮为一头，公转和自转用两台电机完成，根据磨头直径的大小及所在位置的不同来选择公转和自转的转速，用圆柱金刚砂轮做磨具，一般安装在刮平机后面，用于扫平刮刀纹，使砖面平整细腻，有效地减少了刮平机的头数和粗抛磨块的消耗量，降低成本，减少破损，提高产量。由于此磨头的出现，使抛光工艺增加了粗磨工序。但是，由于转速快、工作温度高，从而致使故障率高，且维修困难，每头八个磨轮导致磨具消耗费用高，因而没有得到广泛的使用。2000 年后科达机电公司对此磨头进行了改进，由原来每头八个磨轮改为每头六个磨轮，对润滑、密封、冷却和磨头座的外形都进行了相应的改进，使性能和耐用度有很大提高。此磨头的制造精度、安装精度和调校精度要求较高，对使用人员的素质也有要求，有的陶瓷厂非常喜欢使用此磨头。摆动式刮平机的出现，对此磨头和粗磨工序的冲击非常大。

在抛光工艺方面，粗、中、精抛的磨具搭配工艺至关重要，它能直接影响抛光砖的产量与质量，不同厂家的砖坯及磨具，应有不同的搭配。磨具的粒度分布应有足够的连续性，这样才能使磨痕被逐级消除。另外，粗抛应与中、精抛分开设备进行，否则会将粗抛磨块上脱落下来的粗粒碳化硅带入中、精抛工序，使抛光砖表面产生划痕。而中抛与精抛工序又应该在同一设备上一次完成，这主要因为中、精抛时磨削量很少，相邻砖的厚度哪怕只有微小的改变，都会造成漏抛，所以两段式抛光应该是较为理想的工艺，在设备配置方面也应尽量采用两段式布局。

三、磨边倒角工艺

目前，在世界范围内已使用过的磨边机主要有单边磨磨边机、对磨压轮式磨边机、对磨双压带式磨边机、对磨单压带式磨边机、对磨正切式磨边机、对磨混合式磨边机几种结构，如图 2-6 所示。

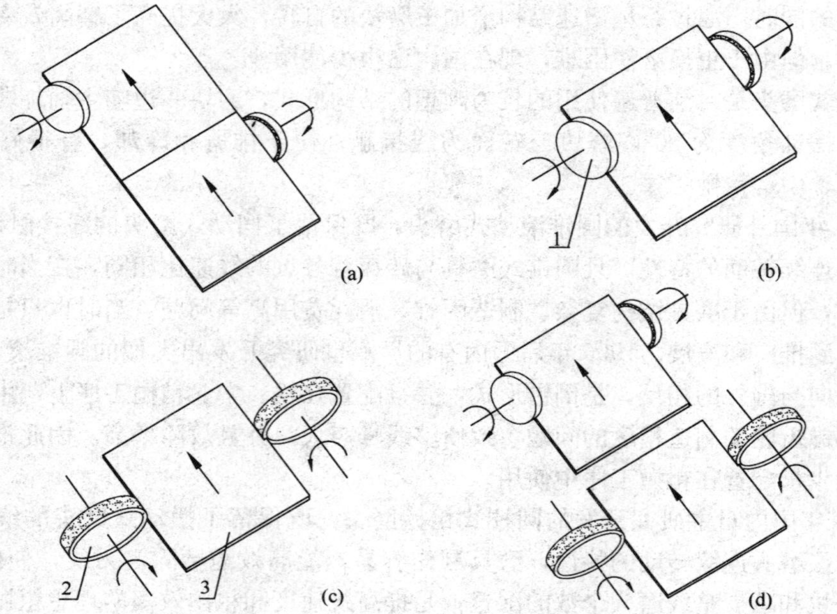

图 2-6　各种磨边机磨边示意图

1—蝶式磨边轮；2—正切磨边轮；3—砖

(a) 单机磨边示意图；(b) 对磨机蝶式磨边轮磨边示意图；(c) 对磨正切式磨边机磨边示意图；(d) 对磨混合式磨边机磨边示意图

(1) 如图 2-6 (a) 所示，单边磨磨边机的结构是同一台机上的两组磨边轮相互错开一定的位置，砖先由一组磨边轮磨好砖的一个边，再由同一台机上的另一组磨边轮修磨砖的另一个边，最后在磨边机的出口处再行倒角。此种磨边机在 1996 年 10 月份前我国较为时兴，1996 年 10 月后逐步被对磨机所代替。

(2) 如图 2-6 (b) 所示，对磨机的结构是同一台磨边机上的两组磨边轮相互对应，砖在行进过程中由同一台机上相对应的两组磨边轮同时修磨砖的两个对应边，在磨边机的出口处再行倒角。蝶式磨边轮就是用磨边轮的端面对砖边进行磨削，所磨出的边平直、精度高，此种对磨机是配置抛光线的理想磨边机。较为理想的对磨机必须具备以下性能：

①主机传输带须有足够的同步性。

②砖在运行过程中与传输带间不得有相对移动。

③砖与砖之间无互相干扰。

④磨边砂轮应有足够的切削力，两对边的磨边头磨削量尽可能相同。

这方面意大利 BMR 公司及中国科达公司的产品具有代表性，尤其是后者，早在 1996 年 10 月份推出的 MB300-650/12＋4 磨边倒角线，采用进口同步带，采用上、下压带式结构，气动控制压砖压力，配置自动对中，推砖装置，磨边金刚砂轮直径增至 ϕ200～

ϕ250mm。电器控制方面增加了全自动启动以及叠砖、偏移（位）等自动报警功能，采用PC控制、变频调速等先进技术，其效果已达到国际先进水平，而价格只有国外同类设备的1/5。随着抛光线的十四年发展过程，磨边倒角设备也在不断发展，由于抛光砖规格不断加大，对磨机的型号也要相应地加大，对磨机的型号由650型发展到800型、1000型、1200型。磨边头的个数由12＋4发展到16＋4、20＋4、24＋4、28＋4和32＋4。

（3）如图2-6（c）所示，意大利STMEC公司推出的滚筒式磨边机结构与对磨机基本相似，所不同的是磨边轮的磨削位置由端面改到圆周面上。其磨边砂轮采用大直径宽截面滚筒式结构，金刚石镶在圆周面上，大大增加了切削速度及切削量，不足之处是砂轮费用较高，磨削精度还有待于进一步提高。1998年后，国内也有多家厂生产出此种磨边机，并称之为正切式磨边机。

（4）如图2-6（d）所示，对磨混合式磨边机是结合了正切式和蝶式磨边的优点，就是用蝶式磨边轮对经正切磨边轮磨过的砖边进行修正，提高砖边的规整度。此种磨边机多用于釉面砖、水晶砖的磨边。其优势速度快、产量高。

我国对磨边机的制造和研发能力较强，不仅能适应抛光线高效、快速的需要，而且能适应各砖种的需要，特别在釉面砖、水晶砖磨边领域中，已由湿法磨边发展到干法磨边，由此标志着磨边机朝着环保、高效、节能方向发展。

四、国内瓷质砖抛光线整线配置发展概况

纵览国内瓷质砖抛光技术及设备发展十四年来，分别有三个发展期和两个稳定期。2006年是第三个发展的孕育期。图2-7为国内陶瓷地砖抛光设备整线配置发展图谱。

（1）如图2-7（a）所示，虽然进口瓷砖抛光生产线的价格昂贵，但抛光砖品质确实受到人们的青睐。1993年国内多家人士采用多台手抛机进行半机械化抛砖，然后用单边磨磨边机磨边。在当时色差和色号的概念十分模糊，只要是同一种颜色即可，因此分选、分级相当粗糙，有的甚至不磨边、不分选就出售。

（2）如图2-7（b）所示，自1995年10月国内研制出第一条抛光线后，1996年国产抛光线便进入高速发展期。由于刚起步，当时抛光线的配置较低，以抛400mm×400mm规格砖为主。采用排放法自动进砖机、2头＋2头刮平定厚、9头粗抛＋12头精抛、单边磨磨边机磨边，经风干扫尘后至分选工序。当时刮平定厚机为钢结构，抛光机横梁为固定式结构，磨头为摆动式结构，磨块长度为140mm。线速度为2～2.5m/min，日产量在1200m^2左右。直到1996年底研制出横梁摆动式抛光机，才开始生产500mm×500mm规格的抛光砖。抛光磨块长度由140mm加长至170mm。

（3）如图2-7（c）所示，1997年是国产抛光线发展的第二年，一天生产1200m^2的抛光生产线和400mm×400mm规格抛光砖无法满足人们的需求，要求高效率地生产出大规格抛光砖，促使抛光设备的配置和性能就要做相应的或超前的提高。因此固定式横梁抛光机已经完成了它的历史性任务，只有横梁摆动式抛光机才能实现大规格砖抛光。增加刮平滚刀的头数，增加抛光磨头的头数和提高磨边倒角效率是抛光线发展的主题。当年抛光线的配置是4头＋3头刮平定厚、14头粗抛＋14头精抛、16＋4压带式对磨机磨边、风干分选工序增加了烘干箱。可抛650mm×650mm规格砖，抛光磨块长度为170mm，线速度4～5m/min，日产量3500m^2左右。

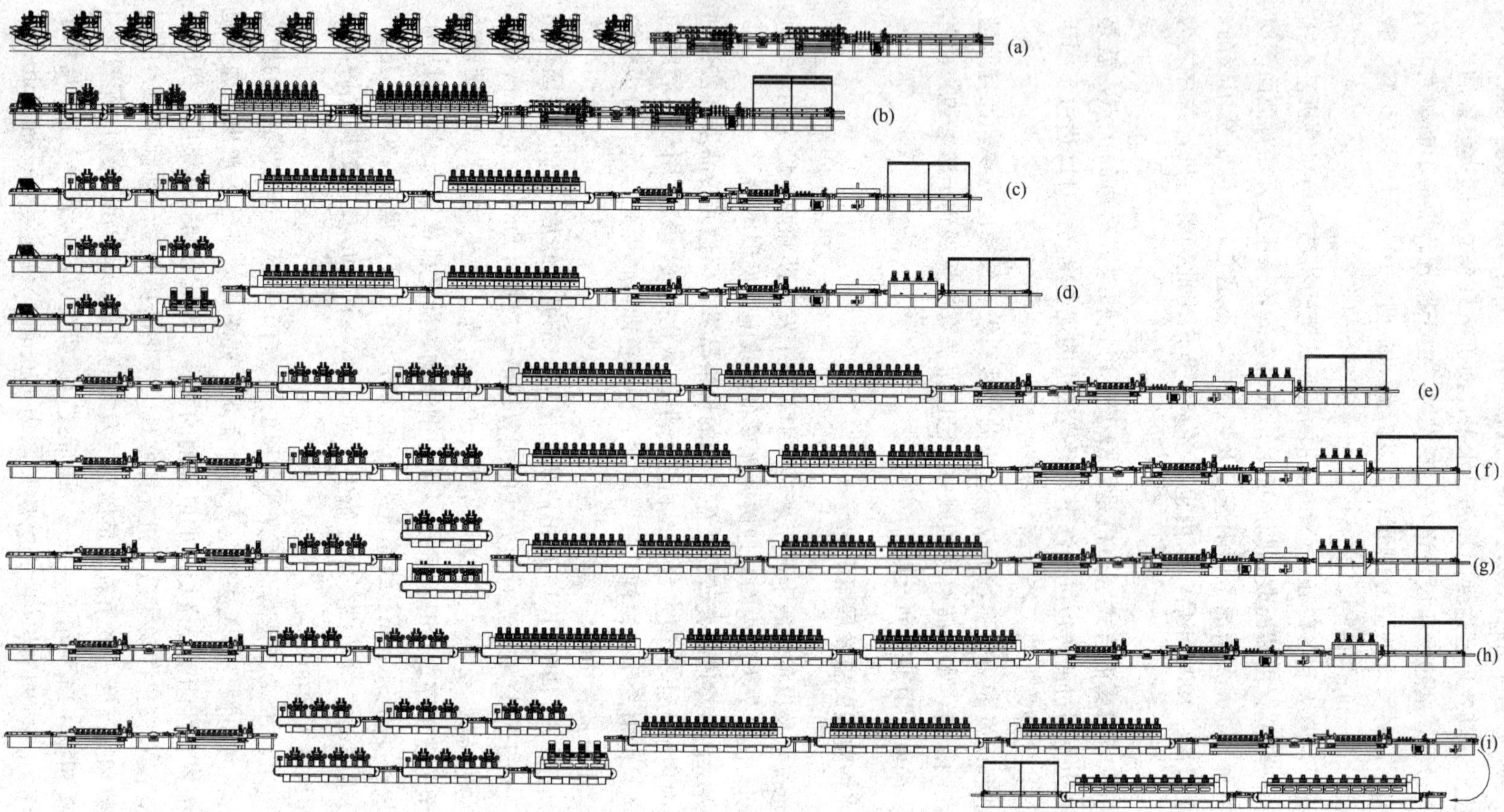

图 2-7　国内陶瓷地砖抛光设备整线配置发展图谱

(a) 1993～1995 年多台手抛机加单边磨磨边；(b) 1996 年整线设备配置；(c) 1997 年整线设备配置；(d) 1998～2000 年整线设备配置；(e) 2001～2003 年整线设备配置；(f) 2004～2005 年整线设备配置；(g) 2006 年整线设备配置；(h) 2007 年整线设备趋势，此时已有超洁亮（纳米）生产设备，但未与抛光线连线；(i) 2008～2009 年整线设备配置

(4) 如图 2-7 (d) 所示，1998～2000 年是国产抛光设备的第一个稳定期，整线设备配置基本无大的变化，刮平滚刀的头数略有增加，抛光磨头的头数维持不变，磨边磨头增加到 20＋4，磨边砂轮直径增加到 250mm，磨边头电机功率增加到 4kW，抛光砖规格基本维持在 650mm×650mm。1998 年下半年，国内研制出粗磨机，于是就用粗磨机替代第二台刮平机，但是粗磨机没有完全替代第二台刮平机，有些陶瓷厂还是习惯用刮平机。为了提高抛光生产效率，设备制造厂家在抛光磨头上下功夫，研制出第二代抛光磨头。此磨头外形大、重，磨块的旋转直径大，抛光效率高，完全替代了第一代抛光磨头。1998 年还研制出如图 2-5 (e) 所示的圆柱滚动式磨头，此磨头每条抛光线配 3～4 个，用在粗抛工序前段，效果显著。风干分选工序增加了打蜡机，提高了抛光砖的防污功能。由于以上的诸多改进，抛光线速度可达 5.5～6.5m/min，日产量 5000m^2 左右。

(5) 如图 2-7 (e) 所示，2001～2003 年是抛光线整线设备配置的第二个发展期，由于抛光砖的大规格化 (800mm×800mm、1000mm×1000mm)，变形大，收腰严重，因此增加了前磨边机。刮平滚刀的头数增加到 6 头＋6 头。随着机械加工水平和制造能力的提高，16 头、20 头抛光机研制成功。整线抛光磨头的个数由原 24 头增加到 36 头或 40 头。磨边头个数也增加到 24＋4 和 28＋4，抛光线已经发展到大型化。抛光线速度可达 8～10m/min，日产量在 6500～7500m^2 之间。但是也有少数陶瓷厂的砖坯平整度好，操作工人技能素质高，日产量也可达到 8000m^2。

(6) 如图 2-7 (f) 所示，2004～2005 年是抛光线整线设备配置的第二个稳定期，配置基本无大的变化，随着磨具制造技术的提高，操作工人的操机技能素质的提高，日产量也略有增加。此时抛光设备制造商和陶瓷厂老板都在冷静思考："大型抛光线日产量能否突破 10000m^2，怎样降低电力和水的消耗，怎样减少环境污染。"从 1996～2005 年，抛光线的每次发展都在加大、加长，电力和水的消耗都在增加，这不符合国家方针，因此高效节能就成为抛光设备制造商和陶瓷厂老板的共同心愿和课题。2005 年 9 月国内研制出摆动式刮平机，它的刮平效果符合高效节能的方针，在抛光设备制造业界引起了不小的轰动。

(7) 如图 2-7 (g) 所示，2006 年有的陶瓷厂家将摆动式刮平机配置在第二台刮平机的位置上，也有的设备制造厂只是将第二台刮平机最后两组滚刀改成小摆动，用来消除刮刀痕，从而达到提高线速度的目的，还有的设备制造厂用改进粗抛磨头，将抛光磨块从 170mm 加长到 240mm，从而达到提高线速度、缩短抛光线长度的目的。高效节能是抛光线发展的主题，在原有配置的基础上，通过各种形式的改进，抛光线速度均有所提高，日产量一般都在 8000m^2 左右，砖坯质量好的日产量可达 10000m^2。

(8) 如图 2-7 (h) 所示，2007 年抛光线整线设备配置在 2006 年的基础上略有加强，前磨边仍以 24＋4 和 28＋4 配置形式，刮平机仍以 6＋6 形式，只是第二台刮平机不要求整台机摆动，而以最后两把刮刀作小摆动形式为多。抛光机以 16＋16＋16 形式，共计 48 个磨头。抛光磨块长度仍是 170mm。磨头也没有出现新型结构形式。后磨边机以 28＋4 为主，也有 32＋4 形式。最高线速可达 12m/min，日产量最高可达 12000m^2。但是抛光线总长度在增加，650 型抛光线全长已达 96m，总装机功率达 860 多千瓦。1000 型抛光线全长高达 120m，总装机功率达 1000 多千瓦。这种强大的配置要陶瓷厂家根据自身的经济实力来选择，一般中、小型陶瓷厂仍以 40 头配置的抛光线为多。此年已研制出超洁亮生产线（纳米抛光设备及技术），但未与抛光线连线使用。抛光砖经纳米抛光后，其亮度可达 90 度以上，防污能力更好。

(9) 如图 2-7 (i) 所示，2008～2009 年抛光线整线设备配置是在 2007 年的基础上有较大提高，前后磨边一般都以 32＋4 配置形式，刮平机以 6＋6＋6 形式，在第三台刮平机出砖端设置 3～4 个小摆动刮平头。由于砖规格的加大，刮平机的刮平头都用双丝杆同步调节，这大大地改善了刮平刀前后倾斜现象，进一步提高了大规格砖的刮后平整度。也有用 8＋8 刮平机再加 4 个粗磨头形式配置。抛光机仍以 16＋16＋16 形式，共计 48 个磨头。抛光磨块长度仍是 170mm，磨头没有出现新型结构形式。加强了抛光磨边后的抛光砖烘干工序，利用长达 15m 的热风烘炉进行烘干，将纳米抛光设备连接在后磨边风干线架后面，一般配置两台纳米抛形式，使瓷砖抛光和纳米抛光有机地结合，一条龙式生产，最高线速可达 15m/min以上，日产量最高可达 15000m^2，生产效率大大提高。因此我们可以把 2006～2008 年定为抛光线的第三次发展期，那么 2008～2009 年则是抛光线发展的高峰期。

五、瓷质砖抛光线发展方向

在日益激烈的市场竞争中，在已过去的十四年时间里，各设备制造厂除不断提高产品质量增加整线设备配置外，努力降低抛光砖生产成本是最主要的课题。随着日产量的提高，抛光砖生产成本直线下降，由 1996 年 218.2 元/m^2 降至现在 22.5 元/m^2。线速度的提高、生产成本的下降，与抛光设备制造技术的提高密切相关，与抛光技术的掌握和熟练程度分不开。在今后高效、节能、环保仍是抛光线发展的主题。

人们在设计、安装、使用抛光生产线的同时，就同步考虑到环境保护问题。烂砖、废泥、污水及抛光生产线大量用水是每个陶瓷厂（抛光砖厂）必须考虑的问题，采取利用循环水来解决用水问题，就是利用多个水池对经使用过的污水进行逐级沉淀，而后将最后一个水池里的洁净水抽回到抛光生产线中去进行再使用，如此不停地循环，使每一次污水中的污泥沉入池底，再用泥浆泵（真空泵）将池底的污泥打入滤泥机将污泥榨成干泥饼，然后运出厂区埋在地下。对烂砖则是由大改小或切成地脚线、梯级砖等，来创造剩余利润。

总之，抛光设备的发展和抛光工艺的成熟，使瓷质砖光彩夺目、斑斓多姿，使现代建筑走向辉煌。抛光工艺随着人们生活水平的提高，更加体现了它的重要性、不可缺少性和奉献性，它将伴随着人类生活的不断提高而发展。

复习思考题

1. 现代抛光工艺的定义是什么？
2. 我国第一台国产瓷砖抛光机产于何时？何地？
3. 全自动抛光生产线粗分有哪几道工序？细分有哪几道工序？
4. 摆动式抛光磨头的优点是什么？
5. 理想的磨边机必须具备哪几种性能？
6. 抛光生产线经历了几次发展期？几次稳定期？今后的发展方向是什么？

第三章　刮平定厚工序

刮平定厚工序就是在刮平定厚设备上用金刚石螺旋铣刀对砖表面进行铣刮，将砖面的高点和变形而引起不平整的部分及砖的烧成釉面刮掉，其结果是既能得到一个平整的表面，又能控制厚度的一致。

该工序是整个瓷砖抛光加工过程中的第一道工序。此工序若能做到规范化，那么后道工序相应地好做；如果此工序没有做好，将给后面的粗磨、粗抛、精抛工序带来极大的困难，并且还会产生低优等率和高返抛率的后果。因此，掌握和运用好刮平定厚工艺是提高优等率、减少破损和控制返抛的关键。刮平定厚设备的结构和性能的好坏，是直接影响该工序质量的重要一环。

第一节　刮平定厚设备

刮平定厚设备（现代统称刮平机），其外形图如图 3-1 所示。

(a)　　(b)

图 3-1　现代刮平机外形图

(a) 巨型导轨刮平机；(b) 燕尾导轨刮平机

早在 20 世纪 90 年代初期，国内就引进了一种间歇往复式刮平机，其工作原理如图 3-2 所示。这种刮平机刮砖时方向是与进砖方向成 90°的横向刮削，砖面被刮出的刮刀纹路也是横向的。每片砖随皮带走到刮刀处必须停顿，紧接着滚刀进行往复刮削，当一个工作循环结束后，砖又前进一段距离，这段距离正好是一片砖的长度。因此把这种刮平机称做间歇式往复刮平机。这就是早期的刮平定厚设备。该设备存在很多缺点，主要是工作效率低，机器结构复杂，控制和调整都不方便，因此逐步被淘汰。

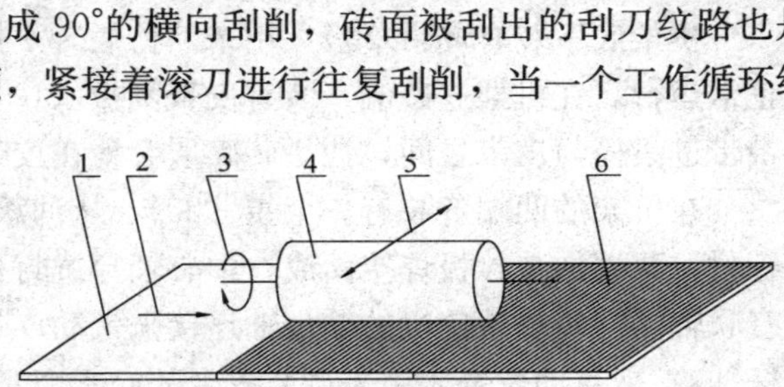

图 3-2　间歇往复式刮平定厚原理图

1—砖；2—砖运动方向；3—刮平滚刀旋转方向；4—刮平滚刀；5—刮平滚刀往复运动方向；6—砖面留下的横向刮刀纹

现在国内外生产的刮平机都是连续式的，其工作原理如图 3-3 所示。刮砖的方向与皮带走向一致，便于提高线速度，提高效率，同时结构简单，制造容易，操作方便，使用性能良好。它主要由机架总成、传动减速机构、支座滑块总成、滚刀架总成、升降减速机构、电气控制六个部分组成。下面按各部分简述其结构和性能。

2005 年 9 月国内研制成功摆动连续式刮平机，其工作原理如图 3-4 所示。滚刀一边进行连续式刮削，另一边沿滚刀轴心线做往复小距离摆动，有效地消除了刮刀纹，使砖坯得到一个平整细腻的表面。一般配置在第二台刮平机位置上，有的将刮平工序最后两把滚刀做成摆动连续式，其效果与整台机摆动一样。整台机摆动的结构是将连续式刮平机架上所有的双头支座总成吊在横梁上，横梁两头用圆柱滚子支承着，再在该机的非操作面增加一套曲柄连杆摆动机构驱使横梁做往复小距离摆动。该机除摆动机构外，其他结构与连续式刮平机一样。摆动机构与抛光机摆动机构相似，请参见抛光机摆动机构的结构，在此不作叙述。最后两把滚刀做成摆动连续式的结构是将连续刮平机最后两把滚刀的双头支座用滚动轴承支承在机架上，并在轴承与机架之间增加短导轨，再在该双头支座非操作面安装曲柄连杆摆动机构。这就是现在所称的小摆动刮平机。

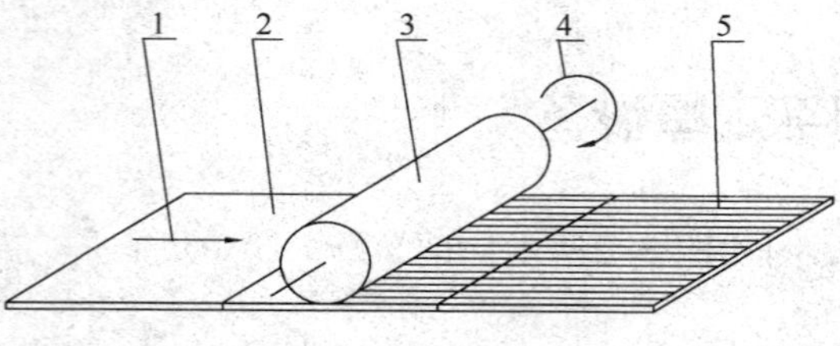

图 3-3　连续式刮平定厚原理图

1—砖运动方向；2—砖；3—刮平滚刀；4—刮平滚刀旋转方向；5—砖面纵向刮平刀纹

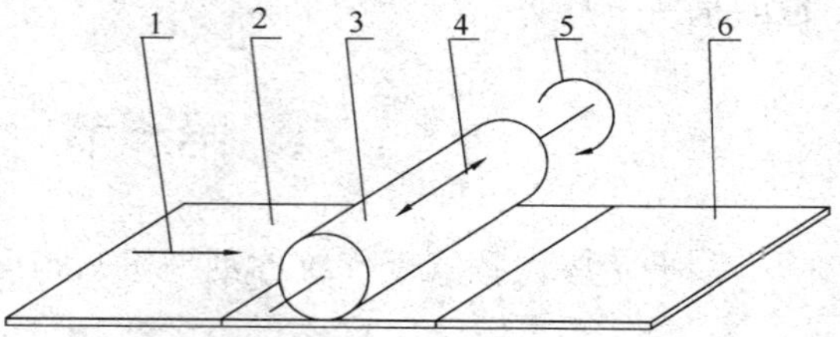

图 3-4　摆动连续式刮平定厚原理图

1—砖运动方向；2—砖；3—刮平滚刀；4—刮平滚刀往复摆动方向；5—刮平滚刀旋转方向；6—经摆动连续刮平后，砖面无纵向刮平刀纹，砖面是一个平整细腻的表面

一、机架部分（图 3-5）

机架（11）是一件用型钢焊接而成的铁架，为了提高机架的强度，多用大型号（40 号）工字钢制作而成，工作台面整板焊接，经机械加工后要求平整；为了提高工作台面的耐磨性，上铺 3mm 不锈钢板作为皮带托板（14），用来承载皮带运动时的摩擦力。当皮带托板磨损后，可进行更换。连续式 24h 生产，国产的不锈钢板 3 个月就需更换一次。

机架底下装有皮带罩板，用来挡住烂砖不掉入运动中的皮带内圈，保护皮带不受伤害和正常运行。在机架进砖端，装有皮带刮板（10）和冲水管，目的是挡住烂砖不被运动着的皮带带进滚筒与皮带之间，让烂砖碎屑会聚在皮带刮板处，冲水管及时将其冲掉。

在机架的两端各装有一个主（23）、从动滚筒（1），滚筒是由无缝钢管或用铁板卷成的管材，两端加装封板焊接而成，中心轴穿过封板而作为滚筒的运动支点，主动滚筒的轴上装有联轴器与传动减速机的输出轴连接来带动皮带运动，从动滚筒可通过装在机架上的调节螺杆（3）来移动位置，用来调节皮带的松紧度和皮带跑偏。为了增大皮带的包角，提高皮带的耐用度，使滚筒有足够的拖动力，一般都把滚筒的直径设计得很大，通常滚筒的直径为 ϕ370～ϕ510mm 之间，大皮带一般选用进口桑普拉工业皮带，2000 年以后，也有多家设备制造厂用国产工业皮带取代进口工业皮带。皮带层数是八层，一般是四布四胶，厚度为

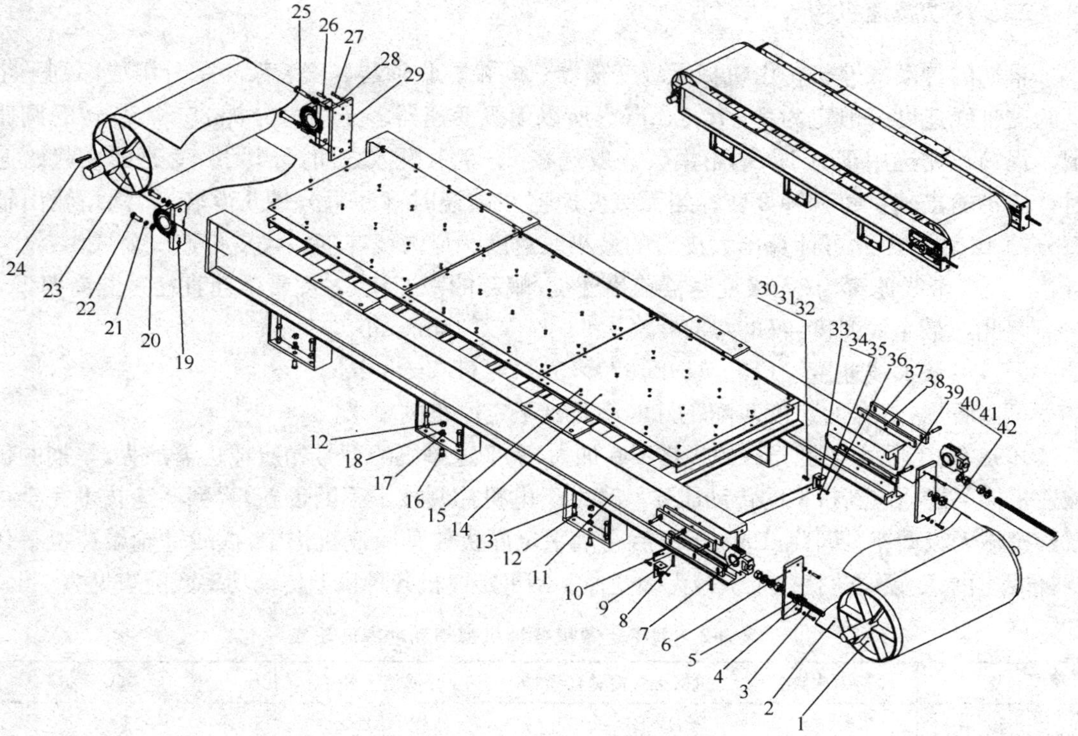

图 3-5　机加总成结构展开图

1—从动滚筒；2—输送带；3—调节螺杆；4—六角螺母；5—平垫圈；6—入口端板；7—带座轴承（UCT212）；8—六角头螺栓；9—刮板架；10—皮带刮板；11—机架；12—六角螺母；13—六角头螺栓；14—皮带托板；15—内六角沉头螺钉；16—六角头螺栓；17—平垫圈；18—弹簧垫圈；19—带座轴承（UCP217）；20—平垫圈；21—弹簧垫圈；22—六角头螺栓；23—主动滚筒；24—平键；25—六角头螺栓；26—导向销；27—六角头螺栓；28—六角螺母；29—调整板；30—平垫圈；31—弹簧垫圈；32—六角螺母；33—平垫圈；34—弹簧垫圈；35—六角头螺栓；36—六角头螺栓；37—滑轨；38—滑轨垫板；39—平垫圈；40—弹簧垫圈；41—六角头螺栓；42—六角头螺栓

8.9mm，并且要求厚度一致。这种皮带不可能是环形带，而是用平皮带驳接而成，要求驳接处平整，厚度与原带一致。

机架的主要作用是承载支座总成和平稳的、连续的拖动砖往出砖方向移动，要求要有足够的刚性。工作台面宽度、皮带宽度与机型和被生产的砖的大小有正比例的关系。工作台面宽度一般是本机型可加工最大砖宽加上 150～200mm，机型与机架宽度、工作台面宽度、平皮带宽度、滚筒体长度成正比例关系，见表 3-1。

表 3-1　机型与机架宽度、台面宽度、平皮带宽度、滚筒体长度相互关系表　　mm

机　型	机架宽度	工作台面宽度	平皮带宽度	滚筒体长度
650	1388	800	800	880
800	1588	1000	950（1000）	1030
1000	1788	1200	1200	1280
1200	1988	1400	1350	1480

二、传动减速机构

早期的传动减速机构由机械无级变速器、蜗箱、联轴器、安装架 4 部分组成。刮平定厚机的皮带线速度一般定为 2～10m/min。所以无级变速器多选用每分钟 30～150 转的调速范围，蜗箱速比选用 15∶1，蜗轮模数一般选在 5～9 个模数之间。当无级变速器在起始速度时，蜗箱输出轴是每分钟 2 转；当无级变速器在高速时（即每分钟 150 转），蜗箱输出轴是每分钟 10 转，由此可计算出大皮带的最小线速度和最大线速度。大皮带速度公式为：

大皮带线速度＝(无级变速器输出速度/蜗箱的减速比)×皮带滚筒直径×圆周率

因此：最小线速度＝(30/15)×370×3.14＝2.34m/min

最大线速度＝(150/15)×370×3.14＝11.7m/min

可以看出，这样的速度匹配正好能满足刮平定厚机的要求。

1998 年以后，由于抛光砖的规格不断加大，刮平定厚机的型号相应地也需加大，早期的传动减速机构不能适应新机型的传动需要。又由于电机控制技术不断创新，变频调速技术完全可以替代机械无级调速。因此，1998 年以后在刮平定厚机传动减速机构中，摆线针轮减速机替代了蜗杆减速机、变频调速替代了机械无级变速。刮平定厚机各种机型传动功率匹配表见表 3-2。

表 3-2　刮平定厚机各种机型传动功率匹配表

机型	滚刀头数	机械无级变速器型号	蜗箱型号	速比
650	3 头、4 头	JWB-3X-30D	WBA200	15∶1
800	3 头、4 头	JWB-3X-30D	WBA200	15∶1
1000	3 头、4 头	BWED53-391-4kW BWEY63-391-3kW	摆线针轮减速机＋变频调速	
650	6 头、8 头	JXJE53-253-5.5kW	摆线针轮减速机＋变频调速	
800	6 头、8 头	JXJE53-253-5.5kW	摆线针轮减速机＋变频调速	
1000	6 头、8 头	JXJE53-253-5.5kW	摆线针轮减速机＋变频调速	
1200	6 头	JXJE53-253-5.5kW	摆线针轮减速机＋变频调速	

由表 3-2 可以看出：机型增大，刀头数增多，减速机的型号和电机功率也相应增大。

在陶瓷机械的传动上大部分是用机械无级变速器(图 3-6)来进行调速的，其变速原理是带锥度的(多个)摩擦轮(8)外部夹在两摩擦环(4)之间，内部通过蝶形弹簧(5)压紧夹在压环(6)与主动轮(7)之间，由于两摩擦环(4)固定不动，当电机带动主动轮旋转时，摩擦轮通过主动轮和压环的带动而做自转，同时绕摩擦环做纯滚动公转，从而通过摩擦轮的柄部及滑块带动支架(9)旋转。调速时，转动调速手轮(图中未表示)，改变调速凸轮 (3)的角度位置，而固定凸轮(1)是固定不动的，通过两凸轮的形面使调速凸轮产生轴向位移，从而改变两摩擦环之间的间隙，使所有摩擦轮同时产生径向移动，进而改变摩擦轮的公转速度，达到无级调速的目的。摩擦轮外移，公转速度减慢；摩擦轮内移，公转速度加快，最快转速与最慢转速之比为 5。只要将调速手轮调到一定位置，摩擦轮就相应均匀地处于某一位置，支架就能通过输出轴输出对应稳定的转速，再通过一级或多级齿轮减速，输出多种不同的转速和扭矩。通过调整无级变逺器的输出转速从而使刮平定厚机输送带达到最大或最小的线速度。

无级变速机的型号表示方式，制造厂家不同表示方式也略有差别。下面以星光工模具厂

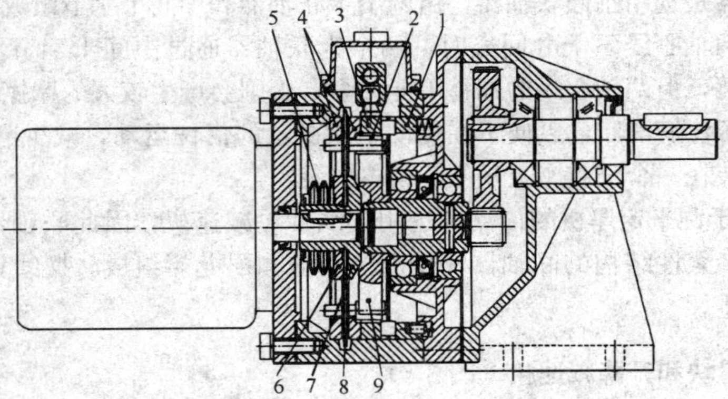

图 3-6　无级变速器结构图

1—固定凸轮；2—滑块；3—调速凸轮；4—摩擦环；5—蝶形弹簧；6—压环；7—主动轮；8—摩擦轮；9—支架

制造的无级变速机的型号表示方法为例进行介绍：

JWB— XW □□□ —□□D(F)□Z(K) S→表示非标(按用户要求设计)

- Z(K)→Z 为轴输入，K 为孔输入
- □→减速级别(不标为直出，Ⅰ 为一级减速，Ⅱ 为二级减速)
- D(F)→安装形式(D 为底座连接，F 为法兰连接安装方式)
- □□→输出轴最低速度(r/min)
- □→配用电机功率(kW)(输入功率)
- □→圆柱蜗杆减速(不是圆柱蜗杆减速不标注)
- XW→行星摩擦式
- JWB→机械无机变速器

传动蜗箱（图 3-7）实际就是蜗轮、蜗杆减速器，是利用蜗杆的螺距导程来推动蜗轮旋转，输出轴与蜗杆交叉成 90°，从而改变了连接方向，停机时不会产生反转和滑转，传动速度精度高，不会产生时大时小的现象，具有减速比大、传动平稳、噪声小等优点。但功率损耗较大，蜗轮、蜗杆的齿面磨损快，会产生摩擦热，利用改善润滑条件和散热条件可克服以上缺点，因此，在机械扭力的传递中得到广泛应用。在陶瓷机械的传动上大部分是与机械无级变速器连接使用，在刮平定厚机的传动中使用的是铸铁壳体，铜基蜗轮，单头蜗杆，大模数齿形，用齿轮油或机油润滑的蜗箱，其型号表示方法为：

图 3-7　传动蜗箱外观图

WB　A150 — 15 : 1

- 15 : 1→减速比
- A150→蜗轮和蜗杆的中心距
- WB→蜗杆减速器

早期的联轴器是选用刚性联轴器，由两个半联轴器和中间十字节组成，这种结构的联轴器的优点是：当两轴心线不十分同心时，两个半联轴器通过中间十字节可自动微量借位工作，而不会被敝死，但两轴心线的偏移不能太多，否则会产生较大的摩擦热。应经常给中间十字节上的油嘴压注润滑脂，以便于在传动中做微量的借位运动，减少磨损，提高耐用度。蜗箱和变速器同装在一个安装座上，便于整体安装。

1998 年后由于刮平定厚机的传动都选用摆线针轮减速机，因此联轴器的选用也做了相应的更改。改用半絮性结构的联轴器，是由法兰盘和尼龙棒组成。摆线针轮减速机和联轴器，在此不作叙述。

三、支座、滑块和升降减速机（图 3-8）

支座（1）是用来安装导轨（10）、滑块（9）、支架（12）、电机（22）、组合蜗箱和操作

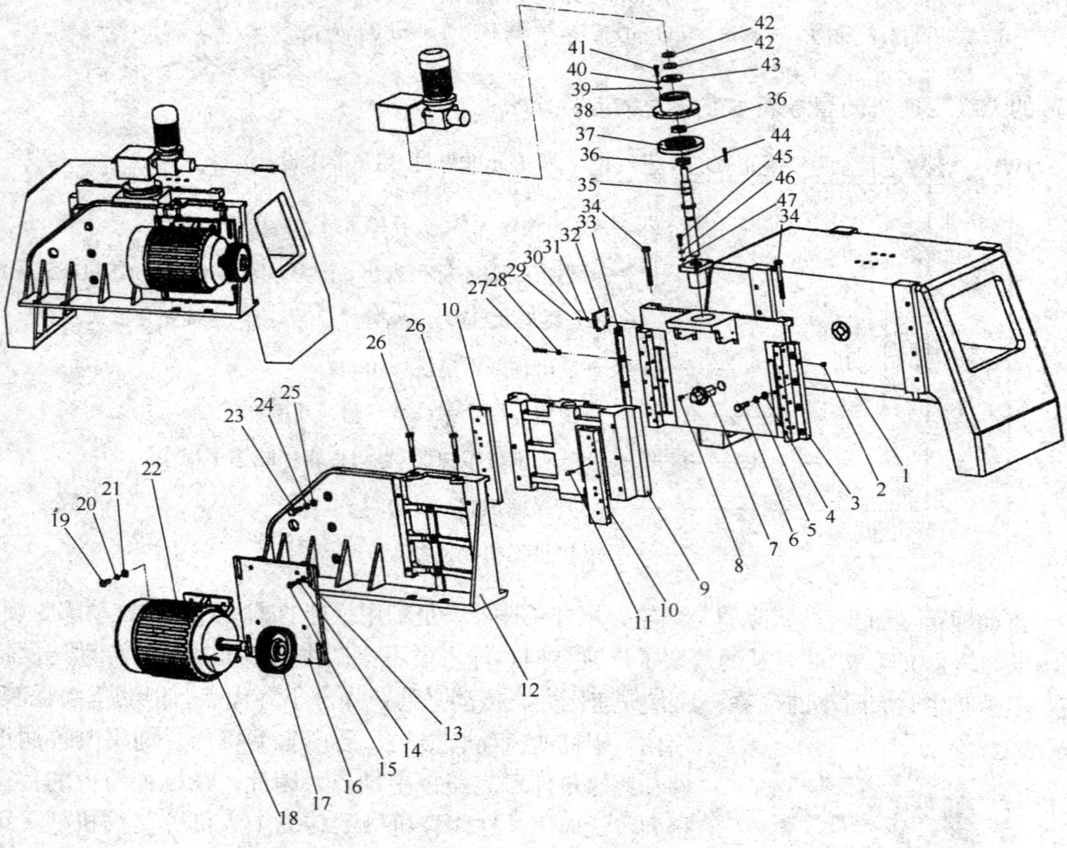

图 3-8　支座、滑块总成

1—双头支座；2—油杯；3—导轨；4—平垫圈；5—弹簧垫圈；6—六角头螺栓；7—转轴；8—内六角螺钉；9—滑块；10—导轨压板；11—圆柱销；12—支架；13—平垫圈；14—弹簧垫圈；15—六角头螺栓；16—电机安装板；17—主动带轮；18—平键；19—六角头螺栓；20—弹簧垫圈；21—平垫圈；22—三相异步电动机；23—六角头螺栓；24—弹簧垫圈；25—平垫圈；26—六角头螺栓；27—内六角锥端紧定螺钉；28—六角螺母；29—六角头螺栓；30—弹簧垫圈；31—平垫圈；32—限位开关安装板；33—镶条；34—六角头螺栓；35—丝杆；36—推力球轴承（51208）；37—丝杆座；38—蜗箱连接法兰；39—平垫圈；40—弹簧垫圈；41—六角头螺栓；42—圆螺母；43—压盖；44—平键；45—六角头螺栓；46—弹簧垫圈；47—平垫圈

面板的。有双头支座和单头支座之分，双头支座即在支座的两面都安装导轨、滑块和支架，单头支座则在支座的一面安装导轨、滑块和支架。早期的刮平机支座是用钢板焊接而成的，虽然在刚性上没有多大问题，但由于支座的内腔是空的，容易引起振动和共鸣，并且响声很大。现在制造的刮平机支座都改成铸铁浇注而成，由于铸铁具有很强的吸震性能，并且重量大、强度好，经过人工时效处理，加工后变形小，因此提高了刚性和使用性能，消除了振动和共鸣声。机器的控制线路通过支座空腔从后面的电柜里引到操作面，操作面板正好把空腔盖住，既美观又充分利用。

滑块（9）安装在支座两侧面的巨型导轨（10）内，滑块上的导轨副与支座导轨采取刮研配制而成，配合间隙极为精密。装在滑块顶部的微型电机通过组合蜗箱（图 3-9）、丝杆（35）和滑块上的铜螺母来带动滑块上下移动，达到调节滚刀对砖坯的切削深度的目的。支座两侧面中心装有定位转轴（7），此转轴与导轨中心定位孔配合，导轨可绕此转轴做相对转动。支架（12）安装在滑块（9）上，滚刀架总成（图 3-10）是吊装在支架（12）的下平面上，通过调节导轨顶部两个调节螺钉（34），可以调节滚刀架的主轴中心线与机架工作台面的平行度。

图 3-9　升降减速机（也称为组合蜗箱）外观图

滚刀架上下的速度要求很慢，那么就要求组合蜗箱的减速比要相当大，单级减速一般无法满足此要求，为此只有将减速比分别为 1∶20 和 1∶40 的两个蜗箱串联装配，串联后的减速比为 1∶（20×40）=1∶800，升降螺杆就装在末级蜗箱的输出孔内，螺杆的螺距是 7mm，升降电机的转速 1400r/min，功率为 0.37kW，那么滚刀架每分钟滑移行程的计算公式为：

$$L=(\text{电机转速}/\text{总减速比})\times\text{螺距}=\text{行程}/\text{时间}$$

即：

$$L=(1400/800)\times 7=12.25\text{mm/min}$$

那么每秒钟的行程为：12.25/60=0.2mm/s

为了能直观地看出滑块和滚刀架的位移量，现在较为先进的刮平机都装有传感器和位置表，能够从控制面板显示器上的读数来判断位移量，从而控制微型电机接通电的时间长短。国内大部分刮平定厚机是不配置传感器和位置表的，而是操作工人根据“一听、二看”的经验来调整滚刀的吃刀深度的（一听即听滚刀刮砖的声音；二看即看刮出砖的刀纹）。

四、滚刀架部件（图 3-10）

滚刀架由滚刀架体（40）、主轴（31）、活动轴承座（16）、皮带轮等组成。早期的滚刀架是用钢板焊接而成的，同样也存在振动和共鸣问题。现在的滚刀架改成铸铁结构，经时效处理后，机械加工而成，使滚刀架的使用性能得到改善。刀架体的上平面与支架的下平面结合，刀架体的一端固定轴承座内装有 3 个（6314）深沟球轴承，刀架的另一端配装活动轴承座，活动轴承座（16）内装有（22216C）可调心双列滚柱轴承，便于装配和旋转时做微量调节。主轴（31）的轴径为 ϕ70mm。早期的滚刀架主轴与活动轴承座联结为锥体和锥孔套

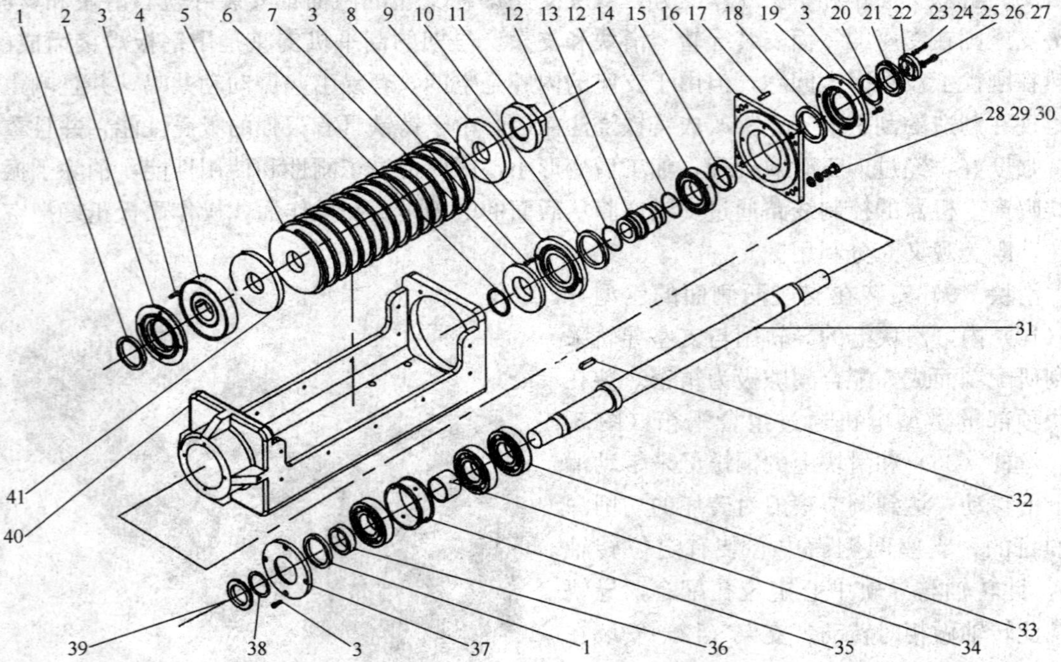

图 3-10　滚刀架总成结构展开图

1—油封（B90×115×12）；2—固定轴承座前盖；3—内六角螺钉；4—前盘；5—滚刀；6—轴用弹性挡圈（80）；7—挡水盘；8—活动轴承座后盖；9—垫圈；10—油封（B100×125×12）；11—锁紧螺母（大螺母）；12—O 型密封圈（75×2.5）；13—轴套；14—调心滚子轴承（22216C）；15—挡圈；16—活动轴承座；17—定位圆柱销；18—油封（B90×110×12）；19—活动轴承座前盖；20—止退垫圈；21—圆螺母；22—压盖；23—内六角螺钉；24—弹簧垫圈；25—平垫；26—内六角螺钉；27—弹簧垫圈；28—内六角螺栓；29—弹簧垫圈；30—平垫圈；31—主轴；32—平键；33—深沟球轴承（6314）；34—内隔套；35—外隔套；36—轴套；37—固定轴承座后盖；38—圆螺母；39—止退垫圈；40—滚刀架体；41—垫圈

联结方式，由于锥孔套的制作有很大困难，后经多次改进，现已改成直轴头和直套的联结方式，通过压片用螺钉和轴套（13）固定，使轴套（13）与主轴（31）同步旋转。主轴的另一端安装皮带轮，通过锁紧内锥体压片使已开槽的锁紧圈收缩来把皮带轮固定在轴头上，这种结构为拆装带来了极大的方便，使用效果非常好，不会产生磨坏键槽而使皮带轮报废和难以拆装的困难。

滚刀体安装孔与主轴的配合为滑合，滚刀装在主轴上，前后用一定规格的垫圈（9）垫上，垫圈（9）的大小与滚刀体外圆尺寸相近，一般取直径为 ϕ200mm 左右，滚刀由垫圈和大螺母（11）锁紧。主轴的旋转方向为右旋，那么锁紧螺母为左牙；主轴旋转方向为左旋，则锁紧螺母为右牙。主轴的旋转方向由机器的进砖方向而定，当由左至右进砖时，主轴旋转方向为右向；当由右向左进砖时，主轴的旋转方向为左向。进砖方向、主轴旋转方向、主轴螺纹方向、螺母锁紧螺纹方向和滚刀刀头螺旋方向之间的关系，见表 3-3。

它们之间的配合原则是滚刀在工作时锁紧螺母不能松动，滚刀不能在轴上打转，而应该是在锁紧螺母和垫板的挟持下与主轴同步方向旋转。主轴在工作时由于滚刀刀头螺旋方向会使主轴产生轴向力，此轴向力会使主轴产生轴向移动，主轴轴向移动的方向应该是向滚刀架的固定轴承座端，而不是向活动轴承座端移动。因此在选用滚刀时要注意滚刀刀头的螺旋方向。

表 3-3　进砖方向、主轴旋转方向、主轴螺纹方向、锁紧螺母螺纹方向和滚刀刀头螺旋方向关系表

进砖方向	主轴旋向	主轴螺纹方向	锁紧螺母螺纹方向	滚刀刀头螺旋方向
由左至右	右	左	左	右
由右至左	左	右	右	左

冷却水管安装在刀架的侧面，水管是用镀锌管制作而成，650 型以下（含 650 型）冷却水管直径是 2/3 英寸，650 型以上冷却水管直径是 1 英寸。管体上钻有一排细小的出水孔，在工作时，有压力的水就从这些细小的孔里喷射而出，喷射到高速旋转的滚刀与砖的接触处，其作用有两点：①冷却滚刀在刮砖时产生的切削热；②冲走被刮下的瓷砖泥尘和脱落下的金刚砂颗粒。喷水管的长、短与滚刀的长、短有密切关系，有效喷水孔长度比滚刀实际长度要长出 40mm，装配时注意做到在滚刀两端各露出 20mm 喷水孔。每种不同长度的滚刀消耗冷却水的用量也不同，100mm 长滚刀的耗水量约是 5L/min。其各种机型每头滚刀每分钟的耗水量见表 3-4。

表 3-4　各种机型每头滚刀每分钟耗水量表

机　型	650	800	1000	1200
每头耗水量（L/min）	35	40	50	60

五、电气控制部分

电气部分由电机、控制电柜、控制面板组成。刮平定厚机有三种用途电机，即滚刀架主轴传动电机、大皮带传动电机、升降电机。它们的功率匹配与机型有一定关系，不同规格的机型其电机功率也有区别，见表 3-5。

表 3-5　各种机型电机功率匹配表　　kW

机　型	头　数	滚刀传动电机	大皮带传动电机	升降电机
650	4 头	11	3	0.37
650	6 头	11	5.5	0.37
800	6 头	15	5.5	0.37
1000	6 头	18.5	5.5	0.37
1200	6 头	22	5.5	0.55

由表 3-5 可以看出，机器型号越大，滚刀、大皮带传动电机就越大，而升降电机基本不变，因为升降的速度缓慢，再通过 2 级减速，电机所承载的扭力就小。各种机型电机功率匹配是设计、制造控制电柜、选择电气元件的依据。

控制电柜由漏电保护开关、断路器、接触器、中间继电器、时间继电器、变压器、整流板、电流互感器等组成。漏电保护开关的容量应略大于整台机器所有电机电流安培数的 2～2.3 倍，断路器的容量是单台电机额定功率的 2～2.3 倍，太大会失去保护作用，太小会因过载而引起故障。其选用参考表见表 3-6。

表 3-6　断路器选用参考表

电机功率 (kW)	断路器安培数 (A)	电机功率 (kW)	断路器安培数 (A)	电机功率 (kW)	断路器安培数 (A)
0.37	0.75～1	3.0	6～10	11	20～25
0.55	1～1.5	4	8～12	15	30～40
1.5	3～5	5.5	10～15	18.5	35～45
2.2	5～8	7.5	15～20	22	45～55

刮平定厚机的整个电路系统较简单：电流由漏电保护开关出来经过断路器、接触器直接进入各个电机；电流互感器是用来测量每个电机在运行过程中的电流而设定；中间继电器、时间继电器、整流板是用来作直流控制用。有的刮平定厚机的电柜要操控自动进砖机，因自动进砖机的放砖机的放砖速度受到光电管控制，所以就要增装一套直流控制系统。如果没有自动进砖机并接于电柜的话，就没有必要加装整套直流控制电路，刮平定厚机本身的电机控制采用 24V 交流安全电源，能有效地控制安全事故的发生。

控制面板安装在机器的支座上面，控制线由电柜底部经支座空腔接入控制面板上来，如图 3-11 滚刀操作面板所示。面板上一般有电源指示灯、电流表及每个电机的启动和停止按钮，面板的中央装有一个红色的带互锁的急停按钮。在任何时候按下急停按钮，机器立即停止运行，任何一个电机都不能启动，只有反方向拧开急停按钮后，才能开始工作。电流表是用来显示该电机在工作中的电流变化，以便操作者观察该电机的工作状况。在控制板的下方，装有数字显示器，此为厚度显示仪的显示器，目前国内大部分都安装厚度显示仪或滚刀位置表，用来控制刮削深度。调整刮削深度时能从显示器上看出调整量的多少，也有些简易、低价位的机器没有安装此表。

传动控制面板装在进砖方向机头部位的机架上，其功能和以上叙述一样，如图 3-32 传动操作面板所示。它设有电流表和速度显示器，主要是控制传动电机的启动和停止，同样也有防意外的急停开关按钮。如传动是用变频调速时，此面板上安装有变频调速旋钮。

刮平机的制造厂不同，选用滚刀位置表的型号、规格也会不一样。市场上拥有量最多的是 HB235 型位置表，现将 HB235 位置表初始化的操作步骤和设定参数说明如下：

（1）同时按下“－”和“↵”约 1s，显示器显示 [H　　000]，表示位置表请求输入初始化编程密码，用“＋”和“↵”输入密码 235 后按“↵”完成。

（2）初始化编程：HB 型位置表初始化参数设定和说明见表 3-7。

表 3-7　HB 型位置表初始化参数设定和说明

符　号	符　号　说　明	设定说明	设定参数
P	显示小数点位数	设定显示小数点位数	2
L	分辨率	设定显示分辨率	2.0000
C	清除功能	调用 EPROM 中预置值	2
E	功能模式	设定自动跟踪功能	1
UL	上偏差值	设定上偏差值	0
PL	下偏差值	设定下偏差值	0
A1	输入功能	设定自动跟踪下限	2
A2	输入功能	设定自动跟踪上限	1

第二节　刮平定厚刀具

一、滚刀的结构和刀头的螺旋方向

刮平刀又称为滚刀、滚筒，下面以“滚刀”作为其名称进行介绍。滚刀由基体和刀头两部分组成，如图 3-11 所示。基体是用厚壁无缝钢管精车而成的，两端配装端板后，用内六角螺钉固定。一般滚刀的基体大都做成 $\phi 210$～$\phi 220$mm，两端板的孔是 $\phi 70$mm，并要求两端孔同心度不得超过 0.05mm，因此提高了滚刀的通用性。刀头一般做成长 30～40mm，高 10mm，厚 10mm 的弧形小块状，将刀头按一定螺旋状焊接在基体外圆上，焊接后的刀头外圆由外圆磨床磨圆，这就是滚刀的结构。

滚刀刀头的螺旋方向分为右旋和左旋两种，其判别方法与判定螺纹方向一样。将滚刀立放于地面，观察其刀头的螺旋方向，如果是顺时针旋转的称做右旋刀，反时针旋转的则称做左旋刀。图 3-11 为左旋刀，反之则为右旋刀。

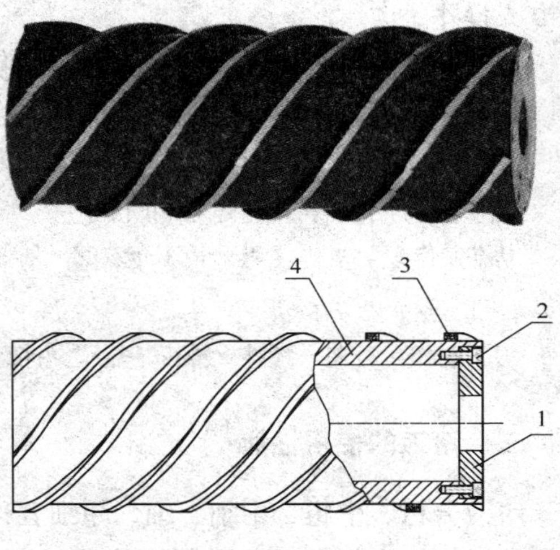

图 3-11　滚刀外观及结构图

1—端板；2—内六角螺钉；3—金刚石刀头；4—基体

二、滚刀刀头的组合成分和制作工艺

由于瓷砖的硬度大，一般 7 个莫氏硬度，金刚石是 8～9 个莫氏硬度，因此要切削陶瓷，首选应该是金刚石。天然金刚石的资源相当缺乏，人们用碳聚合物在高温高压下制成了人造金刚石，来满足陶瓷、冶金等行业的加工需求。人造金刚石是一种颗粒晶体，其颗粒的大小按一定目数分成各种规格。

单纯的金刚石颗粒无法连续不断地切削陶瓷，只有把它做成块状才能使用，有什么方法把这些极小的颗粒粘接在一起呢？采用树脂和金属作为粘合剂，由于树脂的性能较软，制成的刀头不能用作连续大面积的切削，只有用金属粘合剂的刀头才能达到此目的。人们将金属制成粉状，将人造金刚石细小颗粒均匀拌入多种金属粉末之中，形成混合粉料，然后经冷压成混合粉料坯块，高温高压融合成形，打磨检验。其工艺路线是：配料—搅拌—冷压—热压—打磨—检验。在刀头配料成分中，各种成分的多少都会直接影响其性能和使用效果。刀头的主要成分有人造金刚砂粉、铜粉、锡粉、铝粉、钴粉。

冷压坯块是在金属模型中放入一定重量的混合粉料，经油压机压制成混合粉料坯块。

热压模是由金属外柜、石墨内衬组合而成，将经冷压好的混合粉料坯块放入石墨内衬中，在加压的过程中，同时用高频电对石墨加热，使混合粉料坯块融合成一体，冷却后取出，这样就做成块状金刚石刀头。

打磨工序主要是磨去氧化层和多余的金属皮等。

焊接是将刀头按螺旋线紧密地焊接在基体上。

开刃：每把刀的螺旋线有五线、七线、九线。在外圆磨床上将焊接后的滚刀外圆磨圆。更重要的是使金刚石露出金属粘合剂表面，这样才具备切削功能。

动平衡：因滚刀是一个高速旋转的部件，如果滚刀外圆质量不一致，在高速旋转时就会引起离心力不平衡，以致会产生振动、烂砖和损坏机器。为了使滚刀有一个良好的使用性能，因此滚刀在出厂前必须做动平衡试验。动平衡试验是在专用的动平衡试验机上进行，并由专人操作。

油漆：把经动平衡试验合格后的滚刀喷上油漆保护基体不被锈蚀，同时提高外观形象。

编号：根据该滚刀的金刚砂粒度的大小进行编号，同时标明规格尺寸、生产日期。

入库：将合格的滚刀放入仓库，准备发售。

整个滚刀的制作工艺过程如下：

基本制作：　　下料→精车→装配→划螺旋线

→焊接→开刃→动平衡→油漆→编号→入库

刀头制作：配料→搅拌→冷压→热压→打磨检验

三、滚刀的使用性能

滚刀分粗、中粗、中细、细、超细五种规格，各种规格滚刀金刚砂目数、粒度、编号是不同的，同时它们的进刀深度和耐用度也是不同的，见表 3-8。

表 3-8　滚刀性能参数表

编　号	C1	C2	C3	C4	C5
规　格	粗	中粗	中细	细	超细
目　数	30～40	50～60	70	80～90	100～120
粒度（mm）	0.20	0.15	0.10	0.05	0.03
进刀深度（mm）	0.20	0.15	0.10	0.05	0.03
耐用度（参考数）（h）	430	480	500	600	720
配置部位（以 12 头配置为例）	1～4 头	5～8 头	9～10 头	11～12 头	12 头
配置部位（以 18 头配置为例）	1～6 头	7～12 头	13～15 头	16～17 头	18 头

滚刀的使用形式基本一致，都是高速旋转，其转速在 1600～2000r/min 之间，一般选用 1800r/min 为宜。螺旋状金刚石刀头有五线、七线、九线之分，粗刀一般用五线，细刀一般用七线，九线的刀一般很少使用。在工作过程中，金刚石刀头始终以点的形式与砖坯接触并进行铣刮，冷却水经喷管直截喷到滚刀与砖坯的接触处，用做冷却滚刀并冲走被刮削下来的瓷尘及脱落下来的金刚石残粒，使砖能得到一个平整的表面。

滚刀的使用性能按其粒度的粗细分别叙述：

1. 粗刀

其金刚石的粒度直径都在 ϕ0.20mm 以下，最大切削深度可达 0.20mm，一般都做成五线锋利性。所谓锋利性就是金属粘合剂容易磨损，金刚石颗粒容易露出来，使其有很强的切削能力。粗刀一般都用在整线的第一、第二把滚刀位置上，对砖坯的高点、变形进行刮削，刮出的刀痕都有较深的沟痕。如果砖坯变形量较大，整线配置滚刀数量允许，可同时选用 1～4把粗刀。如果是 18 头配置可同时选用 1～6 把粗刀。

2. 中粗刀

其金刚石的粒度直径仅次于粗刀，一般都在 ϕ0.15mm 以下，最大的切削深度可达 0.15mm，一般都做成五线锋利性。它用来降低粗刀所产生的沟锋和对整个砖坯釉面的刮削，在整线的配置中，一般都用在粗刀后面、细刀前面的中段位置上。如果整线配是十二把刀时，通常就把中粗刀用在第五至第八把滚刀位置上。还可以根据砖坯软、硬情况，如果砖坯变形量不大、硬度也不大的情况，可从第一把刀开始直接用中粗刀。

3. 中细刀

其金刚石的粒度直径在 ϕ0.10mm 以下，最大的切削深度可达 0.10mm，一般五线、七线都有，用来降低粗刀的沟锋和进一步刮削釉面。此刀一般用于 90°转向后和细刀前。在整线配置中，一般只用 1～2 把刀，如果整线配是十二把刀时，可用在第九、第十把滚刀位置上；如果整线配置中有粗磨机，经中细刀刮后就可不必再用细刀刮了，可直接进入粗磨工序。

4. 细刀

其金刚石粒度最大直径只有 ϕ0.05mm，最大切削深度 0.05mm。用于修刮中细刀产生的刀痕，降低其沟锋，提高平整度。细刀的螺旋线条数越多，刮削后砖坯的平整度就越高，并能节约粗抛磨具的使用数量。在整线配置中，一般用在最后的位置上或倒数第二把刀位置，经此刀刮后就可直接进入抛光机的粗抛段。如果有粗磨工序的整线配置可不使用此细刀。但是如果遇上砖坯变形量大、硬度高的情况，也可经此刀修整后再进入粗磨机。此刀一般用七线为宜。

5. 超细刀

其金刚石粒度最大直径只有 ϕ0.03mm，最大切削深度小于 0.05mm，此刀一般有七线、九线。用作精刮和更进一步提高砖的平整度，消除细刀所产生的痕迹，在抛一般的面砖时是很少用到此刀。只有在生产高档抛光砖时才用此刀。在整线配置中装在最后的位置上，用了此刀的抛光线绝对不需要粗磨工序。此刀的进刀深度很小，刮削量不大，因此，是很耐用的。

四、滚刀的公称尺寸和砖坯规格之间的关系

要确定滚刀的公称尺寸必须首先了解抛光砖坯的外形尺寸。根据国家标准，外形尺寸不得大于该砖公称尺寸 0.6/100mm 范围，但是实际上是有差异的，我们将砖坯的一般尺寸和变形范围汇入表 3-9。

表 3-9 砖坯的一般尺寸和变形范围参考表 mm

公称尺寸	实际外形尺寸	*R* 角	厚度	中心凸度	中心凹度	挠度
400×400	403～407	*R*2	7	0.4～0.8	0.3～0.6	0.6
500×500	503～507	*R*3	9	0.6～0.8	0.4～0.6	0.8
600×600	603～607	*R*3	11	0.6～0.8	0.4～0.6	0.6～1.2
800×800	807～815	*R*5	13	0.6～1.0	0.6～1.0	0.8～1.5
1000×1000	1010～1018	*R* 5	14	0.6～1.2	0.6～1.2	0.8～1.5
1200×1200	1212～1220	*R* 6	15	0.6～1.2	0.6～1.2	0.8～1.5

从表 3-9 中可以看出，砖坯的实际外形尺寸和变形范围是与砖坯的公称尺寸成正比的。但是在实际中，由于窑炉温度控制不力、压制砖坯的粉料湿度波动、压机压力不稳定等原因都会影响

外形尺寸，有的 600mm×600mm 砖外形尺寸多达 615mm，并且每片砖四边都有 *R* 角或斜面，给抛光和磨边带来很大困难。为了使进入刮平定厚机的砖坯尺寸一致，650 型以上（含 650 型）的抛光线都增加了前磨边机，就是在刮平机前面安装一条磨边线，将砖坯磨到统一尺寸后再进入刮平工序。经前磨边工序出来的砖坯尺寸都控制在砖坯的公称尺寸加 6～7mm 范围内。

滚刀的公称尺寸没有国家标准，而金刚石磨具的工程技术人员根据滚刀的实际使用情况得出一个通用性规律，即滚刀的公称尺寸一定要比砖坯的公称尺寸小 5mm，见表 3-10。

表 3-10　滚刀实际尺寸表　　mm

砖坯公称尺寸	400×400	500×500	600×600	800×800	1000×1000	1200×1200
滚刀公称尺寸	400	500	600	800	500+500	600+600
滚刀实际尺寸	395	495	595	795	497+497	597+597

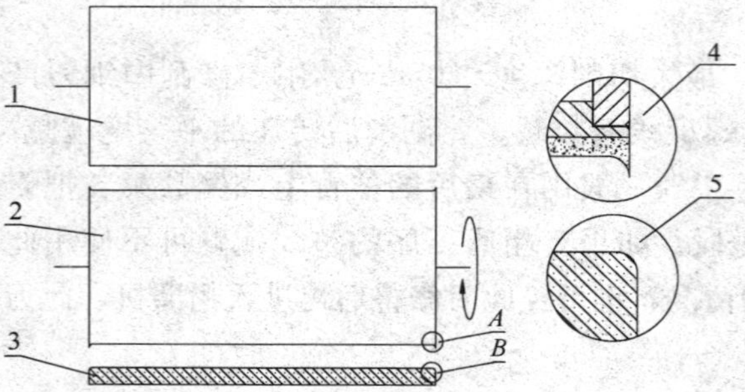

图 3-12　滚刀与砖坯等长时滚刀磨损示意图

1—未使用的滚刀外形；2—使用后的滚刀外形；3—砖坯横截面；4—使用后的滚刀 *A* 处放大剖示；5—砖坯横截面 *B* 处放大

假如滚刀的公称尺寸与砖坯的公称尺寸做得一样长，经使用后就会产生如图 3-12 所示的结果。因为砖坯的四边都有 *R* 角，新滚刀的两端就与砖坯的 *R* 角处接触不上，而滚刀的中段在不断刮削中逐渐磨损，两端的金刚砂刀头因没有接触砖坯而没有磨损。只有当滚刀的中段磨损到一定量时，滚刀两端才逐步起作用，但此时滚刀的外形已形成如图 3-12（4）所示的样式。如果再继续使用，那么所刮出的砖坯就不是一个平整的表面，而是如图 3-12（5）所示塌角的表面，在抛光过程中就难以将其抛平。

只有当滚刀的公称尺寸较砖坯的公称尺寸小 5mm 时，才能得到一个平整表面，如图 3-13 所示。如果砖坯的外形尺寸较大，就会产生如图 3-14 所示的结果，就是在砖边会产生凸台，这只要在两台刮平机之间的连接线架上，将砖换向 90°后继续刮削，此种现象即可消除。滚刀的公称尺寸较砖坯的公称尺寸小 5mm 的规律，已得到大部分陶瓷厂家的公认，成为一种标准，但是也有个别厂家根据自己砖坯尺寸大小，向滚刀制造厂定做相应尺寸的滚刀。总之，只要能满足工艺上的需要，该滚刀的适应性就强，不能满足工艺条件，就要不断修改。

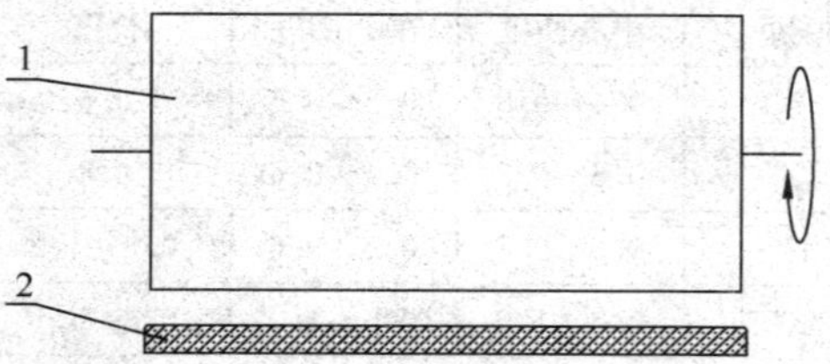

图 3-13　滚刀比砖坯短 5mm 时滚刀磨损示意图

1—使用后的滚刀外形；2—刮削后砖坯横截面

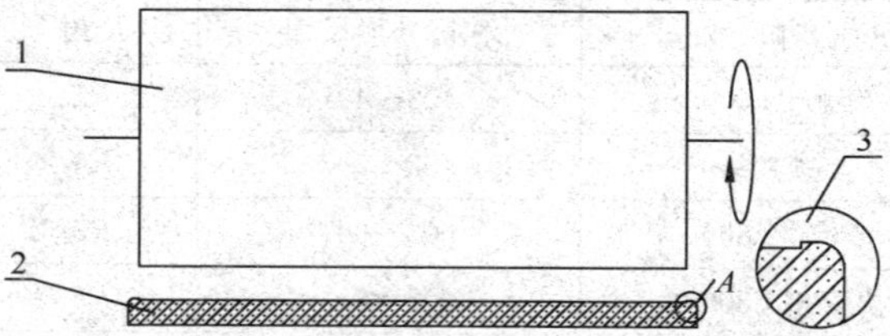

图 3-14　砖坯尺码偏大时刮削后砖坯表面示意图

1—使用后的滚刀外形；2—刮削后砖坯横截面；3—刮削后砖坯 *A* 处放大

第三节　刮平定厚工艺

一、导砖导轨与砖坯的间隙

在每台刮平机的工作台面上，都装有两条厚5mm，宽80～100mm的扁钢板，作为砖坯在与皮带一同运动时的导向导轨，两导轨的相互位置应该是以刮平机的工作台中心线为基准，相对中心线的距离相等，并且做到进砖端和出砖端的位置一致，同时又要相对于滚刀两端的距离也应该相等。由于砖坯的外形尺寸变化较大，如果两导轨之间的距离正好等于砖坯尺寸的话，当遇上较大尺寸的砖坯就会卡住。因此，导轨的距离应略大于同一批砖坯中最大尺码的砖坯，并留有一定的间隙，一般为3～5mm，太宽会使砖坯一边刮不尽，给抛光留下麻烦。为此精确调整导轨与砖坯之间的间隙，正确掌握刮刀、导轨、砖坯三者之间的关系是保证刮平质量的一个重要因素。即通过调整导轨，要使砖坯能无阻碍地与皮带同步移动，同时又要调整滚刀正好在砖坯上面旋转，并且正好对准砖坯的中央。同台机所有滚刀与刮平机中心线的位置应调到一致。

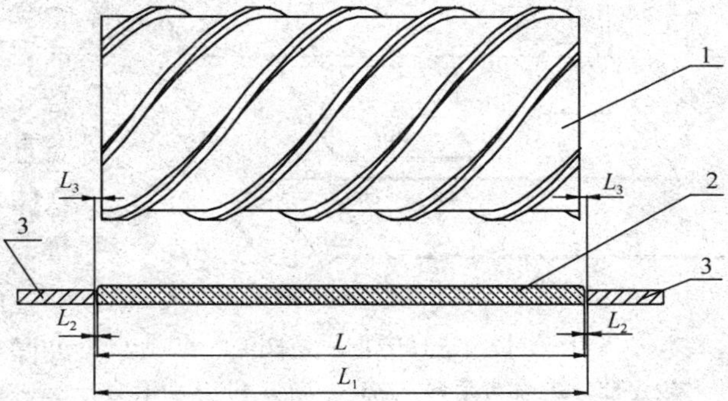

图 3-15　砖坯与导轨间隙说明图

1—滚刀；2—砖坯横截面；3—导轨横截面

如果同时有几台刮平机，那么也应该做到所有刮平机的导砖导轨开度中心线都应该在一条直线上，不能偏移太多，这样有利于连接线架的运行和调整。

二、选择砖坯进刮平机的方向（简称进砖方向）

如图3-16所示，每片砖都有1、2、3、4四个边，我们分别用 *a*、*b*、*c*、*d* 四个英文字母来代表。所谓进砖方向（图3-17），即首先喂入刮平机的那个边，那个边就是该片砖的进砖方向。如图3-17A所示我们称做 *a* 向进砖，图3-17B所示则是 *b* 向进砖。进砖方向的选择正确与否是直接影响刮平质量的一个关键因素，究竟什么样的方向进砖好，那么首先就要来研究和分析砖坯在烧制过程中的变形情况。现在的瓷质砖坯都是采用干粉压制而成干粉坯，然后经干燥、烧结瓷化才形成抛光砖砖坯。干燥和烧结都是用辊道窑炉。干粉在未经烧结前的强度较低，当在窑炉内辊棒上移动过程中遇上不平就容易变形。在烧结过程中，当窑炉温度达到1100～1200℃时，此时，正是瓷化过程，砖坯成为软体也易产生变形。

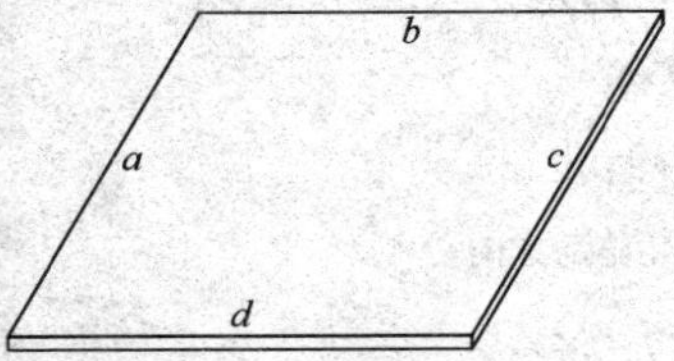

图 3-16　砖的 *a*、*b*、*c*、*d* 四个边

辊道窑的结构：所谓辊道窑即砖坯在窑内的运行轨道是由多个旋转的辊棒按一定顺序，间隔排列而成，砖坯在窑内的移动是靠旋转着的辊棒的外圆带动其水平移动，而不是靠平面移动的道轨的来实现，如图3-18所示。辊道窑的辊棒分低温辊棒和高温辊棒，低温辊棒是

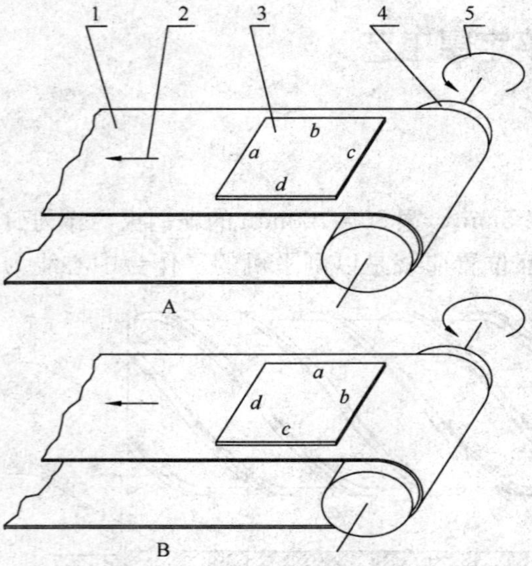

图 3-17 进砖方向示意图

1—传输皮带；2—皮带运行方向；3—砖；4—从动滚筒；5—滚筒旋转方向

用普通焊管制作而成，如干燥窑、烧成窑的前后段都是用低温辊棒。高温辊棒是用耐火陶瓷制成的，用于烧成窑的中段，其外圆直径应与低温辊棒直径一致。旋转是靠齿轮来传动的，辊棒与砖坯接触处只是一条直线，由此可知，每块砖坯是由多条直线来支承着，棒与棒之间的中心间隔为 80mm，每分钟的线速度为 4～8m/min 任选。我们把首先进入窑炉的砖坯的边记作 a，那么砖坯的进窑方向是 a 向，那么砖坯的 a 边与 c 边之间是由多条直线来支承的。由于砖坯在没有烧结时呈软体，在直线与直线之间由于砖坯的自身重量，会有一个微量向下的力，这个力就使这一处的砖坯变形。那么整片砖坯在窑炉内是怎样变形的呢？由于辊棒在不断地旋转，支承直线是在砖坯的底部不断地向后移动，把刚开始变形的地方又托起，而原托住的地方又开始变形，因此砖坯是在微量变形的交替中烧结而成。因为在 b 边和 d 边的直线度实际上是呈微量波浪状的，而在 a 边和 c 边始终有一条贯穿整片砖坯的直线托住，所以 a 边和 c 边的直线度比 b 边和 d 边要好得多，这就是砖坯在烧制过程中的变形规律，如图 3-19 所示。总之，砖坯在烧制过程中的变形因素是多种的，如辊棒间距大、辊棒弯曲、炉温不稳定、压制砖坯的粉料湿度大、干燥窑的干燥温度不够、压制砖坯时粉料布置不均匀、压机压力不稳定等，都会引起砖坯变形。

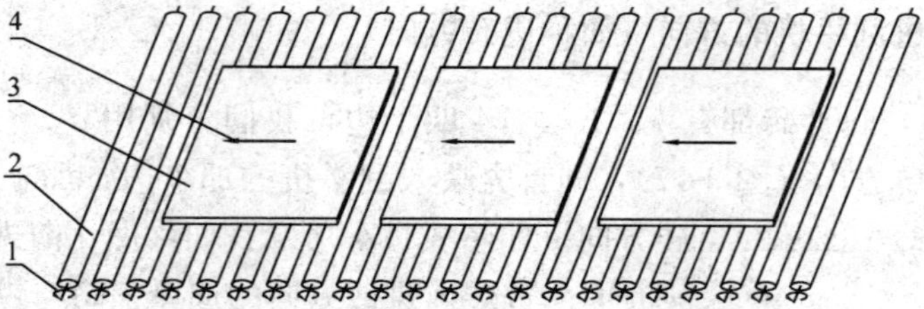

图 3-18 砖坯在窑炉辊棒上移动状况示意图

1—窑炉辊棒旋转方向；2—窑炉辊棒；3—砖坯；4—砖坯移动方向

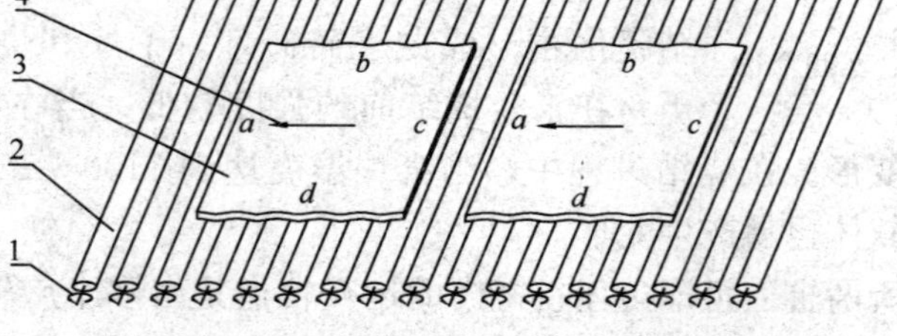

图 3-19 砖坯在烧成过程中变形状况示意图

1—窑炉辊棒旋转方向；2—窑炉辊棒；3—砖坯；4—砖坯移动方向

为了进一步分析滚刀刮削过程中对砖坯的受力情况。前面说过，滚刀的表面是由多条呈螺旋状的金刚砂条组成，我们把每条金刚砂条之间的间距忽略不计，也可以把滚刀表面看成是一根辊棒。其与砖坯表面接触也是一条直线，由于这条直线对砖坯有一定压力，而砖坯的底面是与皮带接触的，皮带是有一定弹性变形的，因此变形砖在滚刀下面的运行情况是：当砖坯变形处的母线正好与滚刀表面接触母线方向一致时，该片砖就是 a 向进砖，如图 3-20 所示，其刮削过程存在着仿样性，也就是说砖坯是弯曲的，刮过后的砖也同会存在弯曲，不能有效地消除弯曲；相反，如果将砖坯的变形弯曲母线与滚刀的接触母线成 90°垂直方向送进刮起平机，那就是 b 向进砖，如图 3-21 所示，其滚刀就能有效地将弯曲处刮平和校直，会得到一个理想的平面。

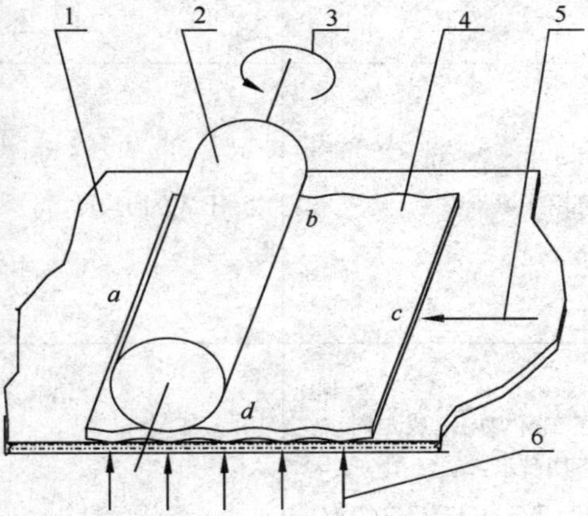

图 3-20　滚刀母线与砖变形母线方向重合时刮削后砖存在仿样性示意图

1—大皮带局部；2—滚刀；3—滚刀旋转方向；4—波浪状变形砖；5—进砖方向；6—大皮带弹性变形位置

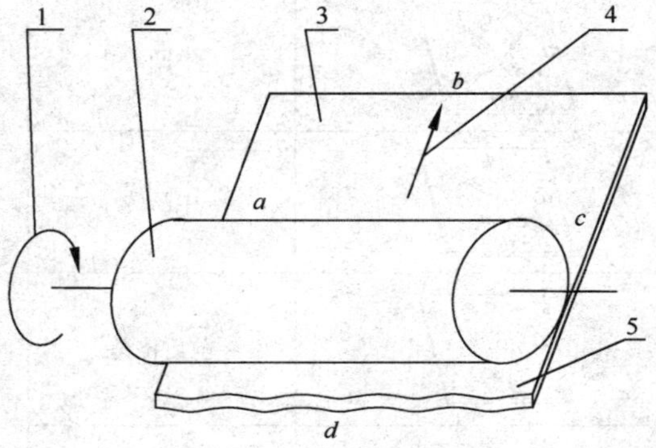

图 3-21　滚刀母线与砖变形母线方向垂直时刮削后砖能得到平整表面示意图

1—滚刀旋转方向；2—滚刀；3—刮过后的平整表面；4—进砖方向；5—未被刮过的波浪状变形表面

综上所述，理想的进砖方向应该是 b 和 d 向而不是 a 和 c 向，也就是窑炉的辊棒母线不能与滚刀母线重合，而应该垂直。怎样区别砖坯的 a、c 向和 b、d 向呢？一是经验判断；二是根据砖坯底面高铝粉的滚道方向来判断；三是观察砖坯变形状况来判断。砖坯在烧制过程中的变形形式是多种多样的，共归纳为十二种形式，造成变形的原因大致有七种。在各种变形的情况下选用什么方向进砖呢？这是一个非常重要的问题，综合砖坯变形情况的分析和实践经验，以图表形式说明如下，见表 3-11。

表 3-11　砖坯的各种变形状况和进砖方向之间的关系表

变形形式	变形名称	变形原因	选择砖坯进刮平机方向
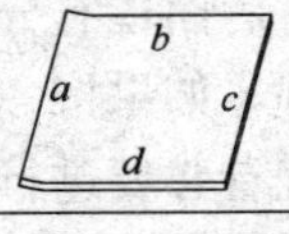	前挠边	①滚道不平 ②窑温不稳定 ③窑速过快	b 向进砖、d 向进砖都可
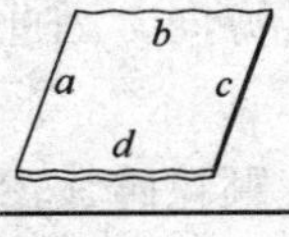	波浪边		

续表

变形形式	变形名称	变形原因	选择砖坯进刮平机方向
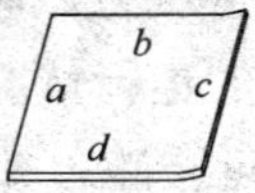	后挠边	①滚道不平 ②窑温不稳定 ③窑速过快	*b* 向进砖、*d* 向进砖都可
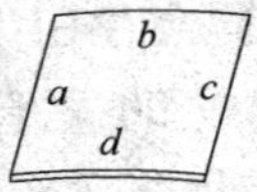	拱形砖		
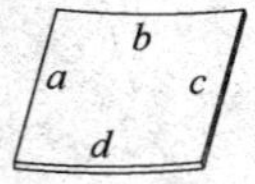	下弯砖		
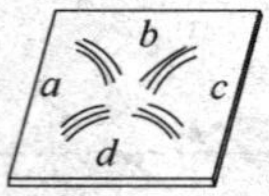	中凹砖	坯料干燥不够	任意方向均可
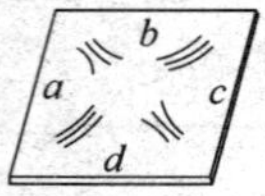	中凸砖		
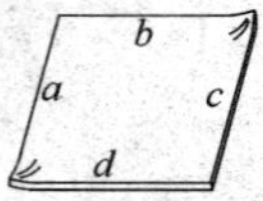	前后挠角	砖坯在窑炉内走成歪斜，如下图所示：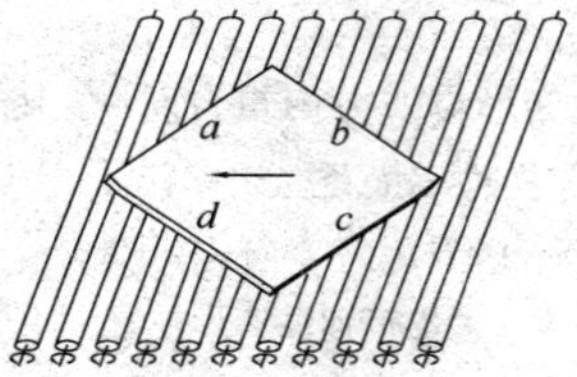	任意方向均可
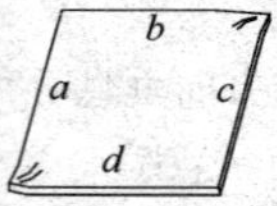	前挠后塌角		
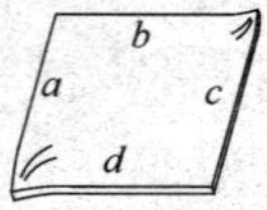	前塌后挠角		
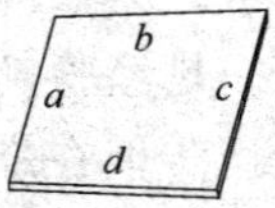	大小头	①布料不均 ②压制砖坯时压力不均 ③上、下模不平行	小头进砖为好
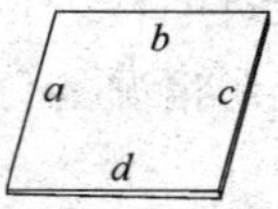	厚薄不均		薄边进砖为好

选择与辊棒母线呈垂直的边作为进砖方向，这也不是千篇一律的正确，主要看经刮平、抛光后的成品砖的优等率，所以在选择进砖方向可多做些试验，根据试验结果定方向。

以上所说到选择进砖方向只是一个方面，砖并不是经抛光后就完事，后面还有分级、分色等工序。根据市场的需求，批量大、色号少的抛光砖是创造效益的关键，如果按一定方向进砖后，得到色号很杂、很多，无法选出大色号，那么对这种进砖方向就有必要进行怀疑和更改。可以换一个方向做试验，只有得到色号少、色号大才是正确的进砖方向，因此在考虑优等品率的同时，还要考虑色号问题，要相得益彰。

随着现代抛光砖不断更新，不但有全色砖、斑点砖，而且已发展到大颗粒砖、渗花砖、雨花石砖、复合微晶玻璃砖、微粉砖等。在这些砖中，数渗花砖对进砖方向反应敏感，为此我们先分析砖坯的渗花工艺。

渗花工艺是在经干燥后的粉坯上用筛网在其表面印上各种花纹，让花纹的色彩渗进砖坯内1～2mm深，然后经刮平抛光之后，得到装饰效果。在渗花时，由于色料印制不均匀，使渗花深度深浅不一致。筛网局部粘接无法漏料，造成缺花。印制后的砖坯经烧结后变形大，经过刮平时而把花纹刮掉造成缺花等原因。同时还存在同一批砖，当每次的刮平深度不一致时，造成花纹色彩深浅不一致，从而产生色号多和小色号，因此在选择渗花砖的进砖方向时，除考虑砖坯变形情况外，还要考虑到缺花多、花纹的色彩深浅多一致、色号不等问题。当选定一个方向后，那么该批砖的每片砖的进砖方向始终保持一致，不得中途变更。选择进砖方向的原则应总结为三条：(1) 考虑砖坯变形性。(2) 考虑花色一致性。(3) 考虑色号一致性。

三、滚刀的整线配置和工艺搭配

在一台刮平定厚机上，装有3把滚刀称为3头刮平机，装有6把滚刀称为6头刮平机。早期常用的刮平机是2头、3头为多，4头的刮平机较少见。随着抛光线速度的提高，抛光砖规格的增大，刮平机头数也在不断增加，现在配线用的刮平机都是5头、6头，甚至有的一台刮平机多达8把滚刀。刮平机的滚刀头数多少在抛光线的整线配置中是非常重要的一环，是直接影响产量的一个原因。在整线配置中，滚刀头数量的多少与该线有无粗磨工序有着密切的关系。无粗磨工序的的整线现在一般配置12～18把刀，有粗磨工序一般配置一台6头刮平机或两台4头刮平机。下面分别以无粗磨工序的滚刀数量配置形式与线连度、产量（包括早期抛光线配置在内）的关系，见表3-12（以650型抛光线为准）。

表3-12　无粗磨工序的刮平机滚刀数量配置与整线速度、产量的关系表

配置形式	总头数	线速度(m/min)	最大产量(m^2/h)
3头(砖转90°)+3头	6头	3～6	165
3头(砖转90°)+4头	7头	3.5～6.5	180
4头(砖转90°)+4头	8头	3.5～7.5	210
5头(砖转90°)+4头	9头	4～8	230
5头(砖转90°)+5头	10头	5～8.5	270
6头(砖转90°)+3头+2头小摆动	11头	6～9	360
6头(砖转90°)+4头+2头小摆动	12头	7～12	450
6头(砖转90°)+6头+6头 其中第三台最后四个头为小摆动	18头	15以上	681

有粗磨工序的整线配置中，滚刀头数的多少与粗磨头个数的多少有着密切的关系，滚刀头数少，粗磨头数就要多，可以弥补滚刀头数少的缺陷。因此，关于有粗磨工序的滚刀头数的配置情况在粗磨工序中叙述。

所谓工艺搭配就是根据砖坯硬、软、变形等情况调整滚刀粗、中、细号数量，来满足刮平工艺的要求，这就是滚刀的工艺搭配。工艺要求的原则是能将砖坯的变形部分和表面釉层刮尽，得到一个平整的表面。由于砖坯的硬、软、变形等原因，滚刀粗、中、细的搭配随机性较强，没有一致的规定，只能就通常情况下，对滚刀粗、中、细的搭配做一个分析，在实际工作中加以摸索、试验和调整。表 3-13 是滚刀粗、中、细号工艺搭配表。

表 3-13　滚刀粗、中、细号工艺搭配表

序号	总头数	其　中					排列顺序
		粗刀数	中粗刀数	中细刀数	细刀数	特细刀数	
1	6	2	3		1		粗、粗、中、中、中、细
2	7	2	3	1	1		粗、粗、中、中、中、中细、细
3	8	2	3	1	1	1	粗、粗、中、中、中、中细、细、特细
4*	8	2	3	2	1		粗、粗、中、中、中、中细、中细、细
5*	8	3	3	1	1		粗、粗、粗、中、中、中、中细、细
6	9	2	3	2	1	1	粗、粗、中、中、中、中细、中细、细、特细
7*	9	3	3	2	1		粗、粗、粗、中、中、中、中细、中细、细
8*	10	3	4	2	1		粗、粗、粗、中、中、中、中、中细、中细、细
9#	11	4	4	2	1		粗、粗、粗、粗、中、中、中、中、中细、中细、细
10#	12	5	4	2	1		粗、粗、粗、粗、粗、中、中、中、中、中细、中细、细
11#	12	4	4	2	1	1	粗、粗、粗、粗、中、中、中、中、中细、中细、细、特细
12#	18	6	6	3	2	1	6 把粗刀、6 把中粗刀、3 把中细刀、2 把细刀、1 把特细刀

从表 3-13 中可以看出：特细刀很少用，只有在滚刀总头数多和做精品的情况下使用；中细刀较少用，一般只用 1～2 把就可。表中序号 1～5、8、10、12 为通常使用的搭配方法，适应面较宽广。例如变形一般，软、硬适中的砖都能适用，表中有“*”的，为变形较严重的工艺搭配方法，表中有“#”适用于高线速、大规格砖。

四、选择刮削总厚度和单刀吃刀深度

将砖的变形部分和砖的釉层全部刮掉，得到一个平整的表面，所去掉的厚度即为刮削总厚度。定刮削总厚度时，首先要了解砖坯的变形量。根据国家标准，抛光砖坯的变形量不得大于 0.8mm（其中包含凸、凹、塌边、绕角等），超过此标准即为不合格砖坯，一般较为平整的砖坯，其变形量在 0.5mm 以内。因此我们刮削厚度定在 0.5～0.8mm 之间，一般不超过 1mm，具体多少要视每批砖坯的平整情况而定。刮削量过大，会使砖减薄，刀具消耗大，电流大，电机易发热，设备会过早坏损，渗花砖会产生缺花、色号增多等问题，同时还会增加污泥处理量和难度；反之，刮削量过少，会有漏刮、漏边等现象，还会引起漏抛，使成品的优等品率降低，返抛率增加，严重时还要增加生产成本。合理的刮削总厚度应是在尽可能少刮的情况下，得到较高的优等品率，这就要根据该批砖坯的试抛情况来调整其刮削总厚度。

吃刀深度即为每把滚刀的吃刀量。每把刀的吃刀深度应根据该批砖坯总的刮削厚度来分配，粗刀是用来扫平变形，中刀是用来均匀对釉层进行刮削，细刀是用来消除中刀产生的较粗的刀纹，得到一个平整的表面，为抛光打下良好的基础。每把刀的吃刀量与整线配置的滚刀头数多少有关系，在刮削厚度一定的情况下，头数少的每把刀的吃刀量就大，头数多的每把刀的吃刀量就小。表 3-14 为滚刀单刀吃刀量分配表。

表 3-14　滚刀单刀吃刀量分配表　　mm

滚刀配置	刮削厚度	各刀吃刀量											
		1#	2#	3#	4#	5#	6#	7#	8#	9#	10#	11#	12#
6	0.8	0.20	0.20	0.15	0.10	0.10	0.5	—	—	—	—	—	—
	1.0	0.20	0.20	0.20	0.15	0.15	0.10	—	—	—	—	—	—
7	0.8	0.15	0.15	0.15	0.10	0.10	0.10	0.05	—	—	—	—	—
	1.0	0.20	0.20	0.20	0.15	0.10	0.10	0.05	—	—	—	—	—
8	0.8	0.15	0.10	0.10	0.10	0.10	0.10	0.10	0.05	—	—	—	—
	1.0	0.20	0.15	0.15	0.15	0.10	0.10	0.10	0.05	—	—	—	—
9	0.8	0.15	0.10	0.10	0.10	0.10	0.10	0.05	0.05	0.05	—	—	—
	1.0	0.15	0.15	0.15	0.15	0.15	0.10	0.05	0.05	0.05	—	—	—
10	0.8	0.15	0.10	0.10	0.10	0.10	0.10	0.05	0.05	0.05	0.03	—	—
	1.0	0.15	0.15	0.15	0.15	0.10	0.10	0.10	0.05	0.05	0.03	—	—
11	0.9	0.15	0.10	0.10	0.10	0.10	0.10	0.05	0.05	0.05	0.03	0.03	—
	1.1	0.15	0.15	0.15	0.15	0.10	0.10	0.10	0.05	0.05	0.05	0.03	—
12	1.0	0.15	0.15	0.10	0.10	0.10	0.10	0.10	0.05	0.05	0.05	0.03	0.03
	1.2	0.15	0.15	0.15	0.15	0.10	0.10	0.10	0.10	0.05	0.05	0.03	0.03
18	1.2	0.10	0.10	0.10	0.10	0.10	0.10	0.08	0.08	0.07	0.07	0.06	0.06
		13# 0.04		14# 0.04		15# 0.03		16# 0.03		17# 0.02		18# 0.02	
	1.5	0.13	0.13	0.13	0.13	0.13	0.13	0.10	0.10	0.08	0.08	0.07	0.07
		13# 0.06		14# 0.05		15# 0.04		16# 0.03		17# 0.02		18# 0.02	

从表 3-14 可以看出整线配置 6～7 把刀的是满负荷荷载。8～10 把刀的就较为轻松，负荷较小。11～18 把刀一般用来生产大规格砖，由于砖面宽，刮削厚度增加，尽管吃刀深度不多，但是显得也并不很轻松。如果用来生产 650mm×650mm 以下的砖就非常轻松，由于吃刀量少，可以猛地提高线速度，同样使负荷合理。吃刀深度的多少，直接与该头的电流大小有关系，650 型刮平机每头电流一般控制在 12～14A；当电流超过 16～18A 时，就会有烂砖现象，并且机器有异常的响声。

五、选择大皮带传动速度

所谓大皮带传动速度就是指大皮带的线速度。1995～1998 年刮平机的大皮带线速度为 2～10m/min 内任选，1999 年以后的刮平机采用变频调速、摆线针轮传动，最高速度可达为 12m/min 以上。但是刮平机是与抛光机连线的，只有以能抛出合格抛光砖的速度为准。如果过快，会使刮平砖积压在刮平工段；过慢跟不上抛光机的速度，会使抛光机皮带空转。因此刮平机的大皮带速度是随着抛光机的传动速度变化而变化的。

六、灵活运用 90°转向器

在全自动抛光线的第一台刮平机与第二台刮平机之间都装有一台 90°转向器（又称掉头机），转向器的作用是将从第一台刮平机出来的砖旋转 90°方向后再送进第二台刮平机。有的情况下可以不使用转向器，砖以一个方向进砖刮到底，那究竟在什么情况下使用转向器，在什么情况下就不使用转向器呢？

（1）当砖坯的外形尺寸小，即接近公称尺寸时，那么经过第一台刮平机后，其砖面是平整的（图 3-13）。在这种情况下，可不用转向器，直接过即可。

（2）当砖坯的外形尺寸较大，即大于公称尺寸时，经过第一台刮平机后，其砖面的两边未刮到，并且高出两条埂（图 3-14）。在这种情况下，必须换向 90°后再进第二台刮平机，就能将此高埂刮去。

根据砖坯的具体情况、具体分析和掌握，灵活运用转向器。

七、刮平工序的质量检验

砖坯经过刮平后就成为待抛砖，待抛砖的质量（即刮平质量）直接影响抛光的效果。因此对待抛砖必须制定一个检验标准，操作工人必须依据这个标准去检验。表 3-15 为待抛砖质量图解说明表。

表 3-15　待抛砖质量图解说明表

质量类别	图形	说明
合格（未配置小摆动滚刀）		四边厚度一致（厚度误差≤0.1mm），刀纹深浅疏密一致，刀纹与砖边平行，两边没有高埂，砖面无未刮净的釉面
合格（已配置小摆动滚刀）		四边厚度一致（厚度误差≤0.1mm），砖面不能留有刀纹和鸡爪痕，平整细腻，无未刮净的釉面
不合格	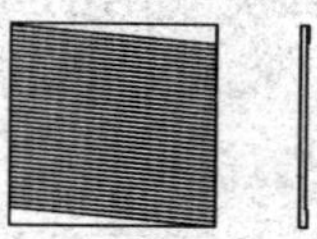	刀纹与砖边不平行
不合格		刀纹深浅不一致
不合格		刀纹疏密不一致

续表

质量类别	图形	说明
不合格	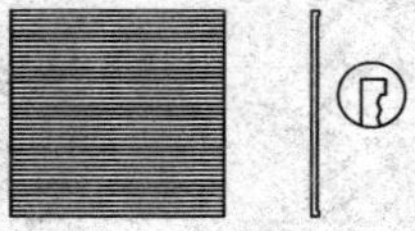	两边有高埂
不合格		表面有未刮净的釉面
不合格	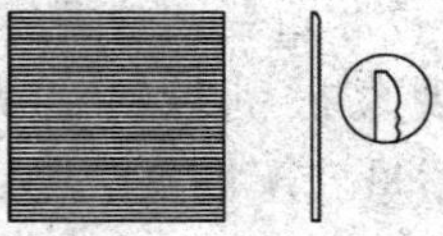	砖边刮出 R 角

在表 3-15 的质量类别的合格一栏中，是我们应遵循的刮平质量检验标准；在不合格、栏中的现象，都是我们在操作时要加以控制、纠正的，这些现象的纠正将在刮平工序故障排除一节中作详细的叙述。

第四节　刮平机调整工艺

一、调整导砖导轨

刮平机的导砖导轨装配结构图如图 3-22 所示，其调整有静态调整法和动态调整法。

（一）静态调整法的步骤

（1）拆下前后两个滚刀架的喷水管盖板（图 3-22）；

（2）松开导轨支撑螺杆（5）的上螺母（3）、下螺母（4）；

（3）观察两导轨是否在滚刀两侧，并观察与滚刀两侧的间隙是否一致，如图 3-23 所示；

（4）在机器的进砖口和出砖口的两导轨中间大皮带带面上分别各放上一片砖坯；

（5）观察砖坯与两导轨之间是否分别有 2～3mm 的间隙，如图 3-23 所示；

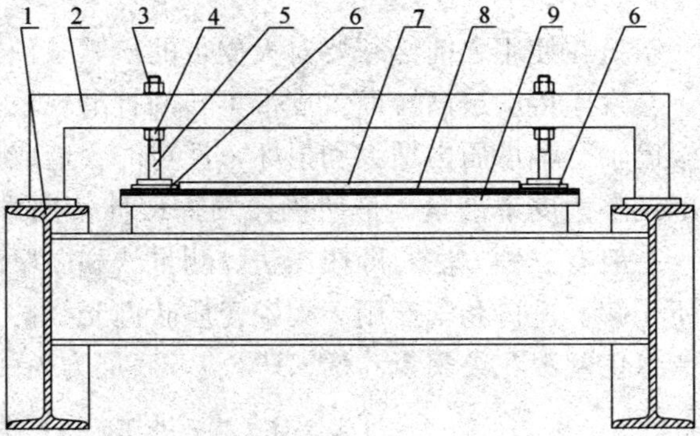

图 3-22　导砖导轨装配结构图

1—刮平机机架；2—调宽支架；3—上螺母；4—下螺母；5—支撑螺杆；6—导砖导轨；7—砖；8—大皮带；9—工作台板

（6）按图 3-23 所示要求调整好导轨的位置；

（7）锁紧导轨支撑螺杆的上、下螺母。

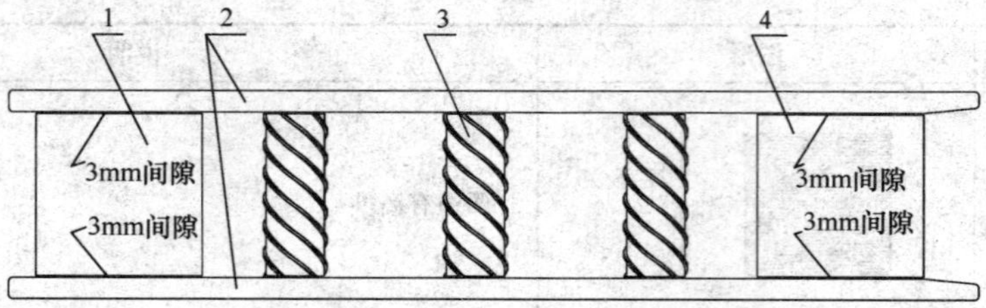

图 3-23　导砖导轨与滚刀、砖坯位置关系图

1—出砖端砖坯；2—（左、右）导砖导轨；3—滚刀；4—进砖端砖坯

静态调整好后，可开机试刮。试刮出的砖坯符合质量要求即可，如不符合要求就要进行动态调整。

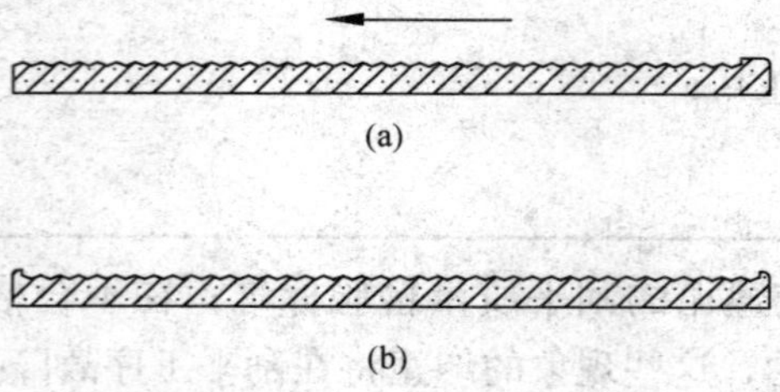

图 3-24　试刮砖砖面质量状况示意图

（a）偏刮砖面；（b）合格砖面

（二）动态调整法的步骤

（1）观察被刮后砖的刀纹情况，如图 3-24（a）所示质量状况即需调整；

（2）松开导轨支撑螺杆的上螺母（3）；

（3）用手锤敲击支撑螺杆（5）的下部，注意导轨两头，同时敲击使导轨平行移动，让砖坯按图 3-24（a）上的箭头所示方向移动，同时要注意留出间隙，以防大砖卡死导轨；

（4）边移动导轨边观察砖坯的刮平情况，直至合格为止，如图 3-24（b）所示为合格砖面。

（5）锁紧支撑螺杆的上螺母，调整结束。动态调整时，应根据砖坯的漏刮情况来决定敲击方向和导轨移动方向。

二、调整大皮带松紧（预紧力）

新机在使用之前必须要对大皮带的松紧（预紧力）进行调整：如果大皮带过松，张力不够，会发生传动滚筒转而大皮带不转的打滑现象；如果过紧，张力过大，会对机器的主、从动滚筒轴、轴承压力增大和损坏，严重时会造成大皮带从驳接口处拉裂或从其他地方断裂。正确调整大皮带松紧，是使机器发挥最佳使用性能的有效保证。调整大皮带的松紧（预紧力）一般有三种方法：即按压法、测量法和循序渐紧法。首先我们应该对大皮带的综合性能有所了解，进口和国产用于陶瓷瓷质砖抛光线的大皮带都是四布四胶，表面有 2.5mm 厚度深蓝绿色网眼花纹聚氯乙烯（PVC），底层为高强度浸渍聚酯织物。其技术参数见表 3-16。

表 3-16　陶瓷瓷质砖抛光线用大皮带技术参数表

总厚度	8.9mm	最小转弯直径	450mm
重量	10.2kg/m^2	拉断强度	473～492N/mm
表面硬度	ShoreA75	最佳工作负荷	120N/mm
工作温度	－10～＋80℃	1%延伸受力	70N/mm
驳接方法	加热硫化驳接	相对于不锈钢板面的摩擦系数	0.22

1. 按压法

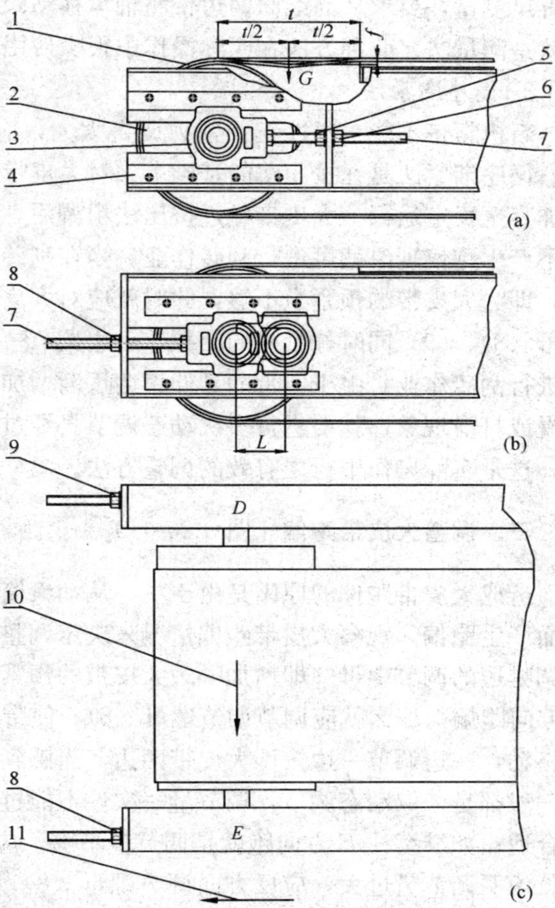

图 3-25　大皮带张紧、调偏示意图

(a) 内撑式调整结构；(b) 外拉式调整结构；(c) 跑偏调整示意

1—大皮带；2—从动滚筒；3—带座轴承；4—导轨；5—调节螺母；6—锁紧螺母；7—调节螺杆；8—调节螺母；9—调节螺母

刮平机从动滚筒的安装结构有内撑式调节结构［图 3-25（a）］和外拉式调节结构［图 3-25（b）］两种形式，其作用一样，都是调节调节螺母（5）或（8），再通过调节螺杆（7）来改变带座轴承（3）在导轨（4）上的位置，从而达到调节大皮带松紧的目的。带座轴承（3）往机架的端部移动，大皮带张紧（预紧力增大）；往机架工作台方向移动，则大皮带放松（预紧力减小）。新机大皮带张紧到什么程度为止呢？可以先根据大皮带张紧力计算公式：$f=t/100$ 计算出挠度值 f，如图 3-25（a）所示。设定大皮带与从动滚筒的切点到工作台端边的距离为切边长 $t\approx410$mm（各种机型不同、生产厂家不同，切边长也不同，可根据实际测量值来定切边长）。代入公式算得挠度值 $f=4.1$mm，再计算出使大皮带产生 4.1mm 挠度值的载荷 G 值。已知大皮带的层数为四层，650 型号刮平机带宽 b 为 800mm，四层大皮带单位载荷 G' 为 0.35N/mm，代入公式 $G=G'\times$ 带宽，算得 $G=280$N，新传动带的 G 值应增大 30%～50%，由此算得新带的 G 值是 392N。即在 $t/2$ 处施加载荷 392N 时，测量挠度值是 4.1mm 时，大皮带的松紧度合适。在实际操作中这是非常困难的，一般采用一边调节调节螺母，使从动滚筒往机架端头移动，一边用手按压大皮带靠边局部，观察大皮带往下弯曲的量，同时手要感觉按压的力，当手感觉用了很大的力，同时大皮带又往下弯曲了约 4～5mm 时为合适松紧度。要注意做到大皮带宽度的两边压力和弯曲度一致，这就是按压法，在实际操作中用作机器的静态粗调。

2. 测量法

由表 3-16 得知大皮带允许有 1%的延伸率，根据大皮带的总长度可计算出可允许延伸长度，二分之一延伸长度就是带座轴承（3）在导轨（4）上的移动距离 L，如图 3-25（b）所示。设大皮带总长为 10m，可允许延伸长度就是 100mm，由此可知带座轴承在导轨上移动距离 $L=50$mm。其调节方法是先将大皮带（1）调到始紧状态（注意做到大皮带宽度两边始紧状态一致），再分别把从动滚筒（2）两端带座轴承（3）在导轨（4）上的位置做好记号，调节调节螺母（8）、（9），使带座轴承（3）在导轨（4）上从记号处向机架端头移动 50mm，用直尺测量，要求从动滚筒两边带座轴承移动距离一致，此时大皮带已调节到合适松紧度，这就是测量法。此种方法在实际操作中很少使用，因始紧状态不易掌握。

3. 循序渐紧法

新机新带不能一次性把预紧力调得太大，应要进行多次调节后才能达到稳定运行的目的。循序渐紧法是在按压法的基础上，对大皮带进行多次动态调节，使大皮带的预紧力逐渐增加直至稳定运行。大皮带经过按压法粗调后，启动传动减速机进行跑合，在跑合过程中，如不产生跑偏现象就可进行刮砖作业。当在刮砖作业中发现大皮带带速有明显减慢或停转现象，即为大皮带的预紧力不够，此时就应对大皮带进行动态调节，在不停机的情况下将调节螺母（8）、（9）同时拧紧相同圈数，一边调节一边用手按压大皮带两边，感觉预紧力够后继续进行刮砖作业。由于新带的延伸率会逐渐增加，因此会出现第二次，甚至几次大皮带带速减慢或打滑现象，就要进行多次动态调节。经过几次循序渐紧调节后，大皮带方能稳定地作业，这是实际操作中行之有效的调整方法。

三、调整大皮带跑偏［图 3-25（c）］

造成大皮带跑偏的原因是由于主、从动滚筒轴心线不平行，使大皮带两边的预紧力不一致而产生跑偏。观察大皮带跑偏情况来决定调整哪一边的调节螺母，原则上是皮带往哪边跑就调哪边的调节螺母（即增加哪边大皮带的预紧力）。图 3-25（c）的大皮带按箭头（10）往 E 方向跑偏，那么就应调节调节螺母（8），使带座轴承（3）在导轨（4）上按箭头（11）方向移动，一边调节一边按压大皮带两边，当感到两边预紧力一致时停止调节。调节大皮带跑偏一般都是采取动态调节，调节量一次性不能过多，调节后继续观察，如不再跑偏说明调节量合适；如继续往 E 方向跑就是调节量不够，应继续调节螺母（8）；如果大皮带往 D 方向跑就说明调节量过大，应反方向调节螺母（8），适当减少大皮带 E 边的预紧力，经过反复调节，最后使大皮带能稳定在滚筒中间运行直至不跑偏为止。在实际操作中往往采取过量调节的方式，如大皮带往 E 方向跑偏，调节调节螺母（8）时适当加大调节量（使大皮带 E 边的预紧力大于 D 边），让大皮带快速跑回到滚筒中间位置；当大皮带快要到达滚筒中间位置时，立即将调节螺母退回数圈（合适位置），使大皮带两边的预紧力一致，让大皮带稳定在滚筒中间运行。

四、调整滚刀传动皮带的预紧力（松紧度）

滚刀传动带的预紧力对其传动效率、传动带的使用寿命、对轴及轴承的压力都有很大影响。预紧力不足、传动载荷的能力降低，使滚刀在工作时皮带轮会产生打滑而发生闷车，并且使小带轮急剧发热，胶带磨损；预紧力过大，则会使传动带寿命降低，轴和轴承发热与磨损。因此，在新机没有作业之前要对滚刀架传动皮带进行预紧，预紧力的多少是通过在带与两带轮的切边中点处加一垂直于带边的压力 G，使其产生一定的挠度值 f 来控制。刮平机滚刀架的传动皮带一般选用 B 型 V 带，其挠度值 $f=1.6t/100$，切边长 t 实际测量（机型不同，制造厂家不同切边长也有不同）。设切边长 t 为 400mm，代入公式算得挠度值 $f\approx6$mm。单根带载荷 $G\approx18.5$N。

其调整方法是：从图 3-8 可以看出：滚刀传动电机（22）是通过螺栓（19）安装在电机安装板（16）上，电机安装板（16）又通过螺栓（15）安装在支架上。在支架（12）的上部有两颗调节电机安装板组件上下移动的螺栓（26）。其调整方法是先拧松电机安装板组件紧固螺栓（15），调节两个调节螺栓（26），使电机安装板组件平行往上移动，边调节边用手按压传动V带切边长 $t/2$ 处。当用力按压时，V带能向箭头方向弯曲 5～6mm 即可，如图 3-26 所示，此时不急于拧紧紧固螺栓（15），要检查电机轴心线与滚刀主轴中心线是否平行。其方法是用一根长直尺搁在电机带轮和滚刀主轴带轮端面上，观察两带轮端面是否全部接触直尺，如果全部接触表示两轴心线平行，如果是局部接触表示不平行，单个调节调节螺栓（26）直至全部接触时止。此时可拧紧紧固螺栓（15），预紧力调节完毕。V带在使用一段时间后会有延伸和磨损，预紧力会变小，因此要定期给予调整。

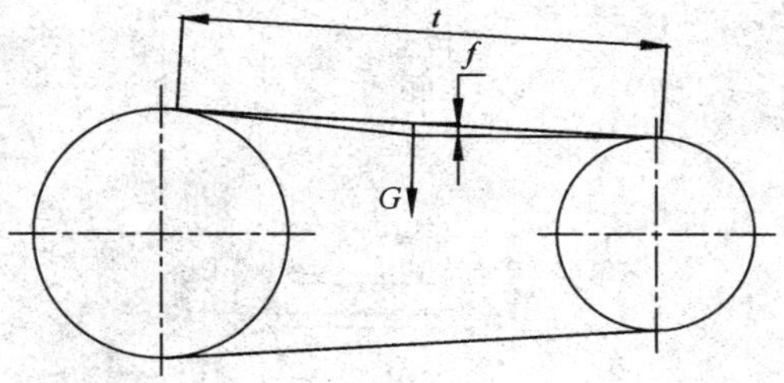

图 3-26　调整传动带预紧力示意图

五、调整滑块与导轨的间隙

滑块与导轨的间隙如果超过标准，会导致滚刀主轴中心线与工作台面不平行，使刮出的砖边厚边薄，严重时还会使刮平机在工作时产生振动。新机在出厂前已调校好，使用一段时间后会产生一定的间隙，因此要进行及时调整。目前刮平机导轨有矩形导轨和燕尾导轨两种，下面分别叙述其调整方法。

1. 矩形导轨调整方法

如图 3-8 所示，滑块（9）是安装在导轨（3）内，滑块的一边紧靠导轨的内侧面，另一边与镶条（33）接触，镶条另一边由拧在导轨一侧的内六角锥端紧定螺钉（27）支顶着，镶条上有蜗孔，紧定螺钉的锥端正好支顶在蜗孔内，紧定螺钉上有锁紧螺母（28）。两条导轨压板（10）将滑块压住而组成导轨副，该导轨副在装配机器时进行了精密配刮，其间隙在 0.06～0.1mm 范围内并要求上下滑动灵活平稳。其调整方法是先扭动升降旋钮，将滚刀架上升使滑块（9）上端冒出导轨（3）3～5mm，松开锁紧螺母（28），拧紧该导轨所有紧定螺钉（27），拧紧时感觉到镶条已压紧滑块侧边止，无须拧得太紧（要求每个紧定螺钉紧度一致）。此时用塞规检查导轨副左右两侧边上、下应无间隙，再依次将紧定螺钉（27）反方向拧松 1/5～1/4 圈并锁紧锁紧螺母（28），用塞规测量导轨副两侧上、下间隙应有 0.06～0.1mm，如间隙过小可适当拧松紧定螺钉。此时可扭动升降旋钮试验，升降灵活平稳即可，如有卡滞、升降电机响声异常，表示间隙过小，可按上述方法重新再调直至符合要求。

2. 燕尾导轨调整方法

图 3-27 是燕尾导轨双头支座总成结构图。该结构属于我国自主研发的第三代刮平机，在第二代的基础上取消了滑块和支架，直接将燕尾导轨条安装在双头支座和刀架体上，降低了双头支座重心，简化了结构，提高了使用性能，达到了平稳和降噪的目的。其导轨间隙调整方法是扭动升降开关旋钮，使滚刀架上升至滚刀架导轨条下端与支座导轨下端平齐时止，用塞规检测并记录两组导轨条下端间隙之和，再用两块等高木块垫在滚刀两端下面，放下滚刀架，让滚刀轻轻地压在垫块上，用塞规检测并记录两组导轨条上端间隙之和，燕尾导轨一般都做成 55°角，如图 3-28 所示：检测所得的间隙为 b。要消除间隙 b，导轨条就必须要移近

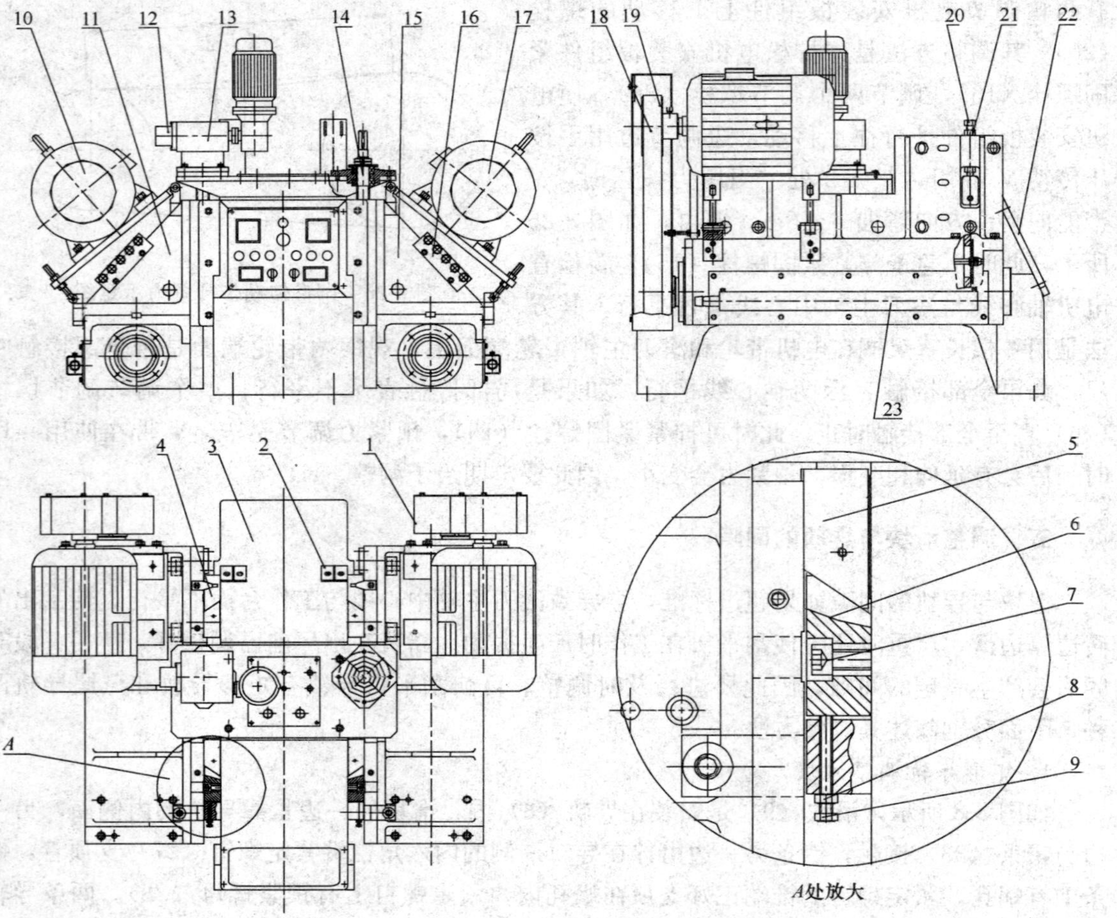

图 3-27　燕尾导轨双头支座总成结构图

1—皮带罩；2—限位开关支架；3—支座导轨组件；4—支座固定导轨；5—刀架导轨；6—支座可调导轨；7—内六角螺栓；8—锁紧螺母；9—调节螺钉；10—左电机组件；11—左刀架组件；12—编码器组件；13—升降蜗箱组件；14—升降丝杆螺母组件；15—右刀架组件；16—集中加油系统；17—右电机组件；18—多楔带（12-PL-1640）；19—电机带轮；20—滚刀轴中心线与工作台面平行度调节螺栓；21—锁紧螺母；22—操作面板安装架

距离 c，$\angle\alpha$ 为 35°，根据三角函数定义可得公式 $c=b/\cos\alpha$，设两组导轨上端间隙之和是 0.9mm，下端间隙之和是 1mm，代入公式算得上端距离 $c_1=1.09$mm；下端距离 $c_2=1.22$mm。

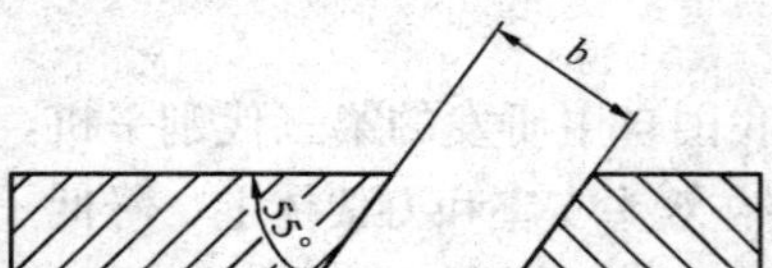

图 3-28　燕尾导轨间隙调整移动量计算示意图

前面讲过导轨副应留有 0.06～0.1mm 的间隙，那么上端导轨应移进的距离是 1.09－0.1＝0.99mm；下端导轨应移进的距离是 1.22－0.1＝1.12mm。调节螺钉一般为细牙 M12×1.25，由此可计算出上端调节螺钉应拧进约 4/5 圈，下端调节螺钉应拧进约 9/10 圈。如果调节螺钉是粗牙螺纹就按实际螺距进行计算，测量和计算结束后就可以按如下方法进行调整：拧松支座可调导轨（6）的紧固内六角螺栓（7），拧松锁紧螺母（8），将导轨上端调节螺钉（9）调进 4/5 圈，下端调节螺钉（9）调进9/10

圈，拧紧锁紧螺母（8），拧紧内六角螺栓（7），再拧进导轨中段调节螺钉使其端部靠着支座可调导轨（6）的侧面即可，无须用太大力。进行试升降，升降灵活平稳即可。

六、调整滚刀的工作母线与工作台面的平行度

新刮平机滚刀主轴中心线与工作台平面平行度在出厂前已校好，只要新刀的表面圆柱度符合要求，新机装上新刀就能保证滚刀的工作母线与工作台平面是平行的，但遇上特殊情况例外（如新机未调好平行度、滚刀的圆柱度超差等），还有旧机装新刀、旧机装旧刀容易产生不平行的现象，现将这两种校正方法叙述如下。

（一）旧机装新刀

新刀的外圆是磨床加工而成，其外圆的圆柱度应该是标准的，那么旧机的主轴中心线是否与工作台面平行且不能肯定，因此必须要进行检查调整，如图3-29所示。导轨(16)的中心孔是安装在转轴(10)上，只要调整调节螺钉(14)或(18)，导轨(16)就会绕转轴(10)旋转，从而带动滑块(15)、支架(8)、滚刀架(7)、滚刀轴(6)一起转动。其调整方法有百分表检测调整法和等高垫块加塞规检测调整法，分别叙述如下：

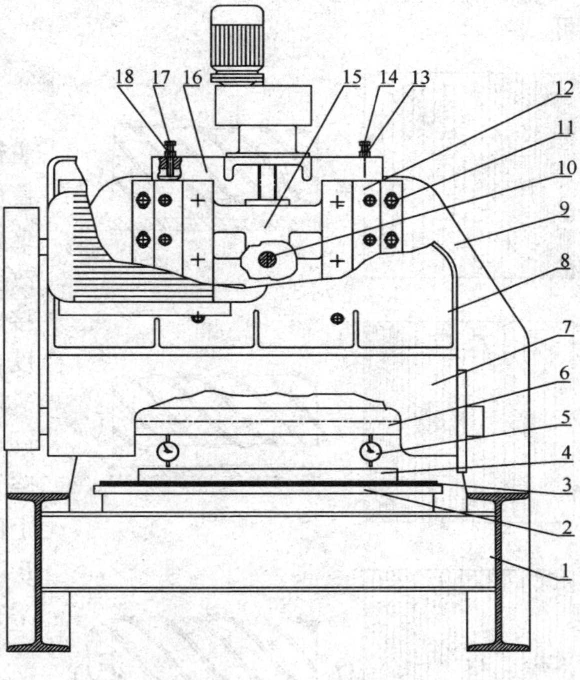

图 3-29　调整滚刀轴与工作台面平行度

1—机架；2—工作台面；3—大皮带；4—平板；5—百分表；6—滚刀轴；7—滚刀架；8—支架；9—双头支座；10—转轴；11—导轨紧固螺栓；12—导轨压板；13—锁紧螺母；14—调节螺钉；15—滑块；16—导轨；17—锁紧螺母；18—调节螺钉

1. 百分表检测调整法

（1）扭动升降旋钮，将滚刀架（7）提升到最高位置。

（2）拆除喷水管及喷水管安装板。

（3）在大皮带(3)面上放上平板(4)。

（4）用百分表（5）检查主轴中心线与平板的平行度，平行度不合标准时继续进行如下步骤，平行度标准≤0.05mm。如活动轴承座端百分表读数大，则表示该处滚刀轴与平板距离小。

（5）松开该头所有导轨紧固螺栓（11），松开锁紧螺母（13）、(17)。

（6）反方向拧松调节螺钉（14），顺方向缓慢拧进调节螺钉（18），一边观察百分表读数，直到平行度合格时停止拧进调节螺钉（18），此时再拧紧调节螺钉（14），使两调节螺钉的端部都顶紧双头支座（9）的上平面。

（7）锁紧锁紧螺母（13）、(17)，拧紧所有紧固螺栓（11）。

（8）再次用表复核平行度，有问题时按上述方法重调。

（9）如果是固定轴承座端百分表读数大时，其调整方法与第（6）条相反。

2. 等高垫块加塞规检测调整法

就是将平板放到滚刀轴下面，再将等高垫块放在滚刀轴与平板之间，使两垫块的距离尽

量大些，缓慢放下滚刀架，当滚刀轴快要接触等高垫块上平面时止。用塞规检测滚刀轴与两等高垫块的间隙是否相等，如不相等就要进行调整，调整方法与上述相同。

3. 注意事项

(1) 在调整平行度时，不能取下活动轴承座，要在活动轴承座安装完好的情况下进行检校平行度。

(2) 在第一次检校数据记录好后，应将主轴旋转 180°，再检校一次，看两次数据有无差异，正常情况下应无差异。

(3) 在检校平行度时，可通过旋转主轴来检测主轴是否有弯曲和轴承是否正常。

(4) 在工作现场如没有标准平板，可找相对平板，如厚度一致、平整度好的抛光砖也可。

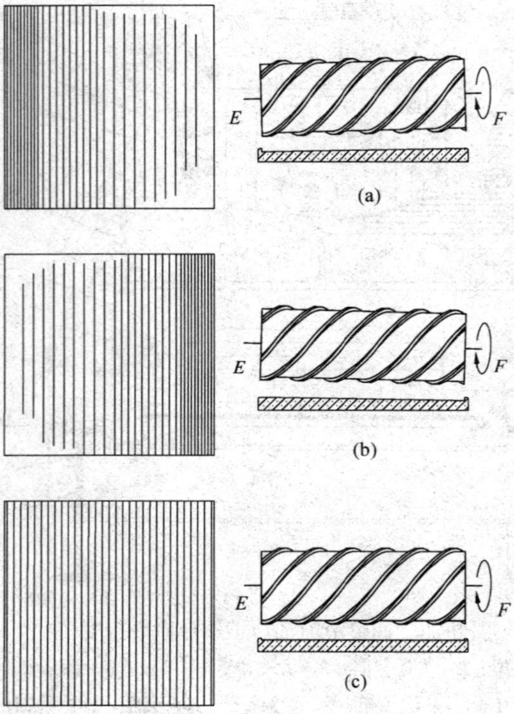

图 3-30 调整旧机主轴中心线与工作台面平行度

(二) 旧机装旧刀

由于经常调整及导轨磨损等原因，旧机主轴中心线与工作台面的平行度难以保证，使用过后的旧刀圆柱度一般都不合格。遇上这种情况，那么平行度的调整方法也相应要改变，就不能用百分表和平板来检校，而直接采用观察刮出砖坯的表面状况来调整平行度，一般平行度不好会产生两种状况：如图 3-30 (a)、图 3-30 (b) 所示。遇上图 3-30 (a) 的状况应把主轴 E 端往上提或 F 端往下降，使滚刀的工作表面与工作台面平行；遇上图 3-30 (b) 的状况应把主轴 E 端往下降或 F 端往上升，使滚刀的工作表面与工作台面平行。注意事项如下：

(1) 此种调整方法要反复测量刮出砖坯 E、F 两边的厚度，直到一致方能结束调整，如图 3-30 (c) 所示。

(2) 一次调整量不能大，以避免过量。

(3) 每调校一次必须要拧紧导轨紧固螺栓 (11) 后，方能试刮。

(4) 校调哪一把刀就把该刀降至砖面试刮，其余刀要升起到砖坯能通过为止。

七、调整滚刀刮削深度（吃刀量）

(1) 要检测该批砖坯的厚度、不平度、估计应刮掉的总厚度。

(2) 要根据整线配置的情况来分配每把刀的刮削量（请参照表 3-14 吃刀量分配表）。

(3) 从第一把刀开始调整刮削深度，要测量和记录好该刀的刮削量和经过该刀刮削后砖坯厚度，第一把刀调好深度后就不动，再依次调整 2 号、3 号、4 号……的滚刀刮削量。

(4) 每把刀的刀纹必须盖住前面一把刀的刀纹，即 4 号刀纹盖住 3 号刀纹，3 号刀纹盖住 2 号刀纹，2 号刀纹盖住 1 号刀纹，这样就使刀纹由粗变细，由深变浅，最后得到一个平整的厚薄一致的表面。

(5) 注意电流的变化，刮650规格砖时滚刀传动电机电流一般在12～14A，超过16～18A时，应把刀略微提一些，因为吃刀量大，会产生过负荷和烂砖。

(6) 注意滚刀的声音变化，轰轰声均匀即可；轰轰声沉闷，响声大，表示吃刀量过多，应往上微调；突然伴有咔嚓声，表示烂砖，应按急停按钮。

(7) 升降调节旋钮应即扭即放，不能扭住不放，因滚刀的下降和上升的速度是0.2mm/s，要进给多少量、旋钮扭动多少时间可以计算出。

(8) 有厚度显示仪（位置表）可参照厚度显示仪来进给吃刀量。

(9) 因为滚刀是不断磨损的，那么就应根据砖坯刮削后的状况、电流的变化，以及声音的变化情况来及时下降滚刀，使刮出的砖保持厚度一致。

(10) 粗刀容易磨损，细刀不易磨损，那么粗刀比细刀每班就要多调整几次。

(11) 注意抛光工序、分选工序反馈的情况，及时纠正漏刮现象。

八、调整大皮带传输速度

国内早期刮平机传动大都是采用机械无级调速机与大模数蜗箱组合成传动总成，无级调速机调速范围是30～150r/min，蜗箱的减速比是1∶20，所以输出的转速很慢，但是扭矩很大；现在刮平机的传动都使用摆线针轮减速机，减速比是1∶253，采用变频调速器调速，刮平机的速度只要能满足抛光机所需要的速度即可，就是能供抛光机使用的刮平砖就可以，因此刮平机的速度应与抛光机同步，速度过快或过慢都可以通过调节调速手轮来实现，无级调速机上装调速手轮，在手轮上标有由小至大的调速箭头标志，一般都顺时针转动为增速，逆时针转动为减速。采用摆线针轮减速机作传动的刮平机在机头传动操作控制箱面板上装有变频调速旋钮和频率显示器（也称为速度显示器），顺时针扭动旋钮速度增大，反之减小。关于怎样调节变频器和频率与线速度之间的关系在第五章抛光工序作详细叙述。注意事项如下：机械无级变速机在调节调速手轮时，一定要在机器运转状态下进行，严禁停机时扭动手轮。

九、调整冷却水的大小和喷射方向

冷却水尽可能大一些，并且要求水直接喷射到滚刀与砖的接触处，这样可加速冷却效果，冲走刮出的泥渣和脱落的金刚砂粒，防止烧刀。水量调节只需先将总闸阀开到最大，再调节单个滚刀冷却喷水管闸阀就可控制单个滚刀的水量大小；粗刮、中刮水量要大，细刮可适当小一些。水喷射方向调节方法是拧松滚刀架侧面冷却喷水管安装板上的喷水管紧定螺钉，一边转动喷水管一边观察水喷射的方向，当水正好喷射到滚刀与砖面接触处时拧紧喷水管紧定螺钉即可。

第五节　刮平机的操作及故障排除

一、操作面板说明

操作面板有两种，滚刀操作面板和传动操作面板。如图3-31所示为滚刀操作面板，一般有双头和单头之分，一块面板上同时能操作两把滚刀的为双头，只能操作一把滚刀的为单头。板面上有电流表（1）、急停开关按钮（2）、电源指示灯（3）、启动按钮（4）、停止按钮（5）、升降调节旋钮（6）、滚刀位置度表（7）（俗称吃刀量显示器）。

传动操作面板（图 3-32），上有速度显示表（1）、急停开关按钮（2）、电源指示灯（3）、变频调速旋钮（4）、传动电机正向启动按钮（5）、传动电机停止按钮（6）、传动电机反向启动按钮（7）。早期的刮平机传动操作面板上是没有速度显示表和调速旋钮，现在也有的厂家不装。速度显示表实际上是显示输入传动电机的电流频率（Hz），操作工人就是根据显示频率高低来判断传输大皮带的线速度。变频调速旋钮是用来调节输入传动电机的电流频率，频率高转速就高，频率低转速就低，由此来达到调节传动电机的转速。有的厂家不装速度显示表，但是整个面板的功能是以能操纵和控制传动电机启动和停止及运转中的速度调整，遇到特殊情况能实现紧急停车为目的。急停开关按钮为红色，只要将该按钮按下，机器就会全面停止动作（包括滚刀在内），起到保护和互锁作用。

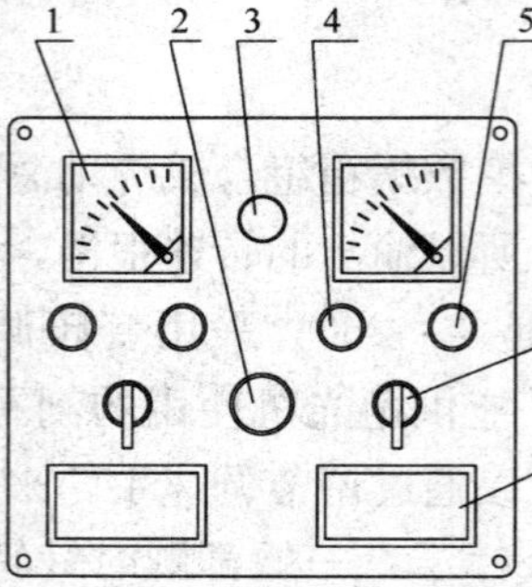

图 3-31　滚刀操作面板

1—电流表；2—急停开关按钮；3—电源指示灯；4—启动按钮；5—停止按钮；6—升降调节旋钮；7—滚刀位置度表（滚刀高度显示器）

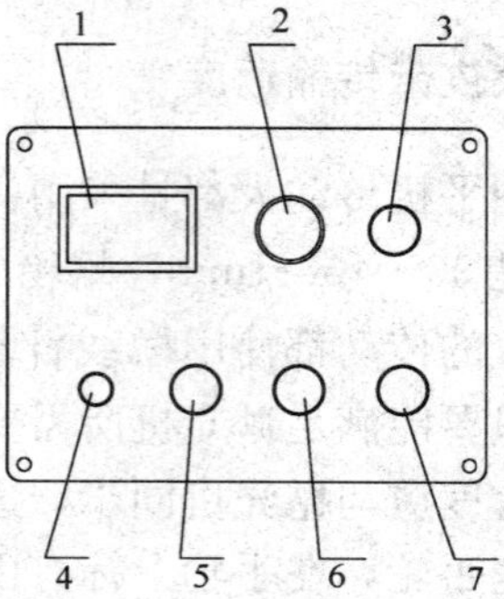

图 3-32　刮平机传动操作面板

1—速度显示表；2—急停开关按钮；3—电源指示灯；4—变频调速旋钮；5—传动电机正向启动按钮；6—传动电机停止按钮；7—传动电机反向启动按钮

二、刮平机操作规程

（一）刮平机静态检查

任何设备在启动之前，都要对设备进行检查，只有在检查确认设备正常的情况下，才能启动设备，下面就将刮平机静态检查项目、内容和改进方法用表格的形式说明如下，见表 3-17。

表 3-17　刮平机静态检查项目、内容和改进方法

检查项目	内容	改进方法
电路	电路是否通畅，电线电缆是否有破损断开，开关、按钮、旋钮是否有损坏，线路接头是否有松动，各种绝缘是否完好	如有应予修复
润滑	升降导轨、升降丝杆及蜗箱、前后轴承座、皮带滚筒带座轴承、传动蜗箱和无级变速器、摆线针轮减速机等是否无油或少油	如无油、少油则按规定加油和补充

续表

检查项目	内容	改进方法
冷却水	冷却水管有无阻塞，喷水是否对准滚刀切削位置	排除阻塞和定期清理喷水管内水垢，调整冷却水喷射方向
滚刀	滚刀是否用完和未装紧	更换和锁紧
导砖导轨	两导轨之间是否正对准滚刀位置并且两边的间隙一致，要求每边间隙不得大于 3mm	按要求调整
滚刀主轴传动皮带	是否有断裂坏损，松紧是否合适	更换和调整
传动大皮带	有无破损和内嵌砖渣	将破损处整理好，将砖渣清理干净

（二）刮平机动态检查

刮平机在进行静态检查确认无问题后，可接通总电源，启动传动电机，观察传动是否平稳，无级机、减速蜗箱或摆线针轮减速机的响声是否正常，如不正常应予以修复。大皮带是否跑偏，如跑偏应予调整。

启动滚刀主轴传动电机，观察滚刀架是否有振动，如有振动应查出振动源，予以排除。听取前后轴承座的响声是否正常，如不正常应予以修复。

扭动升降旋钮，观察滚刀架上升下降是否有阻碍，如有应给予排除。升降检查结束时，应将滚刀架上升到滚刀下面能过一片砖的高度。

经动态检查确认无问题时，可进入如下操作：

（1）合上刮平机电柜内的空气开关。

（2）打开冷却水开关。

（3）启动传动电机（含进砖线架传动电机）。

（4）启动滚刀主轴传动电机。

（5）在进砖线架上放上砖坯，向刮平机内进砖。

（6）扭动升降按钮，让滚刀接触砖面进行试刮削。

（7）检查刮削质量，根据刮削质量来调整吃刀深度，经过反复调整，直到刮出的砖满意和合格为止。

（8）得到合格的刮平砖坯后，刮平机应与抛光机进行连线运作，传动速度应与整线速度保持一致。连接线架的速度应略高于主机的速度，便于追砖。

（9）在设备的运转中，应防止砖坯重叠进入刮平机。如发现有卡砖、烂砖、设备响声异常等，应按下急停开关按钮，清理烂砖，清理大皮带上的内嵌砖渣，将大皮带破损挠起的部分割除，用水冲洗大皮带，把故障排除后，重新开机。

（三）滚刀的装拆

在整个刮平机的操作和使用过程中，装拆滚刀是经常的事情，如果没有掌握一定方法，会给装拆工作带来麻烦，正确装拆方法应该如下：

1. 装滚刀的步骤（新机安装滚刀）

（1）取下活动轴承座；

（2）取下大螺母；

(3) 在刮平机的主轴上涂上少许钙基润滑脂或机油；

(4) 将一块选用好的滚刀垫圈装上主轴，并推到紧靠主轴固定盘；

(5) 将滚刀的定位孔壁涂上少许机油，按旋转方向将滚刀装上主轴，并推到紧靠滚刀垫圈，为了使滚刀在用完后便于取下，所以装刀时在滚刀内腔注入少许机油（约 50g）；

(6) 装上外滚刀垫圈；

(7) 装大螺母，并锁紧，锁紧时用专用的螺母扳手；

(8) 在滚刀主轴轴头上涂抹少许钙基润滑脂，将活动轴承座装上，对好定位销孔，安装好定位销，拧紧固定螺栓；

(9) 装上轴头锁紧压片，保证轴套与轴能同步旋转；

(10) 给固定轴承座，活动轴承座加注润滑油，滚刀安装完毕。

2. 拆滚刀的步骤

(1) 松开轴头锁紧压片；

(2) 拧松活动轴承座的紧固螺栓，取下活动轴承座；

(3) 松开大螺母并取下；

(4) 取下滚刀外垫圈；

(5) 取下滚刀；

(6) 拆滚刀完毕。

三、刮平工序故障排除

在刮平工序的操作过程中，经常会遇到一些故障，这些故障有因为设备在运行中出现的故障，有因为砖坯、滚刀、调整等原因而产生的故障，我们大致把它们分为设备性故障和工艺性故障两大类，下面分别叙述这些故障的排除方法。

1. 设备性故障

所谓设备性故障是从设备本身反映出来的故障，排除设备性故障是保证设备正常运行的基本保证。刮平工序设备故障排除方法见表 3-18。

表 3-18　刮平工序设备故障排除方法

故障名称	故障原因	排除方法
滚刀架升降不平稳	1. 导轨副磨损 2. 导轨副间隙过小	重新研刮导轨副 调整导轨副间隙
滚刀架振动	1. 滚刀动不平衡 2. 主轴弯曲 3. 带轮松动 4. 轴承损坏	更换滚刀 更换主轴 更换键条重装 更换轴承
带负荷时滚刀转速明显降低或闷车	1. 滚刀没锁紧 2. 滚刀传动皮带磨损严重 3. 滚刀传动皮带过松	锁紧滚刀 更换皮带 调整皮带的松紧程度
活动轴承座发热或有异常响声	1. 活动轴承座未安装好 2. 未加注润滑油 3. 轴承坏损	重新安装活动轴承座 加注润滑油 更换轴承

续表

故障名称	故障原因	排除方法
无级变速机不能调速	1. 摩擦轮磨损 2. 固凸轮磨损 3. 调速凸轮磨损 4. 蝶簧失效	更换摩擦轮 更换固定凸轮 更换调速凸轮 更换蝶簧
蜗箱输出轴不转	蜗轮齿部被磨损或磨掉	更换蜗轮
滚刀锁不紧	1. 滚刀垫圈厚度不够 2. 主轴螺纹方向与旋转方向一致	加厚滚刀垫圈 要求主轴的旋转方向与进砖方向相反，如螺纹方向不对应更换主轴
冷却水不足	1. 水流水压不足 2. 喷水管有淤泥阻塞	增加或加大循环水泵 清理管内淤泥
传动总成(包括摆线针轮减速机)发热，传动电机电流大	1. 负荷大，该台机的所有滚刀吃刀量大 2. 未加注润滑油或不足 3. 联轴器未装好，憋劲	调整吃刀量 检查加注润滑油 重新装配联轴器
滚刀电机发热，电流大	1. 吃刀量过大 2. 滚刀不锋利，没有切削刃 3. 带速过快	调整吃刀量 更换滚刀或用砂轮进行现场人工开刃 调整带速
升降螺母和升降蜗箱破损	1. 滚刀架升到位时没有及时停止，行程开关失效 2. 滑块导轨副间隙不合理，憋劲	更换或安装上止点行程开关，上升操作时注意观察和及时放开升降旋钮 调整或研刮导轨副

2. 滚刀架故障分析与排除

滚刀架常见故障是固定轴承座发热，其次就是活动轴承座发热和滚刀架振动。分别分析如下：

（1）固定轴承座发热：从图 3-33 可以看出，前盘（18）与固定轴承座前盖（19）的装配间隙是 1mm，最小不得小于 0.8mm。固定轴承座后盖（25）凸台与轴承（21）外圈的装配间隙是 0.05mm，最大不得大于 0.1mm。同时要求内、外隔套的长度绝对一样，一定要配对使用。

当前盘与固定轴承座前盖的间隙很小时，和固定轴承座后盖凸台与轴承外圈间隙超过标准时，由于滚刀对砖面进行刮削会引起主轴向固定轴承座方向轴向移动，此时前盘与固定轴承座前盖产生摩擦发热，如摩擦严重时会烧坏油封，甚至于会咬死停转。

当内（23）、外（22）隔套长度不一致时，会使轴承减小或失去游隙，主轴（16）的转速是 1800r/min，轴承在失去游隙状态下高速旋转会产生发热，严重时会烧坏轴承。轴承长期在游隙过小的状态下运行，会使轴承内、外圈产生塑性变形，如图 3-34 所示。当此种塑性变形日趋严重时，会引起滚刀架振动和噪声增大。

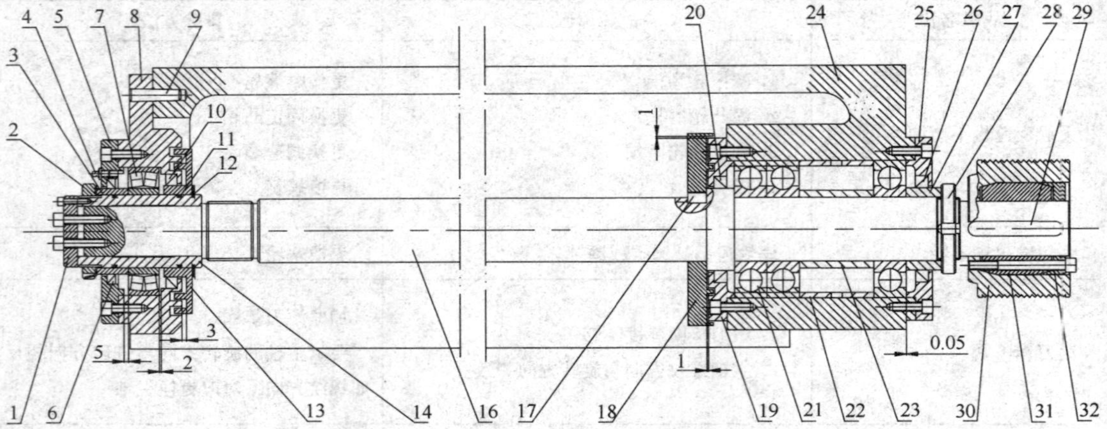

图 3-33　滚刀架结构剖面图

1—压盖；2—圆螺母、止退垫圈；3—挡圈；4—注油嘴；5—活动轴承座前盖；6—油封；7—调心滚子轴承 22216；8—活动轴承座；9—圆柱销；10—油封；11—O 型密封圈；12—轴用弹性挡圈；13—挡水盘；14—轴套；15—锁紧螺母（未画出）；16—主轴；17—平键；18—前盘；19—固定轴承座前盖；20—油封；21—深沟球轴承 6314；22—外隔套；23—内隔套；24—滚刀架体；25—固定轴承座后盖；26—油封；27—轴套；28—圆螺母、止退垫圈；29—平键；30—皮带轮；31—锁紧锥套；32—压盖

图 3-34　轴承内圈塑性变形

（2）活动轴承座发热：调心滚子轴承（7）外圈与活动轴承座（8）孔的装配关系是（K7/h6）过渡配合，在实际装配时，只要将活动轴承座内孔清洗干净，可用手将轴承拍入。调心滚子轴承内圈与轴套（14）的装配关系是（H7/n6）介于过渡配合和过盈配合之间，略紧于轴承外圈与孔的配合，装配后轴承不会轻易在轴套上移动。用圆螺母（2）来调节调心滚子轴承在轴套上的位置，从而达到调整轴承外圈与两边凸台的间隙。从图 3-33 可以看出，活动轴承座前盖（5）凸台与调心滚子轴承外圈的装配间隙是 5mm，调心滚子轴承外圈与活动轴承座孔内台阶的装配间隙是 2mm。装配完毕后，调心滚子轴承外圈在活动轴承座孔内呈自由状态，保持轴承原有的游隙。挡水盘（13）密封环与活动轴承座密封槽的端面间隙为 2～3mm。

如图 3-35（a）所示，挡套调进位置不够，使活动轴承座前盖凸台抵住调心滚子轴承外圈，再由于主轴在工作时会因受热膨胀，这种膨胀现象会使主轴向长度方向延伸，通过轴套带动调心滚子轴承内圈向活动轴承座前盖方向位移，于是就使调心滚子轴承游隙减小或失去。轴承在没有游隙的状态下高速旋转会发热，从而造成活动轴承座发热。

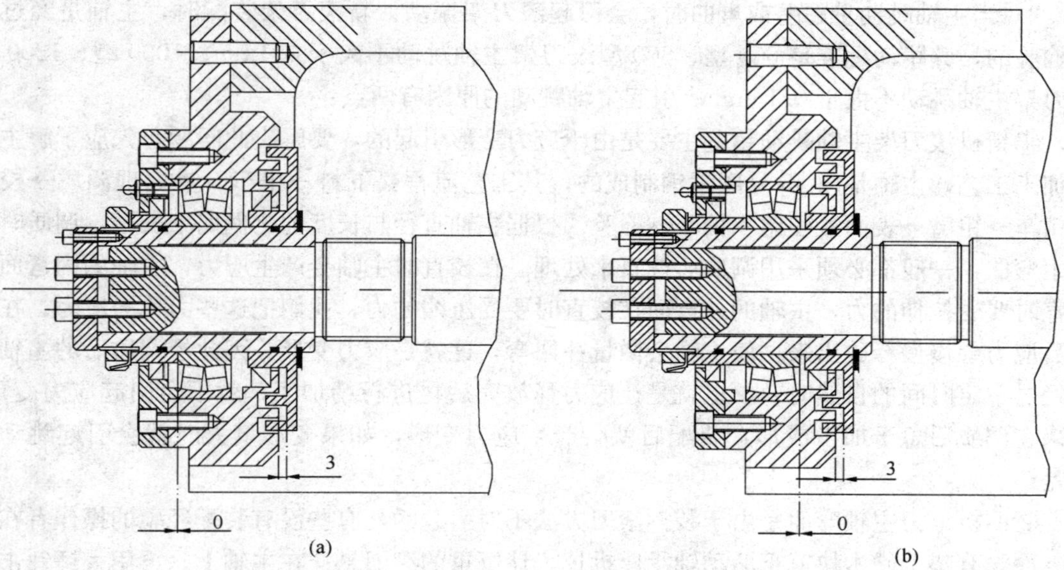

图 3-35 引起活动轴承座发热的轴承位置图

（a）挡套调进位置不够，使活动轴承座前盖凸台抵住调心滚子轴承外圈；

（b）挡套调进位置太多，使调心滚子轴承外圈抵死活动轴承座孔内台阶

如图 3-35（b）所示，挡套调进位置太多，使调心滚子轴承外圈抵死活动轴承座孔内台阶，于是就使调心滚子轴承完全失去游隙，甚至于使轴承滚子受到轴向压力，此时高速旋转的调心滚子轴承会产生高热，严重时会很快损坏。因此在装配和检修活动轴承座时，一定要用深度尺检查调心滚子轴承外圈两端面与两凸台的间隙，小心调紧圆螺母，确保调心滚子轴承在轴套上的位置正确。

前后轴承座均要求加注耐高温锂基润滑脂。润滑脂不符合要求或过少时也会引起前、后轴承发热。

滚刀架主轴跳动超过标准或弯曲时，会使调心滚子轴承在径向方向不均匀受力，也会产生发热，严重时会使噪声增大和滚刀架振动。

活动轴承座中心与固定轴承座中心不重合时（中心偏移），主轴在扭劲的状态下高速旋转，这样会使前后轴承都发高热，噪声增大，加速轴承损坏。因此在装配活动轴承座时，要用百分表调校两轴承座中心重合后再打定位锥销孔。

挡水盘密封环与活动轴承座密封槽发生摩擦时，也会使活动轴承座发热，因此要注意装配间隙。

活动轴承座与滚刀架体应贴合严实，在检修装拆时应注意清理干净两结合面。同时还要注意对准定位锥销孔，把定位锥销插进孔内后再拧紧活动轴承座紧定螺钉。

（3）滚刀架振动：引起滚刀架振动的原因很多，最主要的原因有滚刀动不平衡、主轴跳动超差或弯曲、轴承损坏、带轮松动和不平衡四种。

1）由于滚刀动不平衡而引起的滚刀架振动现象时有发生，当更换新滚刀后滚刀架产生

振动，首先要检查的就是滚刀，一般采用替换法检查排除。

2）当主轴跳动量超差或弯曲时，会引起滚刀架振动。新滚刀架装配时，主轴是经过严格检验的，其跳动标准是650型、800型滚刀架主轴跳动不大于0.1mm；1000型、1200型滚刀架主轴跳动不大于0.15mm。引起主轴跳动的原因有两点：

①新机滚刀架主轴跳动超差主要是由于应力变形引起的，要解决此问题首先应了解主轴的加工工艺，主轴是用45号碳素钢制成的，其工艺流程：下料→粗车→热处理调质→校直→精车→粗磨→表面镀硬铬→精磨→检验。根据主轴直径与长度的比例属细长轴，调质时会产生弯曲，一般都必须采用调质后校直来处理。在校直时主轴会产生应力，主轴的内弯面在校直时要受拉伸的力，主轴的外弯面在校直时要受压缩的力，我们把这些力称为应力。在校直后应力会慢慢释放出来，使主轴会微量往回弯，这就是应力变形。因此经调质后的主轴坯要经过一定时间的自然时效，也就是让应力释放完后再进行精加工，就不会引起应力变形。如果在调质后急于加工成形，装配后就会产生应力变形，如果变形量大时就会引起跳动量超差。

②旧机滚刀主轴弯曲是由于装拆滚刀方法不对引起的，有些没有装配经验的操作者在滚刀下面没有垫上硬木块就把活动轴承座拆掉，让沉重的滚刀悬挂在主轴上，再用大锤锤击锁紧螺母扳手柄部的方法来装拆滚刀锁紧螺母，这样最容易使主轴产生弯曲。

正确的装拆方法是先按下停止按钮，扭动升降旋钮，将滚刀架提升到一定的高度，在靠活动轴承座端滚刀下面放上硬木块，慢慢放下滚刀架，使滚刀轻压在硬木块上，再用锁紧螺母扳手松开锁紧螺母，如果锁紧螺母实在太紧，此时可用大锤锤击锁紧螺母扳手的柄部，因有硬木块支承着，主轴不会产生弯曲。取下锁紧螺母，稍微提升一点滚刀架，使滚刀离开硬木块一小点距离，拿下旧滚刀，清理干净前盘和主轴，在主轴表面上涂抹适量润滑油，推入新滚刀，使新滚刀一端紧靠前盘，再缓慢放下滚刀架，使新滚刀轻压在硬木块上，旋入并拧紧锁紧螺母，装上活动轴承座，对准定位锥销孔，插入定位锥销，再拧紧活动轴承座紧定螺栓。略升高滚刀架，使滚刀离开硬木块，拿掉硬木块，启动该滚刀传动电机进行试运行，无问题就可进行降下滚刀刮砖。此时更换滚刀结束。

3）当轴承内、外圈滚道产生塑形变形（图3-34）、钢球破损、保持架损坏都会引起噪声增大和滚刀架振动。发现此类故障应及时排除。

4）当滚刀主轴带轮锁紧锥套锁紧螺栓松动时，主轴会产生轻微的振动和响声轻微异常。此时应立即停机检查排除，如果时间一长会将主轴磨损，应避免主轴因此而报废。

当滚刀主轴传动电机带轮不平衡时会引起滑块组件振动，由于电机带轮是铸铁件，有的厂家为节省加工费用，带轮内圈没有加工，这样就容易造成带轮内、外圈不同轴，从而产生偏重现象，这种偏重在带轮高速旋转时就形成振动源，从而使滑块组件产生振动。遇上这种故障时应立即更换带轮或对有偏重的带轮进行补加工。

3. 工艺性故障

所谓工艺性故障是从加工出的产品上反映出来的故障，工艺性故障与多方面因素有关，它牵涉到设备、刀具、砖坯质量、冷却水等问题，但最后都集中从产品上反映出来。因此，及时排除工艺性故障是保证产品质量，提高生产效率的关键。刮平工序工艺性故障排除方法见表3-19。6头刮平机电气原理图如图3-36（一）（二）所示。

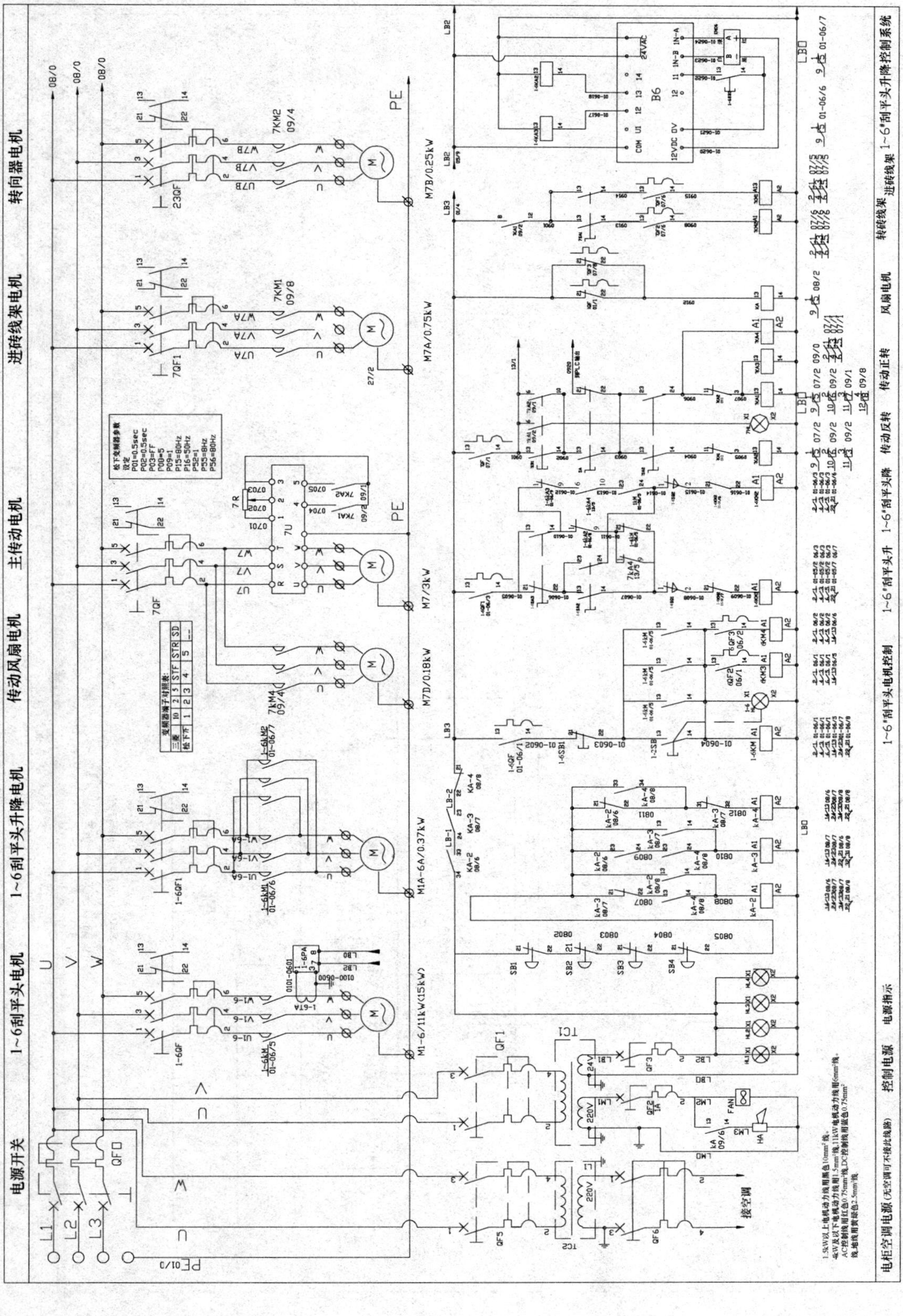

图 3-36　6 头刮平机电气原理图（一）

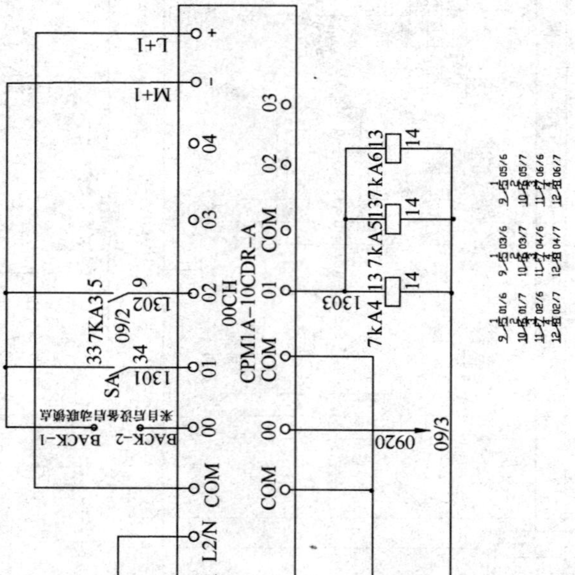
LM2
LM0
0901
LB0
09/3
L1
L2/N
COM
BACK-1
BACK-2
来自后设备启动联锁点
SA
337KA3
09/2
1301
1302
1303
0920
00CH
CPM1A-10CDR-A
L+1
M+1
7kA4
137kA5
137kA6

PLC输入输出（二）

表 3-19　刮平工序工艺性故障排除方法

故障名称	图形	故障原因	排除方法
风裂 （光滑裂纹）		烧成温度高 冷却速度快	更换砖坯
断裂 （对中断裂）	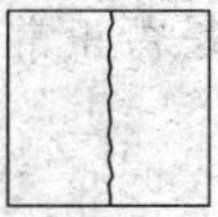	1. 刮平机工作台底板磨损严重 2. 滚刀吃刀量过大	更换工作台垫板 调整吃刀量
不规则 破损	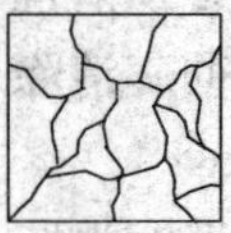	1. 滚刀架振动 2. 滚刀动不平衡 3. 滚刀吃刀量大 4. 砖坯强度低	消除刀架振动 更换滚刀 调整吃刀量 更换砖坯试验
刮出砖 弯曲	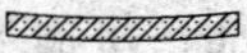	选错进砖方向	换 90°方向进砖
刮出砖厚 薄不一致		滚刀工作母线与工作台面不平行	调整滚刀工作母线与工作台面平行度
刀纹与砖边 不平行	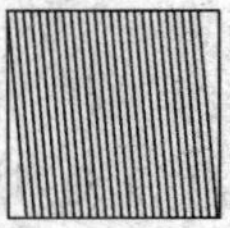	1. 导砖导轨安装歪斜 2. 导砖导轨与砖坯间隙大	重新安装导砖导轨 重新调整间隙
表面有未 刮净的釉面		吃刀深度不够	加大吃刀量
砖两边有高埂	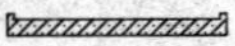	过第一台机后未转 90°方向刮	利用 90°转向器转向后进入第二台刮平机再刮
刀纹深浅 不一致	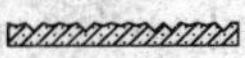	滚刀有粗粒金刚砂，高出滚刀工作面	用磨光机磨平
刀纹疏密 不一致		滚刀金刚砂分布不均，属滚刀质量问题	更换滚刀
砖边刮出圆角		滚刀长期未对准砖面，使露出部分未磨损	用磨光机磨平
烧刀 （砖面有黑点）	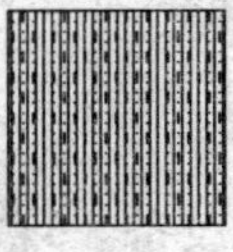	1. 速度过快 2. 冷却水不足	调整传动速度 加大冷却水

四、刮平机维护保养

设备保养是提高和保持设备完好率的一个重要环节，重视设备保养、加强日常维护是操作者应有的职责，刮平机应进行如下几方面保养：

1. 检查

每天上班前必须对机器进行检查：检查机器的润滑情况，主轴运转情况，升降是否灵活及滚刀的磨损情况，大皮带的破损和是否有内嵌砖渣情况，传动是否正常、冷却水的流量和流速是否符合要求。

2. 清理

及时清除大皮带破损的挠起部分和大皮带的内嵌砖渣，每周必须清理一次喷水管内的污垢，每天下班前必须将机架底下、机器上面的废砖、烂砖、淤泥彻底清除干净。

3. 润滑

机器必须定期润滑，前后轴承座每班压注两次 2 号锂基耐高温润滑脂，机架前后带座轴承、联轴器每班压注一次 3 号钙基脂润滑脂；升降导轨、螺杆每周加注一次 3 号钙基脂润滑脂，传动蜗箱每周检查一次油面高度，不够时应加足 50 号齿轮油；机械无级变速器每周检查一次油面高度，如不够时应加注专用无级变速器油（型号为 Ub-1）；升降蜗箱每月检查一次油面高度，如不够应加注 N32 号机械油。摆线针轮减速机的润滑请参看抛光机传动润滑。

4. 维护

连续工作一周后检查紧固件是否紧固，运动件是否松动。连续工作 100h 后检查调整大皮带、三角带（或多楔带）张紧度，检查运动零部件的磨损和润滑和滚刀磨损程度。连续工作 2～3 个月检查、更换不锈钢垫板一次。连续工作 600h 后检查大皮带和导砖导轨的磨损情况，检查固定轴承座、活动轴承座内的轴承运转情况和传动联轴器的轴线度、上下滑移导轨副的磨损情况，如不符合要求予以调整或更换。连续工作 6 个月后对磨损严重的零部件进行修复或更换。工作一年后对运转不良的轴承进行更换，对密封件进行检查更换，对磨损零件进行检测、修复或更换，检查转动减速机的运转状况，重校工作台水平和滚刀轴线与工作台的平行度。

5. 电气保养

每周必须用高压空气吹清电控箱内及箱内各电器零件上的灰尘一次；在冲洗机器时，严禁有水冲进电控箱和控制面板内，以免电器受潮而损坏；每天用干布擦拭一次滚刀操作面板和传动操作面板，使面板保持清洁。

6. 擦洗

每班在下班前，必须擦洗机器上的污泥、油污、水垢，保持设备清洁。

7. 现场卫生

每班在工作时，必须保持现场卫生，通道畅通，地面清洁。待刮砖必须整齐地摆放在进砖线架旁边；待抛砖必须整齐摆放在抛光机连接线架旁边；烂砖及时捡出摆在规定的架子上，下班时运送到废品堆。

8. 交接班手续

交接班时，接班人员必须按交接班记录表所规定的内容检查设备、现场，并记录好，交接班人员同时签名后，交班人员方可离开；在交接班时，发现问题及时上报班长和车间。刮平工序交接班记录表见表 3-20。

表 3-20　刮平工序交接班记录表

日期　　班次　　　　　　交班人　　　　　接班人

<table>
<tr><td>实际运行时间</td><td></td><td>砖坯名称</td><td></td><td colspan="12">滚刀配置及吃刀量</td></tr>
<tr><td>故障检修时间</td><td></td><td>砖坯规格</td><td></td><td>1号</td><td></td><td></td><td>5号</td><td></td><td></td><td>9号</td><td></td><td></td><td>13</td><td></td><td></td></tr>
<tr><td>待料及其他时间</td><td></td><td>砖坯编号</td><td></td><td>2号</td><td></td><td></td><td>6号</td><td></td><td></td><td>10</td><td></td><td></td><td>14</td><td></td><td></td></tr>
<tr><td>平均线速度</td><td></td><td>刮前厚度</td><td></td><td>3号</td><td></td><td></td><td>7号</td><td></td><td></td><td>11</td><td></td><td></td><td>15</td><td></td><td></td></tr>
<tr><td>砖坯投入量</td><td></td><td>刮后厚度</td><td></td><td>4号</td><td></td><td></td><td>8号</td><td></td><td></td><td>12</td><td></td><td></td><td>16</td><td></td><td></td></tr>
<tr><td>烂砖数量</td><td></td><td rowspan="2">设备润滑</td><td colspan="2">固定轴承座</td><td colspan="2">活动轴承座</td><td colspan="2">带座轴承</td><td colspan="2">升降导轨</td><td colspan="2">传动机构</td><td colspan="3">升降减速机和升降螺母</td></tr>
<tr><td rowspan="2">烂砖原因</td><td rowspan="2"></td><td colspan="2"></td><td colspan="2"></td><td colspan="2"></td><td colspan="2"></td><td colspan="2"></td><td colspan="3"></td></tr>
<tr><td>检修部位及更换零件名称</td><td colspan="13"></td></tr>
</table>

<table>
<tr><td rowspan="2">现场卫生</td><td>整齐</td><td>清洁</td><td>清理</td><td>畅通</td><td>定置</td><td></td><td></td><td rowspan="2">设备卫生</td><td>外表</td><td>内表</td><td>机架</td><td>喷管</td><td>电控</td><td>操控</td><td></td></tr>
<tr><td></td><td></td><td></td><td></td><td></td><td></td><td></td><td></td><td></td><td></td><td></td><td></td><td></td><td></td></tr>
</table>

认真填写交接班记录表有利于信息通畅、资源共享，有利于技术沉淀和积累，有利于相互学习、相互促进、共同进步，达到技术进步、提高设备使用率、企业赢利的目的。

例如通过记录设备的有效运行时间，可以考核有效时间内的工作内容和效率分析。

记录平均线速度有利于对效率高低、设备性能好坏、滚刀配置合理与否的综合分析。

记录砖坯投入量、烂砖数量及烂砖原因分析，有利于了解砖坯质量好坏、成品率高低和操作技能高低的分析。

记录砖坯名称、规格和编号，便于事后查找质量问题产生的原因和责任人。

记录刮前、刮后的厚度有利于了解砖坯情况、总刮削量，给下一班留下参考数据。

记录滚刀配置和吃刀量，有利于分析配置是否合理和吃刀量是否合适。通过分析比较后可优选出最佳滚刀配置和最合适的吃刀量，便于技术沉淀和资料积累。

记录设备润滑状况，有利于了解和促进员工自觉检查设备润滑状况和按期加注润滑油。

记录设备检修部位和更换零件名称，有利于了解设备的易损部位和易损零件名称，便于设计改进和及时制订备件采购计划或加工计划。

记录现场卫生状况和设备卫生状况，有利于促进员工自觉搞好现场卫生和设备卫生，有利于企业执行“5S”管理，便于各班相互监督、相互促进，避免推诿和产生矛盾，有利于团结共进。

复习思考题

1. 分别叙述间歇往复式、连续式、摆动连续式刮平机的工作原理。
2. 机架工作台面不锈钢垫板的作用是什么？磨损严重时会产生什么后果？怎么解决？
3. 升降组合蜗箱的减速比是多少？现使用的刮平机升降行程每秒多少距离？
4. 650 型刮平机滚刀主轴所用轴承分别是什么型号？
5. 分别写出粗、中粗、中细、细、超细滚刀的金刚石目数和允许吃刀量。
6. 简述 12 把刀配置的工艺搭配。
7. 在 12 把刀配置时，当刮削总量为 1.1mm 时怎样分配吃刀量？
8. 怎样选择进砖方向？
9. 650 型刮平机在工作时单个滚刀电机的电流有多大？
10. 怎样调整矩形导轨和燕尾导轨间隙？
11. 怎样调整滚刀轴与工作台面的平行度？
12. 当刮平砖有边厚边薄时怎样解决？
13. 刮平砖表面有漏刮现象是什么原因产生的？怎样解决？
14. 简述活动轴承座发热的原因和排除方法。

第四章　粗磨工序

粗磨工序在整个瓷质砖抛光生产线中是一个新增加的工序，20 世纪 90 年代中期在国外开始研制和试生产粗磨设备，到 1998 年下半年，我国广东科达陶瓷机械厂研制出该设备。此道工序在抛光生产线中位于刮平工序和抛光工序中间，它起到扫平刮平刀痕，使砖面平整，为抛光工序打好基础，可起到节省粗抛磨块，提高抛光线速度的效果，但由于该工序使用的都是金刚砂磨轮，每组安装 8 个磨轮，因此磨具消耗费用高，再由于本工序对磨头的旋转精度要求很高，由此而引起了修理频繁，更换轴承频繁。而轴承都是用进口高精度轴承，费用昂贵，维修难度大，因此没有得到大面积推广。2003 年改为每头 6 个磨轮，2004 年、2005 年又对粗磨头的润滑系统进行了改进，改进后的粗磨头使用性能得到了很大的提高，粗磨工序主要由粗磨机和圆柱磨轮组成，下面以改进后的粗磨机为原型分别叙述。

第一节　粗磨设备

粗磨设备又称为粗磨机，俗称八爪鱼。其外观图如图 4-1 所示，粗磨机由机架、左右支座及横梁、粗磨头、润滑系统、冷却系统、传动、电气控制七部分组成。

图 4-1　粗磨机外观图

一、机架部分

粗磨机机架部分基本上是借用刮平机机架的图纸制作的，详见第三章第一节一、机架部分。在此不再作叙述。

二、左右支座及横梁部分

左、右支座和横梁都是用钢板焊接而成的，经热稳定消除应力后再进行机械加工，要求要有足够的强度和刚性。如图 4-2 和图 4-3 所示。横梁是用于悬挂粗磨头的（图 4-4）。根据需要，一根梁可同时悬挂 2～6 个粗磨头。磨 650mm×650mm 以上砖的横梁则需要做成摆动式，也有把磨 800mm×800mm 以下砖的粗磨机做成固定式横梁。固定式横梁用的左右支

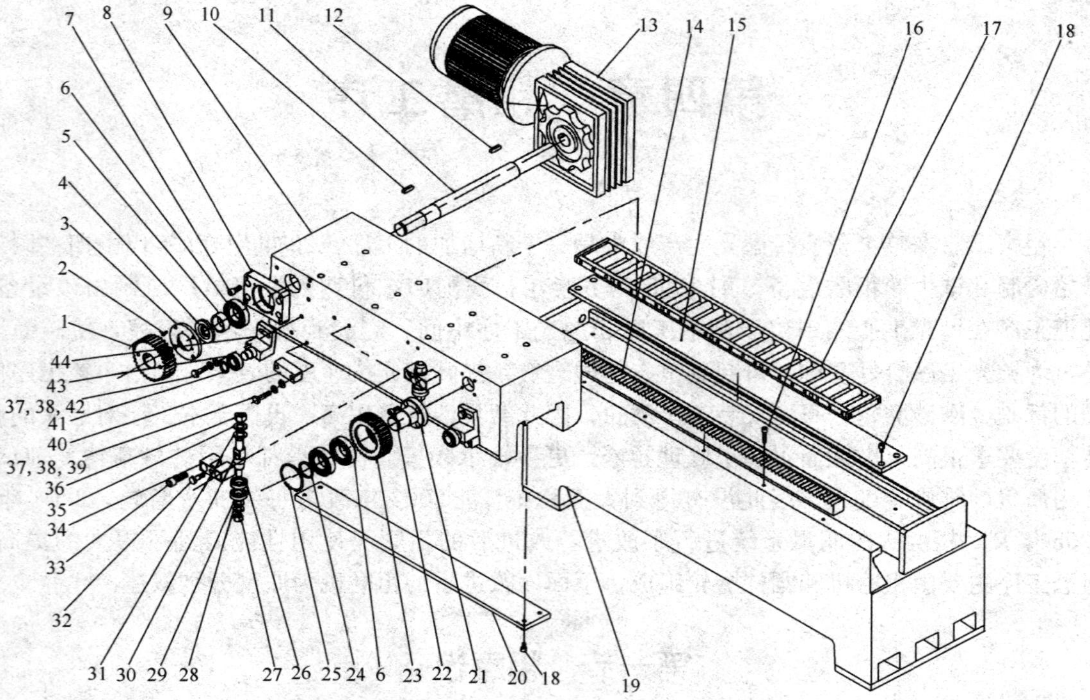

图 4-2　左右支座、横梁结构图

1—摆动齿轮；2—内六角螺钉；3—端盖；4—密封圈（$B55\times72\times8$）；5—轴套；6—轴承（6209）；7—内六角螺钉；8—轴承座；9—横梁座；10—平键；11—摆动轴；12—平键；13—摆动减速机；14—齿条；15—支座耐磨垫板；16—内六角螺钉；17—直线圆柱滚子支承组件；18—内六角螺钉；19—左右支座；20—横梁座耐磨垫板；21—同步齿轮轴；22—内六角螺钉；23—同步齿轮；24—轴用挡圈（45）；25—孔用挡圈（85）；26—轴承（6005）；27—限位轮轴；30—轮轴座；40—小轮轴定位块；42—轴用挡圈（25）43—轴承（6005）；44—小轮轴

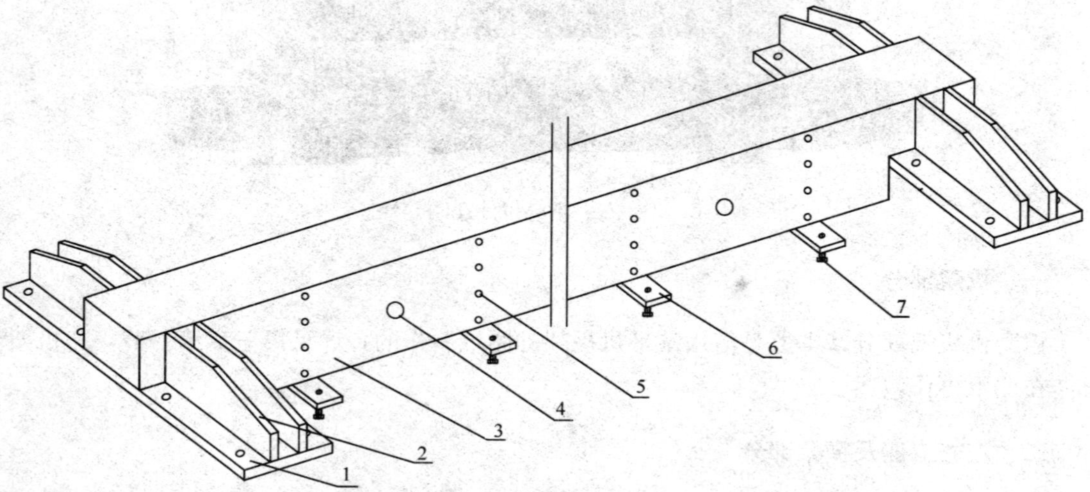

图 4-3　粗磨机横梁部件图

1—梁头安装板；2—加强板；3—横梁；4—转轴安装孔；
5—粗磨头安装孔；6—调节螺钉安装座；7—粗磨头倾角调节螺钉

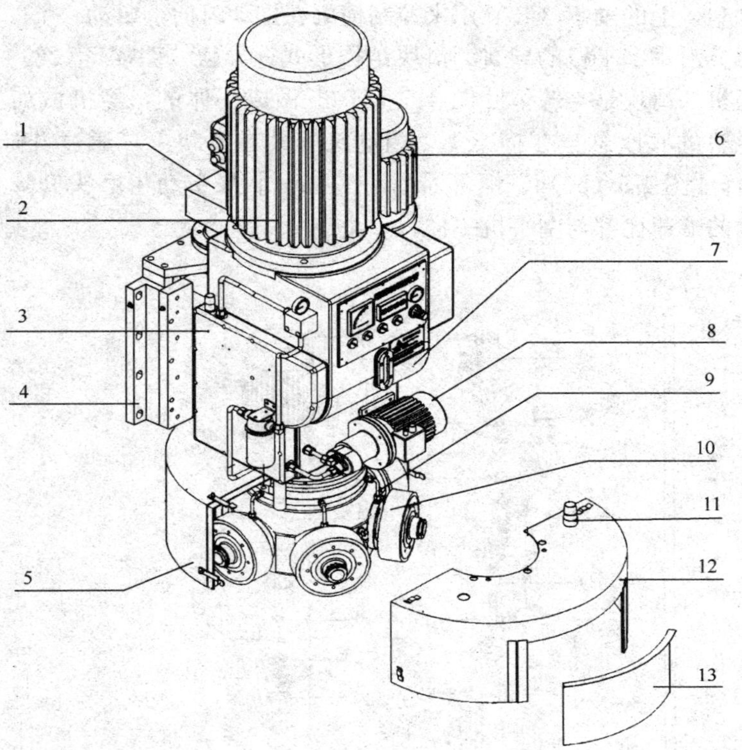

图 4-4　粗磨头外观图

1—升降减速机；2—自转电机；3—冷却水箱；4—导轨；5—后挡水罩；6—公转电机及减速箱；7—上部箱体；8—润滑油泵电机；9—粗磨头体；10—粗磨轮；11—环型喷水管；12—前挡水罩；13—观察门

座结构简单，在此不作叙述。

因摆动式粗磨机适应磨各种规格的砖，所以以摆动式粗磨机作为叙述的原形，如图 4-2 所示，左右支座（19）是安装在机架两端的支座安装板上，在左右支座（19）的凹槽内装上支座耐磨垫板（15）和直线圆柱滚子支承组件（17），齿条（14）用内六角螺钉（16）固定在支座上，将装好耐磨垫板（20）的横梁座（9）分别放在左右支座直线圆柱滚子支承组件（17）上，横梁部件（图 4-3）上的梁头安装板（1）分别与左右支座上的两个横梁座（9）连接并紧固，再按图 4-2 装入摆动轴（11）、摆动减速机（13）、摆动齿轮（1）、同步齿轮组件（23）、限位轮轴组件（27）和小轮轴组件（44）。摆动减速机（13）是固定在横梁（3）图（4-3）背后的安装板上。定位销轴［图 4-5（30）］一端安装在横梁转轴安装孔（4）内，一端安装在导轨［图 4-5（28）］的中心孔内。导轨背面紧贴横梁安装面，用螺钉紧固。横梁上调节螺钉（7）是用来调节粗磨头倾角。

其摆动原理是摆动减速机电机得电后通过减速机、摆动轴带动摆动齿轮在齿条上做水平滚动，因齿条是固定在支座上的，从而推动横梁、横梁座在直线圆柱滚子支承上向前（操作面）做水平运动。当遇到前限位开关时，摆动减速机电机改变旋转方向，从而推动横梁向后（非操作面）做水平运动；当遇上后限位开关时，摆动减速机电机又恢复原旋转方向，横梁又向前水平运动，就这样实现往复摆动。限位轮轴（27）上的轴承（26）用来控制横梁左右移位。小轮轴（44）上的轴承（43）用来控制横梁在摆动时向上窜动。

滑块升降部分沿用刮平机的导轨、滑块结构形式。导轨［图 4-5（28）］、滑块是用铸铁浇铸而成，粗磨机的滑块是与箱体［图 4-5（57）］做成一体的，经机械加工配刮后装配成导轨副组件，导轨的底座悬挂在横梁上，粗磨头安装在滑块上，通过升降减速机［图 4-5（43）］、升降螺杆［图 4-5（50）］、螺母［图 4-5（51）］来带动粗磨头升降。升降电机功率和组合减速蜗箱的减速比都与刮平机一样。

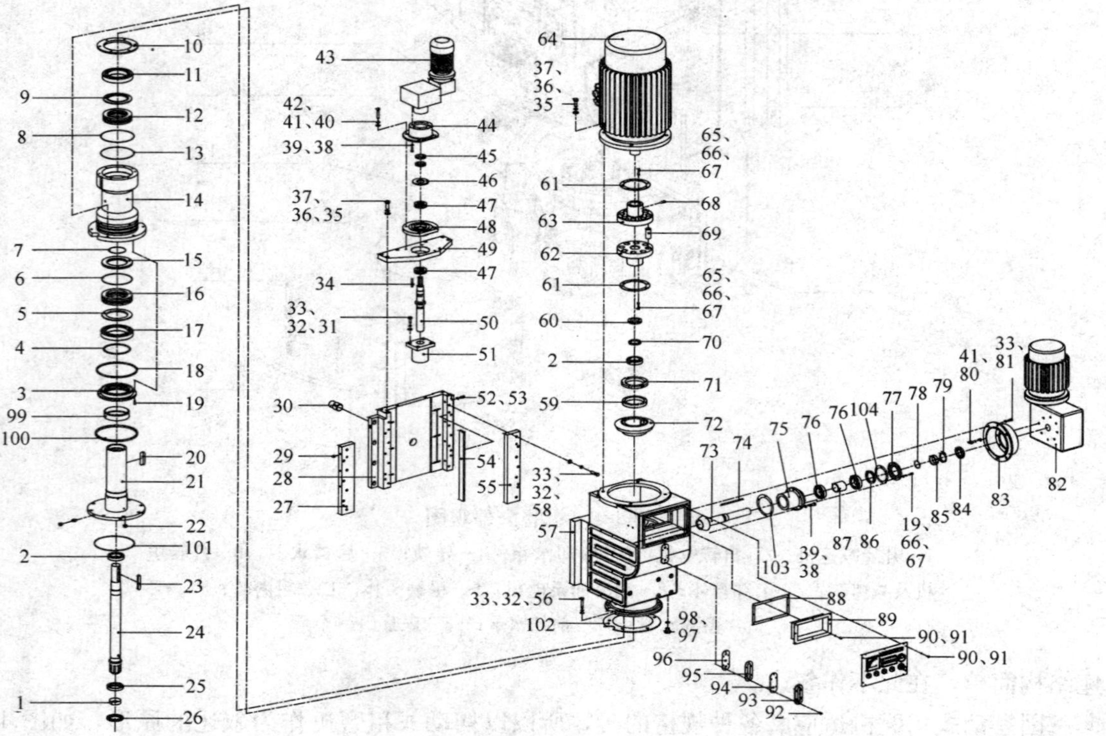

图 4-5　粗磨头上部结构图

1—轴修复圈（TS0099242）；2—圆锥滚子轴承（32011X）；3—下端盖；4—密封圈（FB140×170×14）；5—隔环 1；6—O 形密封圈（160×5.3）；7—格来圈（TG3201150-T40NA）；8—O 形密封圈（236×5.3）；9—隔环 2；10—上端盖；11—圆柱滚子轴承（NU1022）；12—推力球轴承（51222）；13—O 形密封圈（218×7.0）；14—套筒；15—隔圈；16—推力球轴承（51224）；17—圆柱滚子轴承（NU1024）；18—O 形密封圈（175×2.65）；20—平键；21—空心轴；23—平键；24—高速轴；25—挡环；26—密封圈（B62×90×10）；27—导轨压板；28—导轨；29—油杯；30—定位销轴；34—平键；43—蜗杆减速器（NMRV-4010/6330-370）；44—连接法兰；45—圆螺母（M40×1.5）；46—压盖；47—推力球轴承（51208）；48—丝杆座；49—支撑板；50—丝杆；51—丝杆螺母；54—镶条；55—导轨压板；57—箱体；59—轴套；60—圆螺母（M52×1.5）；61—挡板；62—下联轴器；63—上联轴器；64—电动机（Y200L-8-B5）；69—弹性柱销；70—垫圈；71—圆螺母（M110×2）；72—上部大锥齿轮；73—上部锥齿轮轴；74—平键；75—轴承座；76—圆锥滚子轴承（32210A）；77—透盖；78—O 形密封圈（45×2.65）；79—止退垫圈；82—蜗杆减速器（WJ110A-15-4K）；83—蜗箱连接法兰；84—圆螺母（M48×1.5）；85—轴套；86 密封圈（B60×80×8）；87—隔板；88—胶垫；89—盖板；93—压板；94—有机玻璃板；95—密封垫；96—衬板；97—螺塞；98—密封垫；99—镶套；100—毡圈；101—O 形密封圈（265×3.55）；102～104—调整垫（括号内数字仅供参考，因制造厂家不同，结构也不同）

三、粗磨头部件（图 4-4）

粗磨头部件是以 6 个高速旋转（自转）的金刚砂磨轮在公转的作用下，对刮平砖扫平刮平刀痕，进一步提高待抛砖的平整度，从而达到提高抛光砖的产量和抛光砖的质量，节约抛光磨具的效果，如图 4-4 粗磨头外观图所示。粗磨头分为上、下两部分。上部叫粗磨头上部，它由升降减速机（1）、主传动（自转）电机（2）、润滑油冷却水箱（3）、导轨（4）、公转电机及减速蜗箱（6）、上部箱体（7）、油泵电机（8）组成。粗磨头下部通称粗磨头，由后挡水罩（5）、粗磨头体（9）、粗磨轮（10）、环型喷水管（11）、前挡水罩（12）、观察门（13）组成。

粗磨头上部结构如图 4-5 所示。

粗磨头结构如图 4-6 所示。

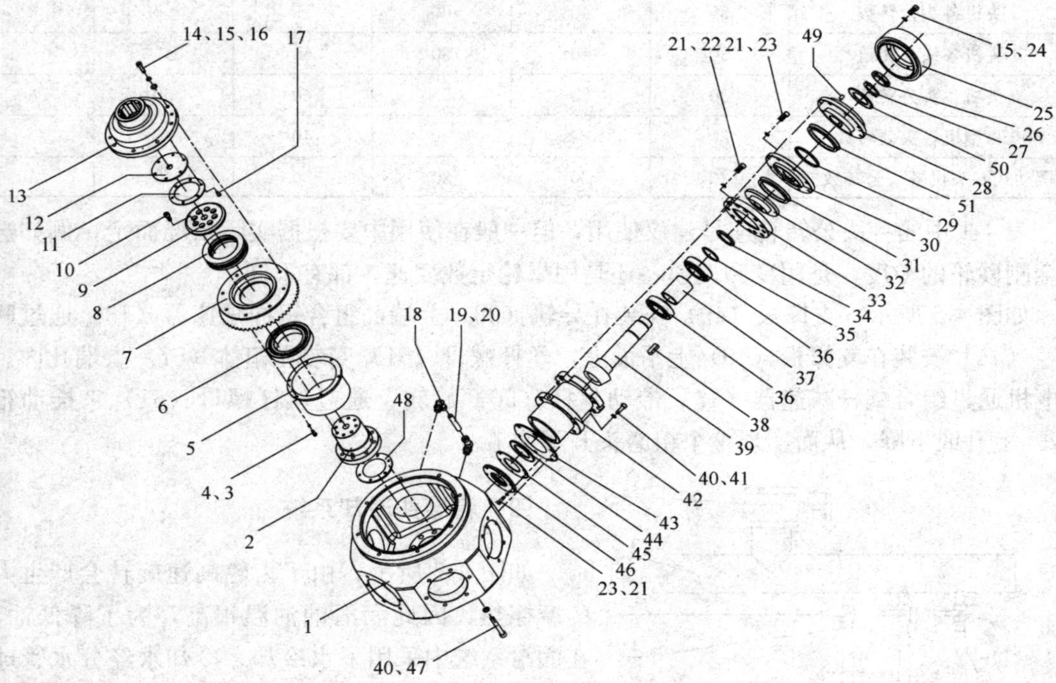

图 4-6　粗磨头结构图

1—磨头座；2—轴承座；3—弹簧垫圈；4—内六角螺钉；5—导油环；6—轴承（6016）；7—大锥齿轮；8—推力轴承（51216）；9—轴承压盖；10—内六角螺钉；11—压环；12—圆形橡皮块；13—联轴器；14—内六角螺钉；17—盘头螺钉；18—直角管接头（M14×1.5）；19—油管（10×8）；20—密封垫；22，23，24—内六角螺钉；25—金刚石磨轮；26—圆螺母（M36×1.5）；27—止退垫圈；28—磨轮联结法兰；29—O 形密封圈（50×2.65）；30—透盖 2；31—密封圈（FB60×80×8）；32—叶轮；33—透盖 1；34—密封圈（FB50×68×8）；35—O 形密封圈（35.5×1.8）；36—圆锥滚子轴承（32208A）；37—隔套；38—平键；39—小锥齿轮；41—内六角螺钉；42—轴承套；43—调整垫 1；44—碟形弹簧；45—调整垫 2；46—端盖；47—内六角螺钉；48—调整垫（3）；49—紧定螺钉；50—平垫圈；51—镶套

将图 4-5、图 4-6 结合起来叙述粗磨头工作原理：主传动电机（64）通过上联轴器（63）、下联轴器（62）、高速轴（24）、联轴器［图 4-6（13）］、大锥齿轮（7）、小锥齿轮（39）、磨轮联结法兰（28）带动金刚磨轮自转，转速高达 2800r/min。蜗杆减速器（43）通

过锥齿轮（73）、上部大锥齿轮（72）、空心轴（71）带动磨头座［图 4-6（1）］公转，磨头座是吊装在空心轴下端面上。粗磨头的公转的转速较慢，一般在 20～60r/min 范围内选择。每个磨头在粗磨工序的位置不同，其公转的转速也有区别，在粗磨机进砖端的粗磨头公转速度较慢，在粗磨机出砖端的粗磨头公转速度较快，横梁整体摆动的粗磨头公转速度更应该慢些。磨 800mm×800mm 砖的粗磨头较磨 600×600mm 砖的粗磨头公转速度要慢。公转的转速是选用蜗轮齿数、蜗杆头数来实现公转速度的变化，也有很多是选用变频器来改变公转电机的转速从而实现公转转速的变化。粗磨头各头公转转速与配置头数的关系表见表 4-1。

表 4-1　粗磨头各头公转转速与配置头数的关系表

顺序号 / 配置	在粗磨机中的安装顺序号(从进砖端起)					
	1号	2号	3号	4号	5号	6号
2 头机各头公转数	30	40	—	—	—	—
3 头机各头公转数	30	40	60	—	—	—
4 头机各头公转数	30	40	50	60	—	—
6 头机各头公转数	30	30	35	40	50	60
800/4 型机各头公转数	20	20	30	40	—	—
摆动式 6 头机各头公转数	20	20	30	30	40	40

表 4-1 中的各头公转转速是建议使用，但一般在使用中要根据实际情况而定，例如选用的金刚砂轮的粒度，是用变频调速，还是用蜗轮定数变速，都有不同。

如图 4-5 所示，支撑板（49）安装在导轨（28）上端，组合蜗杆减速器（43）通过联结法兰（44）安装在支撑板（49）上平面上，丝杆螺母（51）安装在箱体（57）上端孔内。升降电机通过组合蜗杆减速器（43）带动丝杆（50）旋转，通过丝杆螺母（51）来推动箱体（57）上升或下降，从而实现整个粗磨头升降调节。

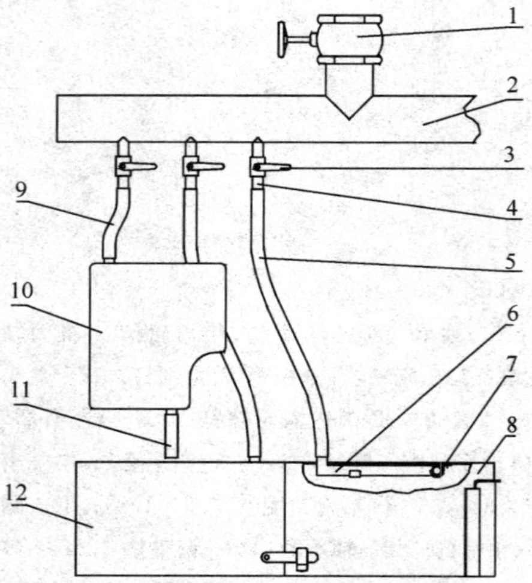

图 4-7　粗磨头冷却系统示意图

1—总闸阀；2—总水管；3—分水管球阀；4—水管接头；5—网纹塑胶水管；6—半圆弧形喷水管；7—管卡；8—前挡水罩；9—箱盖进水管；10—箱盖；11—箱盖出水管；12—后挡水罩

四、粗磨头冷却系统

如图 4-7 所示，由于齿轮高速旋转会产生大量的摩擦热，因此润滑油油温很高，为了降低油温，在润滑系统中采用了水冷却。冷却水经分水管球阀（3）、水管接头（4）、箱盖进水管（9）进入箱盖（10）内，冷却油管［图 4-8（17）］后由箱盖下部出水管（11）流入挡水罩上部孔内，进一步冷却磨头座外壳。出水管（11）不能插入挡水罩上部孔内，要求离开挡水罩 30mm 左右，便于操作者观察箱盖内是否有冷却水流出，确保设备正常运行。

由于磨轮高速旋转，并且与砖产生切削关系，所以产生很大的热量，齿轮高速旋转也会产生热量，同时，磨轮在切削砖面时也会产生很大的切削热和粉尘。因此就要有足够的冷却水，通常是把冷却水管做半圆弧状，在朝砖面的方面均匀钻制小孔，将冷却水管装在防尘罩内顶板上，工作时冷却水经总闸阀（1）、总水管（2）、分水管球阀（3）、水管接头（4）、网纹塑胶水管（5）进入半圆弧形喷水管（6），从半圆弧形喷水管小孔中喷出，要求喷在磨轮上，由于磨轮是高速旋转，把冷却水飞溅开来，落到粗磨头的各个部位，起到冷却作用，同时冲走磨削下来的粉尘。由于有前防尘罩（8）、后防尘罩（12），水不会飞溅到外面，防尘罩起到保护作用。

五、粗磨头润滑系统

油路冷却水箱、油路部分结构如图 4-8 所示。它主要由滤清器（1）、箱盖（7）、压力表（13）、橡胶密封垫（15）、油路冷却管（17）、油泵电机（21）、齿轮油泵（27）组成。

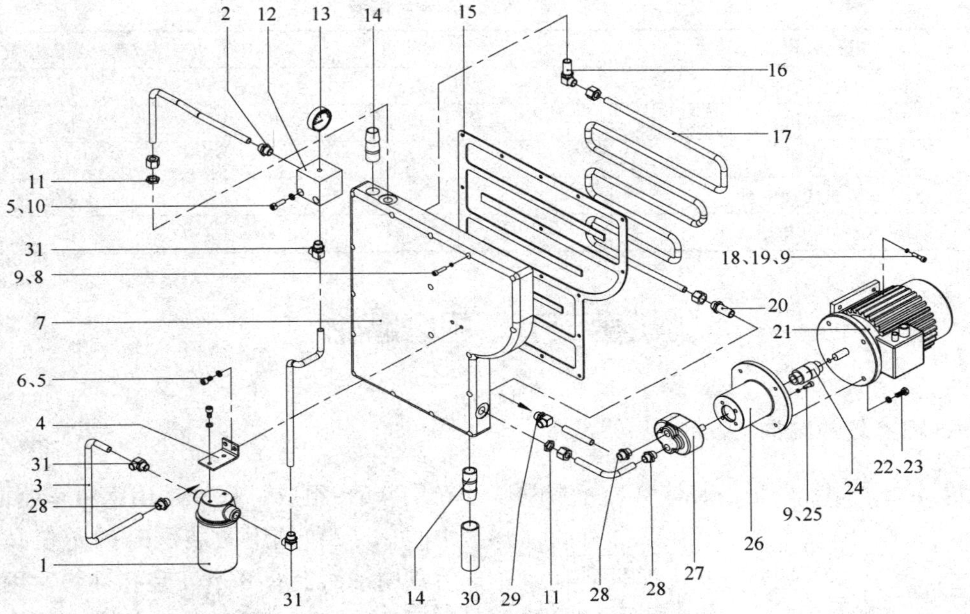

图 4-8　粗磨头油路冷却水箱、油路结构图

1—机油滤清器（22904）；2—直通管接头（R3/8）；3—紫铜管；4—油路安装板；6—内六角螺钉；7—箱盖；8，10—内六角螺钉；11—组合密封垫；12—连接块；13—压力表；14—水管接头；15—橡胶密封垫；16—直角管接头（FKBL-12）；17—油路冷却管；18—六角头螺栓；20—直通管接头（FKB-12）；21—油泵电机；23—六角磁浮螺栓；24—联轴器（14×32/JI；12×27）；25—内六角螺钉；26—油泵联结法兰；27—齿轮油泵；28，29—直通管接头；（Z3/8）；30—水管；31—直角接头（R3/8）

将图 4-5、图 4-6、图 4-8 结合起来叙述润滑油油路循环途径：润滑油由箱体［图 4-5（57）］内油池经直通管接头［图 4-8（29）］，齿轮油泵［图 4-8（27）］泵出，进入冷却管［图 4-8（17）］、连接块［图 4-8（12）］、滤清器［图 4-8（1）］、紫铜管［图 4-8（3）］、进入箱体［图 4-5（5）］、套筒［图 4-5（14）］下部格来圈［图 4-5（7）］处，润滑空心轴［图 4-5（21）］下部轴承，再经空心轴下部法兰周边的分油孔进入粗磨头油管［图 4-6（19）］、轴承套［图 4-6（42）］内，润滑该部分轴承后经叶轮［图 4-6（32）］泵入磨头座［图 4-6（1）］腔内，再经导油环［图 4-6（5）］导进高速轴［图 4-5（24）］中心孔内，由高速轴［图 4-5（24）］上部轴径上的出油口溢出，润滑空心轴［图 4-5（21）］上部轴承后流入箱体［图 4-5（5）］下部油池。粗磨头润滑系统油路复杂，只要有一处密封圈出现问题，整个油路的压力就会下降，为了随时

发现问题，在系统中加装了压力表［图 4-8（13）］，此压力表是用来观察系统中润滑油压力。润滑系统压力为 0.1～0.2MPa 之间。

六、粗磨机传动部分

与刮平机相应机型完全一样，参看第三章刮平工序传动部分。

七、粗磨机电气控制部分

与刮平机基本一样，只是有个别电机功率不同而产生断路器的规格不同，其他都大同小异，因此不作详细叙述。电机功率一览表见表 4-2。

表 4-2　电机功率一览表

电机名称	功率(kW)	建议断路器安培数(A)
主电机	18.5	45
公转电机	5	12
升降电机	0.37	1
3～4 头机传动电机	3	8
6 头机传动电机	4	10

第二节　粗磨磨轮

一、粗磨轮的结构

粗磨轮（图 4-9）是由基体（1）、金刚砂磨料层（5）组成。基体是用钢材车制而成的，中心孔（2）是用做装配时的定位孔，在法兰盘内端面上有 8 个安装孔（4），用来安装紧固磨轮。磨料层与基体结合是用高温高压压制而成的，外圆直径在 $\phi175$～$\phi180$mm 之间，轮宽 60mm 左右，金刚砂磨料层厚度为 9～10mm。由于粗磨轮制造厂商多，因此各种尺寸都有不同，选用时主要注意每组粗磨轮的外圆尺寸必须一致，定位孔要与粗磨头磨轮联结法兰定位台阶尺寸一致，安装定位面（3）要与磨轮轴心线垂直，安装孔（4）要能顺利地装上紧固螺钉即可。

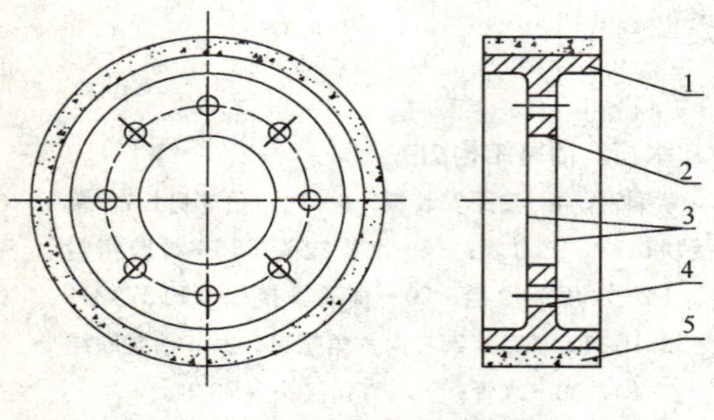

图 4-9　圆柱形粗磨轮结构图
1—基体；2—安装定位孔；3—安装定位面；4—安装孔；5—磨料层

二、粗磨轮磨料层的组合成分和制作工艺

在第三章刮平工序中我们叙述了滚刀刀头的组合成分和制作要点，它们有很多相似之处，为了使读者更加明确，还是给予详细的叙述。

粗磨轮磨料层的主要成分是铜粉和金刚石粉，还要加入些铝粉、镍粉、钴粉用来调整磨轮的使用性能。制作基体的材料为 35 号钢，铜粉是作为结合剂，金刚石粉是磨料。

其制作工艺分两步：一是基体制作，用 35 号钢锻打后车制成基体坯；二是磨轮制作，配料、搅拌、冷压成块状，再与基体坯同时装模、加温、热压成形，其工艺路线如下：

基体：下料→锻打→车制基体坯
磨轮：配料→搅拌→冷压块状坯 ＞ 同时装模→加温→热压→卸模→磨轮→光车定位孔和定位端面→磨外圆（开刃）→钻安装孔→动平衡→油漆→包装进仓

与滚刀刀头的制作工艺不同之处是滚刀刀头与基体的结合是焊接而成，而粗磨轮磨料层与基体的结合是热压合，其整个切削面是一个环形状整体。制造工艺较为复杂，难度大，用料多，造价高。

三、粗磨轮的使用性能

粗磨轮既是磨具，又是高速旋转的机械零件，必须具有物理性能和机械性能的双重性。

1. 物理性能

粗磨轮的物理性能可分为三种：锋利性、耐磨性和综合性。

锋利性——磨轮容易磨损，金刚砂粒容易露出，切削量大，但使用寿命短。

耐磨性——磨轮不易磨损，金刚砂粒露出缓慢，切削量小，使用寿命长。

综合性——磨轮磨损程度介于锋利性和耐磨性两者之间，金刚砂粒较易露出，切削量较大，使用寿命较锋利性的长。

以上三种物理性能的粗磨轮都有一个共性，就是新装上时不够锋利，使用 1～9h 后锋利度越来越好，这是由于磨料被结合剂包裹着，没有露出来。当使用时磨轮与砖面发生摩擦，结合剂比金刚砂软得多，因此结合剂被磨掉，露出金刚砂磨料，此时锋利度最好。当磨轮快用完时，磨料的数量在减少，当用到快露出基体时，锋利度直线下降。图 4-10 为圆柱形粗磨轮锋利指数曲线图。

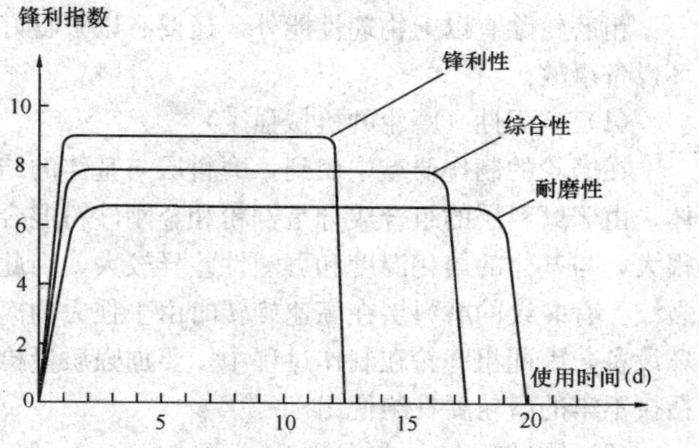

图 4-10　圆柱形粗磨轮锋利指数曲线图

锋利性磨轮由于使用时间短，磨每平方米砖使用磨轮费用高、不经济，一般厂家很少用，如果遇上特殊砖质时才使用；耐磨性磨轮使用时间长，但生产效率低，一般厂家也很少用；综合性磨轮是每个厂家都喜爱使用的，费用也不高，效率又高，因此，一般都使用综合性磨轮。下面就三种类别磨轮的使用性能以表格形式说明如下，见表 4-3。

表 4-3　磨轮使用性能表（以每天生产 20h 计算）

类别	适应砖种	切削量	使用期限(d)
锋利性	硬	0.10	10～12
耐磨性	软	0.05	18～20
综合性	中硬	0.08	16～18

粗磨轮除有以上的性能外，还有粒度之分，国内的粗磨轮粒度分组一般有 2～3 组，国外的粒度分组也有 3 组。国内外圆柱形金刚磨轮目号比较表见表 4-4。

表 4-4　国内外圆柱形金刚磨轮目号比较表

组别	国内目号	切削量	国外目号	切削量
1	80#	0.10	100#	0.08
2	100#	0.08	150#	0.05
3	120#	0.05	180#	0.03

由表 4-4 中可以看出，国外目号较国内的目号要细，切削量要小。

国内外粗磨轮目号为什么会有差异呢？主要是根据国情不同，由于国外的建材行业起步早，生产时间长，已从粗糙形走上精细性，市场对地砖的要求不是数量多而是要质量好的高档砖，国外消费水平相对国内的高，所以价贵的高档砖有市场。

由于国内建材行业起步晚，在砖坯生产方面平整度不够，再由于国内的消费水平不高，市场要求大众化，即价格低的中档砖，因此生产厂家就要追求生产效率，所以就要求磨轮磨料粒度粗和相对锋利（即综合性）。

2. 机械性能

粗磨轮除有以上物理性能外，还要有以下良好的机械性能，否则将会引起人身事故和损坏设备事故。

（1）牢固性（磨轮的机械强度）

在磨轮的制作要点中谈到，磨料层与基体的结合是热压合，实际上磨料层是一个环状物体，由于磨料层的组合成分是铜粉和金刚砂粉混合而成的，铜在加热、冷却的过程中可塑性很大，与基体的熔化温度和可塑性差异较大，因此磨料层在热压合后的冷却过程中容易产生裂纹。有裂纹的磨料层在高速旋转时由于强大的离心力容易使其炸开，碎片会飞出伤人或打坏设备，因此粗磨轮在制作过程中，要加强质量检验，只要发现磨料层有裂纹、疏松与基体粘接不牢的磨轮要杜绝使用。

（2）同轴性

粗磨轮的外圆与中心定位孔要有良好的同轴性，安装定位面要与中心孔的轴心线垂直，总的要求就是磨轮在高速旋转中不能有跳动和摆动的现象，这也是制造过程中要检验的重要项目。

（3）平稳性

粗磨轮在高速运转中，不能有振动，要求平稳。如果有振动会造成烂砖和损坏设备，因此该磨轮不能有偏重的现象，整个磨轮在加工完工后必须要做动静平衡试验方能使用。

（4）每组磨轮直径一致性

在整个磨削过程中，要求每组磨轮（有 8 个一组、6 个一组）中的每个磨轮都要接触砖面，不能有个别磨轮悬着的现象，因此就要求每组中的每个磨轮的直径都必须一致，不然磨出来的砖面就不平整，严重时会磨出深沟，使下道工序无法进行。

四、粗磨轮结构改进

由于圆柱形粗磨轮制造困难而导致价格高，对增加抛光砖的成本有直接影响，国内有多家超硬材料公司针对粗磨轮的工作状况对其进行了结构改进，改进的主要内容是将原整体热压成形法改为块状焊接法，即改成像滚平刀那样的结构。这样可节约大量的金刚石材料，降低了磨具消耗费用，节约了成本。改进后的粗磨轮结构如图 4-11 所示。它与滚平刀一样有五线和八线之分，根据国内一家公司在 2005 年对改进后的粗磨轮磨削效果的研究结果表明：金刚石块螺旋线与粗磨轮端面的夹角小于 30°时的八线轮为最好，磨出的砖面没有啃边和挖坑现象，只有少量的鸡爪痕，砖面平整细腻，是较理想的粗磨砖面。八线轮的使用寿命与圆柱轮相近，并且可制成多种目号，因此有多家陶瓷厂使用。改进性粗磨轮的目号、吃刀深度、配置表见表 4-5。

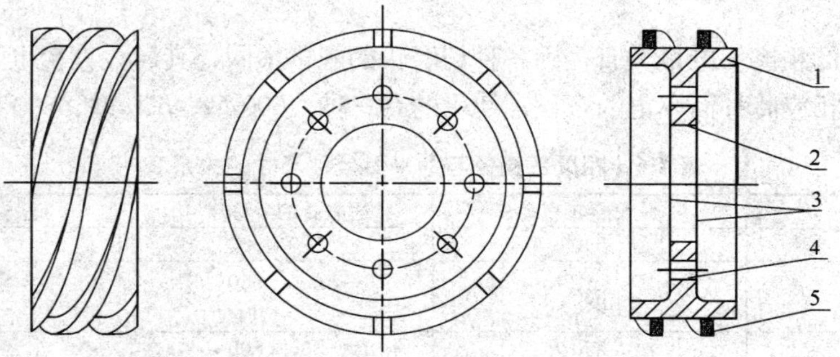

图 4-11　改进性粗磨轮结构图

1—基体；2—安装定位孔；3—安装定位面；4—安装孔；5—块状磨料条

表 4-5　改进性粗磨轮的目号、吃刀深度、配置表

组别	目号	最大切削量	配置粗磨机头数		
			6 头粗磨	4 头粗磨	3 头粗磨
1	50#	0.15	●	●	●
2	60#	0.13	●	●	
3	70#	0.11	●		
4	80#	0.10	●	●	●
5	100#	0.08	●		
6	120#～180#	0.05～0.03	●	●	●

第三节　粗磨工艺

一、粗磨机导砖导轨与砖坯的间隙

在刮平工艺一节中，我们要求刮平机导砖导轨与砖坯的间隙为 3～5mm，那么在粗磨工序中就没有必要这么严格，其间隙可放大到 5～8mm，只要粗磨头磨轮最大旋转线能罩住砖面即可，不至于要求两边间隙一致，因为粗磨轮是在自转的情况下绕公转运行的，它不会因两边的间隙问题而把磨轮磨坏。

二、粗磨头的公、自转方向与进砖方向的关系

在粗磨工序中，左向粗磨机与右向粗磨机其粗磨头的公、自转的旋转方向始终是一致的，没有不同，而所要求的旋转方向是确定的，不能改变。粗磨头磨轮的自转是逆时针旋转，粗磨头的公转也是逆时针旋转，其公转、自转的方向是一致的。因为粗磨头是螺旋伞齿轮传动，主动螺旋伞齿轮为右旋向，配偶的小螺旋伞齿轮轴就应该是左旋，如果改变旋转方向，小伞齿轮就自动往里吃进而消除齿侧间隙，并会越转越咬，越咬越紧，从而加速齿轮副的损坏。所以粗磨头的旋转方向由其结构确定，无法改变，粗磨头的公、自转方向与进砖方向没有关系，但是左向机和右向机的主要区别是操作面的位置改变，传动机构的安装位置改变，水管、电源的进线位置有所改变。

三、粗磨头直径与待磨砖公称尺寸之间的关系

装好粗磨轮的粗磨头的最大直径因各种粗磨头的规格不同，其最大直径也不同，粗磨头各种规格是以适应相应砖种而设定的，通常使用的有三种：500 型、650 型、800 型，见表 4-6。

表 4-6　粗磨头直径与刮平砖公称尺寸的关系表　　mm

粗磨头型号	最大旋转直径	适应砖的公称尺寸	磨轮在砖面宽度
500 型	540	500×500	40
650 型	660	650×650 600×600	55 30
800 型	820	800×800	50
摆动型	660	1000×1000	40

从表 4-5 和图 4-12 可以看出，粗磨头的直径 M 一定要大于砖的公称尺寸 N，即 $M>N$；粗磨轮在砖面的宽度 L 不能小于 30mm，即 $L\geqslant 30$mm，这样就能保证粗磨轮不管旋转到任何位置，都是在砖面进行磨削。图 4-12 中 H 为相对两个粗磨轮的最小内距离，如果最小内距离大于所磨砖公称尺寸 N，那么磨轮就会间歇地在砖面磨削，当相对两个磨轮的中心连线与砖边垂直时，这两个磨轮就离开了砖面而悬空。这组磨轮在随粗磨头的公转转过一定的角度后又重新爬上砖面，这样容易造成粗磨砖面质量问题，就是由于磨轮在离开砖面和爬上砖面一瞬间时，会造成啃边现象，因此通常情况下不允许 $H>N$，并且要求磨轮在砖面的宽度 $L\geqslant 30$mm 为宜。

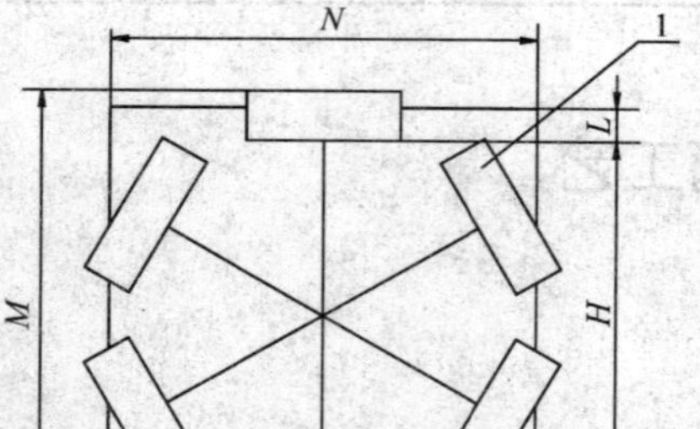

图 4-12　粗磨头直径与砖公称尺寸的关系

1—粗磨轮；2—砖面

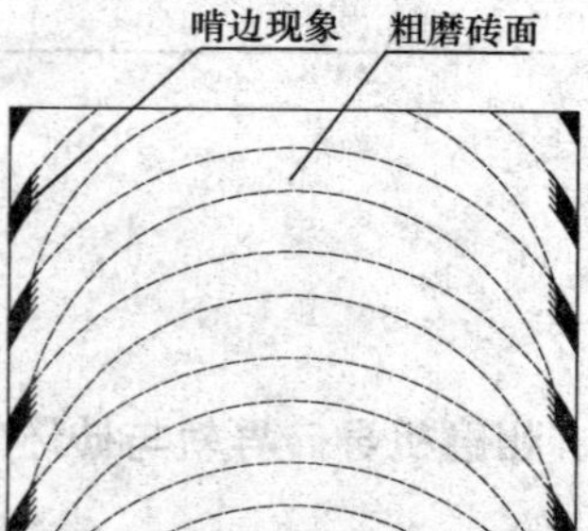

图 4-13　啃边现象示意图

但也有特殊情况，例如用 650 型粗磨头磨 500mm×500mm 砖，用 500 型粗磨头磨 400mm×400mm 砖。在这种情况下，磨轮就会间歇地在砖面磨削，以至于产生啃边，如图 4-13 所示。为了消除这种现象，就要求粗磨头每个磨轮的齿轮轴上的轴承不能有间隙，每个磨轮的旋转精度要高。

四、选择粗磨头的倾斜角度（图 4-14）

由生产实践得知，粗磨头上部的主轴中心线与砖面不能垂直（指与砖的运行方向），要小于 90°，其倾角应该在 0.1°～0.5°之间，也就是说粗磨头的旋转平面不能与砖面平行，要有一定的夹角，此夹角不能大，因此无法用角度来衡量，只能用 A、B 两点距砖面的距离来计量，一般情况 $B-A=0.1$～0.2mm 之间为宜，倾斜方向是朝进砖方向为好。

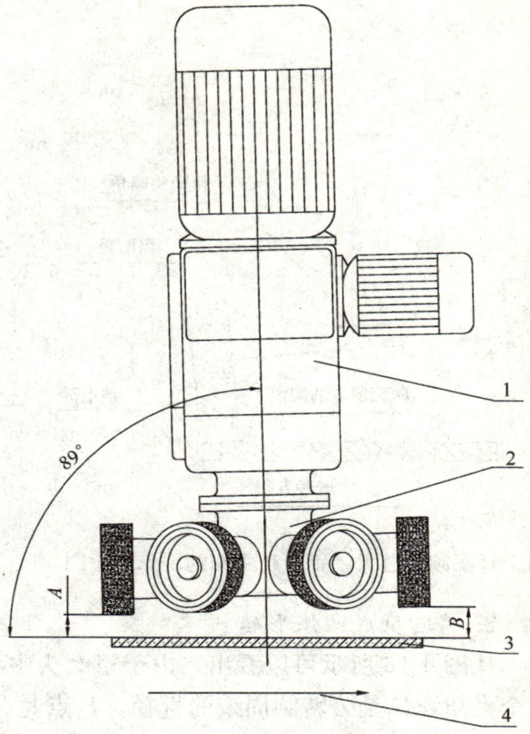

图 4-14　粗磨头倾斜角度示意图

1—粗磨头上部；2—粗磨头；3—砖；4—进砖方向

在刮平机一节中，我们讲过平皮带的作用和性能，它的作用是拖着被磨砖不断地向前运行，同时要求平稳，有一定的弹性，但厚薄要求甚严，由此可知它是一个移动着的工作台面。被磨砖放在平皮带上，粗磨头的旋转平面如果与砖面绝对平行，那么当粗磨轮接触砖面时，这片砖是整面受压，又将此压力传给平皮带，平皮带就是大面积受压，弹性物体大面积受压等于蓄能，这种能量始终要择放出来，只是寻找机会。我们粗磨头有 8 个磨轮或 6 个磨轮，在整个圆周线上磨轮与磨轮之间是有一定距离，这个距离就是两磨轮之间的空当。当前一个磨轮越过砖边，第二个磨轮来到的一瞬间，此处砖边是空着的，那么平皮带的受压能量就有可能在这一瞬间在此处砖边释放出来，此处砖边有可能往上挠起，正在这时第二个磨轮要压上砖边，在刚接触的一瞬间，由于接触面小，不可能将此处砖边压下去。由于磨轮是高速旋转的，因此只好将此处砖边啃去一小块，当第二个磨轮继续前进，大面积压在砖上，那么此处砖面又被压到正常位置，所以如果粗磨头的旋转平面与砖面平行，就会产生啃边。如图 4-13 啃边示意图所示，后道工序无法将啃边处磨平，使返抛率增加、优等率降低，因此，经长时间使用摸索出粗磨头上部主轴中心线倾斜一定的角度，能有效地消除啃边现象。除以上工艺性问题产生啃边现象外，机械性能不良也会产生啃边现象，如小齿轮轴轴承游隙过大、坏损，粗磨轮外圆跳动等。

如果粗磨头的倾角过大，会造成以下几个问题：

1. 挖沟

由于粗磨头的倾角过大，磨轮与砖的接触面积减少，如图 4-15 所示。从图 4-15 中可以看出粗磨轮 b 与砖的接触情况，粗磨轮 b 将砖面磨出一条深痕，而粗磨轮 a 没有与砖面接触，无法将粗磨轮 b 留下的痕迹磨掉，因此在砖面就留下了如图 4-15 所示的沟痕。

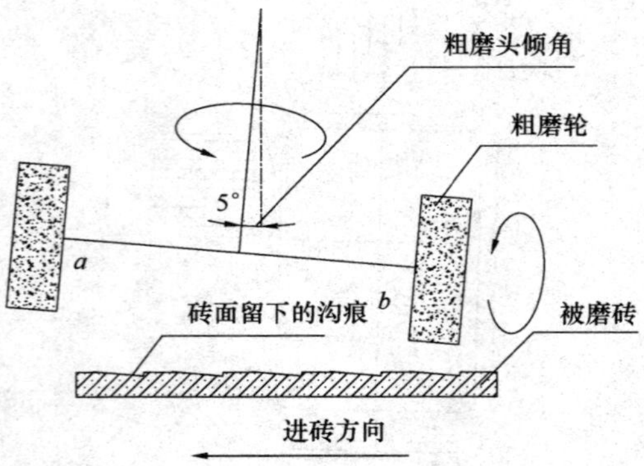

图 4-15　倾角过大，砖面产生挖沟现象示意图

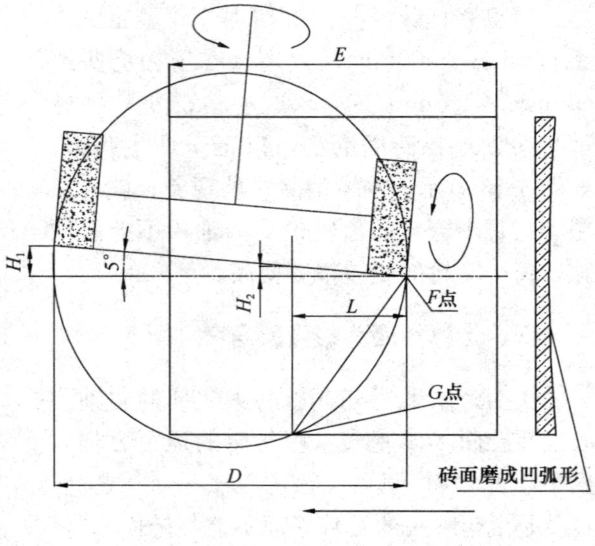

图 4-16　倾角过大，砖面磨成凹形示意图

2. 将砖磨成凹弧形砖

从图 4-16 所示可以看出，由于粗磨头中心线倾斜，粗磨轮的公转圆周线与砖面形成了一个夹角，D 是公转圆周线的直径，F 点是公转圆周线上最低点。设 F 点正好与被磨砖运行方向中心线重合，G 点是公转圆周线与被磨砖边的交点。当 F 点与砖面接触时，F 点相对点与砖面就产生了距离 H_1，粗磨轮的公转圆周线与砖边交点 G 也相应地存在距离 H_2。当粗磨轮运转到 G 点时正好接触砖面，那么 F 点就要磨进砖面，并且磨进的深度正好等于 H_2。当被磨砖沿进砖方向走出粗磨轮公转圆周线范围就被磨成了凹弧形砖，H_2 也是该砖的凹弧形深度。H_1 可用塞规实际测出，公转圆周线直径 D 和砖公称尺寸 E 为已知，利用计算公式 $H_2=\frac{H_1L}{D}$，可计算凹弧形深度 H_2。由三角函数定义可得 $L=\frac{D}{2}-\sqrt{\left(\frac{D}{2}\right)^2-\left(\frac{E}{2}\right)^2}$，代入公式得：$H_2=\frac{H_1\left[\frac{D}{2}-\sqrt{\left(\frac{D}{2}\right)^2-\left(\frac{E}{2}\right)^2}\right]}{D}$。只要将相关的已知数据代入此公式就能顺利计算出凹弧形深度 H_2。当然此值是个近似值，因为忽略了当公转圆周线平面与工作台不平行时，测量 H_1 的位置不是在水平状态下公转圆周线的直径上，而是在直径内，因为粗磨头倾角很小，可以忽略不计。当已知粗磨头的倾角 α 和粗磨头公转圆周线直径 D 也可以计算出 H_1 的值。粗磨头倾角 α、H_1、H_2 关系表见表 4-7。

表 4-7　倾角 α、H_1、H_2 关系表

粗磨头型号	公转直径（mm）	被磨砖规格	H_1 高度（mm）											
			0.1		0.2		0.5		1.0		1.5		2.0	
			α	H_2	α	H_2	α	H_2	α	H_2	α	H_2	α	H_2
500 型	540	500	42″	0.04	66″	0.09	3′	0.22	7′	0.44	10′	0.66	13′	0.88
650 型	660	600	36″	0.03	54″	0.06	2.6′	0.15	5′	0.29	8′	0.65	11′	0.58
650 型	660	650	36″	0.04	54″	0.08	2′	0.2	5′	0.41	8′	0.6	11′	0.82
800 型	820	800	26″	0.04	42″	0.08	2.6′	0.2	4′	0.39	6′	0.58	8′	0.78
摆动型	660	1000	36″	0.03	54″	0.06	2.6′	0.16	5′	0.32	8′	0.49	11′	0.64

注：表内数值为近似值。

3. 烂砖

从图 4-17 可以看出磨轮对砖的压力点是 F 点，而不是整个面，由于单点受力容易产生烂砖现象。

从以上叙述可以看出，粗磨头的主轴中心线不倾斜不行，倾斜角度大了也不行。当 H_1 高度为 0.5mm 时，砖面凹弧深度 H_2 就达 0.2mm，就会产生不合格品抛光砖。只有当 $H_1 \leqslant$ 0.2mm 时，砖面的凹弧深度 H_2 才能符合砖面质量要求，因此在调整粗磨头倾斜角度时要求做到 $B-A \leqslant 0.2$mm。合理调整粗磨头倾斜角度，能使粗磨工序收到事半功倍的效果，并为下道抛光工序打下良好的基础。

五、粗磨头的整线配置和粗磨轮的工艺搭配

在整个配置中，粗磨头个数的多少与刮平工序配置滚刀的头数多少有直接的联系。滚刀头数少，粗磨头个数就要多；滚刀头数多，粗磨头个数就要少或可以不用粗磨头。粗磨头数量整线配置表见表 4-8。

表 4-8　粗磨头数量整线配置表（600mm×600mm 砖）

刮平工序配置滚刀头数	配置粗磨头数	可达线速度（m/min）
6	4～6	5～10
8	3～4	5～10
10	2～4	5～10
12	0～4	5～12
18	0～4	7～15

从表 4-8 中可以看出，只要刮平工序配置滚刀头数达到 12 头以上，可以不配粗磨头，但是匹配了粗磨头后，可以提高砖的平整度，减少抛光磨块的使用，更能提高砖面的光亮度等，这要根据用户所抛砖坯的质量和对抛光砖的要求而定。总之配置也不是一成不变，可根据具体情况定，粗磨机最少 2 头，最多 6 头，目前没有 5 头配置。

在定好粗磨头配置的基础上，来考虑粗磨轮的工艺搭配。粗磨轮的工艺搭配也要根据砖坯的硬度情况和对抛光砖所要求的质量情况做出考虑，由于粗磨轮目前国内外的目号较少，所以选择和搭配起来也就显得不困难了。粗磨磨轮工艺搭配表见表 4-9。

表 4-9　粗磨磨轮工艺搭配表

粗磨头序号 / 粗磨机头数	各头粗磨轮粒度号（从进砖端数序号）					
	1#	2#	3#	4#	5#	6#
2	80	100				
3	60	80	100			
4	60	80	100	120		
6	40	50	60	80	100	120

从表 4-9 中可以看出，如果粗磨机头数少，磨轮匹配就较细；如果粗磨头数多，匹配就可以粗一点。1#、2#磨头尽量用粗的，用于扫平刮平刀痕或漏刮釉面；3#、4#磨头属中间段，磨轮粒度也选用中等粒度，继续扫平砖的变形和 1#、2#刀所留下的刀痕；5#、6#磨头属细磨，磨轮粒度可选用细号，消除前面的刀痕，细化砖面磨轮痕迹，更进一步使砖面平整，给抛光工序打下良好的基础。如果说砖坯的质量较差，变形量相当大，经前刮平工序

后，仍未找平砖面，并有漏刮的釉面。经 1#、2# 磨轮出来后仍有漏磨釉面的现象，可在 3#、4# 磨轮继续用粗号（80#）磨轮；反之，如果砖面平整度较好，在刮平工序就以找平砖面，刮刀痕也不是特别的深。1#、2# 刀可只用 1 组粗磨轮，后面各组可相应配细，如果后面各组细的配置太多，可停 1～2 组的粗磨头不开，节约电能和磨轮消耗，当然这要在能满足工艺需要的条件下才能这样做。总之，粗磨轮的工艺搭配应该灵活掌握，视具体情况而定，不是一成不变的。

六、选择粗磨头吃刀深度（吃刀量）

在机械制造的切削加工机床上选择吃刀量，其依据是机床转速和走刀量，在陶瓷抛光加工中，所有磨头的转速恒定不变，而输送皮带的线速度和吃刀深度是变量的，那么选择吃刀深度的依据是多样的，而不是单纯的依据线速度。其依据应有如下六种：

(1) 砖坯的变形情况。如果砖坯从刮平机出来还留有漏刮的釉面，变形部分还没有刮平，此时可加大 1#、2# 磨轮的吃刀深度。

(2) 待磨砖的硬度。如果待磨砖硬度高，吃刀深度应调小；反之，可调大。

(3) 粗磨轮的性能和粒度。如果粗磨轮粒度是 80# 以下，且锋利程度好，吃刀深度可调大；粒度是 80# 以上，锋利程度不好，吃刀深度可调小。

(4) 整线的线速度快慢。如果线速度快，吃刀深度应相应调小；如果线速度还快，吃刀深度又大，这样对砖的压力会增大，容易造成烂砖；如果吃刀深度调小后，不能满足工艺要求（如砖面未磨平，有漏磨现象等）就应该减慢线速度。

(5) 根据每个粗磨头在粗磨机上相应的安装位置来选择各粗磨头的吃刀深度。1#、2# 粗磨头的吃刀深度可加大；3#、4# 粗磨头应取中等深度；5# 粗磨头更应该调小；6# 粗磨头的吃刀深度应该最小，只要粗磨轮刚接触砖面即可，它主要是起到修平前面的磨轮痕迹，细化砖面，使砖面更平整，磨痕更细腻。

(6) 粗磨头多少。如果在整线配置中，滚刀数量和粗磨头数量都多，那么各磨头的吃刀深度可相应减少，把磨削量分给每个头；如果滚刀头数少，粗磨头数也少，那么吃刀深度可相应加大，不然就不能满足工艺要求。粗磨头各头吃刀深度见表 4-10。

表 4-10 粗磨头各头吃刀深度

粒度和吃刀量 / 粗磨头数	第一头		第二头		第三头		第四头		第五头		第六头	
	粒度	深度	粒度	深度	粒度	深度	粒度	深度	粒度	深度	粒度	深度
2	80	0.10	100	0.10								
3	60	0.12	80	0.10	100	0.08						
4	60	0.10	80	0.10	100	0.08	120	0.05				
6	40	0.10	50	0.08	60	0.05	80	0.05	100	0.05	120	0.03

如果粗磨头数多，每头的吃刀深度不相应地减少，这样可将整片砖的厚度减薄，砖的强度降低；同时消耗磨轮磨料，造成浪费。无论粗磨工序配置的粗磨头数量是多还是少，调整吃刀深度的原则是满足工艺要求即可。

七、选择粗磨机传动速度

粗磨机的传动形式同刮平机一样，早期生产的 4 头以下的粗磨机传动机构都是用机械无级变速器与蜗轮蜗杆减速机组合而成。现在生产的粗磨机都是用摆线针轮减速机配置变频调速，速度的调节范围可在 3～15m/min 任选。选择传动速度的依据有以下两点：

（1）粗磨机对砖磨削的情况（即粗磨砖面质量）。粗磨出的砖面不合要求，如有漏磨、平整度不够、吃刀深度不够、烂砖等现象，应该放慢传动速度。在工艺条件允许的情况下，可尽量加快传动速度。

（2）整线的速度。粗磨机在整条抛光生产线中只是一台机，在调整速度时要注意做到局部服从整体，如整线速度为 5m/min，而粗磨机调到 6m/min，这样就不能整线连线生产。因粗磨机的线速度高，磨出的砖会在线架上堆积；但是也不能比整线速度慢，如果慢了没有砖供应抛光机，这样抛光机就会造成空砖现象，否则会造成停机和损坏设备事故。

八、粗磨工序的质量检验

整线配置中如有粗磨工序，那么该工序就是关键工序。该工序前面是刮平工序，后面是抛光工序，因此它要起到承前启后的作用，既要修正和弥补前道工序的不足，又要给后道工序提供合格粗磨砖，不然将会给后道工序带来困难和造成产品优等率低、返抛率增加的质量问题，重则增加生产成本。因此粗磨工序的质量检验是关键，在粗磨工序中有下列砖面质量状况的粗磨砖为不合格粗磨砖，见表 4-11。

表 4-11　粗磨砖面质量状况一览表

不合格名称	砖面状况	解　　说
凹弧形砖面	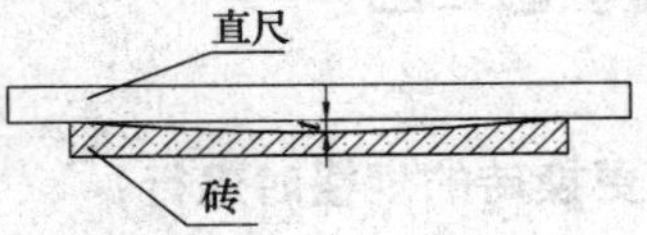	砖面磨成一字弯凹弧面，用直尺搁在砖面，用塞尺检验凹面与直尺之间的距离，此距离超过 0.2mm 即为不合格
啃边	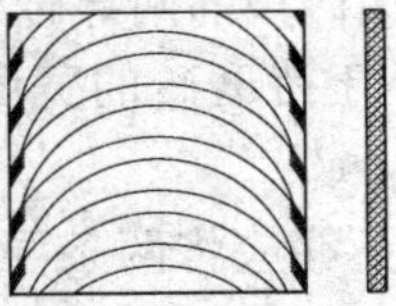	啃边现象：位于操作面和非操作面的两条砖边会出现大小直径约 5～8mm 的凹陷现象，且痕纹粗，此凹陷深度超过 0.1mm 为不合格，一般不允许有啃边现象
扫尾	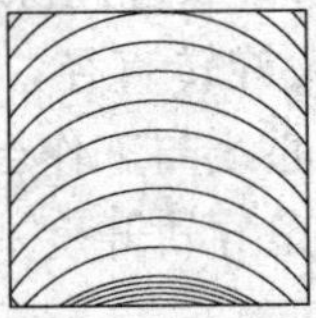	扫尾现象：按进方向定，在砖的尾部留有很深的磨痕，且明显看出该处较整面要低为不合格
挖沟	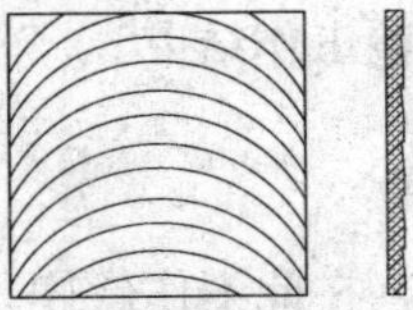	挖沟现象：砖面明显出现象锯齿状圆弧形沟，并且深度超过 0.1mm 为不合格
挖坑	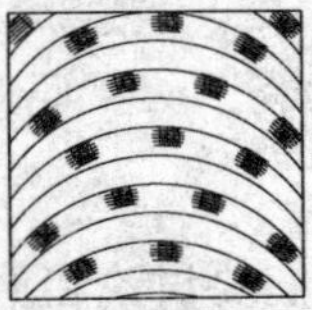	挖坑现象：砖面出现间歇式深坑，深度在 0.1mm 以上并磨痕粗糙为不合格

续表

不合格名称	砖面状况	解说
鸡爪痕	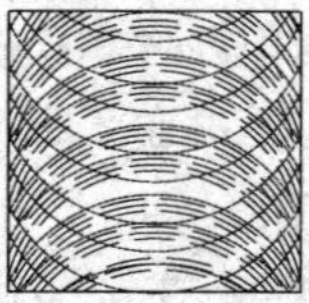	鸡爪痕现象：砖面出现间断的，不连续的弧线状磨纹痕，形像鸡爪爬地面的痕迹，故称鸡爪痕。痕纹深超过 0.1mm 时为不合格
厚薄不均	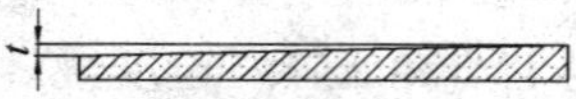	厚薄不均：在砖位于操作面和非操作面的两边厚度差异很大，超过 0.20mm 为不合格
崩角损边		崩角损边：崩角损边大于 2.5mm 时为不合格
合格砖面	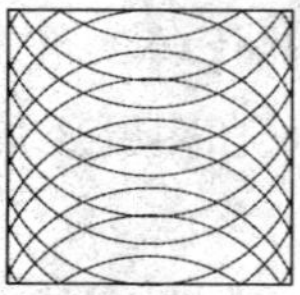	粗磨砖表面平整，边角无损，无以上各种不合格现象，且磨纹均匀有序，磨痕浅且前后一致，眼观不明显，手感平滑，如左图所示为合格粗磨砖面

第四节　粗磨工序调整工艺

一、调整导砖导轨（此项调整工作应在开机前或更换砖的规格时进行）

（1）打开前后挡水板，在粗磨机大皮带面上进砖段和出砖段的两导砖导轨之间分别放上一片待磨砖，观察导砖导轨的宽窄情况。如导轨的宽度小于待磨砖的宽度时，应将导轨打开；如导轨的宽度大于待磨砖宽度时，应将导轨收窄。

（2）松开导砖导轨两端吊导轨螺杆的锁紧螺母，宽度不够应将两条导轨向外均匀打开，如过宽则应均匀收窄，并注意砖与导轨要保留 5～8mm 间隙（双边间隙），单边间隙 2.5～4mm。同时观察导轨的内导轨面是否单边超出粗磨轮的最大旋转直径，如有就是两导轨开度中心线与粗磨机工作台中心线有偏移，应调到导轨开度中心线与工作台中心线重合，两条导轨的内侧面都在粗磨头的最大旋转直径之内，还要做到两条导轨开度一致（即相互平行），不能有喇叭形。

（3）锁紧吊导轨螺杆上锁紧螺母，合上挡水门板，调整工作结束。

二、调整大皮带松紧

粗磨机大皮带松紧的调整和跑偏的调整与刮平机一样，在此不作叙述，请参看刮平机大皮带调整一节。

三、调整粗磨头倾斜角度

在粗磨工艺一节中讨论过粗磨头倾角的选择，在这里我们要讨论粗磨头倾角的调整。粗磨头的倾角只允许向进砖方向或出砖方向倾斜，而不允许相对与操作面和非操作面倾斜，只有在粗磨头旋转平面相对于工作台面平行的情况下，才便于调整倾斜角，因此整个调整步骤应分两步进行，即平行度调整和倾斜角调整。图 4-17 为粗磨头调整平行度、倾角示意图。

1. 调整粗磨头旋转平面与工作台面平行度

首先是对整台粗磨机上所有粗磨头与工作台面的平行度进行逐个检查，在粗磨头（9）下面放上平板（11）或一片平整的抛光砖（现场使用），在粗磨头的一个磨轮处吸上百分表座，在表杆上装上百分表（10），然后用手转动公转电机，查看并记录每个粗磨头相对于平板或抛光砖的平行度差在哪个方向，找出应调整的地方，应调整多少量。根据记录情况有如下几种调整方法。

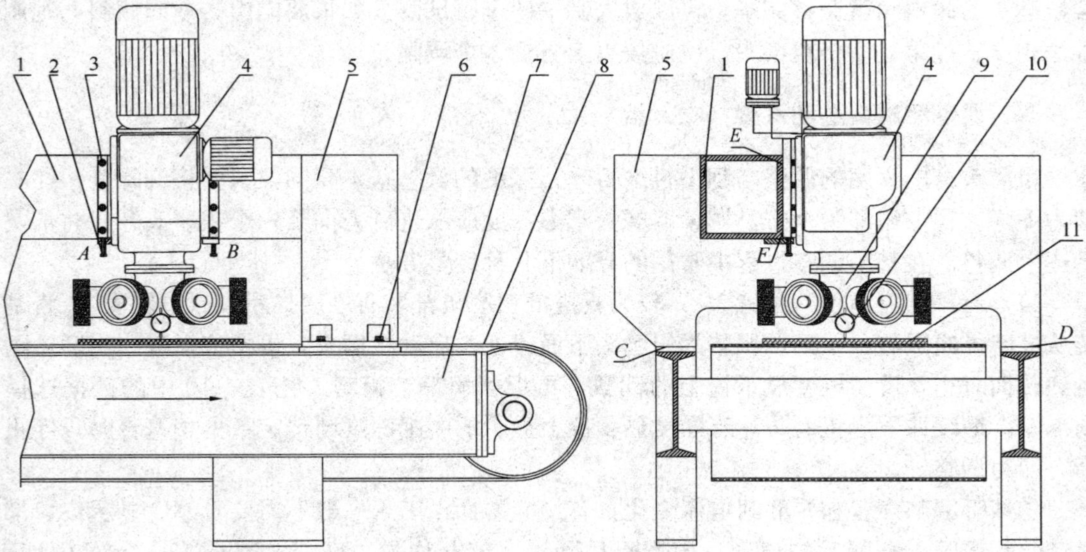

图 4-17　粗磨头调整平行度、倾角示意图

1—横梁；2—倾角调节螺钉；3—紧固螺钉；4—粗磨头上部；5—左、右支座；6—支座紧固螺钉；7—机架；8—大皮带；9—粗磨头；10—百分表；11—平板

（1）如果整台机所有粗磨头（或大多数粗磨头）向操作面倾斜时，应调整粗磨机的左、右支座（5）比较简便。方法是拧松支座紧固螺钉（6），用千斤顶将左、右支座 D 端顶起，把计算好厚度的铜片垫在 D 处支座与机架安装板之间，放下支座（5）并拧紧紧固螺钉（6），再用百分表进行一次复核，如平行度在 0.05mm 以内即符合要求，超出此范围必须进行重调，直至符合要求止。如粗磨头向非操作面倾斜时则应调整左、右支座 C 处。

（2）如果是单个粗磨头向操作面倾斜时，采用在粗磨头上部（4）与横梁（1）安装面之间垫铜片来调整。方法是拧松紧固螺钉（3），将粗磨头体（9）向操作面推，使粗磨头上部（4）与横梁（1）安装面之间 F 处产生一定的间隙，把计算好厚度的铜片垫在 F 处粗磨头上部（4）与横梁（1）之间。拧紧紧固螺钉（3），再用百分表进行一次复核，如平行度在 0.05mm 以内即符合要求，超出此范围必须进行重调，直至符合要求止。如粗磨头向非操作面倾斜时则应在 E 处垫铜片。

（3）如果粗磨头向进砖方向倾斜时，用倾角调节螺钉（2）来调整。方法是拧松紧固螺钉（3），反时针拧松 B 处倾角调节螺钉，顺时针拧进 A 倾角调节螺钉，边拧边看百分表的指针读数。当指针读数符合要求时止，拧紧紧固螺钉（3）和 B 处倾角调节螺钉（2）。再用百分表进行一次复核，如平行度在 0.05mm 以内即符合要求，超出此范围必须进行重调，直至符合要求止。如果粗磨头向出砖方向倾斜，则调整方法相反。

2. 调整粗磨头倾斜角度

在粗磨头与工作台面平行的基础上，再来调倾斜角就容易多了，其方法是在粗磨头正对着进砖方向的那个磨轮下面吸上百分表座，装上百分表，慢慢降下粗磨头，使百分表显示读数后对好零位，略松动紧固螺钉（3），不能太松，只要有松动即可。反时针方向拧松 A 处倾角调节螺钉（2），顺时针拧进 B 处调节螺钉，边拧边看百分表表针的变化，当表针显示出被压缩量在 0.1～0.2mm 之间时停止，拧紧紧固螺钉（3）和 A 处倾角调节螺钉（2）。那么粗磨头的倾斜角就调整完毕，可以放入刮平砖进行试磨。如果要向出砖方向倾斜，则调整方法相反。如果是多个粗磨头，也应按以上方法逐个调整。

四、调整粗磨头磨削深度（吃刀量）

粗磨头磨削深度的调整与刮平机滚刀吃刀深度的调整基本相同，只要将升降旋钮往右扭即为下降，往左扭即为上升。调整粗磨头吃刀深度应从进砖方向第一个粗磨头开始，依次向后逐个调整。在整个调整过程中常用的有如下几种调整方法。

（1）看厚度显示仪（位置表）：较为先进的粗磨机都装有厚度显示仪（位置表），将刮平砖从进砖方向喂进，走到该调整的粗磨头下面停住，启动粗磨头，慢慢往下降。当磨轮刚接触到砖面时止，看清厚度显示仪上的读数，再根据第三节粗磨工艺表 4-10 中的数据选择磨削深度，继续往下降粗磨头。当厚度显示仪上显示的磨削深度与选定数据相符合时，停止下降，即为调整好。

（2）听磨削声音和看磨削电流变化：有经验的操作工人一般不需要看厚度显示仪，都是凭经验听粗磨头磨削时的声音：声音轻松平稳、节奏均匀，磨削电流在 18～20A 内即可；当声音发闷、发沉，电流超过 20A 以上，即为磨削深度过量。当发生烂砖、碎砖时，应立即将磨头往上调，减轻磨削负荷。总之，听声音调整时，要靠平时的经验积累；凭声音调整时，其磨削深度是难以调准确的。

（3）测量法：当机器没有厚度显示仪时，如要严格地遵循磨削用量，就要用测量法来调整磨削深度。在刮平砖入机前，测量其厚度并记录，喂入粗磨机到该调整的磨头下面停住，缓慢降下磨头，凭声音感觉磨削到一定深度时，启动传动将砖走出进行测量厚度，如果厚度过薄，即磨削深度过量，应将粗磨头升起些；如厚度较入机前变化不大，表示磨削深度过小，应降下些粗磨头。这样要经过几个反复后方能调准磨削量。

如果同一台粗磨机有 2～6 个粗磨头时，应该对其磨削深度逐个调整，调整第二个粗磨头的磨削深度应该在第一个粗磨头磨出砖的厚度基础上进行，第三个是在第二个的基础上进行，依次类推，但是在调整后一个粗磨头时，前一个粗磨头不必升起，因升起后再复位又要进行调整。调整磨削深度是一个比较细致的工作，要综合以上三个方法，不断积累经验，才能达到准确快速。

五、调整粗磨机传动速度

前面已经介绍过，早期生产的粗磨机多用机械无级变速器和减速蜗箱组合传动。现在生产的粗磨机用摆线针轮减速机传动，采用变频调速。

机械无级变速器只需转动调速手轮就可以达到调速的目的：顺时针转动调速轮，变速器的输出轴的输出速度加快，大皮带带速增加；反时针方向转动调速手轮时，输出速度减慢，大皮带带速减慢。

用变频调速传动方式，只需转动传动操作面板上的调速旋钮就可进行传动电机速度调节，增加频率即为速度加快，带速增加；减少频率即为电机速度减慢，带速相对减慢。如果有速度显示器的粗磨机调整时就较为方便，根据整线速度将粗磨机的速度也调到与抛光机速度一致即可，如没有速度显示器时，就要根据粗磨机与抛光机的连接线架上砖的情况来调节；如果粗磨机带速快时，线架上的砖就会重叠，应调慢粗磨机带速。如线架上砖不够，而要靠人工补砖才能满足抛光机需要时，那就是粗磨机带速慢，应调快。

六、调整粗磨头冷却水大小

粗磨机是以粗磨轮的高速旋转来磨削砖面，齿轮摩擦热通过润滑油传给粗磨头壳体，粗磨轮与砖相互磨削的地方都会产生很大的热量，在磨削过程中还会产生大量泥尘。因此需要大量的冷却水来冷却磨头的壳体和磨轮，冲走大量的泥尘。冷却水一般都采用循环水，经粗磨头防尘罩上的半圆形喷水管的喷水孔内射出，射到粗磨轮和粗磨头壳体上。冷却水从喷水孔内射出时，应成直线，而不是弯曲的弱流。如果不能成直线说明水流量不够，应将总阀门、分阀门开到最大。如果开到最大时还不能满足需要则是水压不够，应考虑增加冷却水源系统压力，例如增加水泵、加大总水管等。如果冷却水不够会出现如下两种情况：

(1) 磨出的砖面有烧伤的黑丝状痕迹，停机检查粗磨轮表面也有类似的黑丝状痕迹，同时用手摸粗磨头壳体有过热灼手的感觉。

(2) 从粗磨机出来的砖面有许多胶糊状泥浆，这是因为缺水没有冲掉的泥尘积聚而成。

如果在水源水压足够的情况下，从冷却水管喷水孔内流出的水还是呈弯曲弱流，说明冷却半圆形喷水管内有泥浆阻塞，水流不畅，应立即清除管内泥浆，恢复正常喷水。

第五节　粗磨机的操作及故障排除

一、操作面板说明

粗磨机同刮平机一样，也有粗磨头操作面板和传动操作面板，但各厂家生产的粗磨机操作面板布置有所不同，其功能是一样的，图 4-18 为粗磨头操作面板示意图。在粗磨头操作面板的左上方装有电流表，用来显示主电机在工作时的电流安培数；左下方装有位置表，用来显示粗磨头上升或下降的位置度；在面板的右上方装主机的启动和停止按钮；右中部装有公转电机的启动和停止按钮；右下方装有急停按钮和升降旋钮，急停按钮是用作发生紧急事故时停机用，如烂砖、设备事故等。只要将急停按钮按下，整台机电源全部切断，停止工作(包括传动)，当事故处理完后，只需将急停按钮反时针方向旋转复位后，方可继续操作，升降旋钮可左右旋转，左旋为粗磨头上升，右旋为粗磨头下降。无论升或降，位置表都能显示数字，位置表的精确度高达 0.02mm，操作者可根据位置表的显示看出吃刀深度。

粗磨机传动操作面板与刮平机传动操作面板一样（参看图 3-32），粗磨机传动操作面板

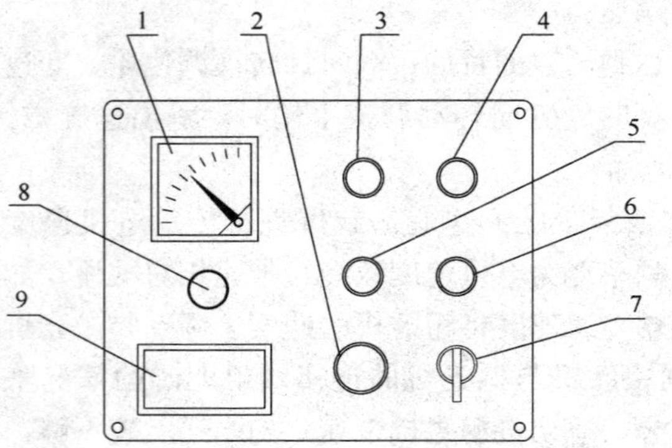

图 4-18　粗磨机操作面板

1—电流表；2—急停开关按钮；3—主电机启动按钮；4—主电机停止按钮；5—公转电机启动按钮；6—公转电机停止按钮；7—粗磨头升降旋钮；8—电源指示灯；9—位置表（粗磨头高度显示器）

如图 4-18 所示。

二、粗磨机操作规程

（1）空机启动，操作前的准备。

①检查电源是否正常，设备接地线是否良好。

②检查冷却水是否畅通。

③检查粗磨机所有润滑是否正常。

④检查所有粗磨头是否与平皮带有大于一片砖厚度的距离。

⑤检查传动部分是否正常、大皮带是否有破损等。

⑥检查导轨的宽度是否与砖的宽度符合要求。

⑦检查粗磨轮是否磨完，如磨完是否更换。

（2）以上各条均符合要求后，合上电源总漏电开关，合上各电机的断路器。

（3）打开冷却水开关。

（4）启动传动电机，将刮平砖放在传动皮带上，走到 1# 粗磨头下面按下传动停止按钮。

（5）启动 1# 粗磨头的主电机及公转电机，慢慢降下 1# 粗磨头接触砖面并使磨削深度符合要求后，再启动传动电机让砖走到 2# 磨头处按下传动停止按钮。

（6）启动 2# 粗磨头的主电机及公转电机，慢慢降下 2# 粗磨头接触砖面并使磨削深度符合要求后，再启动传动电机让砖走到 3# 磨头处按下传动停止按钮。

（7）按以上循环的步骤，使本台机所有粗磨头都正常运转，并使各粗磨头的磨削深度均符合要求后就可按下传动启动按钮，使粗磨机进入正常工作状态。

（8）仔细观察各磨头的电流表读数，结合观察各磨头的位置表和听取各磨头的磨削声音，如电流过大属磨削深度过深，电流过小属磨削深度不够应及时调整该头的吃刀深度，直到符合要求为止。粗磨头的磨削电流为 18～20A。

（9）当遇上紧急情况时（如烂砖、设备事故等）应按下急停按钮，整机停止运转，事故处理完再开机。

（10）急停后和带负荷启动（即皮带上满砖，各磨头都带着吃刀深度）时按以下三个步骤操作：

①当急停后再启动时，应先将急停按钮左旋复位。

②依次起动各磨头主电机按钮、公转电机按钮，使各磨头进入正常运转后。

③启动传动电机。

（11）带上空砖后投入同样厚度、同样规格砖的启动步骤按照带负荷起动步骤进行，带上空砖后投入不同厚度、不同规格砖的启动程序按照空机启动程序进行。

三、事故处理

（1）烂砖或其他事故时应按下急停按钮。

(2) 将磨头提升到一定高度。

(3) 清理皮带上的烂砖、碎渣，用水管冲洗干净。

(4) 检查皮带有无破裂，如有挠起处用小刀割尽，清理尽皮带内嵌的砖渣。

(5) 检查烂砖原因并排除烂砖。

(6) 按急停后程序，启动各粗磨头和传动。

(7) 让砖在运行中慢慢放下各粗磨头，调整吃刀量并观察电流大小。

(8) 进入正常运行。

四、停机步骤（下班前或做完一批产品后停机）

(1) 当最后一片砖走出 1# 粗磨头时，按下 1# 粗磨头主电机停止按钮和公转电机停止按钮。

(2) 当最后一片砖走出 2# 粗磨头时，按下 2# 粗磨头主电机停止按钮和公转电机停止按钮。按以上程序让最后一片砖走出所有粗磨头和停止所有磨头公转、自转电机。

(3) 最后一片砖走出皮带，即皮带上已没有砖时，按下传动电机，停止按钮。

(4) 关闭冷却水开关。

(5) 关闭电源总开关，到此时机器操作结束。

五、更换粗磨轮的方法和步骤

当粗磨轮用完时（已没有磨削能力）应予更换。更换粗磨轮时，必须注意新装上的该组粗磨轮的直径一定要相同。粗磨轮有 8 轮一组，也有 6 轮一组。不管轮子多少，其更换的方法一样。更换时间有班前、班后、班中不停机更换，其步骤和方法一样，最有效率的方法是逐个更换法，其步骤如下：

(1) 关闭该粗磨头的冷却水。

(2) 关闭该粗磨头的自转，公转电机断路器。

(3) 将该粗磨头提升离皮带面 30mm，离砖面 20mm 即可。

(4) 拆除前挡水罩。

(5) 用内六角扳手将一个粗磨轮的固定螺丝拆掉。

(6) 取下旧粗磨轮，检查并清理粗磨轮安装法兰盘上的锈迹和污物。

(7) 在法兰盘安装面涂上防锈油后，将新粗磨轮套上并贴紧定位平面。

(8) 用内六角螺丝将新粗磨轮紧定。

(9) 再按以上步骤更换第二个粗磨轮，依次更换，直到把该头所有粗磨轮换完为止。

(10) 合上自转、公转电机断路开关。

(11) 按下自转、公转电机按钮，让该粗磨头旋转，仔细观察新换上的粗磨轮是否有跳动、摆动现象；如有哪个轮子跳动或摆动需检查是否装好或拆下重装，直到没有跳动、摆动为止。

(12) 装上前挡水罩。

(13) 打开该粗磨头的冷却水开关，到此该粗磨头更换粗磨轮结束，可以投入生产。

六、更换粗磨头的方法和步骤

前面说过：粗磨头由于转速高，并且要求旋转精度高，所使用时间周期短，要定期拆下维修，因此粗磨头要定期更换（图 4-19）。

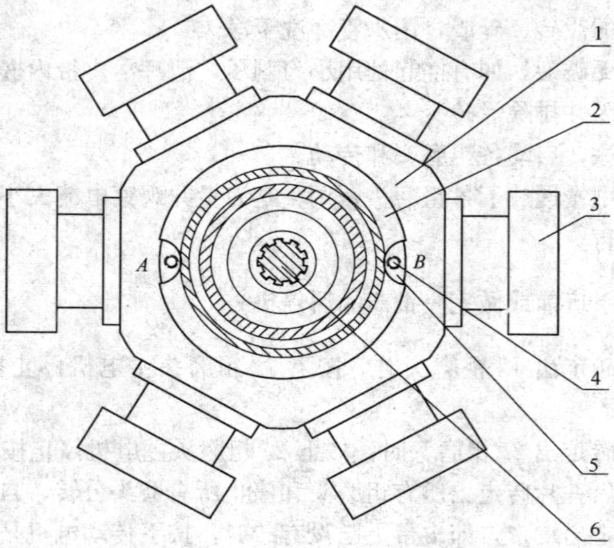

图 4-19　粗磨头装、拆示意图

1—磨头体；2—粗磨头上部箱体法兰　3—粗磨轮；4—安装螺丝；
5—空心轴法兰；6—高速轴

更换粗磨头一般要停机，时间安排在班前、班后进行。其步骤如下：

(1) 关闭该粗磨头的电源断路器（自转与公转电机）。

(2) 关闭该磨头的冷却水开关。

(3) 拆除防尘罩上的塑料水管，拆除前后防尘罩。

(4) 拆除该粗磨头的所有粗磨轮。

(5) 在粗磨头底下的皮带面上垫一块 500mm×800mm×2mm 铁板，将粗磨头降下至垫板上，但不能压死垫板，能用力推动粗磨头慢慢转动为宜。

(6) 拆掉公转电机风扇罩，一边用手转动公转电机风扇叶，从而通过空心轴带动粗磨头体转动，一边在 A、B 两个缺口处观察，当螺丝孔完全出现时停止转动，用内六角扳手拆掉 A、B 两缺口处的连接螺丝。

(7) 再用手转动公转电机，观察 A、B 两缺口处，当两个螺丝完全出现时停止转动，用内六角扳手将 A、B 两处内六角螺丝拆下，如此循环，将所有螺丝拆掉。

(8) 用手拧动升降旋钮，使粗磨头上部上升，边上升边观察，观察到高速轴花键部分完全离开联轴器的内花键时，停止拧动升降旋钮。

(9) 用手推动粗磨头体，使其与上部连接处完全离开，方可用手或相应的起重工具将粗磨头搬下粗磨机工作台，送维修车间修理。

(10) 将维修好的粗磨头装上联轴器，加注好润滑油，在接连平面上放好防漏油青壳纸垫后，吊上或搬上机器工作台皮带面的铁垫板上。

(11) 用手将粗磨头推至粗磨头上部下面，并根据上部中心高速轴花键槽的方向，将粗磨头来回转动，使联轴器内花键与高速轴外花键对上。

(12) 扭动粗磨头的升降旋钮，使上部缓慢下降，让高速轴花键部分插进联轴器内花键，再继续下降，使 A、B 两处的连接孔对准粗磨头体上的螺丝孔，拧上内六角螺丝，用内六角扳手拧紧。

(13) 用手转动公转电机，待 A、B 两处完全露出螺丝孔止，拧上内六角螺丝，用内六角扳手拧紧。按此程序，将所有螺丝全装上后，再依次检查和拧紧所有螺丝。

(14) 逐个将粗磨轮装上（按更换粗磨轮程序操作），装上公转电机风扇罩。

(15) 合上自转、公转断路器，按下自转按钮，观察检查粗磨轮是否有跳动、摆动（检查时注意安全，以防粗磨轮意外飞出伤人）。

(16) 装上防尘罩，抽掉 500mm×800mm×2mm 垫磨头铁板。

(17) 装上冷却水管，清理干净皮带表面，更换粗磨头结束。

七、粗磨工序故障排除

由于粗磨设备的转速高，要求旋转精度高，以及工作的连续性使故障率较其他工序要高，把设备本身坏损而不影响砖面质量的故障称为设备故障，有影响砖面质量的故障称为工艺性故障，下面分别用表格形式给予叙述。

(1) 设备故障排除：粗磨工序设备故障排除一览表见表 4-12。

表 4-12　粗磨工序设备故障排除一览表

序号	故障现象	故障原因	解决方法
1	粗磨头上部升降不灵活，有卡滞现象	(1) 滑块间隙过紧 (2) 润滑不良	(1) 调整滑块间隙 (2) 加注润滑油
2	粗磨头没有公转	(1) 公转电机坏 (2) 公转蜗轮（或公转锥齿轮）磨损或崩牙	(1) 更换电机 (2) 更换公转蜗轮（或公转锥齿轮）
3	粗磨轮没有自转	(1) 花键联轴器紧固螺丝断裂 (2) 高速轴花键磨损 (3) 大锥齿轮磨损	(1) 更换紧固螺丝，调整齿侧间隙 (2) 更换高速轴 (3) 更换大锥齿轮
4	个别粗磨轮没自转	小锥齿轮轴齿部磨损	更换小锥齿轮轴
5	粗磨头内响声异常	(1) 大小锥齿轮轴承磨损 (2) 个别齿轮崩牙	(1) 更换轴承 (2) 更换损坏齿轮
6	升降螺母破损	限位开关失效，滑块上升到极限位置时没有及时停止	(1) 更换限位开关和破损螺母 (2) 严守操作规程
7	无级机不能调速，无级机只有一个速度输出	(1) 摩擦轮磨损严重 (2) 固定凸轮磨损 (3) 调速凸轮磨损 (4) 调速滑块内孔磨成椭圆 (5) 压簧疲劳无力	(1) 更换磨轮孔 (2) 更换固定凸轮 (3) 更换调速凸轮 (4) 更换调速滑块 (5) 更换压簧
8	无级机正常工作主动滚筒不转	减速蜗轮损坏	更换减速蜗轮
9	粗磨机振动	(1) 有个别粗磨轮动不平衡 (2) 个别粗磨轮结合面松动 (3) 个别小锥齿轮轴轴承损坏	(1) 找出动不平衡的粗磨轮重新做动平衡 (2) 检查并紧固 (3) 更换轴承

续表

序号	故障现象	故障原因	解决方法
10	粗磨头发热严重	（1）冷却水不够 （2）润滑油位太低 （3）油泵不工作或油路压力低 （4）机械运动零件磨损严重（如蜗轮、齿轮、轴承）	（1）增大冷却水量，清除管内淤泥 （2）补充润滑油 （3）检查油泵工作状况及调高油路压力 （4）及时检查更换损坏零件
11	粗磨头漏油	（1）密封件损坏（O形圈、油封） （2）螺丝孔漏油 （3）配合面接触不良	（1）更换密封件 （2）漏油螺丝孔涂抹密封胶 （3）检查配合面接触不良原因，加密封垫或密封胶
12	摆线针轮减速机故障在第五章第五节抛光工序故障排除中一并叙述		
13	大皮带跑斜故障在第五章第四节抛光工序调整工艺中一并叙述		

（2）工艺性故障排除：粗磨工序工艺故障排除一览表见表4-13。

表4-13 粗磨工序工艺故障排除一览表

序号	故障现象	故障原因	解决方法
1	砖面呈一字弯凹面 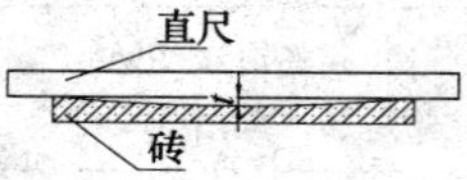	粗磨头倾斜角太大	重新调整粗磨头倾斜角
2	啃边 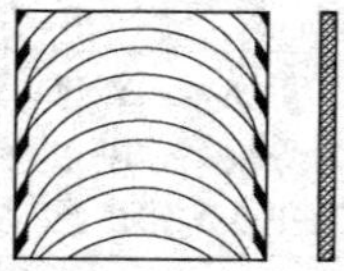	（1）小齿轮轴轴承磨损 （2）旋转精度差 （3）粗磨头没有倾斜角	（1）更换小齿轮轴轴承 （2）调整倾斜角
3	扫尾 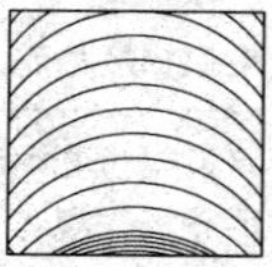	（1）粗磨机工作台不锈钢底板磨损 （2）粗磨机工作台不锈钢底板接头处有高低	（1）更换不锈钢底板 （2）更换起挠的不锈钢底板
4	挖沟 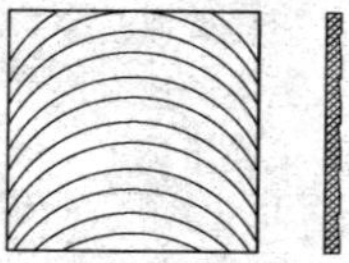	（1）粗磨头倾斜角太大 （2）线速度过快	（1）重新调整倾斜角 （2）线速度能满足工艺要求就可，不宜过快
5	砖边厚边薄 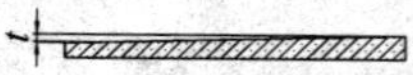	粗磨头旋转平面（指操作面与非操作面）与工作台面不平行	重新调整粗磨头（指操作面与非操作面）与工作台面的平行度

续表

序号	故障现象	故障原因	解决方法
6	砖断裂或碎 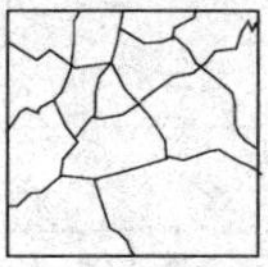	(1) 砖坯强度不够 (2) 工作台不锈钢垫板严重磨损 (3) 磨削深度太大	(1) 检查砖坯质量，强度不够或有暗裂的砖坯不能入粗磨机 (2) 更换不锈钢底板 (3) 调整磨削量
7	砖面挖坑 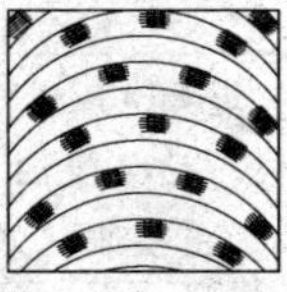	(1) 个别粗磨轮的定位止口未安装到位，有跳动 (2) 个别粗磨轮动不平衡，有振动 (3) 小齿轮轴轴承游隙过大或坏损	(1) 重新安装有问题的粗磨轮 (2) 重新对有问题的粗磨轮做动平衡 (3) 调整小齿轮轴轴承游隙或更换坏损轴承
8	崩角，损边 	(1) 砖在机内未走直 (2) 导轨过宽 (3) 刮平工序，粗、精刮之间砖未换 90°方向，使刮平砖边有高埂 (4) 磨削深度过大	(1) 调整导轨宽度，让砖在机内走直 (2) 粗、精刮之间要换 90°度方向 (3) 调整磨削深度
9	鸡爪痕 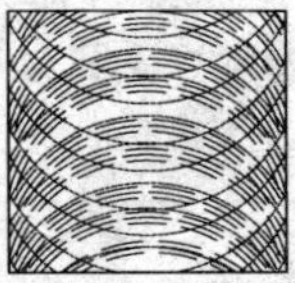	(1) 粗磨轮目号搭配脱挡 (2) 个别粗磨轮有轻微动不平衡或跳动 (3) 个别粗磨轮内夹嵌大颗粒金刚石	(1) 重新调整粗磨轮目号搭配 (2) 更换该粗磨轮 (3) 用打磨机将大颗粒金刚石磨掉

八、粗磨机维护保养

设备保养是维护设备正常使用和延长设备使用期限的非常重要的工作内容，粗磨机的保养和刮平机的保养一样，要求按如下程序进行。

1. 检查

每班在开机前必须查看交接班记录，检查设备的电路是否正常，冷却水是否充足；检查设备的传动和各减速机是否正常；检查粗磨头、传动减速机、升降蜗箱的润滑油面高度是否符合要求。检查升降是否灵活，粗磨头的公转和自转是否正常，大皮带是否有内嵌砖渣及破损情况，粗磨轮与大皮带之间是否能过一片砖，检查粗磨轮是否磨完。

2. 清理

每班在下班前必须清理粗磨机上下的碎砖、淤泥；清理大皮带上的内嵌砖渣；每周必须清理一次冷却水管内的水垢淤泥；下班前必须清理工作现场的烂砖、垃圾。

3. 润滑

粗磨机润滑一览表见表 4-14。

表 4-14　粗磨机润滑一览表

序号	润滑部位	加油种类	加油间隔时间	备　注
1	导轨滑块部位	3 号或 4 号钙基润滑脂	24h	
2	横梁摆动带座轴承	3 号或 4 号钙基润滑脂	8h	

续表

序号	润滑部位	加油种类	加油间隔时间	备　注
3	升降蜗箱	N32 机械油（冬天） N46 机械油（夏天）	500h	每工作 100h 应检查油面高度，不够应补充
4	皮带滚筒带座轴承	2 号钙基润滑脂	100h	
5	升降丝杆、螺母	3 号或 4 号钙基润滑脂（涂抹方式）	24h	每工作 3 个月换油一次
6	摆滚柱油槽	N32 机械油	8h	每班检查油箱油位，不足则加注。首次换油 200h，然后每隔 2000h 换油
7	摆动齿条	3 号或 4 号钙基脂	100h 涂抹一次	
8	磨头上部 磨头下部	美孚（Mobil）SHC630 合成循环齿轮油	8h	根据油标加油至合适油位，首次换油时间为开机 300 个工作小时后，以后每隔 1000h 换油一次
9	摆线针轮减速器	40 号机械油	1000h （首次 300h）	开机前须检查油位是否达到油镜中部，注油切勿过量！效果不佳时可改用 70 号或 90 号极压工业齿轮油

4. 维护

连续工作 2～3 个月检查更换不锈钢垫板一次，每周检查一次紧固件、运动件是否松动。每连续工作 600h 后检查导砖导轨、升降导轨的磨损情况，各传动联轴器的轴线度，如不符合要求予以调整或更换。工作 6 个月后对磨损严重的零件进行修复或更换。工作一年后对运转不良的轴承更换，对密封件进行检查更换，重校工作台水平和粗磨头倾角。检查大皮带，如磨损严重应予以更换。

5. 电气保养

每周必须用压缩空气吹净电柜内泥尘一次，每班冲洗地面时，不能使电柜内溅到水。

6. 擦洗

每班下班前必须对设备进行一次擦洗，擦洗粗磨机内外表面泥尘，传动减速机上的泥尘和电柜上的泥尘（电柜用干布擦拭）。

7. 现场卫生

每班下班前必须冲洗粗磨机工作范围内的地面，将待磨砖摆放整齐，保持工作现场整齐、清洁、卫生、道路畅通。

8. 交接班手续

设备的交接班必须履行交接班手续，交班人员必须如实地在交接班表上填写当班的设备使用、运转、润滑、维修情况，粗磨轮的配置、磨削深度和更换情况（表 4-15）。接班人员必须依据交接班记录表，检查设备的电、机、粗磨轮、皮带、传动、现场卫生、清洁是否与交接班表相符。核实后，交、接班人员共同签字，交班人员方可离开。

表 4-15　粗磨工序交接班记录表

日期　　　　　班次　　　　　交班人　　　　　　　　　　　接班人

实际运行时间		砖坯名称		粗磨轮配置及磨削深度											
故障检修时间		砖坯规格		1#			3#			5#			7#		
待料及其他时间		砖坯编号													
平均线速度		磨前厚度		2#			4#			6#			8#		
刮平砖投入量		磨后厚度													

烂砖数量		设备润滑	粗磨头上下部	公转蜗箱	带座轴承	升降导轨	传动机构	升降减速机和升降螺母
烂砖原因								
		检修部位及更换零件名称						

现场卫生	整齐	清洁	清理	畅通	定置			设备卫生	外表	内表	机架	喷管	电控	操控	

复习思考题

1. 简述粗磨头润滑油路途径。
2. 简述粗磨轮目号工艺搭配和怎样选择磨削深度。
3. 简述粗磨头倾角调整步骤和方法。
4. 改进性粗磨轮的优点有哪些？
5. 砖面出现鸡爪痕与粗磨轮目号搭配有关系吗？怎样解决？

第五章　抛光工序

抛光工序在整个抛光生产线中是至关重要的工序，该工序掌握不好会直接影响到抛光砖质量好坏，优等率高低，成本和效率等。该工序由抛光设备、抛光磨具、抛光工艺、抛光机调整工艺、抛光机操作和故障排除六个部分组成，分别叙述如下。

第一节　抛光设备

抛光设备统称为抛光机。650/20 型抛光机外观图如图 5-1 所示。

图 5-1　650/20 型抛光机外观图（20 头抛光机）

早在 20 世纪 90 年代初，国外的瓷砖抛光就风起云涌，而在国内还没有瓷质砖抛光设备制造厂家。当时引进的瓷质砖抛光生产线都是小规格的、固定式抛光机，如意大利的百利通、卓马、西美等，从当时 400 型的抛光机来看，卓马抛光机较为规范和美观。400 型的抛光机只能抛 300～400mm 的砖坯，并且线速度只有 1～5m/min，磨头直径只有 ϕ480mm，横梁是方框固定结构，直到 1995 年、1996 年才有大规格抛光机进口。而在国内于 1995 年就已经制造出 400 型的抛光机，并且功能和性能都不比国外的差，在这一基础上于 1996 年又造出 600 型规格、摆动横梁式的抛光机，基于此基础上 800 型、1000 型、1200 型、最宽可抛 1500mm×1500mm 砖的抛光机都相继问世。同时抛光机制造厂家也如雨后春笋般地发展起来，由开始的一两个厂家发展到七八家抛光机制造厂，由于有大量的制造厂家争夺市场，从而使抛光机的价格得到相应的控制，质量也有非常大的提升，使用抛光机的厂家也越来越多，大家对抛光机性能和掌握使用的技术也越来越精湛。同时摸索出一个最为合理性、效率为最高的、费用也最为节省的抛光线配置规律。在此之前，各个厂家有不同的配置。例如有 9 头、12 头、14 头、16 头、18 头等，在当时基本统一，定位粗抛 14 头、精抛 14 头是当时最为经济、合理的配置。随着时代不断进步和人们追求效率最大化的思维，以及抛光机制造技术的成熟，抛光线的配置也不是一成不变的。到 2001 年下半年，各厂家相继推出了 20 头抛光机，粗、精抛共计 40 个磨头，较原粗、精抛共 28 头的配置一下子增加了 12 个磨头，因此抛光线速度由原来的 5～7m/min 增加到 8～12m/min，每条线的抛光砖日产量由原来的 5000m^2 提高到 8000～10000m^2，抛光成本逐渐下降，使抛光砖价格进一步下调，从而推动了市场扩大化。由于国内市场对大规格抛光砖的需求，而原来固定式 400 型的抛光机已经逐步被淘汰掉，就连单纯的 600 型摆动式抛光机都不走俏；而最为走俏的 650 型摆动式抛光机，它的适应范围宽，可生产 500mm×500mm、600mm×600mm、650mm×650mm 的抛光砖，因此最受市场青睐，现在国内市场的常规抛光机有三种规格 650/20 头、800/20 头、1000/20 头。1200/20 头、1500/20 头抛光机属特殊订货，磨头直径已达到 ϕ540mm，绝大部分都是使用先进的磨块摆动式磨头，磨块的摆动次数由原来的 28 次/min 提高到 69 次/min，磨头的公转数由原来的 400r/min 提高到 472r/min。总之，经过一番激烈的市场竞争后，促进了我国陶瓷机械工业的发展，使产品形成了规格化、系列化、标准化，效率已超过了国外同行业水平。抛光机技术参数及配置见表 5-1。

表 5-1　抛光机技术参数及配置表

机型	650/14	650/16	650/20	800/14	800/16	800/20	100/14	1000/16	1000/20
工作宽度（mm）	300～650	300～650	300～650	500～800	500～800	500～800	600～1000	600～1000	600～1000
磨头数量	14	16	20	14	16	20	14	16	20
单头功率（kW）	11	11	11	11	11	11	11	11	11
摆动形式	连杆	双蜗箱	双蜗箱	双蜗箱	双蜗箱	双蜗箱	双蜗箱	双蜗箱	双蜗箱
摆动功率（kW）	3	2×3	4×3	2×3	2×3	4×3	2×3	2×3	4×3
传动功率（kW）	4	4	5.5	4	4	5.5	4	5.5	7.5
总装功率（kW）	161	183	232	164	188	232	164	188	234
横梁根数	1	1	2	1	1	2	1	1	2
输送速度（m/min）	3～9	5～12	5～12	3～9	3～9	3～9	3～9	3～9	3～9
总耗水量（L/min）	420	480	600	420	480	600	420	480	600
总耗气量（L/min）	50	60	80	50	60	80	50	60	80

尽管抛光机的宽度和头数在增加，但是其结构和原理不变，下面以 650/20 头抛光机为原形进行叙述。抛光机主要有机架和传动，支座、横梁和摆动机构，防水罩和导砖导轨，抛光磨头，水、气路，防叠砖、空砖装置，自动加油润滑系统，电气控制八个部分组成，下面将各部分的结构和性能叙述如下。

一、机架和传动部分（图 5-2）

由机架（21）、主动滚筒（13）、从动滚筒（52）、调整板组件（18）、输送带（12）、输送带罩（62）、调整板组件（18）、不锈钢垫板（67、69、70）、喷水管（38）、皮带刮板（48）、传动减速机（85）组成。机架也与刮平机机架一样，用 40 号工字钢焊接而成，只是

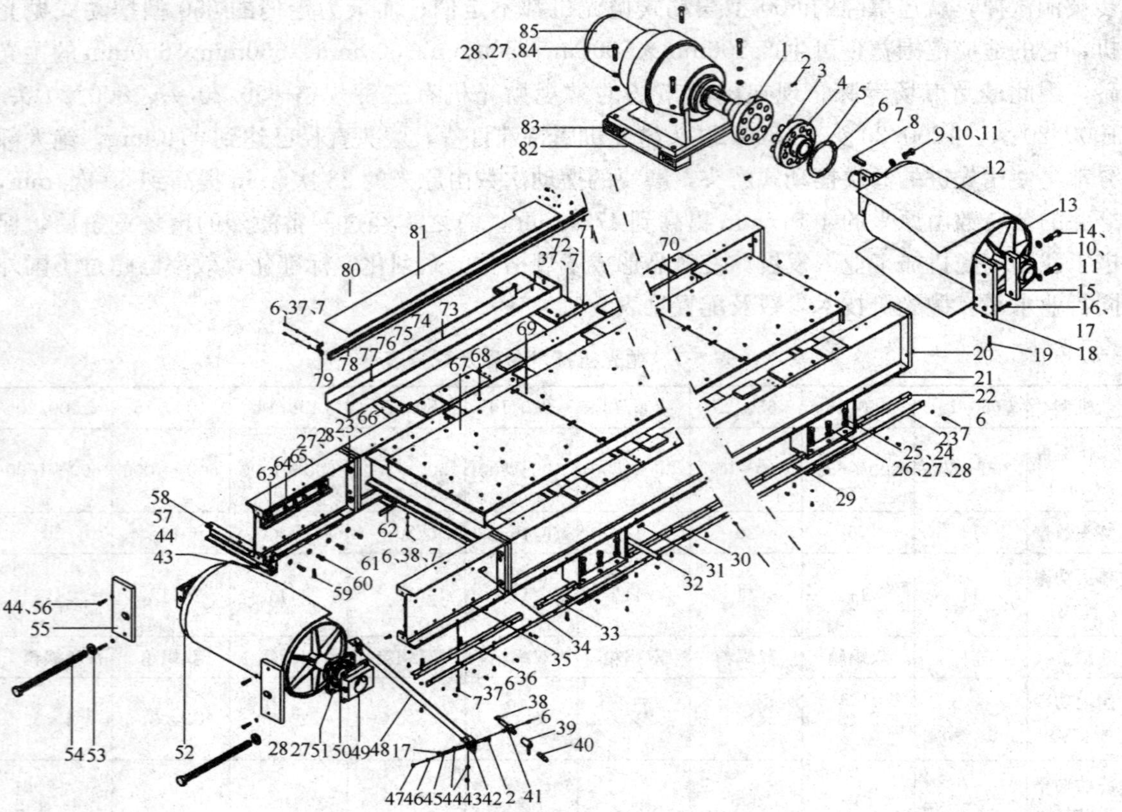

图 5-2 机架部分结构图

1—半联轴器（1）；3—柱销；4—半联轴器（2）；5—挡板；8—平键；12—输送带；13—主动滚筒；15—带座轴承（UCP217）；18—调整板组件；20—导向销；21—机架；22—挡水布压条出口端连接角铁；23—挡水布压条；29—机脚垫板；30—压条中段连接角铁；32—皮带托；33—压条入口端连接角铁；34—圆柱销；35—从动滚筒前支撑；36—压条前撑段连接角铁；38—喷水管；39—球阀（1/2″）；40—直接管；41—管座组件；42—刮板架；48—皮带刮板；49—滑块；50—带座轴承（UCF216）；52—从动滚筒；53—平垫圈；54—滚筒调节螺杆；55—入口端板；58—电柜托；62—输送带罩；63—滑轨；64—从动滚筒后支撑；66—线槽支架；67—入口端不锈钢垫板；69—中间不锈钢垫板；70—出砖端不锈钢垫板；71—活动线槽支架；78—横线管；79—线管卡箍；81—线槽盖；82—减速机底座；85—传动减速机

其长度较刮平机机架长两倍以上，工作台面也是整板焊接，长度可达 14m 左右，机架的长、宽，工作台面的长、宽，皮带的长、宽都与机型和被抛砖的最大公称尺寸有密切关系，见表 5-2。

表 5-2 抛光机机架、工作台面、平皮带宽度与被抛砖最大公称尺寸关系表

抛光机型号	最大抛砖规格（mm・mm）	工作台面宽（mm）	机架宽（mm）	平皮带宽（mm）	机架长（mm）
650/20	650×650	800	1200	800	14000
800/20	800×800	1000	1400	950	14000
1000/20	1000×1000	1200	1600	1150	14000

由于机架（21）长而宽，并且是冷作焊接而成。为了清除机架的焊接应力，要对机架进

行退火处理（即人工时效），其最大退火温度在500～650℃之间。升温时间不能过快，一般要6h升温，保温2h后，随炉进行降温，降温时间在12h以上，升温过急或降温过快都会引起机架变形或效果不理想，因此此项工作是由专业大型热处理厂进行，热处理完毕后，不能急于加工，要待机架完全冷却，一般要停2～3d时间方妥。整个工作台面用龙门铣床加工，合金刀盘切削而成，为了确保工作台面的精度，在接刀处不能有高低的痕迹，整个台面要一次性加工而成，不平度要求在0.03mm/m范围内，经检验合格后方可进行装配。为了保护工作台面的平面度和耐用度，在工作台面上铺设3mm厚的不锈钢板作为耐磨层，通称为不锈钢垫板（67、69、70）。24h连续作业的抛光机，2～3个月不锈钢垫板就会有严重的磨损，在磨头底下的不锈钢垫板表面就会形成凹坑，必须进行更换。为了方便更换，此垫板是用沉头螺钉联结在工作台面上。机架的两端各装一个主（13）、被动（52）滚筒，由于抛光机的传动扭力大，为了增大滚筒对皮带的摩擦力，因此抛光机的滚筒较刮平机滚筒直径要大得多，厂家一般选用直径ϕ500mm以上的无缝钢管或用钢板卷成钢管来制作。被动滚筒两端轴头安装方型带座轴承（50）和滑块（49），用螺杆（54）拉动此滑块（49）对皮带（12）的松紧和走偏进行调整。主动滚筒（13）的一轴端安装半联轴器（4）、柱销（3）用来与传动减速机（35）（摆线针轮减速机）、半联轴器（1）联结而传递动力。由于抛光机架过长，皮带不单是走偏，有时会有走斜现象出现，实践证明皮带走斜是由于主动滚筒的轴心线与工作台中心线不垂直而产生，单纯地靠调节被动滚筒是调不好的，因此在主动滚筒一端的梁头上装有一块梁头调整板组件（18），微量调节此板的位置就能调节主动滚筒与机架中心线的垂直度。这是与刮平机机架的不同之处，因刮平机机架短而不需要用此装置。如果在一个机架上装有4把以上刮刀，机架的长度超过5mm以上也应该用此法来调整皮带走斜。为了使皮带不走偏、不走斜、直线性更好，对主、被动滚筒的外形做了相应改进，由原来的圆柱形改成微鼓形（图5-3）。其中$b_c=b_0/2$，b_0为皮带宽度。滚筒直径ϕD与斜度H的关系见表5-3。

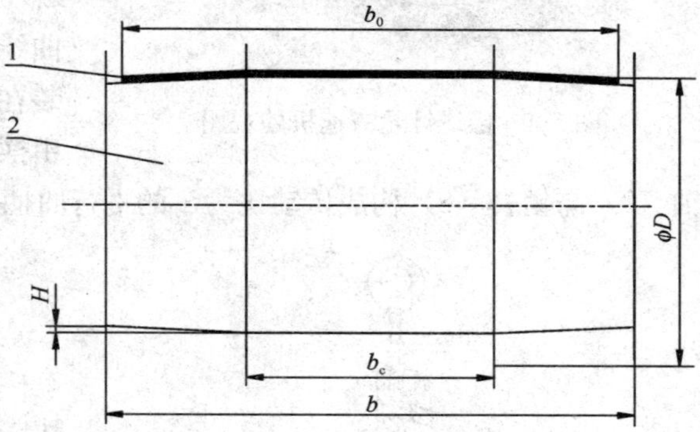

图5-3 微鼓形滚筒各部尺寸示意图
1—皮带；2—滚筒

表5-3 ϕD与H关系表

ϕD（mm）	350	400	450	500	>500
H（mm）	0.85	0.95	1.05	1.15	1.5

机架底下装有输送带罩（62），是用来挡住烂砖不掉进皮带内圈里去，在进砖端的梁头下方装有喷水管（38）和皮带刮板（48），刮板的作用是挡住烂砖或杂物不能被运动着的皮带带进滚筒与皮带的包角里去，冲水管是及时将聚集在皮带刮板处的杂物、烂砖冲掉，保证皮带正常运行。

早期的抛光机皮带是进口桑普拉带，现在国产工业皮带完全可以替代进口皮带。皮带结构为4层布4层胶经热压而成，厚度为8.9mm，接头采用热压驳接。它的作用是拖动被抛砖往出砖方向走，同时起到工作平台的作用，承载磨头对砖的压力，又能起到输送的作用，因此对其平整度要求是非常严格的，整条带在任何一个地方测量不允许相差 0.05mm。

抛光机的传动，现在一般都选用摆线针轮减速机作为传动动力。摆线针轮减速机的减速比大，一级传动减速比为$\frac{1}{6}$～$\frac{1}{87}$，两级传动减速比可达$\frac{1}{99}$～$\frac{1}{5133}$，传动效率高。传动部分采用滚动啮合，平均传动效率可达 90%以上，结构紧凑体积小。由于采用行星传动原理，输入轴与输出轴可在同一轴心上，并且可以与电机直联，运行平稳。传动过程中为多齿啮合，均载传动，运转可靠，耐冲击性、抗过载能力强，且噪声小，寿命长。传动零件均系轴承钢制造，经热处理后硬度可达 HRC58～62，故机械性能及耐磨性高，所以经久耐用。装配、拆卸和维护简单方便，润滑简单，质量可靠，深受用户好评。

图 5-4　摆线针轮减速机外观图

传动原理与结构：减速机分为三部分——输入部分、减速部分、输出部分。电机通过输入轴（5）和外圆装有滚柱轴承的双偏心套（6）（转臂）联结在一起构成动力输入部分。减速部分由相互啮合的针齿（12）（齿数 Z_b）、针齿套（13）与摆线轮（14）（齿数 Z_a）组成：齿数差 $Z_b-Z_a=1$。摆线轮的齿廓为短幅外摆线的等距曲线，针齿（12）、针齿套（13）等分均布地安装在针齿壳（7）内圆周边上，组成固定针齿圈。由摆线轮（14）、输出轴（1）及嵌在输出轴上的销轴（9）与销套（8）构成传动比为 1 的平行曲柄机构是输出部分。

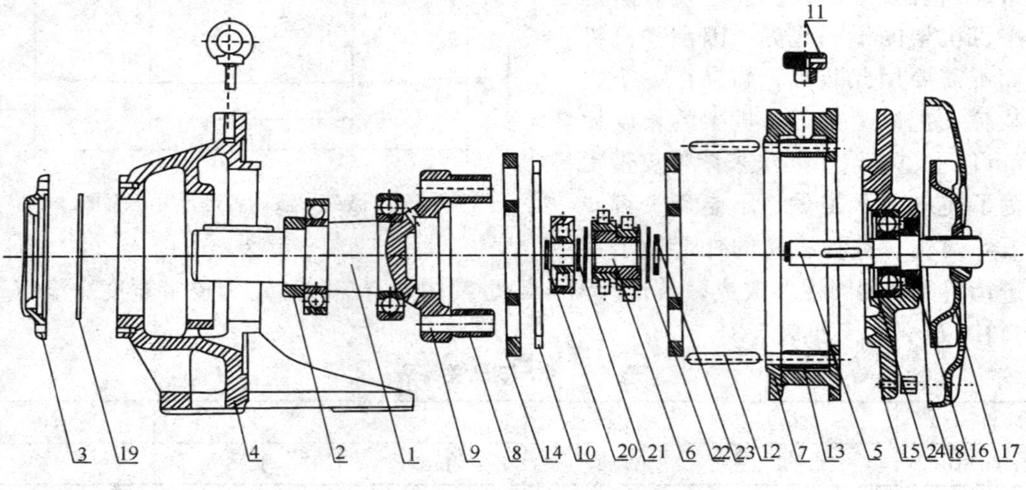

图 5-5　摆线针轮减速机结构图

1—输出轴；2—紧固环；3—压盖；4—机座；5—输入轴；6—双偏心套；7—针齿壳；8—销套；9—销轴；10—间隔环；11—通气帽；12—针齿；13—针齿套；14—摆线轮；15—法兰盘；16—紧固环；17—风扇叶；18—风扇罩；19—止动环；20—轴用挡圈；21—挡圈；22—挡圈；23—挡圈；24—孔用挡圈

当输入轴转速 n_1 回转时，摆线轮随着转臂绕中心 O_b 公转，同时由于受固定针齿的反作用力，摆线轮被迫绕自己的中心（就是转臂中心）O_a 反方向以转速 n_2 减速回转，并通过平行曲柄机构将转速经输出轴传递出去。减速比计算公式为：

$$i=\frac{n_1}{n_2}=\frac{Z_a}{Z_b-Z_a}=-Z_a$$

由计算得知减速机的减速比就是摆线轮的齿数。负号表示输出传动方向与输入传动方向相反。传动减速机输出速度与抛光机机型有密切关系，抛光机传动配匹见表 5-4。

表 5-4　抛光机传动配匹表

机型 头数	650 型	800 型	1000 型
14 头	BWED63-391(23×17)-3.0	BWED63-595(35×17)-3.0	BWED63-841(29×29)-3.0
16 头	BWED63-391(23×17)-4.0	BWED63-391(23×17)-4.0 配变频专用电机	BWED63-391(23×17)-4.0 配变频专用电机
20 头	BWED63-391(23×17)-5.5	BWED63-391(23×17)-5.5 配变频专用电机	BWED63-391(23×17)-5.5 配变频专用电机

联轴器由两个半联轴器（1、4）组成，用 9～12 根柱销（3）（尼龙棒）将两个半联轴器联结在一起，由于尼龙棒有一定的韧性，所以使传递平稳无响声，并且没有磨损，经久耐用，且传递扭力大。但在安装时要注意两个半联轴器要对齐，不同心度只能≤0.5mm，且两个半联轴器之间要留有 1～2mm 的缝隙，主要让其有自动补偿不同心的功能。

二、支座、横梁和摆动机构（图 5-6、图 5-7）

1. 支座

支座组件（50）是安装在抛光机机架两头的，由钢板焊接而成，经人工时效（消除内应力）后进行加工，在支座上平面中间有一条宽 100mm 的支座垫板（45）支承轨道，此轨道要求与底面平行，其平行度为<0.05mm/m，经加工检验合格后，在轨道两侧焊上挡油板，轨道两端焊上封板，整个轨道腔成为一个长方形油池，支座垫板（45）就安装在此油池内的轨道上，一端用两颗螺丝固定。滚柱总成（48）是由两根滚柱挡板按一定的位置将多根滚柱夹持住，使滚柱成距离相等的有序的排列，能自由地滚动，又能滚而不乱，滚柱总成（48）是承载整个抛光机上部的重量，并要能在重荷条件下平稳地滚动，因此，对它的硬度、强度、精度要求特别严格。其材料是用轴承钢制作，热处理硬度达到 HRC58～62，外圆直径公差（ϕ22±0.01）mm，不圆度≤0. 01mm，表面粗糙度在 0.25μm。

支座垫板（45）和横梁座垫板（39）作为滚柱总成（48）的滚道，也就如同轴承的内外圈一样，它的材质要求也同样的高，由于此滚道是要求表面硬度高而中部要求有韧性，故而选用高碳钢经调质加工后进行表面氮化处理，其表面硬度达 HRC54～58，表面粗糙度要求在 0.25μm 范围内，其平行度要求≤0.05mm/m。

2. 横梁

左、右横梁座（31）就落在滚柱总成（48）上，横梁（23）的两端就安装在左、右横梁座上，横梁（23）是用来安装抛光磨头上部和抛光磨头的，因此要求横梁要有足够的强度。我国抛光机的横梁大都采用板框式结构，整体焊接而成，经人工时效处理消除焊接应力后，在大型龙门铣床上加工而成。

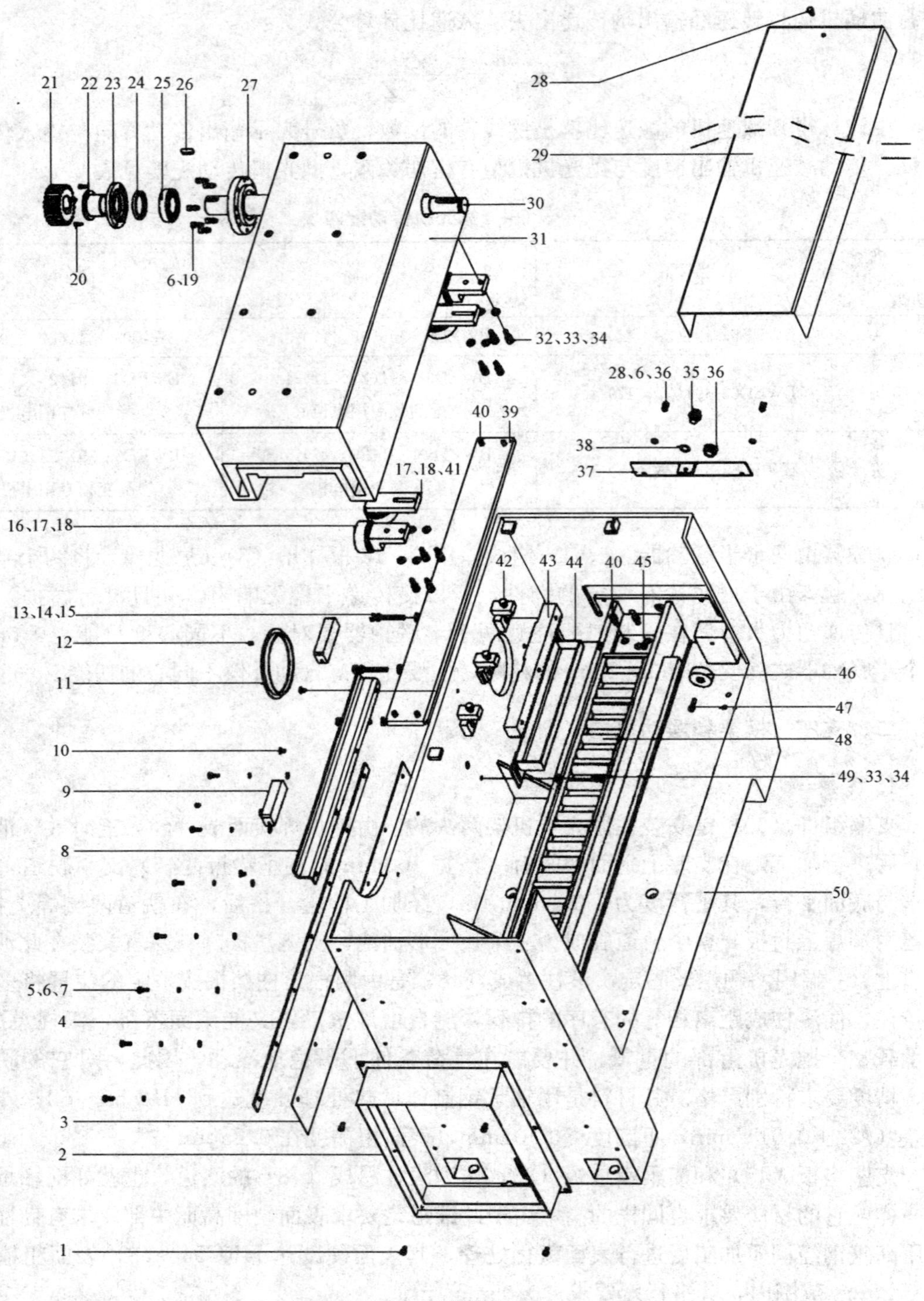

图 5-6　支座结构图

2—主控面板罩；3—挡水胶皮；4—胶皮压条；8—撞块安装板；9—撞块；11—堵盖；16—靠轮轴；17—双例角接触轴承（3208）；18—轴用弹性挡圈（40）；21—摆动齿轮；22—轴套；23—端盖；24—密封圈（B55×72×8）；25—轴承（6209）；26—平键；27—轴承座；29—轨道防护罩；30—摆动齿轮轴；31—横梁座；35—螺塞；36—油标；37—挡板合件；38—密封垫；39—横梁座垫板；41—纵向轮轴；43—齿条；44—油槽；45—支座垫板；46—缓冲块；48—滚柱总成组件；50—支座组件（中间支座组件）

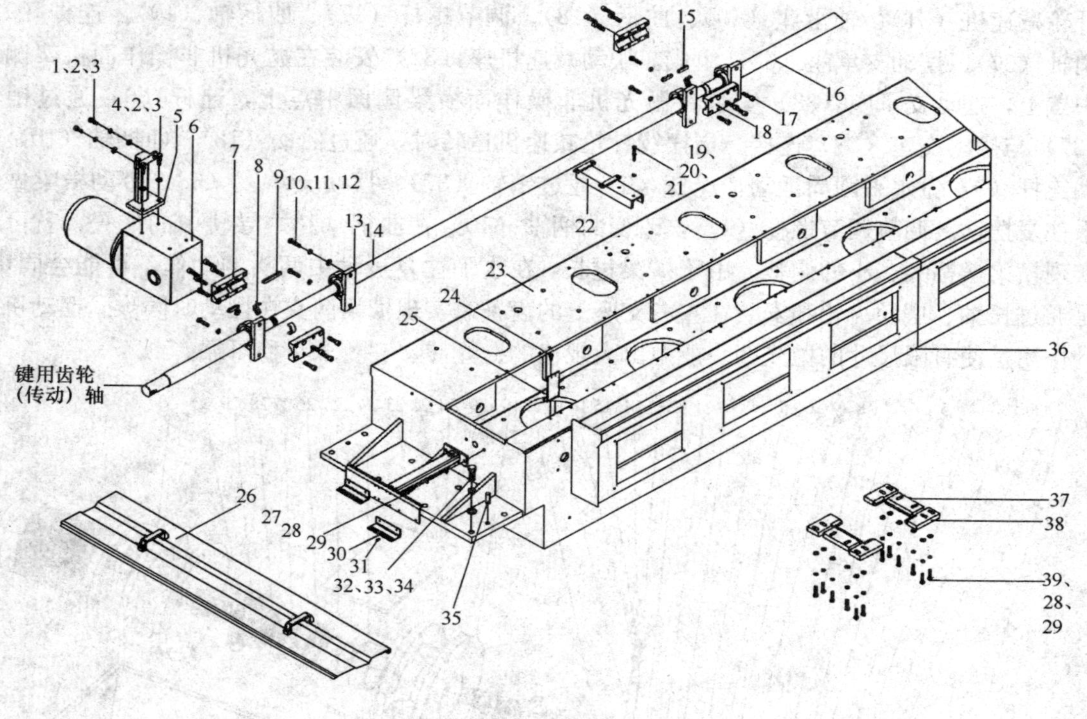

图 5-7　横梁部分结构图

5—扭力臂；6—齿轮减速机（KA67-36-Y2.2-H2、KA77-36-Y2.2-H2）；7—半联轴器；8—半环；9—平键；13—带座轴承（UCP219）；14—长轴；15—平键；16—中间轴；18—半联轴器；22—水管支架；23—横梁；25—换向阀安装板；26—支座护罩；30—接近开关安装板；35—圆锥销；36—磨头控制面板罩；37—固定块组件（2）；38—固定块组件（1）

横梁的摆动有两种形式：双齿轮减速机摆动和曲柄连杆机构摆动。图 5-7 属双齿轮减速机摆动。齿轮减速机（6）通过长轴（14）、半联轴器（7）、摆动齿轮轴（30）带动摆动齿轮（21）在齿条（43）的齿面上往复滚动，由于齿条（43）是固定不动的，因此摆动齿轮（21）在齿条的作用力下推动横梁往复摆动。小轮轴组件（16）安装在横梁座上，用来控制横梁摆动时产生往上位移。纵向轮轴组件（41）安装在横梁座上，用来控制横梁摆动时产生纵向位移。每根横梁上安装两个摆动齿轮，通过中间轴（16）使它们同步运动。轨道防护罩（29）是用来防止杂物掉进轨道内。撞块（9）安装在进砖端支座侧板上，接近开关安装板（30）固定在横梁一端头部，横梁摆动换向是通过安装在接近开关安装板（30）上的接近开关与撞块发生感应，使齿轮减速机反转来实现。调整接近开关的位置就达到了调整横梁摆动距离的目的。主控面板罩（2）是安装抛光机控制按钮板的，磨头控制面板罩（36）是安装磨头启动、停止、升降控制按钮板的。换向阀安装板（25）是安装电磁换向阀，控制磨头升降换向。支座护罩（26）是防止杂物掉进横梁摆动区域，防止安全事故发生。总水管安装在水管支架（22）上，固定块组件 2（37）和固定块组件 1（38）安装在横梁的底面，用来控制抛光磨头摆动和固定抛光磨头固定盘不转，使其在公转时产生差速而带动磨块座做往复摆动。

3. 曲柄连杆机构

俗称摆动机构，如图 5-8 曲柄连杆机构结构图所示。主要由摆动减速机座（32）、摆线针轮减速机（31）、轴承座（19）、曲柄（18）、调节螺杆（17）、曲柄轴（10）、连杆（9）、销轴（37）、摆动支承座（38）组成。摆动减速机座（32）安装在抛光机非操作面机架侧面中点上，摆动支承座（38）安装在抛光机非操作面横梁侧面中点上，连杆（9）通过销轴（37）与摆动支座（38）连接。当摆线针轮减速机运转时，通过曲柄（18）、曲柄轴（10）带动连杆（9）做水平圆周运动，连杆（9）通过销轴（37）、摆动支承座（38）带动横梁做水平往复摆动。调节调节螺杆（17），改变曲柄轴（10）在曲柄（18）导轨中的位置，就可以实现横梁摆幅大、小的调整。由于横梁过长，在水平往复运动中两头的动作不可能会同步，是通过长轴、摆动齿轮和安装在左右支座上的齿条来实现横梁两头在摆动时同步。摆动机构的作用是使有限尺寸的抛光磨头能抛出大规格的抛光砖，它要求平稳可靠。

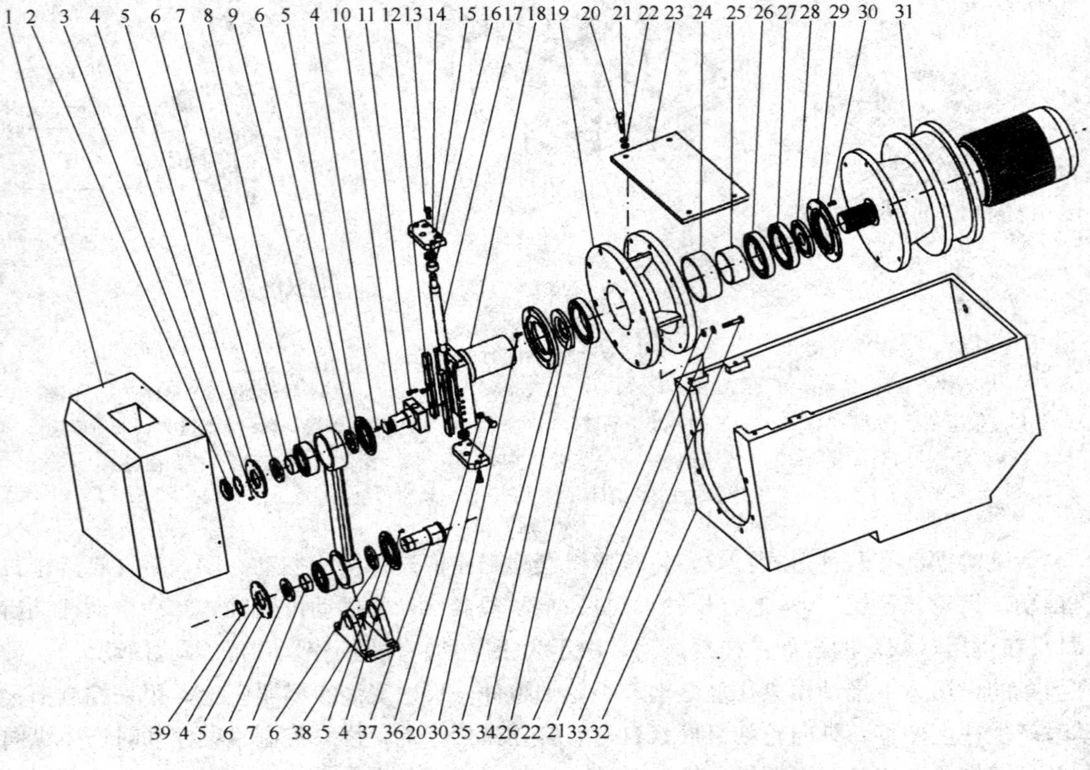

图 5-8　曲柄连杆机构结构图

1—防护罩；2—圆螺母；3—止退垫圈；5—透盖；6—密封圈（B60×80×8）；7—挡套；8—调心滚子轴承（22310）；9—连杆；10—曲柄轴；12—压条；14—调节螺杆安装支座；15—推力球轴承（51104）；16—锁紧螺母；17—调节螺杆；18—曲柄；19—轴承座；23—后盖板；24—外隔套；25—内隔套；26—圆柱滚子轴承（N1021）；27—深沟球轴承（6021）；28—密封圈；29—下端盖；31—摆线针轮减速机（BLD4-59-3kW）；32—摆动减速机座；34—密封圈（B115×140×12）；35—上端盖；37—销轴；38—摆动支承座；39—轴用弹性挡圈（50）

三、防水罩和导砖导轨（图 5-9、图 5-10）

1. 防水罩

防水罩（图 5-9）的作用就是防止抛光磨头在工作时将水抛洒到机器外面，破坏工作环境，使操作者无法工作。它利用后挡水板（2）（9）、前后固定板（3）（4）、前活动板（5）、

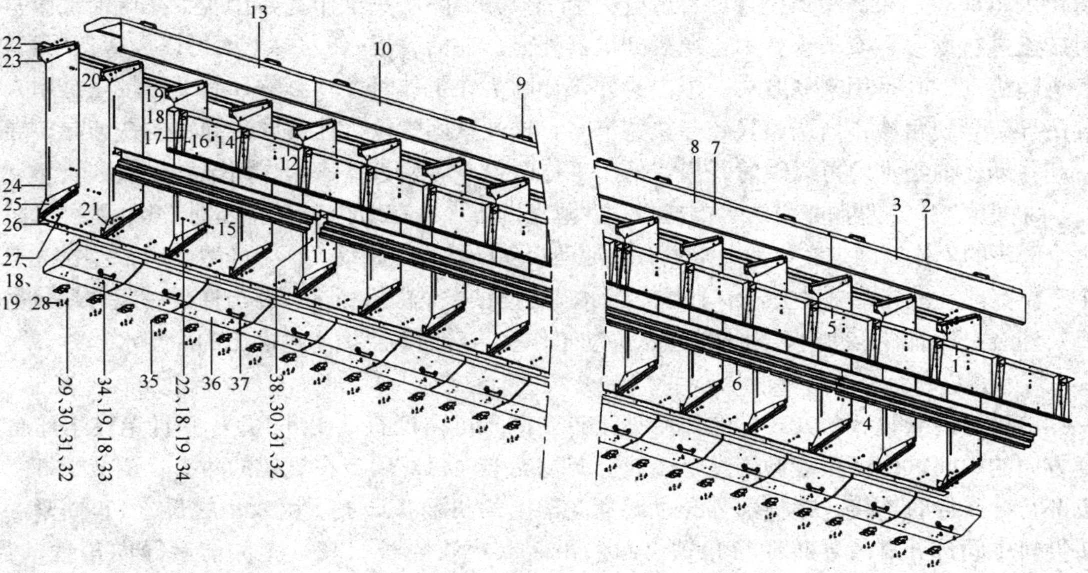

图 5-9　650 型抛光机防水罩结构图

1—前活动板；2—后挡水板（1）；3—后左固定板组件；4—前右固板组件；5—前活动板；6—前中固定板组件；7—后中左固定板组件；8—后中固定板组件；9—后挡水板（2）；10—后中右固定板；11—前固定板联结板；12—前左活动板；13—后右固定板组件；14—加强板；15—前左固定板组件；16—前活动板撑板；20—隔板后支柱；21—隔板前支柱；22—后挡水板底梁；23—隔板右边支柱；24—磨头隔板；25—隔板左边支柱；26—前挡水板底梁；35—铰链合件；36—前挡水门；37—方形把手

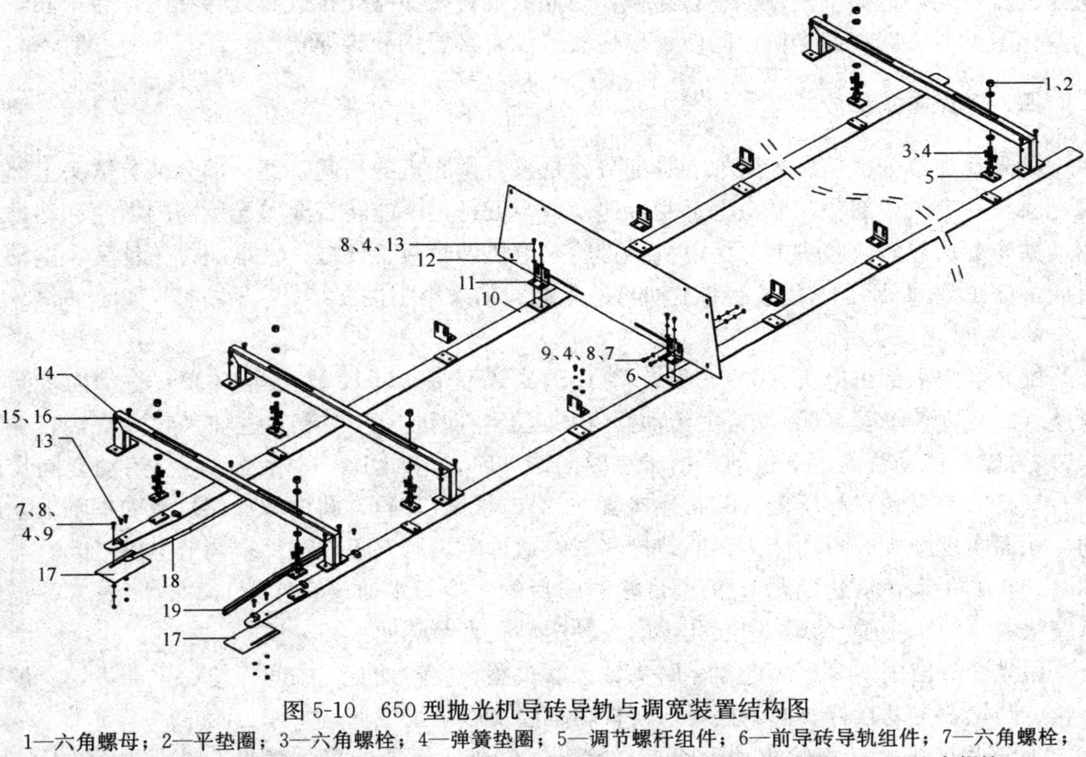

图 5-10　650 型抛光机导砖导轨与调宽装置结构图

1—六角螺母；2—平垫圈；3—六角螺栓；4—弹簧垫圈；5—调节螺杆组件；6—前导砖导轨组件；7—六角螺栓；8—平垫圈；9—螺母；10—后导砖导轨组件；11—吊导砖导轨角铁；12—磨头隔板；13—六角螺栓；14—调宽支架；15—六角螺栓；16—弹簧垫圈；17—托砖板；18—后导向角铁；19—前导向角铁

前挡水门（36）和磨头隔板（12）组成一个个长方形的磨头工作室，让磨头在这个工作室内对砖面进行抛磨，冷却水就不会抛洒到机器外面。前活动板（5）的上面可以放置备用磨块。磨头隔板（12）是用来将磨头一个个隔开，让磨头在工作时互不影响，其下部腰槽是用来安装吊导砖导轨角铁，当调整导砖导轨宽窄时，松开紧固螺栓，让吊导砖导轨角铁与导砖导轨一起移动。前挡水门可以随时开启，便于工作时操作者检查磨头工作情况和更换磨块。

800型、1000型抛光机防水罩与650型抛光机防水罩在结构上有些区别，650型抛光机是每个磨头的工作室固定在机架上，只有前活动板随横梁一起移动。而800型、1000型抛光机整个工作室都是吊装在横梁上，单个磨头挡水门是挂在横梁前沿板上，并与横梁一起移动。另在机架外沿安装前后活动门，用来挡住从移动工作室与砖面的缝隙中抛洒出的冷却水。

2. 导轨

前后导砖导轨（6）（10）的作用是让砖在抛光机内走直（图5-10），并且走在工作台宽度方向的中间，使磨头能抛到整个砖面。调宽支架（14）固定在机架的两头，调节螺杆（5）下部与导砖导轨连接，螺杆部分穿过调宽支架上的长腰孔，上下用六角螺母（1）锁紧。导砖导轨中间部分靠吊导砖导轨角铁（11）吊装在磨头隔板（12）上。前后导向角铁（18）（19）安装在抛光机的进砖端，是将砖顺利的导进前后导砖导轨之间的皮带面上。由于抛光机的滚筒直径很大，连接线架的过渡带轮难以靠住滚筒外圆，并存在一定距离，砖走到此处会产生点头现象，增加托砖板（17）后，当砖产生点头时就被托砖板托住并顺利的走入抛光机。800型、1000型以上抛光机导砖导轨只应用于抛光机进砖端头部一段，中间部分不用导砖导轨。因为800mm×800mm以上砖自身很重，在皮带面上不易移动；再就是800型以上抛光机皮带宽，只要调整好就不易跑偏，因此只要将砖在抛光机进砖处导在工作台中间，它就变化不大，所以在抛光机中间段、出砖段就没有必要用导砖导轨。

四、抛光磨头部分

抛光磨头部分也是抛光机的心脏部分，是整台抛光机的精髓，磨头部分又分磨头上部和抛光磨头两个主要部分。磨头上部是传递动力，就是将电能转变成抛光所需的转速和动力来驱动抛光磨头旋转。磨头上部由电机、带轮、电机调整板、气缸、轴承座、传动套、主轴等组成，如图5-11所示。抛光上部主轴与抛光磨头轴采用刚性联结。

（一）抛光磨头

抛光磨头上部由电机（63）、小带轮（58）、V型带（59）、大带轮（30）将动力传给轴承座（37）内传动套（40），再由传动套（40）经导向键（51）带动主轴（46）旋转。主轴（46）可以在传动套内上下运动，由于有导向键（51）的作用，它始终保持与传动套同步旋转。气缸（9）（10）与压盖（8）、连接套（22）、轴承（21）、圆螺母（18）带动主轴上下运动，从而实现磨头升降功能。调节螺栓（52）通过电机调整板（53）来调节电机（63）与主轴（46）的距离，从达到调节V型带松紧的目的。冷却水通过直接管（3）、三通（2）、进水管法兰（5）、主轴（46）中心孔、磨头轴中心孔直至砖面。

抛光磨头由固定筒、固定盖、磨头轴、磨头座、旋转轴套、中间齿轮、主动齿轮、被动齿轮、凸轮、主动摆杆、被动摆杆、摆杆轴、磨块座等组成。

抛光磨头在旋转力的驱动下除了做旋转运动外，还要求磨块座能自个做往复的摆动，从而带动磨块（磨料）在被抛砖表面上磨削和抛光，磨块始终与砖面保持线接触，有利于排

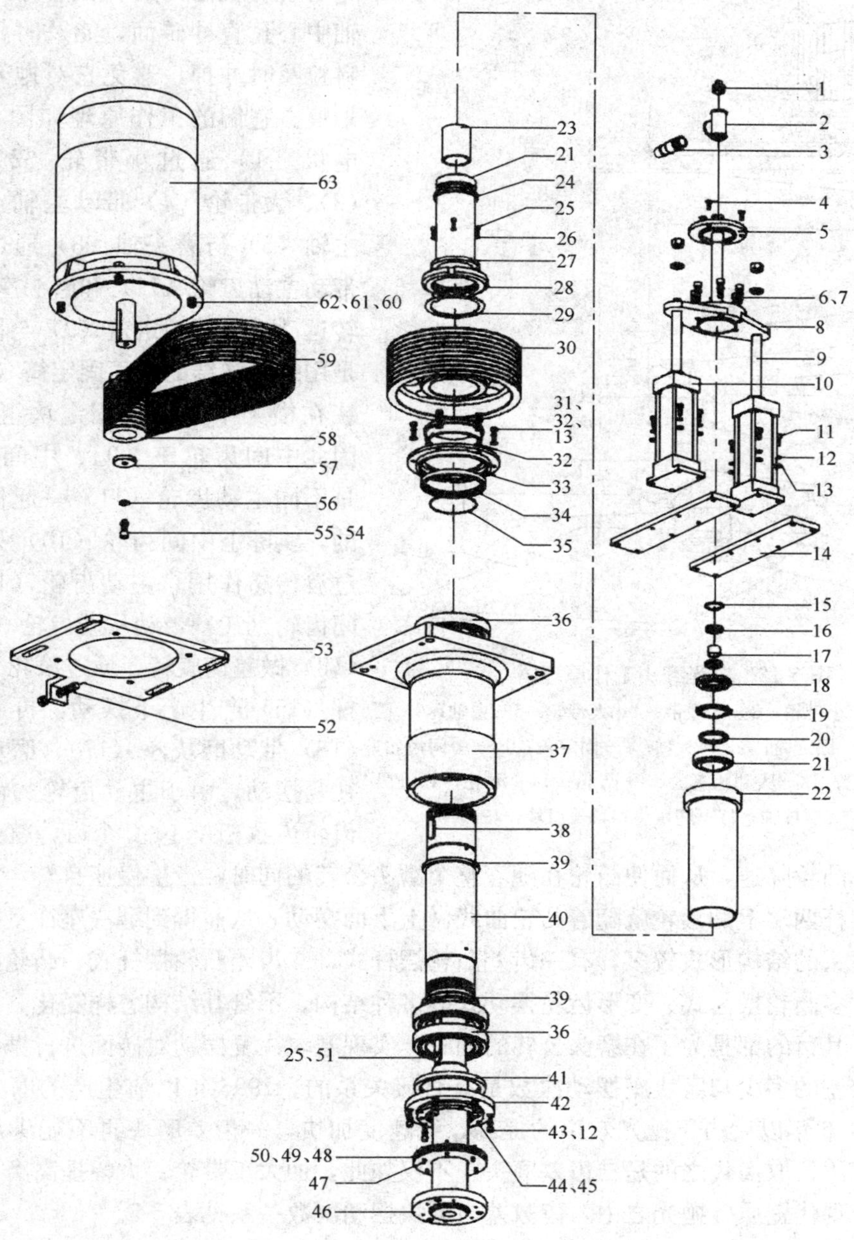

图 5-11　磨头上部结构图

1—外方管堵；2—三通；3—直接管；5—进水管法兰；9—气缸（10A-5R FB 63 B 150 F 2）；10—气缸（10A-5 FB 63 B 150）；14—气缸安装板；15—孔用弹性挡圈；16—密封圈（B28×40×7）；17—镶套；18—圆螺母（M55×2）；19—止退垫圈；20—挡圈；21—圆锥滚子轴承（32011）；22—连接套；23—轴承隔套；24—密封圈（B70×100×10）；27—护套；28—圆螺母（M110×2）；29—止退垫圈；30—大三角带轮；32—轴套；33—上端盖；34—密封圈（B125×150×12）；35—O 型密封圈（103×2.65）；36—轴承（6022）；37—轴承座；38—平键；39—轴肩挡圈；40—传动套组件；41—油封（PD 130×160×15）；42—下端盖；44—传动套帽；46—主轴；48—下压板；49—防尘罩；50—上压板；51—导向键；52—调节螺栓；53—调整板；57—压板；58—小带轮；59—V 型带（SPZ1400）63—电机（Y160M-4）

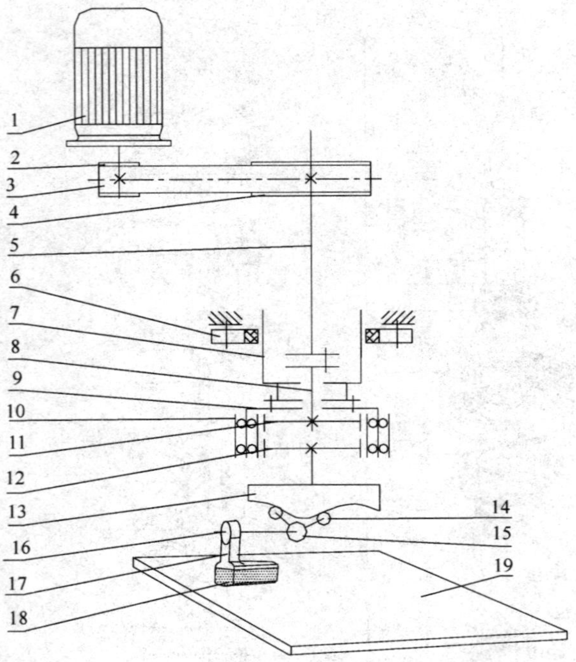

图 5-12　抛光磨头工作原理图

1—电机；2—小带轮；3—V 型带；4—大带轮；5—主轴；6—固定块组件；7—固定筒；8—磨头轴；9—固定盖；10—中间齿轮；11—主动齿轮；12—从动齿轮；13—凸轮；14—滚轮；15—摆杆；16—摆杆轴；17—磨块座；18—磨块；19—砖

除研磨时脱落的磨料微粒，冷却水从主轴中心孔直冲砖面，能及时将脱落的磨料粒及时冲掉，避免它对抛光砖面产生划痕。它们的工作原理如图 5-12 所示。电机（1）通过小带轮（2）、V 型带（3）、大带轮（4）带动主轴（5）旋转。主轴（5）与磨头轴（8）通过刚性联结带动主动齿轮（11）和磨头座（8）做公转运动。由于固定盖（9）与固定筒（7）是用螺栓联结的，而固定筒（7）又被安装在横梁下平面的固定块组件控制着，因此中间齿轮座（9）、中间齿轮（10）是不同主动齿轮（11）一起做公转运动的，实际上中间齿轮（10）只是起一个过渡传递作用。主动齿轮（11）通过中间齿轮（10）带动从动齿轮（12）、凸轮（13）做差速旋转，通过滚轮（14）使摆杆（15）产生上下摆动，再通过摆杆轴（16）带动磨块座（17）、磨块（18）做往复摆动。由于主动齿轮的齿数与被动齿轮齿数相差 1～2 个齿，就是利用此齿数差来实现凸轮降速，从而使凸轮在随着整个磨头公转的同时，产生慢速自转，由于有了慢速自转，摆杆两端上的滚轮就随着凸轮曲线做上下面摆动，从而得到磨块座往复摆动。

抛光磨头的结构形式较多，有一齿差凸轮摆杆式、二齿差凸轮摆杆式、凸轮摆齿式、斜盘摆齿式、多凸轮摆齿式、变形齿轮摆动式等多种结构。不管其结构怎样变化，其工作原理基本相近，其目的都是为了在磨头公转的同时，实现磨块往复摆动对砖面进行抛磨。主、从动齿轮齿数差的多少与磨块座摆动次数是有直接关系的。1996 年以前生产的磨头多为一齿差磨头，1996 年以后由于抛光效率的提高，线速度加快，一齿差磨头再不能满足市场需求而逐步被淘汰，取而代之的是二齿差磨头。不仅如此，加大小带轮、大幅提高磨头公转转数已经应用于现代瓷质砖抛光之中。齿数差与磨块摆动次数关系见表 5-5。

表 5-5　齿数差与磨块摆动次数关系表

电机功率 (kW)	电机转速 (r/min)	磨头公转转数 (r/min)	一齿差磨块座往复摆动次数	二齿差磨块座往复摆动次数
11	1440	472	36	69

（二）两齿差凸轮摆杆式抛光磨头

两齿差凸轮摆杆式抛光磨头是目前国内应用最多的磨头。该磨头抛光效率高，维修方便，如图 5-13 所示。下面以此磨头为原形，配以装配工艺形式，详细叙述其结构和装备工艺、差速原理、磨块座摆动原理和联轴器防震原理。

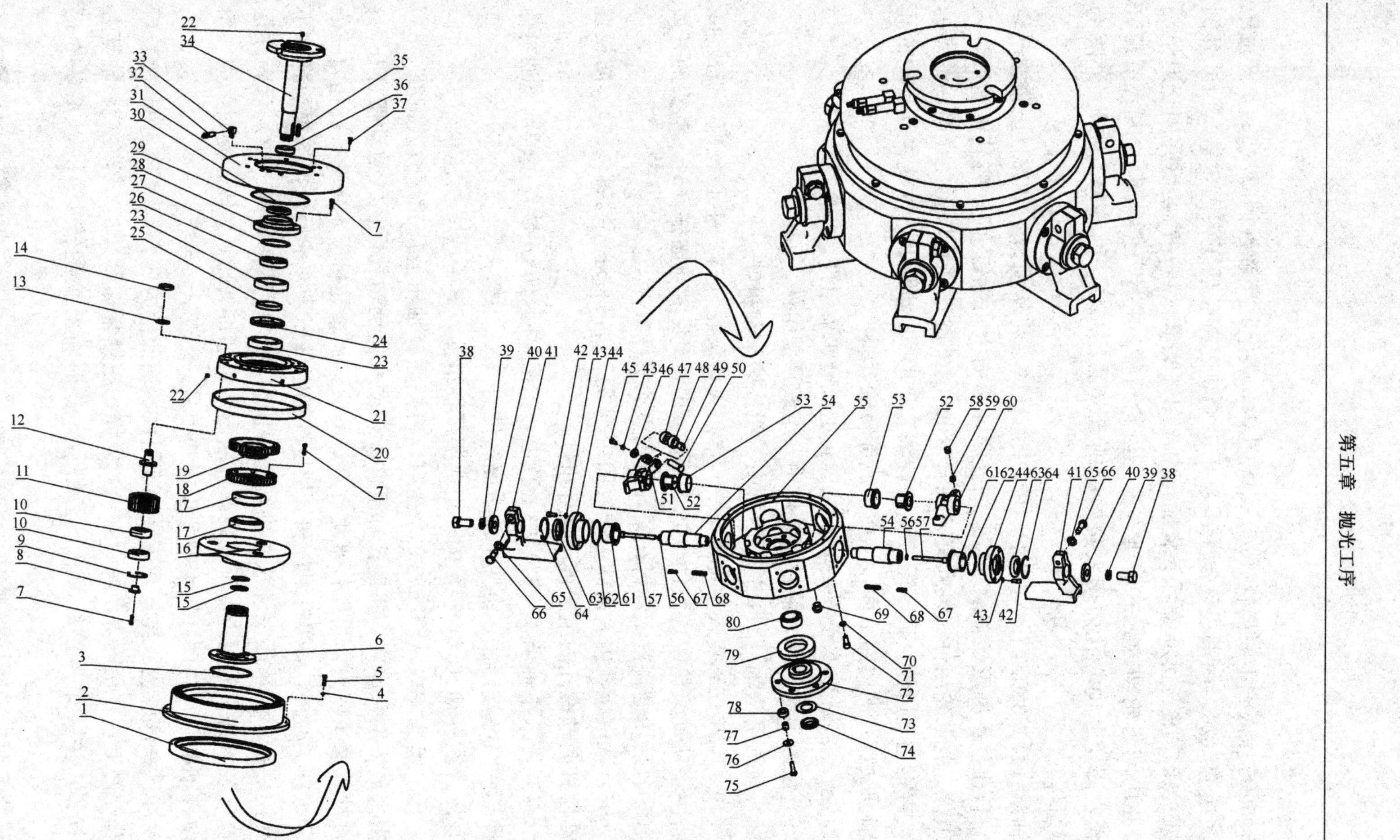

图 5-13　两齿差凸轮摆杆式抛光磨头结构图

1—密封圈（FB280×320×20）；2—磨头盖；3—O 型密封圈（118×2.65）；6—旋转轴套；8—压盖；9—孔用弹性挡圈；10—轴承（6305）；11—中间齿轮；12—中间齿轮轴；13—止退垫圈；14—圆螺母；15—O 型密封圈（45×3.55）；16—凸轮；17—圆锥滚子轴承（32013）；18—从动齿轮；19—主动齿轮；20—大镶套；21—固定盖；23—角接触轴承（7013）；24—外隔套；25—内隔套；26—锁紧螺母；27—O 型密封圈（80×3.55）；28—顶盖；29—密封圈（FB55×75×8）；30—O 型密封圈（170×2.65）；31—防水套；32—油路外接头；33—油接头；34—磨头轴；35—平键；36—小镶套；40—压紧端盖；41—磨块座；44—小轴承座；46—轴端压盖；47—从动滚轮；48—主动滚轮；49—滚针轴承（K162017）；50—滚轮轴；51—主动摆杆；52—摆杆轴压盖；53—铜套；54—摆杆轴；55—磨头座；58—球面螺钉；59—防松螺钉；60—被动摆杆；61—轴承座套；62—O 型密封圈（62×2.65）；63—密封圈（FB45×62×8）；64—孔用弹性挡圈；67—平键；68—平键；69—螺塞；72—联轴器；73—止退垫圈；74—圆螺母；75—六角头螺栓；76—垫；77—隔套；78—小胶圈；79—大胶垫；80—关节轴承（GE40ES）

1. 结构和装配工艺

将轴承（10）6305压入到中间齿轮（11）中心孔内，装上孔用弹性挡圈（9）组合成中间齿轮组件。将大镶套（20）内圈表面涂上一层乐泰680固持胶后压入固定盖（21）外圆上，把中间齿轮轴（12）压入固定盖两个装配孔内，用圆螺母（14）锁紧后并用止退垫圈（13）进行保险，在中间齿轮轴的另一端压入中间齿轮组件，并用压盖（8）、内六角螺钉（7）将其压紧，再在固定盖中心孔内压入角接触轴承（23）7013、内隔套（25）、外隔套（24）组成固定盖组件。

把圆锥滚子轴承（17）32013压入凸轮（16）中心孔内，将从动齿轮（18）压装在凸轮上平面，并使其止口压住圆锥滚子轴承（17）的外圈，用内六角螺钉（7）将其锁紧后打入稳销，组成凸轮组件。将凸轮组件压装入旋转轴套（6）的外圆根部止口上，在旋转轴套的键槽内放入平键，再将主动齿轮（19）压装到旋转轴套（6）的外圆上，并使主动齿轮的止口紧靠圆锥滚子轴承（17）的内圈平面，从而组成旋转轴套组件。

将密封圈（1）压入磨头盖（2）油封安装位中，组成磨头盖组件。

将密封圈（29）压入顶盖（28）油封安装位中，组成顶盖组件。

将小镶套（36）压入磨头轴（34）根部外圆上，组成磨头轴组件。

把滚针轴承（49）K162017装入主动滚轮（48）、从动滚轮（47）中心孔内，组成主、从动滚轮组件，将主、从动滚轮组件按图5-13所示的顺序放入主动摆杆（51）两头的开口内，压入滚轮轴（50）后用锥端紧定螺钉止紧，组成主动摆杆组件。

在被动摆杆（60）两端螺孔内表面涂上螺纹固定剂243后，将球面螺钉（58）、防松螺钉（59）装入被动摆杆两端螺孔内组成被动摆杆组件。

将轴承座套（61）压入小轴承座（44）中心孔内，把密封圈（63）装在小轴承座油封位上，再用孔用弹性挡圈（64）挡住，组成小轴承座组件。

将平键（68）压入摆杆轴（54）键槽内，组成摆杆轴组件。

把铜套（53）压入磨头座内（55）的六个孔内，再把摆杆轴压盖（52）放入铜套（53）内，把被动摆杆组件放入磨头座内，将摆杆轴组件穿过磨头座周边孔后压入被动摆杆孔内；又把主动摆杆组件放入磨头座内，将摆杆轴组件穿过磨头座周边孔后压入主动摆杆孔内；依次将3个被动摆杆组件、3个主动摆杆组件和6根摆杆轴组件压入完毕后，把6根摆杆轴小头插入摆杆压盖孔内，在小轴承座组件法兰内端面凹槽内放入O型密封圈（62）后套在摆杆轴上，调整好位置装入磨头座周边6个孔内，并用内六角螺钉（42）紧固，同时用内六角螺栓（57）穿过摆杆轴中心孔与摆杆压盖螺孔连接并锁紧。

用高压空气吹净磨头座腔内脏物，在旋转轴套组件端面凹槽内放入O型密封圈（3）后装入磨头座中心孔端面上，并用内六角螺钉（71）紧固。把锁紧螺母（26）拧在旋转轴套上部螺纹上，不需拧紧，主要是保护好旋转轴套螺纹。此时将磨头翻转180°，让磨头底部朝上。

把平键（67）装入摆杆轴头部键槽内，将磨块座（41）装入摆杆轴头部，用压紧端盖（40）、螺栓（38）将其压紧，锁紧螺栓（66）。调整好6个磨块座水平，装上并拧紧6个螺塞（69）。将磨头翻转180°，让磨块座搁在工作台上。

取下旋转轴套上的锁紧螺母，将固定盖组件装在旋转轴套上部外圆上，用锁紧螺母（26）锁紧，加注润滑油，润滑油略低于磨头座上平面即可。盖上磨头盖组件，装磨头盖组件时应用大油封导向器稳妥地将大油封导入固定盖组件大镶套上，避免损坏大油封唇口。在固定盖上平面的凹槽内放入O型密封圈（30）后盖上防水罩，装上顶盖组件。在顶盖与防水盖接缝处涂抹平面密封硅橡胶。把油接头（33）、油路外接头（32）装在固定盖上的油路螺孔内，便于磨头在工作时加注润滑油用。在旋转轴套内孔壁凹槽内放入O型密封圈（15）后，将磨头轴组件插入旋转轴套中心孔内，此时将磨头翻转180°，让磨块座朝上。

把关节轴承（80）内圈套在磨头轴上，外圈装在磨头座中心孔内，在磨头座内孔端面上放入大胶垫（79），再在磨头轴（34）头部键槽内装入平键（35），将联轴器（72）装在磨头轴轴头上，把小胶圈（78）、隔套（77）、垫（76）放入联轴器上平面台阶孔内并用螺栓（75）锁紧，再用止退垫圈（73）、圆螺母（74）将联轴器锁紧。在磨头座与联轴器周边接缝处和圆螺母（74）周边涂抹平面密封硅橡胶。再将磨头翻转180°，使磨头轴端面朝上。此时磨头装配完毕。

2. *差速原理*

已知该磨头主、从动齿轮齿数差是两齿，所以叫两齿差磨头。该磨头主动齿轮齿数是39齿，从动齿轮齿数是41齿，中间齿轮齿数24齿。由以上结构原理可知中间齿轮是安装在固定盖上的，固定盖是不随磨头座做公转运动，那么中间齿轮也是不做公转运动，实际上两个中间齿轮只是两个固定行星齿轮，起到过渡齿轮的作用，对速度变化没有任何作用。电机转速为1440r/min，电机带轮直径是ϕ100mm，传动套带轮直径是ϕ305mm。还已知磨头上部主轴与磨头轴是刚性联结，根据以上数据可计算出该磨头的公转转数，设公转数为M，电机转数为N，电机带轮直径为d，传动套带轮直径为D，其公式如下：

$$M=\frac{Nd}{D}$$

代入以上数据得　　$$M=\frac{1440\times100}{305}\approx472(\mathrm{r/min})$$

已知磨头公转数，那么从动齿轮的转数是多少呢？设主动齿轮齿数为Z_1，从动齿轮齿数为Z_2，从动齿轮转数为m，其公式如下：

$$m=\frac{MZ_1}{Z_2}$$

代入以上数据得　　$$m=\frac{472\times39}{41}\approx449(\mathrm{r/min})$$

因为主动齿轮转数等于公转数，那么主动齿轮与从动齿轮的转数差是$M-m=23(\mathrm{r/min})$。这就是说从动齿轮较主动齿轮少转23转，这23转就是差速。也可以这样说从动齿轮在随磨头公转的情况下，自转了23转。已知从动齿轮自转转数就可以计算出磨块座每分钟摆动次数。由其结构可知从动齿轮是与凸轮联结在一起的，因此凸轮的自转转数也是23转。该磨头所用的凸轮是端面凸轮，并且在一个端面上有三个形状一样、高度相等的凸形体。当把一个物体置于凸轮端面曲线某一点上，转动凸轮一周，该物体就要随凸轮端面上三个凸形体曲线动作三次。由此可知磨块座摆动次数等于三倍的凸轮自转数，即23×3=69(次/min)。

3. *磨块座摆动原理*

磨块座摆动原理展开示意图如图5-14所示。将凸轮曲线、三个主动摆杆、三个从动摆杆和六个磨块座展开为平面图，设凸轮（2）为顺时针旋转（10），如图5-14（a）所示，当主动摆杆（3）左端叉口处主动滚轮（4）接触凸轮低谷时，主动摆杆右端叉口处主动滚轮

(5) 正好滑移到凸轮凸尖最高位置，此时主动摆杆上左、右端主动滚轮 (4) (5) 中心连线正好与凸轮凸尖左边斜面平行，与两主动滚轮中心连线垂直的磨块座中心线相对于水平垂直线向左偏转了一定的角度，此角度为 12.89°左右。从动摆杆两端部上的球面螺钉是与安装在主动摆杆两端叉口上的从动滚轮表面相接触（注：主、从动滚外径相等），此时从动摆杆左端球面螺钉与主动摆杆右端叉口上从动滚轮接触，从动摆杆右端球面螺钉与另一主动摆杆左端叉口上的从动滚轮接触，所以从动摆杆就与凸轮凸尖右边斜面平行，与从动摆杆垂直的磨块座中心线相对于水平垂直线就向左偏转了一定角度，此角度同样为 12.89°度左右。所以当凸轮处于如图 5-14 (a) 的位置时，与主、从动摆杆相连接的磨块座相对于水平垂直线偏转的角度相等，但方向相反。

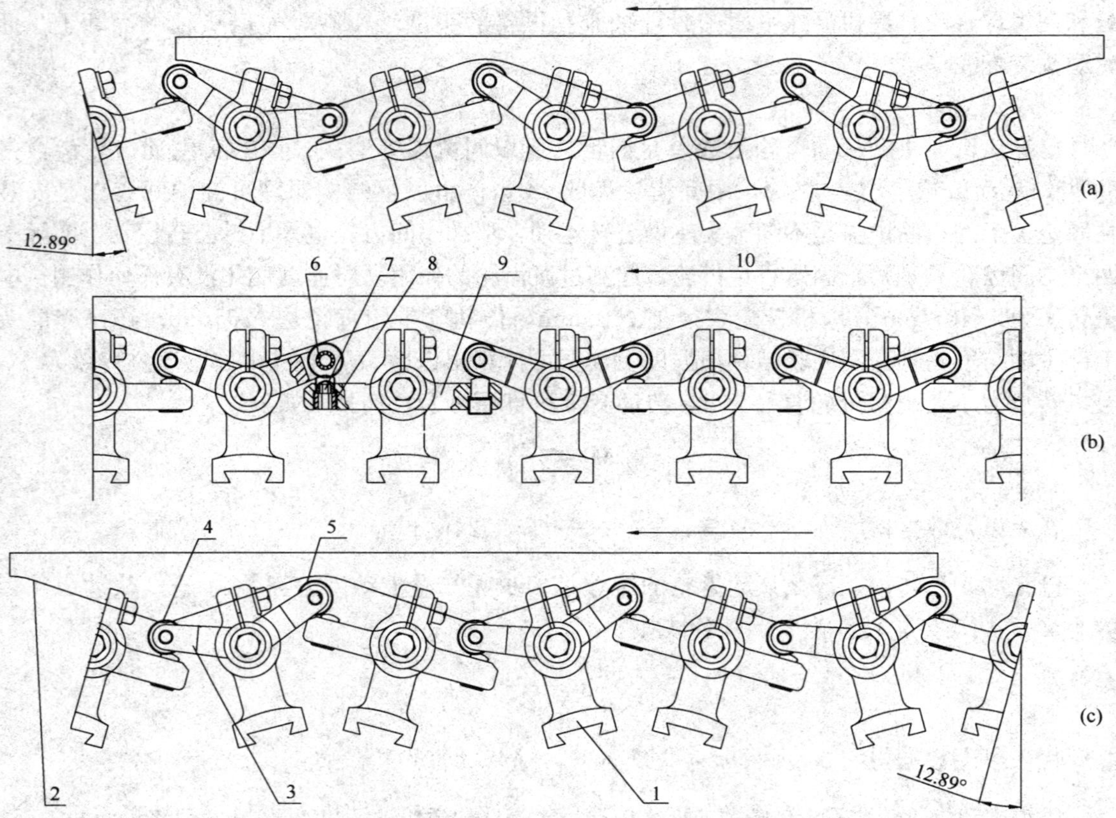

图 5-14　磨块座摆动原理展开示意图

1—磨块座；2—凸轮曲线；3—主动摆杆；4—主、从动滚轮 1；5—主、从动滚轮 2；6—滚针轴承；7—球面螺钉；8—锁紧螺钉；9—从动摆杆；10—凸轮旋转方向

如图 5-14 (b) 所示，凸轮继续旋转，主动摆杆右端叉口上的主动滚轮就滑过凸轮凸尖而到达凸尖的右边，当此滚轮滑移到凸尖右边斜面的中点时，主动摆杆左端叉口上的主动滚轮也正好滑移到凸尖左边斜面中点。此时主动摆杆上左、右两主动滚轮中心连线正好水平，与两主动滚轮中心连线垂直的磨块座中心线向右偏转了 12.89°左右，与水平垂直线重合，磨块座底平面（磨块安装平面）垂直于磨块座中心线，所以该平面也处在水平状态。同理可知从动摆杆也是水平状态，与从动摆杆连接的磨块座底平面也同样处在水平状态。此时是调整同一磨头上的六个磨块座底平面（磨块安装平面）在同一平面内的最佳时机和位置。

如图 5-14（c）所示，凸轮继续旋转，主动摆杆右端叉口上的主动滚轮滑移到凸轮曲面低谷时，主动摆杆左端叉口上的主动滚轮就滑移到凸轮凸尖最高点，此时主动摆杆已由凸尖的左边滑移到凸尖的右边，于是主动摆杆上左、右两主动滚轮中心连线就与凸尖右边斜面平行，同理可知磨块座中心线又向右偏转了 12.89°左右，与从动摆杆连接的磨块座则向左偏转了 12.89°左右。

凸轮继续旋转，当主动摆杆右端主动滚轮滑出凸轮低谷，滑移到另一凸尖左边斜面中点时，主动摆杆左端主动滚轮就从凸尖顶点滑移到凸尖右边斜面中点，此时主动摆杆上的两主动滚轮中心连线又一次处于水平状态，与主动摆杆连接的磨块座则向左摆回 12.89°左右，回到与水平垂直线重合位置。与从动摆杆连接的磨块座则向右摆回 12.89°左右，也同样回到与水平垂直线重合位置。凸轮再继续旋转，主、从动摆杆、磨块座就回到了如图 5-14（a）所示位置。由以上叙述可知，主动摆杆上的两主动滚轮始终是沿着凸轮曲面滑移，从而通过摆杆轴驱动磨块座往复摆动。从动滚轮通过球面螺钉驱动从动摆杆通过摆杆轴带动与其连接的磨块座往复摆动。各种磨头凸轮的升程高度有差异，所以磨块座摆动角度也会有差异，一般为 25.78°，与主、从动摆杆连接的磨块座摆动的角度相等，但方向相反。

4. 联轴器防震原理

如图 5-15 联轴器结构图所示，大胶垫（15）、小胶垫（8）都是用弹性橡胶制成。从图中可以看出，联轴器（12）上锥面与大胶垫（15）接触，在装配时，联轴器大锥面要对大胶垫施加一定压力，对大胶垫的压缩量一般为 1～1.2mm。联轴器下部端面上有六个沉孔，沉孔的底平面与小胶垫（8）接触，装配时通过紧定螺栓（10）、垫圈（9）对小胶垫也同样要施加一定压力，对小胶垫的压缩量为 1～1.2mm。小胶垫内孔定位在小隔套（11）外圆上，小隔套是通过紧定螺栓（10）、垫圈（9）紧定在磨头座上，小隔套的长短可确定小胶垫的压缩量。装配完毕后，联轴器实际上是在大小胶垫的挟持下悬浮的安装在磨头座（1）下部中心孔内，联轴器周边不能与磨头座下部孔壁接触，周边与磨头座下部孔壁保持有 1.5～1.8mm 的间隙，就是在工作时也不能与孔壁发生碰撞，联轴器沉孔内周边也不能与小隔套发生碰撞。一旦发生碰撞就会使磨头产生振动。为防止冷却水进入联轴器工作区，装配时在联轴器周边涂抹平面密封胶（7）。联轴器内孔通过平键与磨头轴（3）进行键联结，磨头轴就是通过联轴器来传递扭力带动磨头座公转。如图 5-15 中箭头所示，磨头在工作时要承受四个方面的力。

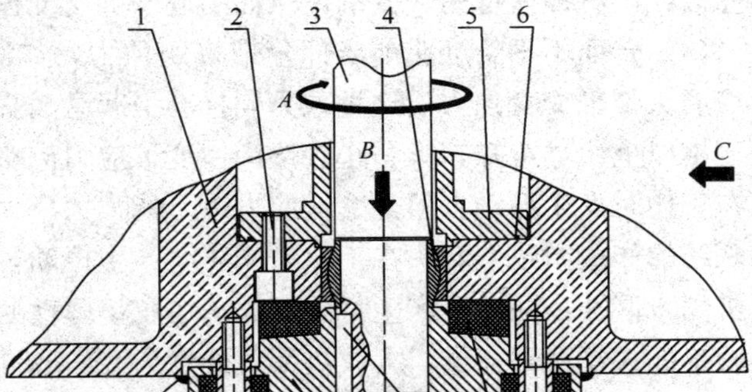

图 5-15　联轴器结构图

1—磨头座局部；2—内六角螺钉；3—磨头轴局部；4—关节轴承；5—旋转轴套局部；6—O 型密封圈；7—平面密封胶；8—小胶垫；9—垫圈；10—联轴器紧定螺栓；11—小隔套；12—联轴器；13—圆螺母；14—平键；15—大胶垫；16—皮带运行方向

（1）旋转扭力：如图 5-15*A* 所示，磨头电机通过磨头上部主轴、磨头轴、联轴器带动磨头旋转对砖面进行抛磨。由其结构可知，联轴器与磨头座不是直接接触，而是通过小胶垫与磨头座进行柔性联结，联轴器（12）是通过小胶垫（8）将扭力传递给安装在磨头座（1）上的小隔套（11），再由紧定螺栓（10）带动磨头旋转。当安装在磨头上的磨块对砖进抛磨时会产生磨削阻力，这种磨削阻力实际上就是旋转扭力的反作用力，磨削阻力也是通过小胶垫施加到联轴器上。由此可知，磨头在工作时小胶垫同时受到来自正反两个方向的旋转扭力和磨削阻力的挤压，这种挤压会使小胶垫在直径方向产生弹性变形，当变形应力小于磨削阻力时，联轴器就会与小隔套发生碰撞，由于小胶垫是橡胶弹性体，所以这种碰撞是在小胶垫弹性变形应力交变状态下产生，从而使磨头产生交变振动。只有当小胶垫变形应力大于磨削阻力时磨头才不会发生振动。

（2）气缸施加给磨头的压力（俗称抛光压力）：如图 5-15*B* 所示，气缸通过上部主轴、磨头轴、联轴器将压力施加给磨头座，加压后的磨头所需磨削力就更加大，根据作用和反作用的原理，由于磨削力增大，磨削阻力也就相应增大，由此而衍生出一股向上的力，抵挡磨头下降，于是小胶垫在长度方向就受到上下两股压力，使其产生弹性变形。当变形应力小于任何一股压力时，联轴器与小隔套又会发生交变碰撞，从而使磨头产生交变振动。

（3）行进中的被抛砖给磨头带来的推力：如图 5-15*C* 所示，从抛光原理可知，被抛砖随大皮带在工作台上做直线运动，而磨头在有压力的状态下对行进中的砖表面不停地进行抛磨。抛磨是需要一定的磨削力，这种磨削力相对行进中的砖来说就是一种阻力，根据作用和反作用的原理，行进中的砖相对于磨头来说就产生了一种推力。因此联轴器中的小胶垫就要受到这种推力的挤压，使小胶垫在直径方向产生弹性变形。我们把磨头迎着进砖方向部分称为前半部分，把在出砖方向部分叫做后半部分。另外我们还知道待抛砖的厚度比抛光后的砖要厚，由此可知磨头的前半部分比后半部分接触的砖要厚，由于磨头进砖方向的砖比出砖方向的砖要厚，这种厚度会衍生出一种顶力，这种顶力会将磨头前半部分微量抬起，设磨头旋转平面是水平的，那么磨头前半部分抬起，后半部分就要落下，它们的支点是关节轴承（4）。因此磨头前半部分小胶垫长度方向受压，磨头后半部分大胶垫厚度方向受压。这种压力也会使大、小胶垫产生弹性变形。当小胶垫变形应力小于推力和顶力之和时，联轴器与小隔套会发生碰撞。当大胶垫变形应力小于顶力时，磨头后半部分的磨头座就会与联轴器发生碰撞。此两种碰撞也是交变的，从而引起磨头交变振动。

（4）砖面不平给磨头前半部分带来的顶力，如图 5-15*D* 所示。由于砖面变形不平整都会给磨头带来交变顶力，这种顶力同样会引起磨头交变振动，其原理如本小节（3）中所叙。

由以上叙述可知，大、小胶垫弹性变形应力应略大于以上四力之和，才能有效地防止磨头在工作时发生振动。但是变形应力也不能太大，太大会使大、小胶垫失去弹性，起不到柔性联结的作用，致使磨头在工作时同样会产生振动，经验证明这种振动更加厉害，会引起整台机同步谐振，同时会产生烂砖。大、小胶垫弹性变形应力的大小难以测量，通常是测量大小胶垫邵式硬度来衡量，大胶垫邵式硬度为 60～65 度，小胶垫邵式硬度为 70～75 度。

（三）一齿差凸轮摆杆式抛光磨头

一齿差凸轮摆杆式抛光磨头如图 5-16 所示。该磨头是由进口卓马磨头经过国内消化吸收改进而成，其差速部分是偏心座、内齿轮结构；主要改进了主、从动摆杆和联轴器部分的结构，改进后对于调整摆杆间隙和磨块座水平就方便多了，于是有效地消除了磨头振动、烂砖等故障；联轴器的耐用度也得到提高；此磨头由于是一齿差，磨块座摆动次数只有 36 次，抛光效率低，应用于我国早期瓷质砖抛光机上，现在较多用于石材抛光机。其差速原理、磨块座摆动原理和联轴器防振原理与两齿差凸轮摆杆式磨头基本一样，不再做叙述。

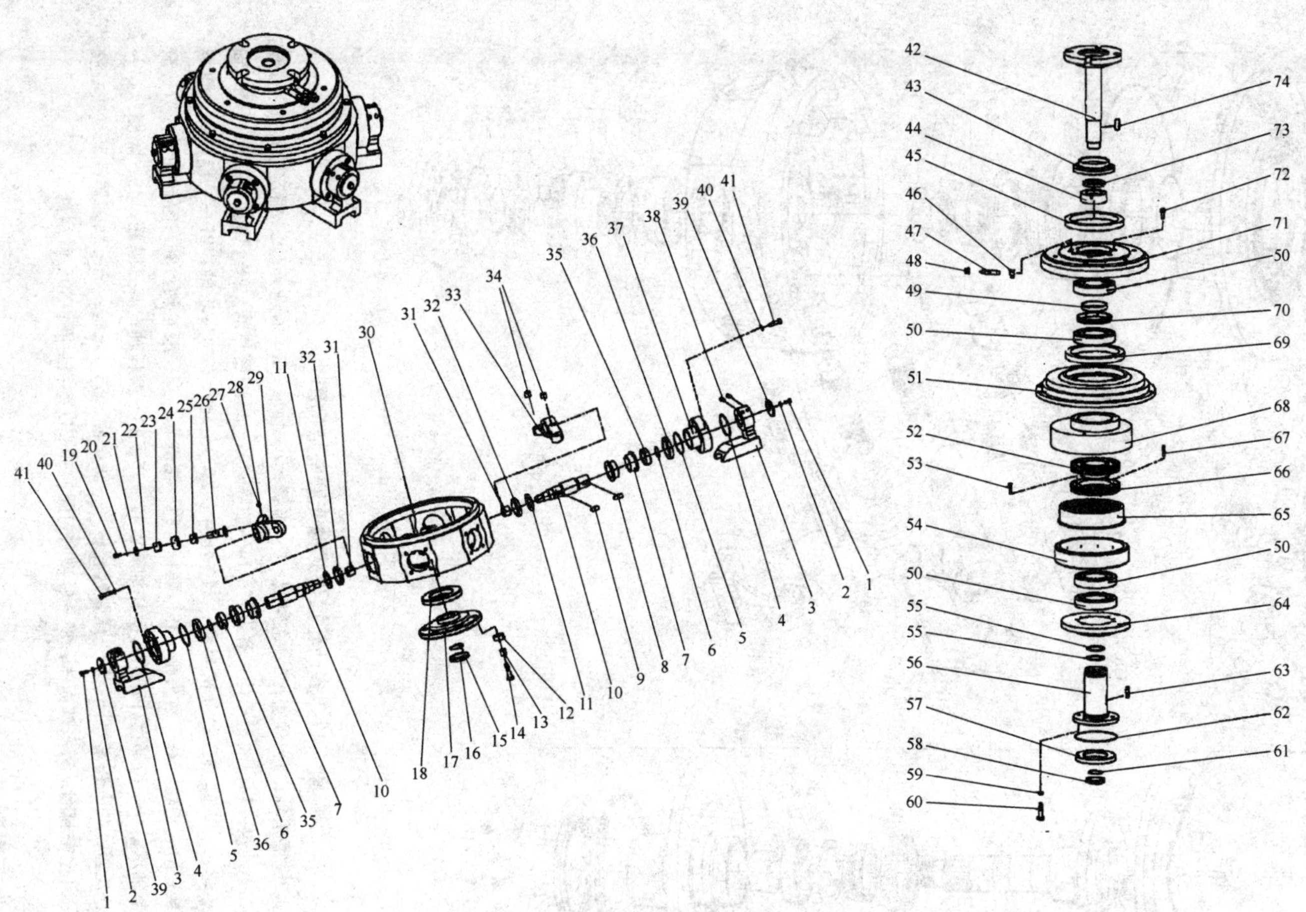

图 5-16 一齿差凸轮摆杆式抛光磨头结构图

1—螺栓；2—弹簧垫圈；3—磨块座；4—孔用弹性挡圈；5—O 型密封圈（60×2.65）；6—O 型密封圈（28×1.8）；7—轴承座套；8—平键；9—平键；10—摆杆轴；11—垫（2）；12—胶垫；13—隔套；14—螺栓；15—止退垫圈；16—圆螺母；17—联轴器；18—大胶垫；19—螺栓；20—弹簧垫圈；21—轴套挡板；22—防松销；23—铜套 A；24—滚轮；25—滚轮衬套；26—滚轮轴；27—内六角螺钉；28—螺母；29—摆杆（2）；30—磨头座；31—铜套 *B*；32—圆螺母；33—摆杆（1）；34—球面螺钉；35—摆杆轴套；36—油封（PD45×62×10）；37—小轴承座；38—内六角螺钉；39—压紧压板；40—弹簧垫圈；41—螺钉；42—磨头轴；43—顶盖；44—螺母；45—油封（PD140×170×16）；46—油接头；47—油路外接头；48—管接头螺母；49—内隔套；50—角接触轴承（46113）；51—磨头盖；52—主动齿轮；53—内六角螺钉；54—滚针轴承（RNA4834）；55—O 型密封圈（45×3.55）；56—旋转轴套；57—关节轴承（GE 40ES）；58—圆螺母；59—弹簧垫圈；60—内六角螺钉；61—止退垫圈；62—O 型密封圈（118×2.65）；63—平键；64—凸轮；65—内齿轮；66—从动齿轮；67—圆柱销；68—偏心座；69—油封（PD75×95×12）；70—外隔套；71—固定盖；72—内六角螺钉；73—Y 形密封圈（45×65）；74—平键

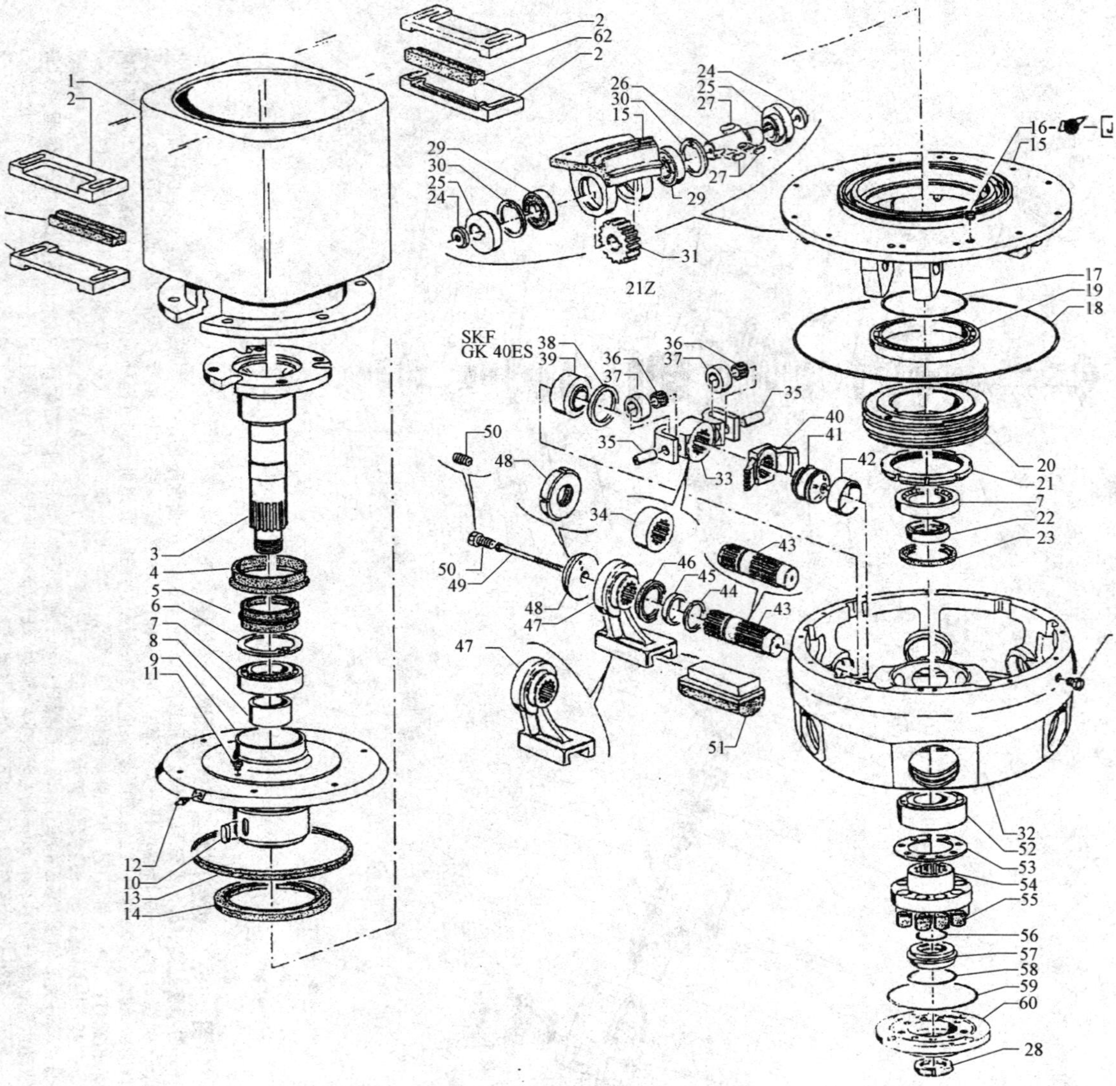

图 5-17　多凸轮摆齿式抛光磨头结构图

1—固定筒；2—固定块；3—磨头轴；4—顶盖；5—密封圈；6—卡簧；7—轴承；8—内隔套；9—固定盖；10 平键；11—油嘴；12—油嘴；13—油封；14—油封；15—磨头盖；16—油嘴；17—O 型密封圈；18—O 型密封圈；19—轴承；20—蜗杆；21—圆螺母；22—隔圈；23—密封圈；24—压片；25—凸轮；26—凸轮轴；27—平键；28—圆螺母；29—轴承；30—卡簧；31—齿轮；32—磨头座；33—摆杆；34—花键套；35—滚轮轴；36—滚针轴承；37—滚轮；38—隔圈；39—关节轴承；40—齿形摆杆；41—摆杆轴套；42—套；43—摆杆轴；44—隔圈；45—隔圈；46—油封；47—磨块座；48—压盖；49—锁紧螺杆；50—压紧螺栓；52—防振圈；53—压板；54—联轴器；55—铁心胶圈；56—O 型密封圈；57—球面体；58—O 型密封圈；59—O 型密封圈；60—联结盘

（四）多凸轮摆齿式抛光磨头

多凸轮摆齿式抛光磨头如图 5-17 所示，是一款随机进口的磨头，其结构复杂，制造精细。该磨头没有差速齿轮结构，在磨头公转的同时实现磨块座往复摆动是通过安装在固定盖上的三头螺距蜗杆（20）来迫使齿轮（31）转动，又通过齿轮轴带动两个高点相差 180°的小凸轮（25）旋转（此凸轮每个磨头有六件，每两件为一组，并要求同一根轴上两个凸轮高点相差180°），再由小凸轮驱动带滚轮的摆杆（33）、主动齿形摆杆（40）做上下摆动，主动齿形摆杆又同步驱动从动齿形摆杆，通过摆杆轴（43）带动磨块座（47）做往复摆动。联轴器是用铁心弹性胶圈（55）作为缓冲减振，磨头轴（3）通过联轴器（54）带动磨头进行公转。此款磨头耐用度好，由于结构复杂至使制造和维修困难，并同样存在抛光效率不高，因此国内无人仿效。

（五）斜盘摆齿式抛光磨头

斜盘摆齿式抛光磨头如图5-18所示，斜盘摆齿式抛光磨头较两齿差凸轮摆杆式抛光磨头在结构上有一定的差异，其差速部分结构与两齿差磨头基本一致，在两齿差磨头中，从动齿轮较主动齿轮的转速要慢，并且形成减速差，而在斜盘摆齿磨头中，从动齿轮较主动齿轮转速要快，因而形成增速差。此磨头没有凸轮摆杆机构，用斜盘和摆齿来替代，斜盘转动一圈，磨块座只能做一次往复摆动。联轴器中没有大胶垫，而只是用了形如小胶垫的弹性套（俗称铁芯胶圈）。由于该磨头抛光效率较高，故障率低，因此该磨头有一定的市场占有率。下面就增速差原理、斜盘摆齿驱动磨块座往复摆动原理和联轴器防振原理进行叙述。

1. 增速差原理

图5-18中从动齿轮（85）通过圆柱销（83）（86）、内六角螺钉（84）、齿轮座（87）与斜盘（89）进行紧固连接，以通过圆锥滚子轴承（72）与旋转轴套进行转动联结。主动齿轮（82）通过平键（97）与旋转轴套（98）进行键联结。中间齿轮（105）通过齿轮轴（104）安装在固定盖（78）上，固定盖和中间齿轮是不随主动齿轮做公转运动的。主动齿轮是通过中间齿轮（105）来驱动从动齿轮。主动齿轮为38齿，从动齿轮为37齿，中间齿轮是一个双联齿，与主动齿轮啮合的为20齿，与从动齿轮啮合的为21齿。当磨头电机1440r/min时，磨头的公转数（即主动齿轮转数）是472r/min，根据速度计算公式得：从动齿轮转数$=\frac{472\times38\times21}{20\times37}\approx509$r/min。从计算结果可看出从动齿轮转速较主动齿轮转速要快，所以称为增速。用从动齿轮转数减去主动齿轮转数就是增速差，$509-472=37$r/min。也就是说从动齿轮在完成公转转数外，还多转了37转，此37转是带着斜盘一起旋转的。

2. 斜盘摆齿驱动磨块座往复摆动原理

如图5-18所示，转盘（92）通过轴承（91）与斜盘（89）做转动联结，转盘周边上均布有三组叉口，三个压轴（65）扁平端通过内六角螺钉（94）、衬套（93）安装在转盘周边三个叉口内，压轴（65）圆柱端套在压轴套（61）的圆孔内，压轴套（61）的外圆安装在主动摆齿（40）的一端滑道内，工作时压轴套可在此滑道内往复滑动。当斜盘自转时，转盘周边上的三个叉口分别随斜盘运动轨迹做上下运动，从而通过压轴、压轴套带动主动摆齿绕摆轴（42）做上下往复运动，通过主动摆齿齿轮带动从动摆齿做方向相反、摆幅相等的上下往复摆动，主、从动摆齿再通过摆轴驱动磨块座做左右往复摆动。

如图5-19所示，斜盘（1）就相当于单凸尖的凸轮，将它的运动轨迹展开就如（2）所示。设斜盘旋转方向（3）为右向，当与1#主动摆齿联结的压轴处于斜盘展开曲线最低点时，如图5-19（a）所示，与1#主动摆齿联结的磨块座向右偏摆约12.14°，与从动摆齿联结的磨块座则向左偏摆约12.14°。与2#、3#主动摆齿联结的压轴正好处在斜盘展开曲线高点的两边，其磨块座同时向左偏摆约6.47°。

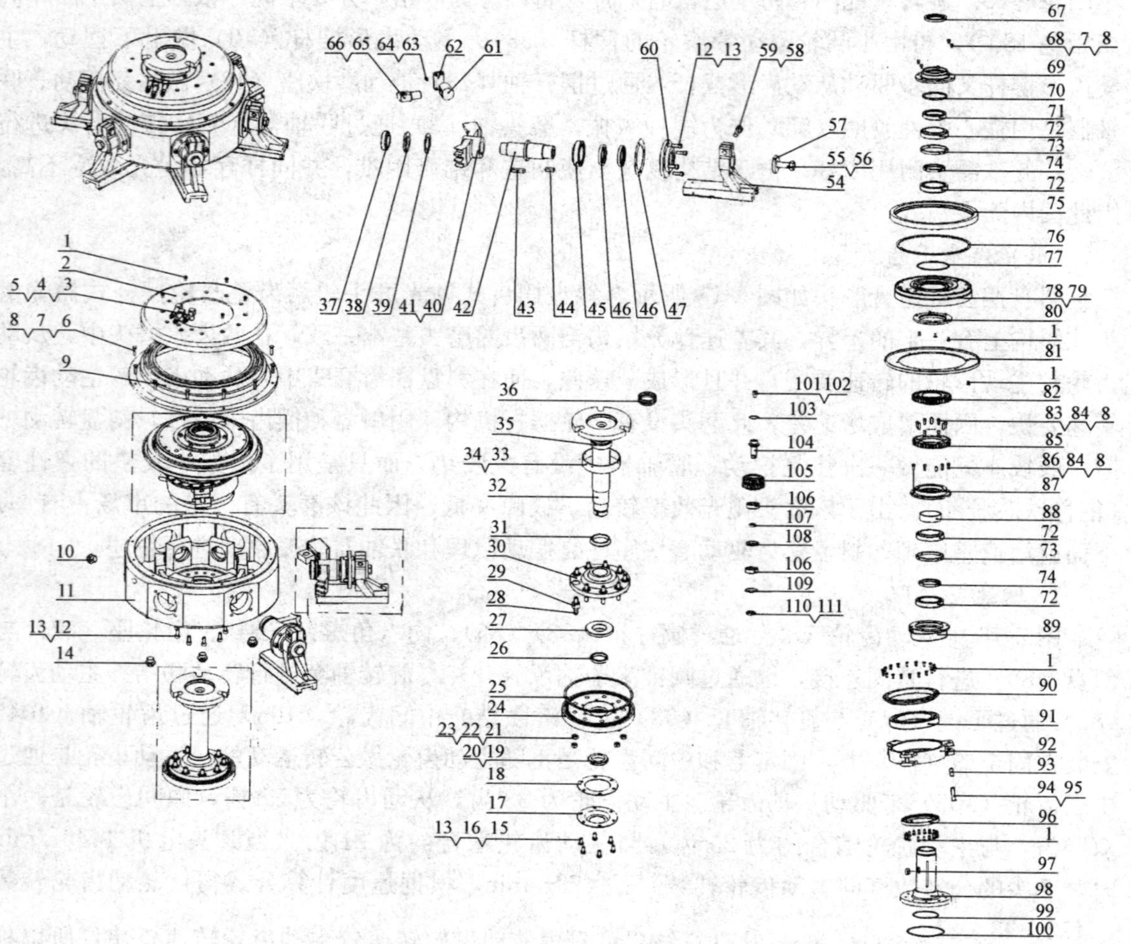

图 5-18　斜盘摆齿式抛光磨头结构图

2—防水罩；3—油接头；4—油路外接头；9—旋入式圆形油标；10—磨头盖；11—磨头座；14—螺塞；17—挡水罩；18—防水垫；19—圆螺母 M39×1.5；20—止退垫圈；24—端盖；25—O 型密封圈 190×3.55；26—挡圈；27—球面垫；28—双头螺柱；29—弹性套；30—联轴器；31—垫；32—磨头主轴；33—挡水罩；35—小镶套；36—O 型密封圈 46.2×3.55；37—圆锥滚子轴承 32907；38—隔垫；39—调整垫；40—主动摆齿；41—从动摆齿；42—摆轴；43—平键 10×45；44—平键 C10×28；45—圆锥滚子轴承 32009；46—油封 FB45×62×8；47—调整垫；54—磨块座；57—压紧端盖；60—端盖；61—压轴套；62—挡块；65—压轴；66—垫片；67—油封 FB60×80×8；69—顶盖；70—O 型密封圈 85×3.5；71—锁紧螺母；72—圆锥滚子轴承 32914；73—外隔套；74—内隔套；75—油封 FB280×320×20；76—O 型密封圈 258×5.3；77—O 型密封圈 112×2.65；78—固定盖；79—镶套；80—压盖；81—挡环；82—主动齿轮；83—圆柱销 8×25；85—从动齿轮；86—圆柱销 8×18；87—齿轮座；88—隔套；89—斜盘；90—上压盖；91—深沟球轴承 61926；92—转盘；93—衬套；96—下压盖；97—平键 14×25；98—旋转轴套；99—O 型密封圈 80×5.3；100—O 型密封圈 165×3.55；103—O 型密封圈 21.2×2.65；104—齿轮轴；105—中间齿轮；106—圆柱滚子轴承 NUP204E；107—外隔圈；108—内隔圈；109—孔用弹性挡圈 47；110—圆螺母 M18×1.5；111—止退垫圈

注：紧固件未列入。

随着斜盘继续旋转，当与 1# 主动摆齿联结的压轴滑移到斜盘展开曲线高点与低点之间的中点位置时，如图 5-19（b）所示，此时 1# 主动摆齿处于水平状态，与其联结的磨块座中心线与水平垂直线重合，偏摆角度为 0°。与 2# 主动摆齿联结的压轴处于略低于斜盘展开曲线高点位置，磨块座向左偏摆约 10.52°。与 3# 主动摆齿联结的压轴处于略高于斜盘展开曲线低点位置，磨块座向右偏摆约 10.52°。

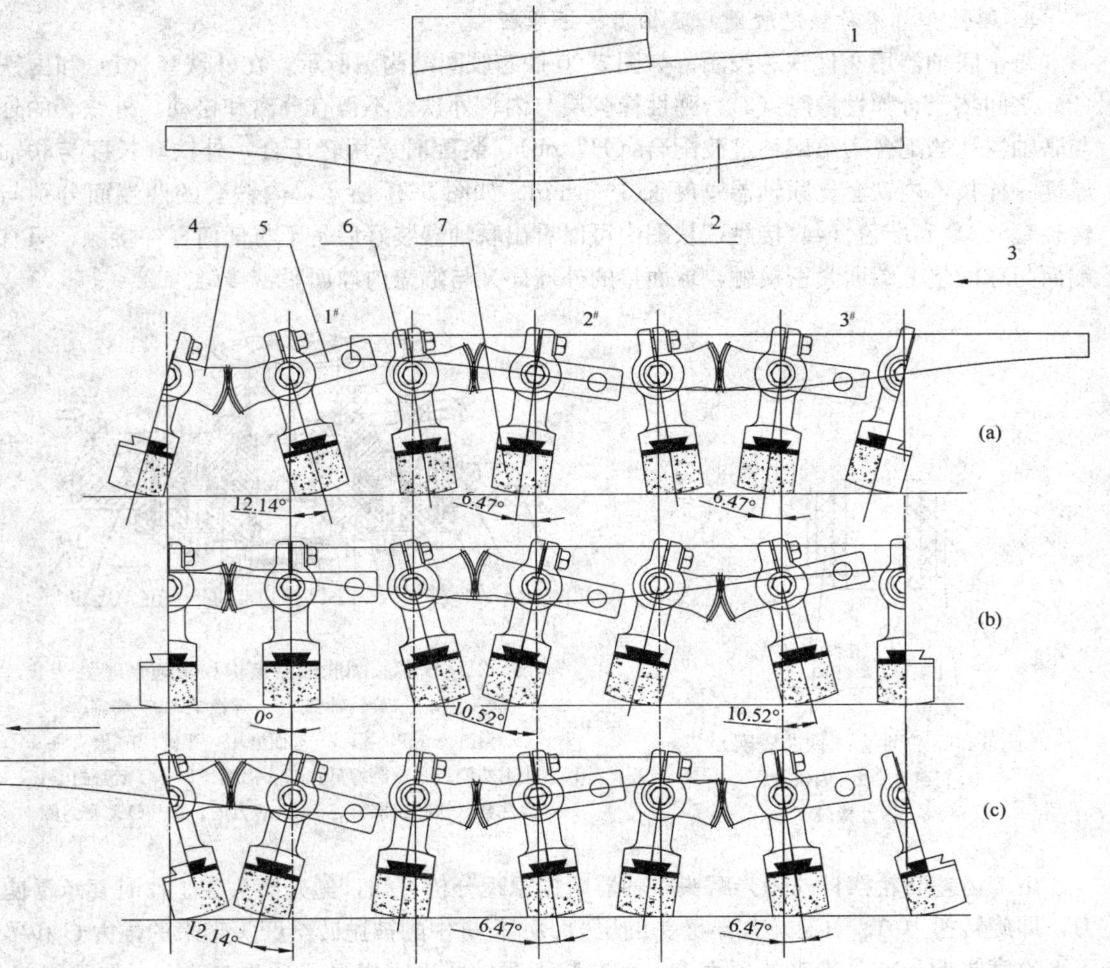

图 5-19　斜盘摆齿式抛光磨头磨块座摆动原理展开图

1—斜盘；2—斜盘运动轨迹展开曲线；3—斜盘旋转方向；4—从动摆齿；5—主动摆齿；6—磨块座；7—抛光磨块

随着斜盘继续旋转，当与 1# 主动摆齿联结的压轴滑移到斜盘展开曲线高点位置时，如图 5-19（c）所示，与 1# 主动摆齿联结的磨块座向左偏摆约 12.14°，此时与 2#、3# 主动摆齿联结的压轴正好处在斜盘展开曲线最低点的两边，与两主动摆齿联结的磨块座同时向右偏摆约 6.47°。此时磨块座已完成一个摆幅，其摆幅为 24.27°，磨块座摆幅大小取决于斜盘的斜度，斜盘的斜度越大磨块座的摆幅就越大，反之摆幅则小。此磨头斜盘倾斜角度为 6°。斜盘继续旋转，当与 1# 主动摆齿联结的压轴滑过斜盘展开曲线的高点其磨块座开始往回偏摆，当压轴滑到斜盘展开曲线最低点时磨块座又回到了起始位置，此时斜盘也正好旋转一圈。因此该磨头是斜盘旋转一圈磨块座就往复摆动一次，再根据以上计算可知，斜盘每分钟自转 37 圈，那么磨块座每分钟往复摆动的次数就是 37 次。从以上分析还可看出，不管斜盘旋转到任何位置，该磨头的六个磨块座的磨块安装平面都不会在同一平面内，所以该磨头不需调整磨块座的磨块安装平面在同一平面内。由于磨块的磨削面是呈圆弧状，因此六个磨块座随着斜盘的运动轨迹不论偏摆到什么位置，其六个磨块与砖面都会接触，不会有悬空现象，如图 5-19 中磨块座的磨削面与直线接触情况所示。

3. 弹性套（俗称铁芯胶圈）联轴器防振原理

每个联轴器用 9 件铁芯胶圈。如图 5-20 铁芯胶圈结构图所示，在外铁套（1）和内铁套（2）之间热压合弹性橡胶（3），弹性橡胶层与内、外铁套不得有分离和松动。外铁套的外圆与联轴器孔的配合为第四种过渡配合（H7/n6），装配时采用轻压合，外铁套长度与联轴器厚度一样长，内铁套比联轴器厚度长 3～4mm。如图 5-21 所示，内铁套的两端面分别与旋转轴套（2）和端盖（4）接触，从图中可以看出联轴器装好后是不与任何零件接触，只有下端面与球面垫上端面紧密接触，球面垫的外球面又与端盖内球面紧密接触。

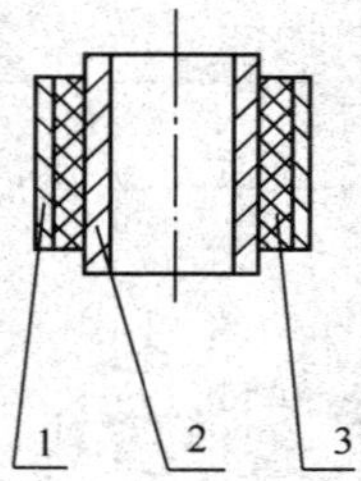

图 5-20　弹性套（铁芯胶圈）

1—外铁套；2—内铁套；3—弹性橡胶

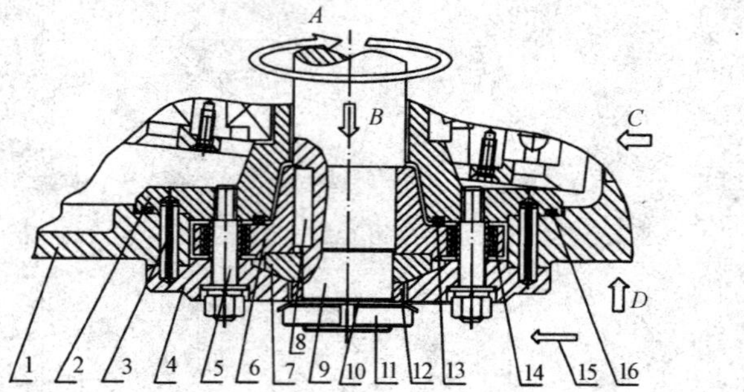

图 5-21　铁芯胶圈联轴器结构和防振原理图

1—磨头座；2—旋转轴套；3—弹性销；4—端盖；5—双头螺栓；6—联轴器；7—球面垫；8—平键；9—磨头轴；10—止退垫圈；11—圆螺母；12—挡圈；13—O 型密封圈；14—弹性套（铁芯胶圈）；15—进砖方向；16—O 型密封圈

由二齿差凸轮摆杆式抛光磨头联轴器防振原理分析可知，抛光磨头在工作时要承受四种力，即旋转扭力 A、气缸施加给磨头的压力 B、行进中的被抛砖给磨头带来的推力 C 和砖面不平给磨头前半部分带来的顶力 D。铁芯胶圈联轴器也同样要承受此四种力，如图 5-21 所示，A 向力和 C 向力会使弹性套内、外铁套之间的弹性橡胶层受压。B 向力是通过磨头轴（9）、联轴器（6）、球面垫（7）施加给端盖（4），再由双头螺栓（5）带动磨头下降，从而达到对砖面加压磨削的目的。在加压磨削过程中或遇上高点时，磨头前半部分会产生向上顶力 D，此时磨头的磨削平面会做微量调节，磨头前半部分会微量抬起，后半部分会微量下降，这种微量调节时的支点就是球面垫的外球面，同时压缩弹性套（14）内弹性橡胶层，由于橡胶有弹性应力，因此起到缓冲作用，再由于联轴器周边与其他零件之间有足够的间隙，因此磨头在做微量调节时不会与其他零件相碰撞，所以磨头不会产生振动。此联轴器不需要做任何调整，只要装配符合要求，使用就不会出现什么问题。但是使用时间一长，球面垫的外球面和端盖的内球面会产生磨损，磨损严重时，在加压磨削时，磨头轴和联轴器会过量往下位移，磨头轴上部法兰会与磨头顶盖发生碰撞，会引起磨头振动。联轴器过量下移时会带动弹性套外铁套下移，这会造成外铁套相对于弹性橡胶层过量位移而剥离，致使弹性套坏损。联轴器过量下移时，联轴器下端面压死端盖上端面，使球面垫失去支点作用，磨头不能做微量调节，此时磨头在 C 向力和 D 向力的作用下就会产生振动，由于不能作微量调节还会造成烂砖。因此当球面垫外球面和端盖内球面磨损严重时必须要更换。

（六）变形齿轮摆复式抛光磨头

该磨头属进口磨头，由于其变形齿轮制造困难，磨块座摆动频率较低，国内无厂家仿效。但由于其结构简单，设计新颖，磨块座摆动形式独特，为便于读者了解，故录入书中。其结构如图 5-22 所示，此磨头差速部分与一齿差抛光磨头相似，固定盖（54）下部是一个偏心座，双联内齿圈（55）和滚针轴承（29）就安装在此偏心座上，双联内齿圈起代中间齿轮的作用。联轴器部分是利用缓冲弹簧（40）和弹性橡胶垫（23）的压缩应力平衡来使磨头平稳工作，其缓冲和防振动原理类似于两齿差抛光磨头联轴器。

该磨头没有凸轮，也没有斜盘，而只用一个变形齿轮来驱动磨块座往复摆动，其工作原理结合图 5-22、图 5-23 上部进行叙述。磨头轴（57）通过平键（38）带动双联主动齿轮

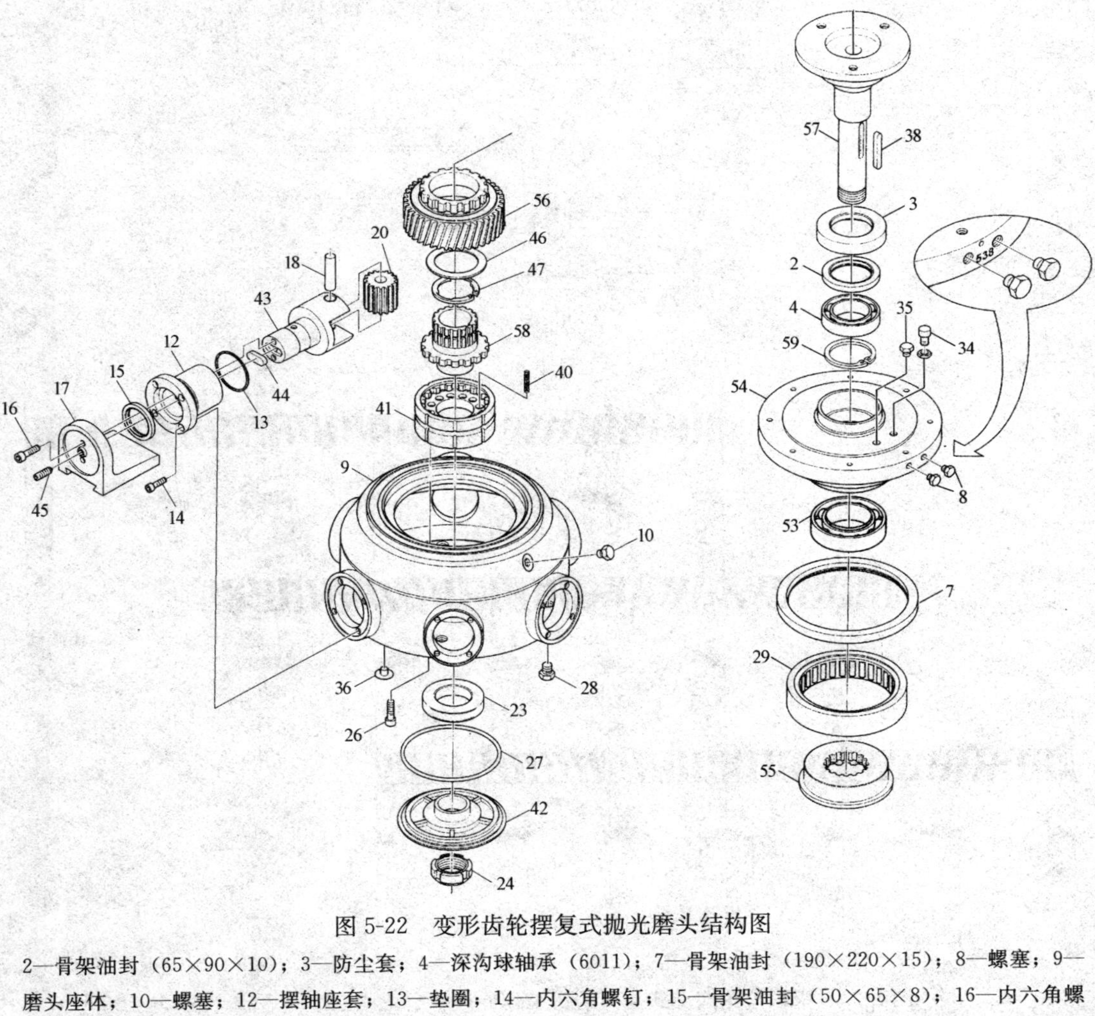

图 5-22　变形齿轮摆复式抛光磨头结构图

2—骨架油封（65×90×10）；3—防尘套；4—深沟球轴承（6011）；7—骨架油封（190×220×15）；8—螺塞；9—磨头座体；10—螺塞；12—摆轴座套；13—垫圈；14—内六角螺钉；15—骨架油封（50×65×8）；16—内六角螺钉；17—磨块座；18—摆动齿轮轴；20—摆动齿轮；23—弹性橡胶垫；24—圆螺母；26—内六角螺钉；27—O 形密封圈（144×8.4）；28—螺塞；29—滚针轴承（4824-130×150×30）；34—注油管连接螺栓；35—螺塞；36—密封塞；38—平键（10×8×40）；40—缓冲弹簧（10×32）；41—连接盘；42—联轴器；43—摆轴；44—平键（15×12×45）；45—锥端螺钉；46—平面轴承（AS7095）；47—轴用挡圈（$D=70$）；53—深沟球轴承（6211）；54—固定盖；55—双联内齿圈；56—双联变形齿轮；57—磨头轴；58—双联主动齿轮；59—孔用挡圈（$D=90$）

（58）旋转时，双联主动齿轮下部齿轮则通过连接盘（41）带动磨头座体（9）做同步公转运动。设公转数为472r/min。再如图5-23上部所示，磨头轴（1）带动主动齿轮（2）做公转，通过双联内齿轮（3）带动从动齿轮（4）做差速自转，从动齿轮与变形齿轮（5）是连体双联齿轮，因此变形齿轮也与从动齿轮做同步自转。整个变形齿轮只有两个齿是直的，其他齿分布在此两个直齿两边，成逐齿倾斜状，倾斜的角度逐齿增大，当倾斜角度最大达到12°时，又渐缩小，直至与另一直齿稳接。如图5-23（10）变形齿轮齿形展开图所示。摆动齿轮（6）是圆柱形正齿轮，其齿形是直的。因此摆动齿轮（6）会随变形齿轮的齿形倾斜角度的变化而绕摆轴中心做往复摆动，驱动摆轴（7）带动磨块座（8）、抛光磨块（9）做往复摆动，实现对砖面进行抛光。已知双联主动齿轮为26齿，双联内齿圈上部为34齿、下部为45齿，双联变形齿轮上部（从动齿轮）为38齿、下部为48齿。根据公式可计算出差速的转数：

$$472-(472\times26\times45)\div(34\times38)\approx45(\text{r/min})$$

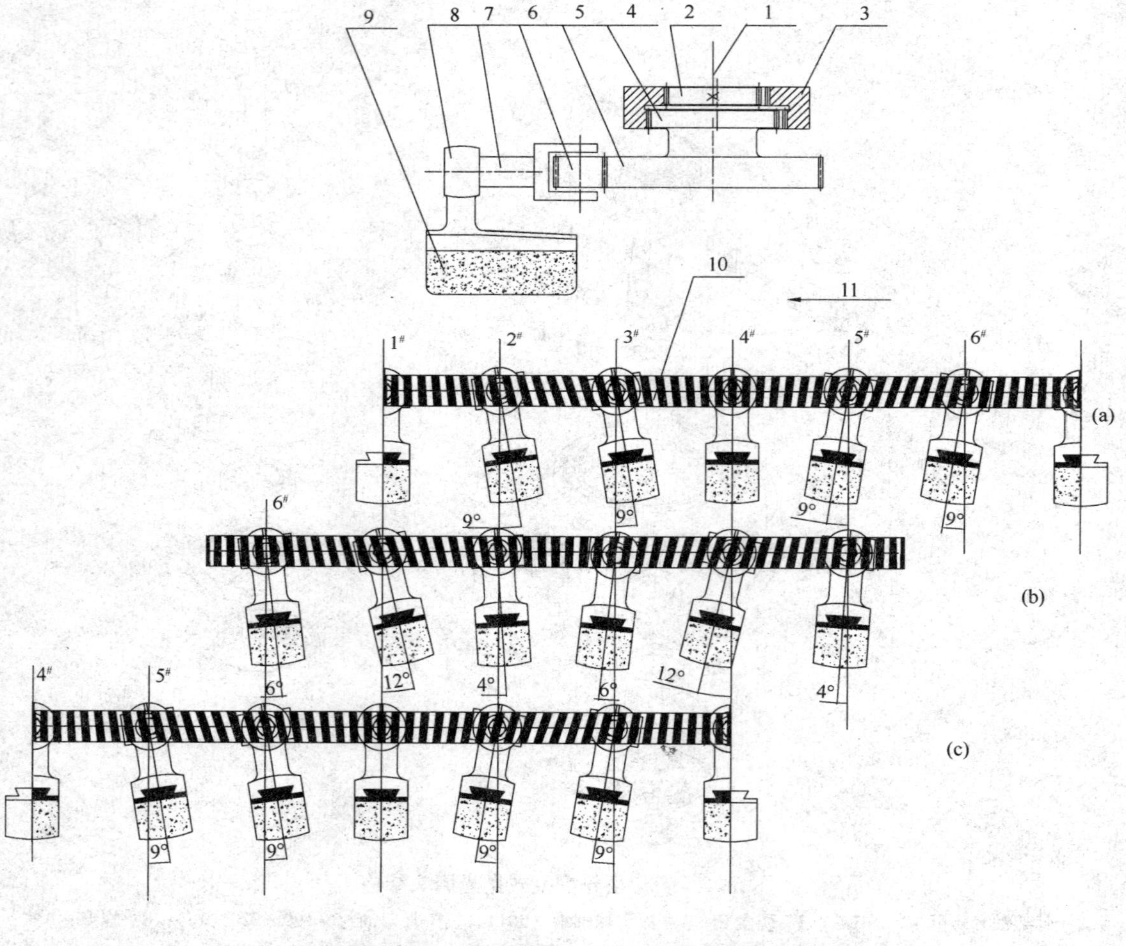

图5-23　变形齿轮摆动式抛光磨头工作原理和磨块座摆动原理展开图

1—磨头轴；2—主动齿轮；3—双联内齿轮；4—从动齿轮；5—变形齿轮；6—小齿轮；7—摆轴；8—磨块座；9—抛光磨块；10—变形齿轮齿形展开图；11—变形齿轮旋转方向

由于变形齿轮只有两个齿是正的，因此变形齿轮每转动一圈每个磨块座只能往复摆动一次，所以该磨头磨块座往复摆动次数为45r/min，较两齿差磨头磨块座摆动次数偏低。

磨块座摆动原理：设变形齿轮旋转方向（11）为顺时针，当变形齿轮两个直齿正好与磨块座中心线重合时，此时两个磨块座磨块安装平面正好在同一平面内，如图 5-23（a）1# 和 4# 磨块座所示。此平面是装配和检测基准。此时 2#、3# 磨块座在变形齿的驱使下向右偏转约 9°，而 5#、6# 磨块座则向左偏转约 9°。

如图 5-23（b）所示，当变形齿轮顺时针转过四分之一圈时，1# 磨块座在变形齿轮的驱使下向右偏转到最大角度 12°，4# 磨块座则向左偏转到最大角度 12°。此时 2# 和 6# 磨块座分别向右偏转约 4°和 6°，3# 和 5# 磨块座则向左偏转约 6°和 4°。

如图 5-23（c）所示，当变形齿轮顺时针转过四分之二圈时，1#、4# 磨块座在变形齿轮的驱使下从最大偏转角度回到了起始位置，两个磨块座中心线分别与两个直齿中心线重合，此时 1# 磨块座已完成右半圈往复摆动，4# 磨块座完成左半圈往复摆动。

当变形齿轮顺时针转过四分之三圈时，此时 1# 磨块座向左摆动最大角度 12°，4# 磨块座则向右摆动最大角度 12°。当变形齿轮转过整一圈时，1# 磨块座完成左半圈摆动回到起始位置，4# 磨块座完成右半圈摆动回到起始位置，此时 1#、4# 磨块座分别完成一次左右往复摆动，往复摆动角度为 24°。其他四个磨块座也同样完成了一次往复摆动，回到起始位置。

该磨头六个小齿轮组件是独立的，相互不发生关联，因此维修较为方便。当变形齿轮和小齿轮磨损时，要及时调整齿侧间隙，不然会引发响声和振动。

（七）圆柱滚动式粗抛磨头

如图 5-24 所示，该磨头差速部分和联轴器部分与图 5-13 二齿差凸轮摆杆式磨头结构一样，零件可以通用。不同部分是通过从动齿轮（25）带动大锥齿轮（18），驱动小锥形齿轮（74）、圆柱形磨轮座（88）高速旋转，从而带动圆柱形磨轮对砖面进行磨削。该磨头公转数与二齿差凸轮摆杆式磨头一样，圆柱形磨轮的自转是 1930r/min，能快速消除刮起刀痕，所以磨削效率高。一般都用在粗抛机的进砖端，数量不宜多，2～4 头即可。

五、水、气路部分

（一）抛光机冷却水系统

抛光磨头带着磨块对砖进行磨削的过程，实际上是一种切削的过程，从分子学原理可知切削过程就是分子剥离的过程，分子在受到外力的作用而被剥离会散发出大量的热能，这是一种物理现象。磨头在高速旋转，各种机械零件的摩擦也会散发出大量的热。被切削下来的瓷砖微粒（粉尘），因与母体失去联系而无规则地飞扬。为了降低切削热和摩擦热，使粉尘不飞扬，用水冷却和除尘是最经济、最实用的。因此冷却水在抛光过程中是至关重要和不可能缺少的，在设计和安装时就必须考虑到冷却水管的大小和布局。抛光机的冷却系统如图 5-25 所示，由内嵌钢丝软管（1）、总阀门（2）、总水管（3）、分水管球阀（4）、橡胶或网纹塑料软管（5）、三通（6）、进水管法兰（7）组成。冷却水由水源总水管经内嵌钢丝软管（1）、总阀门（2）、总水管（3）、分水管球阀（4）、橡胶或网纹塑料软管（5）、三通（6）、进水管法兰（7）进入主轴中心孔，再经磨头轴中心孔出口直冲砖面与磨块接触处，并向四周扩散，经旋转的磨块打散飞溅到磨头上，起到冷却磨头和冲走瓷尘、脱落下来的磨料微粒的作用。总水管直径为 100mm，分水管直径为 20mm，每根总水管只能供应 10～14 个磨头的用水，因此 14 头以下抛光机用一根总水管，14 头以上抛光机要用两根总水管供水，不然就会因冷却水流量不够而影响抛光效果。

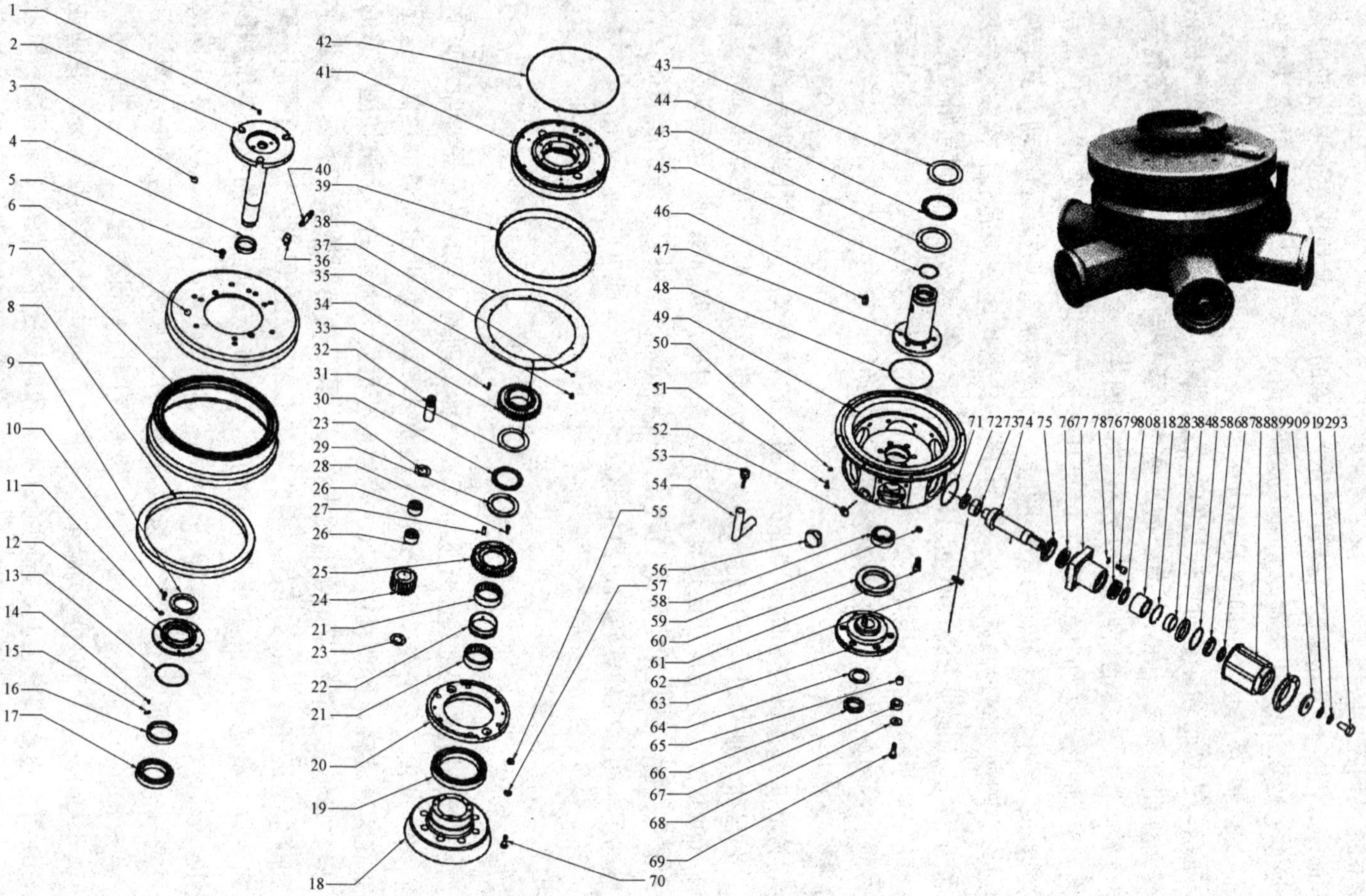

图 5-24　圆柱滚动式粗抛磨头结构图

2—磨头轴；3—平键；4—小镶套；6—防小罩；7—磨头盖；8—油封（FB280×320×20）；9—油封（FB55×75×8）；11—平垫；12—顶盖；13—O 型密封圈（45×3.55）；15—固定块；16—锁紧螺母；17—轴承（6013）；18—大锥齿轮；19—轴承（61922）；20—压盖；21—滚针轴承（NK65-22）；22—隔圈；23—推力垫圈；24—中间齿轮；25—从动齿轮；26—滚针轴承（NKS25）；27—圆柱销；29—轴承垫圈；30—推力滚针轴承（889113）；31—推力垫圈（LS6590）；32—中间齿轮轴；33—主动齿轮；34—圆柱销；36—油接头；37—平垫；38—挡油环；39—镶套；40—油路外接头；41—固定盖；42—O 型密封圈；43—推力垫圈（AS709501）；44—推力滚针保持架组件；45—O 型密封圈（45×3.55）；46—平键；47—旋转轴套；48—O 型密封圈（122×2.65）；49—磨头座；52—O 型密封圈（22×2.7）；53—油标；54—加油管；55—平垫；56—螺塞；58—关节轴承（GE40ES）；59—弹垫；60—轴承垫；62—平键；63—联轴器；64—止退垫圈；65—隔套；66—圆螺母；67—小胶垫；68—垫；71—O 型密封圈（75×2.5）；72—轴承垫；73—滚针轴承（6534907）；74—小锥齿轮；75—隔套（2）；76—推力球轴承；77—小轴承座；80—隔环；81—滚针轴承（6534907）；82—钢丝挡圈；83—轴承隔套；84—油封（FB45×62×8）；85—孔用挡圈；86—圆螺母；87—隔圈；88—圆柱形磨轮座；89—磨块压盖；90—压盖

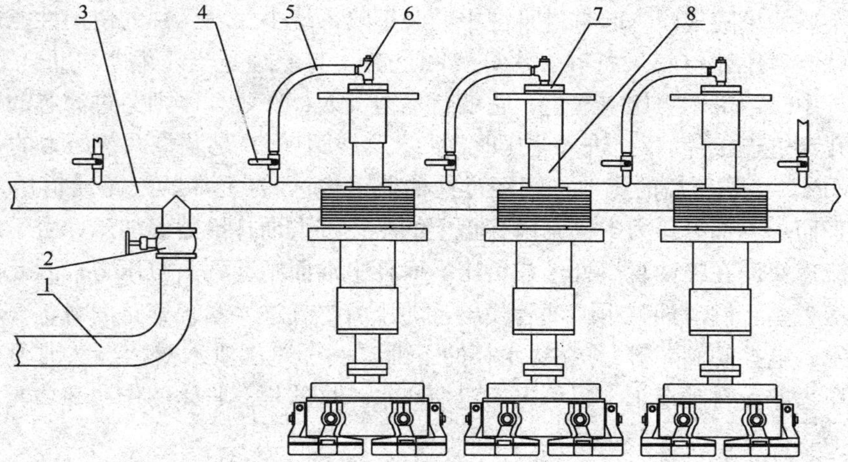

图 5-25　抛光机冷却系统图

1—内嵌钢丝软管；2—总阀门；3—总水管；4—分水管球阀（3/4）；5—橡胶或网纹塑料软管；6—三通；7—进水管法兰；8—磨头上下组合部件

每个抛光磨头每分钟的耗水量为 25L，每小时 1.5m³。20 头抛光机每小时耗水量 30t，由此可见用水量是非常之大的，只有使用循环水才能满足此要求。

（二）抛光机气路系统

如图 5-26 所示，抛光机气路系统主要由连接气源软管（1）、三联体（2）、压力表（3）（10）（16）、摆动软管（4）、总气管（5）、气管接头（6）、分管（7）、三通（8）、减压阀（9）（15）、棱阀（11）、单向节流阀（12）、气缸（13）、快速排气阀（14）、电磁换向阀（17）组成。我国早期的抛光机为单气缸结构，1997 年改为双气缸结构，单、双气缸结构的气路原理相同。三联体（2）安装在左右支座后面，总气管（5）是用80mm×80mm 的方管制成，安装在横梁上，并随横梁一起摆动，起到储气和分气作用。要分析该气路的工作原理，首先要了解各气动元件的结构和工作原理，下面分别以图解形式进行叙述：

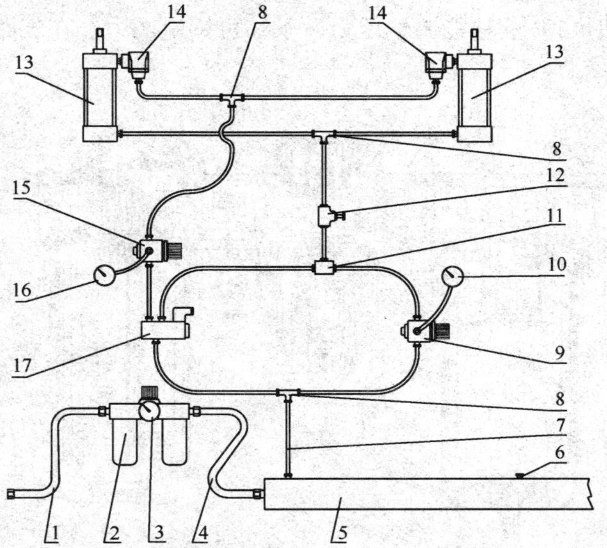

图 5-26　抛光机气路系统平面连接图

1—连接气源软管；2—三联体；3—压力表（系统压力）；4—摆动软管；5—总气管；6—气管接头；7—分管（耐压软管）；8—三通；9—减压阀（负压）；10—压力表（负压）；11—棱阀；12—单向节流阀；13—气缸；14—快速排气阀；15—减压阀（正压）；16—压力表（正压）；17—电磁换向阀

1. 三联体

如图 5-27 所示，三联体由过滤器组件（1）、连接片（2）、固定支架（3）、调压阀组件（4）、支架固定片（5）、内六角螺栓（6）、给油器组件（7）组成。压缩空气经过管道输送会产生冷凝水，压缩空气中还会有一些粉尘杂质，水和杂质如果随气流一起带进系统中，会影响系统中气动元件的使用性能或损坏气动元件，因此就需对压缩空气进行气、水分离和过滤。其原理是当压缩空气进入过滤器组件（1）的滤水杯中时，由于水比空气重，它就自然地沉入杯底，气体则穿过滤芯的过滤层，由滤芯的中心孔穿过连接片（2）进入调压阀（4）。调压阀（4）是调整系统压力的，系统压力一般为 0.6MPa。经调压后的压力空气经过给油器组件（7）上部的气路通道进入抛光机的主气路系统，而一小部分压力空气则由杯盖上的小孔进入油杯给油面加压，由于压力空气在气路通道的流速快而在喷油管口处形成负压，而杯中油面则受到系统压力，因此油面与喷油管口处形成压力差，润滑油就由喷油管喷出，随压力空气进入系统气路润滑各气动元件（例如气缸、活塞、电控阀阀芯等）。在滤水杯的下部有一个差压泄水器，当水满到一定时杯中就产生一定压力差而自动泄水，也可人工定期泄水。这就是三联体的作用和功能。

2. 减压阀

如图 5-28 所示，抛光机上常用的是直动式减压阀，其作用如同调压阀，是将系统中的压力空气减压至某局部气路需要的压力。它主要由旋钮（1）、排气孔（2）、中心阀孔（3）、阀芯（4）、进气阀口（5）组成。工作原理是靠平衡进气阀孔（5）处节流作用减压，中心阀孔（3）的溢流作用和阀口（5）处的开度变化稳定输出压力。当输出压力超过调定压力时，压力空气推动膜片上移，压缩调压弹簧，同时拉动阀芯（4）上移，中心阀孔（3）打开，部分压力空气经中心阀孔（3）溢出，由排气孔（2）排出。由于阀芯（4）上移，平衡弹簧推动阀门上移，减小进气阀口（5），从而达到稳定输出压力不变。当感到调定压力不够时，只要拧动旋钮（1），压缩调压弹簧，膜片和阀芯（4）下移，推动阀门下移压缩平衡弹簧，加大进气阀口（5），输出气压加大。调节旋钮（1）可使输出压力在规定范围内任意改变。旋钮（1）上移能调整压力，下移可锁定压力。在气路中连接时不能接错输入、输出方向。

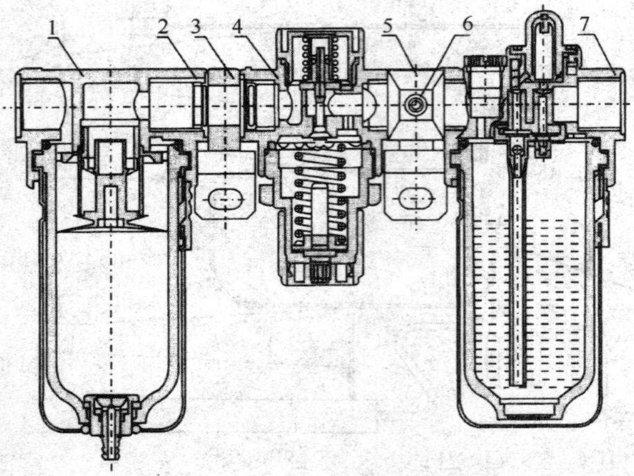

图 5-27　三联体结构图

1—过滤器组件；2—连接片；3—固定支架；4—调压阀组件；5—支架固定片；6—内六角螺栓；7—给油器组件

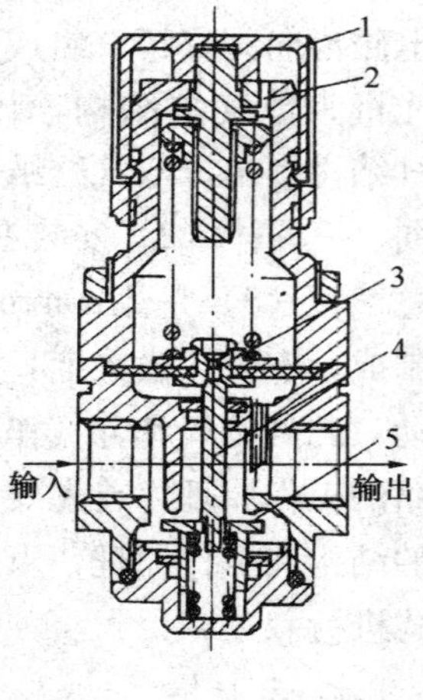

图 5-28　减压阀结构图

1—旋钮；2—排气孔；3—中心阀孔；4—阀芯；5—进气阀口

3. 电磁换向阀

如图 5-29 所示，抛光机上常用二位五通单电控换向阀，控制电压一般选用低压交流或低压直流两种，电压在 24V 以下。其作用是改变气流流通方向，主要由电磁先导阀线圈（1′）、动铁芯（2′）、手动操作按钮（3′）、控制活塞（4′）、阀芯（5′）、阀体（6′）组成。其工作原理是当电磁先导阀线圈（1′）断电时，动铁芯（2′）在弹簧力的作用下关闭阀芯（5′）右端供气口，1→2 接通，4→5 接通。当电磁先导阀线圈（1′）通电时，动铁芯（2′）右移，使阀芯（5′）右端供气，推动控制活塞（4′）、阀芯（5′）左移，1→4 接通，2→3 接通。手动操作按钮（3′）是检修和调试时使用。在抛光机气路中的连接方式是 2 接气缸的下端接口，4 接气缸的上端接口，1 接气源接口，这是因为当断电或停机时所有磨头都要快速上升，气缸下腔需要快速充气。

4. 单向节流阀

如图 5-30 所示，单向节流阀是由节流阀（1）和单向阀（2）组合而成。其工作原理是当气流由 P→A 流动时，如图 5-30（a）所示，单向阀（2）关闭，气流经节流阀（1）节流后从 A 处流出。反向时，如图 5-30（b）所示，气流由 A→P 流动，单向阀（2）打开，不受节流阀（1）控制，直接从 P 处流出。在抛光机气路中的连接方式是 P 处接气缸下端接口，A 处接梭阀出口。

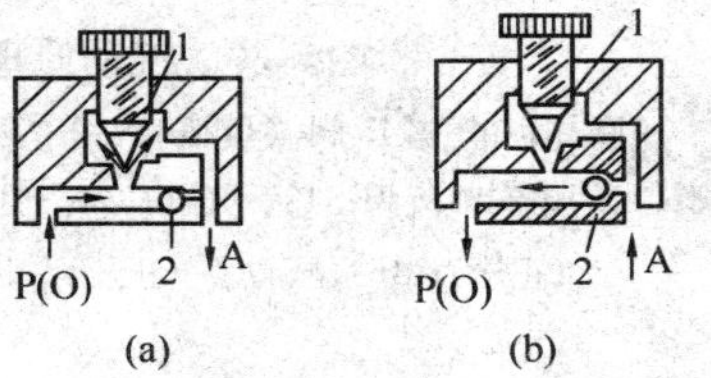

图 5-30　单向节流阀工作原理图

1—节流阀；2—单向阀

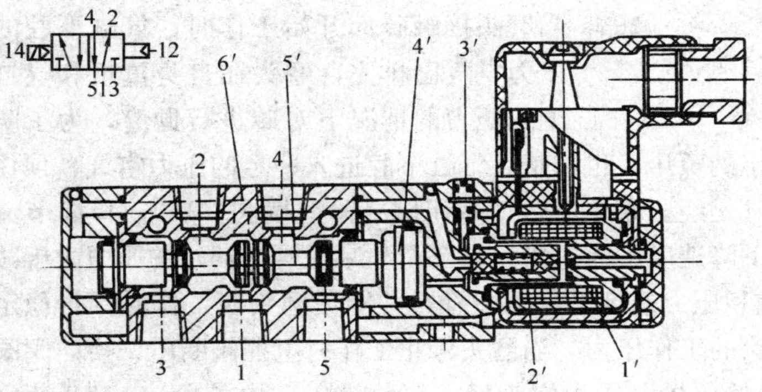

图 5-29　二位五通单电控换向阀结构图

1—线圈；2—动铁芯；3—手动按钮；

4—控制活塞；5—阀芯；6—阀体

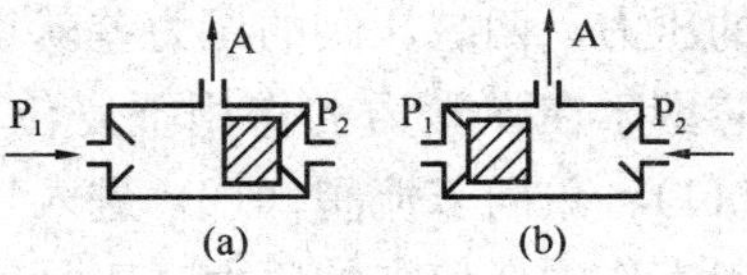

图 5-31　梭阀工作原理图

5. 梭阀

如图 5-31 所示，梭阀结构非常简单。其工作原理是气流从 P_1 处进入阀腔将阀芯推向右边使 P_2 关闭，气流从 A 处出口，如图 5-31（a）所示。反之气流从 P_2 处进入阀腔将阀芯推向右边使 P_1 关闭，气流从 A 处出口，如图 5-31（b）所示。在抛光机气路中的连接方式是气流出口 A 与单向节流阀 A 处相连接，P_1、P_2 没有方向性。

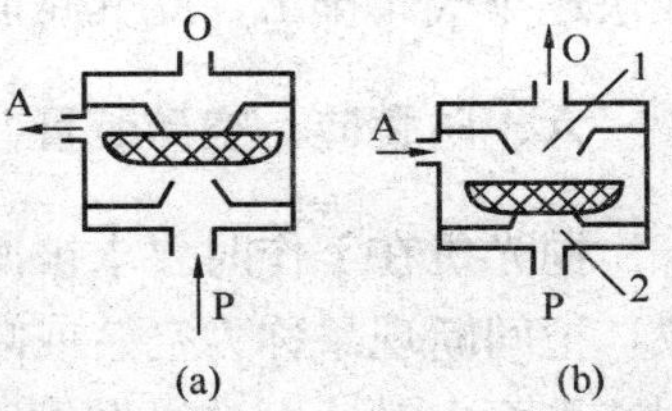

图 5-32　快速排气阀

工作原理图

6. 快速排气阀

如图 5-32 所示，其结构相对简单。其工作原理是当 P 口进气时，如图 5-32（a）所示，气流推动活塞关闭排气口 O，使 P 与 A 相通。当 P 口无气时，如图 5-32（b）所示，密封活

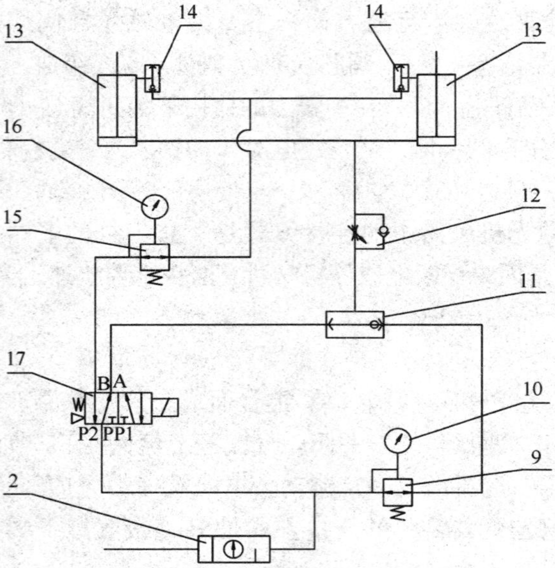

图 5-33 气动原理图

2—三联体；9—减压阀（负压）；10—压力表（负压）；11—梭阀；12—单向节流阀；13—气缸；14—快速排气阀；15—减压阀（正压）；16—压力表（正压）；17—电控换向阀

塞下降，关闭 P 口，气流从 A→O，实现快速排气。在抛光机气路中的连接方式是 A 口接气缸上端接口，P 口接减压阀出气口。

抛光机气路工作原理，如图 5-33 所示，图中元件编号与图 5-26 中元件编号相同，便于对照查看。其工作原理当抛光磨头开始工作时，接通电控换向阀电流，换向阀得电，压力空气经三联体（2）、换向阀（17）、减压阀（15）、快速排气阀（14）进入气缸（13）的上腔，使活塞下降；气缸（13）下腔的压力空气在气缸活塞的推动下经单向阀（12）、梭阀（11）从换向阀（17）的出气口排出，磨头开始下降，调整节流阀就能控制磨头下降的速度，下降过快时就调小节流阀，过慢时则调大节流阀。当磨头接触砖面开始工作时，气缸下腔的压力空气已排完，磨头在自身重量和气缸上腔压力的情况下对砖进行抛磨，为了防止抛磨力量过猛，要给磨头施加一定的负压，也就是让气缸下腔进入一定的压力空气，顶住活塞使其缓慢下降，这部分压力空气是经三联体（2）、减压阀（9）、梭阀（11）、单向节流阀（12）进入气缸的下腔，使活塞下降速度不能过快。只要调整减压阀（15）的压力大于减压阀（9）的压力，磨头就由于自重和压力差会平稳地下降，并能使磨头在工作时保持稳定的压力，两减压阀的压力差就是磨头的工作压力。当磨头停止工作时电控阀断电，换向阀阀芯由于在弹簧力的作用下复位到起始位置，压力空气经三联体（2）、电控阀（17）、梭阀（11）、单向节流阀（12）进入气缸的下腔，由于此压力空气未经过减压阀减压，因此压力高于工作中任何点的压力，于是就将梭阀（11）的梭芯推向另一端，经中心出口到单向节流阀（12）、冲开单向节流阀的单向阀芯直达气缸下腔，使气缸活塞快速上升，气缸活塞上部气体经快速排气阀排出，此气路能保证磨头在不工作的任何时候都是上升状态。

六、防叠砖、空砖装置

抛光机在工作时要求被抛砖连续不断地输入，不允许大皮带面上被抛砖有间断和重叠现象，把间断现象称为空砖或缺砖，重叠现象称为叠砖。因为抛光磨头是在稳定的压力下，在同一平面内对砖面进行抛磨，一旦发生空砖磨头就会自动下降把大皮带磨坏，造成设备事故；一旦发生叠砖，而磨头不会自动上升，只有将上面一片砖打烂，烂砖飞到相邻的砖面上，会引起连续的烂砖事故。有效地防止空砖、叠砖是保证抛光机正常工作的重要环节，为此专门设计了防空砖、叠砖装置安装在抛光机进砖端支座外侧壁下部。其结构较为简单，如图 5-34 所示，主要由轮轴（1）、压轮（2）、支点轴（3）、装置体（4）、转臂（5）、叠砖限位开关（8）、空砖限位开关（9）、拉簧（11）组成。当皮带上没有砖（空砖）时，拉簧

(11) 拉着转臂（5）上部压缩空砖限位开关（9），使整机电源断开、停止运行和不能启动，如图 5-34（a）所示。只有当压轮（2）下面有一片砖时，转臂（5）上部位于叠砖限位开关（8）、空砖限位开关（9）中间，此时设备才能正常运行和正常启动，如图 5-34（b）所示。当压轮（2）下面有两片砖时，转臂（5）上部压缩叠砖限位开关（8），使整机电源断开、停止运行，如图 5-34（c）所示，只有当叠砖故障排除后才能启动。现在有的抛光设备制造厂将限位开关改为接近开关，其功能不变，只是有灵敏度高、故障率低的优点。

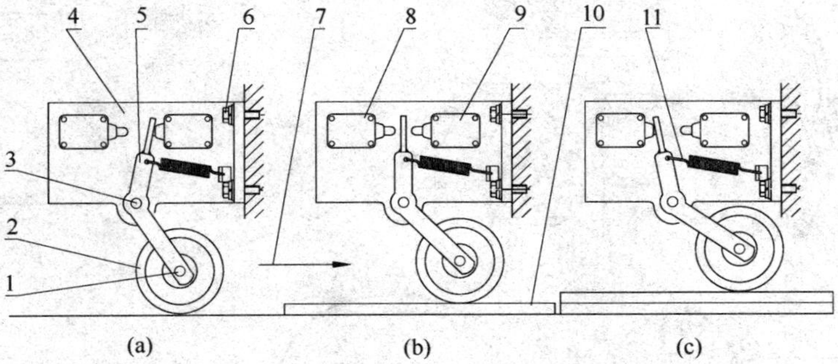

图 5-34　防叠砖、空砖装置动作示意图

1—轮轴；2—压轮；3—支点轴；4—装置体；5—转臂；6—紧固螺钉；
7—进砖方向；8—叠砖限位开关；9—空砖限位开关；10—砖；11—拉簧

七、自动加油润滑系统

抛光机的润滑包含两部分：一是人工加油润滑；二是自动加油润滑系统。

(1) 人工加油主要针对主、从动滚筒带座轴承，从动滚筒移动导轨等的润滑，油种是钙基润滑脂，用手动加油枪或脚踏加油枪均可进行。

(2) 自动加油系统主要针对磨头上部、磨头部分润滑。此系统可以定时对同台机上所有磨头进行递进式加油。下面以一个磨头油管连接说明其结构，如图 5-35 所示。它主要由电动油脂泵（4）、给油总管（5）、滤油器（6）、耐压胶管（8）、片式递进分油器组件（14）、给油支管（15）、连接套轴承润滑管（18）、传动套轴承润滑管（29）、节流式油脂计量件（30）（42）、单向连接体（34）、接油块（35）、磨头润滑管（37）、磨头排气管（39）、磨头给油管（41）组成。抛光机选用的电动油脂泵型号是 DRB-L30/4Z，供油量为 30mL/min，最大供油压力可达 20MPa，使用 00# ～1# 润滑脂。电动油脂泵（4）将压力润滑脂经耐压胶管（8）、滤油器（6）、给油总管（5）送进片式递进分油器组（14），同台抛光机有多少个磨头片式递进分油器就有多少个分油口。再将压力油经给油支管（15）送进单向连接体（34）进行再一次分油，在此处将油分成三路。第一路经油脂计量件（42）、连接套轴承润滑管（18）、管接头（17）进入连接套轴承区润滑轴承。第二路经油脂计量件（42）、传动套轴承润滑管（29）、管接头（28）进入传动套轴承区润滑轴承。第三路经油脂计量件（30）、磨头给油管（41）、接油块（35）、磨头润滑管（37）进入磨头体内润滑体内零件。磨头在工作时，润滑脂与机件摩擦会使温度升高，体积增加，迫使磨头体内气体往外排出，因此就需安装磨头排气管（39）。

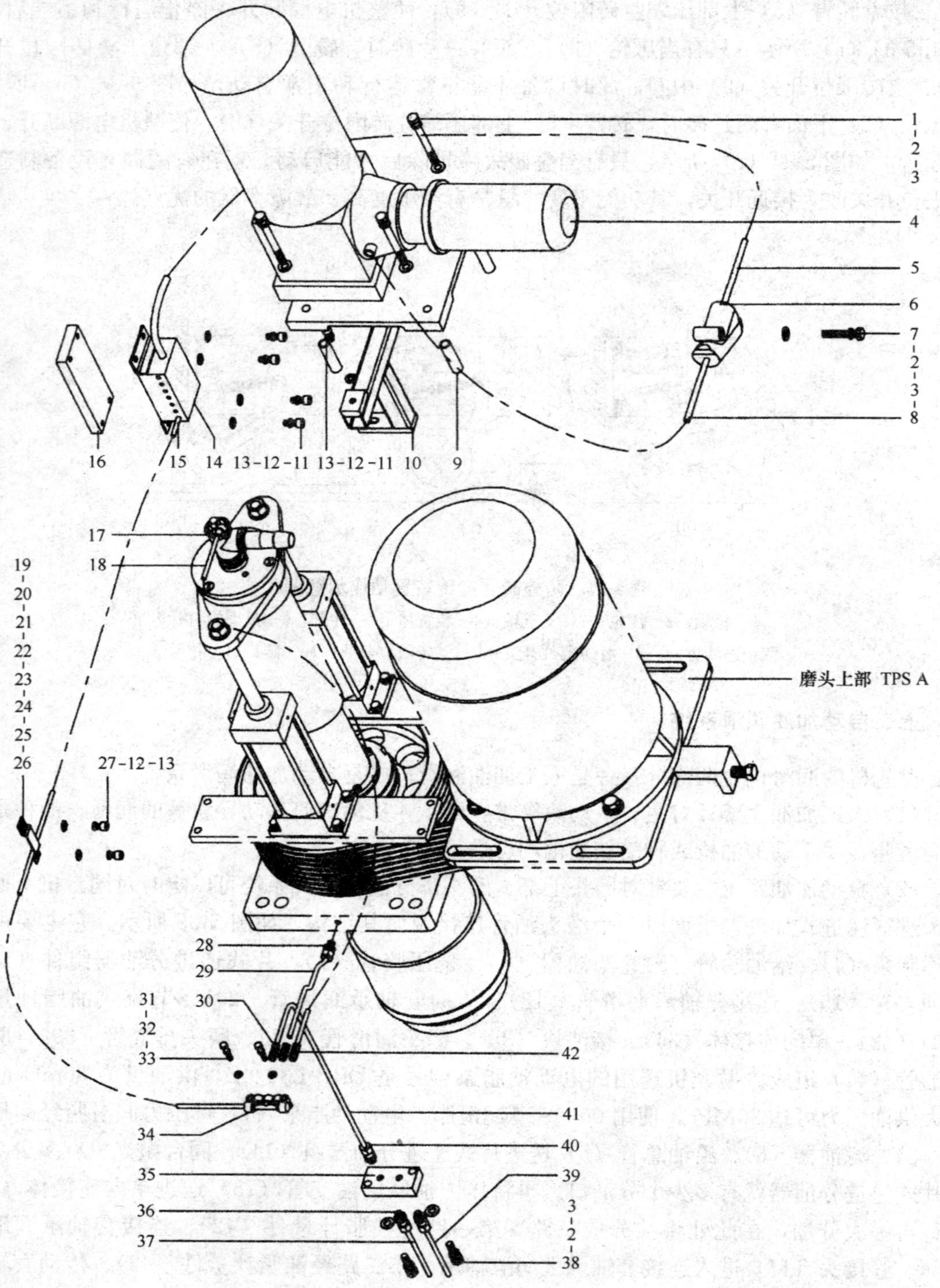

图 5-35　自动加油系统结构图

4—电动油脂泵（DRB-L30/4Z）；5—给油总管；6—滤油器（LYQ-8）；8—耐压胶管；9—油泵支架；10—垫套；14—片式递进分油器组；15—给油支管；16—分油器安装块；17—管接头（QJCR-2J4-Z4）；18—连接套轴承润滑管；19、26—卡箍；28—管接头（QJCR-2J4-Z4）；29—传动套轴承润滑管；30—节流式油脂计量件（ASA-2）；34—单向连接体（PV-3）；35—接油块；36—管接头；37—磨头润滑管；39—磨头排气管；40—管接头；41—磨头给油管；42—节流式油脂计量件（ASA-1）

为了使读者更进一步明确自动加油润滑系统的工作原理，分别将电动润滑泵、片式递进分油器的工作原理及首次调试内容加以说明，如图 5-36 所示。

电动润滑泵：油泵体由两组工作活塞和一组控制活塞组成。控制活塞是控制油道的开启和关闭，两组工作活塞则交替进行吸油、压油，供送润滑脂。在透明储油桶底部有一螺旋式挤油板，该挤油板顺时针旋转，将油脂强制压送到泵体的吸油口处，并迫使吸油口周围气穴排除，从而达到顺利吸油的目的。单向阀是控制油泵排出的油剂不能逆流。调压阀是控制油泵的工作压力，当系统工作压力超负荷时，其压力油能通过调压阀回到油箱，起到保护作用。压力控制器是控制系统中的工作压力，当润滑系统超负载时，行程开关发出指令，油泵停止工作。

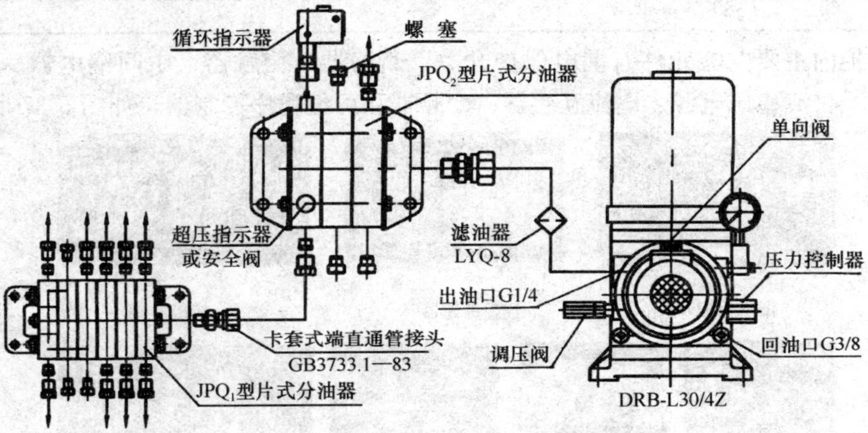

图 5-36　自动加油系统功能示意图

片式递进分油器：采用液压递进分油原理，由电动润滑泵输送的压力油，使分油器内的柱塞顺序地进行往复运动，将油剂定量、顺序地压送给各润滑点。分油器出油口不能任意堵塞，如堵塞片组中某个出油口会导致该组分油器全部不出油。在分油器片组中某个出油口安装循环指示器，其内部设有循环指示杆，每循环一次指示杆动作一次，当指示杆动作接触限位开关，则限位开关指令发出信号显示该循环动作完成。当润滑系统压力超负载时，超压指示器发出信号，以供观察判别某管道或润滑点故障。安全阀的作用是当润滑系统某润滑点超负载时，其压力油剂自动从安全阀油口排出。当润滑点负载小于润滑泵的额定压力时，它能自动复位，关闭排油口，使系统正常工作。

首次调试时应注意油泵电机旋转方向与标识一致，当与 JPQ 系列分油器配套使用时，调压阀应在≤16MPa 范围内调节；当与 JPQA 系列分油器配套使用时，调压阀应在≤20MPa 范围内调节。润滑脂必须符合规定要求。首次添加润滑脂时应先加机械油，使其充满泵体内所有部位和排除空气，然后再添加润滑脂。主油管在连接分油器进油口之前，必须让管内先充满油脂，排除脏物和空气，然后再与分油器进油口连接紧固。在连接分油器与润滑点的支管道时，也同样是要将各支管充满油脂，排除脏物和空气后再与各润滑点连接。

八、电器控制部分

抛光机电气部分由电机、控制电柜、磨头操作面板、传动操作面板、主令元器件（如行程开关、接近开关、按钮等）组成。抛光机有磨头电机、传动电机、摆动电机、自动加油电机四种。磨头电机和自动加油电机的功率不会随机型而变化，传动电机和摆动电机的功率会随着机型变化而变化。功率匹配表见表 5-6。

表 5-6　各种型号抛光机电机功率匹配表　　kW

机型	头数（头）	磨头电机	传动电机	摆动电机	自动加油电机
650	14	11	4	2.2	0.37
650	16	11	5.5	3	0.37
650	20	11	5.5	2.2	0.37
800	16	11	5.5	3	0.37
800	20	11	7.5	2.2	0.37
1000	16	11	5.5	3	0.37
1000	20	11	7.5	2.2	0.37

控制电柜内主要电器元件有漏电保护开关、断路器、接触器、中间继电器、时间继电器、变压器、整流稳压电源、电流互感器、变频器和可编程序控制器，如图 5-37 所示。

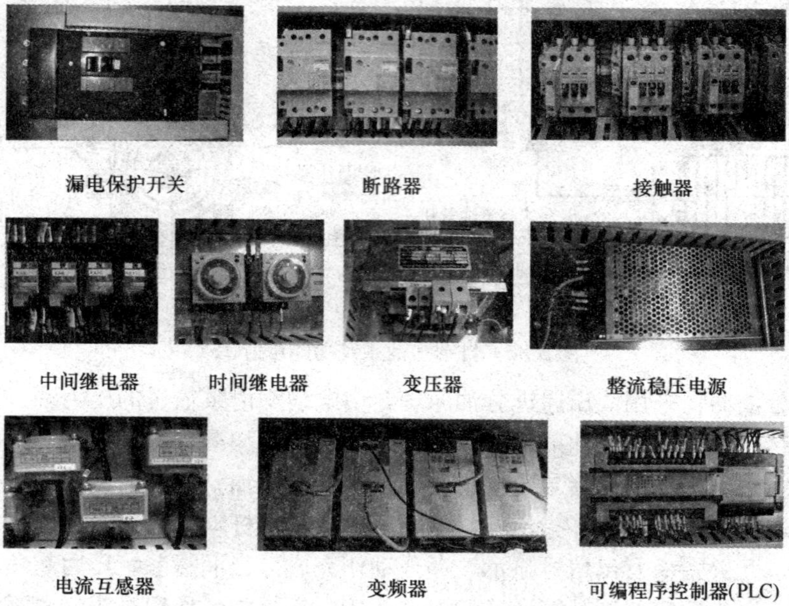

图 5-37　各种电器元件实物照

(1) 陶瓷地砖抛光要用水进行冷却除尘，设备都浸泡在水和水雾之中，对设备进行漏电保护是必不可少的，因此设备必须安装漏电保护开关。漏电保护开关也叫漏电保护断路器。

漏电保护断路器是为了防止低压网络中发生人体触电、漏电火灾、爆炸事故而研制的一种开关电器。当人身触电或设备漏电时能够迅速切断故障电路，从而避免人身和设备受到危害。这种漏电保护断路器实际上是装有检漏保护元件的塑料外壳式断路器。常见的有电磁式电流动作型、电压动作型和晶体管（集成电路）电流动作型。在抛光设备中选用的两种型式都有，下面以电磁式电流动作型为例说明其结构和工作原理。

电磁式电流动作型漏电保护断路器原理如图 5-38 所示。其结构是在一般的塑料外壳式断路器中增加一个能检测漏电电流的感受元件（零序电流互感器）和漏电脱扣器。主电路的三相导线一起穿过零序电流互感器的环形铁心，零序电流互感器的输出端和漏电脱扣线圈相接，漏电脱扣器的衔铁借永久磁铁的磁力被吸住，拉紧了释放弹簧。当电路正常工作时，零序电流互感器二次绕组无输出信号，漏电保护断路器不动作。当电路发生漏电和触电事故时，漏电或触电电流通过大地回到变压器的中性点，因而三相电流的相量和不为零，零序电流互感器的二次绕组中产生感应电流，只要此电流值达到漏电保护断路器的动作值，漏电脱扣器释放弹簧的反力就会使衔铁释放，在脱扣指的冲击下，漏电保护断路器断开主电路。漏电保护断路器额定漏电动作电流为30～100mA，从零序电流互感器检测到漏电信号从而切断故障的全部动作时间一般在0.1s内，能有效地起到漏电保护的作用。漏电保护开关安装在抛光机电柜电源进线处，起到对整台机所有电器进行保护的作用，其容量选择一般以该台机所有电机功率总和的2～2.3倍为合适。

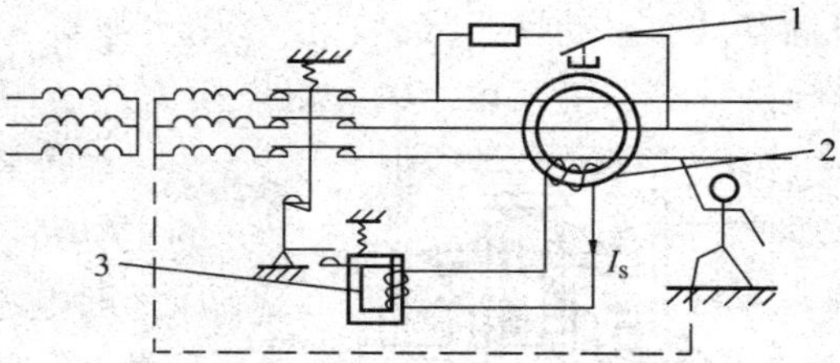

图5-38　电磁式电流动作型漏电保护断路器
1—试验按钮；2—零序电流互感器；3—漏电脱扣器

(2) 在抛光设备中，小型断路器用来控制和保护单台电机，它设有过载、短路和欠（失）电压保护功能，当电机或线路发生过载、短路和欠（失）电压等故障时能自动断开电路，起到保护作用。其结构和工作原理如图5-39所示。

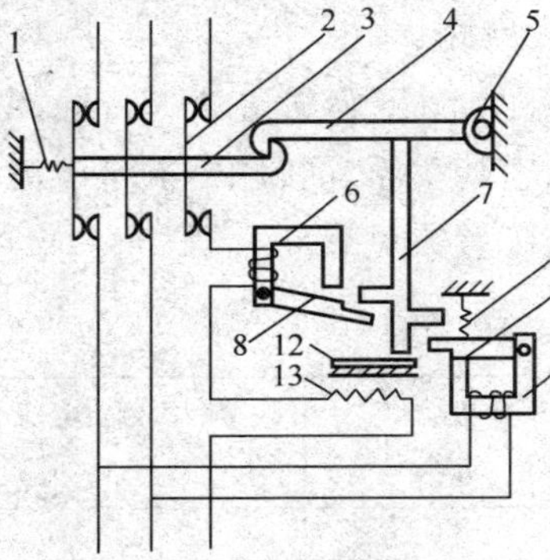

图5-39　断路器工作原理
1、9—弹簧；2—触点；3—锁键；4—搭钩；5—轴；6—过电流脱扣器；7—杠杆；8、10—衔铁；11—欠电压脱扣器；12—双金属片；13—电阻丝

图5-39中触点（2）有三对，串联在被保护的三相主电路中。手动扳动按钮为“合”位置（图中未画出），这时触点（2）由锁键（3）保持在闭合状态，锁键（3）由搭钩（4）支持着。要使开关分断时，扳动按钮为“分”位置（图中未画出），搭钩（4）被杠杆（7）顶开[拉钩可绕轴（5）转动]，触点（2）就被弹簧（1）拉开，电路分断。

断路器的自动分断，是通过过电流脱扣器（6）、欠电压脱扣器（11）和热脱扣器的作用使搭钩（4）被杠杆（7）顶开而完成的。过电流脱扣器（6）的线圈和主电路串联，当线路工作正常时，过电流脱扣器产生的电磁吸力不能将衔铁（8）吸合，只有当电路发生短路或产生很大的过电流时，其电磁吸力才能将衔铁（8）吸合，撞击杠杆（7），顶开搭钩（4），使触点（2）断开，从而将电路分断。

欠电压脱扣器（11）的线圈并联在主电路上，当线路电压正常时，欠电压脱扣器产生的电磁吸力能够克服弹簧（9）的拉力而将衔铁（10）吸合，如果线路电压降到某一值以下，电磁吸力小于弹簧（9）的拉力，衔铁（10）被弹簧（9）拉开，撞击杠杆（7），顶开搭钩（4），使触点（2）断开，将电路分断。

当线路发生过载时，过载电流通过热脱扣器的发热元件使双金属片（12）受热弯曲，于是杠杆（7）顶开搭钩（4），使触点（2）断开，从而起到过载保护的作用。断路器在使用上最大的好处是脱扣器可以重复使用，不需要更换。

(3) 接触器：接触器有交、直流之分，其结构和工作原理基本相同，以交流接触器来说明其结构和工作原理，接触器是操作触点的闭合与分断，如图5-40所示，由动触点（1）、静触点（2）、动铁心（3）、反作用力弹簧（4）、电磁线圈（5）、静铁心（6）、垫毡（7）、接触弹簧（8）、灭弧罩（9）、触点压力片（10）组成。

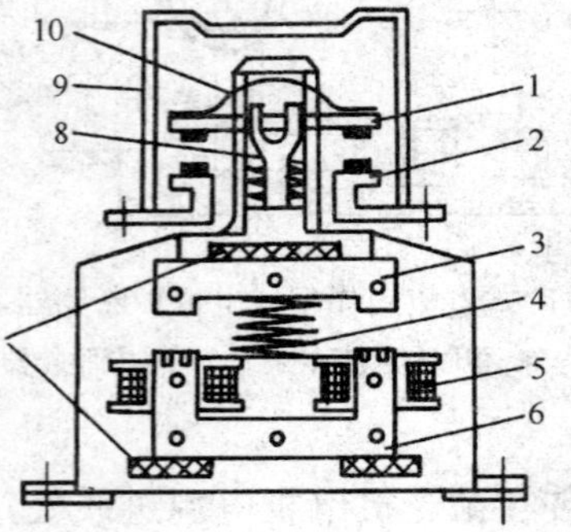

图 5-40　CJ20-63 型交流接触器示意图

1—动触点；2—静触点；3—动铁心（衔铁）；4—反作用力弹簧；5—电磁线圈；6—静铁心（铁心）；7—垫毡；8—接触弹簧；9—灭弧罩；10—触点压力簧片

触点有主触点和辅助触点。主触点用以通断电流较大的主电路，体积较大，一般有三对动合触点；辅助触点用以通断电流较小的控制电路，体积较小，有动合和动断两种触点。触点用紫铜制成，并在接触部位镶上银或银合金块，以减少接触电阻。

灭弧罩用来迅速熄灭主触点在分断电路时所产生的电弧，保护触点不受电弧灼伤，并使分断时间缩短。

其工作原理是当线圈通入电流后，在铁心中形成强磁场，动铁心受到电磁力的作用，便吸向静铁心。但动铁心的运动受到反作用力弹簧阻力，故只有当电磁力大于弹簧反作用力时，动铁心才能被静铁心吸住。动铁心吸下时带动动触点与静触点接触，从而使被控电路接通。当线圈断电后，动铁心在反力弹簧作用下迅速离开静铁心，从而使动、静触点也分离，断开被控电路。

抛光设备上使用的接触器主触点耐压为交流 400V，辅助触点耐压为交流 24V，线圈所用电压为交流 24V。接触器额定电流的大小与被控电机功率有密切关系，接触器额定电流一般等于被控电机额定功率的两倍。电机功率与接触器额定电流配置表见表 5-7。

表 5-7　抛光设备常用电机功率与接触器额定电流配置表

电机功率（kW）	接触器额定电流（A）	电机功率（kW）	接触器额定电流（A）	电机功率（kW）	接触器额定电流（A）
0.37	0.75	4	8	11	22
2.2	4.5	5.5	11	15	30
3	6	7.5	15	18.5	37

（4）继电器是一种根据外界输入信号来控制电路通断的自动切换电器。其输入信号可以是电压、电流等电量，也可以是时间、转速、温度、压力等非电量；而输出则是触点的动作或电路参数的变化。抛光设备中常用到中间继电器和时间继电器。中间继电器实际上是一种电压继电器，它的特点是触点数量较多，触点容量较大，可起到中间扩展触点数量和触点容量的作用，在抛光设备中是用来扩展触点数量。

在抛光设备中常用到空气阻尼式时间继电器和电子式时间继电器。空气阻尼式时间继电器是利用空气阻尼的作用而达到延时的目的，它由电磁机构、延时机构和触点系统组成。其电磁机构为直动式双 E 形铁心，触点系统借用 LX5 微动开关，延时机构采用气囊式阻尼器，延时方式有通电延时型和断电延时型，电磁机构有交、直流两种。下面以通电延时型时间继电器为例介绍其工作原理（图 5-41）。

当线圈（1）通电后，衔铁（3）吸合，微动开关（16）受压其触点动作无延时，活塞杆（6）在塔形弹簧（8）的作用下带动活塞（12）及橡皮膜（10）向上移动，但由于橡皮膜下方气室空气稀薄，形成负压，因此活塞杆（6）只能缓慢向上移动，其移动的速度视进气孔

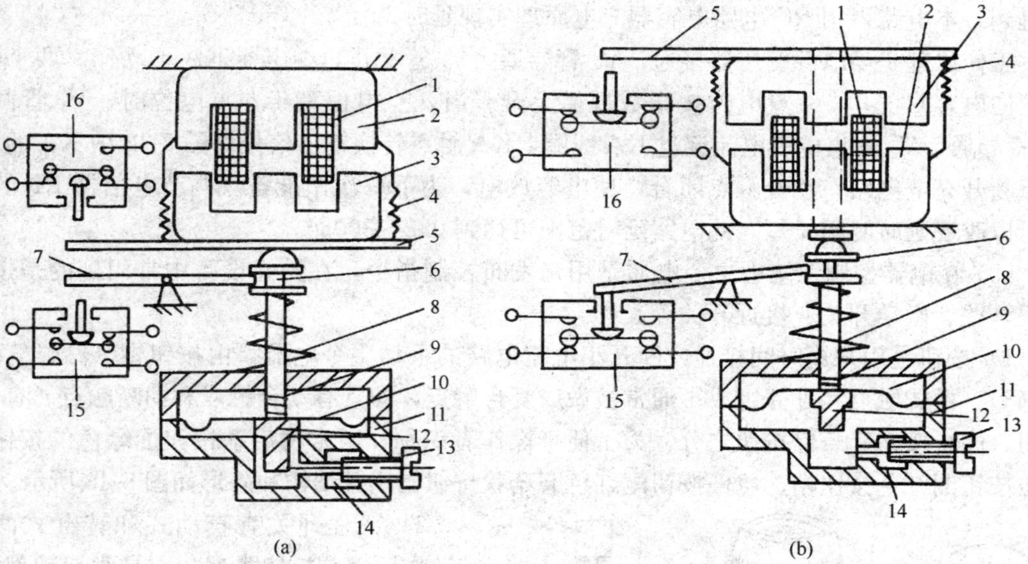

图 5-41　JS7-A 系列时间继电器

1—线圈；2—铁心；3—衔铁；4—反作用力弹簧；5—推板；6—活塞杆；7—杠杆；8—塔形弹簧；9—弱弹簧；10—橡皮膜；11—空气室壁；12—活塞；13—调节螺钉；14—进气孔；15、16—微动开关

（a）通电延时型；（b）断电延时型

的大小而定，可通过调节螺钉（13）进行调整。经过一定的延时后，活塞杆才能移动到最上端。这时通过杠杆（7）压动微动开关（15），使其动断触点闭合，起到通电延时作用。

当线圈（1）断电后，电磁吸力消失，衔铁（3）在反作用力弹簧（4）的作用下释放，并通过活塞杆（6）将活塞（12）推向下端，这时橡皮膜（10）下方气室内的空气通过橡皮膜（10）、弱弹簧（9）和活塞（12）的肩部所形成的单向阀，迅速地从橡皮膜上方的气室缝隙中排掉，微动开关（15）、（16）能迅速复位，无延时。

断电延时型时间继电器的结构、工作原理与通电延时型类似，只时电磁铁安装方向不同，即当衔铁吸合时推动活塞复位，排出空气，当衔铁释放时活塞杆在弹簧作用下使活塞向下移动，实现断电延时。

空气阻尼式时间继电器具有结构简单、调整简便、价格低廉、寿命长等优点，但其延时精度较低，在抛光设备中一般用作抛光磨头的延时自动启动、磨边机倒角磨头延时回位等。

电子式时间继电器是近代发展起来的，具有体积小、延时范围大、精度高、寿命长等优点，在抛光设备中一般用在磨边机推砖叉延时回位。其电气原理图如图 5-42 所示。

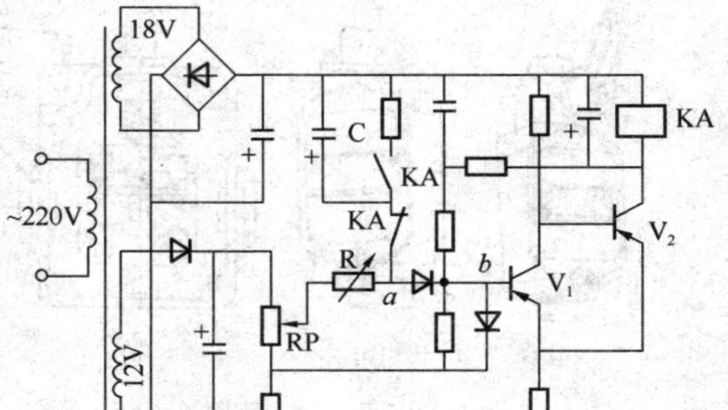

图 5-42　JSJ 型晶体管时间继电器电气原理图

图 5-42 中有两个电源，主电源由变压器二次侧的 18V 电压经整流、滤波而得到；辅助电源由变压器二次侧的 12V 电经整流、滤

波得到。本电路得用 RC 电路电容器充电原理实现延时。

工作原理是当电源变压器接通，V_1 管导通，V_2 管截止，继电器 KA 不动作。两个电源分别向电容 C 充电，a 点电位按指数规律上升。当 a 点电位高于 b 点电位时，V_1 管截止，V_2 管导通，V_2 管集电极电流流过 KA 线圈，KA 触点转换输出信号。图 5-42 中 KA 的动断触点断开充电电路，动合触点闭合，使电容放电，为下一次做准备。调节电信器 RP 的值，就可以改变延时时间长短。此电路延时范围可达到 0.2～300s。

(5) 在电器控制系统中主令电器是用来发布控制指令，在抛光设备中常用到的是按钮、行程开关、微动开关、接近开关等。

1) 按钮是用来短时间接通或断开小电流电路的手动主令电器，由按钮帽 (2)、复位弹簧 (3)、桥式触点和外壳组成。通常被做成复合触点，即具有动合触点和动断触点。有启动按钮、停止按钮、急停按钮之分，为了便于操作者识别，通常将启动按钮配绿色的按钮帽、停止按钮配红色按钮帽、急停按钮配红色磨菇状按钮帽。其结构和外形如图 5-43 所示。

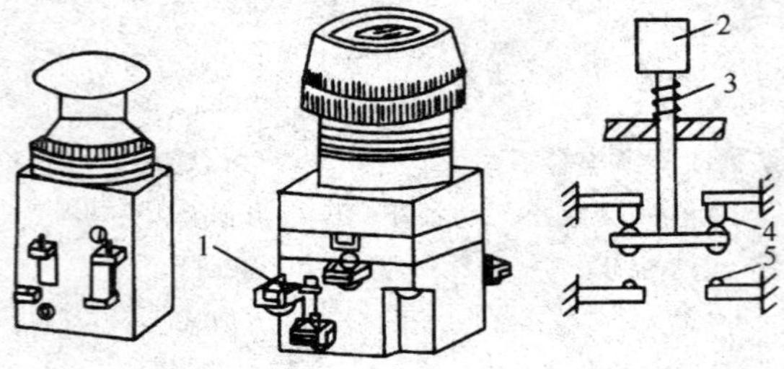

(a) (b)

图 5-43 LA19-11 型按钮
1—接线柱；2—按钮帽；3—复位弹簧；
4—动断触点；5—动合触点
(a) 外形；(b) 结构

2) 行程开关有直动式和转臂式两种。其动作原理与按钮类似，它是靠运动部件上的撞块来碰撞行程开关的推杆或转臂发出指令的。在抛光设备中转臂式行程开关多用在控制抛光机横梁摆动幅度；直动式行程开关多用在空砖、叠砖控制装置上，早期单气缸抛光机磨块磨损极限控制也是用此种行程开关。其外形和结构如图 5-44 所示。

3) 微动开关是采用弯形片状弹簧的瞬时机构，它的快速动作是靠片状弹簧发生变形时储存的能量突然释放来完成的。其结构如图 5-45 所示，当推杆压下时，弹簧片变形储能并产生位移。当达到一定临界点时，势能要转变成动能，弹簧片和动触点会产生瞬间的跳动，使动触点闭合；反之，减小操作力，弹簧片就会反向跳动。具有此种瞬间动作的微动开关，其动作极限行程和动作压力均很小，只适用于小型机构中使用，但它有体积小、动作灵敏等优点，它主要用在抛光机前挡水门的开启和关闭时的控制。

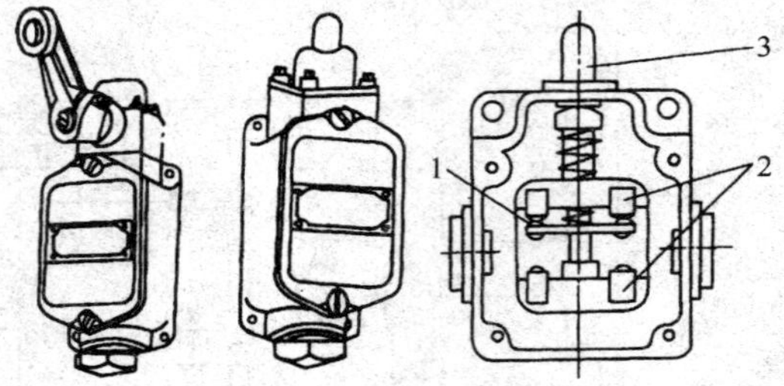

(a) (b) (c)

图 5-44 行程开关
(a) 转臂式；(b) 直动式；(c) 结构图
1—动触点；2—静触点；3—推杆

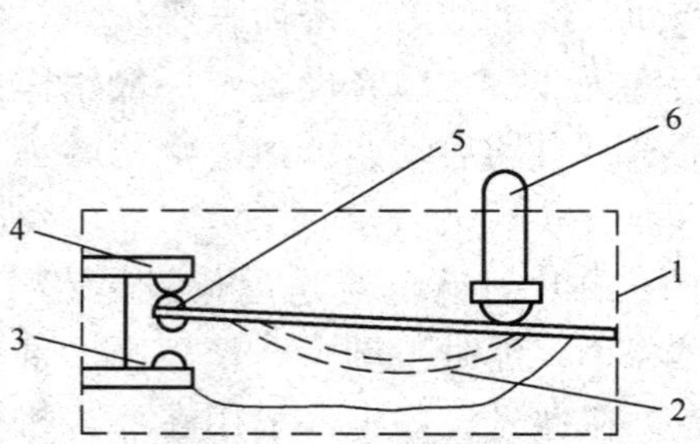

图 5-45 微动开关结构
1—壳体；2—弓簧片；3—动合触点；
4—动断触点；5—动触点；6—推杆

4）接近开关又称做无触点行程开关，它有行程控制、限位保护、检测零件尺寸、测速和计数等功能。它有高频振荡型、电容型、永久磁铁型和霍尔效应型，常用的为高频振荡型。其电路由振荡器、放大器和输出部分组成，工作原理是：当金属物体进入高频振荡器的线圈磁场（称感应头）时，金属物体内部产生涡流损耗，吸收振荡器的能量，使振荡回路电阻增大，以致振荡减弱直至停振。振荡和停振两种状态经过晶体管放大电路和输出电路处理后就能用来检测有无金属物体，开关就能输出相应的控制信号。

图 5-46 是 LJ2 型晶体管式接近开关电路原理图。第一级是一个电容三点式振荡器，由晶体管 V_1，振荡线圈 L 及电容 C_1、C_2、C_3 组成。振荡器的输出加到晶体管 V_2 的基极上，经过 V_2 放大及二极管 VD_1、VD_2 整流后的直流信号加到 V_3 的基极，使 V_3 导通。V_4 与 V_5 组成施密特电路。

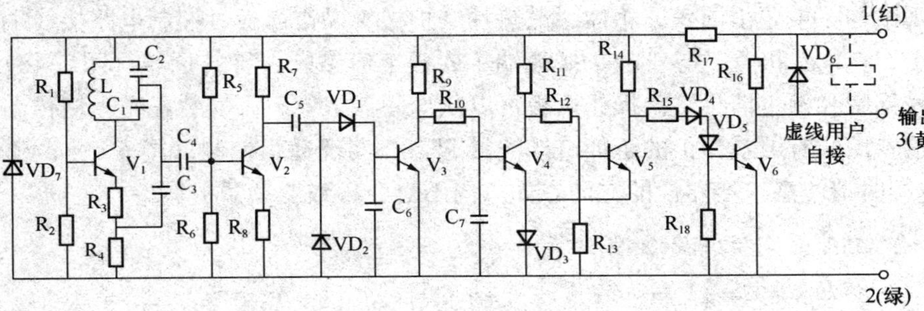

图 5-46 LJ2 型接近开关电路原理图

当没有金属物体接近振荡线圈 L 时，V_4 截止，V_5 导通，故 V_6 截止，开关无信号输出。

当有金属物体靠近感应头时，该物体产生的涡流吸收了振荡器的能量，使振荡减弱直至停止，此时 VD_1、VD_2 构成的整流电路无输出电压，V_3 截止，使施密特电路翻转，V_4 导通，V_5 截止，故 V_6 导通，开关有信号输出。接近开关在抛光设备中用在抛光机横梁摆动行程控制和限位保护，还用在磨边机气动倒角磨头升降时间控制和推砖架行程控制。接近开关有 NPN（负信号输出）型和 PNP（正信号输出）型。灰色线为正极，绿色线为负极，黑色线为信号输出线。

(6) 抛光机电柜内的变压器主要是将高压电源变成低压控制电源，如图 5-47 所示。其初级线圈输入电源为交流 380V，次级输出有两组，一组为交流 220V，另一组为交流 24V。交流 220V 电源主要用于柜内照明、警报器、冷却风扇和可编程序控制器电源。交流 24V 用于接触器线圈电源、电磁换向阀电源和整流稳压电源。

(7) 整流稳压电源主要是将一部分交流 24V 电源整流成 24V 直流电源，经滤波稳压后供给可编程序控制器使用。

(8) 电流互感器是为各个磨头电机的电流表提供感应电流，再通过电流表内的计量系统将每个磨头电机工作时的实际电流，用指针方式在电流表面板上显示出来（指针式电流表），便于操作者观察和了解每个磨头电机的工作状况。目前有的抛光机已用上了数字显示电流表，此表比较直观，测量精度高，但由于防水性能问题和价格问题，在国内没有得到广泛的应用。

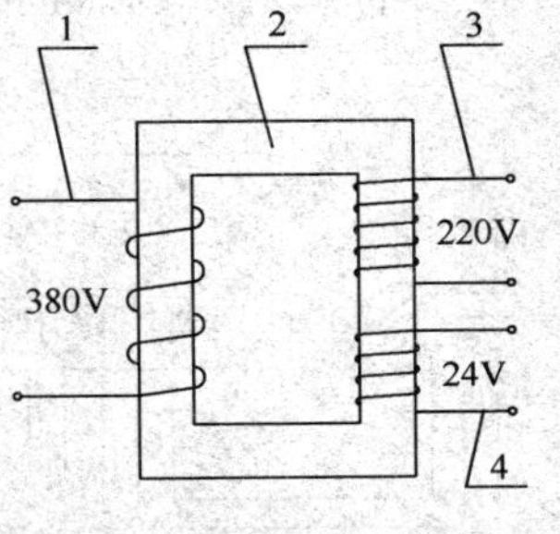

图 5-47 变压器原理图

1—初级线圈；2—铁芯；3—次级线圈（1）；4—次级线圈（2）

(9) 变频器是通过改变输入电机电源的频率来实现改变电机

输出转速，从而达到对电机进行调速的目的。在抛光机中用来对传动电机和摆动电机进行调速。变频器的种类很多，有松下、三菱、施耐德、西门子、欧姆隆、ABB、安川等。它的结构和工作原理比较复杂，在专业书籍中有详细的介绍和说明，在此节中我们只将在抛光设备中常用的变频器的基本操作方法叙述如下。

1）在抛光设备中选用的松下变频器有 VF-7F 和 VF-8Z 两大系列，VF-7F 属小巧型变频器，其功率有 0.75kW、1.5kW、2.2kW、3.7kW。0.75kW 的变频器用于磨边机推砖电机调速，2.2kW、3.7kW 的变频器用在抛光机摆动电机和磨边机传动电机调速。VF-8Z 属大功率变频器，其功率有 5.5kW、7.5kW～37kW 等。5.5kW、7.5kW 的变频器用于刮平机、抛光机传动电机调速。下面从外观结构、主电路接线、控制电路接线、操作面板说明、基本操作、监控、设定和改变功能、功能参数几方面进行叙述。

①外观结构：主要由前盖、箱体、散热片、护板、操作面板、控制电路接线端子、主电路接线端子、充电二极管、导管板、接地端子、额定值铭牌、警告标签（图 5-48）。在前盖上还有型号铭牌和额定值标签。操作面板可以从变频器上取下，安装在抛光机传动操作面板上，用一根专用的有屏蔽保护的延伸电缆连接起来，实现远程控制（图 5-49）。延伸最长可达 5m，连接时请注意连接器插的方向，如方向不对会导致变频器损坏。

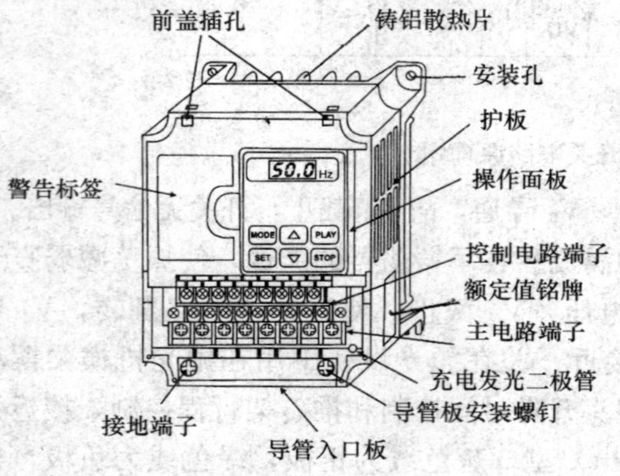

图 5-48　松下变频器外观结构图

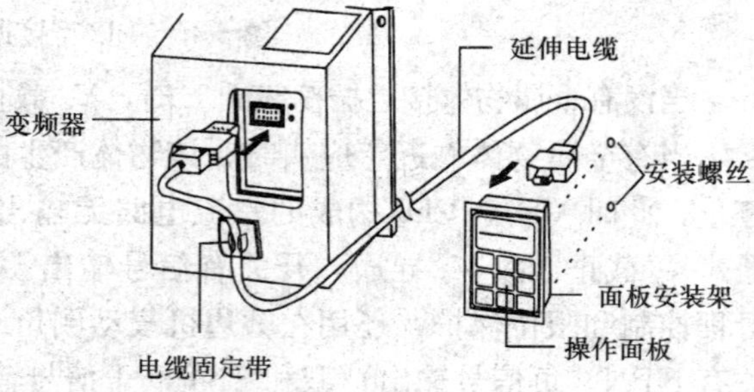

图 5-49　延伸电缆连接图

②主电路接线：VF-7F 和 VF-8Z 两大系列松下变频器主电路接线位置基本相同，面对变频器时，左边 R、S、T 三个接线柱连接电源线，右边 W、V、U 三个接线柱连接电动机，中间两个 DB 接线柱连接制动电阻，连接制动电阻时要注意"＋""－"极，如图 5-50 所示。

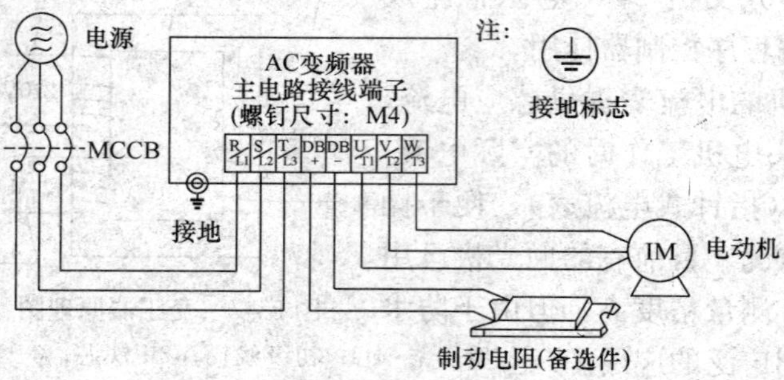

图 5-50　主电路接线图

制动电阻为备选项件，当变频器用于抛光机摆动电机和磨边机推砖电机时一定要配置制动电阻，因这两种电机在实际使用中要正、反向运转，配置制动电阻后可减少电机的惯性，降低换向起动冲击电流，对电机起到保护作用。当使用制动器时，为了正确运行，参数 P18 须设定为"0"。

当设定值不是“0”时，制动器不工作。

在连接输入、输出电线时，要注意线径大小和紧固压紧螺丝的力矩大小。在变频器的输入线路中要求连接过电流、短路和漏电保护装置，一般都选用断路器。断路器容量大小与变频器功率大小有直接关系。变频器功率与断路器容量、输入输出线径、紧固螺丝力矩关系表见表 5-8。

表 5-8　变频器功率与断路器容量、输入输出线径、紧固螺丝力矩关系表

变频器功率（kW）	电路断路器（A）	最小线径尺寸		
		输入（mm^2）	输出（mm^2）	紧固螺丝拧紧力矩（N/m）
0.75	5	2	2	1.02（10.2kgf/cm）
1.5	10	2	2	1.02（10.2kgf/cm）
2.2	15	2	2	1.02（10.2kgf/cm）
3.7	20	2	2	1.02（10.2kgf/cm）
5.5	20	3.5	2	1.2（1.22kgf/cm）
7.5	30	5.5	3.5	1.2（1.22kgf/cm）
11	50	8	5.5	1.6（16.3kgf/cm）
15	60	14	8	1.6（16.3kgf/cm）

③控制电路连线：VF-7F 和 VF-8Z 两大系列控制线路连线略有差异。VF-7F 型变频器控制线路连线如图 5-51 所示。图中 1、2、3 和 10 号端子用于外控方式，外控方式有电位器式和操作面板式两种，主要用来设定频率，应将参数 P09 设定为外控形式。当用 4～20mA 信号设定频率时，请将 2 和 10 号端子短路。3 和 11 号端子是输出频率值电压信号输出端子。3～6 号端子用于控制运行/停止、正转/反转（将参数 P08 设为外控使用）。7～9 号端子为继电器输出端子，这些输出的默认值设定为故障报警输出。12～16 号端子为多段速运行、点动、复位等多功能控制输入端（用 P 参数 19～23 进行功能设定）。17、18 号端子为运行状态输出端子（用参数 P25 设定）。

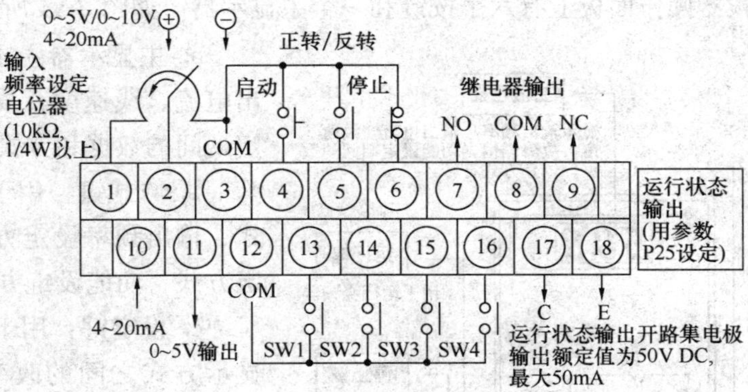

图 5-51　VF-7F 型变频器控制线路连线图

VF-8Z 型变频器控制线路连线如图 5-52 所示。1～4 号端子用于外控方式，主要用来设定频率，将参数 P09 设为外控形式。3 号、5 号是输出频率值电压信号输出端子。10～12 号用于控制运行/停止、正转/反转（将参数 P08 设为外控使用）。端子 14～16 号是用于控制多段速运行、点动、复位等多功能控制输入端（用参数 P19、P20 进行功能设定）。7～9 号端子为继电器输出端子，这些输出出厂时已被设定为故障报警输出。17 号、18 号为工作状态输出端子（用参数 P23 设定）。当开关 SW4 接通（13 号端子），变频器将用第二基频，第二提升水平和加速/减速时间 2 设定数据来运行。端子 3 号和 6 号（COM）不能互相连接，必须保持分开状态。控制电线尺寸是 16AWG 或 18AWG，端子螺丝为 M3，紧固力矩为 0.8N/m。

连接控制线路时注意：所有控制信号接线都应使用屏蔽线，并使它们离电源线至少 20cm 以上；信号线最长允许 30m；驱动控制输入为高阻抗低电压，建议使用优质继电器和按键；控制端子 10～16 号应使用无电压触点信号和集电极开路输出信号；当集电极开路输出驱动一感性负载时一定要使用一只续流二极管，如图 5-53 所示。

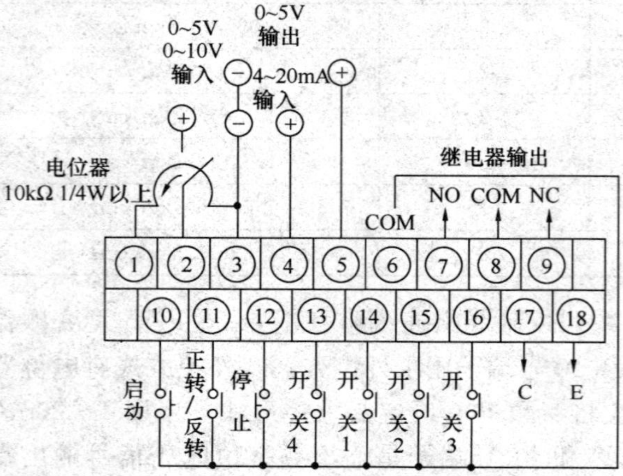

图 5-52　VF-8Z 变频器控制线路连线图

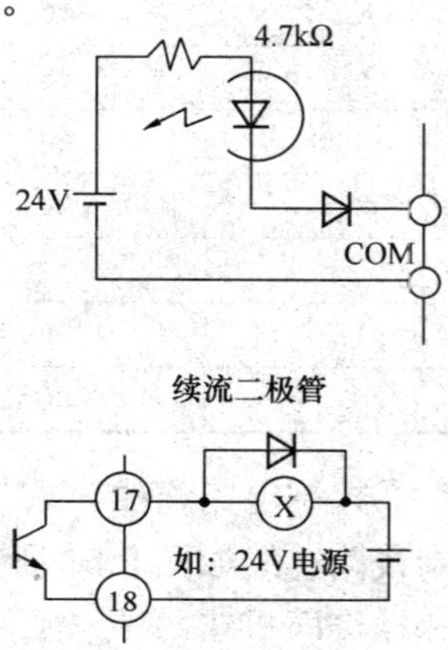

图 5-53　COM、17 号、18 号端子输入电路原理图

④操作面板说明：VF-7F 和 VF-8Z 两大系列松下变频器的操作面板有所不同，操作上有一些差异，分别叙述如下：

VF-7F 型变频器操作面板上有六个按键和一个主显示器，如图 5-54 所示。

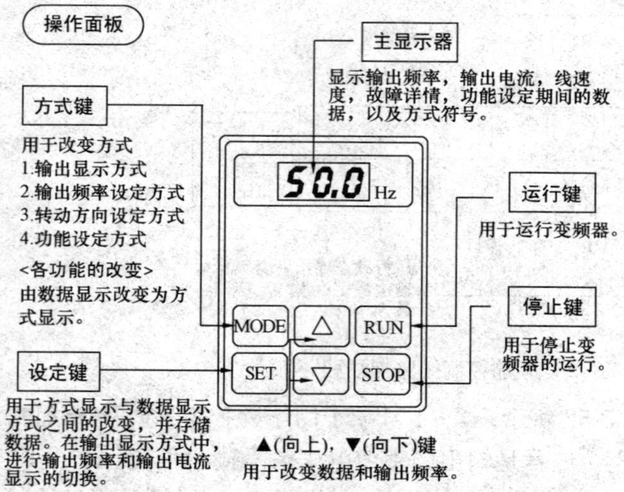

图 5-54　松下 VF-7F 型变频器操作面板说明图

a. 主显示器：显示输出频率、输出电流、线速度、故障详情、功能设定期间的数据和方式符号。

b. 方式键：用于改变输出显示方式、输出频率设定方式、转动方向设定方式、功能设定方式。

c. 设定键：用于方式显示与数据显示方式之间的改变，并存储数据。在输出显示方式中，进行输出频率和输出电流显示的切换。

d. 运行键：用于运行变频器。

e. ▲（向上），▼（向下）键：用于改变数据和输出频率。

f. 停止键：用于停止变频器的运行。

VF-8Z 型变频器操作面上有九个按键和两个显示器，如图 5-55 所示：

a. 主显示器：显示频率、电流、线速度、故障内容及功能设定数据。

b. 方式显示器：在运行方式时显示自控/外控运行信号及频率信号。在频率设置及监控显示所选定的方式符号（频率设定方式：F1；监控方式：A0～A6 设置数值监控；数据设定：参数号码）。

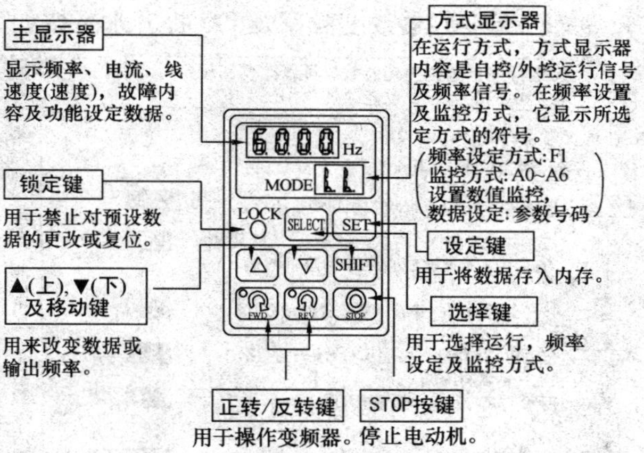

图 5-55　松下 VF-8Z 型变频器操作面板说明图

c. 选择键：用于选择运行，频率设定及监方式。

d. 设定键：用于数据存入内存。

e. ▲（上）、▼（下）及移动键：用来改变频率或输出频率。

f. 锁定键：用于禁止对预设数据的更改或复位。

g. 正转/反转键：用于操作变频器。

h. STOP 键：停止电动机。

⑤VF-7F 型变频器基本操作方法：工作频率设定请按基本操作方法（1）进行，在设备操控面板上设有频率调节电位器的只需旋转电位器旋钮就可改变变频器输出频率。进行反转运行设定按基本操作方法（2）进行。

● 基本操作方法（1）

主显示器

电源接通　主显示器灯亮

工作频率设定　<例如：将频率设定为30Hz。>

方式　按方式(MODE)键。

设定　按设定(SET)键。

▲　使用▲(向上)和▼(向下)键，将主显示器设定为30Hz。

每次按下▲(向上)和▼(向下)键，低位数字将减一（如果按下不放，数字将连续变化）。

▼

设定　按设定(SET)键设定数据。

运行命令　运行　按运行(RUN)键。电动机将开始转动。(检查电动机是否按要求方向转动。)频率将在大约2.5s内自动增加至30Hz。　显示码暂时熄灭，然后重新回到输出频率。

运行期间改变频率　<例如：将频率改为60Hz。>

方式　按方式(MODE)键。

▲　使用▲(向上)和▼(向下)键，

▼　将主显示器设定为60Hz。

设定　按设定(SET)键设定数据。

停止命令　按停止(STOP)键电动机将减速并停止。(频率将在约5s内由60Hz降至0Hz。)

运行频率可以在运行期间使用▲(向上)和▼(向下)键进行调节。

使用▲(向上)键频率增大。

使用▼(向下)键频率减小。

注：当显示器上显示所需运行频率时，按方式(MODE)键，然后按设定(SET)键两次，即可设定运行频率。

如果数据没有设定，那么在电源关断时，最后调定的频率将不被存储起来。

● 基本操作方法（2）（反转运行）

下列基本操作方法(1)将允许设定反转运行。电动机反向转动，因此在开机之前都要检查一下反转运行是否安全。

主显示器

反转运行设定　<实例：用于反转运行>

方式　按方式(MODE)键。

方式　按方式(MODE)键。

设定　按设定(SET)键。

▲　按▲(向上)键。

设定　按设定(SET)键。　显示码暂时关闭，然后重新变为输出频率。

运行命令　运行　按运行(RUN)键。电动机将开始反向转动。(检查电动机的转动方向)(频率将在约5s内增加至60Hz。)

反转运行→正转运行转换　<实例：用于反转运行期间改换为正转运行>

方式　按方式(MODE)键。

方式　按方式(MODE)键。

设定　按设定(SET)键。

▼　按▼(向下)键。

设定　按设定(SET)键。电动机将减速，正向运行。(频率将在约5s内自动从60Hz降低，然后在约5s内再增至60Hz。)

停止命令　停止　按停止(STOP)键。电动机将减速，并停止。(频率将在约5s内从60Hz减至0Hz。)

⑥VF-7F 变频器改变频率及 DC 提升水平按如下操作程序进行操作。

在运行停止时各种功能数据可以改变和设定，有些功能在运行中也能改变。

● 在运行停止时进行功能设定。

[设定举例：将最大频率由60Hz 变为 50Hz]　　主显示器

- 停止　按停止(STOP)键，使变频器停止工作。
- 方式　按方式键(MODE)三次，并输入“功能设定方式”。(如果设定了密码，须在此时输入)。
- ▲　按向上键两次，并显示要改变的参数P03。
- 设定　按设定(SET)键，并显示参数P03的数据。(主显示器将闪烁)
- ▼　按向下键，并显示要改变的数据(50)。
- 设定　按设定(SET)键，并设定数据。(数据设定完成)
- 方式　按方式(MODE)键，回到“运行准备完成”。
- 运行准备完成　一般停止状态将被输入，变频器能运行。

设定预防措施

1. 功能设定后，变频器不会工作，除非按方式(MODE)键回到“运行准备完成”状态。
2. 如果在数据改变期间功能设定回到“运行准备完成”状态，而通过外控控制又提供一个启动信号，将有一个“OP”错误显示，致使变频器依然不能工作。
3. 设定数据将被存储于存储器，即使在电源已经关断之后。

[设定举例：将DC提升水平由5(%)到15(%)]

运行状态 (60Hz的运行)　　主显示器

带当前数据的控制电机

- 方式　按方式(MODE)键三次，并进入“功能设定方式”。
- ▲　按向上键并显示参数。
- 设定　按设定(SET)键并显示参数P05的数据。
- ▲ ▼　按向上/向下键，并将数据改为15。(显示器将闪烁。)
- 设定　按设定(SET)键，设定数据。(一旦按钮按下，控制将按新数据工作。)

带新数据的控制电机

- 方式　按方式(MODE)键，并进入“输出频率显示方式”。(显示不会改变，除非按方式(MODE)键)

设定注意事项

1. 在运行期间，除去那些在运行时可以改变的方法，其他方式将显示数据，不过不能改变数据。
2. 如果在改变数据时有一个停止信号输入，那么将回到“运行准备完成”状态。
3. 如果在改变数据时变频器在0V停止，那么功能状态将回到“0V停止状态”。
4. 如果在“0V停止状态”下改变数据时变频器进入可操作状态，那么功能设定将回到“输出频率显示方式”。

⑦VF-8Z 型变频器的基本操作方法：运行频率设定按下左“基本操作过程”进行操作；要对运行监控、频率设定，输出和故障监控、数据设定监控按下右“用操作面板监控”程序进行操作。

●基本操作过程

方式显示　主显示器

- 电源接通　主显示器开始显示
- 运行频率设定　<例如：设频率到30Hz>　(出厂设定为 0.5Hz)
  - SELECT　按SELECT键，主显示闪烁。
  - ▲UP　按此键输入3。
  - SHIFT　按SHIFT键向右移动闪烁位。
  - ▼DOWN　按此键输入0。
  - SET　按此键设定数据。
- 运行命令　按 或 按键。电动机将开始旋转。(检查是否按所按按键相应方向旋转。)频率将在大约2.5s内自动增至30Hz。　显示码暂时消失，然后又重新回到输出频率显示。
- 运行中改变频率　<例：改变频率到60Hz>
  - SELECT　按SELECT按键，主显示将闪烁。
  - ▲UP　按此键输入6。
  - SET　按此键设定数据。
- 停止命令　按 键。电动机停止。(频率将在大约5s内从60Hz降至0Hz。)　显示码暂时消失，然后又重新回到输出频率显示。

*运行频率可用UP键▲和DOWN键▼调整。
用UP键▲增加频率。
用DOWN键▼减少频率。
(按UP键或DOWN键后，方式显示将变为)

注) 当显示器显示所需的运行频率。按SET键设定数据。
否则，设定的频率数据将会丢失。

* 用监控选择可以改变操作面板的主显示器内容（参数No.60）．
  运行速度可以用频率或线速度显示来设定。
* 关于点动运行的详细内容请参阅〖功能说明（按参数号）〗部分。

●用操作面板监控

监控项目包括运行监控，频率设定，输出和故障监控及设定数据监控。
监控项目可通过按SELECT按键来改变。

运行监控　主显示器：●输出频率　方式显示器

运行和控制状态被显示。
- ●操作面板上的主显示可以用监控选择(参数No.60)来改变。
- ●参考运行信号(参数No.08)和频率设定信号(参数No.09)来获取关于方式显示的详细说明。

按SELECT按键

频率设定　主显示器：●设定频率　方式显示器

频率可以用操作面板设定。
- ●用监控选择(参数No.60)可改变操作面板上主显示器的内容。
- ●当SET按键被按时,监控将变为运行监控。

按SELECT按键

输出/故障监控　主显示器：●输出电流(A0)　●输出电压(A1)　●设定频率(A2)　●故障说明(A3–A6)　方式显示器

输出电流、输出电压、设定频率及故障内容被显示。
- ●显示内容可用UP键▲及DOWN键▼来改变。
- ●参考"故障跳闸说明和排除方法"部分来获得故障说明。

按SELECT按键

设定数据监控　主显示器：●功能设定数据　方式显示器

功能设定数据被显示。
- ●显示内容可用UP键▲及DOWN键▼及SHIFT键来改变。
- ●密码(参数No.71)数据不能被监控。

按SELECT按键

*旋转方向可以用(FWD)键和(REV.)键上的红色LED灯光来证实。

⑧VF-8Z 变频器改变频率及 DC 提升水平按如下操作程序进行操作。

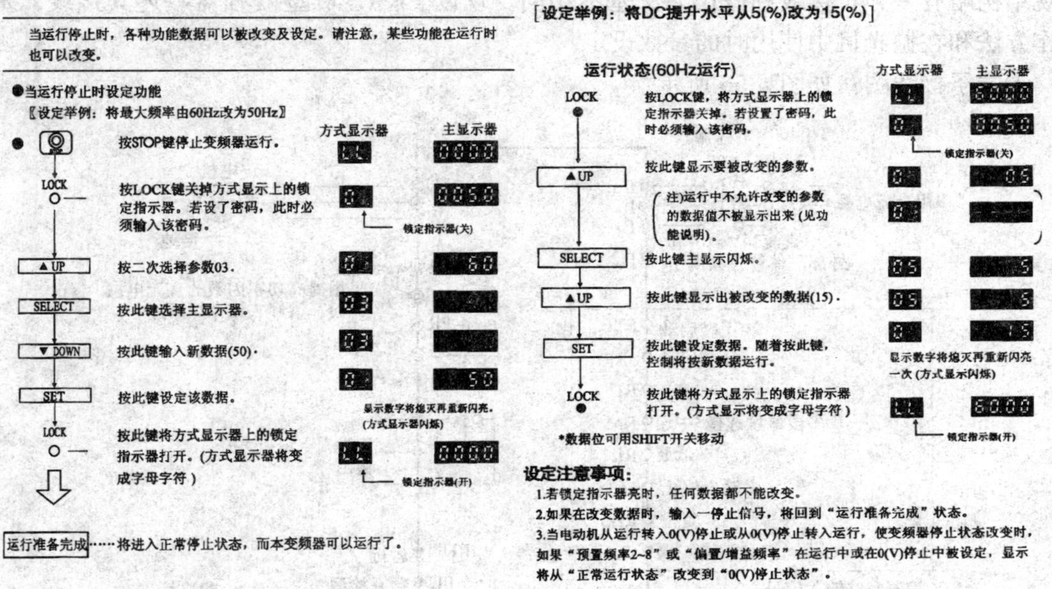

设定时注意事项：锁定指示器亮时，任何数据都不能更改；未亮之前，变频器不能运行；当显示器显示“OP”时表示操作出错，应先解除启动信号，将数据更改后，再发出启动信号；LOCK 键可将参数号复位至运行准备完成状态，用圆珠笔尖或类似物品操作此键；电源中断后，设定数据仍将被储存在存储器里。

⑨松下变频器在抛光机中使用时需设定的参数和说明，见表 5-9。

表 5-9　松下变频器设定参数说明表

参数序号	参数名称	设定内容或代码	主传动参数	摆动参数
P01	第一加速时间	设置加速时间：从 0.5Hz 到最高输出频率	0.5s	0.8s
P02	第一减速时间	设置减速时间：最高输出频率至 0.2Hz	0.5s	0.8s
P03	频率范围	设置 V/Hz 方式	FF	FF
P05	过载电流	设定电流值	20A	20A
P08	自控/外控	设定自控或外控方式	5	5
P09	自控/外控频率	自控或外控设定控制频率（V/A）	1	1
P12	停止频率	设定停止频率	8Hz	8Hz
P15	最大频率	设定最大输出频率（注意电机的适应性）	80Hz	80Hz
P16	基础频率	设定基础频率	50Hz	50Hz
P52	断电起动方式	选择接通电源后起动方式	0	0
P55	下限频率	设定下限频率	10Hz	10Hz
P56	上限频率	设定上限频率	80Hz	80Hz
P61	监视选项	频率输出或线速度	1	1
P62	线速度参数	设定频率与线速度间的转换参数	0.1	0.1

2）在抛光设备中经常选用的还有 FR-A 和 FR-E 两大系列三菱变频器，此两大系列其外观结构略有差异，接线和操作方法基本相同。现以 FR-E500 型变频器叙述其接线、基本操作方法和在抛光机中使用时的参数设定。

①端子接线图：如图 5-56 所示。

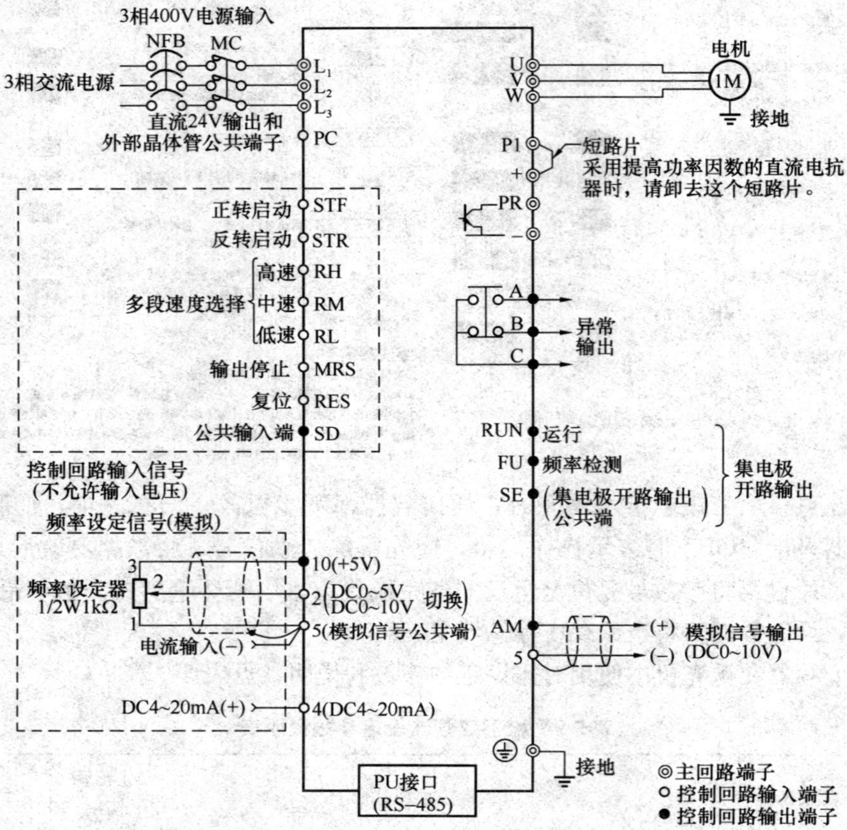

图 5-56　FR-E 型三菱变频器端子接线图

②主回路端子说明：见表 5-10。

表 5-10　主回路端子说明表

端子记号	端子名称	说　　明
L_1、L_2、L_3	电源输入	连接工频电源，当使用高功率因数整流器时不要接任何东西
U、V、W	变频器输出	接三相鼠笼电机
+、PR	连接制动电阻器	在端子+−PR 之间连接选件制动电阻器
+、−	连接制动单元	连接选件制动单元或高功率因数整流器
+、P1	连接改善功率因 DC 电抗器	拆开端子+−P1 间的短接片，连接选项件改善功率因数用直流电抗器
⏚	接地	变频器外壳接地用，必须接大地

③控制回路端子说明：见表 5-11。

表 5-11　控制回路端子说明表

类型		端子记号	端子名称	说　　明	
输入信号	接点输入	STF	正转启动	STF 信号处于 ON 便正转，处于 OFF 便停止	当 STF 和 STR 信号同时处于 ON 时相当于给出停止指令
		STR	反转启动	STR 信号 ON 为逆转，OFF 为停止	
		RH、RM、RL	多段速度选择	用 RH、RM 、RL 信号的组合可以选择多段速度	输入端子功能选择（Pr. 180～Pr. 183）用于改变端子功能
		MRS	输出停止	MRS 信号为 NO（20ms）时，变频器输出停止，用电磁制动停止电机时，用于断开变频器的输出	
		RES	复位	用于解除保护回路动作的保持状态，使端子 RES 信号处于 ON 在 0.1s 以上，然后断开	
		SD	公共输入端子（漏型*）	接点输入的公共端，直流 24V，0.1A（PC 端子）电源的输出公共端	
		PC	电源输出和外部晶体管公共端接点输入公共端（源型*）	当连接晶体管输出（集电极开路输出），例如可编程控制器时，将晶体管输出用的外部电源公共端接到这个端子时，可以防止因漏电引起的误动作，端子 PC-SD 之间可用直流 24V，0.1A 电源输出	
模拟	频率设定	10	频率设定用电源	5VDC，容许负荷电流 10mA	
		2	频率设定（电压）	LWG TY 0～5V（或 0～10V）时，5V（或 10V）对应于为最大输出频率，输入输出成比例。输入直流 0～5V（出厂设定）和 0～10VDCA 切换，用 Pr. 73 直行。输入阻抗 10kΩ，容许电压最大为 20V	
		4	频率设定（电流）	输入 DC4～20mA 时，20mA 高最大输出频率。输入，输出成比例。只在端子 AU 信呈（注）处于 ON 时，该输入信号有效，输入阻抗约 250Ω，容许最大电流为 30mA	
		5	频率设定公共端	频率设定信号（端子 2，1 或 4）和模拟输出电端子 AM 的公共端子，请不要接大地	
输出信号	接点	A、B、C	异常输出	指示变频器因保护功能动作而输出停止的转换接点，AC230V 0.3A，D30V 0.3A。异常时：B～C 间不导通（A～C 间导通），正常时：B～C 间导通（A～C 间不导通）	输出端子的功能选择通过（Pr. 190～Pr. 192）改变端子功能
	集电极开路	RUN	变频器正在运行	变频器输出频率为启动频率（出厂时为 0.5Hz，可变更）以上时为低电平。正在停止或正在直流制动时为高电平（*1），容许负荷为 DC24V 0.1A	
		PU	频率检测	输出频率为任意设定的检测频率以上时为低电平，未达到时为高电平（*1）。容许负荷为 DC24V，0.1A	
		SE	集电极开路输出公共端	端子 RUN，FU 的公共端	
	模数	AN	模拟信号输出	从输出频率，电机电流，或输出电压选项择一种作为输出（*2）。输出信号与各监示项目的大小成比例	出厂设定的输出项目：频率容许负荷电 1mA，输出信号 DC-10V

续表

类型		端子记号	端子名称	说　　明
通信	RS485	—	PU 接口	通过操作面板的接口，进行 RS-485 通信 · 遵守标准：EIARS-485 标准 · 通信方式：多任务通信 · 通信速率：最大 19200bps · 最长距离：500m

注：请根据输入端子功能选择（Pr. 180～Pr. 183），来安排 AU 信号的端子。

*：通过漏型，源型号的切换，变为接点输入信号的公共端子。

*1：低电平表示集电极开路输出用的晶体管处于 ON（导通状态）。高电平为 OFF（不导通状态）。

*2：变频器复位中不被输出。

④与三菱变频器配套的外围设备的容量选择，见表 5-12。

表 5-12　配套外围设备容量选择表

变频器型号 （3 相 400V）	电机功率 （kW）	电源容量 （kVA）	无熔丝断路器(FMB)或漏电断路器(NV)		电磁接触器		
			标　准	带功率因数改善电抗器时	A	B	C
FR-E540-0. 75K-CH	0. 75	2. 5	30AF-5A	30AF-5A	S-N10		
FR-E540-2. 2K-CH	2. 2	5. 5	30AF-15A	30AF-10A	S-N20		
FR-E540-3. 7K-CH	3. 7	9	30AF-20A	30AF-15A	S-N20		
FR-E540-5. 5K-CH	5. 5	12	30AF-30A	30AF-20A	S-N20		
FR-E540-7. 5K-CH	7. 5	17	30AF-30A	30AF-30A	S-N20		

⑤操作面板说明：如图 5-57 所示。三菱变频器操作面板由盖板（图 5-57 左）和面板（图 5-57 右）组成，在盖板上能看到数据显示，进行启动、停止和复位操作。主要操作是在面板上进行，现将盖板打开状态下的面板上操作按钮进行说明。

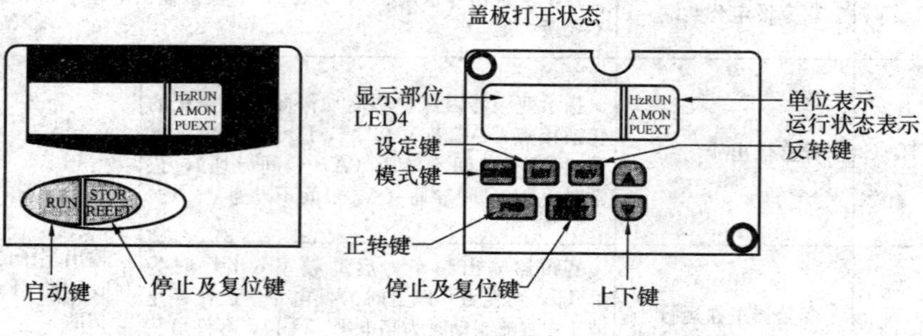

图 5-57　三菱变频器操作面板图

a. 显示器：用于显示数据、运行状态等。

b. RUN 键：正转运行指令键。

c. MODE（模式）键：可用于选择操作模式或设定模式。

d. SET（设置）键：用于确定频率和参数的设定。

e. ▲（增）、▼（减）键：用于连续增加或降低运行频率，按下这个键可改变频率。在设定模式中按下此键，则可连续设定参数。

f. FWD（正转）键：用于给出正转指令。

g. REV（反转）键：用于给出反转指令。

h. STOP/RESET（停止及复位）键：用于停止运行。用于保护功能动作输出停止时复位变频器。

⑥ 基本操作方法（表 5-13）。

表 5-13　基本操作方法图解一览表

模式	操作程序图形	操作程序说明
改变监示显示	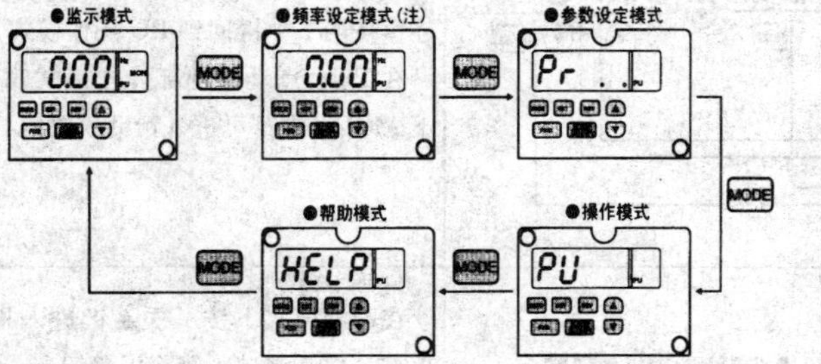	按 MODE 键改变监示显示：当变频器在监示模式时，按下 MODE 健，显示频率设定模式。再按下 MODE 键，显示参数设定模式。再按下 MODE 键，显示操作模式。再按下 MODE 键，显示帮助模式。再按下该键时回到原位
频率监示显示	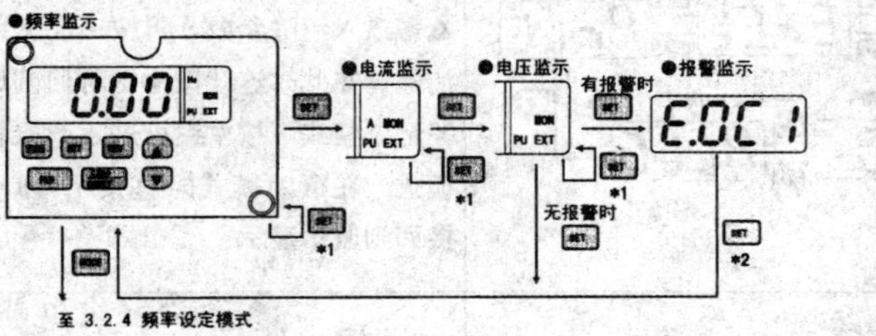	监示器显示运转中的指令：EXT 指示灯亮表示外部操作，PU 指示灯亮表示 PU 操作 EXT 和 PU 同时亮表示 PU 和外部组合操作。运行中在频监示模式下按下 SET 键可显示电流，再按可显示电压，在有报警时按下 SET 键可进行报警监示。在报警监示和无报警时按下 EXT 键可转换到参数设定模式
频率设定	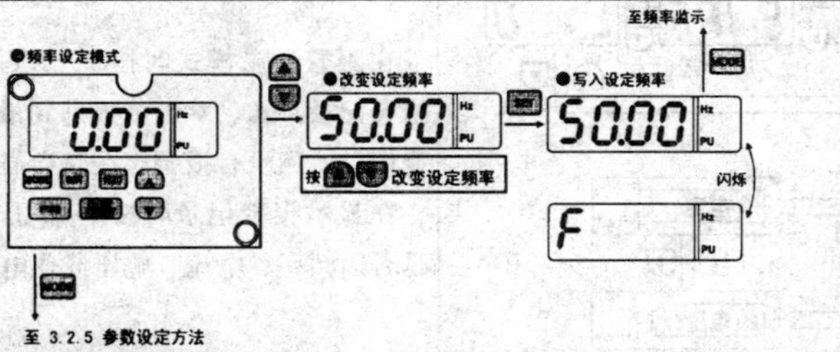	在 PU 操作模式下可进行运行频率设定。显示器显示频率设定模式时按下▲、▼键改变频率设定，按下 SET 键写入设定频率（存储），再按下 MODE 键可回到运行中频率显示，不再按时显示器闪烁不定。在频率设定模式时接按 MODE 键显示参数设定模式
参数设定	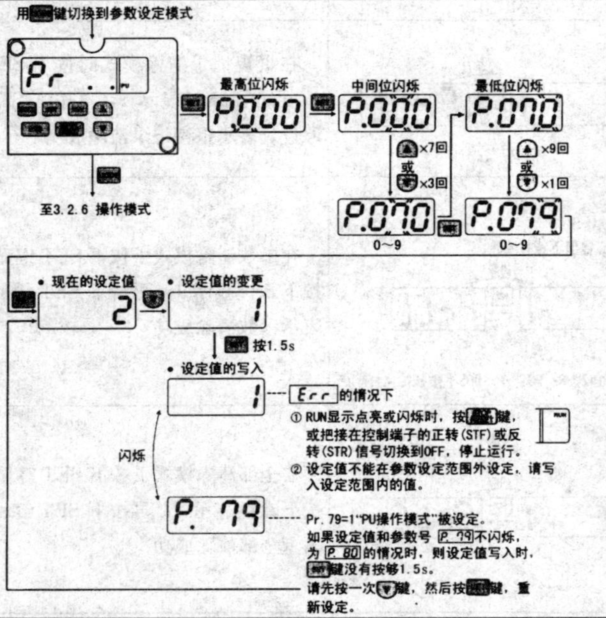	参数设值可用数字键设定也可用▲、▼键设定。例举 Pr. 79 项运行模式选择将设定值勤“2”（外部操作模式）变成“1”（PU 面板操劳过度作）的方法。 在设数定模式下按两次 SET 键，用▲、▼键输入“7”，再按下 SET 键，用▲、▼键输入“9”，再按下 SET 键显示原设定值，此时用▼键输入“1”后，按下 SET 键 1.5s 后，显示器边闪烁边跳出 P. 79 字样，表示操作正确，设定成功。如果不闪烁或跳出 P. 80 时，表示 SET 键没有搂够 1.5s，请再来一次。请先按一次▼键，然后按 SET 键，进入重新设定

续表

模式	操作程序图形	操作程序说明
操作模式	Pr. 79“操作模式选择”=0时，如下所示。 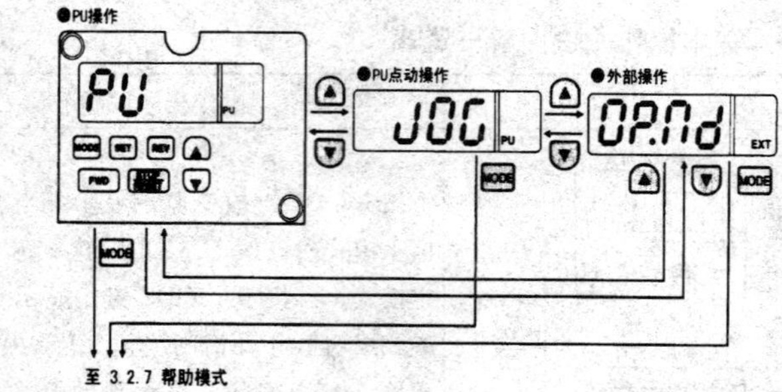 	当在PU操作模式时，按下▲键进入PU点动操作，再按下▲键进入外部操作，此时连续按两下▼键回到PU操作模式 在PU、点动、外部操作模式时，分别按下MODT键都可进入帮助模式
帮助模式	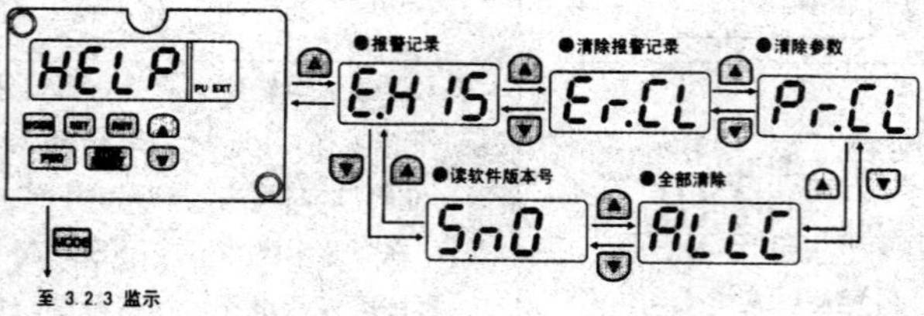 	在帮助模式下按一次▲键进入报警记录，再按一次▲键进入清除报警记录，再按一次▲键进入清除参数，再按一次▲键进入全部清除，在此时连续按▼键可回到原位。在报警记录模式下按▼键可进入读取软件版本号模式。在帮助模式时直按下MOST键可直接回到监示显示
报警记录	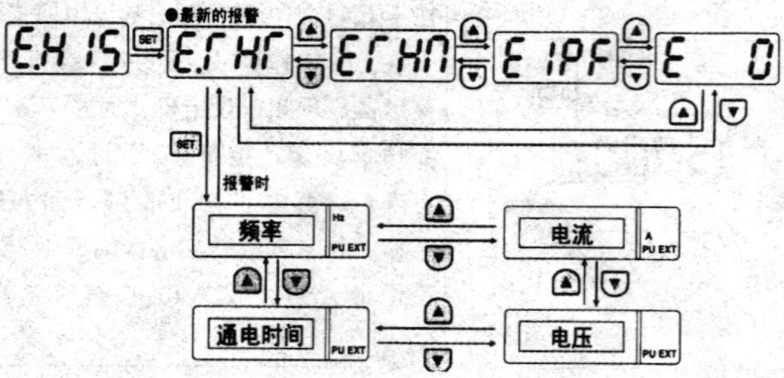 	在报警记录模式时按下SET键进入最新报警记录，▲、▼键可查询到最近的4次报警记录，当没有报警存在时会显示E-0 在显示报警记录时按下SET键可查询到是否因频率、电流、电压或通电时间报警
清除记录	清除所有报警记录。 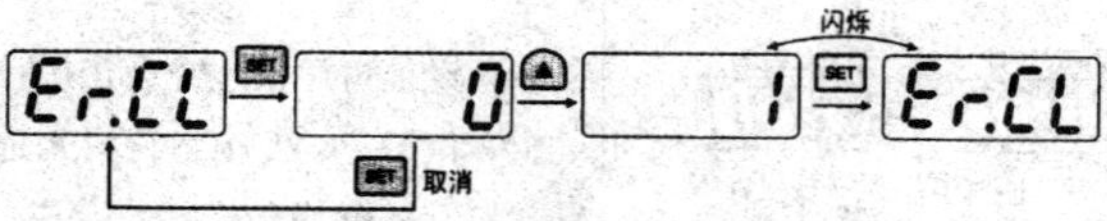 	在报警记录清除模式时按下SET键显示0，再按下▲键显示1，再按下SET键回到原位，表示报警记录清除成功
参数清除	(3)参数清除 将参数值初始化到出厂设定值，校准值不被初始化。 Pr. 77设定为“1”时(即选择参数写入禁止)，参数值不能被消除。  注：Pr. 75，Pr. 180～Pr. 183，Pr. 190～Pr. 192，Pr. 901～Pr. 905不被初始化。	在参数清除模式下按下SET键显示0，再按下▲键显示1，再按下SET键回到原位，表示参数清除成功
全部清除	(4)全部清除 将参数值和校准值全部初始化到出厂设定值。 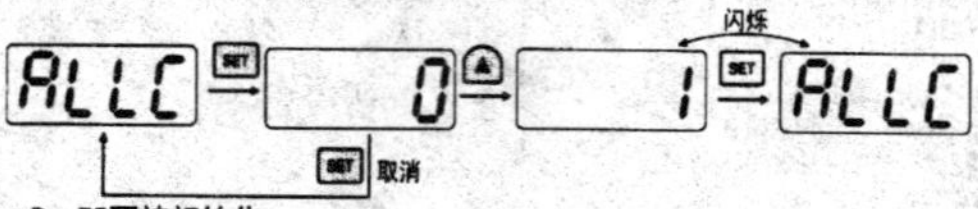 注：Pr. 75不被初始化。	在全部清除模式下按下SET键显示0，再按下▲键显示1，再按下SET键回到原位，表示全部清除成功

⑦操作模式的种类及说明：三菱变频器操作模式共有外部操作模式、面板操作模式、组合操作模式（1)、组合操作模式（2）四种。

a. 外部操作模式：用外部频率设定旋钮和外部启动信号进行操作（图 5-58），只要设定 Pr. 79“操作模式”＝“2”时就可进入外部操作。现代陶瓷抛光设备多用外部操作模式，这种操作模式简单明了，方便快捷，准确无误。

b. 面板操作模式：用面板上的按键对电机实行启动、频率设定、点动、停止等操作

步骤	说明	图示
1	上电→确认运行状态 出厂设定为，将电源处于ON，则为外部操作模式，[EXT]显示点亮，如果[EXT]显示不亮，设定Pr. 79“操作模式选择”=“2”	
2	开始 将启动开关(STF或STR)处于ON。 表示运转的[RUN]正转时点灯，反转时闪烁。 （注）如果正转和反转开关都处于ON，电机不起动。如果在运行期间，两开关同时处于ON，电机减速至停止状态	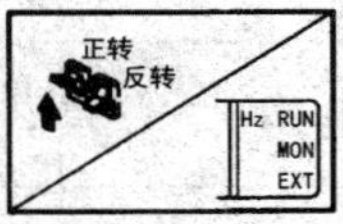
3	加速→恒速 把端子2~5间连接的旋钮(频率设定器)慢慢向右转到满刻度。 显示的频率数值逐渐增大到50.00Hz	
4	减速 把端子2~5间连接的旋钮(频率设定器)慢慢向左转到头。 显示的频率数值逐渐减小到0.00Hz。 电机停止运行	
5	停止 将启动开关(STF或STR)置于OFF	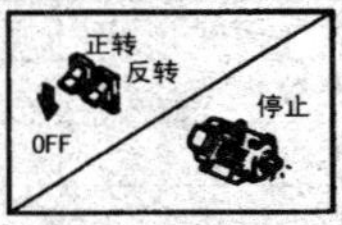

注：把旋钮向右转到底时的运行频率，可以在Pr. 38“5V(10V)输入时频率”状态下变更。

步骤	说明	图示
1	上电→确认运行状态 将电源处于ON，参照44页设定Pr. 79“操作模式选择”=“1”。 [PU]显示点亮	
2	运行频率设定 设定运行频率为50Hz。 ①用　键选择频率设定模式。 ②用　/　键改变设定值，用　键 写入	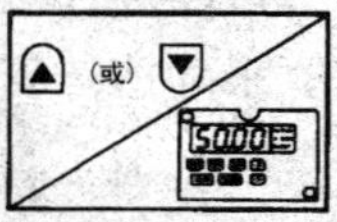
3	开始 按　（或　，　）键。 电机启动，自动地变为监示模式，显示输出频率。 [RUN]显示正转时点亮，反转时闪烁	
4	停止 按　键。 电机减速后停止。 [RUN]显示熄灭	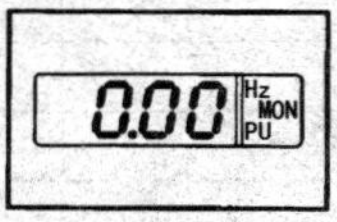

图 5-58　操作模式

(图 5-58)。只要设定 Pr. 79“操作模式” = “1”时就可进入面板操作模式。在抛光设备很少单独使用，这种操作模式只作为一种备用模式，平时只是利用显示器进行运行频率监示，报警查询等功能。

c. 组合操作模式（1）：就是将外部启动，正、反转信号与操作面板频率设定并用的操作模式。只要设定 Pr. 79“操作模式” = “3”时就可进入组合操作模式（1）。此种模式在前期的抛光设备中有过使用，在进行频率设定时不够方便，不够直观，现在很少使用。

d. 组合操作模式（2）：就是将外部旋钮频率设定与面板进行正、反转，启动信号操作的组合操作模式。只要设定 Pr. 79“操作模式” = “4”时就可进入组合操作模式（2）。在抛光设备中很少选用此种组合模式。

⑧三菱变频器在抛光机中使用时需设定的参数和说明，见表 5-14。

表 5-14　三菱变频器设定参数说明表

参数序号	参数名称	设定内容或代码	主传动参数	摆动参数
P0	转矩提升	设定转矩提升	4%	4%
P1	上限频率	设定上限频率	80Hz	80Hz
P2	下限频率	设定下限频率	0Hz	0Hz
P3	基础频率	设定基础频率	50Hz	50Hz
P7	加速时间	设定加速时间	0.5s	0.5s
P8	减速时间	设定减速时间	0.5s	0.5s
P9	过电流保护	设定整定电流值	6.2	6.2
P19	基波频率	设定基波频率电压	400V	400V
P20	加减速基准频率	设定加减速基准频率	50Hz	50Hz
P73	模拟电压输入	设定 0～5V 或 0～10V	1	1
P75	运行选择功能	复位选择/PU 脱离检测/PU 停止选择	1	1
P77	参数写入禁止选择	设定参数写入禁止选择	2	2
P80	电机容量	设定电机容量	5.5kW	3kW
P83	电机额定电压	设定电机额定电压	380V	380V
P84	电机额定频率	设定电机额定频率	50Hz	50Hz
P244	冷却风扇动作选择	设定冷却风扇	1	1

3）安川变频器简单操作和参数设定：在抛光生产线上近年有使用安川变频器，其初始化操作程序是先按“DSPL”键选择点亮“PRGM”灯显示“n001”，再按“ENTER”键显示内容值，用方向键键值选择为“8”，此时更改中的值会一直闪烁，然后按“ENTER”键确认，值经确认后不再闪烁，过 1s 后自动返回“n001”画面，初始化完成。初始化成功与否可通过查看参数值来确认。安川变频器在抛光机使用中其参数设定值见表 5-15。

表 5-15　安川变频器参数设定说明表

参 数 序 号	参 数 值	设 定 内 容
n003	1	运行指令选择
n004	1	频率指令选择
n011	80Hz	最高输出频率
n016	0Hz	最低输出频率
n019	0.5s	加速时间 1
n020	0.5s	减速时间 1
n036	电机额定电流值	电机额定电流值

4）施耐德变频器简单操作和参数设定：在抛光生产线上常有使用施耐德变频器，其初始化操作程序是先按“ENT”键进入总菜单，然后用方向键选择到“FUN”画面，再按“ENT”键并用方向键选择“FCS”项，接着按“ENT”键进入，用方向键将其内容“NO”改为“YES”，并按住“ENT”键确认改变内容后显示画面自动变为闪烁的“NO”。初始化完成。初始化成功与否可通过查看参数值来确认。施耐德变频器在抛光机使用中其参数设定值见表5-16。

表5-16　施耐德变频器参数设定说明表

参数序号	参数值	设定内容
SEt 菜单中 ACC	0.5s	加速斜坡时间
SEt 菜单中 dEC	0.5s	减速斜坡时间
SEt 菜单中 HSP	80	高速
drC 菜单中 UnS	电机额定电压	电机额定电压
drC 菜单中 FrS	电机额定频率	电机额定频率
drC 菜单中 nCr	电机额定电流	电机额定电流
drC 菜单中 nSP	电机额定速度	电机额定速度
drC 菜单中 COS	电机功率因数	电机功率因数
drC 菜单中 UFt	L	电压/频率额定值类型
drC 菜单中 tFr	80Hz	最大输出频率
I-O-菜单中 tCC	2C	2线/3线控制
CtL 菜单中 Fr1	A11	配置给定1

（10）可编程序控制器，简称PC或PLC。它是在20世纪70年代以来，在继电器控制技术和计算机控制技术的基础上发展起来的一种新型工业自动控制设备。它以微处理器为核心，集自动化技术、计算机技术、通信技术为一体，目前被广泛应用于自动化控制的各个领域中。在抛光设备中用于磨头自动启动，烂砖自动避让，摆动前后延时，磨边机对中、推砖、倒角磨头升降的自动控制。目前世界上著名的PLC生产厂家有美国的A-B、GE，日本的三菱电机、欧姆龙，德国的西门子，法国的TE等公司。我国引进、合资、自主生产的有：辽宁无线电二厂引进德国西门子技术生产SI-101U、S5-115U系列PLC；无锡华光电子公司与日本合资生产的SR-20、SU-516、SG-8等型号的PLC；上海香岛机电公司生产的ACMY-S系列PLC等。

①PLC的基本功能：有逻辑控制，计数控制，步进控制，A/D、D/A转换，数据与联网，监控控制等功能。PLC控制系统与传统继电器控制系统有如下六点区别：

a. 继电器控制系统采用许多硬器件、硬触点和“硬”接线连接组成逻辑电路实现逻辑控制要求，而且易磨损、寿命短；而PLC控制系统内部大多采用“软”继电器、“软”接点和“软”接线连接，其控制逻辑由存储在内存中的程序实现，且无磨损现象，寿命长。

b. 继电器控制系统体积大、连线多，PLC控制系统结构紧凑、体积小、连线少。

c. 继电器控制系统功能改变需拆线、接线和更换元器件，比较麻烦；而PLC控制功能改变仅需修改程序即可，极其方便。

d. 继电器控制系统中的硬继电器的触点数量有限，用于控制用的继电器触点一般只有4～8对，而PLC每只软继电器供编程用的触点数有无限对，使PLC控制系统有很好的灵活性和扩展性。

e. 在继电器控制系统中，为了实现某种控制和安全可靠的目的，要设置许多制约关系的连锁环节；而PLC是采用扫描工作方式，不存在几个并列支路同时动作的因素，因此设计过程大为简化，可靠性强。

f. PLC控制系统具有自检功能，能查出自身的故障，随时显示给操作人员，并能动态地监示控制程序的执行情况，现场调试和维护方便。

②PLC 的基本结构：PLC 由硬件和软件两大系统组成。

a. 硬件系统由主机（CPU）、编程器和其他外围设备、电源和 I/O 扩展机组成。主机是以 CPU 为核心的一台专用计算机，如图 5-59 所示：CPU 微处理器包括运算器和控制器；存储器包括系统程序存储器和用户程序存储器；还有输入/输出模块。早期的编程器是一种简易编程器需将梯形图转化为机器语言才能送入，现在多用微型电脑进行编程，可直接进行图形编程，可直接输入梯形图和通过屏幕对话。PLC 的工作电源一般是单相交流电源，通常为交流 110/220V。每种 PLC 都有与主机相配的扩展模块，用来扩展输入、输出点数。

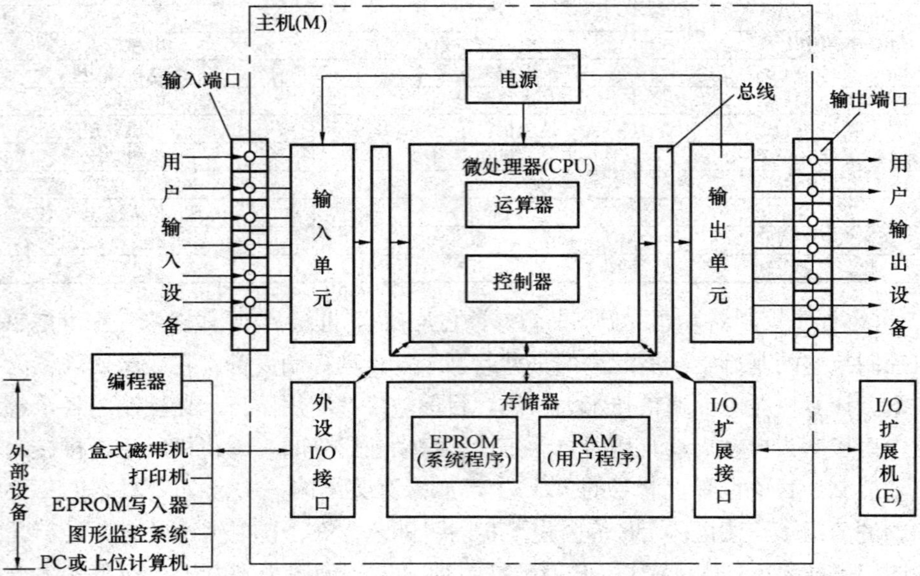

图 5-59　PLC 硬件结构简化框图

b. PLC 的软件系统由系统程序和用户程序组成。系统程序又有三种类型：系统管理程序、用户程序编辑各指令解释程序、标准子程序和调用管理程序。用户程序就是用户编程语言，常用的有以下几种，如图 5-60 所示。

Ⅰ　梯形图　这是目前 PLC 应用最广、最受欢迎的一种编程语言。梯形图与继电器控制图相似，具有形象、直观、实用的特点，与继电器控制图设计思路基本一致，很容易由继电器控制线路转化而来，如图 5-60（b）所示。

Ⅱ　语句表　是一种与汇编语言类似的编程语言，它采用助记符指令，并以程序执行顺序逐句编写成语句表。梯形图和指令表完成同样控制功能，两者之间存在一定对应关系，如图 5-60（c）所示。

Ⅲ　逻辑符号图　逻辑符号图包括和（AND）、或（OR）、非（NOT）以及定时器、计数器、触发器等，如图 5-60（d）所示。

Ⅳ　功能表图　又称状态转换图或 SFC 编程语言。它是将一个完整的控制过程分成若干个状态，各状态具有不同动作，状态间有一定的转换条件，条件满足则状态转换，上一个状态结束则下一个状态开始。它的作用是表达一个完整的顺序控制过程。

Ⅴ　高级语言　为了增加 PLC 的运算功能和数据处理能力，许多大中型 PLC 已采用高

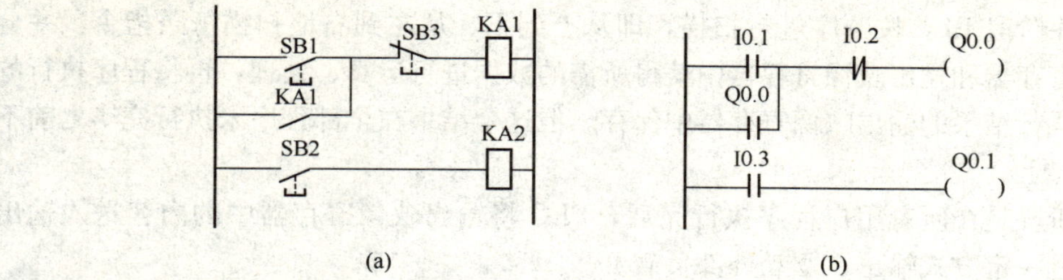

步序号	指令	数据
000	LD	I0.0
001	0	Q0.0
002	AN	I0.2
003	=	Q0.0
004	LD	I0.3
005	=	Q0.1

(c)

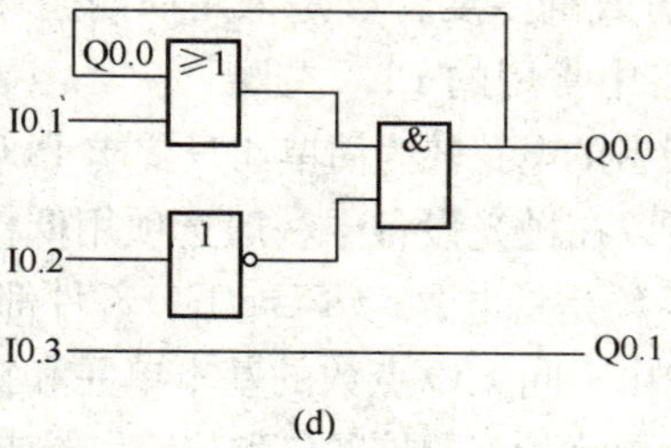

图 5-60　继电器控制电路图与 PLC 编程语言

（a）继电器控制电路图；（b）PLC 梯形图；（c）语句表；（d）逻辑符号图

级语言来编程，如 BASIC、C 语言。

以上几种编程语言中，最常用的是梯形图和语句表。

③ PLC 的基本工作原理：

a. 扫描工作方式：当 PLC 运行时，有许多操作需要进行，但 CPU 不可能同时去执行多个操作，它只能按分时操作原理每一时执行一个操作。由于 CPU 的运算处理速度很高，使 PLC 外部出现的结果从宏观上来看似是同时完成的。这种分时操作的过程称为 CPU 的扫描工作方式。PLC 执行用户程序时，是采用扫描工作方式完成，在执行用户程序前，PLC 还应完成内部处理、通信服务与自诊检查。

b. PLC 执行程序的过程：此过程要分三个阶段，即输入采样（输入处理）阶段、程序执行阶段、输出刷新（输出处理）阶段，如图 5-61 所示。

在输出处理阶段 PLC 以扫描工作方式，按顺序将所输入端的输入状态采样并存入输入映像寄存器中。在本工作周期内，这个采样结果的内容不会改变，而且这个采样结果将在 PLC 执行程序时被使用。

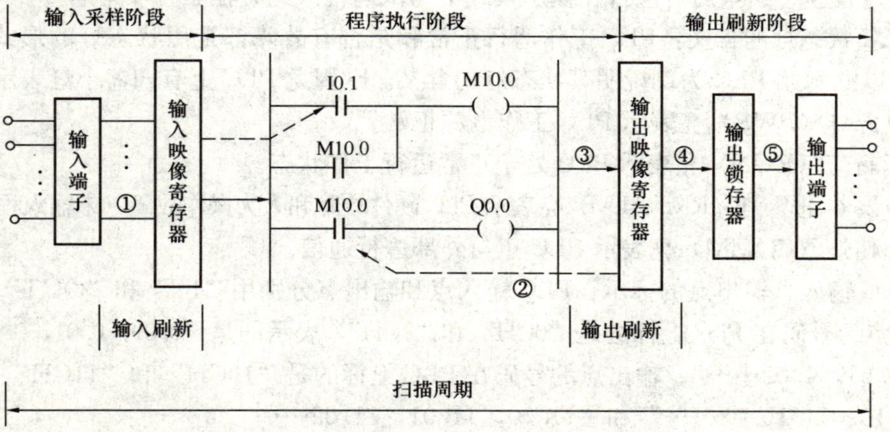

图 5-61　PLC 的工作过程

在执行程序阶段 PLC 按顺序进行扫描，即从上到下、从左到右地扫描每条指令，并分别从输入映像寄存器和输出映像寄存器中获得所需的数据进行运算、处理，再将程序执行的结果写入寄存执行结果的输出映像寄存器中保存。但这个结果在全部程序未执行完毕之前不会送到输出端口上。

输出刷新阶段是在所有用户程序执行完后，PLC 将输出映像寄存器中的内容送入输出锁存器中，通过一定方式输出，驱动外部负载。

PLC 工作方式的主要特点是采用周期循环扫描，集中输入与集中输出的方式。

④抛光设备中常用的 PLC 类型：

由于抛光设备的电路较为简单，只要求 PLC 有逻辑运算、定时、计数、移位、自诊断和监控功能即可，所以在抛光设备中一般选项用低档、小型（I/O 点数在 256 点以下）、整体式结构 PLC。整体式 PLC 是将电源、CPU、I/O 部件都集中在一个机箱内，具有结构紧凑、体积小、价格低的特点。它由不同 I/O 点数的基本单元和扩展单元组成。基本单元内有 CPU、I/O 接口部件、与 I/O 扩展单元相连的扩展口和与编程器或 EPROM 写入器相连的接口等。

现代抛光设备中常选项用 OMRON CPMIA、SIEMENS S7-224 型 PLC。

⑤程序编制：由于各种 PLC 都有各自的编程语言和指令，编幅太大，不便录入，请读者详细阅读您正在使用的 PLC 操作手册，严格按操作手册进行操作，避免操作时出错。现将继电器控制电路转换为 PLC 控制梯形图、语句表和程序写入的一般步骤录入如下：

a. 认真研究继电器控制电路及相关资料，深入理解控制要求。

b. 对继电器控制电路中用到的输入设备和输出负载进行分析、归纳。

c. 将归纳出的输入输出设备进行 PLC 控制的 I/O 编号设置，并做出 PLC 的输入输出分配图，要特别注意对原继电器控制电路中作为输入设备的动断形式处理。

d. 用 PLC 的软继电器符号和输入输出编号取代原继电器控制电路中的电气符号及设备编号。

e. 整理梯形图（注意避免因 PLC 的周期扫描工作方式可能引起的错误）。

f. 将整理好的梯形图转换成语句表（编程表）。

g. 将语句表（编程表）按各种 PLC 操作手册上的操作方法进行程序写入，就是将编程表输入到 PLC 里去（在程序输入之前，要对 PLC 存储器进行一次清除）。

h. 程序写入完毕后，要对写入程序进行一次校验，纠错。

i. 经过校验、纠错后可进行在监示模式下的试运行。此时程序写入完毕。

⑥PLC 状态灯的含义：PLC 工作运行正常和是否有故障都是用状态灯的形式告知操作者，下面以欧姆龙 PLC 为例说明其状态灯的含义。欧姆龙 PLC 上有四盏小灯表示状态。

a. 电源灯（PWR）亮表示 PLC 工作电源正常。

b. 运行灯（RUN）亮表示 PLC 处于正常运行工作状态。

c. 错误 & 报警灯（RR&ALM）亮表示 PLC 硬件故障和人为操作故障（未输入程序等）。

d. 通信灯（COMM）亮表示 PLC 正与外部进行通信。

⑦PLC 输入、输出点的标示：PLC 输入点和输出点分别用“IN”和“OUT”标示。

输入点的号码在 PLC 上标的是“0CH”和“1CH”，表示的是“0.00，0.01，0.02 ……”和“1.00，1.01，1.02……”。输出点的号码在 PLC 上标的是“10CH”和“11CH”，表示的是“10.00，10.01，10.02……”和“11.00，11.01，11.02……”。

11. 20 头抛光机电气原理图［图 5-62（一）（二）］

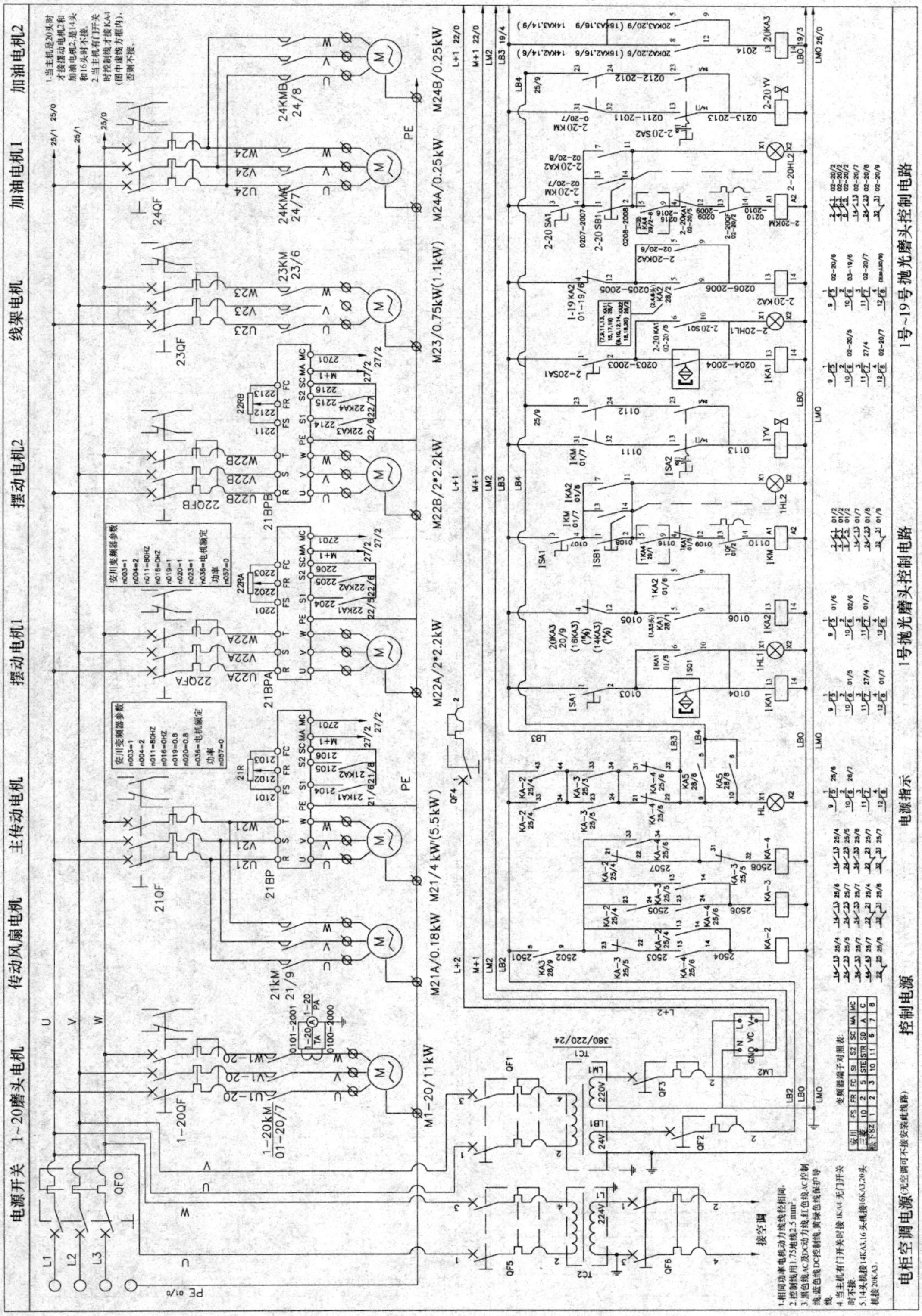

图 5-62　20头抛光机电气原理图（一）

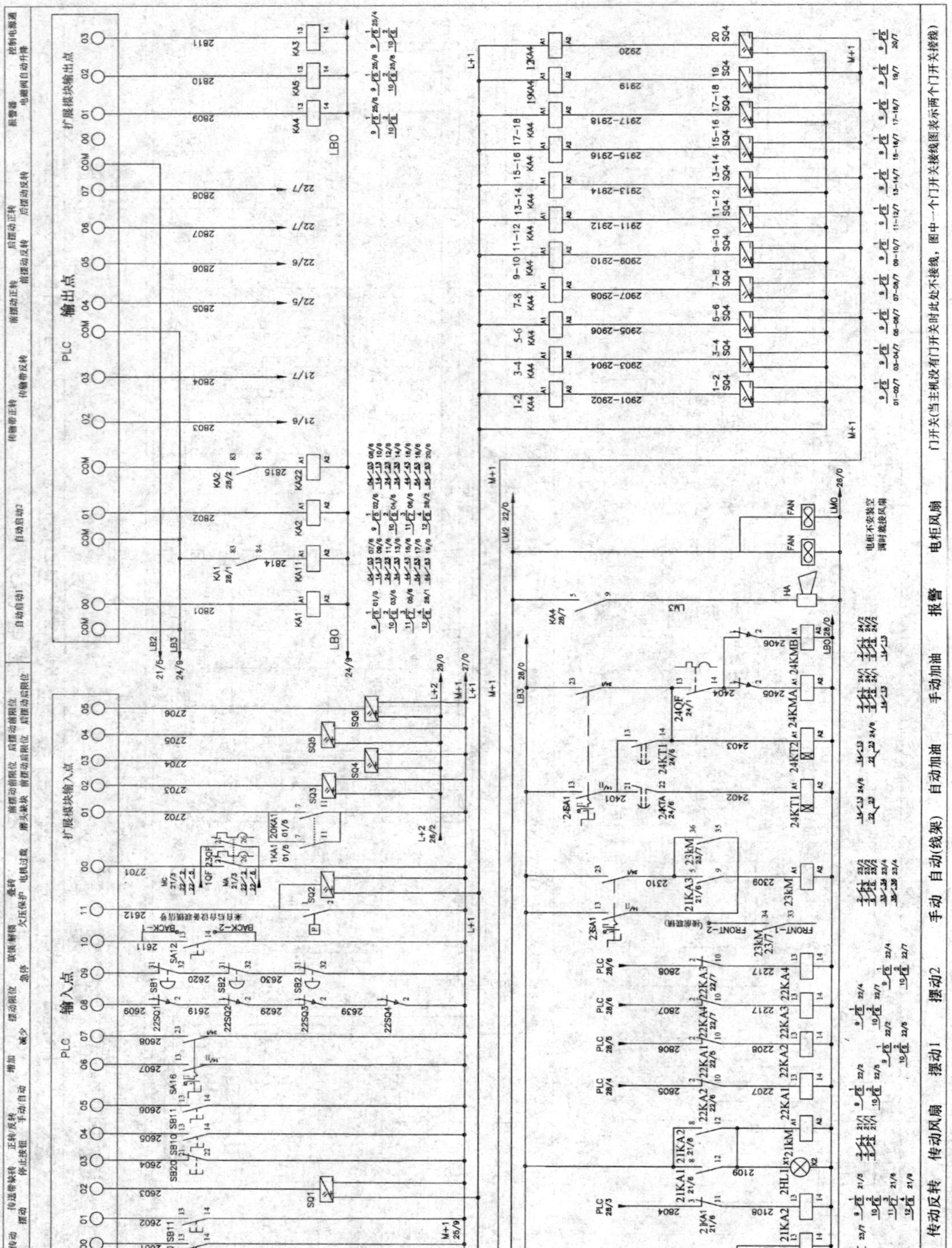
PLC 输入点
扩展模块输入点
PLC 输出点
扩展模块输出点
传动正转
传动反转
传动风扇
摆动1
摆动2
手动
自动(线架)
自动加油
手动加油
报警
电柜风扇
门开关(当主机没有门开关时此处不接线，图中一个门开关接线图表示两个门开关接线)

（二）

第二节　抛　光　磨　具

陶瓷抛光磨具来源于石材加工行业，20 世纪 80 年代国内一些石材加工厂家分别从意大利、德国等国家引进石材加工生产线，这些生产线的引进加速了我国石材工业的发展，为我国石材研磨工具的研制和生产起到了积极的推动作用。90 年代初陶瓷抛光砖的出现，对我国陶瓷行业起到了巨大的推动作用，陶瓷地砖的生产厂家如雨后春笋般建成投产，国外的陶瓷瓷质砖抛光生产线也涌进了国门，从而加速了我国对陶瓷磨具的研制。到 90 年代中期，我国有自己生产的陶瓷瓷质砖抛光生产线，并且在很短的时间内具备了相当的规模，于是陶瓷磨具生产厂也应运而生，陶瓷磨具是陶瓷抛光必备的磨具，我国自己生产的陶瓷磨具能得到大量应用和实践，从而加速了我国陶瓷磨具生产技术的提高，现在陶瓷磨具的生产和应用技术已达到国际同行业水平。

一、抛光磨具的结构和种类

抛光磨具在陶瓷抛光行业内称做磨块（以下统称磨块）。由于抛光磨头的种类繁多，相应磨块的种类也很多，按磨头的运转形式分有固定式磨块、行星式磨轮、摆复式磨块、滚动式磨轮。图 5-63 为各式磨块、磨轮外观图。

三角形固定式磨块

马蹄形卡套式磨块

T 形卡套式磨块

碗形行星式磨轮

圆柱滚动式磨轮

圆锥滚动式磨轮

图 5-63　各式磨块、磨轮外观图

根据磨块的形状分有三角形磨块、马蹄形磨块、T 形磨块、碗形磨轮、圆柱式磨轮、圆锥式磨轮等。

按用途分有手用抛光磨块、石材抛光磨块、陶瓷抛光磨块，按性能分有粗抛磨块、中抛磨块、精抛磨块、抛光磨块。各种磨块的用途、性能和配装的磨头形式，见表 5-17。

表 5-17　抛光磨块种类、用途、安装方式一览表

名称	通称	相应磨头形式	加工对象	适应范围	连接磨头方式
固定磨块	三角形磨块	小型固定式磨头	石材、陶瓷	粗、中、精抛光	粘接
石材磨块	马蹄形磨块	大型固定式磨头	石材	粗、中、精抛光	锥楔卡套

续表

名称	通称	相应磨头形式	加工对象	适应范围	连接磨头方式
摆复磨块	T形磨块	摆动式磨头	陶瓷、石材	粗、中、精抛光	锥楔卡套
行星磨轮	碗形磨轮	行星式磨头	陶瓷	粗抛	旋转卡紧
滚动磨轮	圆锥磨轮	锥齿轮传动磨头	陶瓷	粗抛	螺母压紧
滚动磨轮	圆柱磨轮	锥齿轮传动磨头	陶瓷	粗抛	压盖压紧

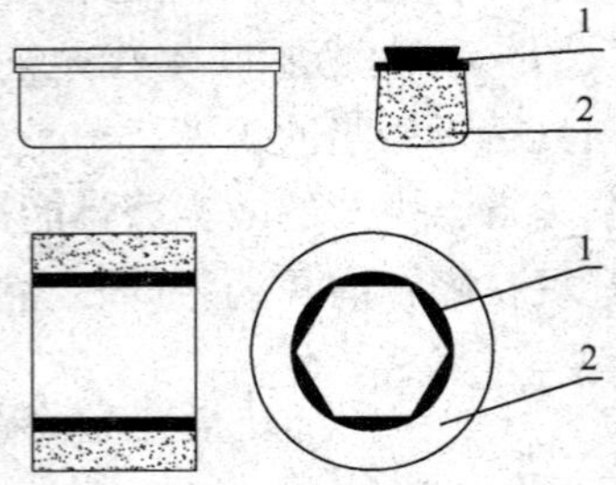

图 5-64　磨块结构示意图
1—卡脚；2—磨料部分

T形磨块有T1、T2之分，T1形磨块长度为140mm，T2形磨块长度为170mm。

磨块的结构形式比较简单，如图5-64所示：图中2是磨块的主体，即磨料部分，用来磨削瓷砖；图中1是卡脚，用塑料制成，与磨块的主体部分浇注成一体，用来装卡在抛光磨头的磨块座里，使磨块与磨头一道旋转和摆动（或自转）。卡脚的锥度要与磨块座上的锥度一致，才能稳固地连接。圆柱（圆锥）形磨轮整个外圈是磨料主体，塑料内圈是用压盖或螺母压住，磨轮就能和小锥齿轮轴一起平稳地转动。磨块的形式多种多样，但结构基本一致，都是由磨块主体（2）和卡脚（1）组成。

二、抛光磨具的组合成分和制作要点

所谓磨具就是用于磨削、研磨、抛光的工具，它的主要组合成分有两种：一是磨料，二是结合剂。

磨料是制造磨具的主要原料，是磨具能产生磨削、研磨、抛光作用的基本因素，目前国内外使用的磨料有如下三种：

（1）黑色碳化硅磨料。它是以石英砂和石油焦炭为主要原料，在电炉内经高温冶炼而成，呈黑色不透明体、六角形结晶、性脆而锋利，适合加工陶瓷和非金属材料。

（2）绿色碳化硅磨料。绿色碳化硅制造方法与黑色碳化硅一样，只是采用的原料较纯和配料的成分稍有不同（加食盐），产品呈绿色半透明体，较黑色碳化硅性更脆而且纯度高。

（3）金刚石磨料。金刚石是一种碳的等轴晶体系矿物，是迄今人类发现自然界中最硬的物质，硬度为10，并且有较高的强度和良好的导热性能。金刚石有天然和人造之分，我们使用的均为人造金刚石，是碳素材料在触媒剂作用下于高压、高温中合成的。

以上三种磨料在抛光工序中一般只用前两种磨料，金刚石磨料用于刮平、粗磨和磨边工序。

结合剂：所谓结合剂就是将磨料固结在一起，使之具有一定的形状和强度，在磨削时能使变钝的磨料及时脱落，以保持磨具有良好的磨削性能的一种或几种物质。磨具的结合剂有三种：菱苦土结合剂、不饱和聚酯树脂结合剂、金属结合剂。

（1）菱苦土是含75%～90%氧化镁的粉状物质，也称苛性氧化镁或轻烧氧化镁，是由菱镁矿（主要成分$MgCO_2$）等含镁矿粉经过适当温度煅烧而成的一种无机胶凝材料，它与氯化镁溶液混合反应后，可在常温下形成具有一定机械强度的坚固石状物。人们在长期的磨具生产和使用中就充分利用了它的这种特性，将菱苦土与磨料混合后加入氯化镁溶液，浇注成型各种规格、形状的磨具。

(2) 不饱和聚酯树脂结合剂是一种稠状的液体，与磨料混合加入适量的固化剂搅拌后浇注成型，在常温下放置一定的时间就能凝固。

(3) 金属结合剂一般用铜、锡、镍、钴等金属粉末，主要用来制造金刚石磨具，在刮平刀具一节中已经叙述。

三、磨料粒度和磨块编号

我们知道碳化硅是呈颗粒状六角形晶体，这种颗粒有大有小，在长期的生产实践中，人们用较粗颗粒的碳化硅组合在一起做成的磨具，所磨出的陶瓷砖面呈粗糙磨痕砖面，将较细颗粒的碳化硅制成磨具，研磨出的砖面呈平整砖面，用极细颗粒的碳化硅制成磨具所磨出的砖面平整光滑，有如镜面的光泽。于是，人们将磨料大小相近的颗粒按一定的尺寸范围分级，由大到小用规定的数字表示，称做粒度号。颗粒尺寸小于 40μm 的极细磨料称做微粉。用不同粒度号制成的磨块，其使用性能也不一样，为了不使磨块相互混乱，因此要对磨块进行编号，磨块编号是依据磨料的粒度号来进行的，用哪种粒度号磨料制成的磨块的编号就是该粒度号，例如用 24 号磨料制成的磨块就叫 24 号磨块，并且在磨块上盖上 24 号的字样加以标识和区别。表 5-18 为磨料粒度号、编号和磨削工序对照表。

表 5-18　磨料粒度号、编号和磨削工序对照表

磨料粒度号	24	36	46	60	80	100	120	150	180	240
磨块编号	24	36	46	60	80	100	120	150	180	240
磨削工序	粗　抛					中　抛				

磨料粒度号	280	W40	W28	W14	W10	W7	W5	W3.5～W2.5
磨块编号	280	320	400	600	800	1000	1200	1500～1800
磨削工序	细抛				精抛			抛光

注：用 W 表示微粉，例 W40 表示粒度只有 40μm 的微粉。

四、抛光磨具制造工艺

磨块制造工艺较为简单，设备也相对简单。主要设备有搅拌机、料桶、模型盒、烘箱等。其工艺路线如下：

配料→搅拌→加入固化剂→搅拌→浇注→自然凝固后盖编号和制造日期→脱模→装箱→烘箱烘干→进仓

先将菱苦土与一定比例的磨料充分搅拌后加入氯化镁溶液，再搅拌均匀后立即浇注，如果停留时间长就会凝固，无法再浇注。树脂磨块也一样，将不饱和树脂与一定比例的磨料混合，充分搅拌后再加入固化剂（乙二胺等），再搅拌均匀后立即浇注，并要一次浇完，不然就会凝固无法再浇注。菱苦土磨块和树脂磨块的制造工艺路线完全一致。

在磨块浇注时要注意浇注质量，首先要注意塑料卡脚里一定要浇满料，不能空着，如空着，在使用时塑料卡脚容易破掉，磨块飞出伤人。但也不能过满，过满了会顶住磨块座无法安装，造成报废。在浇注时不能过急，注意排气，如果气未排干净，凝固后磨块里面就会夹有气孔，在抛光使用时，此气孔容易夹藏着其他粒号的磨料，造成砖面划痕、返抛，使产品优等率降低，增加抛光厂的生产成本。

磨具检验装箱进仓后，存放一个月使用为好，因为这一个月内为固化期，为了加速固化，冬天可用烘箱帮助固化。完全固化的磨块耐磨度好，即使用时间长，未完全固化的磨块由于强度不高，不耐用，使用时间短，对抛光砖生产厂来说会增加成本。但是如果放在仓库时间过长，磨块过固化也不好使用，因过固化会开裂，开裂后的磨块强度降低，在抛光生产过程中会破碎、断裂、飞出伤人、打烂抛光砖、安全性不够，同时会在裂缝中夹有其他规格的磨料粒，使砖面磨花，影响产品质量。因此在磨块的生产、仓储和出售时，一定要掌握好生产日期和仓储周期，以免产生批量报废。

五、抛光磨具的使用性能

1. 磨料的硬度性能（指磨料本身的强度）

我们知道用硬度高的物体可以划磨硬度低的物体，在抛光工序中，我们使用的磨料有金刚石、碳化硅，它们的硬度都比陶瓷地砖高，金刚石硬度目前是世界上最高的，莫氏硬度达10级，碳化硅莫氏硬度达9.3～9.5级，瓷质砖莫氏硬度只有7～8级，因此我们选用碳化硅作抛光磨具是正确的。

2. 磨具的硬度性能（指结合剂团结磨粒的强度）

当磨块在抛磨过程中，结合剂抵抗外力使磨粒从表面脱落的质量程度，磨粒容易脱落的为该磨具硬度低，反之为硬度高。

抛光原理就是旋转着的抛光磨头夹带着比砖硬度高的磨料做成的磨具，有冷却水的条件下在砖面不停磨削和研磨的全过程就叫瓷砖抛光，现在市场上出售的抛光砖从严格定义上应称之为磨光砖。整个抛光的过程可分为两个过程：粗抛、中抛工序是磨削的过程，因为在此两道工序中，锋利的磨具将砖表面不平整的部分磨除；细抛、精抛、抛光工序为研磨过程，因为此三道工序中磨料的粒度相当细微，已到微粉的目号，它的切削能力就相对差，而只是在有冷却水的作用下与砖相互研磨，磨料颗粒越细时，磨料在瓷砖表面切削的痕迹越细微，表面也就磨得越平越光滑，当研磨深度小到某种程度时，被加工表面就出现了镜面光泽。

3. 相邻目号磨料的覆盖性能（磨痕）

实践证明，磨料粒度大，在砖面磨出的磨痕就深，同时对砖来说其磨削量就大，也就是说将砖表面磨除的量就多，磨料粒度小，在砖面磨出的磨痕就浅，同时将砖表面磨除的量就少，用粒度大的磨块在砖面磨出的痕迹，用最细粒度的磨块是不能将前者的痕迹磨除的。实践还证明，相邻两组目号的磨块后者可以覆盖前者的磨痕，因为相邻目号的磨块的粒度大小不会相差太大，那么所磨出痕的深浅也相差甚微，例如46号磨块磨痕能覆盖36号磨块磨痕，36号磨块磨痕能覆盖24号磨块磨痕。依此类推，一级一级地覆盖下去，磨痕由粗到细，由深到浅慢慢覆盖消失，最后得到一个平整光亮的表面，这就是相邻目号磨痕的覆盖性能。根据这个性能，我们在抛光生产中应正确搭配目号，分析解决生产中出现的一些问题，同时要注意在选用和搭配目号时，切忌相邻两组磨头上的磨块粒度目号相差太大。

4. 锋利性能

所谓锋利性的磨块就是结合剂较软，那些磨钝了的磨粒容易脱落，从而露出新的有尖角的磨粒。总之，使磨块磨削表面始终保持锋利，我们称这种磨块为锋利性。这种磨块一般用在粗、中抛工序中，尤其粗抛工序用得多。因为在粗抛工序中，砖的刮平刀痕较深，磨削量大，如果没有锋利的磨块，很难将其磨平，但是此种磨块的消耗量相当大，例如24号磨块在气压3kg的情况下，只需二十几分钟就要更换一组。

5. 耐磨性能

是指结合剂的硬度高，磨料粒不容易脱落，也不容易磨钝，这种磨块一般用在精抛工序中。它只是对砖面进行研磨和压光作用，耐磨性磨块的用量较少，例如1500号抛光磨块在气压3kg的情况下，3个班都用不了一组。

锋利性和耐磨性是两组相对的定义，也有介于两者之间的，这就要根据不同的目号、不同的用途来搭配磨块的制作原料，从而达到满足生产的目的。

磨具的消耗与磨具本身的软、硬有密切的关系，还与砖的硬度、平整度、磨头气压有关系，表5-19为抛光磨块消耗时间表。

表5-19　抛光磨块消耗时间表

磨块编号	24	36	46	60	80	100	120	150	180	24
磨头压力（MPa）	0.3	0.3	0.3	0.3	0.3	0.3	0.3	0.3	0.3	0.3
可用时间（min）	24	26	28	30	35	40	45	50	55	60

磨头编号	280	320	400	600	800	1000	1200	1500
磨头压力（MPa）	0.3	0.3	0.3	0.3	0.3	0.3	0.3	0.3
可用时间（min）	70	80	90	100	120	180	360	24h

抛光磨块除有以上的性能外，还要有一定机械性能。

6. 夹持牢固性能

磨块的塑料脚的锥度和斜度一定要与磨块座的锥度和斜度配合好，不能相差太大。正确的配合关系是将磨块卡进磨块座后，检查其根部a处磨块应与磨块磨平齐（图5-65a）。磨块缩进（图5-65b）和冒出（图5-65c）都不合格。有的磨块装进磨块座后，虽然与根部平齐，但是其锥度不对，有的是锥度大造成小头松（图5-65d）和锥度小造成大头松（图5-65e），同样不合格。如果夹持不牢固，在磨头运转和受压时磨块会飞出伤人，打坏设备等。

7. 磨块的本身要有一定的强度

因为现在使用的都是摆复式磨头，当磨块的自身强度不够时，在往返的摆动过程中从夹持的根部断裂（图5-65f），同样也会存在飞出伤人和打坏设备。

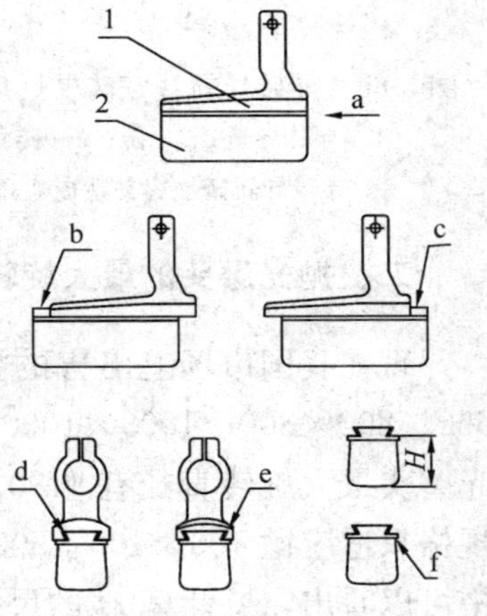

图5-65　磨块缺陷示意图

1—磨块座；2—磨块

8. 同批次磨块的高度必须一致

同一个厂制造的磨块，其高度尺寸 H（图5-65f）一定要一致，其公差范围应控制在0.10～0.20mm范围内，如果相差大会造成打烂砖和折断磨块，造成折断磨块飞出伤人和打坏设备事故。因为每组磨块是6个，如果其中有一个磨块的高度超差，放下磨头接触砖面时，高度大的磨块先接触砖面，而其他的磨块还是悬着没有接触砖面，那么砖面是一点受压，磨头本身在旋转着，并且磨块还在摆动着，那么高度超差的磨块就会与相邻的砖边相碰，从而把砖打烂，而自身也被折断，因此在更换磨块时一定要检查该组磨块的高度是否一致。

9. 磨块本身的完整性

合格的磨块外观完整光滑，不得有破角、裂纹、气孔和疏松。裂纹和气孔除影响强度外还会夹带其他不同目号的磨粒，使砖面产生磨痕；疏松会引起掉渣，也会因掉渣划伤砖面；新磨块如果破角也会造成砖面磨花，因破角处尖角锋利所致；裂纹容易造成磨头破碎而打烂砖。

第三节 抛 光 工 艺

一、待抛砖与导砖导轨之间的间隙

在刮平工艺一节中我们叙述过砖坯与刮平机导砖导轨的间隙为3～5mm，那么在抛光工艺中待抛砖与抛光机导砖导轨的间隙就没有必要这么小了，可以适当放宽到6～10mm，抛光机导轨一般都有10m以上长，这么长的导轨要做得相当的平直很不容易，不免有些弯曲，如果间隙小则会产生卡死砖的现象。再就是待抛砖在磨头下面移动，对两边的距离不必要求那么严格，因磨头可以前、后来回摆动，不会影响抛光效果。但是此间隙也不能再放大，如果放到20mm，那么待抛砖会在抛光磨头旋向的影响下自动歪斜，歪斜后砖与导轨接触的就不是砖边而是砖角，由于磨头是旋转着来回摆动，砖角经不起冲击就容易烂角，从而造成批量次品（图5-66）。

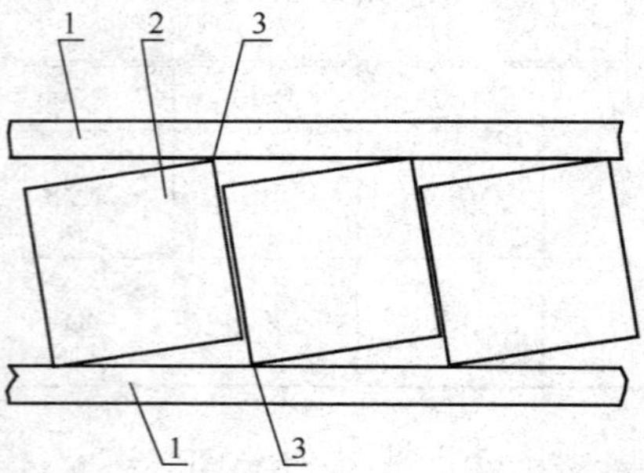

图5-66 导砖导轨过宽砖易烂角示意图
1—导砖导轨；2—砖；3—砖角与导砖导轨碰撞容易造成烂角

二、抛光磨头的最大旋转直径（摆幅）与待抛砖公称尺寸的关系（图5-67）

现在我国市场上出售的抛光砖公称尺寸规格（mm）有400×400、500×500、650×650、800×800、1000×1000等，国内外现在生产的抛光磨头最大旋转直径有ϕ480、ϕ540两种规格，这两种规格只适应抛400×400、500×500两种砖。由图5-67中可以看出，要计算H的尺寸，其公式是：

$$H=\frac{M-N}{2}$$

把磨头的旋转直径和砖的公称尺寸代入公式得：

$$H=\frac{M-N}{2}=\frac{480-400}{2}=40\text{mm}$$

$$H=\frac{M-N}{2}=\frac{540-500}{2}=20\text{mm}$$

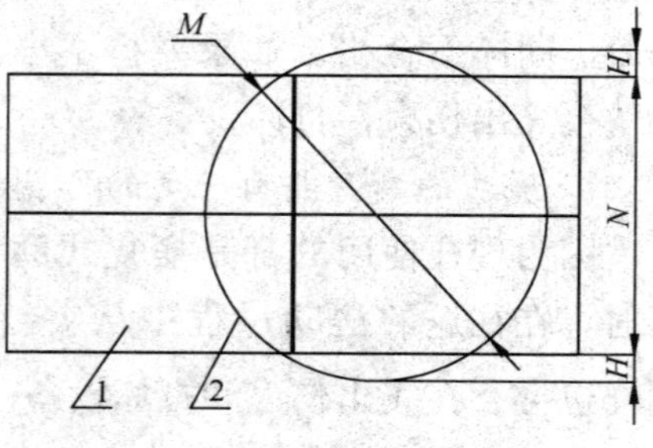

图5-67 磨头直径M与待抛砖尺寸N之间的关系
1—待抛砖；2—磨头最大旋转直径

由计算得知：用ϕ480 的磨头抛 400×400 砖时 H 等于 40mm，用ϕ540 的磨头抛 500×500 砖时 H 等于 20mm。说明磨头的最大旋转直径必须要大于砖的公称尺寸，并且要余 20～40mm 以上，同时两边应该基本一致。以上两种情况都是固定式抛光机上抛 400×400、500×500 砖（固定机即横梁不摆动）。随着现代装饰的需要，400 型、500 型砖不能满足市场的需求，大规格砖已经替代了小规格砖。要抛大规格砖就要用大直径的抛光磨头，但是抛光磨头不能无穷加大，因为受到功率、离心力的限制，人们用横梁摆动方式来满足该工艺要求。现在抛 600×600 砖、1000×1000 砖的抛光机，其抛光磨头的最大旋转直径依然是 540mm。只是调整横梁摆幅时使磨头旋转圆周外沿超过砖边 H 就可以满足要求，摆幅就是横梁摆动时从始点到终点的距离。横梁的单边摆幅用字母 L 表示，用公式 $L=\dfrac{N-M+2H}{2}$ 可算得抛 600×600 规格砖单边摆幅是 70mm；抛 800×800 砖单边摆幅是 170mm，只有摆幅满足了，那么就能达到 $H\geqslant$40mm 的要求。根据实践证明：由于横梁摆动，磨头在砖中心位置磨的次数明显比砖边要多，因此就产生砖面亮度不匀，即砖中间亮度高、砖边亮度低。为了解决这一问题，人们有意调宽摆幅，使 $H>$40mm，现在抛光机摆幅的实际调整都是使 H=60～80mm，这样无形中就增加了砖边的抛磨次数，从而达到砖边和砖中心的亮度一致。

三、抛光磨头的旋转方向

经实践证明，一台抛光机上的所有磨头如果为同一旋转方向会造成砖烂角，而且砖在导轨里难以走直（图 5-68a）。当抛光磨头旋转方向一致时，磨块与砖面的摩擦力会把砖带着向磨头旋转方向歪斜，并且很有规律，歪斜的砖在导轨里移动时就不是砖边与导砖导轨侧边摩擦，而两对角碰撞导砖导轨，所以就容易把角撞烂，造成大量的次品砖。经过这一教训后，抛光机制造厂将抛光磨头旋转方向做了改进，就是将相邻的两组磨头旋转方向相反（图 5-68b），即 1 号磨头右旋，2 号磨头左旋，3 号磨头右旋，4 号磨头左旋，如此交替着改变旋转方向。当 1 号磨头带着砖右转，当此片砖进入 2 号磨头时，2 号磨头又带着此片左转，这样由于 1 号磨头的作用力使砖偏转的角度，到 2 号磨头时就被 2 号磨头带着转回来了，这样始终保持砖在导轨里是正的，并且只有砖边与导轨摩擦，所以不会造成烂角，现在国内生产的抛光机抛光磨头旋转方向全都是正、反方向交替着旋向。

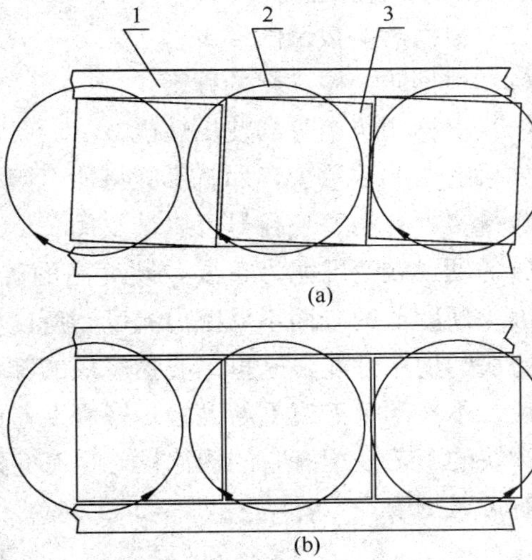

图 5-68　抛光磨头的旋转方向

1—导砖导轨；2—抛光磨头旋转方向；3—砖

四、抛光磨头的整线配置和工艺搭配

抛光磨头的个数多少，直接影响着抛光砖产量和生产成本，磨头个数少产量低，磨头个

数多产量高。如果太多则是一种浪费，而且生产成本高。国内刚开始制造抛光机时的单机配置较乱，有 6 头、9 头、12 头、14 头、16 头、18 头等规格。经过长期实践证明，单台抛光机配置抛光磨头的个数以 14 头、16 头、20 头为宜，每条抛光生产线配置两台机共 28 个头，36 头、40 头为宜。1997～2000 年一般的陶瓷生产厂都选用 28 头配置，2001 年至今都选用 36 头、40 头和 48 头配置。下面将抛光线各种配置与产量的对照表介绍如下，见表 5-20。

表 5-20　抛光机各种配置和产量对照表

总头数	粗＋精	最高线速度（m/min）	每天最大产量（20h 计）(m^2)
18 头	9 头＋9 头	3.5	2300
21 头	9 头＋12 头	4.5	2700
24 头	12 头＋12 头	5.5	3300
28 头	14 头＋14 头	7.5	4500
36 头	20 头＋16 头	11	6500～7000
40 头	20 头＋20 头	12	7500～10000
48 头	16 头＋16 头＋16 头	15 以上	10000～15000

从表 5-20 可以看出，每线 40 头和 48 头的配置效率最高，平均单头日产量可达 $200m^2$ 以上，20 头抛光机是单机最长抛光机，俗称巨无霸抛光机。为什么一定要两台抛光机连线呢？实践证明，如果一台机配置 30～40 个磨头，不但制造困难，而且由于粗、精抛没有分开，会把粗抛磨块脱落下来磨料粒带进精抛段，使砖面产生磨花（即磨痕）而造成返抛。所以一定要将粗抛与精抛分开，这样才能有效地避免粗抛磨料带到精抛段。

磨块的工艺搭配原则经过多年的实践，人们总结出了工艺搭配的三要素：

（1）根据磨头数量的多少。

（2）根据砖的硬、软的程度。

（3）根据磨块本身的使用性能。

如果磨头的数量少，那就不能将所有磨块各种目号全用上，只能将关键的磨块用上；磨头的数量多，有的磨块目号可以重复用 2～5 个。

砖的硬、软情况尤为重要，硬度高的砖要加强粗抛，扫平刀痕；硬度低的砖要加强精抛，因为硬度低的砖面不易抛出亮度，所以要加强精抛。

磨块的使用性能，这里主要指磨块的锋利程度。例如磨头配置数量少时一定要选锋利性的磨块，不然刮平刀痕不易抛去；锋利度差的磨块，可用在磨头数量多的配置上。一般情况下，磨块的工艺搭配有它的规律性，也有它的可变性，要具体情况具体分析。抛光磨块工艺搭配参考表见表 5-21。

表 5-21　抛光磨块工艺搭配参考表

顺序	1号	2号	3号	4号	5号	6号	7号	8号	9号	10号	11号	12号	13号	14号
18 头	24	36	46	60	80	120	150	180	240	320	400	600	800	800
21 头	24	36	46	60	80	80	120	150	180	240	320	400	400	600
24 头	24	36	36	46	60	80	80	120	150	180	180	240	320	400
28 头	24	24	36	36	46	60	60	80	80	120	120	150	180	180
36 头	46	46	46	46	46	60	60	60	60	80	80	120	120	150
40 头	46	46	46	46	46	60	60	60	60	80	80	80	120	120
48 头	46	46	46	46	46	60	60	60	60	80	80	80	120	120

续表

顺序	15号	16号	17号	18号	19号	20号	21号	22号	23号	24号	25号	26号	27号	28号
18头	1000	1200	1500	抛光										
21头	600	800	800	1000	1200	1500	抛光							
24头	400	600	800	800	1000	1000	1200	1200	1500	抛光				
28头	240	240	320	400	400	600	800	800	1000	1000	1200	1200	1500	抛光
36头	150	180	180	240	240	240	320	320	320	400	400	600	600	800
40头	120	150	150	150	180	180	240	240	240	320	320	320	400	400
48头	120	150	150	150	180	180	180	240	240	240	320	320	320	400
顺序	29号	30号	31号	32号	33号	34号	35号	36号	37号	38号	39号	40号	41号	42号
36头	800	1000	1000	1200	1200	1500	1500	抛光						
40头	600	600	800	800	1000	1000	1200	1200	1500	1500	抛光	抛光		
48头	400	400	600	600	600	800	800	800	1000	1000	1000	1200	1200	1200
48头	43号1500		44号1500		45号1500		46号抛光		47号抛光		48号抛光			

注：表中顺序横向一栏中为抛光磨头顺序号，从进砖方向开始。顺序纵向一栏中为抛光线的磨头配置数。中间部分为抛光磨块的目数号。

五、选择抛光气压（俗称磨头气压）

从抛光磨头工作原理图可以看出抛光磨头不但有正向气压（简称正压），而且还要有反向气压（简称负压）。正压为从上往下的压力（磨头加在砖面上的压力），负压即为将磨头往上顶起的压力，正压一定要大于负压。如果没有负压，磨头在正压力的作用下就会猛然向下或无抗力地向下砸向砖面，使砖面承受不了而造成烂砖。加上负压后就如同磨头下面顶着一件可压缩的物体，要想磨头向下压，那就要向磨头施加压力，而这个压力一定要大于顶着的力，也就是磨头在正压力的作用下，克服顶着的负压力，慢慢平稳向下移动。也就是说负压是为了缓和磨头在正压的作用下对砖产生的冲击力，让其平稳发挥作用，以至于不会烂砖。一般的负压都在0.1～0.15MPa范围内选择，太大会使抛光效率降低，特殊情况下可以灵活运用，例如个别磨头的使用性能不好，经常烂砖，那么该磨头的负压可以打高一些；粗抛磨块太锋利，给砖面留下的磨痕很深，后面无法磨平，也可打高该磨头的负压。选择磨头气压要根据具体情况灵活运用，磨头气压可在0.2～0.35MPa范围选择，见表5-22。

表5-22　磨头气压（正压）选择表　　MPa

粗抛	中抛	细抛	精抛	抛光
0.3～0.35	0.3	0.25～0.3	0.25	0.2

选择时也有两项原则：一是砖的硬度；二是磨块的使用性能。

硬度高的砖在粗抛段应加大气压，因要扫平刮刀痕；硬度低的砖粗抛段应该减小气压，因硬度低容易抛，再加大气压会把砖抛去很多，砖会变薄；硬度低的砖在精抛段要适当加大气压，因硬度低的砖不易上光。

磨块锋利时应减小粗抛段气压，适当加大中抛段气压，因磨块锋利粗抛的磨痕很深，只有加大中抛气压才能将粗抛痕磨掉，磨块锋利度不够时应加大粗抛气压。

总之，选择气压也与抛光机操作者对抛光工序掌握的熟练程度密切相关，要做到具体情况具体分析。如果抛光磨块是选用树脂磨块时气压不能加得太大，因为加大气压后树脂与砖面摩擦生热而烧伤磨块，烧伤处的硬度高在与砖面摩擦时容易留下磨痕，有些抛光工用不好树脂磨块的原因就在这里。有经验的抛光工遇上硬度高的砖时，在有负压作用的情况下将磨头放至砖面后，一边磨削一边慢慢减小负压，直至完全取消负压，让磨头在完全正压情况下对砖面进行抛光，以此来加大抛光的效率。

六、选择传动速度

我国早期制造的抛光机都是用机械无级调速加蜗杆减速机减速的，它的调速范围是有限的。由于抛光机不断的加宽、加长，原来抛 400mm×400mm 砖，现在抛 600mm×600mm、800mm×800mm、1000mm×1000mm 砖，传动的负荷加重使蜗轮蜗杆机构容易损坏，所以从 14 头抛光机传动开始选用摆线针轮减速机，用变频调速。变频调速的范围宽，14 头抛光机线速度最快可达 10m/min，16 头和 20 头抛光机线速度最快可达 12m/min。我们在选择传动速度的时候，主要是看抛出砖的情况，假如说抛出的砖漏抛现象严重，亮度达不到，应放慢速度；抛出的砖没有漏抛和磨痕，亮度又高，这就可以加快传动速度。整条抛光线的线速度是按抛光机的线速度来调整的。刮平机、粗磨机、前后磨边机的速度都是按抛光机的速度来调整的。整条抛光线的抛光效率高低就看抛光机的速度。在没有返抛、亮度符合要求的情况下，尽量将抛光速度提快。如果是因为提快了速度而造成返抛量增加是一种最不合算的现象，总之速度和质量应该相辅相成，不能顾此失彼，请参照表 5-20，表内的最高线速度可供参考。

七、选择横梁摆动次数

首先分析固定式抛光机在线速度 5m/min 的情况下，被抛砖面上某一点从进入磨头到走出同一磨头的这段时间里所受到磨头的抛磨次数。例如 400 型抛光机的磨头直径为 ϕ480mm，磨头转速 400r/min，被抛砖规格 400mm×400mm，皮带线速度 5m/min，由于磨头的配置数量少，精抛段每种目号的磨块只有一组，砖面亮度要求 60 度以上。经计算得知砖面要受到每组磨头 40 次左右的抛磨。我们将此数据作为计算横梁摆动次数的基本要求。如图 5-69A 所示，当砖规格比磨头直径大、大皮带线速度又高的情况下，横梁摆动时磨头在砖面留下纹理是有规律的之字形。图 5-69 中 W 为横梁往复摆动一次砖在磨头底下移动的距离，W_1 为磨头漏抛的空白区。只有当 W 小于磨头直径时，才不会出现 W_1 漏抛空白区。要解决漏抛空白区有两种方法：一是提高摆动线速度或放慢大皮带线速度，当摆动线速度超过 8m/min 时，摆动次数在 20 次以上时，砖面质量并不理想，亮度低，因为在单位时间内磨头对砖面抛磨的次数没有达到 40 次。由于横梁摆动速度快、往复次数多，摆动机构磨损加剧和坏损频率增加。放慢大皮带线速度产量低、抛光效率低，以至于造成每平方米抛光砖成本高。因此第一种解决方法不可取。

二是增加抛光磨头整线配置数量和每种目号的磨块都有两组以上磨头，如图 5-69B 磨块目号相同的两组磨头组合抛光纹理图所示。图中 4 为 1 号磨头抛光纹理（实线）；3 为 2 号磨头抛光纹理（虚线），1 号、2 号磨头的磨块目号相同，从图中可以看出 1 号磨头漏抛空白区由 2 号磨头抛光纹理所布满，漏抛问题得以解决，并且皮带线速度可提高一倍左右，这就

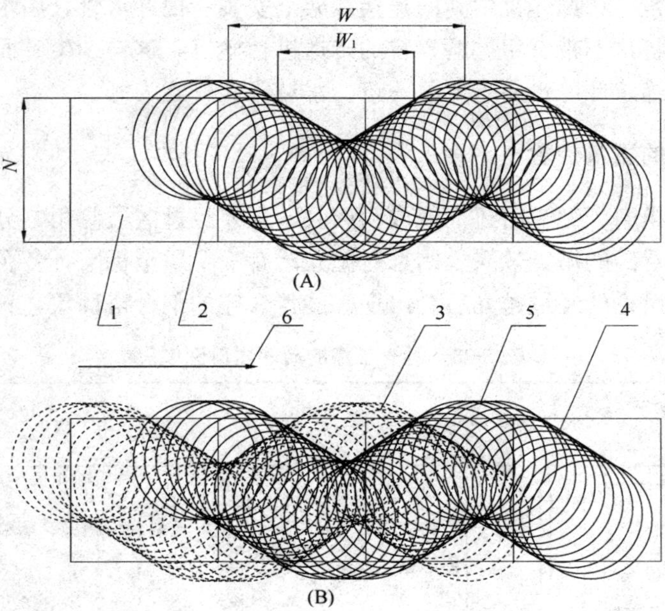

图 5-69　横梁摆动式抛光砖面纹理图

(A) 单个磨头抛光纹理；(B) 磨块目号相同的两个磨头组合抛光纹理

1—砖面；2—单个磨头抛光纹理；3—2 号磨头抛光纹理；4—1 号磨头抛光纹理；5—磨头在砖边瞬间停留纹；6—皮带移动方向

是现代抛光机线速度可达 10m 以上的原因。从图 5-69 中 5 处看到磨头到达摆动死点位置时会停留瞬间才会返回，这是因为双齿轮箱减速摆动机构是靠电机正反转来实现横梁往复运动，当电机接到停止正向旋转时电机断电，但由于惯性力的作用电机还在高速旋转，如果此时接通反向电流会使电机的反向电流突然增大以至于会损坏电机，只有延时瞬间后再接通反向电流电机才会正常工作。曲柄连杆摆动机构虽然电机不反向旋转，但当连杆与曲柄运动到一条直线时，曲柄相对于连杆的偏转角度小，连杆的拉动横梁移动速度也就小，这也就形同于磨头在砖边做瞬间停留。以上两种情况就是磨头在砖边停留瞬间的原因。从图 5-69 中还可以看到 1 号、2 号磨头的抛光纹理在砖中部会重叠，这就是大规格抛光砖中间亮度高、两边亮度低的原因，为了缓解这种现象，有的用增加磨头在砖边停留时间来提高砖边的亮度。

综合以上的分析 W 可以设为一个定值，设此定值为 800，皮带线速度 S 和所抛砖的规格是已知的，摆动次数 X 可通过经验公式 $X=\frac{S}{W}$ 求得。实践证明摆动次数在 10～18 次之间选择为合理，12～15 是常用摆动次数。不管大皮带线速度多慢、砖面有多宽，摆动次数不能低于 10 次。同样也不管大皮带线速度有多快、砖规格有多小，摆动次数不能高于 18 次。

八、巧用中间冲水管

在抛光机配置一节中，谈到粗抛或中抛的磨料粒如果随砖带进精抛段，就会造成砖面划痕。那么现代抛光线虽然是两台抛光机的配置，如果不加以严格控制，粗抛磨料粒还是会带进精抛段。于是在粗、精抛光机中间的连接线架上安装一根冲水管，用水冲洗每片从粗抛机出来的砖面，然后将这不带有粗抛磨料粒的砖送进精抛机。这样产生砖面划痕的概率相对就少了，甚至可以杜绝。此冲水要求要急一点、水量略大一点为好。

九、抛光工序的质量检验

砖经过刮平、粗磨、抛光后还不能成为产品，还要经过磨边侧角、分选包装。抛光工序的质量检验主要是看砖的抛光效果，国家对抛光砖有一个质量标准，各企业也有各自不同的企业标准，我们先讨论砖经过抛光后会出现一些什么样的不合格现象，见表 5-23。

表 5-23　抛光工序的砖面质量图解表

质量类别	图　形	说　明
合　格	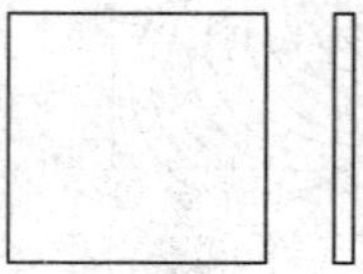	砖表面亮度达 55 度以上，无漏磨、漏抛、磨痕划痕、凹凸等现象，表面平整，厚薄一致
漏　刮		在砖变形较大的边角有釉面未刮净，经过抛光工序仍未抛掉
漏　磨	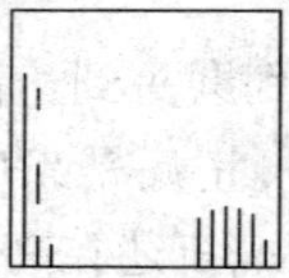	在砖变形较大的地方有刮刀痕未抛掉
漏　抛	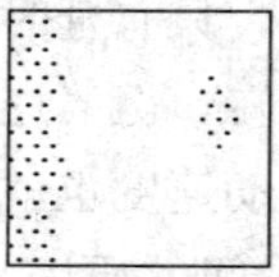	砖边角没有亮度，或亮度不够，或砖面中间有一小块的亮度不够
磨　痕		在砖的边角上有粗磨块痕迹未抛除
划　痕		在砖面上有一道或几道粗磨粒留下的深痕
亮　度不　够		砖面亮度达不到 55 度以上或不符合企业标准

续表

质量类别	图形	说明
亮度不匀		砖表面对称两边的亮度不一致，一般出现在操作面和非操作面
弯砖		砖面中心凹陷 0.5mm 以上
花砖	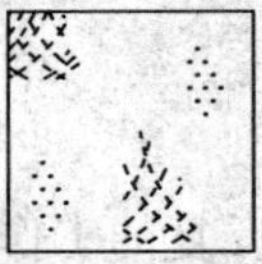	砖表面有漏抛、磨痕、亮度不匀等多种不合格现象
扫尾		在砖的出砖边留有磨痕
烂边		对边或单边有缺口或崩面，一般出现在操作面和非操作面
崩角		砖某个角破损超过 2.5mm 以上
缺花	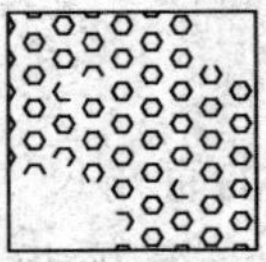	在砖的某部位花色淡或没有花纹图案
色差大 色号多		同一批砖花色的深浅相差大 同一批砖花色相同的不多，深浅层次多

以上的这些质量问题都与机器、磨具、操作有关，还有一些是砖质本身质量问题（放在质量管理一节再详细叙述）。抛光工序的质量检验应分为两段：一段为粗抛机出砖处，在此处检查粗抛砖是否有漏刮、漏磨等现象；另一段是在精抛机的出口处，在此处设一高压气管，在精抛出口处用高压气吹净、吹干砖面水分，仔细检查亮度是否够，检查砖面是否有漏抛、磨痕、划痕等问题。在粗抛机出口检得有漏抛、漏磨、漏刮等现象的砖应将其取下，换上没有以上缺陷的砖，将有缺陷的砖集聚起来，在下班前或该批砖抛完后紧接着将有缺陷的砖送进粗抛工序返抛。要做到不让有问题的砖送入精抛工序，这样一来就提高了精抛的优等

率。在精抛出口处检得的漏抛、漏磨、磨花等有缺陷的精抛砖也应集聚起来，不要送进磨边工序，待到下班前将有缺陷的精抛砖送到精抛或粗抛入口处进行返抛，这样可以避免有缺陷的砖在磨边完工后再返抛引起烂角、崩边等掉级性缺陷，从而达到减少破损率和四级品率。

第四节　抛光工序调整工艺

抛光机从安装到正常使用要经过很多调整，有安装调整、开机前调整、运行中调整、运行后调整等。为了系统地明确各项调整工艺，现将抛光工序中所有的调整都归到抛光机调整工艺一节中，下面逐条叙述。

一、抛光机工作台面水平度调整及方法

抛光机工作台面水平度调整：此项调整是非常艰苦、细致、反复的工作，工作台面水平度调整的好，这台机将终身好用；反之则故障率高，致使设备使用性能不良。此项调整要专业技术人员操作。

当抛光机被移上基础后，其每只脚底与基础板之间应垫上调整垫板，与机脚的固定孔对上，并连接上螺栓。如图 5-70 所示。

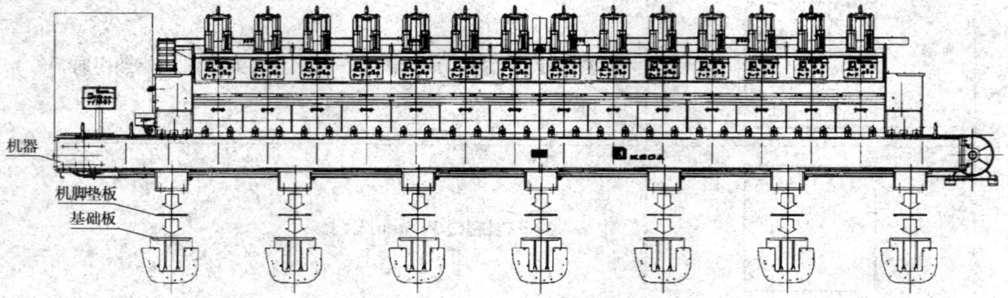

图 5-70　整机安装图

准备好必要的工具：光学水平准直仪，方框水平仪，带刻度的直角尺，10t 千斤顶，扳手，各种厚度垫铁，100m 长棉线或细钢丝，400mm×400mm×20mm 平板 1 块。抛光机是整条抛光线的关键设备，也是机身最长的设备，抛光机工作台面中心线要与整条抛光线的中心线重合，并且要求工作台面到地面的高度都要一致。其抛光机安装水平调整步骤如下：

(1) 拉好整线的安装中心线，并使抛光机工作台面中心线与其重合。

(2) 打开前后门板，清除大皮带面上的脏物，把大皮带推到抛光机工作台的中央，使操作和非操作面都露出工作台面的耐磨不锈钢板。

(3) 将准直仪放到离抛光机中段 4m 远的位置上，并稳定好其三脚架，调好准直仪的水平，准直仪的水平要反复调整，越精确越好，如图 5-71 所示。

(4) 把带刻度的直角尺放到操作面进砖端抛光机脚上面的工作台侧面的测校基准点上。

(5) 用准直仪看好直角尺上刻度，记住准直仪的水平线对准的刻度数。

(6) 移动直角尺到机尾出砖端的抛光机脚上的工作台侧面的测校基准点上。

(7) 用准直仪观察水平线的刻度是否与进砖端（机头）相符，如相符，则该台机的机头

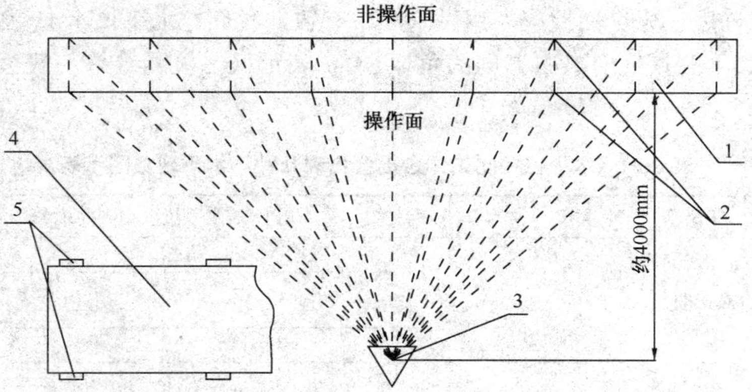

图 5-71　用光学准直仪测校抛光机工作台面水平示意图

1—抛光机工作台面；2—测校点；3—光学准直仪；
4—工作台面局部放大；5—测校基准点（钢直尺放置点）

和机尾的水平基本一致；如不相符，应该将较低的一端垫起，直到机头和机尾的水平一致。

（8）把直角尺移到操作面中段抛光机脚上面工作台侧面的测校基准点上。

（9）用准直仪观察水平线上的刻度，如与机头、机尾一致，表示该机的水平基本可以；如果水平线低于机头、机尾的刻度，表示中段高，应将机头、机尾都垫到与中段一致；如高于机头、机尾刻度，表示中段低，应将中段垫到与机头、机尾一致方可。

（10）将直角尺放在刚才测量的三个点后面（非操作面）的工作台侧面的测校基准点上，并用水准仪观察水平线对准的刻度是否与操作面一致，如不一致，应调到一致，到此时该机的水平粗调基本一致，下面可进细调。

（11）刚才只对抛光机的三个要点前、后共 6 个点做了测量调整，由于抛光机机架长达十多米，因此说此种水平是相当粗糙的。一台抛光机前后共有 18～20 个脚之多，因此进入细调阶段，就要对每个脚上面的工作台面进行测量调整，调整到所有脚上面的工作台面的水平都一致，细调方能结束。注意调整时要将准直仪反复对已测过的点进行核对，一遍是不标准的，再由于调整相邻的脚都会影响到该脚的水平，所以一定要反复核对。

（12）细调结束后，可将机脚垫板焊接在基础板上，待焊缝冷却牢固后，可将机脚紧固螺栓拧紧，如图 5-72 所示。

（13）拧紧紧固螺栓后，再用准直仪对机器水平进行全面复查，如复查时发现某脚有差异，就可用调整螺栓调节（图 5-72），直到各脚上面的水平完全一致时，方可进行如下精调。

（14）进入精调就要用到平板和方框水平仪，将平板放到各脚上面的工作台面上的皮带面上的中间位置，再把方框水平仪放到平板上，呈十字形放置（就是在抛光机工作台面上的每个检测点纵向和横向方向各检测一次），检查各脚上面工

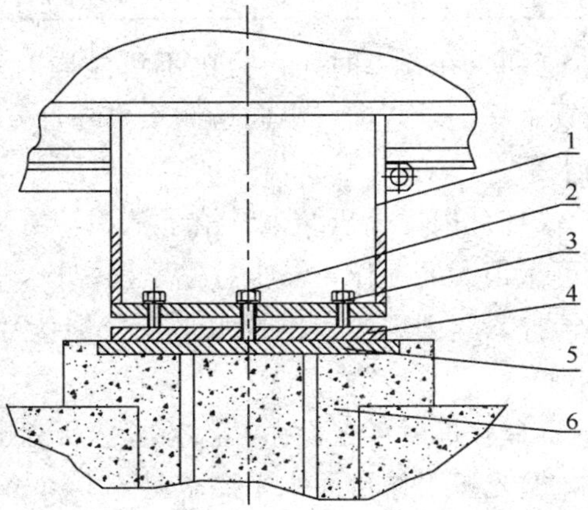

图 5-72　抛光机水平调校示意图

1—机脚；2—紧固螺栓；3—调整螺栓；
4—机脚垫板；5—基础板；6—基础

作台面的水平精确度，先全面检查一遍做到心中有数。我们把水平仪水准管内的气泡移动方向为正（+），表示高；气泡离去方向为负（—），表示低。检测结果一般会出现表5-24中的几种情况。

表5-24　水平仪检测工作台面会出现几种不水平现象图示表

检测方式	不水平种类	水平仪检测到的现象
工作台面横向	工作台面扭曲	上：− − − 0 0 + + + 下：+ + + 0 0 − − −
	一头水平，另一头前后倾斜	上：0 0 0 0 − − − − 下：0 0 0 0 + + + +
	前后倾斜	上：+ + + + + + + + 下：− − − − − − − −
工作台面纵向	一头高，呈爬坡状	+− +− +− +− +− +− +− +−
	中段高，两头低	−+ −+ −+ −+ +− +− +− +−
	中段低，两头高	+− +− +− +− −+ −+ −+ −+
	一头水平，另一头上坡	0 0 0 0 −+ −+ −+ −+

（15）在检查时，一台机不可能同时出现以上几种情况，横向和纵向各有一种的可能，认真做好记录，横、纵向检测结果综合分析，制定出调整方案，不能盲目动手，以免破坏细调水平。

（16）根据分析结果，给予精调，精调时把机脚紧固螺栓松开，只要微调调整螺栓（3），不可做很大的动作，马上拧紧紧固螺栓，再观察水平仪气泡移动的位置，要注意每次调整后必须拧紧紧固螺栓，再看水平仪气泡读数，不然就不准确。反复调整使各点气泡读数基本一致。

（17）最后再全面做一次检查，所有机脚螺栓松紧程度是否一致，各点水平是否符合要求，抛光机工作台面水平要求是0.05mm/m，一般气泡位置在±1～2格内移动可通过，全部都调到零位是非常困难的。到此时安装水平调整可告结束，刮平机、粗磨机由于机身短，其安装水平调整就要容易得多，其方法可参照抛光机水平调整。刮平机、粗磨机的工作台面高度要向抛光机看齐，要求高度一致。

二、调整固定块松紧

1. 固定筒、固定块的种类

综合国内外固定筒、固定块的形式，各有两种形式，如图 5-73 的 1、2 所示，方形固定筒和圆形固定筒两种，方形固定筒的优点是四面都可安装固定块，但外形尺寸较大，横梁与固定筒配合的孔相应也要做大，因此有影响横梁的负载能力和刚性，圆形固定筒外形小巧、美观，横梁与其配合的孔可做小些，因此增加了横梁的刚性和负载能力，但是安装固定块的数量较多。

固定块有固定块和横向固定块两种形式，如图 5-73 的 3、4 所示，固定块适应以上两种固定筒安装用，横向固定块只能用在圆形固定筒横向控制用。耐磨缓冲层一般用橡胶或聚氨酯塑胶制作。用沉头螺钉紧固在固定块上，组成固定块组件。

2. 固定筒和固定块的安装方式（如图 5-74 固定块安装方式所示）

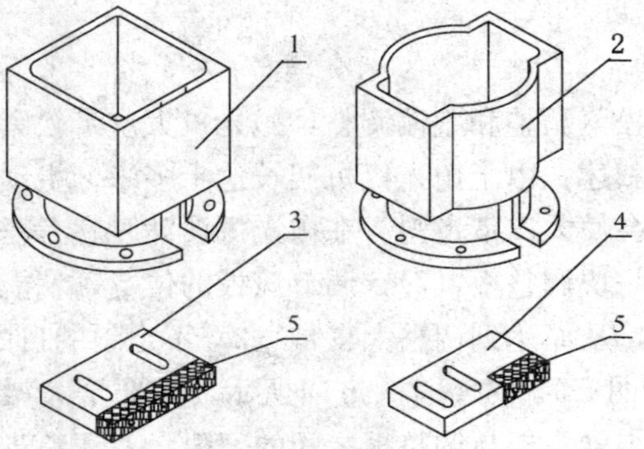

图 5-73　固定筒、固定块种类

1—方形固定筒；2—圆形固定筒；3—固定块；4—横向固定块；5—耐磨缓冲层

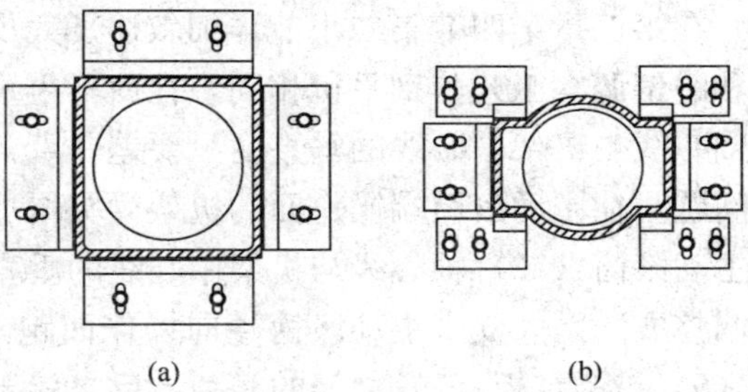

图 5-74　固定块的安装方式

(a) 方形固定筒固定块安装方式；(b) 圆形固定筒固定块安装方式

固定筒是安装在磨头的固定盖上，固定块是安装在横梁上，固定式抛光机每个磨头在横梁纵向位置上安装两块固定块即可；摆动式抛光机除在纵向方向安装两块固定块外，在磨头横向移动的方向还需安装两块固定块，如图 5-74（a）所示。如果是圆形固定筒，那就要在磨头横向移动的方向安装四块特殊形式的横向固定块，它们的安装方式如图 5-74（b）所示。

3. 固定筒和固定块的作用

抛光磨头在公转的情况下能实现凸轮的减速自转，从而达到磨块脚来回摆动的目的，主要靠装在磨头固定盖上的固定筒和装在横梁上的固定块来实现的，固定块与固定筒摩擦面接触的地方装有耐磨橡胶条，固定筒随着磨头的升降会做上下运动，但是始终都是在固定块的挟持之下进行的。除上述作用外，固定块同时还起到一个支点的作用，用来抵消砖在随大皮带移动时相对于磨头的作用力和横梁摆动时磨头相对于砖面的摩擦力，从而使磨头在运动中不会发振，运行平稳。

4. 固定块松紧程度的调整

抛光机在校好工作台面水平后，紧接着就是安装磨头、固定筒和固定块，当这些工作结束后，就要调整固定块挟持固定筒的松紧程度，挟持力过紧会使磨头升降不灵活，挟持过松起不到支点的作用，会使磨头在运动中发振，怎样才能得到合适的松紧程度呢？其调整步骤如下：将磨头提升到上止点，先将纵向方向两块固定块同时推向固定筒的摩擦面，使固定块的耐磨橡胶轻贴固定筒摩擦面，然后将紧固螺栓拧紧，再调横向固定块，要求调到松紧程度一致，如此将该磨头的所有固定块都调整好后，将磨头降下，观察磨头下行的速度，其标准是由其自重能缓缓地降下即可。如果下行速度快，表示固定块松，应调紧些；如果下行速太慢或不下行，则是过紧，应调松，经反复试验满意后，再拧紧一遍固定块的所有螺栓，然后在磨头固定筒的摩擦面上擦些钙基脂润滑脂，整个调整结束。

为什么要在磨头上止点时调整固定块呢？因为磨头在上止点时磨头上部主轴全部缩进传动套内，其主轴中心线是最准确的，此时调好固定块也是最标准的，如果在磨头下止点调整固定块，由于磨头上部主轴伸出很多，其主轴中心线有可能会飘移，此时调整固定块，如果调整的力每边不一样的话，就会加大主轴中心线偏移，这样会带来故障，轻则磨头升降不灵活，重则引起发振、烂砖、磨头摆动和砖面产生扫尾现象等。

三、大皮带走斜的调整

在第三章第四节第二小节详细叙述了大皮带松紧调整和跑偏调整，抛光机大皮带松紧调整和跑偏调整工艺与刮平机相同，在此不再重复叙述。由于抛光机机架长达十多米，主动滚筒轴心线与机架中心线的垂直度只要差一点，就会使大皮带走斜，在抛光机设计时就考虑到此问题，在主动滚筒端操作面的机架梁头增加了一块调整板（7），调节该板的位置，就能校正主动滚筒（12）轴心线与机架中心线的垂直度，从而达到调整大皮带（2）不走斜的目的。其调整方法是大皮带主动滚筒端向操作面跑，如图 5-75 的 4 箭头方向所示，就要增大梁头板（6）与调整板（7）之间的间隙，反之就要缩小梁头板与调整板之间的间隙。其调整步骤是先松开紧固螺栓（10）、锁紧螺母（8），适量调进调节螺钉（9），（调节时注意做到调整板上四颗调节螺钉的调节量一致），拧紧紧固螺栓（10）、锁紧螺母（8），启动传动试运行，观察如果不再走斜，调整结束。如果仍然走斜，表示调节量不够，应继续调整。

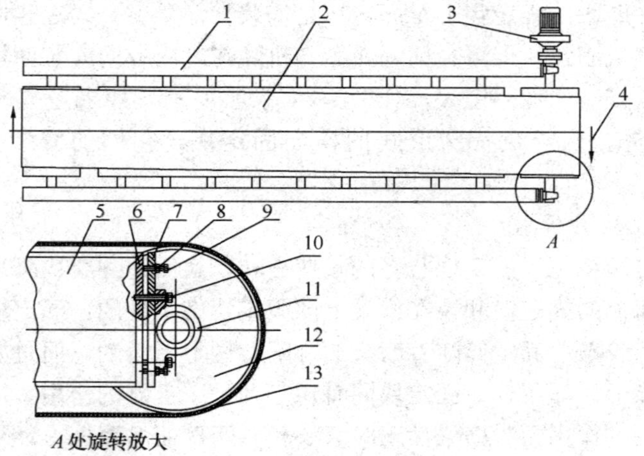

图 5-75　大皮带走斜调整

1—机架；2—已走斜的大皮带；3—传动减速机；4—大皮带走斜方向；5—机架梁；6—梁头板；7—调整板；8—锁紧螺母；9—调节螺钉；10—紧固螺栓；11—带座轴承；12—主动滚筒；13—大皮带侧面

四、调整导砖导轨与待抛砖的间隙

综合国内外抛光机导砖导轨调整方式有两种形式：（1）螺杆调节式调宽装置，如图5-76所示；（2）自由移动式调宽装置，如图 5-77 所示。先叙述螺杆调节式调宽装置，正反向螺纹调节螺杆（6）靠调宽支架（2）两端的方形带座轴承（1）安装在调宽支架内，螺杆上螺纹是两段，一段是正向螺纹，另一段是反向螺纹，有两个正、反牙调宽螺母（5）与其配套。吊导轨支架（3）安装在调宽螺母的方形槽内，其下面吊着导砖导轨（8），只要摇动手轮（7）带动螺杆（6）转动，两个正、反向螺纹螺母（5）就通过吊导轨支架（3）带动导砖导轨（8）同时向内或向外移动，就能调节两条导砖导轨之间的距离，此距离应大于砖的实际尺寸 5～8mm。当两条导砖导轨距离中心线偏移主机中心线时，只需松开一端吊导轨支架与螺母的紧定螺钉（4），用手拨动螺母转动一定距离，此距离应等于中心线的偏移量，再拧紧紧定螺钉，中心偏移即已调好。

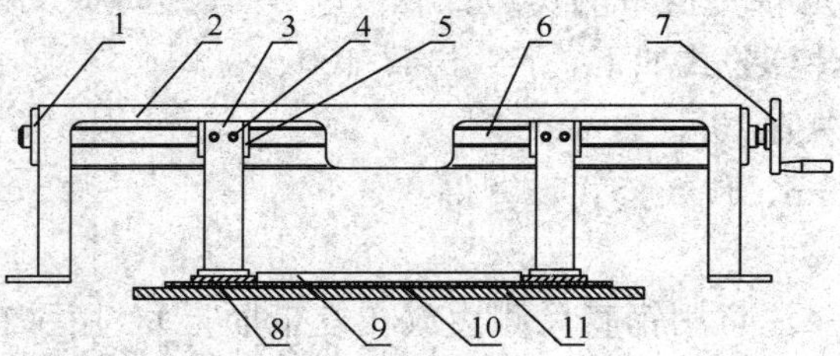

图 5-76　螺杆调节式调宽装置

1—方形带座轴承；2—调宽支架；3—吊导轨支架；4—紧定螺钉；5—调宽螺母；6—正反向螺纹调节螺杆；7—调节手轮；8—导砖导轨；9—砖；10—大皮带；11—工作台面

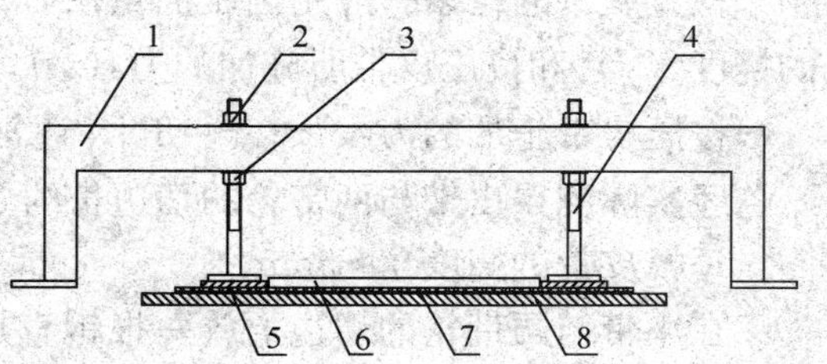

图 5-77　自由移动式调宽装置

1—调宽支架；2—锁紧螺母；3—调节螺母；4—吊导轨螺杆；5—导砖导轨；6—砖；7—大皮带；8—工作台面

自由移动式调宽装置是用矩形钢管做成的调宽支架（1），上加工两段长腰形孔，调节时先松开锁紧螺母（2），用手移动吊导轨螺杆（4）在长槽内移动，就能调节两条导砖导轨之间的距离。导砖导轨相对于砖面的高低也需要进行调节，如果导轨面高出砖面时，抛光磨头会将导轨磨坏；如果低于砖面太多会压紧大皮带，造成大皮带磨损或划烂。正确的位置是导轨面低于砖面 2～3mm，导轨低面与大皮带面应有 0.5～1mm 的间隙。调节时只需调节调节螺母（3）的高低，而后拧紧锁紧螺母（2）即可。两条导轨可以单独进行调整，哪条导轨偏移机架中心线就单独移动该条导轨的吊导轨螺杆即可。

新机安装后或由于更换砖种而引起两导砖导轨的宽度不合适时，应进行调整，其调整步骤如下：

（1）打开抛光机前后挡水门板。

（2）650 型抛光机要先松开挡水门板内的吊导轨角铁与隔板的连接螺栓，参见图 5-10。

（3）松开支架上锁紧螺母（2）。

（4）对称向内或向外移动导砖导轨，移动导砖导轨时注意做到两导砖导轨距离中心线与主机中心线重合。

（5）在机头和机尾、机器的中段的大皮带面上（中段多放几点）放上待抛砖，比较待抛砖与两导砖导轨的间隙是否合适。

（6）移动导砖导轨至间隙合适后，分别拧紧锁紧螺母（2）和吊导轨角铁与隔板的连接螺栓。紧螺栓时要注意做到导轨上面应比砖面低 2～3mm，导轨低面与大皮带面应有 0.5～1mm 的间隙。

（7）从机头放进一片待抛砖，启动传动减速机，观察砖从导轨中间走过时，有否磕碰、阻碍和间隙过小、导轨面高出砖面等现象，如有应重新对有问题的地方进行重装重调，直至试验合格止。

（8）关上抛光机前后挡水门板，调整结束。

五、调整抛光磨头传动皮带松紧

抛光磨头传动皮带的松紧会直接影响磨头的传动性能，过松会使皮带打滑，造成烧带事故；过紧会增加传动电机负载，造成电机损坏（如电机断轴、烧轴承、烧电机）事故。只有松紧合适，才能运转正常。

检查皮带的松紧一般用按压测量法，首先应根据皮带的切边长度（t）计算出每根皮带的挠度（f）和按压皮带所施加的力（w）。其计算公式如下：$f=w\times t/100$。

按压皮带施加的力 $w\approx13\sim18$N，通常取中值 16N。

经实际测得皮带与两带轮的切边长约 300mm，代入公式计算得：

每根皮带的挠度 $f\approx5$mm。

在皮带与两带轮的切边上放一根钢直尺 1（注意用钢直尺侧边放在皮带面上），用手在切边中点施加 13～18N 的力按下皮带，用另一钢直尺 2 测量按压点的皮带离开钢直尺 1 侧边的距离，此距离如果大于 5mm 表示皮带过松，小于 5mm 表示皮带过紧。过松或过紧都必须进行调整，其调整方法如下，如图 5-78 所示。

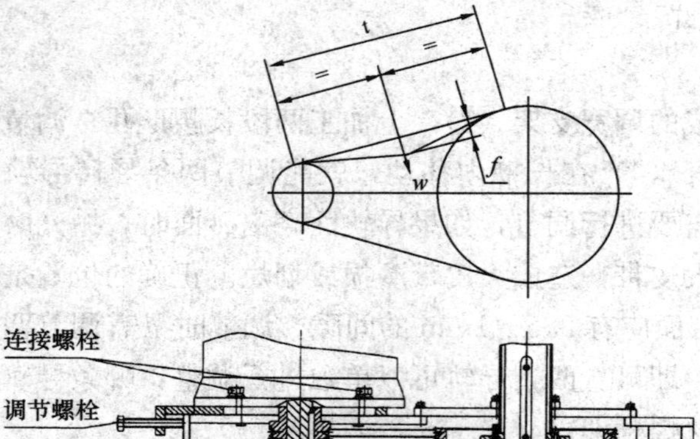

图 5-78　磨头传动皮带调整示意图

（1）松开电机连接螺栓。

（2）过松时调进调节螺栓数圈，过紧时退出调节螺栓数圈。

（3）每调节一次后，需重新检测，直至挠度合格时止。

（4）拧紧电机连接螺栓。调整结束。

六、调整主机进气压力

打开气源开关，观察抛光机上的气动三联体的气压表气压，若气压低于 0.6MPa 时，应予调整，顺时针旋转三联体中间调压阀调整旋钮，压力增大；反之压力减小。如果气压调不到规定气压时，应考虑气源气压是否高于 0.6MPa 以上；如气源气压不够时，应设法增加气源气压（如增加空压机）。

七、静态调整磨头上升

当磨头升/降旋钮扭到上升位置时，磨头快速上升，快速排气阀有排气声属正常，如磨头不上升或上升迟缓属不正常。其原因一是主气路没有压力或压力过低，应检查排除；其二是单向节流阀两根进气管接错方向，使上升气流经过节流后才到气缸下部，应调换方向重接。

八、静态调整磨头下降

当磨头升/降旋钮扭在下降位置时，磨头不下降或下降速度过快，冲击力过大都属于不正常。磨头不下降属单向节流阀未旋开，下降速度过快属单向节流阀开得太大，冲击力过大属下降压力调得太大，应将下降压力调到0.1～0.15MPa，使磨头利用自身重量能平稳地慢慢下降为宜。单向节流阀两根进气管接错方向，使气缸下部排气未受到节流控制，也会产生磨头下降速度过快、冲击力过大，应将单向节流阀两根进气管调换方向重接。

九、调整单向节流阀

当磨头下降速度过快，调小下降压力无效时，应对单向节流阀进行调整，顺时针方向转动磨头操作面板上的单向节流阀（7），下降速度减慢；反方向旋转单向节流阀旋钮，下降速度加快。

十、调整冷却水大小

打开冷却水总开关，打开抛光机前门板观察水流量的大小，一般冷却水从磨头中心孔内流出要成为一根有力的水柱，而不是分散和无力的细流，为冷却水流量合适。如果单个磨头冷却水流量过少，应检查该磨头上、下部中心孔及水道有无阻塞；如整台机的冷却水流量都不够，应检查冷却水源水压，冷却水源水压不够时应增加供水设备。

十一、调整横梁摆动幅度

综合国内外抛光机的结构，横梁摆动有两种形式：一是曲柄连杆机构摆动；二是电机正、反向旋转摆动（电子控制式），那么调整方法也有两种。

1. 曲柄连杆机构的摆幅调整

横梁的摆动是依靠摆线针轮减速机带动曲柄转动，曲柄再通过连杆来拉动横梁做往复摆动，由于所抛砖的规格经常变化，那么相对横梁的摆动幅度也要相应的变化，其摆动幅度大小的调整是靠调整曲柄轴与摆线针轮减速机输出轴中心的距离来实现的，摆幅需调小时，扭动调节螺杆使曲柄轴与减速机输出轴靠近，即缩小摆幅；反之则是调大距离，即调大摆幅。摆动幅度与砖规格的大小有一定的关系，砖规格大摆动幅度也相应的要大；反之则小。与磨头直径的大小也有关系，同规格的砖磨头直径小，摆动幅度则要求要大；反之则小。调整时请参照表5-25内的数据，调整结束时要将曲柄轴锁紧螺丝拧紧，以免在工作中松动。

表5-25　砖规格、磨头直径与曲柄轴中心和摆动减速机输出轴中心距离参照表　mm

砖规格 磨头直径	曲柄轴中心与摆动减速机输出轴中心的距离		
	500×500	600×600	650×650
ϕ480	70～80	120～130	145～155
ϕ540	40～50	90～100	115～125

2. 电子控制电机正反转的摆幅调整

只要是用双蜗箱摆动的抛光机，都是采用电子控制电机正反转来实现横梁往回摆动，在横梁摆动同步轴的两端各装有一台由电机带动的减速箱，此两台减速箱的启动与停止是同步控制的。如图 5-79 下图所示，在抛光机进砖端的横梁头部装有一块控制元件安装板，板上装有两个接近开关和两个极限开关。在进砖端支座上装有一块撞块安装板，板上两端各装有一个撞块，撞块可在此板上移动。调节两撞块之间的距离就可以达到调整横梁摆幅大小的目的。其工作原理是当横梁做横向往左运动时，带动元件安装板、接近开关、极限开关一同往左向运动，当左边的接近开关接近左边撞块时，摆动电机马上反向旋转，那么横梁就立即往右向移动，当右边的接近开关接近右边撞块时，摆动电机又转为正向旋转，那么横梁移动方向立即换向。由以上原理即知道，只要调小两撞块之间的距离（将两撞块向工作台宽度方向的中心移动），那么横梁的摆幅就小；反之则横梁的摆幅就大。调整时要注意使横梁的摆幅与工作台面中心线对称，使抛光磨头在砖的两边露出的距离相等（图 5-79）。当接近开关失灵时，横梁会冲出支座轨道而造成设备事故，为防止这不安全的现象发生，特意加装了两个极限开关。

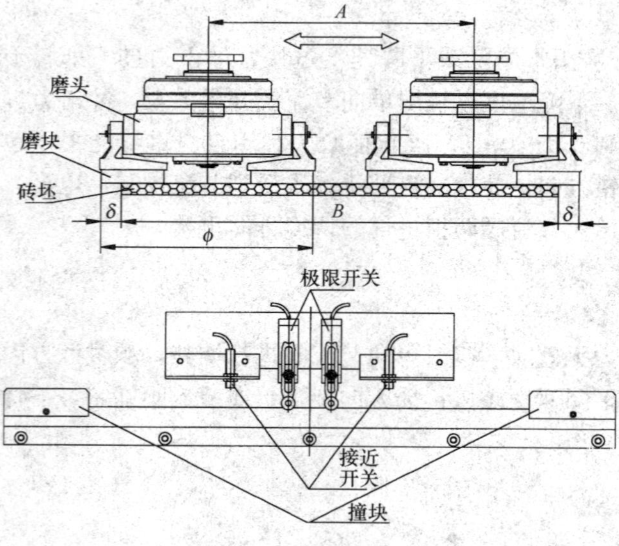

图 5-79　调整横梁摆幅示意图

十二、抛光磨头在砖两边露出的距离不相等的调整

如图 5-79 上图所示：横梁摆动的目的就是带着磨头在砖面做往复抛磨，磨头露出砖边距离 δ=50～80mm 时才能使砖边的亮度与砖中心的亮度保持一致。如果磨头在砖两边露出的距离 δ 不一致，我们称这种现象为偏摆现象，偏摆会造成砖面亮度不均匀的质量问题，因此要加以调整，目前国内外抛光机此项调整有以下三种方式。

（1）靠曲柄和可调连杆实现横梁摆动的抛光机是调整连杆的长短来实现偏摆调整，连杆的两端螺纹是正、反螺纹，只要松开两端的锁紧螺母，顺时针方向转动连杆是使磨头在操作面露出砖边的距离增加，逆时针方向转动连杆使磨头在非操作面露出砖边的距离增加。调整时要在操作面和非操作面分别将磨头放下至砖面，检查看磨头露出砖边的距离是否一致，如达到一致拧紧锁紧螺母即可。国外有意大利左马抛光机和国内个别厂家都采用可调连杆来调整偏摆。

（2）靠曲柄和固定连杆实现横梁摆动的抛光机，其偏摆调整比较困难。因为该种抛光机的连杆长度是经过精确计算的，且各种零件都很精确，只要砖运行的轨迹不偏移工作台中心线就不会产生偏摆现象。如果偏摆现象确实存在或根据砖的亮度要求确实需要借偏，只有靠移动导砖导轨来实现。其调整方法是：打开前、后挡水门板，松开吊导轨角铁与隔板连接的螺栓，松开导砖导轨两头的调整螺杆，向所需的方向平移两条导轨到要求位置时止，锁紧调整螺杆和角铁与隔板的连接螺栓即可。

（3）双减速箱同步正反转驱动横梁摆动的抛光机调整偏摆是靠平移两个撞块来实现的，如图 5-85 下图所示。在调整偏摆之前必须要量准磨头偏摆的量的多少，计算好应该调整的量，再将两撞块同时向所需方向平移一定量即可，不可盲目乱调，然后拧紧撞块紧定螺钉，调整结束。

十三、调整磨块磨损极限

国内外的抛光机磨块磨损极限都是自动控制的，就是当磨块磨损到极限位置时，气控电磁换向阀换向，气缸下部快速充气，磨头快速提升，同时报警指示灯亮，报警器响，通知操作人员更换磨块。此项控制大部分用行程开关或电磁感应开关来控制，电磁感应开关安装在磨头升降气缸外壁连接螺杆上，当气缸活塞移动到电磁感应开关处，此开关产生感应而接通电磁换向阀换向，使气缸下部快速充气，磨头快速提升。如果行程开关或电磁感应开关的安装位置不合适时，会产生两种现象：一是磨块未磨损到极限位置时磨头就自动升起，造成磨块浪费；二是磨块使用到已超过磨损极限而磨头还未升起，轻则会造成抛光砖面产生磨花、划痕，重则会造成烂砖或磨烂大皮带事故，因此要对行程开关和电磁感应开关的安装位置进行调整。此项调整工作是在机器即将使用之前必须进行。其调整步骤如下：有条件的地方找一些在别的抛光机上已磨损到极限的旧磨块，在没有条件的地方找一些 8mm 厚的木块或砖的碎块作为调整时用的辅助材料。

（1）打开抛光机前挡水门板（注意：在机器接通电源，但不启动磨头的情况下进行）。

（2）将磨头升起到最高位置。

（3）在磨块座上装上已磨损到极限的旧磨块。

（4）在该磨头下面的平皮带面上放一片待抛砖。

（5）缓慢放下磨头，让磨头落到砖面上（注：如果没有已磨损到极限旧磨块时，在磨块座与待抛砖之间垫上 8mm 厚木板或砖碎块也可）。

（6）调整行程开关位置，将行程开关往上推，让其抵着磨头上部撞块，并正好在接通电磁换向阀，气缸下部快速充气时止，将行程开关固紧（此时磨头是上升位置）。

（7）反复旋转磨头上升/下降旋钮，观察磨头自动返回的情况，如以达到目的即可。

（8）采用电磁感应开关控制的调整方法是：将装有旧磨块的磨头下降到砖面，然后缓慢移动电磁感应开关，直移到电磁感应开关与气缸活塞发生感应而接通电磁换向阀换向，使气缸下部充气而快速提升磨头时止，将电磁感应开关固定好，再反复进行升降试验，观察磨头自动返回情况，如以达到目的即可。

（9）按此方法将整台机所有的磨头全部调整好，关好前挡水门板，即可开机，该项调整工作结束。

十四、调整空砖、叠砖保护装置

空砖、叠砖保护装置的作用请参看第五章第一节六。其结构如图 5-34 所示。其调整方法是在压轮（2）下面的大皮带面上放一片待抛砖，调整叠砖限位开关（8）、空砖限位开关（9）的安装位置，使它们的触头离转臂（5）的上部只有 1mm 左右的间隙，然后用手推动转臂（5）的下部，使压轮（2）离开砖面约 8～9mm 时（相当于一片砖的厚度），观察转臂

(5) 的上部是否压缩了叠砖限位开关触头使传动减速机断电。如果已断电表示位置正好，如果还不能断电表示限位开关触头压缩量不够，应将叠砖限位开头向转臂 (5) 上部再靠近些，直至能断电时止，固紧叠砖限位开头紧固螺栓即可。

空砖限位开头的调整方法是在已调好叠砖限位开关的基础上，用手推动转臂 (5) 的下部，使压轮 (2) 离开砖面少许，抽掉压轮下面的待抛砖，而后放开转臂，观察转臂上部在拉簧的作用下，是否压缩了空砖限位开头 (9) 的触头并使传动减速机断电。如果能断电表示位置正好，如果不能断电表示限位开头触头压缩量不够，应将空砖限位开关 (9) 向转臂再靠近些，直至能断电时止，固紧空砖限开关紧固螺栓即可。如果是拉簧的拉力不够应更换合适的拉簧。

十五、调整大皮带线速度

在抛光机的正常运行中，通常会遇上产品亮度过高、亮度不够、漏抛等现象。当亮度超出标准时，可以提高整线速度来提高生产效率；当亮度不够或漏抛时，就应该放慢整线速度来提高产品质量。因此在运行中就经常会根据产品的质量状况来调整抛光机大皮带的线速度。

在抛光机结构一章中，谈到过抛光机大皮带的传动是用可调速的减速机来进行传动的，调速形式有机械无级调速和变频无级调速。机械无级调速又分为手动调速和电动调速，总的归为三种调速方式：手动调速、电动调速、变频调速。国内抛光机目前只有手动调速和变频调速两种，国外抛光机多用电动调速。

(1) 手动调速即用手转动无级调速机上的调速手轮，顺时针转动调速手轮为大皮带线速度加快，反时针转动调速手轮为大皮带速度减慢。这种机一般没有速度显示，只有用计算每分钟抛出砖的片数来计算其线速度。

(2) 电动调速是由小型电动机来代替手转动无级调速机上的调速丝杆，一般是按电钮，电钮有正转与反转的标志。这种抛光机多有速度显示器，调到你认为合适的速度时，手离开按钮即可。

(3) 变频调速是改变输入电机的电流频率来实现改变电机输出转速的目的，现代工业控制技术都是用变频器来控制和调整电机输出转速的，现代抛光设备也是如此。早期的变频调速是在变频器的操控面板上改变设定频率。随着控制技术的提高，现代变频调速可用远程控制，就是将变频器安装在主控电柜内，将变频器微型操作面板安装在主机操作面板上(如图 5-63(14)、(17)所示)，中间用一根专用屏蔽电缆连接起来，这样就可以实现远程控制。现在已发展到用电位器代替频率设定，只要在主机操作面板上扭动电位器旋钮就可以改变传动减速机的输出速度，如图 5-63 (16) 所示。顺时针旋转电位器旋钮大皮带线速度加快，逆时针旋转电位器旋钮大皮线速度减慢，在旋转电位器旋钮的同时，可以观察变频器微型操作面板上显示屏的读数。显示屏显示的是输入电机的电流频率，频率越高大皮带线速度就越快，频率越低大皮带线速度就越低，可通过旋转电位器旋钮来选择合适的频率和转速。表 5-26 为频率与大皮带线速度对照参考表。关于变频器参数和频率设定请参看第五章第一节八、电器控制部分。调整大皮带线速度时请参照抛光机整线配置和工艺搭配中配置和产量对照表。

表 5-26 频率与大皮带线速度对照参考表

频率（Hz）	线速度（m）	频率（Hz）	线速度（m）	频率（Hz）	线速度（m）
20	2.8	45	6.3	70	9.8
25	3.5	50	7.0	75	10.5
30	4.2	55	7.7	80	11.2
35	4.9	60	8.4	85	12.0
40	5.6	65	9.1	90	12.7

注：表内数据只作为调整大皮带线速度时参考，因各抛光机制造厂出厂的抛光机主动滚筒外圆直径不一样，传动减速机的减速比也不一样，所以各种频率相对应的线速度也会不一样。

十六、调整横梁摆动次数

横梁除调整摆动幅度外，还需调整摆动速度，在抛光行业通常用摆动次度来衡量摆动速度，摆动次数的多少直接影响瓷砖抛光质量，因此在抛光生产中要根据所抛出的砖面质量来调整摆动次数，综合国内外瓷质砖抛光机的结构，有两种形式来调整摆动次数，即机械无级变速器调整和变频器调整。

（1）用机械无级变速器带动曲柄连杆机构使横梁摆动的，其摆动次数的调整就是调整机械无级变速器的输出转速，调慢转速即摆动次数减少，调快转速即摆动次数增加，调整时按机械无级变速器调速手轮上箭头所指的大或小的方向转动调速手轮，调到你所需要的摆动次数为止。

（2）双减速箱同步正反转驱动横梁摆动的抛光机其横梁摆动次数的调整就是调整电机的输入电流频率大小，频率调小摆动次数减少，频率增大摆动次数增加，其调整方法与大皮带线速度调整一样，只要转动主机操作面板上横梁摆动次数调整电位器旋钮就可达到目的。右旋摆动次数增加，左旋摆动次数减少。摆动次数调整时请参照第五章第三节选择摆动次数一节，仔细分析砖面质量情况，综合大皮带的线速度来选择合理的摆动次数，一般的调整范围都在 7～25 次任选，最常用的是 8～15 次范围内，并且一次性调整的量不能太大，要边调边观察，一达目的即可。

十七、调整抛光磨块的工艺搭配

在正常的抛光工作中，根据砖坯的软、硬情况和砖面的抛光质量要对磨块目号排列加以调整，从而使磨块排列更具合理性，更具高效性，这就是抛光磨块的工艺调整。只有在充分了解磨块的使用性能的情况下才能使调整工作顺利，具体的调整方法请详见第五章第二节抛光磨具。

十八、调整抛光磨头工作气压

在正常的抛光工作中，抛光气压的调整是较为频繁的，也是较为灵活的，前面我们谈到正常气压在 0.2～0.3MPa 之内，反向压力在 0.1MPa 之内，但遇上特殊情况可突破这个范围，下面将四种特殊情况的调整方法例举如下：

（1）砖坯的强度低、易烂时抛光气压可低于 0.2MPa，反向应带背压。

（2）砖坯强度高、漏抛多时抛光气压可高于 0.3MPa，反向不带背压。

(3) 漏抛多的情况下可加大粗抛段抛光气压，反向不带背压。

(4) 单个抛光磨头的使用性能不良时（如振动、摆动），反向压力可大于0.1MPa以上，正向压力只可略大于反向压力。

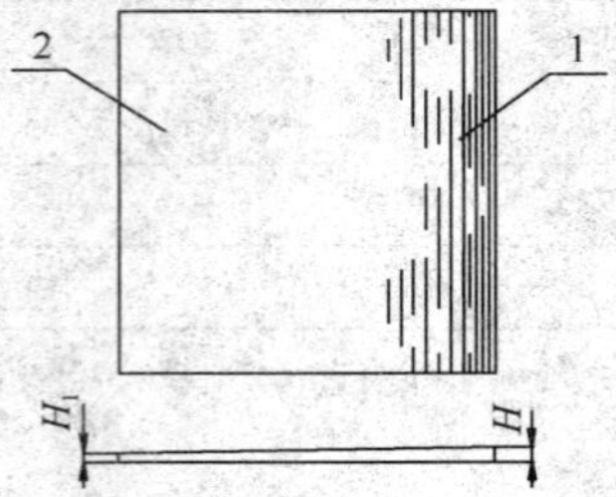

图5-80 因横梁运动轨迹与工作台面不平行使抛后砖边厚边薄示意图

1—有漏抛现象的厚边；2—正常边

调整压力时，将减压阀的旋钮顺时针方向转动，压力增大；反之减小。

十九、调整左、右支座水平

经抛光机抛出的砖如在操作面或非操作面有漏抛现象，并且是连续性的，用卡尺检测漏抛边较正常边要厚，如图5-80所示。设 $H-H_1=H_2$，我们将 H_2 叫做厚度差。这就是横梁的运动轨迹与工作台面不平行而造成的，也就是支座导轨面与工作台面不平行的结果，应停机对支座水平进行检查和调整。

其检查方法是：（如图5-81调整支座水平示意图所示）在大皮带（6）面上放一平尺（5），在横梁（1）底面安装百分表座（3）和百分表（4），让百分表头接触平尺（5）的上表面，推动横梁（1）前后移动，记录百分表前后止点的读数，百分表前后止点读数差就是支座相对于工作台面的不平行度。此不平行度的标准是0.05mm，大于此标准就必须要进行调整。

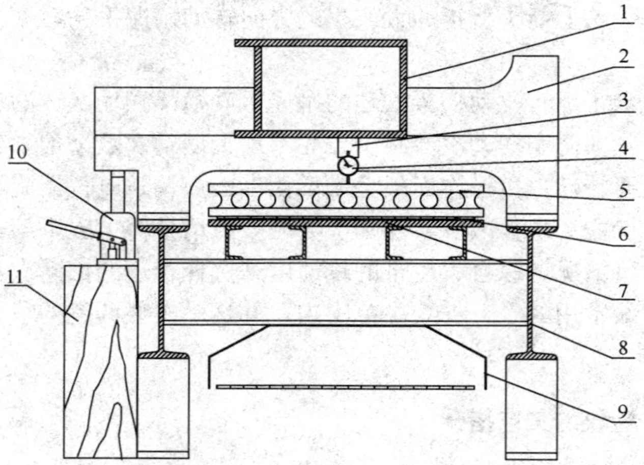

图5-81 调整支座水平示意图

1—横梁；2—支座；3—百分表座；4—百分表；5—平尺；6—大皮带；7—工作台面；8—机架；9—挡水板；10—千斤顶；11—木垫

其调整方法是：将支座（2）与机架（8）的连接螺栓松开，无漏抛边应多松开一些，用千斤顶（10）将无漏抛边支座顶起，在机架与支座之间垫入适量厚度的铜片来进行调整。垫铜片的厚度是根据漏抛边和正常边的厚度差来估算的（也可以根据百分表在平尺上前后止点的读数差来选择垫铜片的厚度），经验计算公式是：

$$垫铜片厚度=\frac{支座宽度}{砖边长}\times厚度差$$

为了便于查找，我们以600mm×600mm砖在650型抛光机上抛光为例，不同的厚度差应垫入不同厚度的铜片，见表 5-27。

表 5-27　调整支座水平垫入铜片厚度参考表　mm

厚度差	垫铜片厚度	厚度差	垫铜片厚度
0.05	0.11	0.30	0.67
0.10	0.22	0.35	0.78
0.15	0.33	0.40	0.90
0.20	0.45	0.45	1.00
0.25	0.56	0.50	1.12

垫入合适的铜片后，拧紧支座（2）与机架（8）的连接螺栓，再用平尺和百分表检查一次，如不符合标准应进行重调，直至符合标准为止。

二十、调整磨头主轴与工作台面的垂直度

抛光机经使用一段时间后，抛出的砖面产生扫尾、磨花、光度不均现象，这与某个或几个抛光磨头主轴相对于工作台面不垂直有关系，如果此种不垂直现象严重时还会引起磨头发振，应停机检查和调整。其调整方法根据磨头上部大轴承座的结构有两种，一是大轴承座安装面未设调节螺钉孔的用垫片式调整法；二是大轴承座设有调节螺钉孔的用调节调节螺钉方式调整法。

其检查方法是：如图 5-82 所示，在磨头下面的大皮带面上放一块 600mm×600mm 的双面平板（10）（即两面相互平行），在磨块座上安装百分表座（8）和百分表（9），让百分表头接触平板（10），用手推动磨头（7）慢速旋转，在如图 5-83 的 *a*、*b*、*c*、*d* 四处记下百分表读数，将这四处读数进行比较，读数大的表示百分表头被压缩得多，也就是该处的大轴承座安装平面离工作台面的距离最小，与此处相对方向大轴承座安装平面离工作台面的距离最大。

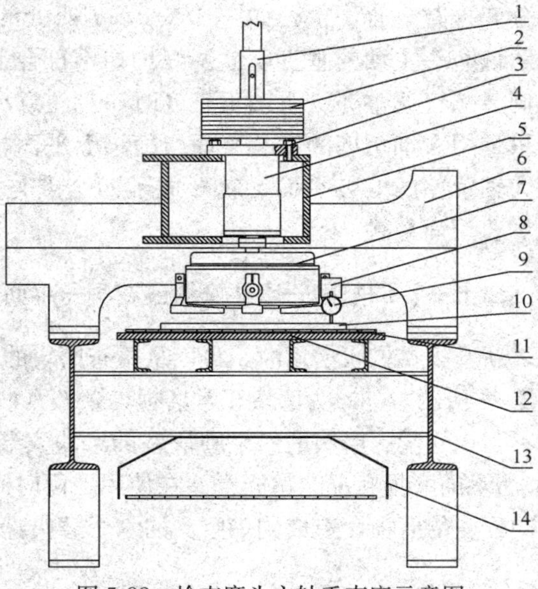

图 5-82　检查磨头主轴垂直度示意图

1—磨头主轴；2—大带轮；3—紧定螺栓；4—大轴承座；5—横梁；6—支座；7—磨头；8—百分表座；9—百分表；10—平板；11—大皮带；12—工作台面；13—机架；14—挡水板

（1）垫片式调整法：如图 5-83e 所示，当 *c* 处百分表读数最大时，就表示该处大轴座安装平面与工作台面的距离最小，应将该处的读数与最小读数（*a* 处）进行比较并算出读数差，而后松开紧定螺栓（2），在 *c* 处大轴座与横梁结合面处按箭头方向垫入与读数差相等厚度的垫片，同时在 *b* 处和 *d* 处也要垫入这两处与最小读数（*a* 处）读数差相等厚度的垫片，拧紧紧定螺栓（2），再用百分表检查复合一次，如 *a*、*b*、*c*、*d* 四处的百分表读数相等或误差在 0.05mm 范围内，

表示该磨头主轴的垂直度已调好。如不符合上述要求必须进行重调，直至符合要求时止。磨头主轴垂直度允差是 0.03～0.06mm。图 5-89(7)是垫片实样图，垫片一般用薄铁板或薄紫铜板制作。

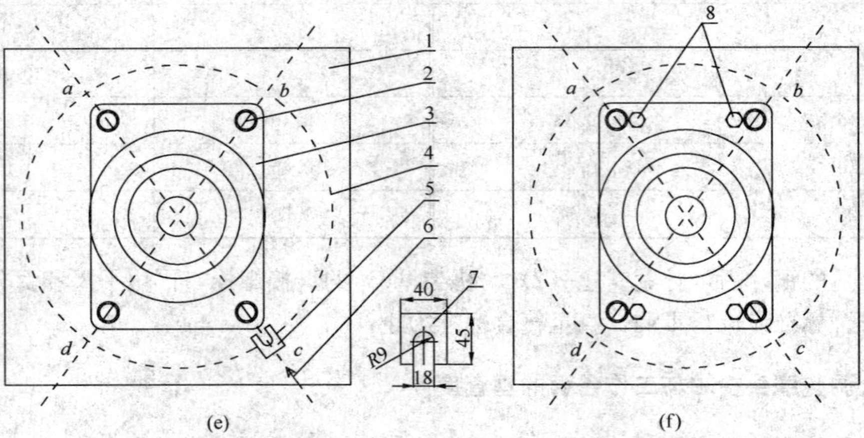

图 5-83 磨头主轴垂直度调整方法示意图

(e) 垫片式调整法；(f) 调节螺钉式调整法

1—平板；2—紧定螺栓；3—大轴承座；4—百分表检测轨迹；5—垫片；6—垫片放入方向；7—垫片放大图和实际尺寸；8—调节螺钉

(2) 调节螺钉式调整法：如图 5-83f 所示，根据检测结果，分别计算出各处的调整量，根据调整量和调节螺钉的螺距计算出各处调节螺钉拧进的圈数，松开需要调整处的紧定螺栓（2），按计算出的数据顺时针拧进调节螺钉（8），拧紧紧定螺栓（2），同样用百分表检查复合一次，如 a、b、c、d 四处的百分表读数相等或误差在 0.05mm 范围内，表示该磨头主轴的垂直度已调好。如不符合上述要求必须进行重调，直至符合要求时止。用调节螺钉调整磨头主轴垂直度时，应注意尽量使调节螺钉少露出大轴承座的安装平面，要尽量用大轴承座的安装平面与横梁上平面接触，如果 a、b、c、d 四处的调节螺钉都露出大轴承座的安装平面，就形成了四个点与横梁上平面接触，点接触稳定性能差，因此尽量要用面接触。

二十一、调整同一磨头磨块座在同一平面内

新磨头在投入使用时，可以从检查磨块的磨损情况来判断磨头的工作状况是否正常，如图 5-84 所示，(a) 为磨块正常磨损，(b)、(c) 为磨块非正常磨损。新磨头在出厂前装配调整不当，使同一磨头的六个磨块座的磨块安装平面不在同一平面内，磨块会出现如图 5-84 (b)所示的磨损状况。抛光磨头在使用一段时间后，由于球面螺钉、滚轮、凸轮的工作面有不同程度的磨损，造成同一磨头的六个磨块座的磨块安装平面不在同一平面内，有大小不一

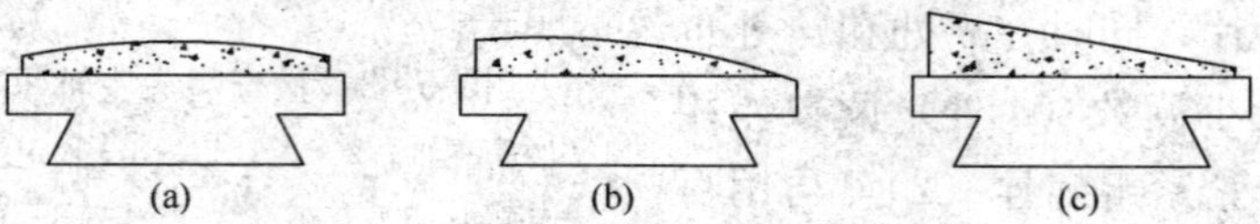

图 5-84 磨块的三种磨损情况示意图

(a) 正常磨损；(b)、(c) 非正常磨损

的歪斜，磨块也会产生如图 5-84(b)所示不均匀的磨损状况，特别是在磨块快用到极限时，容易使砖面产生成磨花和划痕。另一种情况是由于某个球面螺钉松动或摆杆断裂至使同一磨头六个磨块座中有一个或两个磨块座产生歪斜，造成磨块的工作面不是圆弧面而是形成了一个斜面，如图 5-84(c)所示，影响抛光效果，严重时会使磨头发振和烂砖。出现以上情况必须尽快进行检查调整。

(1) 调整原理：每个磨头都有三个主动摆杆和三个从动摆杆，每个摆杆都是通过摆杆轴和平键与一个磨块座联结在一起，当主动摆杆两端滚轮中心连线处在水平位置时，与该摆杆联结在一起磨块座的磨块安装平面也同样处在水平位置。从图 5-85 可以看出，只有当主动摆杆两端滚轮对称叉住凸轮曲线的凸尖位置时，该主动摆杆两端滚轮中心连线才会水平。每个磨头凸轮有三个凸尖，此三个凸尖均匀分布在凸轮圆周上，凸尖的大小高低都是一致的，因此当三个主动摆杆两端滚轮同时叉住三个凸尖时，就有三个磨块座的磨块安装平面是处在同一平面内，其他任何位置都难以调到此三个磨块座在同一平面内。因此我们将此平面作为检查和调整的基准，让与三个从动摆杆联结的三个磨块座的磨块安装平面向此基准看齐。由图 5-85 还可以看出三个主动摆杆是不能调整的，只有改变三个从动摆杆两端的球面螺钉在螺孔中的位置，来达到调整六个磨块座在同一平面内的目的。

(2) 检查方法：如图 5-86 所示，将有磨块磨损不均匀的磨头从抛光机上拆下，并将其翻转，让磨块座（1）朝上，磨头轴（5）安装平面朝下并放在平整的木板或平板上，用手转动固定盖（4），边转边观察磨块座的摆动状况，如有不摆动的属摆杆断裂故障；摆动范围小的属球面螺钉与滚轮间隙大；摆动正常但磨块座向一边歪斜，属从动摆杆两端球面螺钉调整不当。再将校正圈（3）放在六个磨块座磨块安装平面上，继续转动固定盖（4），根据以上原理，找出三个与主动摆杆联结的磨块座，并使此三个磨块座处于同一平面状态，利用校正圈和手感来确定三个从动摆杆的故障属性，当用手扳动与从动摆杆联结的磨块座时感到没有阻力，表示该从动摆杆断裂；当用手左右往复扳动磨块座时明显感到有间隙，表示球面螺钉与滚轮间隙大；当用手左右往复扳动磨块座时没有感到有间隙但磨块座歪斜，表示从动摆杆两端球面螺钉调整不当（当转动固定盖数圈，三个与主动摆联结的磨块座始终找不平，再用手左右扳动与主动摆杆联结的磨块座时，个别磨块座存在很大间隙，此现象属个别滚轮内滚针轴承坏损所致）。从图 5-85 可以看出，磨块座 a 处比 b 处要高，从动摆杆 c 端的球面螺钉比 d 端的球面螺钉伸出的要多。正常状态时，当三个与主动摆杆联结的

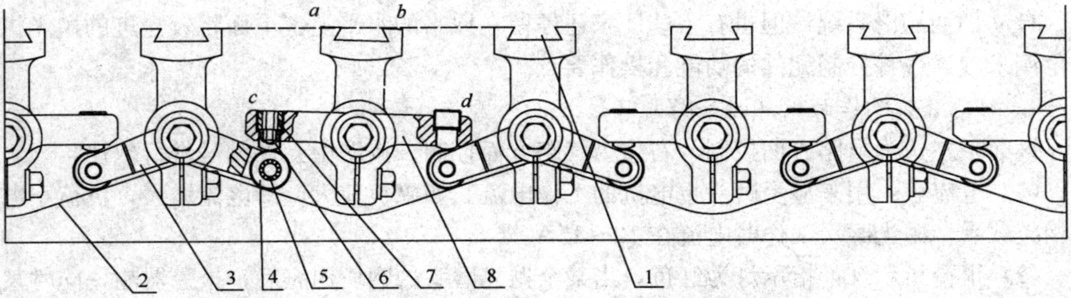

图 5-85　磨块座同一平面调整方法展开示意图

1—磨块座；2—凸轮曲线；3—主动摆杆；4—主从动滚轮；5—滚针轴承；6—球面螺钉；7—锁紧螺钉；8—从动摆杆

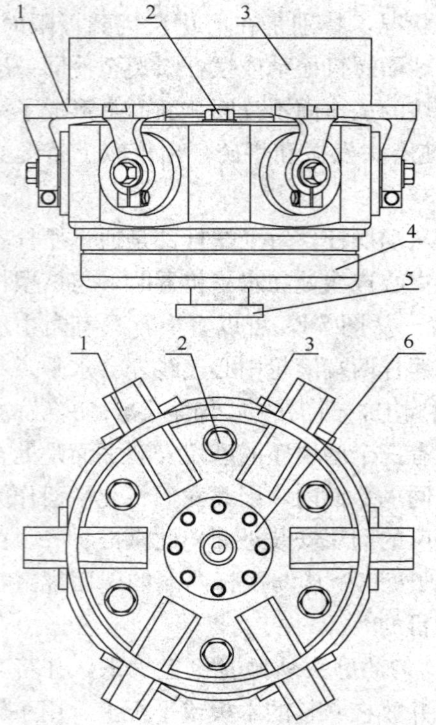

图 5-86　检测磨块座同一平面示意图

1—磨块座；2—螺塞；3—检测环；4—固定盖；5—磨头轴；6—联轴器

磨块座处于同一平面时，三个与从动摆杆联结的磨块座也应处在该平面内，用手扳动与从动摆杆联结的磨块座时不应感到有间隙，而是感觉到六个磨块座在同步摇动，这就是我们要追求和调整的效果。

(3) 调整方法：调整工作要在三个与主动摆杆联结的磨块座处于同一平面状态下进行，拆掉如图 5-86 所示的螺塞（2)，用 10mm 内六角扳手插进如图 5-85 所示的从动摆杆两端锁紧螺钉（7）六角形孔内并拧松。当磨块座往右边歪斜时的调整方法是：用 8mm 的内六角扳手插进球面螺钉（6）六角形孔内，反时针拧退从动摆杆 c 端的球面螺钉（6)，顺时针拧进从动摆杆 d 端的球面螺钉，利用校正环（3）边调边观察磨块座平面 a、b 两点的变化，当 a、b 两点都接触到校正环（3）的校正平面时停止调整，用手扳动该磨块座感觉属于正常状态，拧紧锁紧螺钉（7)。为了防止锁紧螺钉（7）松动，应该给予锁紧螺钉 6～8kg 的扭力。如果磨块座往左边歪斜，其从动摆杆两端球面螺钉拧进和拧退的方向相反。转动固定盖数圈后，再用校正环（3）检查一次，确定已调好，装上螺塞（2)，调整结束。如检查不符合要求必须进行重调，直至合格时止。

第五节　抛光机的操作及故障排除

一、抛光机操作面板说明

随着抛光机制造技术日益提高，自动化控制程度较我国刚开始制造抛光机时相比已提高不少，抛光机制造厂家不同，其自动化控制水平也有不同。较为先进的厂家在刮平机上用上了位置表来显示刮刀的高度、吃刀深度和停机后自动复位功能，在抛光机上用上自动避让装置、自动加油润滑系统，但也有一些厂家还停留在原来的水平上。下面将较先进的抛光机作为范例来叙述各种控制元件的功能和操作要点。

1. 抛光磨头操作面板（图 5-87)

该面板左边为电路方面控制，右边为气路方面控制。按图中元件编号进行叙述：

(1) 电流表：用来显示磨头主电机的工作电流。如果负荷大，即电流增大，负荷小电流也相应减小，抛光磨头工作时电流在 12～15A。

(2) 报警指示灯：指示灯为红色，当某个抛光磨头的磨块用完后，报警器响，同时某个磨头操作面板上的报警指示灯亮，通知操作人员更换磨块。

(3) 升/降旋钮：此旋钮为三位开关，当它位于中间位置时，磨头不下降；正常运行时无论自动、手动状态，均需将它拧至右侧。当旋钮拧到左侧，磨头电机停止后磨头下降。

（4）启动按钮：若要启动磨头时按下此按钮。

（5）停止旋钮：若要停止磨头电机时，可将停止旋钮拧至左侧；若要启动磨头电机，将停止旋钮拧至右侧。

（6）减压阀：用来调整磨头上升（即负压）的压力。

（7）单向节流阀：调节磨头下降速度，以减轻磨头下降时对砖的冲击。

（8）减压阀：用来调整磨头下降（正压）的压力。

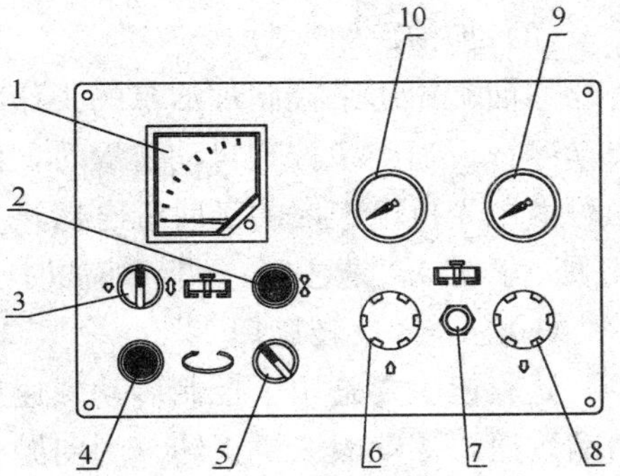

图 5-87　抛光磨头操作面板

（9）压力表：显示磨头对砖加压（正压）的压力数。

（10）压力表：显示负压的压力数。

磨头控制面板的功能和配置各厂家制造的抛光机基本一致。

2. 主控操作面板（图 5-88）

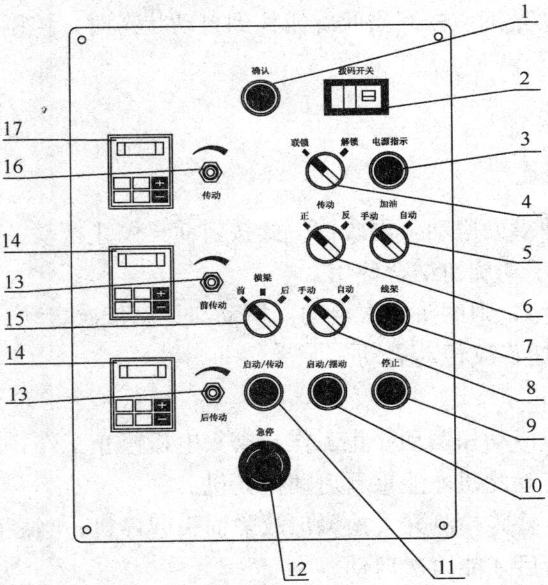

图 5-88　20 头抛光机主控操作面板图

（1）碎砖确认按钮

当有碎砖（炸砖）情况出现时，需立刻按下急停按钮，再现查是哪个磨头下面有碎砖，然后将拨码开关（2）拨到相应的磨头号，按一下碎砖确认钮（1），再次启动抛光机，磨头会自动避开有碎砖的位置。也就是当碎砖位置来到某个磨头边缘时，该磨头就会立即提升，等碎砖位置完全走出该磨头，该磨头才会下降正常抛砖。依此类推，一台机上所有磨头都会依次提升和下降，从而完成自动避让程序。这是 PLC 依据大皮带的线速度计算出碎砖位置需要多少时间走到某个磨头边缘和完全走出的时间，而后将计算结果通知某个磨头的执行元件按要求进行提升和下降。

（2）拨码开关

拨码开关是用于设定碎砖磨头编号，如果是一个磨头下面有碎砖，只需将拨码开关（2）拨到该磨头的编号后，按下确认按钮（1）即可；如果是几个磨头下面同时都有碎砖，就要依次设定每个磨头的编号，设定一次按一次确认按钮，全部设定完后再启动抛光机。

（3）电源指示灯

机器的总电源接通后该指示灯亮。

（4）联锁/解锁旋钮

此旋钮主要用于后继设备（如连接线架）的联锁/解锁，当不需与后继设备联锁时，将此旋钮拧至解锁位置，此时抛光机可单独启动；当需与后继设备联锁时，将此旋钮拧至联锁位置，此时只有先启动后设备后才能启动此抛光机。

(5) 加油旋钮

加油旋钮用来控制加油泵的工作状态，当旋钮拧到手动位置时，加油泵工作，加足油后自动停止；当旋钮拧到自动位置时，油泵定期工作，自动加油，加油时间及每次加油间隔时间可由抛光机电柜内的延时继电器进行调节设定（一般在设备出厂时已设定，通常设定为4h加一次油）。请注意：调节加油时间和加油间隔时需断开主电源。

(6) 正转/反转旋钮

此旋钮主要是用来控制传动减速机的转动方向，将此旋钮拧到正转位置时，再按下传动启动按钮，传动减速机正转，为向抛光机内进砖方向。如果抛光机中途烂砖、空转时，需将大皮带走回时，则把旋钮拧到反转位置，再按下传动启动即为传动减速机反转，烂砖随大皮带反方向退出抛光机。

(7) 线架按钮

按下此按钮，抛光机进砖线架启动，向抛光机内进砖。

(8) 自动/手动旋钮

当此旋钮拧到手动状态时，磨头没有自动启动功能，需用手逐个启动磨头电机、摆动和传动，同时自动避让功能也没有，与普通型抛光机一样。当此旋钮拧到自动状态时，控制系统才具有各种自动功能。

(9) 停止按钮

按下此按钮，抛光机停止工作。

(10) 摆动启动按钮

用于启动和停止摆动电机，按下此按钮即横梁摆动，再次按下此按钮横梁停止摆动。

(11) 启动/传动按钮（此按钮需与自动/手动旋钮结合使用）

当自动/手动旋钮拧到自动时，按下此按钮，则磨头依次启动，摆动和传动依次启动。

当自动/手动旋钮拧到手动时，按下此按钮，仅传动启动。

(12) 急停按钮

当抛光机发生异常情况时，按下此按钮，传动和摆动停止工作，磨头电机停止工作，磨头快速提升离开砖面。待异常情况排除后，右旋此钮才能重新启动抛光机。

当抛光机处于自动运行状态时，因缺砖、叠砖检测开关检测出故障而引起停机；当故障排除后再次启动时，需先按下急停按钮再右旋后才能再次启动。

(13) 摆动调速电位器

用于调节横梁摆动速度（即每分钟摆动次数的多少），通过变频器调节输入摆动电机的电流频率来改变摆动电机的速度，从而达到改变横梁的摆动次数，左旋摆动次数减少，右转摆动次数增加，一般在9～20次之间任选。

(14) 摆动变频器操作面板

变频器装在电控箱内，通过电缆接到机前操作面板上，面板上面有速度显示（一般是显示频率数），下面有参数设定按钮。参数是厂家在设备出厂前已设定好，如要重新设定，则需参照各厂家的参数要求和变频器说明书进行操作。

(15) 前/后横梁旋钮（因20头抛光机有两根横梁，故需设此旋钮）

当前/后横梁旋钮拧到前位置时，则可调节前横梁的摆动调速电位器。当前/后横梁旋钮拧到后位置时，则可调节后横梁的调速电位器。

（16）传动调速电位器

用于抛光机主传动速度调节，左旋为速度减慢，右旋为速度加快，调到最大的速度时，一般是起始速度的5倍。

（17）传动变频器操作面板

变频器装在电控箱内，通过电缆接到机前操作面板上，面板上面有速度显示（一般是显示频率数），下面有参数设定按钮。参数是厂家在设备出厂前已设定好，如要重新设定，则需参照各厂家的参数要求和变频器说明书进行操作。

3. 在机后控制面板上只装有一个急停按钮，它的功能和操作方法与机前急停按钮相同

抛光机的粗抛机和精抛机的控制面板一样，普通型抛光机和全自动抛光机的控制区别是没有自动避让功能，有的普通型抛光机配有自动加油机构，也有的不配。早期的普通型抛光机的传动和摆动都是用机械无级变速器进行调速的，没有变频调速装置。自动化程度高相对故障率也会高，特别是自动避让机构，如果掌握不好，会出现损坏皮带、打烂砖等问题，因此操纵自动化程度高的机要求人员素质也要高。普通型抛光机操作较为简单，易掌握，而且制造成本低，因此同样受到用户欢迎。

二、抛光机的操作规程

在开机前对机器的现状必须要有所了解，做到心中有数，所以必须对机器进行各方面的检查，检查分静态检查和动态检查两个方面，先叙述静态检查。

1. 抛光机的静态检查

（1）检查抛光机的总电压是否正常和符合要求，各种线路联结是否有不安全的因素（例如绝缘层破损、漏电、联结松动等）。特别是活动线槽经常运动扭曲位置的电缆绝缘层是否有破损、接地线是否接好等。

（2）检查抛光机的气源、气路是否有漏气现象，打开气源开关，观察抛光机三联体上气压是否有0.6MPa，如果低于此气压应加以调整。

（3）检查抛光机的冷却水量是否充足，启动水泵，打开水源阀门，观察各磨头中心孔流出的水量，水量应充足干净。如所有磨头的水量都不足，那时水源水压不够，应增加供水泵。如单个磨头水量不足，应考虑管路堵塞等故障，应加以排除。检查大皮带冲水管的水压是否充足，如不足量应进行调节。

（4）检查抛光机的各润滑点润滑是否良好，检查抛光机的左右支座的润滑油面高度是否符合要求，传动减速箱的润滑油面是否符合要求，带座轴承是否加注润滑油，各磨头每班是否加注一次润滑油等，如有以上不符合要求时应重做润滑。

（5）用手转动磨头，观察转动是否灵活和是否有异常声音，同时观察磨块座是否都在作往复摆动，磨块座上的磨块是否有缺少和破损，磨块是否露出太多和是否有打击隔板声音，如有以上情况应该更换磨头或磨块。

（6）检查磨头传动皮带的松紧，用手顶压磨头传动皮带感觉过松时应于以调整，如有损坏应予以更换。

（7）摆动减速机的固定螺杆是否松动，连杆轴承是否坏损，如有应于紧固和更换（此项针对曲柄连杆摆动式抛光机）。

（8）检查抛光机门板的安全扣是否完好和牢固，如有松动、变形、脱扣等现象应加以

修复。

(9) 检查磨头下降极限限位开关的完好程度，如有坏损给予更换。

(10) 检查进砖线架的皮带松紧，托条是否牢固，导向条的位置是否合适。

2. 抛光机的动态检查

在静态检查确认设备无坏损，无不安全因素后可进行动态检查。动静检查时先合上抛光机总电闸后方可进行下列检查。

(1) 检查大皮带是否跑偏：单独启动传动电机，使大皮带转动，观察其是否有跑偏和位移，如有给予调整。

(2) 检查大皮带面是否有内嵌砖渣和破损，如有应将砖渣取出和割掉破损挠起部分。

(3) 检查传动减速器是否运转平稳，联轴器是否有松动和不正常的位移，如有应加以排除。

(4) 检查导砖导轨与砖之间的间隙，将抛光机前后门板打开，在抛光机进砖端的大皮带面上放一块待抛砖，使其随皮带一起往抛光机内行进，观察砖与导轨的间隙是否符合要求（间隙为 5～8mm），同时观察砖与导轨是否有碰撞或卡住现象，导轨是否有高出砖面或与砖面相平等，如间隙过大或过小都要调整，有碰撞和卡住现象应修复导轨，高出砖面应调到低于砖面 2mm，检查结束后按下停止传动按钮。

(5) 检查抛光磨头上升、下降是否灵活，下降速度是否过快，上升是否过慢，将机前控制面板的手动/自动转换旋钮扭到手动位置，在不启动磨头电机的情况下，扭动磨头上升、下降旋钮，观察磨头上升、下降是否灵活，如不灵活应加以排除。

(6) 检查磨头下降极限限位开关的灵敏性和位置是否正确，此限位开关有两种形式：早期的单气缸抛光机多用机械触头式限位开头，现代双气缸抛光机用电磁感应式限位开关。在不启动磨头电机和磨块座上不安装磨块的情况下，缓缓降下磨头，当磨块座平面离砖面还有 6～7mm 时，磨头快速上升为灵敏和位置合适；否则为不灵敏和位置不合适，应调整位置和检查电路或限位开关故障。

(7) 检查横梁摆动幅度大小：将机前控制面板的手动/自动转换旋钮拧到手动挡，然后点动摆动机构，使横梁往操作面摆到最大位置，在抛光机长度方向前、中、后三个位置缓缓降下未经启动的磨头（注意：此时磨头不能旋转），观察磨块的外沿压着导轨的宽度，其宽度应为 50～70mm 为宜，大于或小于都应该调整，将磨头升起，使横梁向非操作面移到最大位置时，同样放下未经启动的磨头，检查磨块外沿压着导轨的宽度与操作面是否一致，如不一致同样应该调整。

(8) 检查每个磨头的旋转精度：在进砖线架上放上砖，启动抛光机传动电机，使大皮带转动并让大皮带面上铺满砖，停止传动，在手动条件下逐个启动磨头，观察磨头的旋转是否有振动、摆动、响声异常等，如有应停止使用该个磨头或当即更换。请注意：检查磨头旋转精度时应用手将门板关到一定位置，留下一条缝隙能观看即可，不可敞开门板，以免有物体飞出伤人。

在以上各项检查都符合要求后，关好抛光机所有门板，抛光机可进入启动阶段，启动方式有空机手动启动、自动启动和中途停机后手动启动、自动启动。

3. 空机手动启动操作步骤

(1) 打开水源闸阀。

（2）打开气源开关。

（3）合上电控柜电源总开关及各电机断路器开关，然后关上电控柜门。

（4）将自动/手动旋钮拧至手动位置。

（5）将磨头面板上的升/降控制旋钮拧至中间位置，停止旋钮拧至左侧，防止该操作使磨头转动下降磨烂皮带或造成其他严重事故。

（6）若与后继设备有联锁时，则需将联锁/解锁旋钮拧至联锁位置，否则拧至解锁位置。

（7）启动摆动按钮，使横梁摆动。

（8）启动传动电机，使大皮带转动，并往大皮带上进砖，当整条带上布满砖后方可进行下步操作（如果操作工已熟练掌握，可以在第一块砖走过该磨头后就可进行下步操作）。

（9）从进砖端依顺序旋转停止旋钮至右侧并按下各组磨头的“启动”按钮（普通型抛光机只需直接按启动按钮即可），再依顺序将磨头升/降旋钮拧至右侧，则磨头旋转下降磨砖。

（10）调整各磨头的磨砖气压至2.5～3MPa，此时整台机开始运行，请注意大皮带上不能空砖和叠砖，空砖和叠砖都会造成事故。

（11）在运行中出现异常情况请按下急停按钮，例如出现烂砖、机器振动等，就应该按下红色的急停按钮（机前和机尾都有急停按钮），整台机即全部停止工作，磨头自动升起。

（12）烂砖处理：烂砖处理的方法有两种，即补砖法和手动升起磨头避让法。

补砖法：在用手动操作抛光机时，偶尔会遇上某个磨头烂砖，当听到烂砖声音后，立即按下急停按钮，整台机停止工作，磨头升起，依次打开前门板，查出烂砖位置，清除烂砖和碎渣，用水冲净碎渣，检查大皮带有无划花和内嵌砖渣，如有就将大皮带划伤挠起部分割掉，用小刀挠除内嵌砖渣后，在该处补上一片返抛砖，关上门板，将急停开关左转，再按手动操作程序第7步开始继续操作。

手动升起磨头避让法：（操作熟练和有经验的操作工方可用此法）当发现烂砖现象后，迅速判断出是哪号磨头烂砖，快速按下该磨头和下一个磨头的停止按钮，当即打开门板观察烂砖情况，当烂砖位置走到下一个磨头的位置时，接着按下相邻磨头的停止按钮，同时把开始烂砖的磨头启动往下降磨砖，就这样依次地停、开、停、开，把烂砖位置走出机外，当烂砖位置出现在机外时，迅速处理烂砖，冲净皮带，让机器不间断运行。这就是用手动操作使磨头升起、降落来避让烂砖的方法。

4. 空机自动启动的操作步骤

（1）打开水源闸阀。

（2）打开气源开关。

（3）合上电控柜内电源总开关及各电机断路器开关后，关上电控柜门。

（4）将手动/自动旋钮拧到自动位置。

（5）将磨头面板上的升降控制旋钮拧至右侧位置，停止旋钮也拧到右侧。

（6）若与后继设备有联锁时，则需将联锁/解锁旋钮拧至联锁位置，否则拧至解锁位置。

（7）启动摆动按钮，使横梁摆动。

（8）启动传动并往输送带上进砖，此时磨头会自动依次启动，下降磨砖。抛光机进入运行状态。

（9）当发生烂砖时，需立即按下急停按钮，再按下列方法操作：

例：当发生烂砖时，需立即按下急停按钮，再检查是哪些磨头下面有烂砖，其磨头编号是多少。磨头编号由进砖端向后依次编排。

若“3”号磨头下面有烂砖，则将拨码开关拨至“3”，再按一下“碎砖确认”按钮，然后反时针旋转急停按钮使之复位，再重新启动则磨头会在有碎砖处自动升起，当碎砖处通过后又会自动下降磨砖正常工作。

若“3”号磨头下面有碎砖，6号磨头下面也有碎砖，则将拨码开关拨至“3”按一下“碎砖确认”按钮，再将拨码开关拨至“6”再按一下“碎砖确认”按钮，然后旋转急停按钮使之复位，再重新启动则磨头会在有碎砖处自动升起，当碎砖处通过后又自动下降正常工作。

当有多处有碎砖，均可按上述方法操作。

5. 中途停机后的启动步骤

机器在运行中，会遇到一些意外问题需紧急停机，待把问题处理完后要重新起动机器，其操作步骤如下：

(1) 将急停按钮复位。

(2) 手动、自动都从空机启动的步骤第7条开始往下操作即可。

6. 更换磨块的操作步骤

(1) 当某个磨头自动提升，磨头操作面板报警信号灯 (2) 亮时，表示该磨头的磨块已磨完，需更换磨块，将磨头操作面板上的磨头升/降旋钮拧向中间位置，停止旋钮拧向左侧。

(2) 打开该磨头的安全防护门，待磨头完全停止旋转后，按照磨块类型，型号更换磨块(要求迅速)。其更换方法是先用左手推着磨头转动，待一个磨块座的端部正对着操作者止，操作者用右手托住并握紧新磨块（注意磨块的方向：使磨块锥度卡套小锥端正对操作者自己），稍用力向用尽的旧磨块撞击[图5-89(a)]，使其从磨块座的锥度卡槽中脱落出来并掉到砖面上(注意：如果旧磨块一下撞不掉，就不要再用新磨块去撞击，而就要改用手锤敲击，不然就会撞烂新磨块的塑料锥度卡套)，用左手捡掉旧磨块，右手握紧新磨块往磨头中心伸进，待新磨块锥度卡套小锥端对准磨块座的锥度卡槽时用力往外拉新磨块[图5-89(b)]，使新磨块锥度卡套与磨块座锥度卡槽相互卡紧为止。此时已换好一个磨块，再用左手推着磨头转动，待第二个磨块座的端部正对着操作者止，重复上面更换磨块的动作，将一个磨头上的六个磨块全部换完[图5-89(c)]，把旧磨块拿离磨头工作区。

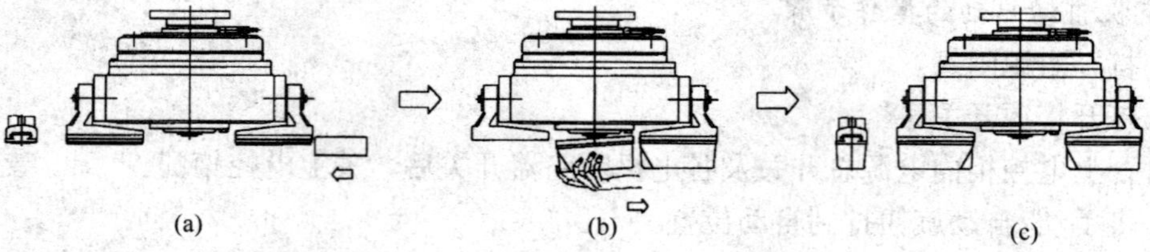

图5-89　更换磨块操作示意图

(3) 锁紧安全防护门，将停止旋钮拧向右侧，按下此磨头启动按钮，待此磨头旋转稳定后将升/降旋钮拧向右侧位置。

(4) 慢慢调高下降气压，使磨头慢慢下降至轻压砖面，待3～5min后，才按磨头的工作压力进一步调节，由于刚换一组新的磨块，其每个磨块的高低不会完全一致，高的先接触砖面，低的接触不到，如果当即就加压，会造成烂砖或拆断磨块，只有待高的磨块磨去一部分后，一组磨块高度完全一致，每个磨块都接触砖面，磨块的接触面都磨成圆弧状，才能加压。

7. 停机操作程序

（1）将全机磨头停止旋钮拧向左侧位置。

（2）按下传动“停止”按钮。

（3）按下摆动“停止”按钮。

（4）将全机磨头升/降旋钮拧向中间位置。

（5）关闭水源闸阀。

（6）关闭电柜电源开关。

（7）关闭气源开关，在磨头下的皮带面放上木块垫住磨头，因当气路没压力后，磨头会慢慢下落至皮带面上，时间一长会把皮带压出凹坑，垫上合适的木块后，可起到保护皮带的作用（对老机型而言，同时不会压坏磨头下降极限限位开关）。

8. 更换磨头的操作步骤

抛光磨头由于长期运转，各个零件会因磨损而出现故障，就要进行更换和维修，其装拆步骤如下：

（1）拆除磨头步骤：

① 打开有故障磨头的前后挡水门板。

② 在有故障磨头下面大皮带面上放一块宽 500mm、长 800mm、厚 2mm 的铁板。

③ 将升/降旋钮扭到左侧位置，磨头缓缓落到所垫铁板上。

④ 用固定扳手松开固定筒固定螺丝，并把固定筒抬高，用对角两块固定块将固定筒卡住不下落。

⑤ 用扳手松开磨头固定螺丝。

⑥ 将升/降旋钮扭到中间位置，让主轴上升。

⑦ 拆掉磨头上润滑油管和排气管。

⑧ 将磨头向操作面移出机外，并抬下工作台面，或用起重设备将磨头吊下工作台面，拆磨头结束。

（2）安装磨头的步骤：

① 打开安装磨头位置的前、后门板。

② 在安装位置的大皮带面上放一快 500mm×800mm×2mm 的铁板。

③ 将磨头抬上铁板或用起重设备将磨头吊到所垫铁板上。

④ 将磨头往机内移，直移至主轴底下止，并清理干净磨头轴安装面和定位止口。

⑤ 将升/降旋钮扭到左侧的位置，磨头主轴缓缓降下，落至磨头轴的安装面上并对准止口。

⑥ 用手来回转动磨头，使磨头轴安装孔对准主轴安装孔，并拧上螺丝。注意：磨头紧固螺丝要配上平垫圈和弹垫圈。

⑦ 用扳手将磨头紧固螺丝拧紧，一边拧紧一边要检查磨头轴端面与主轴端面贴合状态，贴合越严密越好，不能有缝隙或局部有缝隙。

⑧ 松开对角固定块，将固定筒缓慢放下，转动磨头固定盖，使磨头固定盖上加油管和排气管对准固定筒下部缺口，再将固定筒轻轻的落到磨头上并对准磨头固定盖上的螺孔。

⑨ 拧上固定螺丝，注意螺丝一定要配上平垫圈和弹垫圈。

⑩ 用扳手拧紧固定筒螺丝。

⑪ 接好润滑油管和排气管。

⑫ 将升/降旋钮扭到中间位置，将磨头升起。

⑬ 调整好固定块与固定筒摩擦面的松紧程度。

⑭ 拿掉所垫铁板。

⑮ 按型号、磨块号装上磨块。

⑯ 关好前后防护门，磨头安装结束。

三、抛光工序的故障排除

抛光机在整条抛光生产线中，是最重要的关键设备和关键工序，故障处理的好与坏，直接影响抛光生产质量和效率。故障出现后我们要加以分析，施以正确的方法加以排除，下面是一些常见故障排除方法，为了便于理解和查对，我们把这些故障分为两大类，属设备本身而不影响砖面质量作为设备故障，影响砖面质量的作为工艺性故障。

（一）抛光工序设备故障排除（表 5-28）

表 5-28　抛光工序设备故障排除一览表

序号	故障现象	故障原因	解 决 方 法
1	磨头上部三角带烧坏	1. 三角带质量差 2. 没有及时张紧 3. 工作压力太大，过载	1. 更换好质量三角带 2. 及时检查及时张紧 3. 调整抛光压力
2	磨头上下不灵活	1. 气压不够 2. 主轴有粉尘污染或锈蚀 3. 固定块压得太紧或单边受力	1. 调整气压 2. 清除粉尘和锈蚀，加润滑油 3. 调整固定块对固定筒的压力
3	磨头振动	1. 联轴器损坏 2. 关节轴承损坏 3. 联轴器大胶垫过厚或过薄 4. 联轴器小胶垫失效	1. 更换联轴器，或修复 2. 更换关节轴承 3. 更换厚度合适的橡胶垫 4. 更换小胶垫
4	磨头摆动	1. 磨头轴与主轴联结松动 2. 磨头轴安装平面上有杂物，安装时未清理干净	重新安装
5	磨块座不摆动	1. 断摆杆 2. 齿轮烂齿坏损	1. 更换摆杆 2. 更换齿轮
6	磨块座摆动不对称	1. 铜套脱落 2. 球头螺钉磨损或松动 3. 摆杆轴平键松动	1. 更换铜套重装 2. 调整 3. 更换摆杆轴
7	磨块座断裂、脱落	1. 磨块座有砂孔 2. 压板螺栓断	1. 更换磨块座 2. 更换压板螺栓
8	摆线针轮减速机无输出	1. 摆针磨损 2. 摆套磨损 3. 齿盘磨损严重	1. 更换摆针 2. 更换摆套 3. 更换齿盘

（二）抛光磨头疑难故障分析与排除

1. 抛光磨头振动故障

抛光磨头的种类较多，现以市场占有量最多的二齿差凸轮摆杆式抛光磨头为例，叙述振动故障产生的原因和排除方法。图 5-90 为抛光磨头结构图。磨头轴（59）是通过联轴器（21）、大胶垫（22）、小胶垫（17）、隔套（18）与磨头体联结，工作时大胶垫、小胶垫起到缓冲作用。当磨头在抛砖工作时，磨块座遇上高点或厚度不一致的砖时，磨头体就通过大胶垫和关节轴承（25）这个支点作上下浮动的微量调节。在旋转轴套（27）的上部装有两个O形胶圈（61），当磨头体在作微量调节时，使旋转轴套内壁不与磨头轴外圆相碰撞。整个微量调节的过程都是在有橡胶作缓冲的条件下进行的，不会产生金属相碰撞，一旦发生金属碰撞就会产生响声和振动。由此可知，产生振动的原因可归纳如下：

（1）O形胶圈（61）磨损严重后，当磨头作微量调节时，旋转轴套（27）内孔壁会碰撞磨头轴外圆而产生响声和振动。

（2）大胶垫（22）硬度低于标准时，容易产生变形，回弹性不好，当磨头在压力下工作时，使联轴器（21）凸台与关节轴承（25）外圈相碰撞而产生振动。

（3）大胶垫厚度、硬度低于标准时，会造成联轴器对小胶垫的压缩量不够（也就是小胶垫的预加应力不够），当磨头在压力下磨抛工作时，使隔套（18）外圆与联轴器相配合的孔壁相碰撞而产生振动。

（4）大胶垫厚度、硬度超过标准时，会造成联轴器对小胶垫的过压缩而失去弹性（也就是小胶垫的预加应力太大），磨头不能作柔性调节，当磨头在压力下磨抛工作时产生振动。

（5）小胶垫（17）硬度和外圆直径低于标准时，容易产生变形，回弹性不好，当磨头在压力下抛磨工作时，使隔套（18）外圆与联轴器相配合的孔壁相碰撞而产生振动，当小胶垫外直径大于标准时也会产生振动。

（6）凸轮曲线与主动摆杆滚轮间隙大，不稳合，当磨块座进行交变状态工作时，滚轮会碰撞凸轮曲面而产生响声和振动。

（7）关节轴承破损，破坏了磨头作微量调节的支点会产生振动。

排除方法如下：

（1）如果是新磨头产生振动就与O形胶圈无关，如果是旧磨头产生振动就应检查更换O形胶圈。

（2）大胶垫标准厚度是 14.5mm，经验邵式硬度是 60～65 度。少于标准厚度而使小胶垫压缩量不够时，可采用在大胶垫上加垫 1mm 厚度橡胶皮方法解决。大于标准厚度至使小胶垫过压缩时可采用加长隔套（18）的长度 1～2mm 方法解决。硬度不符合时则要求更换。

（3）小胶垫标准外圆是 ϕ32.2mm，厚度为 12mm，经验邵式硬度是 70～75 度。小于标准外圆造成压缩量不够时，可采用在大胶垫上加垫 1mm 厚度橡胶皮方法解决。大于标准外圆造成过压缩时采用加长隔套（18）的长度 1～2mm 方法解决。硬度不符合时则要求更换。

（4）联轴器与隔套相配合的孔如果偏小，可适当加大，应保持单边 2mm 间隙为宜。

（5）单个磨块座有晃动或晃动稍大时，应按“磨块座同一平面调整方法”进行调整，适度减小滚轮与凸轮的间隙。

（6）联轴器凸台可适度加大倒角，可避免联轴器凸台碰撞关节轴承的外圆。如果关节轴承破损时应立即更换。

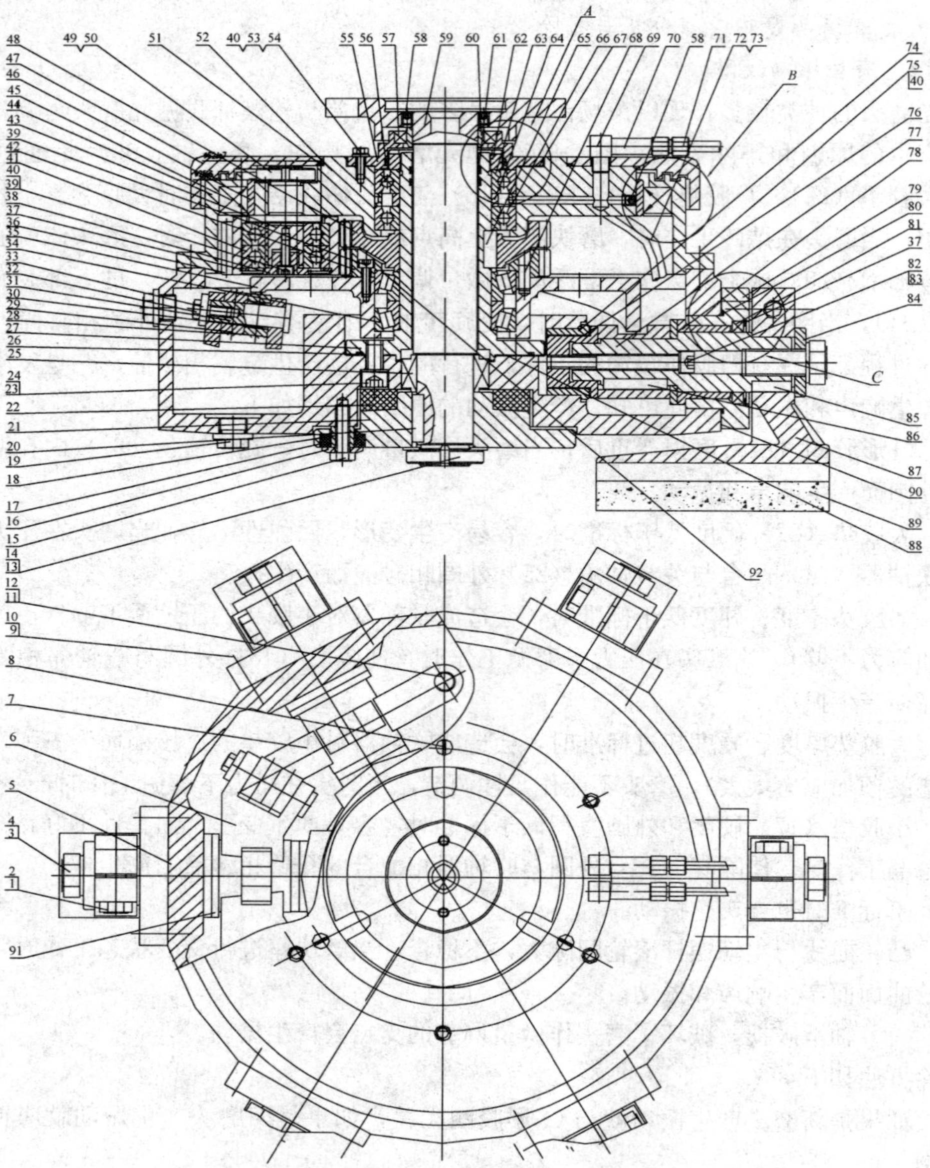

图5-90　抛光磨头结构图

1—六角头螺栓 M14×40；2—弹簧垫圈 14；3—弹簧垫圈 20；4—六角头螺栓 M20×35；5—磨头座；6—主动摆杆；7—被动摆杆；8—十字槽沉头螺钉 M6×14；9—内六角圆柱头螺钉 M8×20；10—弹簧垫圈 8；11—球面螺钉；12—防松螺钉；13—圆螺母 M36×1.5；14—止动垫圈 36；15—六角头螺栓 M10×3；16—垫；17—胶垫；18—隔套；19—螺塞；20—平键 12×36；21—联轴器；22—弹垫；23—弹簧垫圈 12；24—内六角圆柱头螺钉 M12×25；25—关节轴承 GE40ES；26—0 型密封圈 118×2.65；27—旋转轴套；28—主动滚轮；29—从动滚轮；30—滚针轴承 K162017；31—滚轮轴；32—六角头螺栓 M8×20；33—轴端压盖；34—圆锥滚子轴 32013；35—凸轮；36—中间齿轮；37—孔用弹性挡圈 62；38—压盖；39—内六角圆柱头螺钉 M6×20；40—弹簧垫圈 6；41—深沟球轴承 6305；42—从动齿轮；43—中间轴；44—磨头盖；45—旋转轴唇形密封圈 FB280 320；46—镶套；47—防水罩；48—主动齿轮；49—圆螺母 M24×1.5；50—止动垫圈 24；51—O 形密封圈 170×2.65；52—固定盖；53—六角头螺栓；54—平垫 6；55—顶盖；56—O 形密封圈 80×3.55；57—旋转轴唇形密封圈 FB 55 75；58—内六角平端紧定螺钉 U8×10；59—轴；60—小镶套；61—O 形密封圈 45×3.55；62—锁紧螺母；63—角接触球轴承 7013AC；64—内隔套；65—平键 14×28；66—外隔套；67—调整垫（1）；68—圆柱销 A8×22；69—油接头；70—油路外接头；71—管接头螺母；72—直通终端管接头 M10×1；73—刮油管；74—铜套；75—六角头螺栓 M6×25；76—摆杆轴压盖；77—摆杆轴；78—轴承座套；79—小轴承座；80—O 形密封圈 65×2.65；81—旋转轴唇形密封圈 FB45 62；82—内六角圆柱头螺钉 M10×100；83—弹簧垫圈 10；84—压紧端盖；85—平键 C10×28；86—平键 10×45；87—磨块座；88—调整垫（2）；89—磨块（170）；90—调整垫（3）；91—垫片；92—调整垫（4）

抛光磨头振动故障排除方法（2）、（3）两条是行之有效的方法，也是经常使用的方法。

2. 抛光磨头漏油进水故障

由于抛光磨头的工作环境非常恶劣，漏油进水故障时有发生。凡是漏油进水的磨头内腔零件表面呈黑色，全部轴承坏损、散架；滚轮和凸轮严重磨塌、齿轮组件严重磨损，要修复此类磨头，几乎要更换三分之二的零件。此故障一旦发生，会带来严重的经济损失。认真分析如图 5-96 磨头结构图中的 A、B、C 三处，分析漏油进水的原因和排除故障的方法。

（1）小镶套（60）与顶盖油封（57）。小镶套是一个钢制的圆圈，内圆与磨头轴紧密配合，外圆表面与顶盖油封接触，为了提高其表面耐磨度，采用表面镀硬铬工艺，为了提高硬铬层的表面粗糙度，采用旋转抛磨工艺。如果小镶套表面铬层镀的厚薄不一致，抛磨不到位，表面精度差，会加速顶盖油封的磨损，当顶盖油封一旦磨损，失去密封功能后，水雾会由此处进入锁紧螺母（62）的上部。当磨头停止工作时，冷凝水也会由此渗进锁紧螺母（62）的上部。

（2）锁紧螺母（62）与O形密封圈（56）。锁紧螺母内螺纹与旋转轴套配合，外圆表面与O形密封圈接触，当内螺纹与外圆表面不同轴时或螺丝较松时，装配后其外圆表面会产生跳动，也就是锁紧螺母外圆表面与磨头中心不同轴，用百分表检查时会发现有明显的跳动，有的跳动量高达 0.45mm 以上（图 5-91）。由于锁紧螺母外圆跳动量大，会加速O形密封圈（56）的磨损，当O形密封圈磨损后，通过小镶套处进入的水雾和冷凝水就会由此进入固定盖轴承内，再经固定盖轴承进入磨头体内。

图 5-91　锁紧螺母外圆跳动检测方法

图 5-92　大镶套外圆跳动检测方法

（3）顶盖（55）与固定盖（52）的安装平面。装配顶盖时未装密封垫或未涂密封胶，冷却水会由两平面之间渗入磨头体内。

（4）防水罩（47）与固定盖（52）安装平面。装配防水罩时，除装入O形密封圈（51）外，还要在固定盖上平面所有螺孔周围涂抹一圈密封胶，不然冷却水会由防水罩安装孔渗入到两平面之间，而后会汇聚在大镶套与大油封的上部。

（5）大镶套（46）与大油封（45）。大镶套是用无缝钢管制成的薄壁圆圈，为提高外圆表面的耐磨度，采用外圆表面镀硬铬工艺；由于大镶套镀铬层在电镀时，无法控制表面镀铬层厚度一致，而镀后未经修磨而只是手工抛光，又因手工抛光难以做到均匀一致，有时会将较薄铬层抛掉而露出基体，使大镶套外圆表面高低凹凸不平，没有几何精度。如图 5-92 用百分表检查时表针在 0～0.15mm 之间跳动，表针不能稳定。油封唇口与其接触不能产生良好的密封性能，同时也会加速油封的磨损。大镶套经镀硬铬抛光后，棱角很锋利，装入大油封时如果方法不对，会将大油封唇口划破。当大油封唇口划破和磨损后，水雾和冷凝水会由此渗入磨头体内。

（6）当水渗进磨头体内，会稀释润滑脂，使润滑脂黏度降低，最后形成油水混合物。磨头以 560r/min 的速度旋转，强大的离心力将油水混合物从摆杆轴（77）与轴承座铜套之间抛洒出来，由于油水混合物失去了润滑性能，加速了小轴承座油封（81）的磨损，因此油水混合物就从此处抛洒出磨头体外。

排除方法如下：

（1）抛磨小镶套镀硬铬表面时采用专用夹具装夹，做到内外圆同轴，特别注意做到导向锥角与圆柱面的稳接，避免装配时碰坏油封唇口。

（2）改进锁紧螺母和旋转轴套的结构，增加定心环口，磨削锁紧螺母外圆时以定心环口为基准来校正，保证磨后的外圆表面与磨头中心同轴，可提高 O 形密封圈的密封性能和耐用度。

（3）装配顶盖和防水盖时应按要求涂抹密封胶，防止冷却水从此两处渗入磨头体内。

（4）改进大镶套的加工和装配工艺，增加大镶套的镀硬铬层厚度，将镀好硬铬的大镶套内圆表面涂抹密封胶后压装到固定盖相应的位置上，再将固定盖与大镶套组合件以固定盖轴承孔中心定位装夹在专用夹具上，在外圆磨床上精磨大镶套外圆镀硬铬表面，这样可保证大镶套外圆表面与磨头中心同轴度、粗糙度和几何精度，可提高大油封的密封性能和耐用度。

（5）小轴承座油封、大油封和顶盖油封都必须用双唇口油封，这样可防止泥沙进入唇口密封区，提高油封的耐用度和密封性能。

（6）装配大油封时必须要用导入套，避免装配时碰坏油封唇口，如图 5-93 所示。

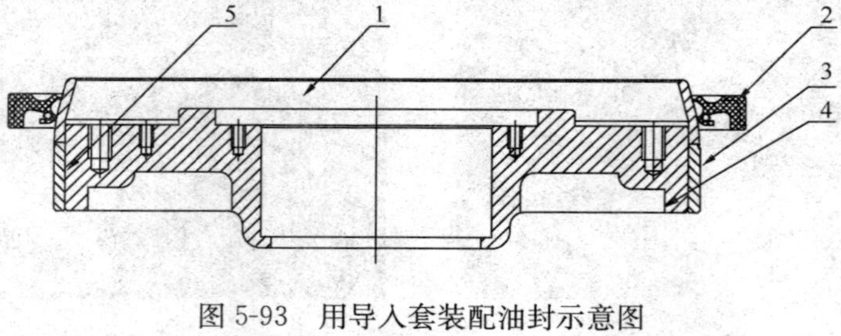

图 5-93　用导入套装配油封示意图

1—油封导入套；2—FB 型旋转轴唇形密封圈（大油封）；3—镶套；
4—固定盖；5—680 固特胶涂抹处

通过以上改进可有效地排除抛光磨头漏油进水故障。

图 5-94　凸轮顶部严重磨损实物照片

3. 凸轮顶部严重磨损故障

当磨块座的摆动幅度明显减少（正常摆幅为 24°），使用后的磨块圆弧平缓，启动磨头可听到异常的响声，此应怀疑磨头内凸轮顶部严重磨损，如图 5-94 所示。拆出凸轮检查发现凸轮顶部已被磨掉一截，被磨损处金属组织粗糙，金属有被挤压位移的现象。此类故障要从凸轮的制造工艺来分析排除。凸轮是用 40Cr 钢经锻压→粗车→调质→精车→铣凸轮曲面→手工修锉凸轮顶部圆弧→气体氮化处理→人工抛磨凸轮曲面以提高粗糙度。凸轮表面硬度可达 HRC48～55，氮化层深度在 0.4～0.8mm 之间。凸轮曲面粗糙度要求在 1.6 以上。由此而知凸轮是表硬度高而心部只有调质硬度，调质硬度只有 HB220～250，而在凸轮曲面上滚动的滚轮是用轴承钢制成，其整体硬度是 HRC58～62。分析如下：

（1）手工修锉凸轮顶部圆弧不到位，圆弧过渡不好，三个顶部圆弧高低不一致。此种凸轮装配调整完毕后，用手转动固定盖会感觉到凸轮顶部滑过主动摆杆滚轮时阻力很大，有的甚至滑不过去。此种凸轮会造成顶部严重磨损。

（2）气体氮化处理时凸轮在氮化炉内是码堆形式码放，而不是一个一个地摆放，使凸轮顶部没有受到氮气而造成凸轮顶部表面没有硬度。此种凸轮会造成顶部严重磨损。

（3）氮化处理后人工抛光凸轮曲面时不是用抛光轮而是用砂轮片进行磨削，由于氮化层很薄，容易被磨掉，此种凸轮会造成顶部严重磨损。

（4）调质处理时的硬度没有达到要求值，造成心部过软，不能承载滚轮的压力，此种凸轮也会造成顶部严重磨损。

排除方法如下：

（1）建议用数控铣床加工凸轮曲面，可免去人工修锉，保证凸轮精度。用普通铣床加工后，人工修锉时一定要用样板进行校验，保证凸轮顶部精度。装配磨头时，遇上此种凸轮可适当放大球面螺钉与滚轮之间的间隙，可避免凸轮顶部严重磨损。

（2）气体氮化处理时凸轮在氮化炉内不能以码堆形式码放，而是一个一个地摆放，使凸轮曲面能均匀的受到氮化气体。

（3）氮化处理后人工抛光凸轮曲面时只能用抛光轮，而且用力不能大，只要使凸轮曲面光亮圆滑就可，不能用砂轮片进行磨削。

（4）对调质处理件进行硬度检测，不符合要求的应重做。

（三）抛光工序工艺故障排除（表 5-29）

表 5-29　抛光工序工艺故障排除一览表

序号	故障现象	图　形	故障原因	解决方法
1	漏刮	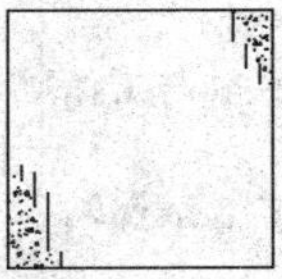	1. 砖坯变形大 2. 刮刀配置不合理 3. 刮削量未调好	1. 加多粗刀配置 2. 重新调整刮削用量
2	漏磨	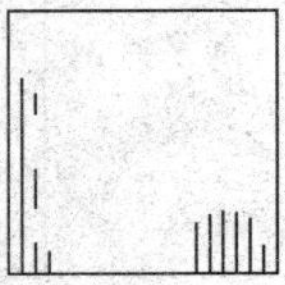	1. 粗抛过弱 2. 砖坯变形大 3. 支座水平未调好	1. 加强粗抛 2. 重校支座水平
3	漏抛	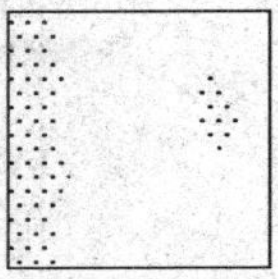	1. 粗抛过强，中抛过弱 2. 线速度过快	1. 调整粗抛，加强中抛 2. 减慢线速度

续表

序号	故障现象	图　形	故 障 原 因	解 决 方 法
4	磨痕		1. 中抛过弱 2. 摆动次数过少 3. 横梁摆幅不够	1. 适当加强中抛 2. 适当增加摆动次数 3. 适当加大摆幅
5	划痕		1. 粗精抛中间没有冲水管 2. 中精抛磨块有气孔、缺损或夹嵌粗磨粒	1. 加装冲水管 2. 更换不合格磨块
6	亮度不够		1. 中抛过强，精抛过弱 2. 线速度过快	1. 调整中抛，加强精抛 2. 适当放慢线速度
7	两对边亮度不均	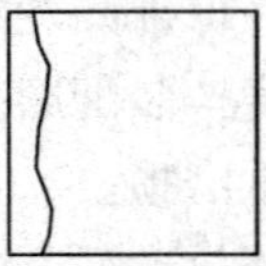	1. 横梁摆动中心偏移 2. 支座水平不够（与工作台面不平行）	1. 调整横梁摆动中心 2. 调整支座水平
8	弯砖		1. 横梁摆幅不够 2. 工作台底板磨损 3. 横向固定块未夹紧	1. 适当调宽摆幅 2. 更换工作台底板 3. 调整横向固定块
9	花砖	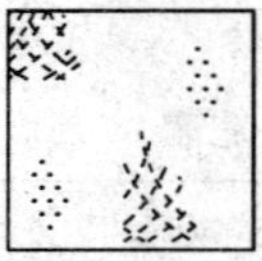	1. 机架水平未调好或地基变化引起机架变形 2. 两支座导轨面不平行 3. 主轴垂直度未调好	1. 重校机架水平 2. 重校左右支座水平 3. 重校主轴垂直度
10	扫尾	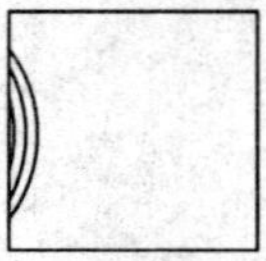	1. 工作台底板不平整 2. 中、精抛磨头主轴与工作台面垂直度差 3. 地基变化引起工作台不水平	1. 检查并更换 2. 重校中精抛磨头主轴垂直度 3. 加固地基，重校工作台水平
11	烂边		1. 刮平砖不平整（刮平砖两边有高埂） 2. 粗抛压力太大	1. 粗精刮应更换 90°方向 2. 适当调小粗抛压力
12	崩角		1. 砖在机内未走直 2. 相邻磨头没有正反转 3. 工作台某处有高点 4. 导轨不平直	1. 调整导轨宽度，使砖走直 2. 相邻磨头的转向应相反 3. 检查清除工作台高点 4. 重校导轨平直度

续表

序号	故障现象	图　形	故障原因	解决方法
13	参花砖 砖面缺花	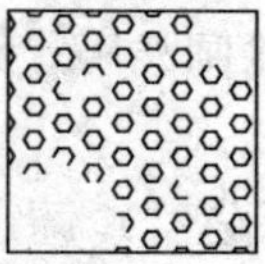	1. 砖坯本身有问题（烧成温度不够，炉内温度不均匀，砖坯变形大） 2. 未选择好进砖方向 3. 返抛或返刮	1. 改进砖坯质量 2. 在刮平机进砖处试验选择合适的进砖方向 3. 参花砖一定要减少返抛返刮
14	色差大 色号多		1. 砖坯本身有问题（烧成温度不够，炉内温度不均匀，砖坯变形大） 2. 未采用统一进砖方向 3. 返抛或返刮	1. 改进砖坯质量 2. 参花砖一定要采用统一进砖方向 3. 每班尽量少进行返抛返刮
15	在某一段炸砖		1. 某个磨头摆动、振动 2. 某个磨头压力过高 3. 大皮带某一段有内嵌砖渣	1. 更换有问题的磨头 2. 调整压力过高磨头气压 3. 检查清理大皮带
16	砖从抛光机出来是烂的	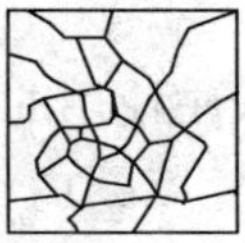	工作台底板严重磨损	更换工作台底板

（四）影响砖面质量的凝难故障排除实例

1. “花砖”故障

某陶瓷厂购进新抛光线，安装调试使用 8 个月后，渐渐发现砖面质量不如刚开始好，随着时间的推移，此问题越发严重，砖面同时出现多种不合格现象——漏抛、磨痕、光度不匀，行业述语将此故障叫做“花砖”，也叫“西瓜皮砖”。经更换不锈钢底板、大皮带维修后，此故障没有得到排除。后经专业人士检测发现机架工作台面水平度严重超差，高点和低点相差 8mm 多，并且是呈扭曲状，导致两支座导轨不平行，横梁摆动轨迹在不断的变化，使磨头在砖面移动时相对于砖面的抛磨压力不一致，与砖面接触的部位也不一致，以致抛出“花砖”。经重校机架工作台水平，左右支座水平，磨头主轴相对于工作台面垂直度后，此故障排除。经分析认为是由于地基变化引起机架变形所致。

2. “扫尾”故障

某陶瓷厂购进新抛光线，安装调试后生产出的抛光砖在出砖边都有几道圆弧状抛磨痕迹，此处光度低，行业述语将此故障叫做“扫尾”。为解决此故障，安装调试人员多次对机架水平、支座水平进行精细调整，局部更换不锈钢底板，虽有好转，但是此故障没有得到根除，厂家表示不满意。后经经验人士提议，对后台抛光机的磨头主轴垂直度进行现场重校，发现后台机有 6 根磨头主轴垂直度超差，都在 0.15～0.20mm 之间。将此 6 根磨头主轴垂直度都调整在 0.08mm 范围内，进行试抛，此故障得以排除。分析认为：一是抛光机在工厂装配时的机架水平和现场安装机架水平没有重合；二是抛光机在工厂装配时装配工人漏校此

6 根磨头主轴垂直度所致。

（五）电器故障排除

1. 电机启动器（断路器）故障分析与排除

在抛光机工作现场电机启动器（断路器）经常会出现跳闸故障，跳闸故障有短路跳闸和过流跳闸两种。

过流跳闸的原因一般是电机工作电流大于启动器（断路器）调定电流或额定电流，如果是电机工作电流大于电机额定电流，就要查出其原因并排除（例如：电机过载超负荷运行、电机轴承咬住等）。如电机在额定电流内运行还会跳闸就是启动器（断路器）调定电流不对，应该进行调整，在电机启动器（断路器）上都有一个调整电流的小刻度盘，转动此刻度盘，适当将电流值调大一些即可，尽量不能大于电机的额定电流值，不然启动器（断路器）就失去过载保护功能。如果是启动器（断路器）额定电流值过小就应更换启动器（断路器）。

短路跳闸的原因有电机线圈短路、电柜内控制线路短路和电缆短路，用电阻测量法进行查找。测量电机三相之间的电阻，如果任意两相之间的电阻很大，就说明是电机短路。用此种测量方法同样可以查找控制线路短路、电缆短路和三相接地的故障源头，然后采取更换或维修的方法加以排除。

2. 接触器、继电器故障分析排除

接触器和继电器会出现吸合不稳和不吸合故障。抛光线中使用的接触器、继电器线圈工作电压均为 AC24V50Hz/60Hz，当电压在 AC19.2～26.4V 范圈内能正常工作，当电压降到 AC14.4～19.2V 时接触器、继电器不能正常工作，处于吸合不稳状态，会听到电柜内产生“啪啦、啪啦”触头反复动作声音。这就是线圈工作电压过低的原因造成接触器触头吸合不稳，此时应该查找造成线圈工作电压过低的原因，例如总电源电压是否够、变压器输出电压是否够等。如果线圈工作电压高于 26.4V 时，会引起烧坏线圈故障。

当接触器、继电器不吸合时，表示线圈工作电压过低或没有电压，此时应用电压测量法进行排查，测量线圈端点“13”和“14”或“A1”和“A2”的电压，然后顺着线圈供电线路进行排查，直至问题解决。

3. 变频器故障查看及复位方法

(1) 松下变频器中 7F 和 8Z 的查看方法有所不同，7F 型最新故障查看参数 P68，倒数第一个故障查看参数 P69，倒数第二个故障查看参数 P70，倒数第三个故障查看参数 P71。这四个参数可了解最近四次故障报警内容。8Z 型查看先按“SELECT”键，将 MODE（方式）显示器的内容选择为“AO”，然后就可以用方向键选择查看其中“A3，A4，A5，A6”的内容，这就是最近四次故障报警内容。

(2) 三菱变频器故障查看方法是先按“MODE”键选择到“HELP”画面，按“SET”键进入子菜单，按方向键找到“EHIS”，然后按“SET”键进入下级子菜单，用方向键进行查看最近四次故障报警记录。

(3) 安川变频器故障查看方法是先按“SPL”键选择点亮“MNTR”灯，按方向键选择到显示“U-09”，按“ENTER”进入就可查看最近四次故障报警记录。

(4) 施耐德变频器故障查看方法是先按“ENT”键进入总菜单，然后用方向键选择到“SUP”画面，再按“ENT”键并用方向键选择“LFT”项即可查看最后一次故障内容。

以上变频器故障显示内容的具体含义和处理方法请参照该变频器使用手册进行。

这些故障的复位方法是断开变频器供电，待变频器完全失电后再开机即可复位。

4. PLC 故障判断和坏点处理方法

正常运行时应该只有电源灯 PWR 和运行灯 RUN 这两盏灯亮。合上漏电开关后发现 PLC 不亮，应先检查 PLC 供电是否正常，如果供电无问题则是 PLC 本身的硬件问题，那就需要更换 PLC。如果是 PLC 正常工作，但无输入，则需要检查输入点的信号来源工作及连接是否正常，如信号没有问题就可判断为输入点损坏。如果 PLC 正常工作，输入点正常，输出条件满足，但某个输出点始终无输出，在排除了是程序问题后，可判断为输出点损坏。

如果遇上 PLC 有坏点时可以用更换 PLC 或改点的方法排除，PLC 改点步骤如下：

(1) 改点工作一般在移动 PC 机上进行，现场改点一定要在停机状态下进行，先将 PC 机与 PLC 用信号线连接，打开 PC 机，在其操作界面上根据 PLC 新建一个空白工程。

(2) 点击软件上的“在线工作”图标，并从 PLC 上下载程序。

(3) 程序下载完后，找出坏点位置，再找出一个好点，进行在线编辑，就是将好点与坏点并联就可以，一般不要将坏点完全删除。

(4) 完成在线修改过程后，再点击一次软件上的“在线工作”图标，方可断开 PC 机与 PLC 之间的通信，否则有可能会烧坏 PLC 和 PC 机的通信端口。

四、抛光机保养

在整条抛光生产线中，抛光机是关键性设备，其能正常运转对提高生产效力和降低生产成本尤为重要。加强设备保养、注意日常维护是使该设备正常运行的关键所在，应该从以下几个方面来进行设备维护。

1. 检查

每班工作前要注意做到对设备状况进行检查，检查工作按先静态后动态的顺序进行。

(1) 静态检查：检查电流电压是否正常，接地线是否有损坏，检查传动减速机内的润滑油是否够位，如不够必须补充润滑油，检查摆动机构的工作状况是否有零件松动；检查气源气压是否够 6MPa 以上；检查冷却水是否有阻塞或压力不够；检查大皮带的破坏情况和查看是否有内嵌砖渣；检查各磨头的传动皮带松紧是否合适；检查防护门板上的安全扣是否完好。

(2) 动态检查：静态检查完毕后，依次对磨头进行升降试验，检查升降是否正常；关好防护门板，磨头在上升位置时依次启动各个磨头，检查各磨头的转动是否正常；磨头电机的声音和电流是否正常；启动传动减速机，检查运转是否正常，顺带检查大皮带面是否有划伤；启动摆动机构，检查运转是否正常，摆幅是否合理；总之在上班时对设备的状况必须了解清楚，方能进行抛砖工作。

2. 清理

工作结束时（下班时）必须要清理机器内外的碎砖淤泥；清理机架底下的烂砖淤泥；清理破损砖并送到指定地点；每月清理抛光机总水管内的水垢一次；每周清理磨头主轴内孔水垢一次；每班必须及时清理皮带刮板处的碎砖渣。

3. 润滑

按图 5-95 和表 5-30 进行检查润滑。

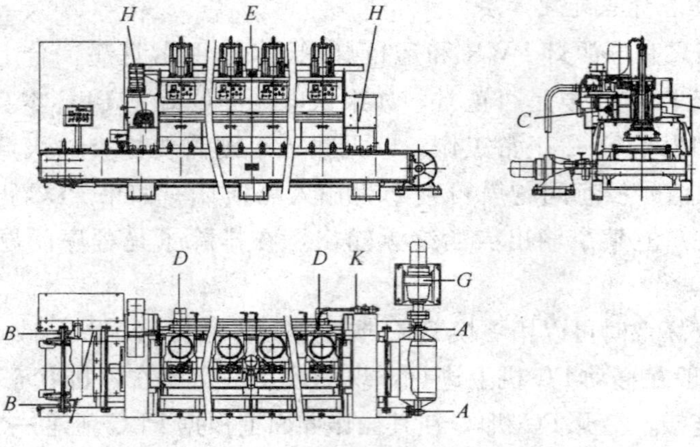

图 5-95　抛光机润滑部位图

表 5-30　润滑部位、润滑油种类、加油时间间隔对照表

润滑部位		润滑油（脂）牌号	加（注）油时间间隔	备　注
A、B	主传动带座轴承	$3^{\#}$ 或 $4^{\#}$ 钙基脂	每 8h 压注一次	
C	摆动轴带座轴承			
D	摆动减速机	N680 工业齿轮油	每班检查油位一次，不足则加注	每六个月更换一次
E	磨头	LUXEPO（Mobil 或 Shell）润滑脂或 $0^{\#}$ 极压锂基脂	自动加油时间间隔出厂时已设定好（一般为 4h）。每班检查自动加油机油箱油位，不足则加注	每三个月更换一次
F	磨头上部	$0^{\#}$ 极压锂基脂	每 8h 压一次	
G	传主动减速机	N68 机械油	每班检查油位一次，不足则加注	首次 200h 换油，然后每隔 2000h 换油
H	摆动齿轮油槽 支座导轨油槽	N32 机械油		
E	气源油雾器	N5 或 N7 机械油		
J	固定筒摩擦面	$3^{\#}$ 或 $4^{\#}$ 钙基脂	每 24h 检查涂抹一次	

4. 电气保养

每周必须用压力空气吹净电柜内灰尘一次；每班必须了解所有工作电机的温升情况；下班冲洗地面和机器时严禁有水冲进电气柜；每周必须清除磨头传动电机灰尘一次。电气检查项目一览表进行检查保养，见表 5-31。

表 5-31　电气检查项目一览表

位置	元　件	检查内容	检查方法	测试标准	仪　器	检查周期
显示	电流表	读数是否正常	检查表的反指示值	必须符合规范值	安培表	每天一次

续表

位置	元 件	检 查 内 容	检 查 方 法	测试标准	仪 器	检查周期
主电路	一般元件	检查所有紧固是否拧紧；任何部件不得过热，必须干净	拧紧紧固件 目检	正常		半年一次
	连接用导线和接线	接线是否有松动 表皮是否有破损	目检	正常		半年一次
	变压器	是否有很浓气味	闻电气柜	正常		每周一次
	变频器	是否跳闸	目检	正常（参阅技术手册）		每天一次
	接线端子	是否有损坏	目检	正常		半年一次
	继电器 接触器	工作时是否有振动 继电器吸合是否正常 触点是否有损坏	目检 用表测量	正常（参阅技术手册）	欧姆表	每周一次
	断路器 熔断器	断路器是否跳闸 熔断器是否烧坏	目检 用表测量	正常	欧姆表	每周一次
冷却	冷却风扇	是否有异常振动和噪声	声音检查	正常	紧固	每天一次
控制电路	操作检查	输入和输出是否得电 保护电路是否正常		电压为 24V 电阻	电压表 欧姆表	每周一次
	所有部件	是否有强烈气味或变色；是否有严重锈蚀	目检 闻气味	正常		半年一次
开关	所有	动作是否正常		正常		每天一次
电机	一般	异常振动和噪声 是否有很浓的气味	听检；目检 闻、摸电机	正常		每天一次

5. 擦洗

将大皮带上抛光砖走尽，下班前必须将设备内外表面擦洗干净，不得有污泥、油垢；使设备保持清洁，必须用冲水管冲净地面及抛光机底下的淤泥。

6. 现场卫生

工作时必须注意现场卫生，烂砖及旧磨块脚应放在斗车内，下班时统一运到指定地点，各种规格磨块排放有序，未返抛完的返抛砖必须摆放整齐，保持通道畅通。

7. 交接班手续（表 5-32）

为了加强各自的责任感和便于查找故障原因，设备必须要有交接班记录、当班人员如实填写当天设备发生的情况和维修记录、磨块牌号的工艺调整记录、当天的润滑情况，接班人员认真检查设备状况与记录相符时，交接班员工双双在交接班记录表上签名后，交班人员方可离开。

表 5-32 抛光工序交接班记录表

日期　　　　　班次　　　　　交班人　　　　　接班人

实际运行时间		砖坯名称		磨头排列序号及磨块工艺搭配粒度号											
故障检修时间		砖坯规格		$1^{\#}$		$8^{\#}$		15		22		29		36	
待料及其他时间		砖坯编号		$2^{\#}$		$9^{\#}$		16		23		30		37	

续表

实际运行时间		砖坯名称		磨头排列序号及磨块工艺搭配粒度号											
平均线速度		抛前厚度		3#		10		17		24		31		38	
返刮数量		抛后厚度		4#		11		18		25		32		39	
返抛数量		最高光度		5#		12		19		26		33		40	
烂砖数量		最低光度		6#		13		20		27		34		41	
炸砖次数		平均光度		7#		14		21		28		35		42	

设备润滑	A		B		C		D		E		F		G		H		J

烂砖原因		检修部位及更换零件名称	

现场卫生	整齐	清洁	清理	畅通	定置			设备卫生	外表	内表	机架	喷管	电控	操控	

认真填写交接班记录表有利于信息通畅，资源共享，有利于技术沉淀和积累，有利于相互学习、相互促进、共同进步，达到技术进步、提高设备使用率、企业赢利的目的。

例如，通过记录设备的有效运行时间，可以考核有效时间内的工作内容和效率分析。

记录平均线速度有利于分析效率高低。记录返刮、返抛数量、烂砖数量、烂砖原因分析、光度高低有利于了解优等品率高低，有助于分析前道工序的质量状况、本道工序设备性能好坏、磨块搭配是否合理和操作技能高低的综合分析。

记录抛前、抛后的厚度有利于了解待抛砖的厚度和抛削量，给下一班留下参考数据。

记录磨块搭配粒度号有利于分析磨块工艺搭配是否合理，通过分析比较后可优选出最佳的磨块工艺搭配，便于技术沉淀和资料积累。

记录设备润滑状况有利于了解和促进员工自觉检查设备润滑状况和按期加注润滑油。

记录设备检修部位和更换零件名称有利于了解设备的易损部位和易损零件名称，便于设计改进和及时制订备件采购计划或加工计划。

记录现场卫生状况和设备卫生状况有利于促进员工自觉搞好现场卫生和设备卫生，有利于企业执行“5S”管理，便于各班相互监督。

复习思考题

1. 简述抛光机工作原理，简述两齿差凸轮摆杆式抛光磨头工作原理。

2. 默画出抛光机气路工作原理图，抛光机在正常运行中突然停电，磨头会自动上升吗？为什么？

3. 正常的抛光气压是多少？什么情况下使用负压？

4. 抛光磨块必须具备哪些性能？抛光磨块工艺搭配三要素是什么？写出 40 头配置的工艺搭配粒度号。

5. 叙述空砖、叠砖保护装置的作用。怎样调整？

6. 叙述联锁与解锁、手动与自动旋钮的作用。叙述自动避让的工作原理。

7. 叙述变频器调速工作原理。PLC 有哪几种编程语言？常用的有几种？

8. 怎样选择抛光机横梁摆动次数？怎样调整横梁摆幅宽度？

9. 怎样校正左右支座水平？怎样校正磨头主轴相对于工作台面的垂直度？

10. 简述调整同一磨头的 6 个磨块座在同一平面内的调整方法。

11. 当抛光砖面出现光度不匀，局部有少许磨痕，试分析是什么原因产生？怎样排除？

第六章　磨边倒角工序

在抛光生产线整线配置中，磨边工序是对抛光砖进行深加工的最后一道加工工序，通过该工序修正砖的大小头、收腰、波浪边、砖边微量缺损、同时对瓷质砖进行倒角。经磨边工序修整后的抛光砖尺寸一致、对角线好，从而使抛光砖又提高了一个档次。磨边工序不但能作为抛光生产线的整线配置，而且还可以单独成线对水晶砖、釉面砖、玻化砖进行修边倒角加工，从而使砖的外形更加规整，便于铺贴，提高砖的完美性。

磨边工序的主要设备就是磨边倒角机（统称磨边机），磨边机的种类繁多，它有压轮式单边磨、压轮式对磨、单压带式对磨、双压带式对磨、正切碟式混合磨。20 世纪 90 年代初，磨边机作为建筑陶瓷加工的尖端设备而被引进，经过国内的消化吸收和不断改进创新，功能不断完善和齐全，现已成为集机、电、气一体的综合性陶瓷深加工设备。现在国内磨边机的制造技术已经赶上和超过世界先进水平，最原始的单边磨、压轮式对磨已经被淘汰，经实践证明所磨砖边质量最好的是双压带式对磨磨边机，线速度最快的是单压带式正切磨边机，作为抛光线的配置当然选用双压带式对磨磨边机。

第一节　磨边倒角设备的种类

瓷砖磨边设备学名叫磨边倒角机，也有叫修边机，统称磨边机。在这一节里重点叙述双压带式对磨磨边机的构造和性能。为了使读者明确磨边机的发展过程，还是依据磨边机种类的先后出现顺序来简单叙述各种磨边机的结构和原理。

一、压轮式单边磨磨边机

如图 6-1 所示，待磨砖由主动带轮（11）、输送皮带（3）拖动往右运动，同时由上压轮

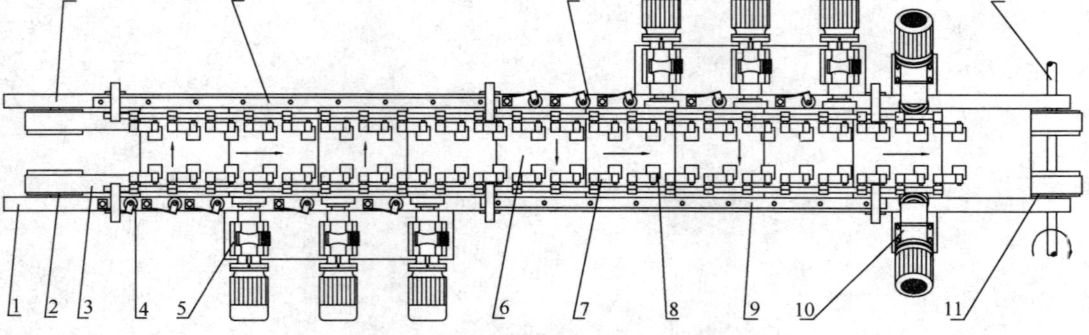

图 6-1　压轮式单边磨磨边机示意图

1—右磨边机梁；2—从动带轮；3—输送皮带；4—右侧向压轮；5—磨边磨头；6—砖；7—上压轮机构；8—上压轮；9—右导砖导轨；10—倒角磨头；11—主动带轮；12—传动轴；13—左侧向压轮；14—左导砖导轨；15—左磨边机梁

(8) 压住，当砖进入右侧向压轮区域时，受到右侧向压轮（4）的压力，砖在往右运动的同时也向左导砖导轨（14）移动。当一个边紧靠左导砖导轨（14）时，磨边磨头（5）就对砖的另一个边进行磨削，经过 2～3 个磨头后，该边已磨平直，砖再继续往右运动。当砖进入左侧向压轮区域时，左侧向压轮（13）将砖压向右导砖导轨（9），砖边靠紧前右导砖导轨时，左边磨边磨头开始对砖进行磨削，经过 2～3 个头后，砖的另一边也已磨平直，并且与对边平行，砖继续往右运动，进入倒角区域，由两个气动倒角磨头（10）同时将两个已磨边的 90°角倒钝，经过倒角后的砖从第一台磨边机出来，经 90°转向器转过 90°后，再进入第二台单边磨磨边机，重复以上的磨边程序将未磨的两对边进行磨边倒角。砖经过两台单边磨磨边机后，砖的大小一致，消除了波浪边和大小头，对角线较未磨砖要好得多。

由上面叙述可以看出，所谓单边磨就是对砖的四个边分 4 次才能磨好，因此单边磨的效率不高，对角线也不很精确，由于人们对抛光砖品质的要求越来越高，陶瓷厂家对抛光生产的效率要求也越来越高，随着新机型的出现，单边磨磨边机已逐渐被淘汰。

二、压轮式对磨机

图 6-2　压轮式对磨机外形图

从图 6-3 可以看出：所谓对磨就是磨边磨头是两组相对安装，同时对砖面进行磨削，经过 4～7 组相对应磨头磨削后，砖相对的两个边同时被磨平直，经倒角后走出第一台对磨机，转过 90°后进入第二台对磨机，重复以上的磨边程序将未磨的两对边进行磨边倒角。由于没有导轨，为了保证砖的两个边能够均匀磨削，在对磨机的进砖处增加了对中机构（4）。为了保证经第一台机磨过的边能与第二台机磨出的边相互垂直，在第二台机进砖处增加了推砖机构或挡砖机构，此两种机构是用来校正砖的已磨边与第二台机的两条同步带运动轨迹相垂直。砖在磨削时会受到阻力而停止移动，因此在砖面要加装压紧机构，其压紧机构是由多个压轮组成的压轮机构（10、11），

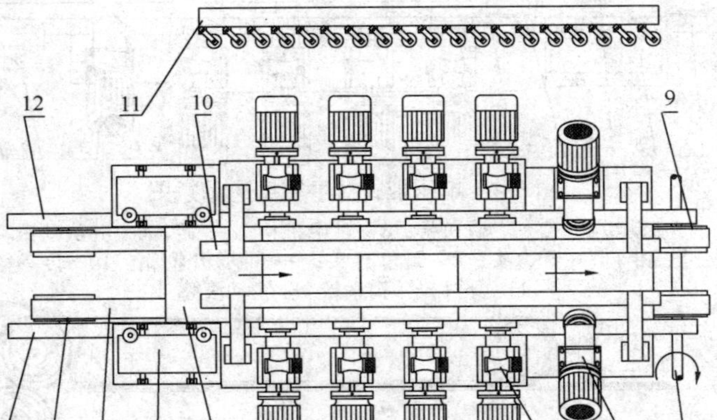

图 6-3　压轮式对磨机磨边示意图

1—右磨边机梁；2—从动带轮；3—同步输送皮带；4—对中机构；
5—砖；6—磨边磨头；7—倒角磨头；8—传动轴；9—主动带轮；
10—压轮机构；11—压轮机构主示图；12—左磨边机梁

所以该磨边机就叫做压轮式对磨磨边机。该磨边机较单边磨效率要高得多。由于增加了对中机构和推砖机构（或挡砖机构），因此比单边磨要进步得多。由于压轮施加在砖面的只是压紧力，而不是同步夹持力，砖在磨边机内的移动是靠两条输送带来拖动的，在磨削过程中，当相对两组磨边头的磨削量略有大小时，砖在机内容易产生歪斜，因此砖的对角线误差就要大些，影响砖的优等品率，因此不适宜精度要求高的抛光砖的磨边。但由于其结构简单，价格便宜，操作方便，仍然有一定的生存空间。

三、单压带式对磨磨边机

如图 6-4 所示，单压带式对磨机较压轮式对磨机在性能上又前进了一大步，所谓单压带是把下输送带(2)由原来两条窄带改为一条宽带，把压紧压轮改为宽皮带(6)，由于有同步齿轮[图 6-5(7)]传动上、下主动滚筒[图 6-4(11、12)]，所以下输送带[图 6-5(2)]与上压带[图 6-5(5)]的线速度是一致的，上压带在气缸的压力下夹持着砖同与下输送带同步移动，上压带压力由气缸执行的优点是压力大而又不会压烂砖，能承受较大的磨削力，经磨削后的砖的尺寸精度、对角线精度有明显提高。该机还有线速度快、磨边效率高的优点，是一种较受欢迎的磨边设备，目前有相当一部分瓷砖生产厂家都使用此种机磨削釉面砖、水晶砖。由于安装了倒角磨头，也可磨耐磨砖和抛光砖。该机的主要缺陷是机器适应范围小，因为没有调宽装置，400 型的机只能磨到 400～500mm 砖，600 型机只能磨到 500～600mm 砖，并且只能磨削 600mm×600mm 以下的砖，如磨 800mm×800mm 砖就难以实现，因此该机只能是什么规格的机就磨什么规格的砖，不能做到一机多能。再由于该机下输送带与上压带不是同步齿形带，而是一般的平皮带，因此上、下两条带的同步性能还是会存在一定的差异。

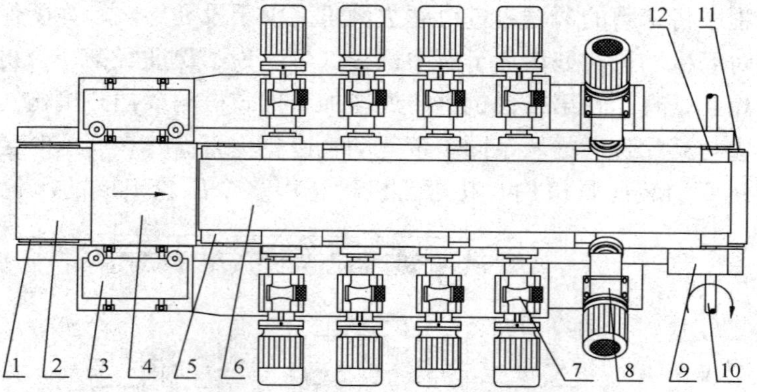

图 6-4　单压带式对磨机磨边示意图

1—下从动滚筒；2—下输送带；3—对中机构；4—砖；5—上从动滚筒；6—上压带；7—磨边头；8—倒角磨头；9—同步齿轮箱；10—传动轴；11—下主动滚筒；12—上主动滚筒

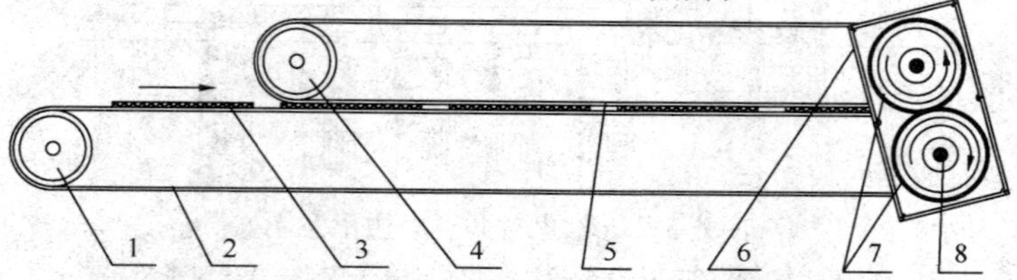

图 6-5　单压带式对磨机传动系统图

1—下从动滚筒；2—下输送带；3—砖；4—上从动滚筒；5—上压带；6—同步齿轮箱；7—同步齿轮；8—传动轴（注：上、下主动滚筒未能画出）

四、单压带正切磨边机

图 6-6　单压带正切磨边机外形图

如图 6-7 所示，单压带正切磨边机继承了单压带磨边机的优点，并在磨头的结构上做了非常大的改进。现磨边机通常使用的是蝶式磨边头，是用磨边轮的端面对砖边进行磨削，而正切磨边头是用磨边轮的周边对砖边进行磨削，因此磨边的效率有了很大的提高，线速度可达 20m/min 左右，由于其是用磨边轮的外圈对砖边进行切削，磨好的砖边存在微量的不平，呈内弧状，如图 6-8 所示，不适应要求较高的抛光砖磨边，同时也因为没有调宽装置，存在适应范围小的缺点。此种磨边机一般不配置倒角磨头，所以只能用于磨釉面砖和水晶砖。

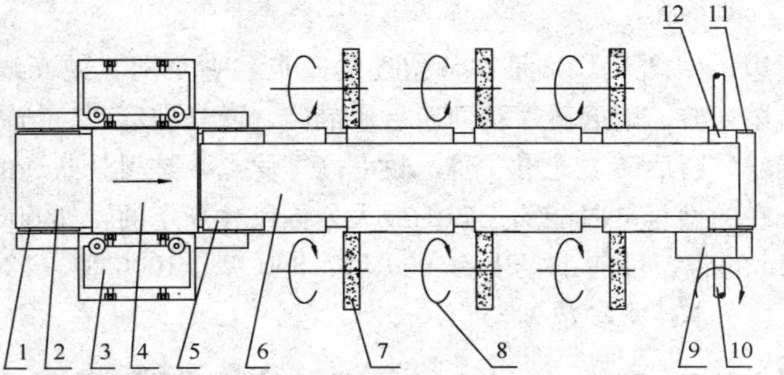

图 6-7　单压带正切对磨机磨边示意图

1—下从动滚筒；2—下输送带；3—对中机构；4—砖；5—上从动滚筒；6—上压带；7—正切磨边轮；8—正切磨边轮旋转方向；9—同步齿轮箱；10—传动轴；11—下主动滚筒；12—上主动滚筒

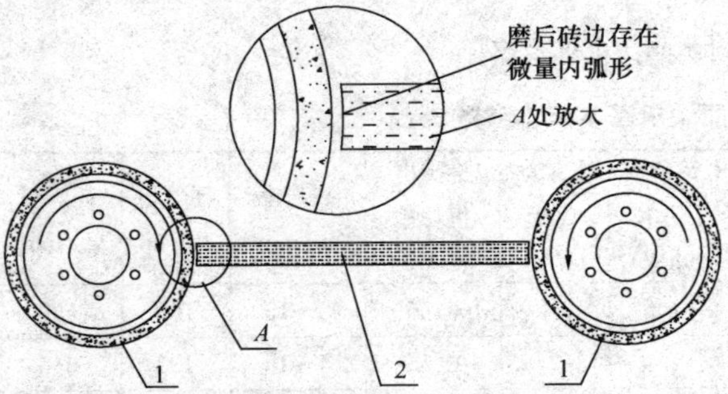

图 6-8　正切磨边机磨出的砖边存在微量内弧形示意图

1—正切磨边轮；2—被磨砖

图 6-9　双压带正切、蝶式混合磨边机图

五、双压带正切磨边机

该磨边机是在双压带磨边机的基础上，将蝶形磨边头改成正切磨边头，其他与双压磨边机相同。该磨边机可调整横梁的开度，适应大、小规格砖的磨边。该磨边机使用的上、下压带为同步齿形带，同步性能好，磨边的精度和对角线都较单压带正切磨边机好，但是磨出的砖边同样存在微量内弧形（图6-8），所以只能用于磨釉面砖和水晶砖。

六、双压带正切、蝶式混合磨边机

如图 6-9 所示，该磨边机是在双压带正切磨边机的基础上，在出砖端每边装上两组蝶式磨边头，对经正切磨边头磨过的砖边进行修磨，消除砖边内弧形，把砖提高了一个档次。该磨边机综合了正切磨边机和双压带磨边机的优点，有线速度高、磨边精度好、对角线规整等。它不仅可以磨釉面砖、水晶砖，加装倒角磨头后，还可以磨削耐磨砖、抛光砖，使设备扩大了使用范围，还由于可调节横梁开度，磨大、小规格的砖都能适应，是比较受欢迎的磨边倒角设备，但是很少用于配置抛光线。

第二节　双压带对磨磨边机

双压带对磨磨边机（图 6-10）是本节叙述的重点，它是配置抛光线的重点设备。该机适应范围广，能磨抛光砖、耐磨砖、釉面砖、水晶砖、微晶玻璃砖、仿古砖等。而且还有磨边精度高，对角线好，磨后砖边光滑平整，效率高等优点，是很受欢迎的磨边倒角设备，市场占有量非常大。它的型号是以能加工砖的最大公称尺寸来定的，如 600 型的磨边机最大可磨 600mm×600mm 的砖，目前市场上有 600 型、800 型、1000 型、1200 型，最宽的可磨 1800mm 的宽度。其基本技术参数见表 6-1。

图 6-10　双压带对磨磨边机外观照片

表 6-1　双压带对磨磨边机基本技术参数表

型　号	磨边头（个）	倒角头（个）	最大工作宽度（mm）	磨边头功率（kW）	倒角头功率（kW）	主传动功率（kW）	推砖电机功率（kW）	线速度（m/min）	耗气量（L/min）	耗水量（L/min）
650/24+4	24	4	300～650	3	1.5	2.2	0.55	5～15	100	560
650/28/32+4	28/32	4	300～650	3	1.5	2.2/3	0.55	5～18	100	640
800/24+4	24	4	500～800	4	1.5	2.2	0.55	3～13	100	560
800/28/32+4	28/32	4	500～800	4	1.5	3/4	0.55	5～18	100	640
1000/24+4	24	4	600～1000	4	1.5	3	0.55/1.5	2.5～12.5	140	560
1000/28/32+4	28/32	4	600～1000	4	1.5	3/5.5	0.55/1.5	5～18	140	640
1200/24+4	24	4	600～1200	4	1.5	3	0.55/1.5	2.5～12.5	140	560
1200/28/32+4	28/32	4	600～1200	4	1.5	3/5.5	0.55/1.5	4～15	140	640

尽管型号多样，但是其结构基本一致，下面以 600 型磨边机为原型来进行叙述。如图 6-11所示，它由 1 号磨边机、连接线架、转向机构和 2 号磨边机组成一条磨边线，两台机结构相同，为了使经两台磨边机磨的砖边能相互垂直，因此 2 号磨边机增加了推砖机构。连接线架的主要作用是将经 1 号磨边机出来的砖平稳地输送进 2 号磨边机；转向机构安装在连接

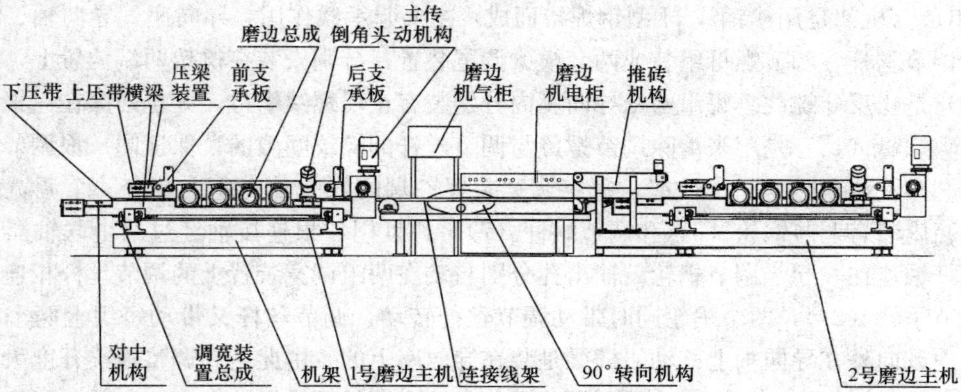

图 6-11　磨边机结构和整线安装位置图

线架的中段，其作用是将经 1 号磨边机出来的砖旋转 90°后再由连接线架送进 2 号磨边机，目的是将未磨的两个边转到与磨边机中心线平行，以便于 2 号磨边机对此两个边进行磨削加工。它们主要由机架和调宽装置、横梁和压梁装置、传动系统、对中机构、推砖机构、磨边磨头、倒角磨头、气动部分、电气控制部分组成，现逐项阐述其结构与性能。连接线架和转向机构将在第七章进行叙述。

一、机架和调宽装置

如图 6-12 所示，机架和调宽装置主要由机架（1）、导向轴支座（12）、导向座（16）、导向轴（17）、调节丝杆（18）、调节螺母（19）、调宽蜗箱（11）、连接轴（2）和调节手轮

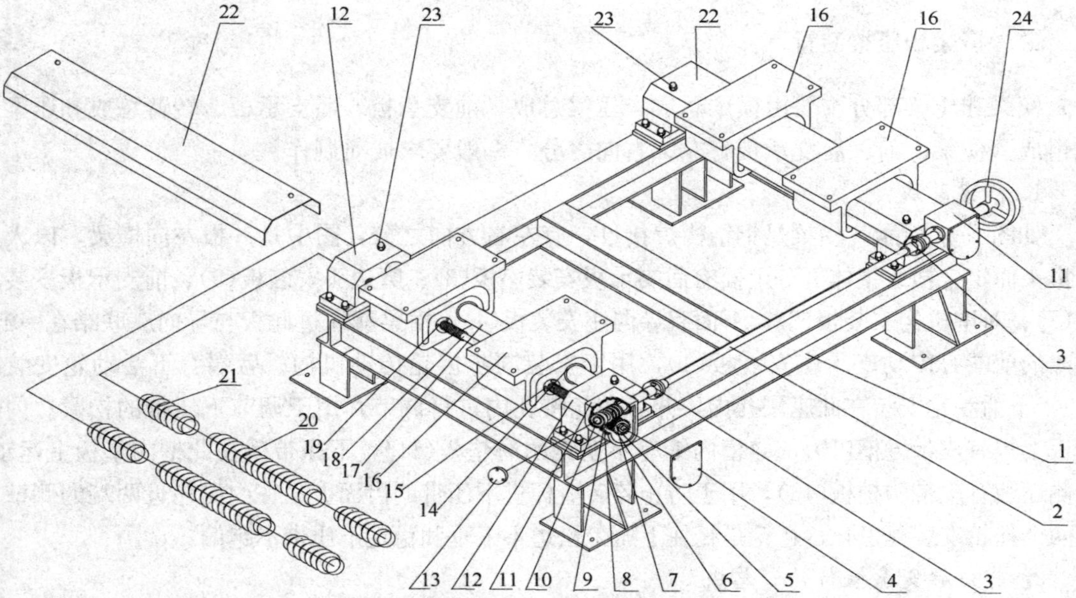

图 6-12　机架和调宽装置结构图

1—机架；2—连接轴；3—联轴器；4—调节蜗箱盖板；5—锁紧螺母；6—调节蜗轮；7—调节蜗杆；8—隔套；9—推力球轴承；10—深沟轴承；11—调宽蜗箱；12—导向轴支座；13—蜗箱端盖；14—导向座铜套；15—调隙螺母；16—导向座；17—导向轴；18—调节丝杆；19—调节螺母；20—中间防护套；21—两端防护套；22—防护板；23—导向轴锁紧螺钉；24—调节手轮

(24) 组成。机架是用槽钢或 H 型钢焊接而成，主要起承载作用，导向座、导向轴、导向轴支座、调节丝杆、调节螺母组装成两套横梁调宽装置，分别安装在机架两端位置上，调节丝杆 (18) 是正反牙螺纹。每组两个导向座内分别装有正反螺纹螺母，并且同穿在一根导向轴上，调隙螺母 (15) 是用来消除调节螺母与调节丝杆的螺纹间隙的，保证同一根调节丝杆的两个导向座在调节时的同步性能。每组调宽装置一端的导向轴支座上装有一个调宽蜗箱总成，蜗箱内装有调节蜗轮 (6) 和调节蜗杆 (7)，并且用一根连接轴经过两个联轴器总成将两个蜗杆轴连在一起，调节蜗轮的输出孔分别与装在两组调宽装置上的调节丝杆相连，只要摇动调节手轮 (24)，两个蜗轮同时带动调节丝杆转动，调节丝杆又带动每组上两个导向座同时向内或向外在导向轴上移动，横梁是装在导向座上的，由此达到调整横梁开度大小的目的。当磨边机改变磨砖规格时，就要用此调节系统来调整两横梁的宽度，以适应所磨砖规格大小的需要。当四个导向座与机架中心线不协调时，可松开联轴器 (3) 两法兰的锁紧螺栓，通过手轮单独调节一组调宽装置，四个导向座都协调后锁紧联轴器锁紧螺栓。

掌握每摇动手轮一圈，两横梁的开度同时打开或缩小了多少距离，有利于操作者正确调节。设两横梁同时打开或缩小的距离为 L、调节螺杆的螺距为 H、蜗轮的齿数为 Z、蜗杆头数为 X，可用如下计算公式计算出 L 值。

$$L=\frac{H}{\frac{Z}{X}}\times 2$$

目前市场上拥有的磨边机调节丝杆螺距大部分是 6mm、蜗轮齿数是 20 齿、蜗杆头数为 1，代入公式算得摇动手轮一圈两横梁的开度同时缩小或打开是距离 0.6mm，顺时针转动手轮横梁打开，逆时针转动手轮横梁收拢。

二、横梁和压梁装置

横梁和压梁部分主要由横梁总成、压梁总成、前支承板、后支承板、转臂总成和压梁气缸组成。横梁，前、后支承板有左、右向之分，一般要求成对制作。

1. 横梁总成

如图 6-13 所示，横梁是钢结构焊接件，有左右方向之分，图中是一根左向横梁，以人面对机头而定。横梁主体部分上面有后支承板安装座板(3)、磨边头安装板(5)、前支承板安装座板(7)、对中机构安装板(8)，下面有导向座安装板(4)，横梁就通过此板与导向座联结在一起。横梁的前端有传动支承座安装板(1)，用于安装同步齿轮传动机构；后端有下活动轮安装座(9)，下活动轮安装在此座腰孔内，并可在此腰孔内进行调节，用于调节下压带的松紧。内侧筋板上焊有皮带导槽(10)，导槽内铺有不锈钢耐磨垫板(11)，下压带就在此槽内垫板上运动。内侧还装有皮带防护板(13)，用于防止碎砖渣掉进下压带的齿面上。在内侧靠近两端的侧壁上有两个托轮安装孔(14)，托轮是托住下压带松边不下垂和稳定下压带不跑偏。

2. 前、后支承板与转臂总成

如图 6-14 所示，图中前、后支承板为右向，以人面对机头而定，转臂总成通过压梁轴 (21) 与前 (17)、后 (1) 支承板组成可转动联结，转臂 (6) 又通过活接 (10)、(12) 与压梁气缸 (7) 联结。压梁气缸由气缸座轴 (8) 吊挂在前、后支承板上端孔内，压梁轴 (5) 的轴头穿过压梁上的安装孔并联结在一起，当压梁工作时，气缸上部充气，活塞经活接

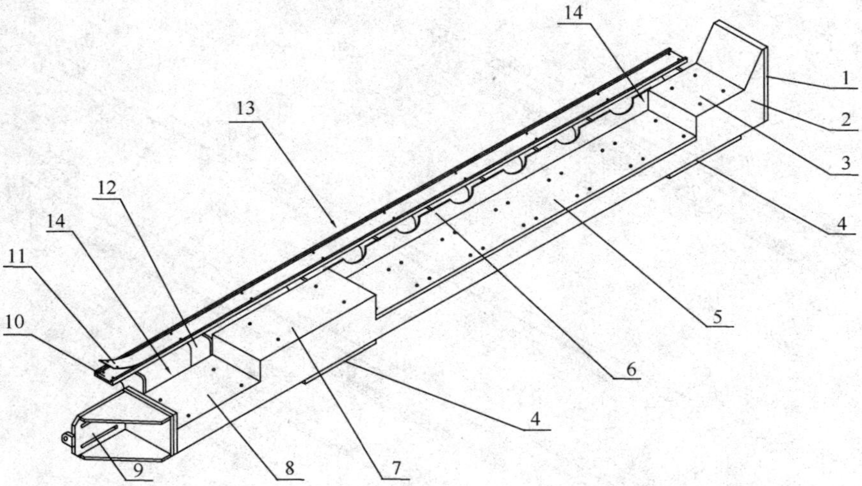

图 6-13　横梁结构图

1—传动支承座安装板；2—横梁体（侧板）；3—后支承板安装座板；4—导向座安装板；5—磨边头安装板；6—磨头挡水板；7—前支承板安装座板；8—对中机构安装板；9—下活动轮安装座；10—皮带导槽；11—不锈钢耐磨垫板；12—筋板；13—皮带防护板（图中未画出）；14—托轮安装孔（图中未画出）

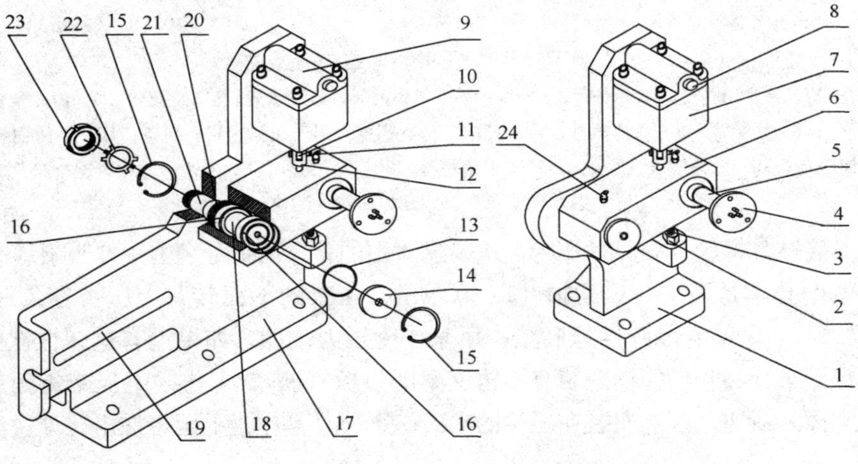

图 6-14　前、后支承板与转臂总成组合结构图

1—后支承板；2—锁紧螺母；3—限位螺钉；4—压板；5—压梁轴（1）；6—转臂；7—压梁气缸；8—气缸座轴；9—气缸座；10—活节（1）；11—圆柱销；12—活节（2）；13—O形密封圈 56×2.65；14—压盖；15—孔用弹性挡圈；16—深沟球轴承 6107；17—前支承板；18—隔圈；19—上活动轮安装槽；20—骨架油封 42×62×8；21—压梁轴（2）；22—止退垫圈；23—圆螺母 36×1.5；24—黄油嘴

(10)、(12) 推动转臂（6）挠压梁轴（21）向下转动，再通过压梁轴（5）带动压梁下移，对被磨砖进行压紧，压紧的程度可通过限位螺钉（3）进行调节。当工作停止时，气缸下部充气，活塞上升，从而通过转臂带动压梁上升。前支承板的长形腰孔（19）是用于安装上活动轮总成，调节上活动轮总成的位置，就可达到调整上压带松紧的目的。

3. 压梁总成

如图 6-15 所示，压梁（14）是用工字钢加固焊接而成，上面靠两端各安装皮带托槽

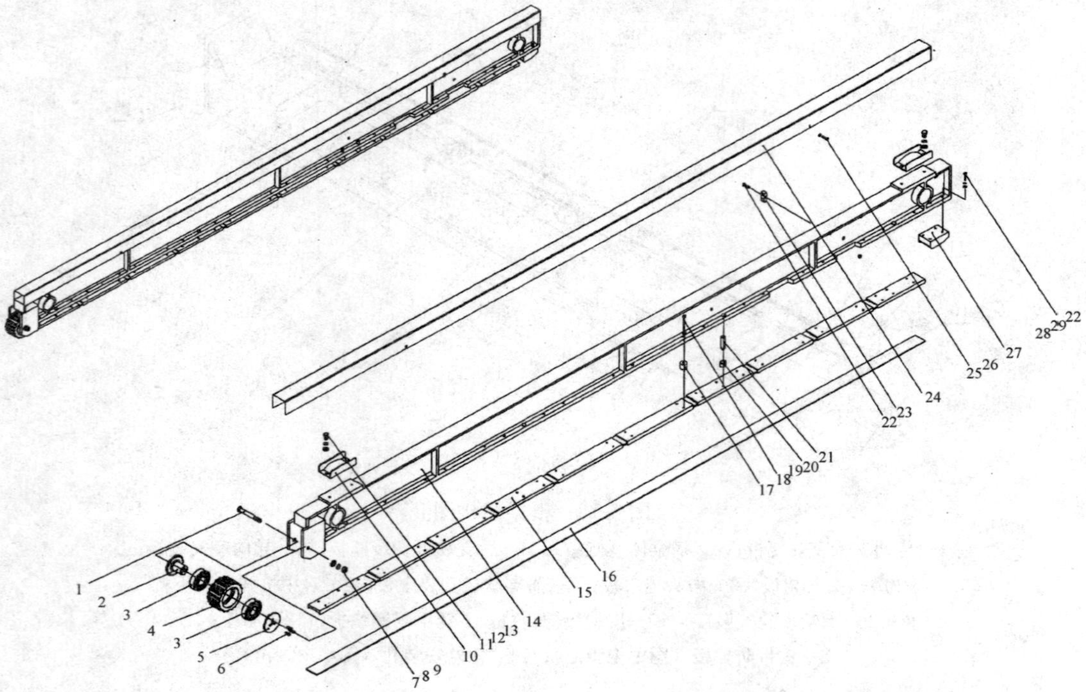

图 6-15　压梁装置结构图

1—螺栓 M12×100；2—过渡轮轴；3—深沟球轴承 6307；4—过渡带轮；5—定位盖；6—内六角螺钉；7—弹簧垫圈；8—平垫圈；9—六角螺母；10—托槽；11—螺栓；14—压梁；15—导条；16—不锈钢耐磨垫板；17—弹性橡胶垫；18—六角螺栓 M6×60；19—六角螺母；20—限位套；21—导柱；22—螺栓；23—小固定块；24—压梁罩；25—螺栓；27—活块

(10)，后端安装过渡带轮（4），是作为上压带过渡用的；靠两端处各有一个圆孔，整个压梁的支承全靠此两个孔，是用来与压梁轴（1）联结的。压梁的下面装有上压带导条（15），导条（15）与压梁（14）之间安装弹性橡胶垫，用来作为压力缓冲，如果没有这弹性橡胶垫，容易把砖压烂。在导条（15）的槽框内装有不锈钢耐磨垫板（16），工作时上压带齿面就与此垫板进行接触性摩擦。活块（27）安装在压梁的出砖端下部，是作为上压带在出砖处过渡用的。

三、传动系统

双压带对磨磨边机传动系统由主传动装置、上活动轮、下活动轮、同步齿形带、传动减速机组成。

1. 传动原理

如图 6-16 传动原理图所示，传动减速机（1）驱动主动轴（2）、传动齿轮（4）、两个下压带轮（5）作顺时针方向旋转，拖动下压带（7）在横梁的皮带导槽内做直线运动；通过传动齿轮（4）带动两个上压带轮（6）做逆时针方向旋转，拖动上压带（13）在压梁导条内做直线运动。两个传动齿轮大小一样，齿数一样，这样就保证了上、下压带轮的转速是一致的，但是旋转方向相反；又由于上、下压带轮大小一样，同步齿数一样，这样就保证了上、下压带的线速度是一致的，并且上、下压带紧边直线运动方向也是一致的。上、下压带是同步齿形带，上、下压带轮圆周上的齿形是与上、下压带的齿形相配套的。上、下压带都必须是成双的，并要求两条上压带的长度和齿数必须一致，两条下压带的长度和齿数也必须一致。上活动轮（12）、下活动轮（11）起着支承和张紧上、下压带的作用；托轮（8）是托住皮带不下垂和稳定皮带不跑偏；活块（9）和过渡轮（10）是起过渡作用。

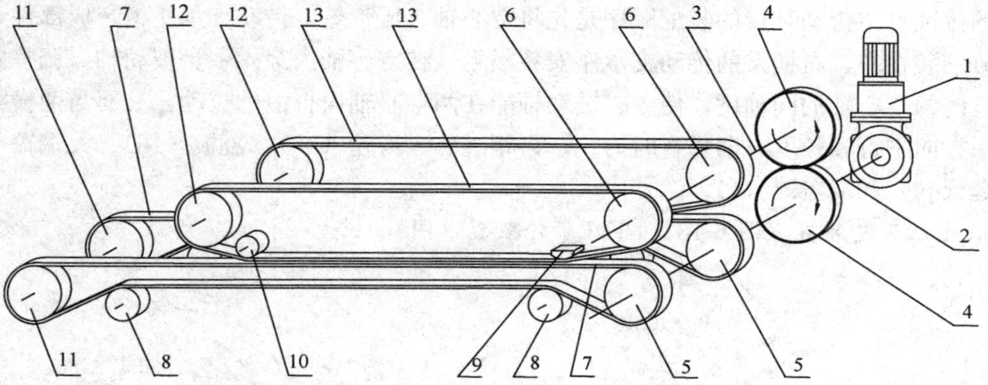

图 6-16　双压带对磨磨边机传动原理图

1—传动减速机；2—主动轴；3—被动轴；4—传动齿轮；5—下压带轮；6—上压带轮；7—下压带；8—托轮；9—活块；10—过渡轮；11—下活动轮；12—上活动轮；13—上压带

2. 主传动装置

如图 6-17 所示，图中齿轮箱（41）为分体式钢结构，传动支承座（5）、联体端盖（43）为铸铁结构，现在也有将齿轮箱与传动支承座做成一体的铸铁件。由于铸铁有耐磨性和抗锈蚀性，因此上、下压带轮选用铸铁件经滚齿加工而成。空心轴用 45 号钢制成，主动轴

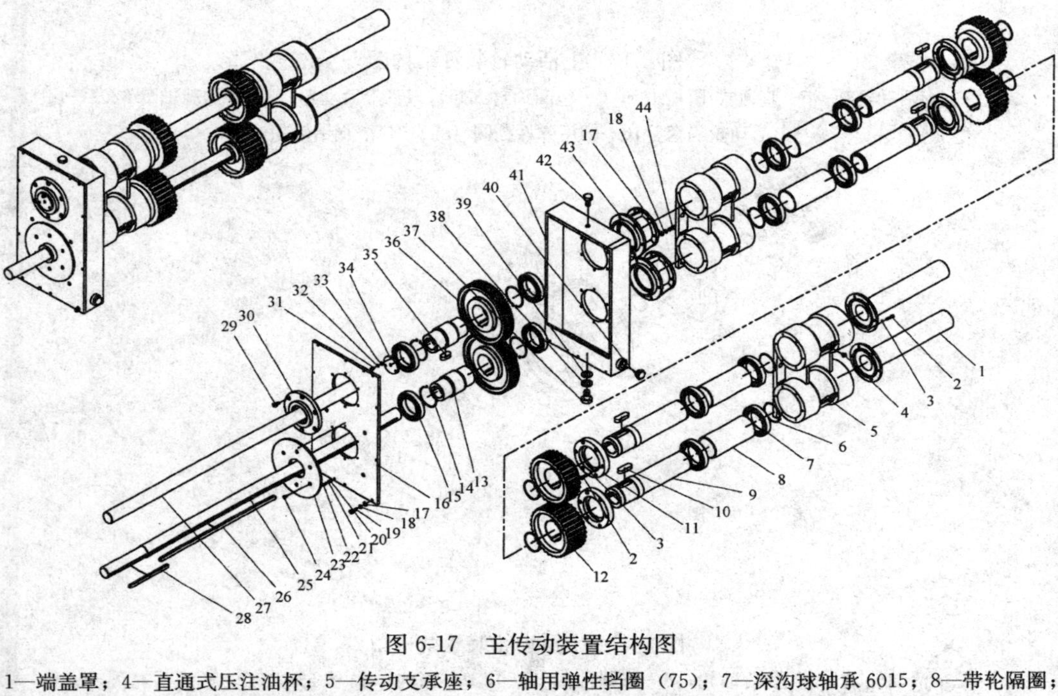

图 6-17　主传动装置结构图

1—端盖罩；4—直通式压注油杯；5—传动支承座；6—轴用弹性挡圈（75）；7—深沟球轴承 6015；8—带轮隔圈；9—空心轴；10—平键；11—支承座端盖；12—下压带轮；13—空心轴（1）；14—轴用弹性挡圈（80）；15—深沟球轴承 6014；16—盖板；23—大端盖（2）；24—沉头螺钉；25—主动轴；26—平键；27—被动轴；28—平键；30—大端盖（1）；34—轴端挡圈；35—平键；36—齿轮；37—螺塞；39—油封皮圈；40—圆形油标；41—齿轮箱；42—透气塞；43—联体端盖；45—上压带轮；46—防尘套（图中未画出）

(25)、被动轴（27）用45号钢经调质、加工后，为提高其防腐蚀性，表面进行了镀硬铬处理。传动齿轮（36）用45号钢加工而成，为了提高齿面强度，对齿面进行了淬火处理，其淬火硬度为HRC40～45。端盖罩（1）和防尘套（46）是用来保护主、被动轴不受冷却水和泥尘的侵蚀。主传动装置的装配顺序是先将空心轴、压带轮、传动支承座组装成部件，把此部件分别装在左、右横梁的传动支承座安装板上，在空心轴内穿入主、被动轴，调整两传动支承座内的空心轴的同轴度，使主、被动轴能在两空心轴内自由的拉动，又要与两横梁导槽面水平方向平行和长度方向垂直时为止。再相继装入齿轮（36）、盖板（16）、大端盖（23）、防尘套（46）和端盖罩（1）。

3. **上压带轮装置（图6-18）、下压带轮装置（图6-19）**

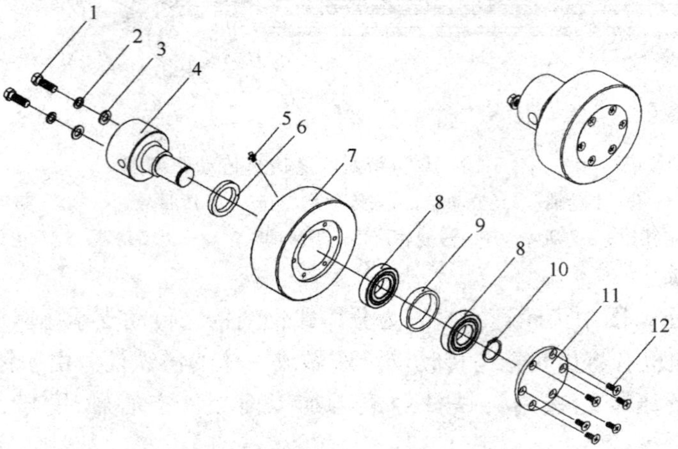

图6-18　上活动轮装置结构图

4—上活动轮轴；5—直通式压注油杯；6—毡圈油封（45）；7—上活动轮；8—深沟球轴承6207；9—上活动轮隔套；10—轴用弹性挡圈（35）；11—上活动轮端盖

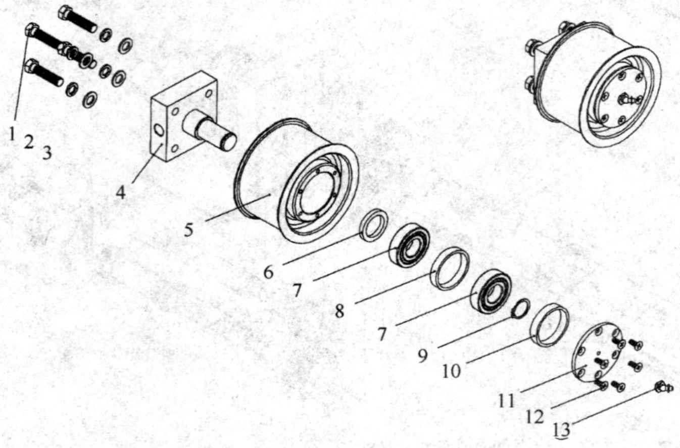

图6-19　下活动轮装置结构图

4—下活动轮轴；5—下活动轮；6—毡圈油封（45）；7—深沟球轴承6307；8—下活动轮隔套；9—轴用弹性挡圈（35）；10—隔套；11—下活动轮端盖；13—接头式压注油杯（45°）

上、下压带轮装置结构基本相同，上、下压带轮均为铸铁件加工而成，下压带轮轮面较上压带轮轮面要宽，因为下压带带面较上压带带面要宽。为了防止下压带跑偏，所以将下压带轮做成有护边形式。下活动轮轴［图 6-19（4）］底部做成方形，是为了便于调节时起导向作用。

4. 上、下压带（也叫同步齿形带）

磨边机传动常用的是聚氨酯 AT20 型环形同步带和聚氨酯 AT20 型接口同步带，其结构

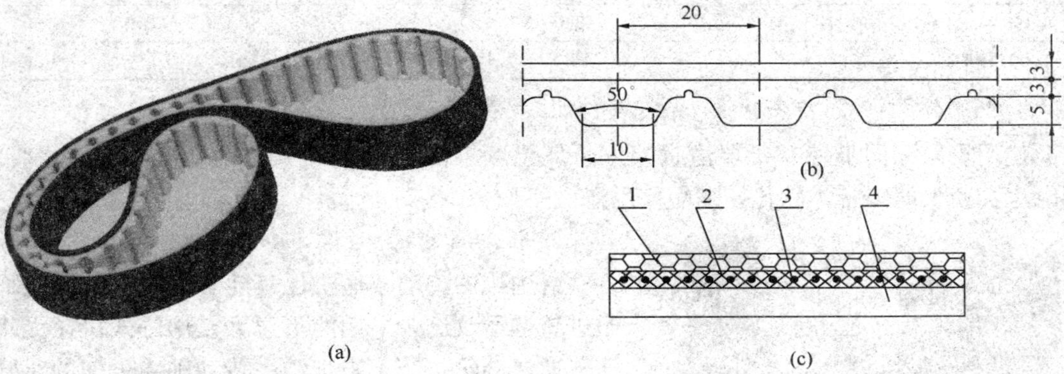

图 6-20　AT20 型接口结构图

（a）外观；（b）同步齿形带齿形图；（c）断面图

1—软体橡胶层；2—聚氨酯带体层；3—柔性钢丝绳；4—齿面

和外观如图 6-20 所示。软体橡胶层（1）有一定弹性和强度，是用来承载和挟持被磨砖；聚氨酯带体层（2）和齿面（4）是用高强度聚氨酯模压而成；在聚氨酯带体层中部嵌有多股柔性钢丝绳（3），所以此带具有强度高、抗拉性能好、齿距精度高的优点，是一种高精度传输带，广泛应用于陶瓷机械中，是双压带磨边机理想的传输带。我国早期磨边机使用的是接口同步带，接口同步带是采用交叉驳接工艺，在实际使用中，当磨边机遇上卡砖、单边磨削量大时，容易造成接口拉伸。随着制带技术的提高，无接口环形同步带彻底解决了接口拉伸问题，真正具有抗拉强度高和同步性能好的双重优点，解决了瓷砖磨边时因皮带不良而引起的大小头和平行四边形问题，所以现代磨边机都使用无接口环形同步带。上压带的带面宽度较下压带带面宽度要窄，因上压带只起压紧砖和同步移动的作用，而下压带是在有一定压力的作用下拖着被磨砖克服众多磨头的磨削阻力往前运行，承载拉力大，所以带面应该要宽。磨边机型号不同，所用上、下压带的规格也不同，见表 6-2。表中数据仅供参考，因各磨边机制造厂家选择的规格不一样。

表 6-2　各种机型使用上、下压带规格一览表（参考）

磨边机型号	上压带宽度（mm）	上压带长度（mm）	下压带宽度（mm）	下压带长度（mm）	带面允许耐温（℃）
650/20+4	50	6260	75	8280	≤+50
650/24+4 老式	50	6260	75	8280	≤+50
650/24+4 新式	50	6460	75	8280	≤+50
650/28+4 老式	75	7280	100	9300	≤+50
650/28+4 新式	75	7580	100	9400	≤+50
1000/24+4 老式	75	6260	100	8680	≤+50
1000/24+4 新式	75	6460	100	8680	≤+50

续表

磨边机型号	上压带宽度(mm)	上压带长度(mm)	下压带宽度(mm)	下压带长度(mm)	带面允许耐温(℃)
1000/28+4 老式	75	7280	100	10000	≤+50
1000/28+4 新式	75	7580	100	9700	≤+50
1200/24+4	75	6260	100	10000	≤+50
1000/28+4	75	7280	100	10100	≤+50

注：800 型磨边机上、下压带规格参考 1000 型磨边机压带规格。

使用聚氨酯同步带时要求注意喂入砖坯温度不能高于 50℃，否则会烫伤带面橡胶层，同时也会使聚氨酯带体软化，缩短使用寿命。

图 6-21　传动减速机外观和安装图

5. 传动减速机

磨边机的传动减速机也是随着磨边机的改进而不断进行选型改进，早期的单边磨是用卧式机械无级变速器通过链轮、链条来带动主传动轴。早期的对磨机采用摆线针轮减速机与蜗箱组合，用孔输出形式与磨边机主传动轴联结，由于蜗轮、蜗杆传动效率不高，摩擦发热严重，致使蜗箱过早坏损。到现在为止，磨边传动基本定型有两种：一种是用摆线针轮减速机与大模数伞齿轮减速箱组合，它的外形和安装方式如图 6-21 所示。它的传动方式是摆线针轮减速机输出轴带动小伞齿轮，小伞齿轮带动大伞齿轮，大伞齿轮通过孔输出驱动磨边机主动轴旋转，采用变频调速，安装方式采用法兰盘与磨边机传动装置齿轮箱联结。此种组合由于伞齿轮减速箱结构简单，摆线针轮减速机耐用性能好，深受用户欢迎。由于摆线针轮减速机在抛光机传动一节中已详细叙述，所以在此不再作叙述。另一种是 F 系列平行轴斜齿轮减速机，外观如图 6-22 所示。此种减速机是由多级斜齿轮组合进行减速，磨边机一般用三级减速，比单级蜗轮减速有更高的效率，减速效率高达 96%，还具有能耗低、振动小、噪声低、扭力大、耐用等优点，其结构如图 6-23 所示。电机通过法兰直接与箱体连接，电机轴上直接安装一级小齿轮，一级小齿轮驱动一级大齿轮和二级齿轮轴，二级齿轮轴驱动二级大齿轮和三级齿轮轴，三级齿轮轴驱动三级大齿轮，三级大齿轮带动输出空心轴旋转，空心轴驱动磨边机主动轴旋转，采用变频调速。安装方式采用法兰盘与磨边机传动齿轮箱联结。此种减速机的型号和参数见表 6-3。

表 6-3　磨边机选用 F 系列斜齿轮减速机型号、参数一览表

型　　号	电机功率(kW)	减速比	输入转速(r/min)	输出转速(r/min)	适应磨边机型号
SPFA77Y4100L-3-73.8	3	73.8	1450	19.6	650 型 800 型 1000 型
SPFA77Y4100L-3-59.17	3	59.17	1450	24.5	
SPFA77Y6100L-2.2-73.8	2.2	73.8	960	13	1200 型石材大板磨边机
SPFA77Y6100L-2.2-59.17	2.2	59.17	960	16.2	

图 6-22　F 系列斜齿轮减速机外观图

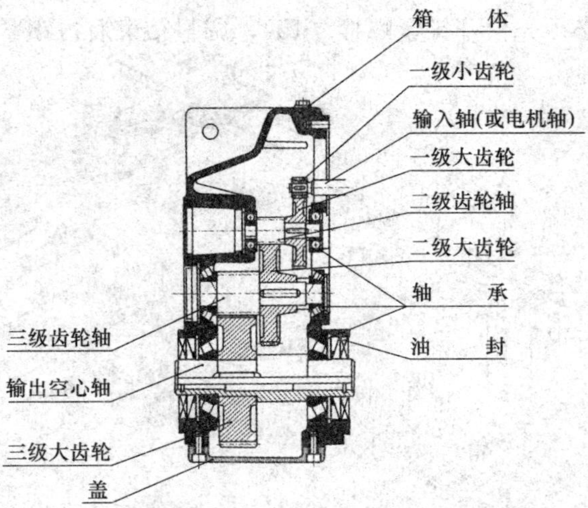

图 6-23　F 系列斜齿轮减速机结构图

四、对中机构

从单边磨进化到对磨机的关键所在就是取消了导轨而创新了对中机构，从而使磨边机的使用性能发生了巨大变化。对中机构的作用就是校正被磨砖中心线与磨边机中心线重合，使被磨砖相对的两个边被磨削的量一致，使相对两组磨边头吃刀量一致，从而磨出直线度好、平整、光滑的砖边。

如图 6-24 所示，对中机构主要由对中气缸（4）、气缸安装盒（6）、导向轮（29）、对中齿轮（30）、齿条轴 1（7）、齿条轴 2（8）、连接杆（10）、对中活块（13）、导轴（22）、底座（19）、对中轮支承板（41）、对中轮（47）等组成。对中机构可分为三个部件，即对中部件 1、对中部件 2 和气缸安装盒部件，对中部件 1 与 2 的零件几乎一样。对中活块（13）两端孔内装有 igus 轴承（20），导轴（22）与 igus 轴承的内孔配装成活块组件；然后将整个活块组件装在底座（19）的四个凸台上；再在对中活块（13）上安装对中轮支承板组件，组装成对中部件 1 和 2。对中轮（47）是用尼龙或塑料制作，防止在推砖时将砖碰伤。活块（13）上有两个安装调整螺丝（11）的凸台，用来调整对中轮前后位置的。对中部件 1 和 2 分别安装在磨边机左右横梁的凹坑平面上。对中气缸的活塞杆穿过气缸安装盒（6）侧壁圆孔直接与齿条轴 1（7）的螺孔连接并固定在气缸安装盒侧壁上；对中齿轮（30）安装在齿条轴 1 和 2 的中间，通过芯轴（26）、轴承（28）装配在气缸安装盒腔内，当气缸活塞杆拉动或推动齿条轴 1 时，对中齿轮就绕芯轴（26）旋转，从而拨动齿条轴 2（8）做同步直线运动，并且与齿条轴 1 的移动方向相反；两个导向轮（29）外圆呈内弧状，分别安装在齿条轴 1 和 2 的两边，用来控制齿条轴 1、2 在受力时不向外移动，同时确定它们的运动轨迹。它们都是通过芯轴（26）、轴承（28）装配在气缸安装盒腔内平面上，盖上盖板（32）组成气缸安装盒组件，再与支杆（5）连接，组装成气缸安装盒部件。整个气缸安装盒部件安装在磨边机机架相应位置上，齿条轴 1 通过锁紧螺栓（15）与对中部件 1 中的活块组件相连接，连接杆（10）的一端与齿条轴 2 相连接，另一端通过锁紧螺钉与对中部件 2 中的活块组件相连接，使对中部件 1 和 2 同步动作，安装时调整各部件的动作协调和位置正确时拧紧底座紧固螺丝，对中机构就可进行运行。当要调整磨边机左右横梁位置或改变被磨砖规格时，必须先松开锁紧螺栓（15），调整结束后再锁紧，否则会损坏机件和影响横梁调整精度。

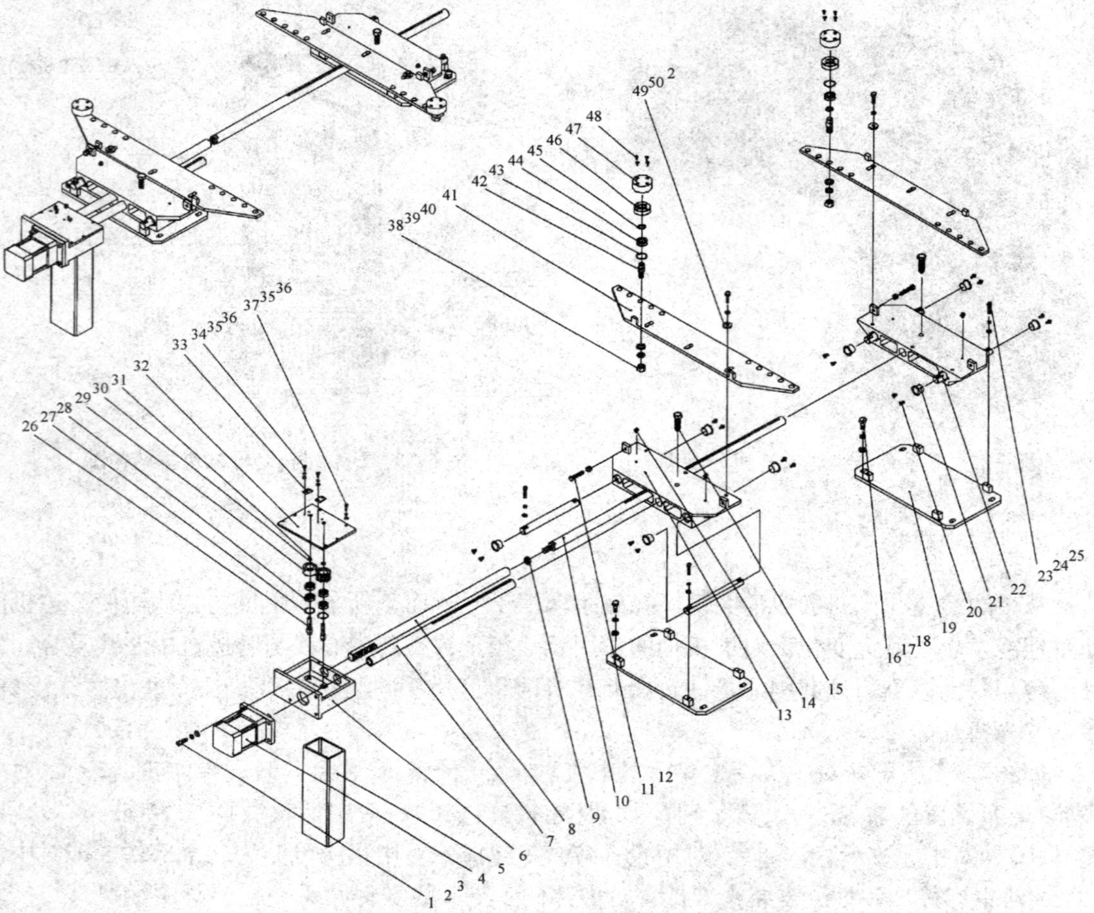

图 6-24　对中机构结构图

4—对中气缸 10A－5FA80B40；5—支杆；6—气缸安装盒；7—齿条轴 1；8—齿条轴 2；9—六角螺母；10—连接杆；11—调整螺丝；12—锁紧螺母；13—对中活块；14—压注油杯；15—锁紧螺栓；19—底座；20—igus 轴承 GFM-2528-21；22—导轴；26—芯轴；27—孔用弹性挡圈；28—深沟球轴承 6201-2z；29—导向轮；30—对中齿轮；31—轴用弹性挡圈；32—盖板；33—小压板；34—对中轮支承板；38—螺母；41—对中轮支承板；42—对中轮轴；43—孔用弹性挡圈 35；44—深沟球轴承 6203-2z；45—轴用弹性挡圈 17；46—轮芯；47—对中轮

注：igus 轴承属含油耐磨塑料轴承，是替代铜套用的。

五、推砖机构

瓷砖经第一台磨边机磨削两条边后，在转向线架上转过 90°再送进第二台磨边机，磨削另外两条边。怎样才能使第二台磨边机磨出的边与第一台磨边机磨出的边垂直呢？这就需要以已磨边为基准对砖进行校正后，再送进第二台磨边机磨削另外两个边就可以达到。推砖机构就是起这个校正作用的。第一代推砖机构是用气缸推动推砖内架在滑杆上滑行，再通过装在内架上的推砖叉推动砖在下压带面上做同步移动，由于气动推砖的速度过快，并且有突发性，再由于气压经常有变化，所以难以实现平稳推砖。第二代推砖机构是用双同步带带动内架推砖，减速机用变频调速，可以便于调速，运行平稳，并且还可实现起始时速度慢、运行时速度略快、退回时快速的不同速度段。有效解决了气动推砖的速度过快、突发性和气压变化影响速度等缺陷，因此现代磨边机使用的都是双同步带推砖机构。双同步带推砖机构的构造如图 6-25 所示。

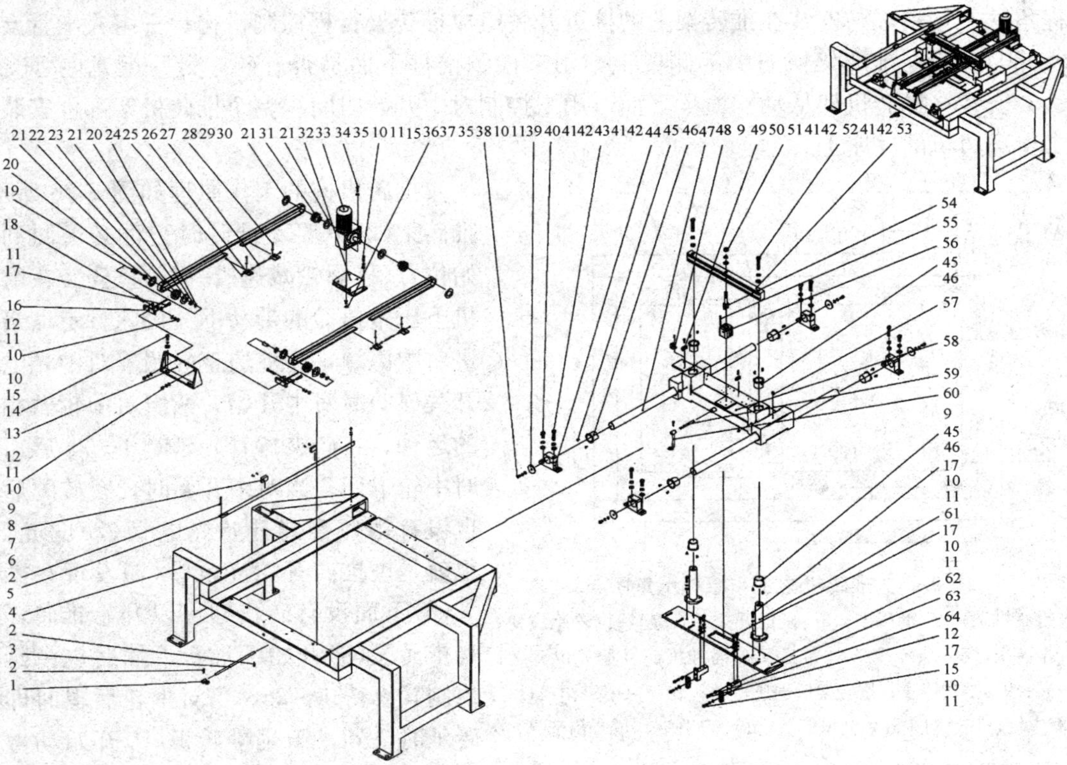

图 6-25　推砖机构结构图

1—光电管支架；3—光电管支架（2）；4—推砖机架；5—行程角铁；8—感应块；13—从动带轮安装座；14—大垫圈；16—从动带轮座；19—从动带轮轴；20—深沟球轴承 61903-2z；21—带轮挡圈；22—同步齿形带 T10×25×2740；23—从动带轮；24—轴用弹性挡圈 17；26—带压板；27—双头螺杆；31—主动带轮；32—安装座；33—蜗轮减速器（WJ50-15-0.55K-SZ 配双输出轴）；39—导轴挡板；44—导轴固定座；46—igus 轴承或铜套 GFM-5055-50；47—导轴；48—接近开关小支架；49—固定块；53—连杆；54—气缸顶杆；56—气缸 QGY50×25；57—压注油杯；58—推砖架；59—光电管支架（2）；60—光电管支架（1）；61—活动杆；62—推砖板；63—推砖叉；64—推杆

推砖机构主要由推砖机架(4)、蜗轮减速器(33)、主动带轮(31)、从动带轮(23)、齿形同步带(22)、导轴(47)、推砖架(58)、气缸(56)、连杆(53)、活动杆(61)、推砖板(62)、推砖叉(63)、推杆(64)、感应块(8)、接近开关支架(48)、光电管支架(1)(60)等组成。蜗轮减速器(33)直接安装在推砖机架横梁上平面中部位置上，两个主动带轮(31)分别装配在蜗轮减速器的双输出轴上；两组从动带轮(23)组件通过从动带轮安装座(13)，安装在推砖机架另一根横梁上平面中部位置上；两条同步齿形带(22)环绕主动、从动带轮，接头通过带压板(26)压装在推砖架(58)上；两条导轴(47)穿过推砖架的两个装有 igus 轴承(或铜套)的孔内，导轴的两端通过导轴固定座(44)分别固定在推砖机架两根横梁上，只要蜗轮减速器得电，通过主动带轮(31)、同步齿形带(22)拖动推砖架(58)在两条导轴(47)上做直线运动；两根活动杆(61)分别穿过推砖架上的装有 igus 轴承或铜套的垂直孔内，下端与推砖板连接，上端与连杆(53)连接，气缸(56)固定在推砖架上平面中央，通过气缸顶杆(54)与连杆(53)中部连接，活动杆下降和提升是通过此气缸来带动的；推杆(64)、推砖叉(63)安装在推砖板(62)两端孔内，并可以按要求前后调节；在推砖机架的一根纵梁上装有行程角铁(5)，感应块(8)可以在行程角铁上移动，与安装在推砖架上的接近开关组成推砖架行程控制机构；一组光电管支架(59、60)安装在推砖架横向中部侧壁上，用来检测推杆下面是否有砖；另一组光电管支架(1、3)安装在推砖机架从动端横梁下面，用来控制对中开始时间。整个推砖机架部件安装在第二台磨边机的底座上。

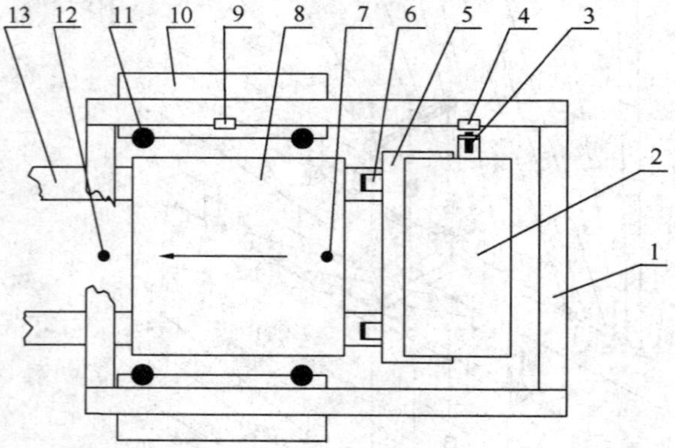

图 6-26　推砖机构工作原理示意图

1—推砖机架；2—推砖架；3—接近开关；4—起始位置感应块；5—推砖板；6—推砖叉；7—推砖叉下插和推砖开始光电开关；8—砖；9—推砖终止、推砖架后退感应块；10—对中机构；11—对中轮；12—对中开始光电开关；13—下压带（同步齿形带）

推砖机构的工作原理如图 6-26 所示，推砖架(2)只要不推砖时它都必须回到起始位置(靠蜗轮减速机一端)，瓷砖在磨边机下压带(13)的带动下往机内行走，当走进对中区域，砖前边正好照着对中光电管开关(12)时对中开始，两组对中轮做相对的运动，将砖夹持着，延时 1～2s 后，两对中轮退回；当对中开始时，瓷砖的后边也没有挡住推砖开始光电管(7)的光照，也就是说推砖开始光电管(7)发现在推砖叉(6)下面没有砖，即可以开始推砖，于是推砖叉(6)开始下插，下插后也由延时控制其等待 1～2s，当对中轮后退时即推砖延时已到，于是推砖板(5)开始动做往前移动推砖，当把砖推到上下压带组成的入口处立即停止移动，此时接近开关(3)正好碰上推砖终止、后退感应块(9)，接近开关(3)将信号传给 PLC，PLC 发出后退指令，推砖架(5)迅速后退，当推砖架(5)上的接近开关碰上起始感应块(4)时，推砖架(5)停止后退，推砖架就停在起始位置上，此时整个推砖过程结束，等待下一个推砖开始指令。

整个工作过程都由小型工业电脑 PLC 来控制。对中与推砖的配合一定要好，对中、推砖的延时都可以调整，推砖的速度取决于推砖电机的速度，此速度由变频器来调节，在电控柜内有 3 个电位器，分别是用于控制对中、推砖延时和推砖速度。推砖架上的两个光电管和两个感应块的控制作用解释如下：

(1) 对中光电开关——此光电管发现其下面有砖时即把信号给 PLC，PLC 即刻命令对中开始。

(2) 推砖光电开关——此光电管发现其下面无砖时即把信号传给 PLC，PLC 即刻命令推砖叉下插，适当延时后开始推砖。

(3) 推砖终止、后退感应块——当推砖架的接近开关碰上此感应块时，即把信号传给 PLC，PLC 即刻命令推砖架后退。

(4) 起始位置感应块——当推砖架上的接近开关碰上此感应块时，即把信号传给 PLC，PLC 即刻命令推砖架停止。

六、蝶式磨边磨头

磨边磨头有两种结构形式，一种是其磨边轮像盘蝶形式的，称为蝶式磨边头，它是用端面进行磨削，所以也叫端切磨头，如图6-27所示；另一种是用外圆进行磨削的，称为正切磨边头。蝶式磨边头是市场上用量最多的磨边头，如图6-27所示，这款蝶式磨边头是市场上拥有量最多的一款，从1995～2004年，它的结构形式没有什么改变，是一款比较成熟的蝶式磨边头。随着陶瓷抛光工业的发展，抛光线线速度不断提高，这款磨边头在效率上有点跟不上，人们在此款磨边头的基础上进行了改进，为了便于区别和系统地了解它们的结构，我们把未经改进的称为老蝶式磨边头，改进后的称为新蝶式磨边头，下面分别进行叙述。

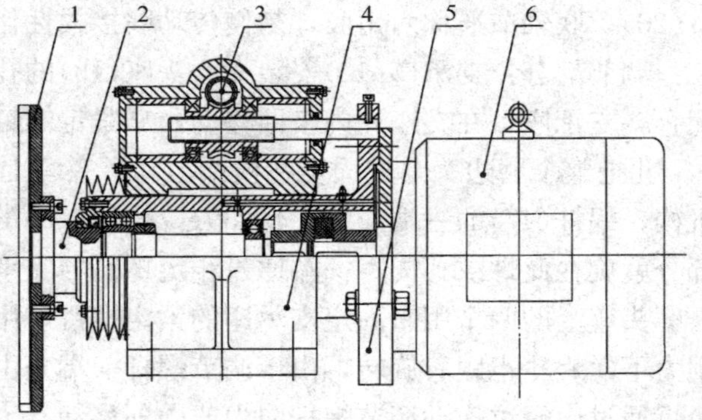

图6-27　蝶式磨边头

1—金刚砂轮；2—磨头轴；3—调节蜗杆；4—磨头座；5—支承座；6—电机

(1) 如图6-28所示，老蝶式磨边头主要由电动机(1)、联轴器(5)、支承座(12)、磨头座(18)、轴承(22、25)、磨头轴(29)、金刚砂轮(也叫磨边轮)(36)、调节蜗轮(19)、调节蜗杆(47)、调节手轮(39)、防尘罩(30)组成。整个磨边头总成可分为动力部分和调节部分。

动力部分：磨边轮(36)安装在磨头轴(29)的端面上，磨头轴(29)安装在支承座(12)内，支承座(12)的一端与电动机(1)的安装法兰连接，电动机(1)通过联轴器(5)带动磨头轴(29)旋转，从而使磨边轮(36)旋转对砖边进行磨削。电动机联轴器和磨头轴联轴器中间装有联轴

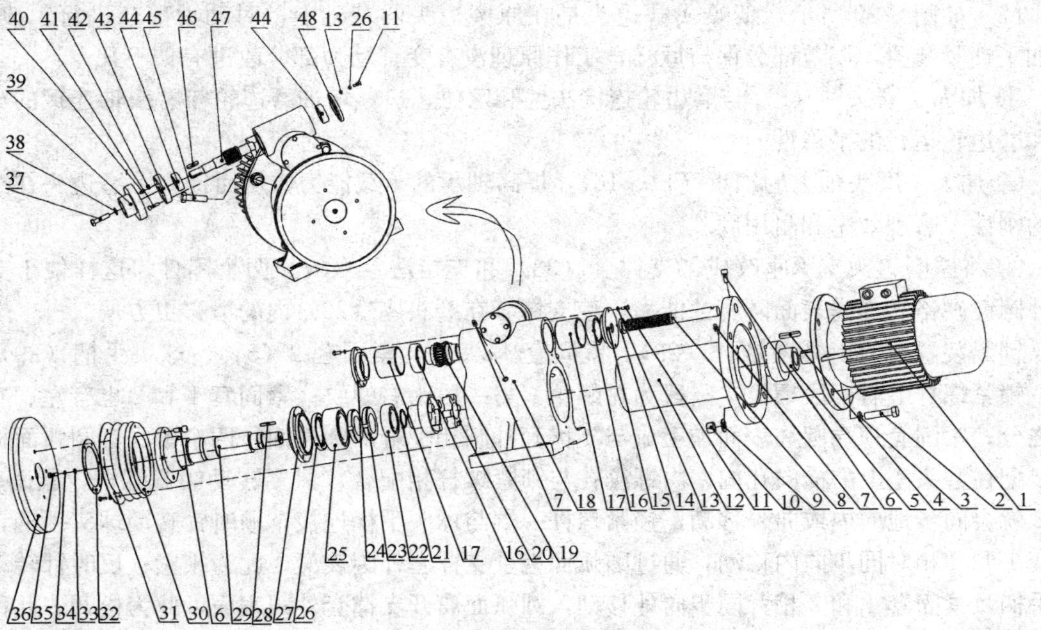

图6-28　老蝶式磨边头结构图

1—电动机；4—普通平键；5—磨头联轴器；7—压注式油杯；8—调节螺杆；12—支承座；14—毛毡油封；15—端盖(4)；16—深沟球轴承6007-z；17—套；18—磨头座；19—调节蜗轮；20—联轴节(六角胶)；21—轴用弹性挡圈；22—深沟球轴承6207-Z；23—圆螺母M48×1.5；24—端盖(3)；25—双列角接触轴承3210；26—骨架油封FB58×80×13；27—透盖；28—普通平键；29—磨头轴；30—防尘罩；31、32—防尘罩压板；36—金刚砂轮；39—手轮；40—弹簧；42—钢球；43—端盖(2)；44—深沟球轴承6203-z；46—普通平键；47—调节蜗杆；48—端盖(1)

节(20)，联轴节通称六角胶，是使传动联接柔性化，防止磨头轴在磨削时产生振动。

调节部分：支承座(12)安装在磨头座(18)的孔内，支承座的外圆与磨头座孔的配合为动配合，支承座可在支座孔内来回移动，靠紧定螺钉固定。磨头座的底部有四个固定孔，用这4个孔把整个磨边头总成固定在横梁上。磨头座上部是一套蜗轮(19)、蜗杆(47)组成的微调机构，蜗杆(47)的一端安装手轮(39)，蜗轮(19)的中心是一个螺丝孔，调节螺杆(8)的螺纹部分就旋在此螺纹孔内，一端通过止定螺钉与支承座(12)法兰上的耳孔联结。微调时，先松开磨头座上的两个用来固定支承座的紧定螺钉，用手扭动手轮，蜗杆跟着转动，在蜗杆的作用力下，蜗轮也跟着旋转，由于调节螺杆一端是由紧顶螺定固定在支承座耳孔内，旋转的蜗轮就通过内螺纹拖动调节螺杆向内或向外移动。为了便于操作，调节手轮都安装在磨边头的右边(人站在电机端)，顺时针拧动手轮，调节螺杆就带动支承座和磨边轮向外移动(即远离砖边方向，称为退刀)；反时针拧动手轮，支承座及磨边轮向内移动(即向被磨砖方向移动，称为吃刀)。国内制造的磨边头微调机构的蜗杆一般选用2个头，蜗轮选用24齿，调节螺杆的螺距是3mm，手轮每转动一圈，支承座相对于磨头座移动的距离可由下列公式计算出：

$$移动距离=调节螺杆螺距\times蜗杆头数\div蜗轮齿数=3\times2\div24=0.25\text{mm}$$

即手轮每转动一圈，支承座相对于磨头座移动0.25mm。如果反时针拧动手轮一圈，磨边轮增加磨削量0.25mm。掌握了这个数据后，在调节磨削量时就可以根据需要磨削的量来计算出应该转动手轮多少转。

磨边轮的旋转精度直接影响着磨边质量，因此磨头轴的凸台与磨边轮的定位孔的配合是相当重要，一般都取过度配合。

(2) 如图6-29所示，新蝶式磨边头是在原磨边头的基础上，对动力部分进行了改进，增加了锁紧装置，调节部分保持原样，工作原理没有变。动力部分改进有如下几点：

① 加大了磨头轴（5）与磨边轮连接法兰和定位止口，增加磨边轮与磨头轴连接的牢固性和磨边轮运行的平稳性。

② 加大了磨头轴上的轴承（14、16），提高轴承的承载能力，从而提高了磨边头在磨削时的刚性、磨削效率和耐用度。

③ 将原磨边头支承座改成了支撑套（33）和连接法兰（37）两个零件，这样便于支撑套外圆镀硬铬和提高表面防腐蚀能力，使支撑套在磨头座（22）内的滑移更方便。

锁紧装置主要由锁紧螺杆（23）、紧固套1（24）、紧固套2（51）、球头手柄（29）组成。锁紧螺杆上有两段螺纹，一段为左螺纹，另一段为右螺纹；紧固套1和2也有左、右螺纹之分；紧固套一端圆柱表面加工成与支撑套外圆相配合的圆弧面，两个紧固套圆弧面相对的装配在磨头座上的横向孔内，内螺纹孔与锁紧螺杆相配合，只要转动锁紧螺杆，紧固套1和2就会同步地向内或向外移动，锁紧螺杆一端与球头手柄连接，顺时针转动球头手柄，紧固套1和2相对同步向内移动，通过圆弧面抱紧支撑套外圆表面，此为锁紧；反时针转动球头手柄，紧固套1和2相背同步向外移动，圆弧面离开支撑套外圆表面，此为松开。此种锁紧装置操作方便，由于圆弧面与支撑套外圆接触面积大，锁紧后不会松动。但是对装配精度要求高。通过改进后，整体提高了磨边头的使用性能。

七、正切磨边磨头

其外观如图6-30所示，结构如图6-31所示，正切磨边头主要由正切磨边轮（2）、主轴

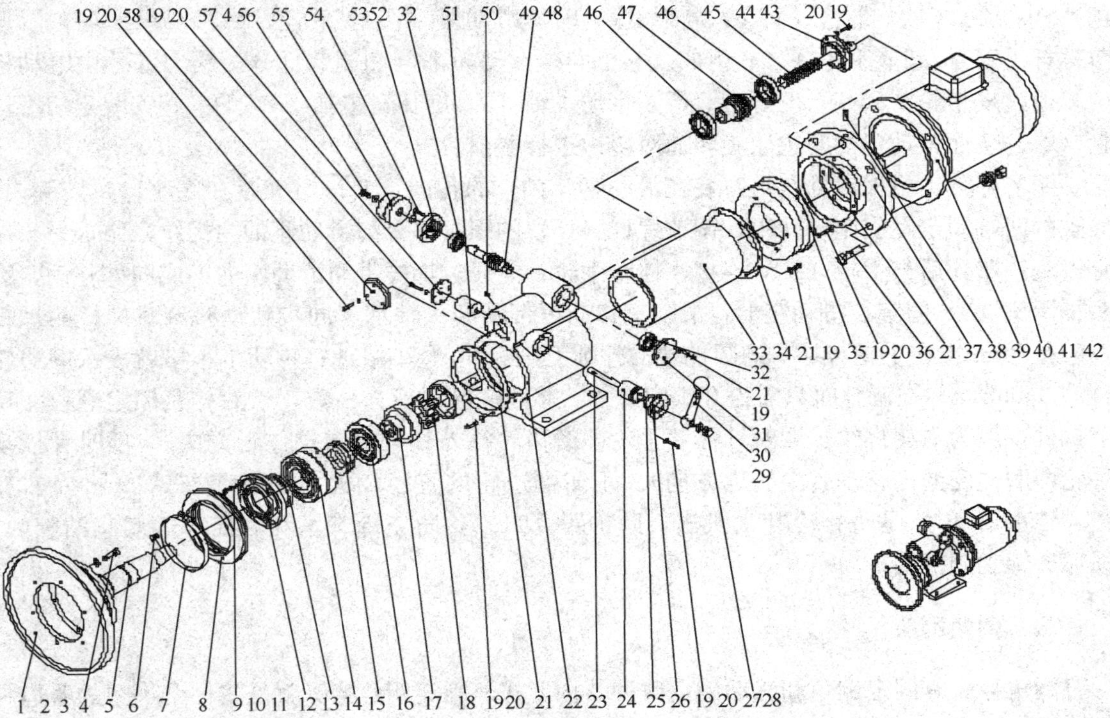

图 6-29　新蝶式磨边头结构图

1—磨边轮；5—磨头轴；6—普通平键；7—卡箍 $\phi150$；8—防尘罩；12—透盖；13—骨加油封 FB60×80×8；14—成对角接触球轴承 7310AC/DB；15—圆螺母 M48×1.5；16—深沟球轴承 6407-z；17—磨头联轴器；18—联轴节（六角胶）；21—防尘罩压板 1；22—磨头座；23—锁紧螺杆；24—紧固套 1；25—O 形密封圈 1.8×2.65；26—限位环；27—盖形螺母；29—球头手柄；30—手柄球 BM10×32；31—端盖（1）；32—深沟球轴承 6203-z；33—支撑套；34—防尘罩压板 3；35—防尘罩 2；37—连接法兰；39—电动机 Y112M-2-B5；43—O 形密封圈 20×2.65；44—端盖 3；45—调节螺杆；46—深沟球轴承 6007-z；47—调节蜗轮；48—调节蜗杆；49—普通平键；50—45°压注油杯；51—紧固套 2；52—端盖 2；53—O 形密封圈 17×2.65；55—调节手轮；57—限位盖板；58—堵盖

图 6-30　正切磨边头外观图

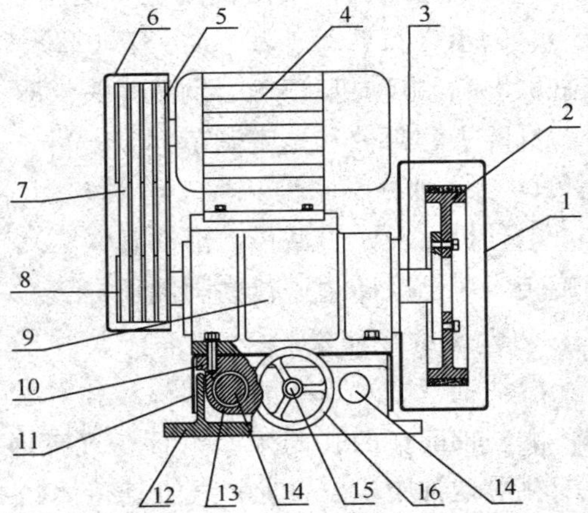

图 6-31　正切磨边头结构示意图

1—挡水罩；2—正切磨边轮；3—主轴；4—电动机；5—电机带轮；6—皮带罩；7—三角带；8—主轴带轮；9—轴承座；10—滑动座；11—防护罩；12—底座；13—铜套；14—导轴；15—调节螺杆；16—调节手轮

(3)、电动机(4)、带轮(5、8)、轴承座(9)、滑动座(10)、底座(12)、导轴(14)、调节螺杆(15)、调节手轮(16)组成。它也同样有动力部分和调节部分。动力部分由电动机(4)通过皮带轮(5、8)、三角带(7)带动主轴(3)旋转,主轴(3)的一端安装正切磨边轮(2),从而带动正切磨边轮旋转而对砖边进行磨削。

调节部分:两根导轴(14)装在滑动座(10)的孔内,并一道安装在底座(12)腔内,导轴的两端固定在底座壁孔内,调节螺杆(15)的螺纹部分与滑动座的内螺纹联结,另一端穿过底座壁孔后与手轮(16)连接,摇动手轮,能通过螺杆带动滑动座向内或向外移动,磨头轴承座(9)固定在滑动座上,滑动座移动可带动磨头轴承座同步移动。调节螺杆的螺距一般是3mm,在手轮(16)的圆柱端的外圆上刻有60个小格,每转动1小格就表示磨边轮移动0.05mm。在调整时只需松开锁定螺栓,将手轮转过所需格数,然后拧紧锁定螺栓。调节螺杆一般为右旋螺纹,顺时针摇动手轮即磨边轮往外移动(向操作者方向),反时针摇动手轮即磨边轮向内移动(向砖边方向)。正切磨边轮的直径较大,一般都有300mm左右直径。挡水罩(1)是防止冷却水溅出,防护罩(11)是防止冷却水和烂砖掉进底座油腔内,损坏导轴和润滑油。

八、倒角磨头

倒角磨头有固定倒角和气动倒角两种结构形式。固定倒角磨头就是将一个小型的磨边头总成倾斜45°安装在倒角翻板总成上,倒角轮采用直径ϕ150mm金刚石磨轮,用磨边头总成上的调节手轮进行微量进给。这种倒角磨头没有自动跟踪功能,倒角宽度难以做到一致,但是可进行大刀磨削,一般用在前台磨边机上或未经抛光的玻化砖倒角。

气动倒角磨头是集机、电、气于一体的磨头,它有倒角轮自动升降功能、升降延时功能和气压自动跟踪功能。它用ϕ150mm树脂碳化硅磨轮,倒角宽窄一致,细腻光滑,质量稳定。从我国自主生产磨边机以来,一直使用此种结构的倒角磨头,市场占有率百分之百,是非常成熟的倒角磨头。其结构如图6-32所示。

气动倒角磨头主要由倒角轮(图中未画出)、砂轮夹盘(1)、挡水罩(10)、倒角支座(13)、轴承(21、25、32)、滑套(22)、气缸连接体(24)、滑动轴(29)、滑动套(33)、气缸(35)、电动机(37)、倒角磨头支座(48)和倒角磨头翻板(51)组成。可分为动力部分、升降滑移部分和角度调节部分。

1. 动力部分

电动机(37)直截传动滑动套(33),通过滑动轴(29)、砂轮夹盘(1)带动倒角轮高速旋转,对已磨砖边进行磨削倒角。

2. 升降滑移部分

滑动轴(29)与滑动套(33)和滑套(22)孔的配合为第一种间隙配合——滑合,因此,滑动轴能在两孔内来回滑移;气缸连接体(24)通过轴承(25)、轴用弹性挡圈(23)装配在滑动轴中段位置上;气缸连接体凸尖上的螺纹孔直截与气缸活塞杆连接,倒角轮通过砂轮夹盘(1)安装在活动轴的另一端。滑动轴升降滑移过程由气动部分和光电开关来控制,当砖来到倒角轮底下时,光电开关把信号传给电磁换向阀换向,气缸底部得气,活塞杆推动气缸连接体,带动滑动轴、砂轮夹盘、倒角轮下降到已磨砖边,倒角轮对砖边进行倒角磨削。当一片砖倒角结束时,光电管开关又把信号传给电磁换向阀换向,气缸上部得气,活塞

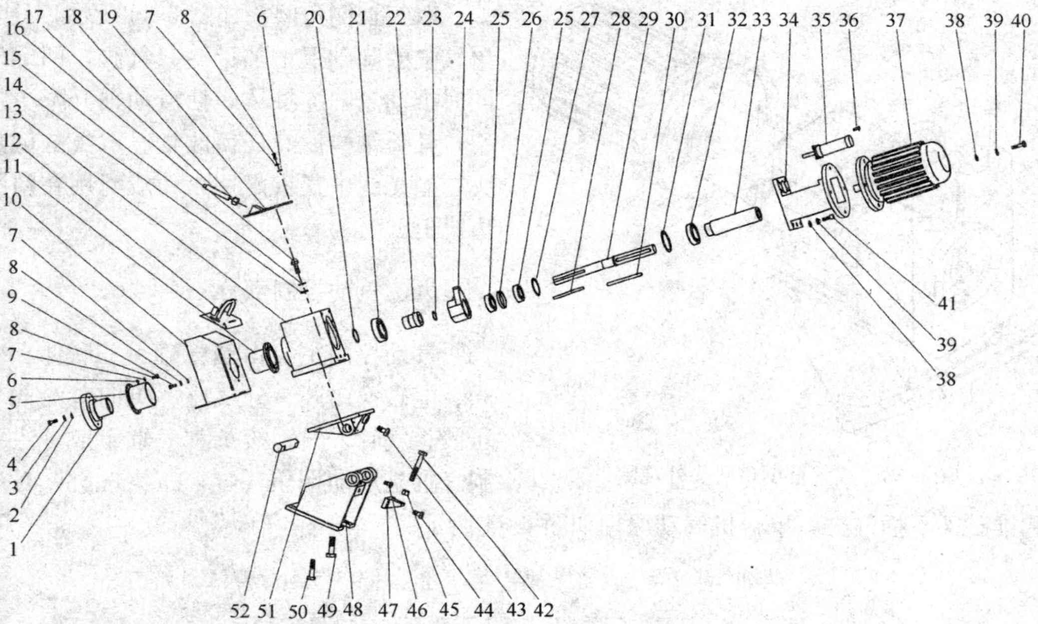

图 6-32　气动倒角磨头结构图

1—砂轮夹盘；5—挡水套；10—倒角水罩；11—支座法兰；12—水罩盖；13—倒角支座；17—限位螺杆；18—锁紧螺母；19—支座盖板；20—轴用弹性挡圈 45；21—深沟球轴承 6209-z；22—滑套；23—轴用弹性挡圈 30；24—气缸连接体；25—深沟球轴承 6206；26—隔圈；27—孔用弹性挡圈 62；28—普通平键盘；29—滑动轴；30—普通平键盘；31—孔用弹性挡圈 75；32—深沟球轴承 6109；33—滑动套；34—倒角支套；35—气缸 10Y-2RFA32N50KF1；37—电动机 Y90L-4/B5-1.5kW；42—支撑螺杆；45—锁紧螺母；47—支撑座；48—倒角磨头支座（也叫翻板座）；49—翻板锁紧螺杆；50—翻板顶紧螺杆；51—倒角磨头翻板；52—翻板轴

杆带动气缸连接体、滑动轴、砂轮夹盘和倒角轮上升，滑动轴就缩到活动套里面，使倒角轮离开磨削位置，等待下一片砖的到来。

限位螺杆是用来控制当倒角轮磨完时，气缸连接体不能继续下降，从而保护砂轮夹盘不会被磨坏。

倒角轮磨完限位控制，不但有限位螺杆限位，而且还有电磁限位和自动报警功能。在倒角气缸（35）的上端装有电磁感应块，当气缸内的活塞下降到一定位置时电磁感应块发出信号，即红灯亮、报警笛响，同时气缸活塞立即上升，使砂轮夹盘离开砖面，通知操作人员更换倒角轮。

3. 角度调节部分（也称为翻板总成）

整个倒角磨头部件通过倒角支座（13）固定在倒角磨头翻板（51）上，倒角磨头翻板通过翻板轴（52）安装在倒角磨头支座（48）上，整个倒角磨头总成通过倒角磨头支座（48）安装在磨边机横梁相应位置上，倒角磨头翻板可绕翻板轴转动。倒角轮与砖面成 45°角时为最佳倒角角度，安装使用时发现角度不对，可通过调节支撑螺杆（42）、翻板顶紧螺杆（50）来实现。锁紧螺母（45）是用来固定支撑螺杆不松动；锁紧螺杆（49）是用来固定翻板不松动。翻板总成还有另外一个作用，就是倒角轮用完时，可将整个倒角部件连同翻板绕翻板轴转动，使倒角轮朝上翘起，便于装拆和更换倒角轮。

双气缸倒角磨头如图 6-33 所示，只是在单气缸的基础上增加了一只气缸，两个气缸同时推动气缸连接体，使滑动轴升降更加平稳，其他结构没有任何改变。双气缸倒角磨头在抛光线中很少配用，一般配用在精细磨边机上。

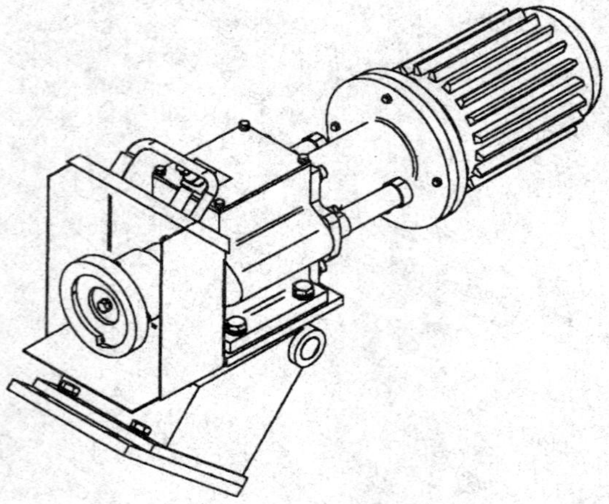

图 6-33 双气缸倒角磨头外观图

九、气动控制部分

气动控制主要由储气罐、三联体、减压阀、电磁换向阀、分气座、单向节流阀、气压表、气管、气管接头和气缸组成。主要控制气缸是气动倒角气缸，压梁气缸，对中气缸和推砖叉下插气缸，单台机气动原理如图 6-34 所示。

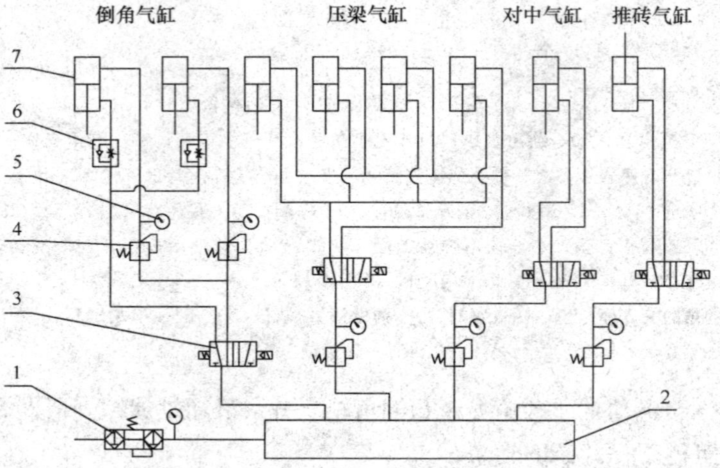

图 6-34 磨边机气路原理图

1—气动三联体；2—储气罐；3—电磁换向阀；4—减压阀；5—气压表；6—单向节流阀；7—气缸

1. 倒角气路

从图中可以看出一个换向阀要同时控制两个气缸，因为相对两组倒角磨头要求同步动作。压力空气经三联体（1）进入储气罐（2），当倒角磨头换向阀（3）没有接到换向信号时，压力空气由储气罐（2）出来经换向阀（3）、冲开单向节流阀（6）内的球形阀门，直接进入倒角气缸（7）的活塞杆端，推动活塞杆上移，从而带动倒角轮离开砖边并停在离砖边有一定距离的空中。当倒角换向阀（3）接到换向指令时立即换向，压力空气由储气罐经换向阀、减压阀（4）进入倒角气缸底部，推动活塞杆下移，此时活塞杆端气缸腔内空气受压，便回流向单向节流阀，推动球形阀，此时球形阀进气端由于没有压力空气进入，而出气端却有压力空气，因此形成压力差，使球形阀门关闭。此时回流到单向节流阀内的压力空气只有由节流阀孔流出，再经换向阀排气孔排出。由于倒角气缸活塞杆端腔内空气不断排出，同时又在气缸底部压力空气的推动下，活塞杆下移，带动倒角轮下降，降到砖边进行倒角磨削。

调节单向节流阀孔的开度大小可控制倒角轮下降的速度，倒角轮下降的速度不能过快，过快时对砖边的冲击力会加大，会损坏砖边。减压阀是调节倒角磨轮工作时的压力的。压力大小可通过压力表（5）来观察。当压力表读数超过或小于规定数值时都应进行调整。

2. 压梁气路

压梁气路较为简单，它是先经过减压阀后再进入换向阀，也就是说换向前后的空气压力是一样的。一个换向阀要同时控制四个气缸，因一台机有两根压梁，每根压梁有两个气缸，并要求两根压梁的动作是同步的。同时用气量大，因此要用粗一些的气管。在换向阀未接到换向指令时，压力空气都是先进入压梁气缸的活塞杆端，使活塞杆上移，将压梁提升，使压带离开砖面，只要有指令换向阀换向，压梁下降，压带压住砖面，调节减压阀就能调整压带压力的大小。

3. 对中气路

对中气路与压梁气路完全一样，不同之处是一个换向阀控制一个对中气缸。在换向阀没有接到换向指令时，压力空气也是先进入气缸的活塞杆端，使活塞杆通过齿条拖动对中轮后退，只有当换向阀换向后对中轮才前进对砖进行对中，调节减压阀就能调整对中压力的大小。

4. 推砖气路

推砖气路与对中气路基本一致，不同之处是在换向阀未换向时，压力空气先进入气缸底部，使活塞杆上升，推动连杆、带动活动杆、推砖板、推砖叉一起上升，使推砖叉离开砖面并停在有一定距离的空间。只有当换向阀接到换向指令后，压力空气进入气缸活塞杆端，活塞杆才下移，同时带动推砖叉下移。

从整个气路原理图可以看出，倒角、压梁、对中气缸在不工作时是活塞杆部充气，推砖气缸是底部充气，这就是每个气缸的起始位置。这样设计还有一个作用，就是当在工作时突然停电，这此气缸都必须能回到起始位。储气罐有两个作用，一是保证磨边机气动系统中有足够的压力空气，使系统工作稳定；二是起到分气座的作用。不同用途的气缸它们的工作压力也不同，见表 6-4。

表 6-4　磨边机各气缸工作压力一览表　　MPa

总气路压力	储气罐压力	对中压力	推砖压力	压梁压力	倒角压力
0.8	0.6	0.4	0.4	0.15～0.2	0.15～0.2

十、电器控制部分

一条 650/24＋4 磨边机的总功率为 92kW，共有 38 台电机需要控制，磨边机的主要控制部件有电控柜和两个操作箱。早期的磨边机是电控柜与操作箱合二为一成长方体形斜面柜，由一个斜面操作面板来控制前后两台磨边机，由于磨边头不断增加，配置不断完善，斜面柜的容积不能满足需要。现代磨边机是将控制柜与操作箱分开，并且前后两台机分开操作，因此现代磨边机主要控制部件由一个控制拒和两个操作箱。柜内装有电源总漏电开关、各电机的控制断路器和接触器、传动电机和推砖电机的变频器、用来控制推砖和对中的可编程序控制器 PLC，柜内还有用作控制电源的变压器和整流稳压电源等。操作箱的控制面板上装有控制按钮、旋钮、指示灯、变频器操作面板、调速旋钮、拨码开关、延时按钮和气动控制元件。电控柜内的电器元件大多数厂家都选用施耐德、欧姆隆、西门子和松下的合资企业生产的电器。各电机功率与断路器、接触器的配置见表 6-5。

表 6-5 电机功率和断路器、接触器的配置表

电机名称	功率（kW）	转速（r/min）	数量	配置断路器、接触器安培数（A）
磨头电机	3	2800	24	6～8
	4	2800	24	8～10
倒角电机	1.5	2800	4	3～5
传动电机	3	1400	2	6～8
	2.2	1400	2	5～6
推砖电机	0.37	900	1	2
线架电机	0.55	1400	3	2
风机电机	单个 0.55	2800	5	2
	5.5	2800	2	12～15
转向电机	0.25	1400	1	2
扫尘电机	0.37	1400	1	2

电源经电柜内总漏电开关，再到各功能电机控制断路器、接触器触头进入各功能电机，传动和推砖电机要经过变频器控制，变频器是用来调整进入传动和推砖电机的电流频率，从而达到调整该电机输出转速的目的。变压器输入电源为 380V 交流电，输出为 220V 和 24V，220V 电源用作柜内照明、警报器、冷却风扇和可编程序控制器的电源，交流 24V 用于接触器线圈电源、电磁换向阀电源和整流稳压电源。经整流稳压滤波后的直流 24V 直流电用于光电管、接近开关、PLC 输入信号电源。气动换向阀是用直流 24V 电源。

单个磨头的控制有自动控制和手动单个控制，手动单个控制时只需分别按下相应电机的启动按钮，相应电机即可启动工作。当把转换开关打到自动时，按下总启动按钮，启动信号经 PLC 出来后，再经中间继电器启动各个磨头电机，每个磨头电机的起动相隔时间为 2s，此间隔时间长短可以在 PLC 内进行设定调整。磨边机气路原理如图 6-34 所示。

变频器操作面板是用来调整输入相关电机电流频率的，并可以显示运行频率，可通过显示的运行频率判断磨边机运行的线速度和推砖运行的速度。

各种电器元件、变频器和可编程序控制器 PLC 的工作原理在第五章抛光机电气控制部分一节中进行了详细叙述，在此不再叙述。

在前台机操作箱面板左下角装有拨码开关和延时增减按钮，由于一台磨边机需要延时的项目较多，不可能用多个延时按钮来控制，一对延时按钮要控制多个需要延时的项目，因此只能将需要延时的项目进行编号，然后用拨码开关来进行选择。例如设定后对中延时为“1”，只要将拨码开关拨到“1”，如果增加延时 2s，连续按增加“＋”按钮两次，系统就会自动增加后对中延时时间 2s。如果需要减少后对中延时 2s，可按同样的方法操作，但要连续按两次减少“－”延时按钮。各厂家设计的电路会有一定区别，各需要延时项目的编号也会不一样，下面将市场拥有量最多的磨边机 650/24＋4 和 650/28＋4 的延时编号汇录于表 6-6之中。

表 6-6　延时项目编号表

延时项目名称	编号	名　称　解　释
前台机对中延时	0	前台磨边机对中压轮夹紧砖后延时一定时间松开
后台机对中延时	1	后台磨边机对中压轮夹紧砖后延时一定时间松开
前台机倒角延时	2	前台磨边机相对两个倒角磨轮接到上升离开砖边指令时延时一定时间才上升
后台机倒角延时	3	后台磨边机相对两个倒角磨轮接到上升离开砖边指令时延时一定时间才上升
推砖或挡砖延时	4	当推砖架接到推砖开始指令后延时一定时间推砖叉才下插
后台机延时对中	5	后台磨边机对中机构接到对中开始指令时延时一定时间才开始对中

各种磨边机的配置不同，延时的项目也不同，如有的配置八个倒角磨头，那就不要增加两个延时项目编码；有的转向器是用气缸升降和减速蜗箱带动转向的就要增加升降气缸复位延时项目编码；有是用旋转气缸转向的就要增加旋转气缸复位延时项目编码。各种机型的延时编码以该机的使用说明书为准。

操作箱面板上装有多种功能的按钮和旋钮，它们的作用放在磨边机操作一节中进行详细叙述。

十一、冷却水

磨边机所用冷却水也是循环水，每台磨边机上有两条冷却水总管，一般是用支架安装在每根横梁的上方，总水管的下方按每根横梁上安装磨边头和倒角磨头的总个数开具分水管接头，安装分水管球阀，再用网纹塑胶管连接到每个磨边头水罩上的喷水管上。喷水管正好对准磨边轮的切线，工作时打开分水管球阀，冷却水就会直截对着磨边轮的磨削切点直冲下去，起到冷磨边轮和冲走磨屑的效果。这是传统的安装冷却水管的方式。

近年来，有的磨边机制造厂家把总水管安装在每根横梁的侧面磨头安装板底下，然后用网纹塑胶管弯着连接到磨边水罩侧面的喷水管上，工作时冷却水从磨边轮的侧面喷到切削点上。这种安装冷却水管的方式是使磨边机外形更加美观，其效果和冲走磨屑的方向应该还是传统的安装方式略好一些。

第三节　磨边磨具、倒角磨具

磨边倒角磨具在实际生产中通常叫做磨边轮、倒角轮。磨边轮的种类有蝶形磨边轮和环形磨边轮（正切磨边轮）。蝶形磨边轮又分间隙式磨边轮和环状磨边轮。近年随着干法磨边机的出现，又有了干法磨边轮。倒角轮有树脂倒角轮和金刚石微粉倒角轮。磨边轮是在金属结合剂内加入一定量的硬度为 $R=10$ 的金刚砂磨料，采用高温高压制成。树脂倒角轮是在树脂结合剂内加入一定量的碳化硅磨料，经化学反应后浇铸而成。金刚石倒角轮是在树脂结合剂内加入一定量金刚石微粉压注而成。各种磨边轮的外观形状如图 6-35 所示。

一、磨边、倒角磨轮的结构

磨边轮的结构：间隙式磨边轮、环状磨边轮、干法磨边轮在结构上基本相同，以用量最多的间隙式磨边轮为例说明其结构。如图 6-36 所示，由基体（1）、磨料块（2）组成。基体由普通 A3 钢板车制而成，中间有定位孔（H），平面上有固定孔（N），外圆有一圈略低于平面的环状沟槽，用来焊接金刚石磨料块。

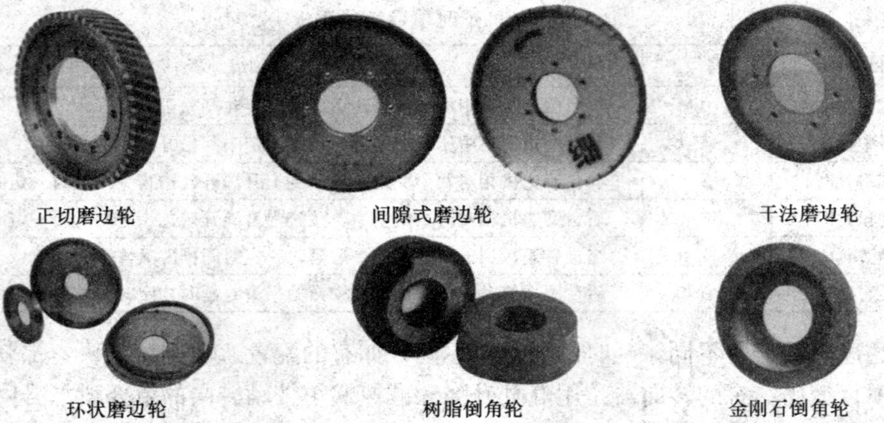

图 6-35　各种磨边轮和倒角轮外观图

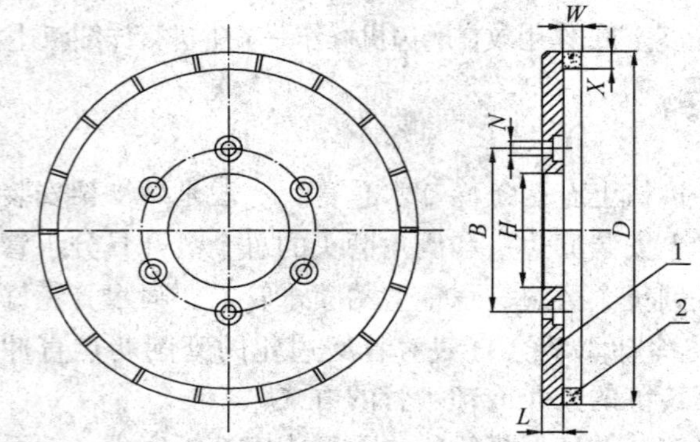

图 6-36　间隙式磨边轮结构图

1—基体；2—刀头（金刚石磨料块）

（1）间隙式磨边轮是先将金刚石微粉与金属结合剂制成弧形磨料块，然后一块一块地焊接在基体平面最外沿的浅槽内，块与块之间留 1～2mm 的间隙，此种磨边轮便于排屑，散热快，锋利度好，主要用于抛光砖、瓷质耐磨砖磨边加工。线速度快时砖边容易产生锯齿纹。

（2）环状磨边轮是将金刚石微粉与金属结合剂制成一个圆环体，再把这个圆环整体焊接在基体的浅槽内，此种磨边轮磨出的砖边平整光滑，不会产生崩面、崩边，并且噪声低，主要用于抛光砖修边，仿古砖、釉面砖磨边加工。由于这种磨边轮磨削量不能大，用于抛光砖修边时安装在磨边机出砖端 1～2 组磨边头上，主要是修掉砖边的锯齿纹，使砖边光滑平整。改变金刚石微粉与金属结合剂的配比，还可以制成精修磨边轮。

（3）干法磨边轮主要用于干法磨边机上，就是不加水冷却，磨出的砖是干的。结构与环状磨边轮基本一致。这种磨边轮只能磨削釉面砖和瓷片，不能磨削抛光砖和瓷质耐磨砖。由于其散热性能不好，所以线速度不能过快，单个磨边轮磨削量不能大，不然就会产生烧刀和黑边。此种磨边轮磨出的砖边平整、细腻、光滑。

蝶形磨边轮的种类繁多，但是它们的结构、型号、规格基本相同，见表 6-7。

表 6-7　蝶形磨边轮型号、规格一览表

型　　号	基体厚度 L (mm)	外　　径 D (mm)	定位孔径 H (mm)	刀头宽度 X (mm)	刀头高度 W (mm)
B150	12	150	30/50	9/10	10/12
B200	12	200	50/80	9/10	10/12
B250	12	250	50/80	9/10/12	10/12
B280	12	280	50/80	9/10	10/12
B300	12	300	50/80	9/10	10/12

注：表中 50/80 表示有 ϕ50 和 ϕ80 两种定位孔径，9/10 表示有 9mm 和 10mm 两种宽度刀头，10/12 表示有 10mm 和 12mm 两种高度的刀头。其他依此类推。

（4）正切磨边轮结构如图 6-37 所示。也是由金刚石微粉与金属结合剂组合制成的磨料块（2）和基体（1）组成。基体上同样有定位孔（*H*）和固定孔（*N*），基体所用材料与蝶式磨边轮一样，所不同的是将金刚石微粉制成长条形的块状体，然后将此块状体以均匀的间距焊接在基体的外圆圈上，间隙一般在 5～7mm，并且与基体的圆周母线成一定的倾斜角度，此角度一般在 15°～30°之间。倾斜的方向有左向和右向两种，在磨料块间距的空档中垫充树脂胶，然后在外圆磨床上进行外圆磨削和开刃，磨削外圆时要注意做到与定位孔同轴。此种磨边轮磨出砖边光滑，但有微量内弧形，很少用于抛光砖磨边，多数用于水晶砖、釉面砖、耐磨砖磨边，可以大磨削量，快速度地进行磨边，所以效率高，其型号、规格见表 6-8。

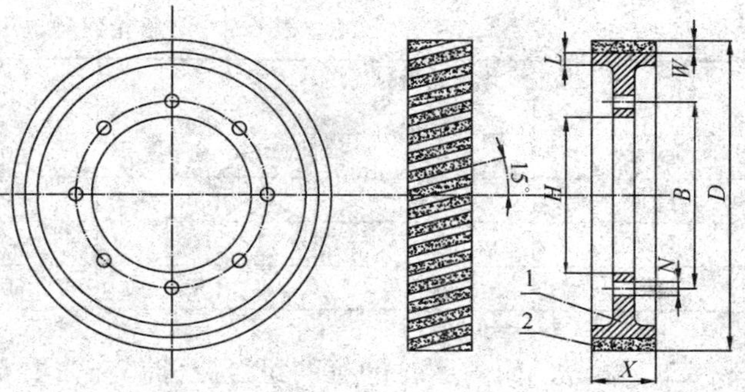

图 6-37　正切磨边轮结构图

1—基体；2—磨料块

表 6-8　正切磨边轮型号、规格一览表

型　　号	基体厚度 *L*（mm）	外　径 *D*（mm）	定位孔径 *H*（mm）	刀头宽度 *X*（mm）	刀头高度 *W*（mm）
B300	12	300	150	60	10/12/14
B320	12	320	150	60/80	10/12/14

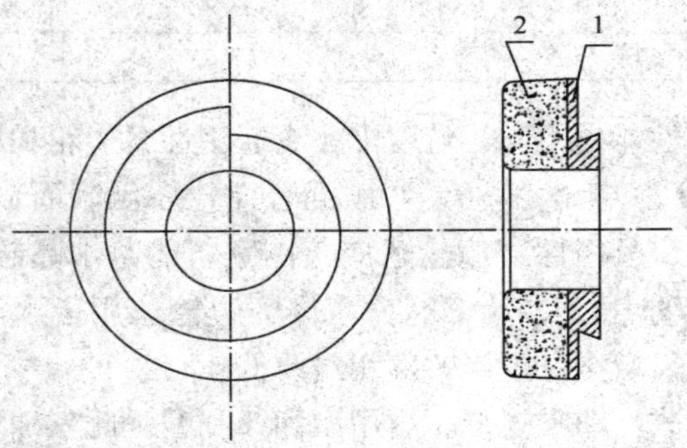

图 6-38　倒角磨轮结构图

1—塑料卡脚；2—磨料

（5）倒角磨轮的结构与磨边轮有所不同，如图 6-38 所示。磨边轮的基体是金属的，倒角磨轮的基体不叫基体，而叫塑料卡脚，就是用这个倒锥状阿基米德螺旋线卡脚与倒角磨头的砂轮夹盘相联结。在砂轮夹盘的端面上也加工有相应的倒锥状阿基米德螺旋线沉孔，安装时只要将倒角磨轮塑料卡脚放进砂轮夹盘端面倒锥状阿基米德螺旋线沉孔内，反方向一拧，磨边轮就牢牢地卡在砂轮夹盘上。倒锥状阿基米德螺旋线卡脚有左、右两个旋向，选用左、右旋向的砂轮夹盘和倒角轮要根据磨边机的进砖方向和安装位置来定。磨料是碳化硅颗粒，用化学菱苦土或树脂结合剂与磨料均匀搅拌后浇铸在塑料卡脚上，待固化后就可以使用，碳化硅的目号一般选用 150＃、180＃、240＃、280＃。低于 150＃磨料太粗会使倒的角粗糙，影响外观。高于 280＃虽然倒出的角光洁平滑，但磨削效率不够，会影响整线速度。倒角磨轮的外形尺寸：外圆 ϕ150，内孔 ϕ60～ϕ80，磨料厚料 30mm，倒锥卡脚高度 10mm。倒角轮除塑料阿基米德螺旋线倒锥卡脚外，还有用螺纹内孔与倒角磨头主轴直截联结的形式。倒角轮的型号规格见表 6-9。

金刚石微粉倒角磨轮的形状和规格与碳化硅倒角轮基本一致，不同的就是磨料用金刚石微粉与树脂结合剂制作而成。选用金刚石微粉粒度号与选用碳化硅粒度号一致。

表 6-9　倒角轮型号、规格一览表

型　号	碳化硅磨料粒度号（号）	外　径（mm）	中心孔径（mm）	磨料厚度（mm）	卡脚高度（mm）
D150	150	150	60～80	30	10
D180	180	150	60～80	30	10
D240	240	150	60～80	30	10
D280	280	150	60～80	30	10

二、磨边、倒角磨轮的磨料组合成分和制作要点

磨边轮的基体部分所用材料和加工工艺与金刚石滚筒的基体一样，磨边轮刀头的组合成分和制作工艺过程也与滚筒刀头的组合成分和制作工艺过程一样。

倒角轮的组合成分和制作方法与抛光磨块的组合成分和制作方法一样，因此不再叙述。

三、磨边、倒角磨轮的使用性能

（1）磨边轮有各种不同的规格，直径较大的磨边轮线速度高，切削力大，吃刀深度可大，适应磨大规格砖。直径较小的磨边轮切削力小，吃刀量不能大，适应磨小规格砖。磨边轮直径大小与被磨砖规格大小应该要相互对应，做到合理使用，见表 6-10。

表 6-10　磨边轮直径与被磨砖规格对照表

磨边轮直径（mm）	被　磨　砖　规　格（mm）	磨边轮直径（mm）	被　磨　砖　规　格（mm）
ϕ150	250×250、300×300、400×400	ϕ280	600×600、650×650、800×800
ϕ200	400×400、500×500	ϕ300	800×800、1000×1000、800×1200
ϕ250	500×500、600×600、650×650		

金刚砂的粒度（金刚砂粗细）不同，其使用性能也不同，粒度配比有通用性磨边轮和精修磨边轮两种配方，通用性磨边轮的金刚砂粒度为 60＃和 80＃，砂混合搅拌后压制而成，精修磨边轮的粒度有 100＃、120＃、150＃三种。通用性磨边轮适应范围宽，能磨水晶砖、耐磨砖、玻化砖、抛光砖、大理石等，并且吃刀量很大、效率高。精修磨边轮适用于水晶砖、釉面砖和抛光砖的最后一道精修工位中，吃刀量小，生产效率相对要低。

通用性磨边轮按照其锋利程度可分为三种形式，即常规型、耐用型和锋利型。此三种形式的构成主要是由于金属结合剂配比不同所致，金刚砂的粒度是一致的。

①锋利性：其金属结合剂的配比偏软（例如铝粉偏多），当在磨砖的过程中，磨边轮的本身磨损快，从而使金刚石颗粒容易露出而形成切削刃，因此在磨砖时就锋利有力，效率高，适应于磨砖质软硬的砖。但是其缺点是使用寿命短，有的连续使用 4d 左右就将磨料部分消耗完。

②耐用性：其金属结合剂的配比偏硬（例如铁粉偏多），在磨削过程中磨轮本身的磨损慢，金刚石颗粒不容易露出，切削刃就显得不锋利，此种磨边轮适合磨砖质较软的砖，并且使用寿命长，通常能使用 12～16d。

③常规性：其金属结合剂的配比软、硬介于锋利型和耐用形之间，在磨削过程中磨边轮本身的磨损相对于锋利型就显得慢，相对耐用性就显得快。因此这种磨边轮的适用性极为宽广，对砖质软、硬程度要求不高，是一种既经济又有效率的磨边轮，通常能使用 8～12d。

在磨削抛光砖时各种形式磨边轮的使用周期见表 6-11。

（2）倒角轮的磨料组合有三种形式，即碳化硅加菱苦土结合剂、碳化硅加树脂结合剂、金刚石微粉加树脂结合剂。

①碳化硅加菱苦土结合剂的倒角轮，结构较硬而且较脆、耐用，倒出的角平滑光洁。缺点是由于脆性会产生破边和龟裂，影响使用效果，属经济性倒角轮。

②碳化硅加树脂结合剂的倒角轮，结构中硬而富有毅性，耐用度较菱苦土结合剂的倒角轮稍差一点。倒出的角平滑光洁，不会产生龟裂，使用效果好，是实际生产中较受欢迎的一种倒角轮。较菱苦土结合剂的倒角轮价格上要贵一些，生产成本略高。

③金刚石微粉加树脂结合剂倒角轮，由于金刚石微粉价格昂贵，所以属贵重性倒角轮使用效果可以，但由于价格昂贵，无法降低生产成本，所以很少有厂家使用此种倒角轮。

表 6-11 各式磨边轮、倒角轮使用周期表（以每天生产 20h 计算）

锋利型磨边轮	常规型磨边轮	耐磨型磨边轮	碳化硅＋菱苦土（倒角轮）	碳化硅＋树脂（倒角轮）	金刚石微粉＋树脂（倒角轮）
4～5d	8～12d	12～16d	8h	6h	40h

第四节 磨边倒角工艺

一、磨边磨头、倒角磨头数量配置

磨边头数量的配置与所磨砖种、规格和要求达到的生产效率有密切的关系，在选择双压带式对磨机的磨头配置要注意三个特性，即经济性、效率性和合理性。

经济性：单台机磨边头配置的数量越多价格越贵，因此一次性投资多；磨头数量越多，单位时间内耗电多，消耗的磨具也多，生产成本就高。当选择一台磨头配置数量最多的磨边机去磨釉面砖、小规格抛光砖就不经济。

效率性：单位时间内所磨的砖平方数越多效率就越高，生产成本就低。磨边机的效率是靠线速度得来的，当选择一台磨边头数量配置少的磨边机，去磨大规格抛光砖、耐磨砖，线速度提不上去，也就无法谈效率。当选择 4kW 功率的磨边头去磨水晶砖和瓷片，这就效率过剩。

合理性：综合所磨砖种、规格和要求所达到的生产效率来选择磨边头数量的配置，这样才算合理。

综合以上特性，现代磨边机的磨边头有四种标准配置，即 20＋4、24＋4、28＋4、32＋4。

（1）20＋4 型：由 20 个磨边头和 4 个倒角磨头组成，每根梁上安装 5 个磨边头和一个倒角磨头，适应磨小规格耐磨砖、抛光砖、中等规格的釉面砖、水晶砖。磨边轮直径 ϕ220～ϕ250mm，磨边头电机功率为 3kW。线速度最快可达 15m/min，最大生产能力可达 375m^2/h。

（2）24＋4 型：由 24 个磨边头和 4 个倒角磨头组成，每根梁上安装 6 个磨边头和 1 个倒角磨头，适应磨中等规格的抛光砖、耐磨砖、较大规格的釉面砖、水晶砖。磨边轮直径 ϕ250～ϕ280mm。磨边头电机功率有 3kW 或 4kW，线速度最快可达 20m/min，最大生产能力可达 489m^2/h。

（3）28＋4 型：由 28 个磨边头和 4 个倒角磨头组成，每根梁上安装 7 个磨边头和 1 个倒角磨头，适应磨大规格抛光砖、玻化砖、耐磨砖、微晶玻璃砖、大理石板材。磨边轮直轮ϕ250～ϕ300mm，磨边头电机功率有 3kW 或 4kW，每线速度最快可达 20m/min，最大生产能力可达 450m^2/h。

（4）磨边头配置多种多样，早期的 16＋4 磨边机只能磨 400mm×400mm 以下规格的各砖种；32＋4、32＋8 属高效率型磨边机，最大生产能力可达 650m^2/h。配置下倒角磨头的磨边机属追求完美型。标准型磨边机磨边头数量配置与所磨砖种和规格的关系见表 6-12。

表 6-12　磨边头数量配置与所磨砖种、规格关系表（供参考）

磨边头配置数量	磨边头电机功率（kW）	适应所磨砖种类	适应所磨砖规格（mm）
20＋4	3	小规格抛光砖、耐磨砖、釉面砖、水晶砖	400×400、500×500、600×600、650×650
24＋4	3	中等规格的抛光砖、耐磨砖、釉面砖、水晶砖	600×600、650×650、800×800
	4	较大规格的抛光砖	800×800、1000×1000
28＋4	3	抛光砖、耐磨砖、微晶玻璃砖	650×650、800×800
32＋4	4	抛光砖、微晶玻璃砖、大理石板材	800×800、1000×1000、1200×1200

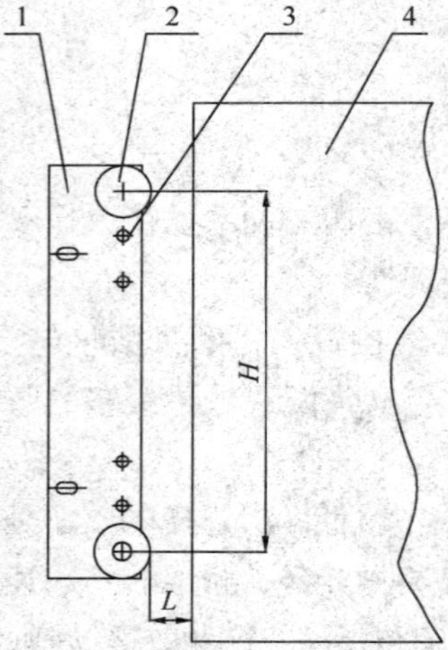

图 6-39　对中压轮轮距与所磨砖规格的关系示意图

1—对中压轮支承板；2—对中压轮；3—对中压轮安装孔；4—砖

二、对中轮距与所磨砖规格的关系

如图 6-39 所示，对中轮（2）是安装在支承板（1）上，为了使磨边机能扩大使用范围，一般都把支承板做成有 3～5 对安装对中轮的孔（3），便于磨大、小规格砖时选用。由于磨边机制造厂家较多，所以该孔距离也有不同，但一般都在一定的范围内变动，选择两孔距 H 时一定要根据砖（4）的规格的大小，即砖边长。两对中轮安装孔距＝2/3×所磨砖边长为最佳孔距。如果 800mm×800mm 以上规格的砖应该加长对中压轮支承板才能使对中效果好，经验表明两对中轮的轮距如果小于 1/2×所磨砖边长就会造成对中不稳或直角度不好。因此对中轮安装孔距只能在 1/2～2/3×所磨砖边长度内变动。

从图 6-39 可以看出，对中轮不仅存在轮距 H 和所磨砖规格之间的关系，而且还存在对中轮离被磨砖边距离 L 的关系，这种距离 L 与砖的规格大小也有密切的关系，250～600mm 规格的砖一般取 30mm，800～1000mm 砖一般取 50mm。当对中轮离砖边太近会造成对中无力，当对中轮离砖边太远，会由于冲击力把砖边打烂。合理地选用对中轮与被磨砖边的距离 L，能使对中机构的性能得到发挥和良好的运行。

三、推砖叉距与所磨砖规格的关系

如图 6-40 所示，（1）为推砖板的图样，在推砖板的下边有一排腰孔（2），推砖叉（3）就安装在这些腰孔上，由于这一排孔的孔距都相等，因此推砖叉不管放在哪个腰孔位置上都能安装上。这些孔就是用于调节两个推砖叉的距离 W 的。我们知道推砖叉是用来校正砖的

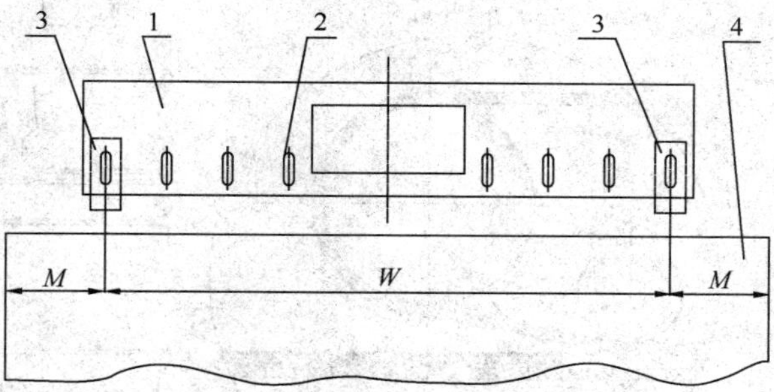

图 6-40　推砖叉距与所磨砖边长的关系示意图

1—推砖板；2—推砖叉安装孔；3—推砖叉；4—砖

已磨边与就要被磨的边垂直度的，那么两叉的距离相对被磨砖边的边长应该越大越好，只有接近于已磨边的全长，校正就越准确。如果无限制地追求叉距，会给制造机器带来很大的困难。经验表明推砖叉距 W 应该是被校正砖边的全长的 80%，叉距的两边 M 各占全长的 10%，这是最佳分配。各种规格的砖选择推砖叉距时见表 6-13。推砖板的长短与磨边机的型号有关系，因此在选择磨边机型号时要根据所磨砖的规格来进行。

表 6-13　推砖叉距与砖规格对照表　　mm

砖规格	300×300	400×400	500×500	600×600	800×800	1000×1000
推砖叉距	220	300	400	480	640	800

四、两条下压带距离与所磨砖规格的关系

前面已经说过，对磨机是用两条上压带、两条下压带相对应的压紧并夹持着被磨砖向前移动，由于磨削时是有阻力的，因此，为了求得砖在磨削时相对于上、下压带不会产生位移，压带的带距相对砖来说应该是越大越好。但是带距太大会给磨边机设计和制造带来居多不便，综合国内外压带式磨边机，被磨砖边露出压带边 50mm 为宜。那么由此可得出带距＝砖边长－100mm。根据这经验公式，不管被磨砖怎样更换，我们只要知道被磨砖的边长，就可以立即将机器调到相应的尺寸。带距与砖边长关系如图 6-41 所示。

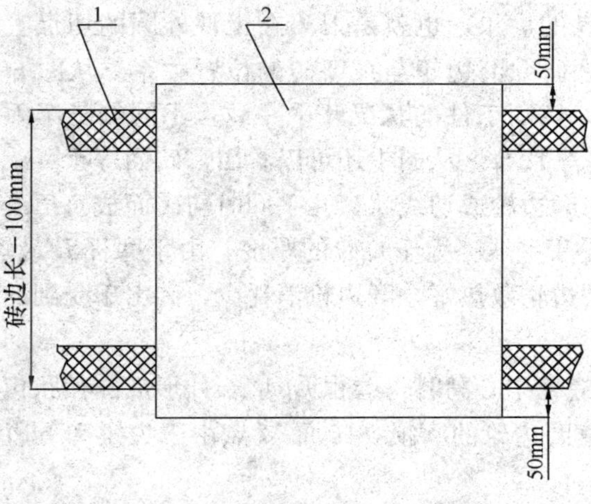

图 6-41　带距与砖边长关系示意图

1—下压带；2—砖

五、推砖起点位置和终点位置（图 6-42）

推砖机的动作是与对中机构紧密相连的，并且还要求配合好，当对中压轮（5）后退时推砖叉（6）开始往前推砖（4），推着砖在下压带（9）面上移动，直把砖推到压梁过渡轮（2）处的上压带（1）表面下止，注意以砖边不能碰着上压带表面为准，如图 6-42C 处放大图所示。因此推砖速度要比压带速度快，如果推砖速度没有压带速度快，砖就会被下压带拉着往前走而离开推砖叉，推砖就失去了作用。推砖起点位置应该是对中位置，推砖终点位置是砖前边正好快要接触压梁过渡轮下的上压带表面，整个推砖行程一般在 200～250mm 之间。

六、磨边轮中心高与被磨砖的关系

如图 6-43（a）所示，机械加工金属切削原理表明：刀具的切削刃一定要与工件中心等

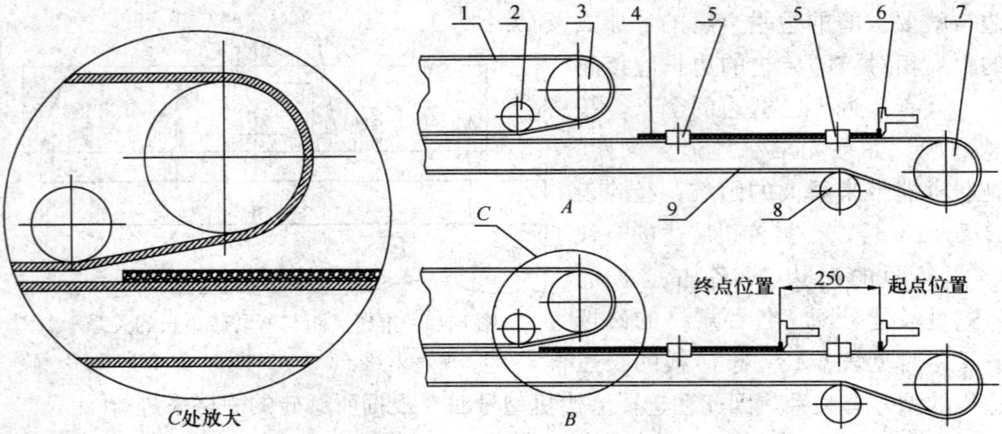

图 6-42　推砖起始位置和终点位置图

1—上压带；2—过渡轮；3—上活动轮；4—砖；5—对中压轮；6—推砖叉；7—下活动轮；8—托轮；9—下压带

A—推砖起始位置；B—推砖终点位置；C—处放大

高，高于或低于工件中心都会给切削带来不良的后果，也就是刀刃在工件外圆的切点上工作。我们把这一原理应用到陶瓷砖磨边中，来研究磨边轮与被磨砖的位置关系。从图 6-43（b）中可以看出，磨边轮磨砖时的状况和车刀切削工件的状况几乎一致，不同的是车刀由直线移动的砖来代替，工件由旋转着的磨边轮来代替。从图中还可以看出，砖面等于（或略低于）磨边轮的中心高时，磨出的瓷砖碎粒与磨边轮成切线状，几乎同时与砖面成直角飞射出去，这时磨边轮对砖的磨程 L 最短，几乎等于（或略大于）砖的厚度。由于磨程 L 最短，可以带来一系列好处，如电机不做无用功，磨边轮散热好，磨边轮消耗少，砖由于受到的磨削阻力小而不容易产生歪斜、烂边等。

如图 6-43（c）所示，如果当砖面高于磨边轮中心高时，磨程 L_1 增长并形成圆弧状包着磨边轮，导致磨边轮散热和冷却不好，会加速磨边轮的磨损，砖面 M 点由于尖锐和下边没

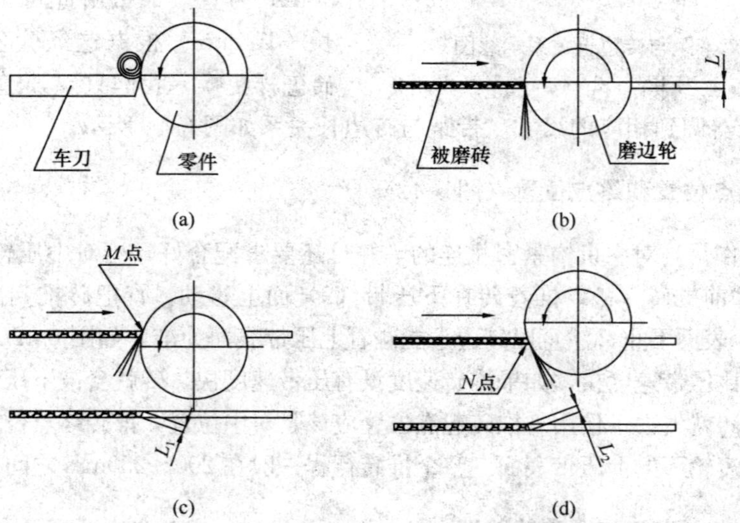

图 6-43　被磨砖面与磨边轮中心高的关系说明图

（a）金属切削原理；（b）砖面与磨边轮中心等高；（c）砖面高于磨边轮中心；（d）砖面低于磨边轮中心

有支承体而导致 M 点崩裂，影响砖面质量；磨削时瓷砖碎粒不是与砖面成直角方式排出，而是小于 90°角飞射到设备排屑槽侧壁上，致使排屑不畅。再由于 L_1 过长，磨边轮阻力增大使电机功率过消耗。

如图 6-43（d）所示，如果当砖面过多的低于磨边轮中心高时，磨程 L_2 同样增长并形成圆弧状包着磨边轮，导致散热和冷却不好，加速磨边轮磨损，电机功率过消耗，砖底 N 点容易崩掉，影响砖边质量，并且存在排屑不畅等。

综合以上情况分析，砖面高度等于磨边轮中心高度为最佳磨削状态，现在国内外的磨边机都是按此要求设计和制造的。

七、磨边轮的旋转方向和相对于被磨砖边倾斜角度的选择

如图 6-44 所示，我们把工作中的磨边轮看成是一个带有切削能力的旋转着的盘状物体，是用镶嵌在盘状物体端面上、紧靠圆周上的金刚砂来切削瓷砖。设某一粒金刚砂随着磨边轮旋转，从图中可以看出，它是迎着进砖方向旋转的，并且是由砖面向砖底旋转，当这一点遇着移动着的砖边时就对砖边进行磨削，我们把这一点叫做磨边轮的前锋。当这一点旋过砖的厚度到达砖底，再继续旋转 180°时，它所遇着的是已被磨过了的砖边，我们把这一点叫做磨边轮的后锋。国内外磨边机都是前锋对砖边进行磨削，后锋不对砖边进行磨削。试分析用磨边轮的前锋或用后锋对砖边进行磨削的优缺点。前锋磨削时是由砖面向砖底进行切削，切削力通过砖层加在下压带上，由于下压带面宽并且稳定，因此增大了砖对切削力的承受能力。磨出的瓷砖碎屑是由砖面向砖底移动，并成切线状飞到磨边机横梁的排屑槽内，不影响环境。设用后锋进行磨削，由于切削力的作用，砖会离开下压带造成不稳定，磨出的瓷砖碎屑和冷却水会向空中飞溅，污染环境。前锋磨削是由砖面往砖底磨削，不会造成砖面崩面而得到一个好的磨削效果。后锋磨削是由砖底向砖面磨削，会使砖面崩面而影响砖边质量。根据以上分析，不管磨边轮是安装在操作面还是非操作面的横梁上，它的旋转方向都是要对着砖面和迎着进砖方向旋转的。

不但是旋转方向有明确的规定，如果磨边头的轴心线与被磨砖边成 90°时，砖边虽然会由前锋磨削，但是已磨过的砖边会与磨边轮的后锋相摩擦而擦崩砖面，要解决这一矛盾，只有将磨边轮的磨削平面与砖边保持一定角度，给已磨过的砖边让出一条通道，让其顺利地通过，才能达到我们意想之中的目的。如图 6-45 所示，经验表明，磨边轮与砖边的夹角只能 ≤1°，夹角太大，磨边轮消耗大，磨损快，并且在砖边会产生锯齿状磨纹。还会产生崩边影

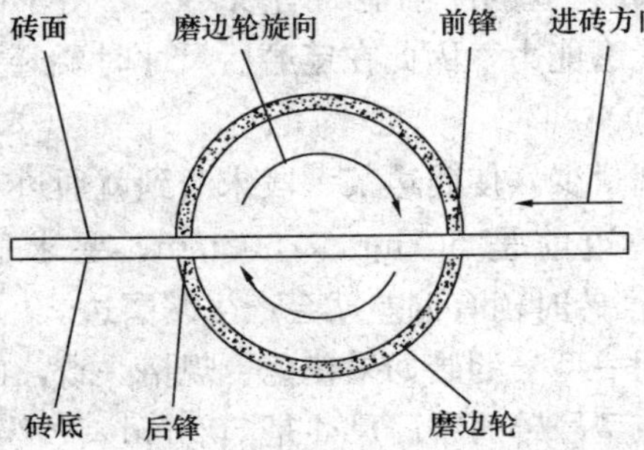

图 6-44　磨边原理示意图

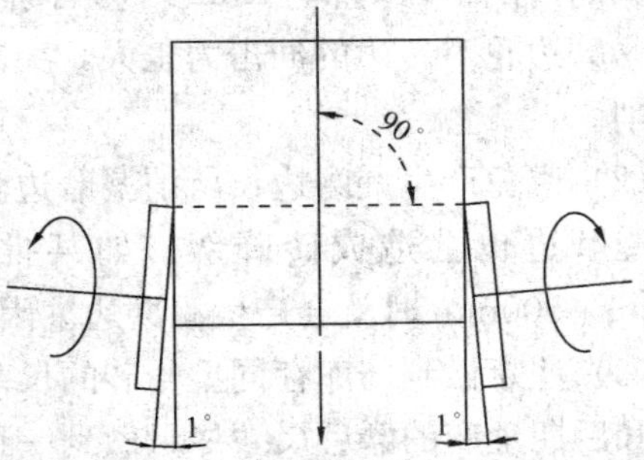

图 6-45　磨边轮与砖边的倾角及相对两磨边轮前锋连线与主机中心线应垂直示意图

响砖边质量；如果太小，会产生后锋擦伤已磨砖边，并且要求同台机上相对的两个磨边轮的倾角一定要一致。不仅如此，还要求相对两磨边轮的前锋连线一定要与设备中心线垂直。如图 6-45（虚线与主机中心线）所示，如果大于或小于 90°都会造成在磨边时产生工艺性故障，如圆角、沟头、大小头等。

八、上、下压带之间的距离

上、下压带（同步齿形带）的齿形是用聚氨酯经模塑而成，中间嵌入环状钢丝，用来精确传递移动距离，带的表面粘贴一层橡胶面料。该橡胶层摩擦阻力大，用来承载和带动被磨砖同步移动。对磨机是将上、下压带组合在一起，使其紧边运行方向一致，线速度一致，在上、下压带紧边之间挟持着被磨砖进行同步移动。橡胶层是有可塑性的，使挟持更加牢固。选择多大的上、下压带之间的间隙，才能把砖挟持得牢固呢？如果间隙等于或大于被磨砖厚度，则挟持不紧，在磨边时会使被磨砖移位。间隙小于被磨砖厚度太多，则会增加同步带齿面与不锈钢导条的摩擦力，增加了传动阻力，会加速同步带的磨损。实践证明，上、下压带之间的间隙等于被磨砖厚度减去 1～1.2mm 为最合理的间隙。设上、下压带之间间隙为 L，被磨砖厚度为 H，可引入公式：$L = H - (1 \sim 1.2)\mathrm{mm}$。

九、确定砖的磨后尺寸

任何瓷砖在未经磨边倒角之前，它的外形尺寸都是不一致的。同一批瓷砖外形尺寸变化小的有 2～3mm，变化大的有 3～5mm，给铺贴带来了困难，所以就要经过磨边工序对其外形进行磨削。经磨边后的瓷砖外形尺寸一致，规格一致。特别是抛光砖，瓷砖在抛光后其档次已得到提升，如果再由于规格尺寸问题破坏了抛光砖的完美性就不合适了，虽然经过磨边会增加一些成本，但相对来说其档次提升价格也会得到提升。所以磨边工序是非常重要的，也是必不可少的。当接到生产该批砖的时候，首先应对该批砖进行详细的测量，掌握其尺寸变化范围，最大的是多少尺寸，最小的是多少尺寸，然后综合设备的磨削能力（即单边能磨多少毫米）和瓷砖的公称尺寸（400mm、500mm、600mm、800mm、1000mm），定出该砖的磨后尺寸。定砖的磨后尺寸要从以下三点去考虑。

（1）避免超量磨削：就是超过设备的磨削能力和瓷砖承磨能力叫做超量磨削。例如砖的磨前尺寸是 512mm×512mm，要求磨到 500mm×500mm。总磨削量为 12mm。单边磨削量是 6mm，如果磨边机型号是 16+4，平均单个磨边头的磨削量达 1.5mm。而实践证明单个磨边头的磨削量在 0.5～1mm 时为合理磨削量，因此设备的磨削能力有所不及。由于磨削量大，磨边轮对砖边的冲击力也大，突破了瓷砖的承磨能力，因此在定磨后尺寸时要避免超量磨削。

（2）避免产生漏磨边：所谓漏磨边就是由于磨削量少，使砖边某一段未磨到就通过了磨机。漏磨边也会造成砖降级。如某批砖坯在未磨边前是 502mm×502mm，要求磨到 500mm×500mm 时就会产生漏磨边。因为在对中和推砖时稍有偏差就会产生漏磨边。

（3）注意做到与库存同型号砖的尺寸相稳合：同一型号的砖如果花色、规格一致，前期生产和后期生产的磨后尺寸尽量做到一致，例前期该型号砖的磨后尺寸是 502mm×502mm，而后期生产时又定 500mm×500mm，这就叫做不吻合。这样会造成该型号砖大色号少，小色号多，给营销带来极大的困难，并且还会由于小色号多，致使砖降价。因此在定某种砖的磨后尺寸时应参照库存同型号砖的磨后尺寸，保持一致。

经验表明：一台16＋4型磨边机其总磨削量一般定在3～7mm时为宜，例如该批砖坯尺寸503～507mm范围内占绝对多数，偶尔有1～2片尺寸是502mm、508mm，那么定磨后尺寸时就应采取求大同存小异的原则，该批砖的磨后尺寸应定在500mm×500mm为宜。如果把磨后尺寸定在498mm时，用16＋4型磨边机磨边就会产生超量磨削，如果把磨后尺寸定为502mm时会产生漏磨边。再由于500mm×500mm是与砖公称尺寸相一致，客户在购买时容易接受和喜爱，所以把磨后尺寸定在500mm×500mm是最合适的。各种配置的磨边机其磨削总量也不同，表6-14为各机型磨削总量参照表。

表6-14 各机型号磨削总量参照表

机　　型	16＋4	20＋4	24＋4	28＋4	32＋4
磨削总量（mm）	3～7	4～9	5～11	5～13	8～15

一般的磨后尺寸偶数为宜，如498mm×498mm、500mm×500mm、502mm×502mm、598mm×598mm、600mm×600mm、602mm×602mm等。不宜是奇数尺寸，如499mm×499mm、501mm×501mm、503mm×503mm、599mm×599mm、601mm×601mm、603mm×603mm等。因偶数尺寸时，分配单个磨边头磨削量时方便、直观，而且偶数尺寸客户容易接受和喜爱。

十、正确分配单个磨边头的磨削量

以20＋4型磨边机进行叙述，如图6-46所示，图中是7～10mm磨削总量在20＋4型磨边机上磨边的单个磨边头磨削量分配方法，从中可以看出，也是被实践证明了的，就是第一组磨边头的磨削量不能分配太大，因砖未经过磨边，四个边不是很规格，例如有弯边、大小头、尺寸不一致等。如果磨削量分配得太大时，当偶尔遇上一片或几片尺寸偏大的砖就难以通过，所以要预留出一些磨削量来接收尺寸偏大的砖。再由于砖边未经磨削，它的边直度很差，如果磨削量大容易造成相对的两个磨边头的磨削量不一致而使被磨砖产生偏移和卡砖，适当减小第一组磨边头的磨削量可消除弯边和大小头等现象。第一组磨边头的磨削量只能定在0.8～1.2mm之间。

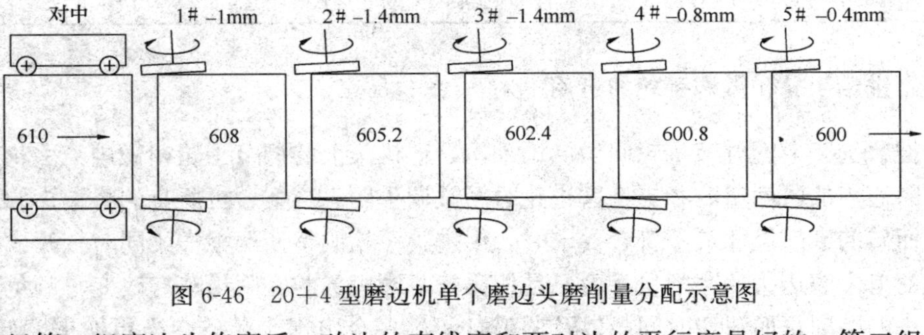

图6-46　20＋4型磨边机单个磨边头磨削量分配示意图

砖边经第一组磨边头修磨后，砖边的直线度和两对边的平行度是好的，第二组、第三组磨边头就可以适当加大磨削量，并且不会产生移动和卡砖现象。如果磨边头的配置是16＋4型磨边机时，砖在经过第二组、第三组磨边头后，就要把砖的尺寸磨到接近磨后尺寸，只留出少量的磨削量给第四组磨边头。第二组、第三组磨边头的磨削可达1～2mm。如果配置是

20+4型磨边机，第二组、第三组磨边头的磨削量可适当减少一些，因要留出一些余量给第四组、第五组磨边头。一般是第四组、第五组磨边头磨削量之和等于第二组或第三组磨边头的磨削量。

第四组磨边头的任务是对经前面几组磨边头磨过的砖边进行细磨和修正，消除粗糙的磨痕。砖边在经过第二组、第三组磨边头大刀切削后会产生粗糙的锯齿纹，第四组磨边头就是要磨除这些锯齿纹，为第五组磨边头精修砖边打好基础。第四组磨边头磨削量一般为0.6～1mm。

第五组磨边头的任务是使砖边平直光滑，保证两对边的平行度，同时达到磨后尺寸精度。第五组磨边头的磨削量是0.2～0.8mm。如果第五组磨边头安装的是精修磨边轮其磨削只能是0.2～0.4mm。

由此可总结出磨边头磨削用量的分配原则："两头小中间大"，此原则适应各种磨边头数量配置的磨边机。第一组磨边头起到修正砖边不规则现象，使尺寸达到统一。第二组、第三组磨边头是磨削最佳阶段，可加大磨削量。第四组磨边头修磨粗糙的磨痕，使其接近磨后尺寸。第五组磨边头是使砖边平直光滑，使砖达到磨后尺寸精度和形状精度。表6-15为各机型各磨边头磨削量分配表。32+4型参考28+4型分配各磨边头的磨削量。

表6-15　各机型各磨边头磨削量分配表

总磨削量	20+4型					24+4型						28+4型						
	一组	二组	三组	四组	五组	一组	二组	三组	四组	五组	六组	一组	二组	三组	四组	五组	六组	七组
5	0.5	0.6	0.6	0.6	0.2													
6	0.6	0.8	0.8	0.6	0.2	0.4	0.6	0.6	0.6	0.6	0.2							
7	0.7	0.9	0.9	0.7	0.3	0.5	0.7	0.7	0.7	0.7	0.2	0.4	0.6	0.6	0.6	0.6	0.5	0.2
8	0.8	1.1	1.1	0.7	0.3	0.6	0.8	0.8	0.8	0.7	0.3	0.5	0.7	0.7	0.7	0.7	0.5	0.2
9	0.9	1.2	1.2	0.8	0.4	0.7	0.9	0.9	0.9	0.8	0.3	0.6	0.8	0.8	0.8	0.8	0.5	0.2
10	1	1.4	1.4	0.8	0.4	0.8	1	1	1	0.8	0.4	0.7	0.9	0.9	0.9	0.9	0.5	0.2
11	1.1	1.5	1.5	0.9	0.5	0.9	1.1	1.1	1.1	0.9	0.4	0.7	1	1	1	1	0.6	0.2
12	1.2	1.6	1.6	1	0.6	1	1.2	1.2	1.2	0.9	0.5	0.8	1.1	1.1	1.1	1.1	0.6	0.2
13	1.2	1.8	1.8	1	0.7	1.1	1.3	1.3	1.3	1	0.5	0.9	1.2	1.2	1.2	1.2	0.6	0.2
14	1.3	1.9	1.9	1.1	0.8	1.2	1.4	1.4	1.4	1	0.6	1	1.3	1.3	1.3	1.3	0.6	0.2

十一、进给手轮和微调手轮的运用

通常把磨头座上的调节手轮叫做微调手轮，把机架上的调节手轮叫做进给手轮。一般在调整单个磨边头的磨削量时和更换磨边轮时用微调手轮。当整台机所有的磨边头的磨削量都已调好，而砖的磨后尺寸又不符合要求时，用进给手轮调整使两根横梁同时打开或收拢，这样不会改变单个磨边头的磨削量，而只是使第一组磨边头的磨削量略有改变，避免再次调整单个磨边头的磨削量而浪费时间，以及调整时间过多会出现次品砖。当更换被磨砖规格时，要用进给手轮，将两横梁距离调宽或调小，以适应所换砖规格的需要。进给手轮每转动一圈，两横梁就同时打开或缩小0.6mm，微调手轮每转动一圈，单个磨边砂轮前进或后退0.25mm。

十二、倒角砂轮的旋转方向、倾角、夹角及上升、下降的时间和位置

如图 6-47（a）所示，倒角砂轮磨削面与被磨砖面的夹角成 45°。此夹角大小要求不一定很严格，可根据被磨砖质和倒角磨头的安装位置进行适当的调整，一般在±3°范围内变动。

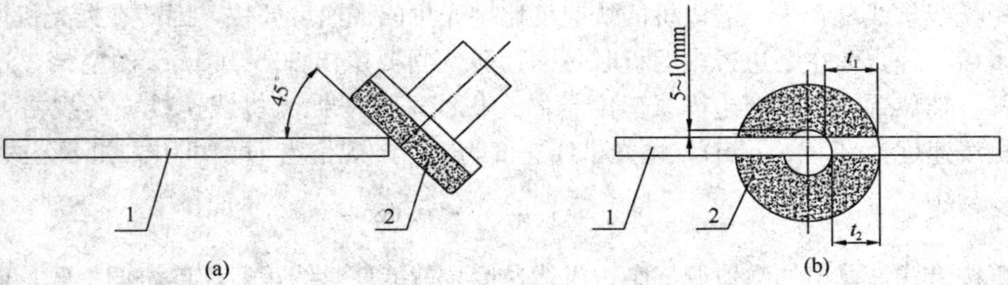

图 6-47　倒角轮与砖面及与砖边接触位置示意图

（a）倒角轮与被磨砖面的夹角；（b）倒角轮与被磨砖边接触位置

1—被磨砖；2—倒角轮

倒角砂轮接触砖边的位置应在倒角轮中心线上 10mm 和离倒角轮内孔上边 5～10mm 之间为宜，如图 6-47（b）所示。离倒角轮内孔上边越近倒角轮的有效磨削宽度 L_1 就越长，接近倒角轮中心其有效磨削宽度 L_2 就越短，实践证明，砖硬度高就应增加磨削宽度 L，砖硬度低就减少磨削宽度 L，这对防止倒角崩瓷、倒角轮振动都是非常有利的。

如图 6-48 所示，倒角轮的旋转方向应与进砖方向一致，与磨边轮旋转方向相反，倒角轮工作面相对于砖边的倾斜角度 1°为宜，倒角轮与砖边的倾角是向出砖方向倾斜，磨边轮是向进砖方向倾斜，两者也正好相反。倒角砂轮不工作时是在离砖面 20mm 处空转，当光电开关给出信号时，电磁阀换向，倒角砂轮下行，下行速度不能过快，过快时冲击力大会打烂砖角。当其磨完一片砖时，光电开关给出换向信号，气缸急速上升，倒角砂轮也跟着快速离开砖面。倒角砂轮上升、下降的过程是慢降快升，下降快慢由单向节流阀进行调节，关小节流阀下降慢，开大节流阀下降快。上升气压是系统中的气压，一般是 0.6MPa 左右。倒角时的工作气压一般在 0.05～0.2MPa 内调节。

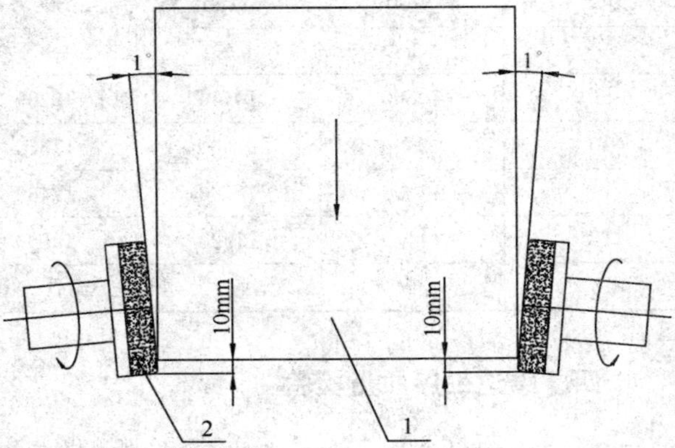

图 6-48　倒角轮与砖边的倾角、旋转方向、与砖角接触位置示意图

1—被磨砖；2—倒角轮

倒角砂轮降至砖面时的状况是被磨砖的前角离倒角砂轮外圆边缘 10mm 处为宜，如图 6-48 所示，小于 10mm 时称为下降时间过晚，会使砖的前角处倒角宽度不够，甚至会产生锐角。大于 10mm 太多时称为下降时间过早，会使砖前角处倒角超宽，如果下降时间太早会使被磨砖的前角顶着倒角轮的内圆孔壁，使被磨砖产生圆角、崩瓷现象，严重时会挤掉倒角砂轮。上升时间为磨完这片砖后角的瞬间，早于这个时间上升会使砖后角产生锐角，晚于

这个时间上升会使砖后角倒角超宽，同时会有倒角砂轮冲击压梁的现象，严重时会磨到同步带。下降的位置和时间不对时可通过移动光电开关或接近开关的位置来实现，上升时间早晚可通过调节延时电位器来实现。

十三、正确选择传动速度

在抛光线整线配置中，磨边机的线速度比抛光机的线速度要快，因砖在抛光机内运行时是一片紧接一片，而在磨边机内运行时是两片砖之间要留出 80～100mm 的空档，这空档就是推砖叉下插位置。所以磨边机线速度＝抛光机线速度＋抛光机线速线÷砖规格×80mm。设磨边机线速度为 T（m/min），抛光机线速度为 L，砖规格为 H。可引入如下公式计算：

$$T = L + \frac{L}{H} \times 0.08$$

只要按上式计算出的数值调好磨边机线速度，就能使整线运行速度协调一致。由此可以看出，在整线运行中磨边机的线速度是根据抛光机的线速度来调整的。表 6-16 为磨边机线速度参照表。

表 6-16　相对于抛光机线速度磨边机应调线速度参照表

抛光机线速度（m/min）	磨削各规格砖时磨边机应调线速度（mm）					
	400×400	500×500	600×600	650×650	800×800	1000×1000
5	6000	5800	5700	5700	5600	5500
6	7200	6960	6800	6800	6700	6600
7	8400	8120	8000	7860	7700	7700
8	9600	9280	9060	9000	8800	8800
9	10800	10440	10200	10100	9900	9900
10	12000	11600	11300	11230	11000	10800
11	13200	12760	12460	12350	12100	11880
12	14400	13920	13600	13480	14400	12960
15			17000	16846	16500	16200

十四、磨边工序质量检验

工序工作质量好坏，最后都会反映到产品质量上来，因此判断工序质量的好坏，主要是从产品质量来判断。磨边工序一般有如下质量问题，以表格形式进行叙述，见表 6-17。

表 6-17　磨边工序产品质量问题汇总表

序号	质量类别	示　意　图	文 字 说 明
1	合格	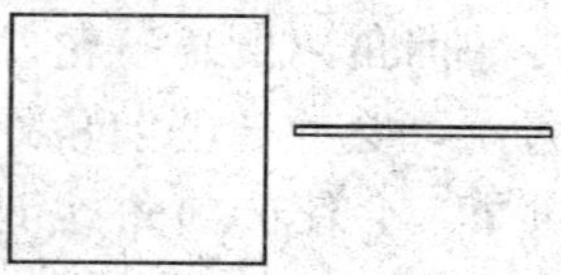	四边表面平直、光洁、无大小头，倒角大小一致，宽度在 1～1.5mm 范围内，对角线误差在 0.5～1mm 范围内，无崩面、崩瓷现象

续表

序号	质量类别	示　意　图	文 字 说 明
2	大小头		磨边后产生大小头
3	弯边		磨边后边不直，有弯边现象
4	圆角 沟头		磨边后在出砖端产生圆角和沟头
5	锯齿边	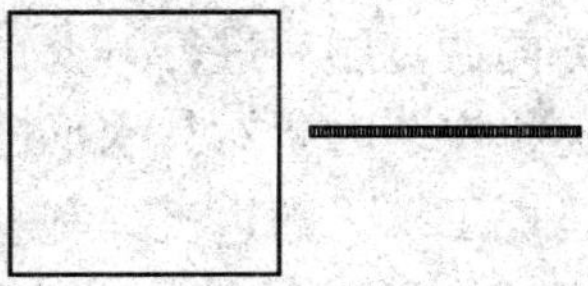	磨边后产生锯齿状边
6	棱形		磨边后砖不方正，产生棱形，两个角大于 90°，两个角小于 90°
7	崩面	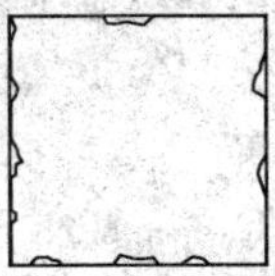	磨边后靠边砖面有崩缺现象
8	崩底		磨边后靠边砖底有多处崩缺现象
9	烂角 烂边	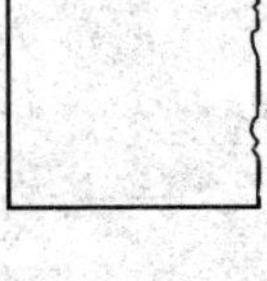	磨边时产生烂角或烂边

续表

序号	质量类别	示意图	文字说明
10	倒角不均匀		倒角宽度有大小头、宽度不一致 有时会在倒角进砖端产生锐角 有时会在倒角出砖端产生锐角
11	倒角崩瓷		倒角后出现细小的缺瓷现象

第五节　磨边倒角工序调整工艺

一、调整磨边机水平

磨边机在水平状态下工作，有利于导向调宽顺利进行，上、下压带不容易产生跑偏，有利于延长磨边头使用寿命等，因此在磨边机安装时要对其水平进行调整。磨边机对水平的要求不是与抛光机那么严格，但是也不能马虎了事。磨边机没有水平基准面，在实际安装中都是以两条导向轴作为水平基准。一般是先校长度方向水平，再校横向水平。其调整步骤如下（参阅图 6-12 机架和调宽装置结构图）：

（1）摇动进给手轮（24），使磨边机两条横梁尽量打开，拆掉防护板（22），拆开导向轴（17）中间段防护套（20）一端，让防护套挤向另一头，使导向轴中段露出。

（2）用一根 3m 长的铝方管（100mm×60mm）侧放在两根导向轴（17）上，再在铝方管中段放上方框水平仪或条型水平仪。

（3）观察水平仪水准气泡往哪一头跑，就是哪一头高。

（4）用垫铁将磨边机机架低的一头两个脚垫高，边垫边观察水准气泡，当水准气泡位于中间位置时停止，这时磨边机长度方向基本水平。

（5）拿掉铝方管，将水平仪分别直接放在导向轴（17）上，观察水平仪水准气泡往哪一头跑，就是导向轴哪一头高。

（6）用垫铁将磨边机机架低的一边两个脚垫高，边垫边观察水准气泡，当水准气泡位于中间位置时停止。要求两根导向轴的水平一致，这时磨边机横向方向基本水平。

（7）再把铝方管放在两根导向轴上，用水平仪检查磨边机长度方向的水平是否有变化，如有变化，应作微量调整，直至磨边机在横向和纵向都水平时止，这时磨边机水平已校好。

（8）在调整单台磨边机水平时要注意两个问题：一是两台磨边机中心线要在同一条直线上；二是两台磨边机中心线要与抛光线中心线在同一条直线上。也就是说在调整水平时不但要将磨边机调到水平，而且还要注意磨边机的位置不能偏离整线中心，当以上要求都符合时，就可以用地脚螺栓或膨胀螺钉将磨边机的4个脚进行固定。

(9) 将导向轴（17）中段擦干净，涂上钙基润滑脂，把防护套（20）、防护板（22）装回原位。磨边机水平调整结束。

二、调整磨边机两根横梁的平行度

磨边机两根横梁的平行度在出厂前都已调好，在实际使用中有时会出现两根横梁不平行的现象，用直尺测量同台机两条下压带的进砖端和出砖端距离不相等，有一头距离大，一头距离小，俗称横梁有喇叭头，此种现象会影响磨边效果。此时就应进行调整。调整请参阅图6-12机架和调宽装置结构图，其调整步骤如下：

(1) 首先检查确定是进砖端距离偏大还是出砖端距离偏大。

(2) 拆开进给手轮连接轴（2）两端的联轴器（3）。

(3) 单独转动距离偏大的一端的调节蜗杆（7），边转边用直尺测量两条下压带的进砖端和出砖端的距离，当距离相等时停止转动。

(4) 装上连接轴两端的联轴器，转动进给手轮（24）数圈后再一次检查两条下压带的进砖端和出砖端的距离，如距离是相等的表示两横梁平行度已调好，如距离不相等可再进行调整，直至合格。

(5) 如因某根导向轴（17）或调节螺杆（18）锈蚀而产生横梁喇叭头时，应排除锈蚀故障后再进行平行度调整。

三、调整磨边机各点气压和倒角磨轮下降速度

根据磨边工艺的要求，磨边机气源气压在0.4～0.6MPa范围内，如果大于或小于此范围，可调节气源三联体上的减压阀来实现。对中和推砖的气压是0.4MPa，高于或低于此气压时可调节操作面板上相应的减压阀来实现。压梁气压要求是0.2MPa，倒角气压要求是0.1～0.2MPa，同样可以调节操作面板上相应的减压阀来实现。倒角气压调节时应先小后大，即先调到0.1MPa时观察倒角效果，如果倒角宽度不够应加大气压，如宽度超宽应减小气压。倒角磨轮下行速度过快可调节操作面板上相应的单向节流阀，关小节流阀倒角磨轮下行速度减慢，开大节流阀倒角磨轮下行速度加快。调节节流阀无效时，表示节流阀进出气管接错。

四、调整上、下压带松紧

磨边机上、下压带应该松紧适度，并且同台机的四条压带应该松紧一致，如果松紧不一致，容易出现磨出的砖有大小头、弯边等现象。过紧容易造成断带、拉伸等，过松容易产生跳齿和磨后砖对角线不稳定。要经常检查上、下压带的松紧程度，一般多用按压法检查，用手按压上、下压带，如图6-49所示箭头处位置。按压时注意观察带的弯曲情况，弯曲度小于1mm时为过紧，大于2mm为略松，大于3mm为过松，1.5～2mm为合适。

一般先调整同台机的两条下压带，调整时松开下压带轮轴紧定螺钉（图中未画出），在下压带活动轮端的带面上放一把500mm的钢直尺，如果下压带（3）过松，就右向转动下调节螺杆（1），将下活动轮（4）往进砖方向拉，边调边用手按压下压带（3），如图6-49所示箭头位置处，边观察下压带向下弯曲的量，边观察钢直尺与下压带弯曲点的间隙，直至符

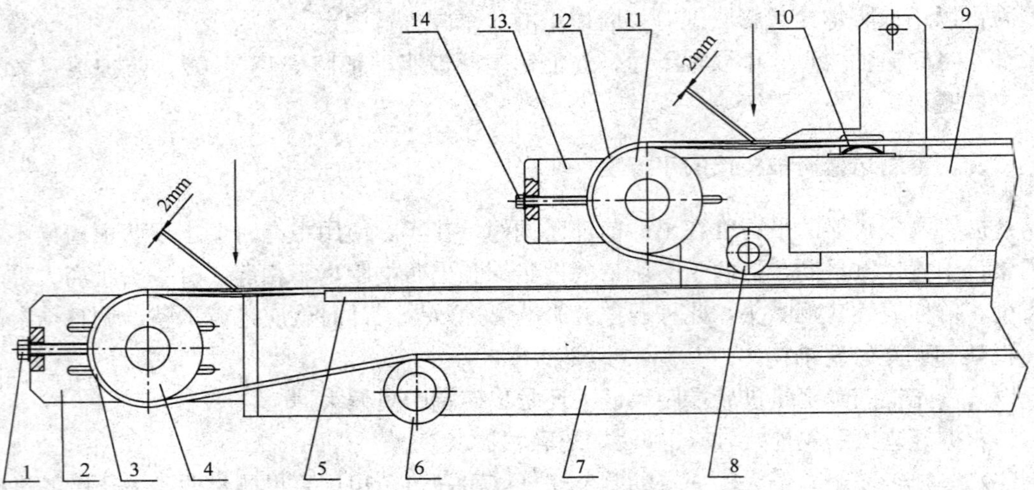

图 6-49　上、下压带松紧调整方法示意图

1—下调节螺杆；2—下活动轮安装座；3—下压带；4—下活动轮；5—托槽；6—托轮；7—横梁；8—过渡轮；9—压梁；10—活块；11—上活动轮；12—上压带；13—前支承板；14—上调节螺杆

合要求时止。过紧时应放松下活动轮（4），左向旋转下调节螺杆（1）。不能一次性调节过多，应避免过调节。待松紧合适时拧紧下活动轮轴紧定螺钉。同台机的两条下压带应同时进行调整，这样可以比较两条下压带的松紧度是否一致。

在下压带调好的基础上再来调整上压带，调整前应先放下压梁，使上压带处于工作状态，其调整方法与下压带调整方法相同。同台机上、下压带都调好后，启动主传动拖动同步带，待同步带转过数圈后，再复查一次上、下压带松紧程度，确认无误后方可交付使用。

五、调整上、下压带跑偏

对磨机下压带跑偏现象较为少见，因为有托轮托住。上压带的跑偏也较少见，但是由于装配或调整压带时改变了活动轮轴的位置，会有跑偏现象出现。用圈尺测量同台机两条上压带进砖端和出砖端的开度尺寸，如果进砖端和出砖端开度尺寸不一样，即表明上压带有跑偏现象。此时应先检查出是哪条上压带跑偏，具体检查方法是：在停机状态下，将压梁放下，然后用直尺测量 a、b 两点上压带边到下压带导槽边的距离 X_1 和 X_2，如图 6-50 所示。正常情况下此两点所测距离应该相等，即 $X_1=X_2$；如有相差或相差较大时，就表明该带有跑偏。

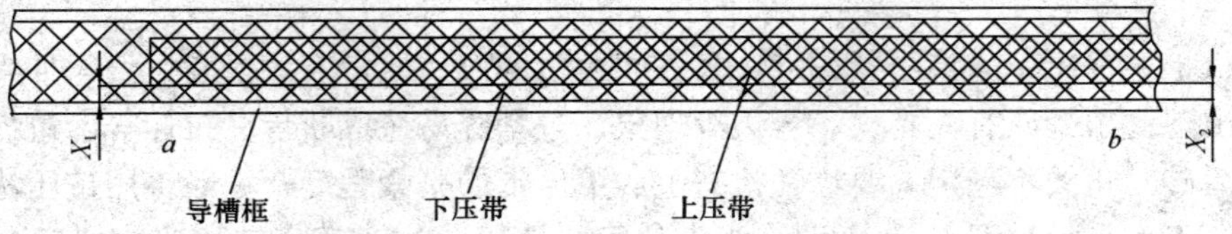

图 6-50　上压带跑偏检查方法示意图

跑偏现象有由于机头原因产生跑偏和机尾原因产生跑偏两种：机头原因产生跑偏多由于上压带轮轴承损坏引起，只要更换轴承即可排除故障；机尾原因跑偏同样也存在上活动轮轴承损坏原因，当排除轴承原因后，跑偏现象依然存在，就要检查第二种跑偏原因。

第二种原因就是活动轮轴轴心线与主机中心线不垂直，应加以调整。其调整方法多采用

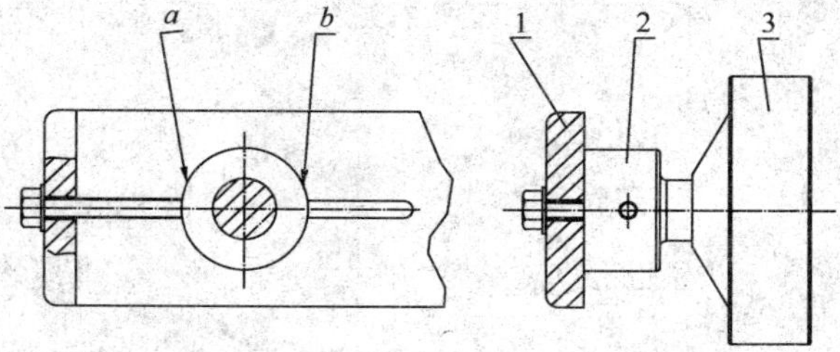

图 6-51　上压带跑偏调整方法示意图
1—前支承板；2—上活动轮轴；3—上活动轮

垫铜片，如果上压带往主机中心方向跑偏，即表示活动轮轴轴心线与主机中心线的夹角大于 90°，应将铜片垫在如图 6-51所示 b 处。如果上压带往前支承板方向跑偏，就是上活动轮轴轴心线与主机中心线的夹角小于 90°，应将铜片垫在如图 6-51 所示 a 处。铜片应垫在活动轮轴与支承板结合面之间，一次不能垫得太厚，应逐步试验逐步加厚，直至上压带不跑偏为止，调整方可结束。

六、调整上、下压带之间距离

在磨边工艺一节中已叙述过。磨边机在工作时，上、下压带挟持着被磨砖同步在上、下梁之间移动，同时要克服磨边轮的磨削阻力，因此这种挟持力一定要大于磨边轮的磨削阻力，砖才会与上、下压带同步移动，否则就会使砖在磨削时产生移位。因此合理调整上、下压带之间的距离尤为重要。更换被磨砖规格、种类时或同批砖的厚度相差太大时需要调整。此项调整工作是在停机状态下进行，调整时要求逐台机进行，其调整方法如图 6-52 所示。

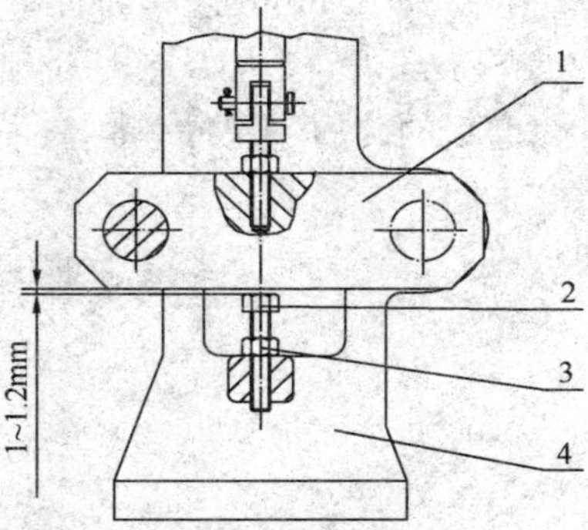

图 6-52　上、下压带之间距离调整方法示意图
1—转臂；2—限位螺钉；3—锁紧螺母；4—后支承板

（1）先从前台机开始，用进给手轮将磨边机两横梁摇开一定距离，不要放下压梁，启动磨边机传动，将两片被磨砖相隔一定距离经对中后送进磨边机内，当第一片砖快要走到出砖端压梁转臂下停止，此时第二片砖应该在进砖端压梁转臂下为最好。

（2）拆开两根压梁的两个压梁气缸活塞杆腔的进气管，让压梁随同上压带自由的落在两片被磨砖上。然后调整压梁限位螺钉与转臂之间的间隙，正常状态下此间隙为 1～1.2mm，大于或小于此间隙都必须进行调整。

（3）松开锁紧螺母（3），在限位螺钉（2）与转臂（1）之间放一片 1mm 厚的铁片，然后转动限位螺钉，待铁片能在限位螺钉和转臂之间的间隙中自由的抽动，而又不会感觉到有明显的间隙时为止，拧紧锁紧螺母，要求每条压梁的前、后支承板上的限位螺钉同时进行调整，避免压梁两端的间隙不一致。

（4）装上压梁气缸进气管，使压梁上升，启动磨边机传动，让两片被磨砖走出磨边机，摇动进给手轮，将两横梁调回到原来位置。此时前台机压梁即已调好，再按此方法调整后台机上、下压带之间的距离，直至前后两台磨边机都调整好方可结束。

七、调整磨边轮、倒角轮与被磨砖边的夹角和倾角

（1）磨边轮与被磨砖边倾角的调整步骤如下（此调整应在对中机构工作状态正常的情况下进行）：

①将两片同规格的成品砖经对中后连续输入磨边机内，当这两片砖走到磨边头工作区域时

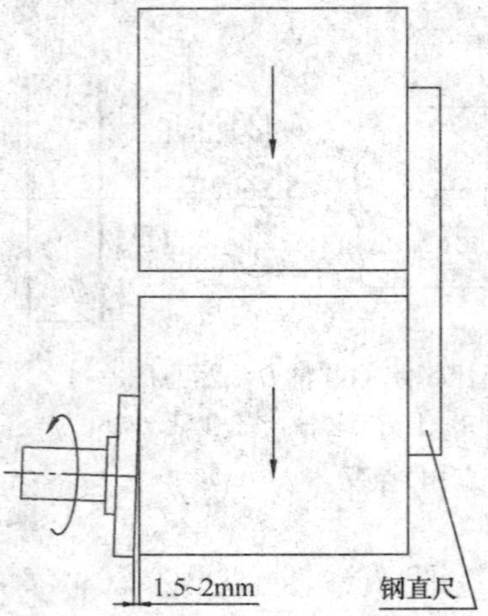

图 6-53 调整磨边轮与砖边的倾角

停下，如图 6-53 所示，用直尺检查两片砖的边是否在同一条直线上，如果是就说明此台磨边机的对中机构工作状态正常，接下来就用此两片砖作为调整磨边轮倾角的基准。

②松开磨边头支座固定螺栓，搬动整个磨头座，使其向进砖方向倾斜，转动磨头上的微调手轮，让磨边轮向砖边移动，当磨边轮前锋接触砖边时，磨边轮的后锋与砖边应保持1.5～2mm的间隙，用 1.5mm 厚度铁片塞此间隙，以正好通过为宜。此间隙大于 2mm 即倾角过大，小于 1.5mm 即倾角过小，如图 6-53 所示。

③倾角调好后，拧紧磨头座紧固螺栓。

④按以上方法对同台机所有磨边头逐个进行调整。

⑤同台磨边机出砖端倒数第一组、第二组磨边头倾角应该要小一些，其后锋间隙在 1.2～1.5mm 之间为宜，如果安装有精修磨边轮时倾角还应该小一些，其后锋间隙在 0.8～1mm 范围内为宜。因倒数第一组、第二组磨边头为修边作用，其倾角应该要小一些，修磨后的砖边才光滑平整。

(2) 倒角轮与被磨砖边的倾角调整方法与磨边轮的倾角调整方法一样，倒角轮的倾角以 1°为宜，其后锋与砖边的间隙在 1～12mm 之间为宜。此项调整应在倒角轮与砖面夹角调好后再进行为好，如图 6-48 所示。

(3) 倒角轮与砖面夹角的调整（磨边轮与砖面的夹角为 90°，一般不需要调整，因磨边头的安装座板是与砖面平行的）。其调整步骤如图 6-54 所示。

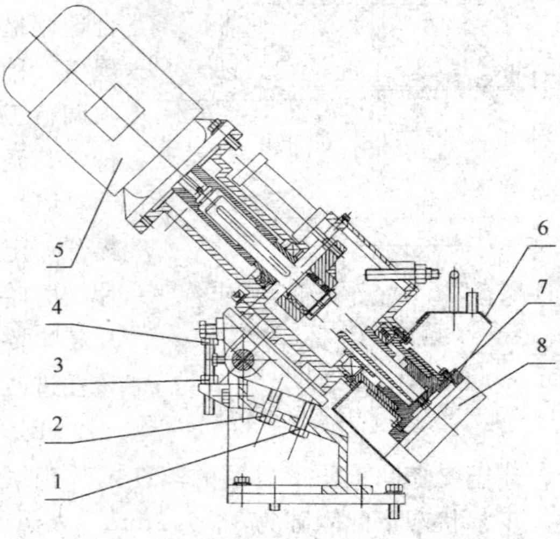

图 6-54 倒角轮与砖面夹角调整方法

1—顶紧螺杆；2—锁紧螺栓；3—锁紧螺母；4—支撑螺杆；5—电机；6—倒角磨头水罩；7—砂轮夹盘；8—倒角砂轮

①将对中后的成品砖走到倒角轮下面。

②慢慢放下倒角轮（8），让其自由的接触砖边。

③松开锁紧螺栓（2）和顶紧螺杆（1）。

④松开锁紧螺母（3），调节支撑螺杆（4），夹角大于 45°时，应退出几牙顶紧螺杆（1），再将支撑螺杆（4）升起数牙，边调边观察夹角的大小，同时观察砖边与倒角轮的接触位置是否正确，直到符合要求后停止调节支撑螺杆（4）。当夹角小于 45°时，调整方法与上述一样，但顶紧螺杆（1）与支撑螺杆（4）调节的方向正好相反。边调边观察夹角大小，直至合适时止。

⑤调节顶紧螺杆(1)，使其顶住倒角翻板。

⑥拧紧锁紧螺栓(2)、锁紧螺母(3)。调整结束。

八、调整相对两组磨边轮前锋连线与磨边机中心线的垂直度

步骤如下：

(1) 将两片同规格的成品砖经对中后输入磨边机内，当此两片成品砖走到磨边区域时，

停机检查这两片砖边是否在同一条直线上，如果是就可以将此两片砖作为调整基准，如图 6-53 所示。

（2）测量同片成品砖的后边到相对两组磨边轮的前锋磨削点的尺寸 a 和 b，如图 6-55 所示。当 $a=b$ 时，说明两组磨边轮前锋连线与主机中心线垂直；如果 $a\neq b$ 时，则表示不垂直。

（3）当 $a\neq b$ 时就要进行调整，松开相对两组磨边头中的一组磨头座的紧固螺栓，微动磨头座的位置来达到 $a=b$，同时又不能改变倾角。

（4）调好后拧紧该磨头座的紧固螺栓，该相对两组磨边轮前锋连线与主机中心线的垂直度就已调好。

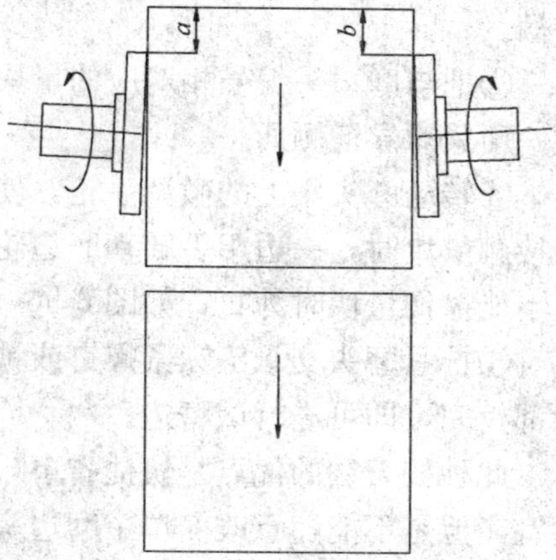

图 6-55　磨边轮前锋连线与主机中心线垂直度调整方法示意图

（5）按此方法逐对将每对磨边轮的前锋连线与主机中心线的垂直度都调整好。注意测量 a、b 两点尺寸的准确性，误差不能大于 1mm。

九、调整各磨边轮的磨削量

通常也叫做调整吃刀量。调整吃刀量总的归纳有两种方法，一是量块校刀法，二是测量调刀法。分别叙述如下：

（1）量块校刀法：如图 6-56 所示，首先根据该台磨边机的磨边头配置的数量和被磨砖的外形尺寸及所定出的磨后尺寸，制定出各磨边头的吃刀量 H。以 20＋4 型磨边机进行分析，那么单边就有五个磨边头，分别定出磨头 1、磨头 2、磨头 3、磨头 4、磨头 5 的磨削量 H_1、H_2、H_3、H_4、H_5（把进砖端第一个磨边头定为磨头 1，依此类推），把磨头 5 的磨边轮前锋到下压带导槽边的距离定为 L_5，那么磨头 4 的磨边轮前锋到下压带导槽边的距离 $L_4=L_5+H_5$。依此类推，磨头 1 的磨边轮前锋到下压带导槽边的距离是 $L_1=L_5+H_5+H_4+H_3+H_2$。根据本章第四节磨边倒角工艺四、两条下压带带距与所磨砖规格的关系可以计算出 $L_5=38$mm。分别把 L_5、L_4、L_3、L_2、L_1 制成校刀量块，如图 6-56（c）所示，然后用这些量块去校准各自相对应磨边轮的位置，那么该台机磨边轮的吃刀量自然就校好了。如图 6-56（a）所示，量块体为 ϕ30mm 的圆柱体，要求两端面平行，厚度尺寸分别是 L_5、L_4、L_3、L_2、L_1。在圆柱体外圆任意一点焊接 ϕ6mm 钢棒，将钢棒的头部做成手把，以便于使用。校刀操作步骤如下：

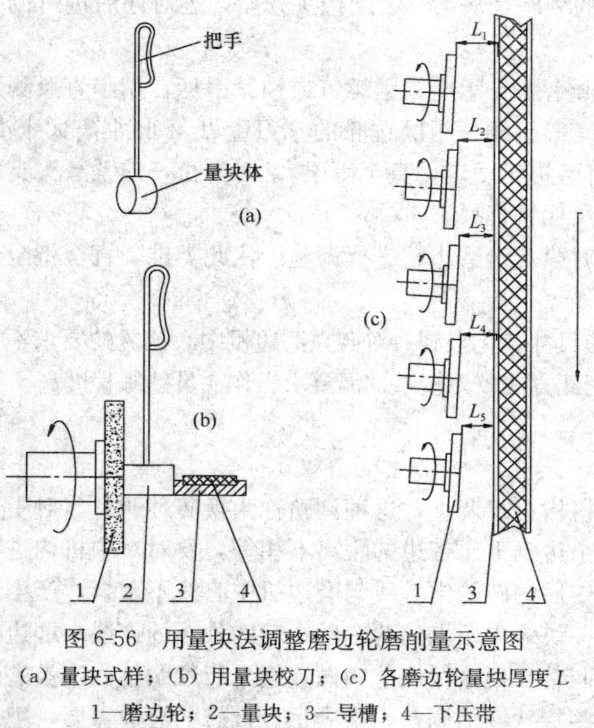

图 6-56　用量块法调整磨边轮磨削量示意图

（a）量块式样；（b）用量块校刀；（c）各磨边轮量块厚度 L

1—磨边轮；2—量块；3—导槽；4—下压带

①松开磨头支承座锁紧螺钉或锁紧

手柄。

②把与磨边头编号相对应的量块（2）放在磨边砂轮（1）与下压带导槽（3）之间，量块一面紧靠导槽侧面。

③转动磨头座上的微调手轮，使磨边轮前锋慢慢前移靠近量块另一面，当磨边轮前锋快要接触量块时，一边用手转动磨边轮一边调节微调手轮，当感到磨边轮前锋正好擦着量块而又不能擦伤量块时为止，如图 6-56（b）所示。

④拧紧磨头支承座锁紧螺钉或锁紧手柄，该磨边头校刀完毕。依此方法逐个将所有磨边轮都校完，即可进行试磨边。

此种校刀法的优点是快捷省事，能保证相对应两组磨边头的吃刀量一致。对初学者更为适宜，但是不能随意改变单个磨边头的吃刀量，对被磨砖的外形尺寸要求较严，同时对砖对中位置要求严格，要求被磨砖必须在主机中心，这样才能保证被磨砖两边的磨削量一致，稍有偏差就会造成单切（即单边磨削）。因此要求在调整对中时必须认真严格。由于这种校刀法的灵活性不够，在实际生产中较少应用。

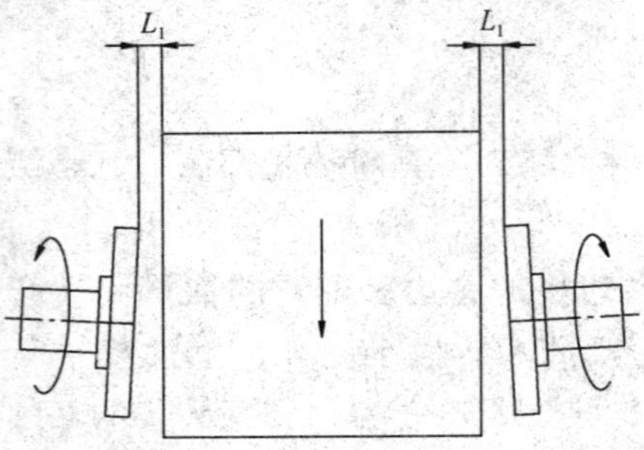

图 6-57　测量式调刀方法

（2）测量校刀法：根据该台磨边机的磨边头数量的多少和被磨砖外形尺寸的多少定出各个磨边头的吃刀量，这种校刀方法要求必须先调好对中机构后才能调整各磨边头的吃刀量。校刀操作步骤如图 6-57 所示。

①将两片同规格的成品砖经对中后输入磨边机内，停机检查此两片砖的边是否在一条直线上，如果不是应该重校对中机构；如果是则可以进行校刀。校刀的顺序是从第一组磨边头开始，逐对往后进行调整吃刀量。

②将成品砖走到第一组磨边轮处，松开磨头支承座锁紧螺钉或锁紧手柄，用小直尺测量第一组磨边轮前锋到砖边的距离，此距离应等于第一组磨边轮的吃刀量 L_1，此距离大于 L_1 应将磨边轮向砖边方向进给，小于 L_1 应将磨边轮后退，直至等于 L_1 时为止，拧紧磨头支承座锁紧螺钉或锁紧手柄。也可用组合式塞尺代替直尺。

③将砖往出砖方向移动一段距离，再对第二组磨边轮进行调整，依此类推，直至将全部磨边轮调整完毕，校刀结束。

测量校刀法灵活性强，不受被磨砖外形尺寸变化限制。对砖在磨边机中心位置的要求不很严，稍有偏差同样可以。在实际生产中使用此方法校刀较多，但要求操作人员熟练程度高。

十、调整对中机构

磨边机换磨不同规格的砖时要对对中机构进行调整，这种调整称为换砖种调整。对中后的砖偏移磨边机中心，即对中后的砖的两个边到下压带边的距离不相等，要对对中机构进行调整，这种调整叫做中心偏移调整。当对中后的砖的中心线与磨边机中心线不重合，产生歪斜，会使磨后砖成棱形。这种现象属于同一块对中板上的两个对中轮的外圆的连线与磨边机中心线不平行所致，也要对对中机构进行调整，把这种调整叫做连线平行度调整。当被磨砖棱形和大小头严重时，要对对中机构作一些特殊性的调整，来满足该批砖的磨边需要，把这种调整叫做特殊性调整。分别叙述如下：

（1）换砖种调整。调整步骤如图 6-58 所示，调整工作在对中气缸未换向前进行。

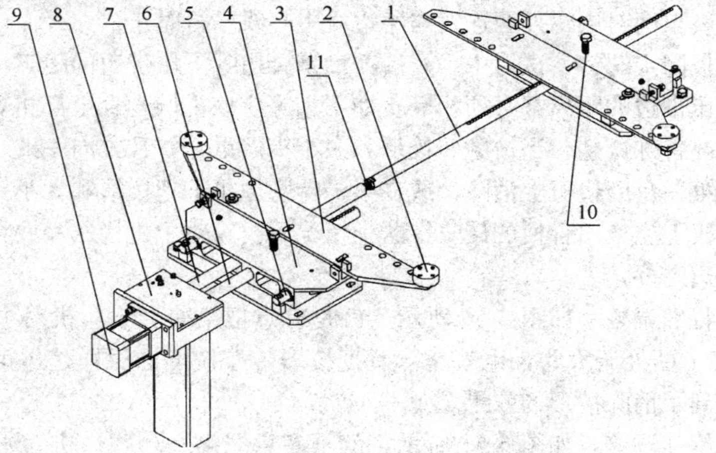

图 6-58　对中机构调整

1—连接轴；2—对中轮；3—对中板；4—活块；5—导轴；6—齿条轴 1；7—齿条轴 2；8—气缸安装盒；9—对中气缸；10—止紧螺钉；11—锁紧螺母

①松开连接轴（1）和齿条轴 1（6）的止紧螺钉（10）。

②转动进给手轮，使磨边机横梁开度符合新换砖种的要求，此项调整请参阅本章第四节磨边倒角工艺四、两条下压带距离与所磨砖规格的关系进行。

③用直尺测量对中轮外圆到下压带边的距离，此距离在磨小砖时 80mm 为宜，磨大砖时 100mm 为宜。并且两边相等，方可拧紧连接轴和齿条轴 1 的止紧螺钉。

④当止紧螺钉孔与连接轴上的定位锅不对时，应松开连接轴锁紧螺母（11），转动连接轴，使止紧螺钉孔对准定位锅后，拧紧止紧螺钉（10）后，再拧紧锁紧螺母（11）。

⑤试对中一片砖，测量观察对中效果，如不符合要求可对对中板做微量调节。

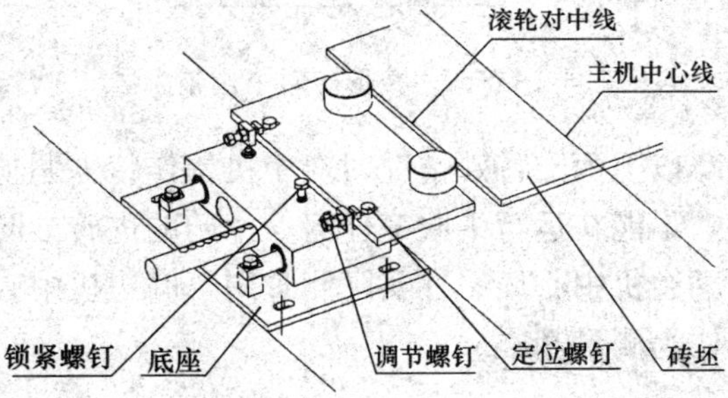

图 6-59　中心偏移及与主机中心线不平行调整

（2）中心偏移调整。调整步骤如图 6-59 所示。

①首先用测量法检查出是操作面还是非操作面的对中轮与磨边机中心线偏移。

②松开有偏移的对中底座固定螺栓，因为对中底座安装孔是长腰孔，可以前后移动。

③按所需方向移动底座，直到对中轮与磨边机中线不偏移为止。

④拧紧对中底座固定螺栓，对中一片砖试验，如还有微量偏移，应微量调节对中板来达到。

⑤调节对中板时应先松开对中板定位螺钉，设对中轮往操作面偏移，将操作面活块上两个调节螺钉同时拧进二分之一偏移量，再将非操作面对中活块上两个调节螺钉后退二分之一偏移量，然后拧紧对中板定位螺钉。重试对中一片砖，直至合格为止。

（3）对中轮外圆连线与磨边机中心线不平行调整，如图 6-59 所示。

①先测量出是哪一边的对中板上的两个对中轮外圆连线与磨边机中心线不平行。

②松开有问题的对中板固定螺钉，因对中板固定孔是长腰孔，可前后移动。

③将对中轮外圆离磨边机中心距离大的一端往前移，将对中轮外圆离磨边机中心距离小的一端往后移，直至两对中轮外圆连线与磨边机中心线平行时止。

④拧紧对中板固定螺钉，试对中一片砖，测量砖边到下压带边的距离，正常时应该四个对中轮外圆到下压带边的距离都必须相等，如不相等应该重调，直至都相等为止。

（4）特殊情况特殊调整。当被磨砖棱形和大小头严重，并且方向一致，批量较大；棱形和大小头应该在第一台磨边机上消除，或在第一台磨边机上把棱形和大小头降到最小，以便于在第二台磨边机上生产出合格的砖。在这种情况下要对对中机构作一些特殊性的调整，来满足该批砖的磨边需要。

①棱形砖的特殊调整，如图 6-60 所示，就是有意把第一台磨边机对中轮中心到磨边机中心线的距离 b、c 两处调大些，也就是有意把棱形砖按棱形的原样送进第一台磨边机，经磨边出来后就达到了消除棱形的效果。

②大小头砖特殊调整，如图 6-61 所示，就是有意把第一台磨边机对中轮中心到磨边机中心线的距离 a、b 两处调大些，也就是有意把大小头砖按大小头的原样送进第一台磨边机，经磨边出来后就达到了消除大小头的效果。

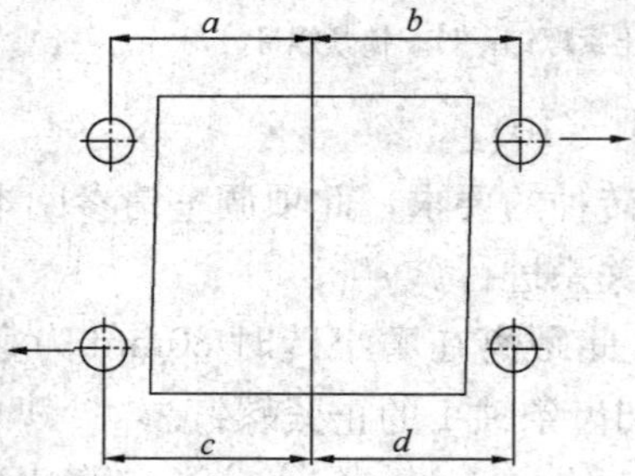

图 6-60　棱形砖对中调整方法

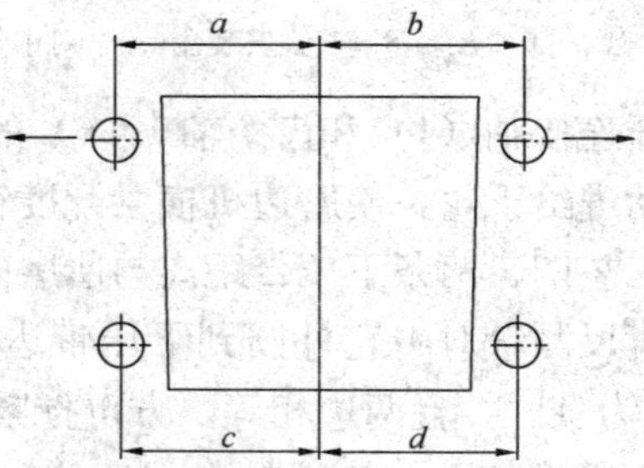

图 6-61　大小头砖对中调整方法

以上两点特殊情况对对中机构作特殊调整后，在磨边工作时，注意进砖方向必须保持一致，不能在运行中改变任何一片砖的进砖方向，不然就会出现烂砖、卡砖故障。上文中谈到的磨边机中心线，在实际测量中，磨边机中心线是很难找准的，通常是以下压带边或导槽边来作为测量基准。

十一、调整对中开始时间和对中时间长短

当被磨砖随下压带运行到对中区域时，如图 6-62 所示，当 $a=b$ 或略大于 b 时，对中立即开始，此时为最佳对中开始时间。为了求得准确的对中开始时间，采用一边移动对中光电开关的位置，一边观察对中开始时间，如符合图 6-62 要求时拧紧光电开关定位螺钉即可。对中光电开关安装在推砖机架前横梁的光电管安装支架上。

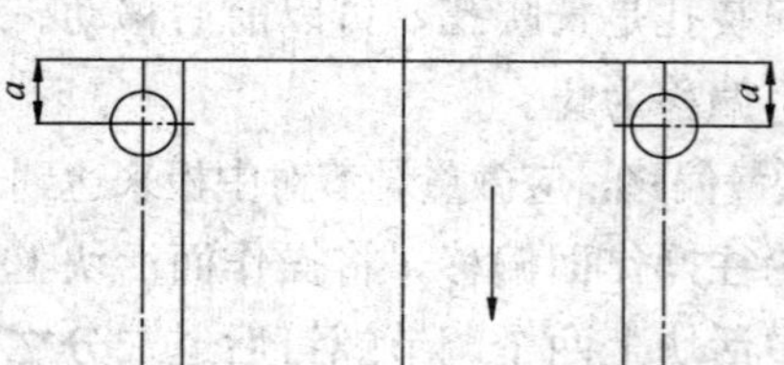

图 6-62　对中开始时对中轮与砖的相互位置示意图

对中时间太短会产生对中轮未碰着砖边对中轮就退回了，对中时间太长会造成后片砖已追上或推砖机构开始动作时而对中轮仍然夹着砖未松开。这时应该

调整对中时间，将前台机操作面板上的拨码开关拨到所需调整的对中编码，前台机对中为0，后台机对中为1，再按压延时增、减按钮，每按压一次约增加或减少1s，对中时间太短按增加按钮，对中时间太长按减少按钮，直至符合要求时止。

十二、调整推砖同步齿形带松紧

一台推砖机上有两条同步齿形带，如果松紧不一致，或两条同步齿形带都存在过松或过紧时，要对其进行调整。

(1) 如图6-63所示，松开同步齿形带压板紧固螺钉（4），因带压板（2）上的固定孔是长腰形孔，带压板可以延腰形孔来回移动。

(2) 调整调节螺母（1），使带压板带动同步齿形带（6）一起移动，过紧时增大两块带压板之间的距离，过松时缩小两块带压板之间的距离，使带调到松紧适度方可拧紧带压板紧固螺钉。由于推砖同步带型号小，过紧时容易拉断，一般以用一个手指按压带面长度方向的中间，在手指的压力下带面中段下陷10～15mm，松开手指时又看不到带面有下陷。

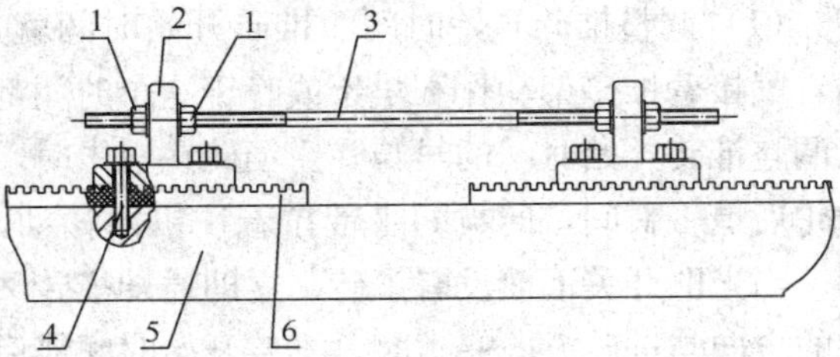

图6-63　推砖齿形带松紧调整示意图

1—调节螺母；2—带压板；3—双头螺杆；4—紧固螺钉；5—推砖架；6—同步齿形带

(3) 如果同步齿形带过长，就应松开带压板紧固螺钉，往上提起带压板，用另一只手拉动同步齿带，使同步齿形带相对于带压板移动一段距离或1至几个齿，再放下带压板进行精调，直至符合要求时止。

十三、调整推砖开始位置和终点位置

(1) 调整推砖开始位置：如图6-64（a）所示，推砖开始位置就是推砖机等待下一个动作的停留位置，相对于对中机构来说也就是砖在对中位置，而推砖叉位于砖边有10～20mm位置，这样便于推砖叉下插。调整推砖叉相对于对中砖的位置，只需将感应块（2）向前或向后移动即可（如图6-64中箭头所示），将感应块（2）往进砖方向移动，即缩小推砖叉（8）与对中砖（10）的距离，反之则增大推砖叉与对中砖的距离。边调整边试验，直至符合

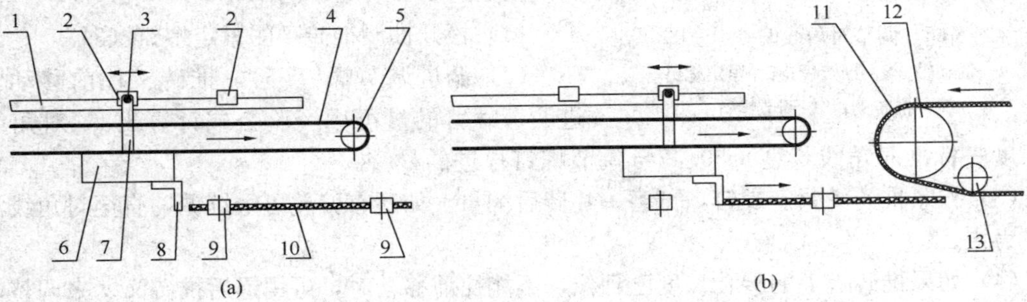

图6-64　推砖开始位置和终点位置调整示意图

(a) 推砖开始位置；(b) 推砖终点位置

1—感应块支架；2—感应块；3—接近开关；4—推砖同步带；5—小同步带轮；6—推砖架；7—接近开关支架；8—推砖叉；9—对中轮；10—砖；11—上压带；12—上后活动轮；13—过渡轮

要求。

(2) 调整推砖终点位置：如图 6-64 (b) 所示，推砖终点位置就是被推砖 (10) 前边快要与上压带 (11) 接吻的位置，调整感应块 (2) 的位置就能改变推砖终点位置。往进砖方向移动感应块 (2) 就缩小了被推砖 (10) 前边与上压带 (11) 的距离，反之就增大被推砖前边与上压带的距离。边调整边试验，直至符合要求。

十四、调整推砖开始时间和推砖架返回时间

(1) 调整推砖开始时间：推砖开始时间就是对中轮对中后后退的一瞬间，此时推砖叉下插，紧接着推砖架动作。早于或晚于这个时间都不合适，移动推砖架上推砖控制光电开关就可以调整推砖开始时间的早与晚。当砖在对中时，此光电开关是照着砖的后边边缘，对中结束对中轮后退一瞬间，砖被同步带拉着往机内移动，后边边缘很快就离开了此光电开关照射的范围。当光电开关下面没有了砖，立即通知推砖叉下插，紧接着推砖架开始动作。移动此光电开关的方向与进砖方向一致时，推砖开始时间滞后，反之则提前。边调边试，直至合适时止。

(2) 调整推砖架返回时间：当推砖架把砖推到位置后，应该略停 0.5s 时间再退回，就是让同步带把砖往机内拖动一点距离，推砖叉再上升，推砖架返回，此为最佳返回时间。如果退回时间早，因砖在下压带上未停稳，砖的后边还是与推砖叉紧密接触的，推砖叉就急速上升，会把砖带动移位，从而破坏了推砖效果，产生磨后砖对角线不稳定。调整返回时间的早晚，是调整操作面板上的延时按钮，即将拨码开关拨到推砖项目数码，如果推砖架返回时间过早应按增加按钮，增加延时；反之按减少按钮，减少延时。直至满意为止。

十五、调整对角线偏差

一片砖有四个角，当相对两个角的连线距离与另外两个角的连线距离不相等时叫做对角线偏差。磨后砖产生对角线偏差，属两推砖叉的连线与磨边机中心线不垂直所致。当有此现象时应仔细观察和分析对角线偏差的原因，如图6-65 (a)所示，属于对角线偏大的砖边接触的推砖叉 b 滞后，滞后的距离是 t，应将推砖叉 b 往前调出 t 距离问题就可解决。调整步骤如图 6-65 (b) 所示。

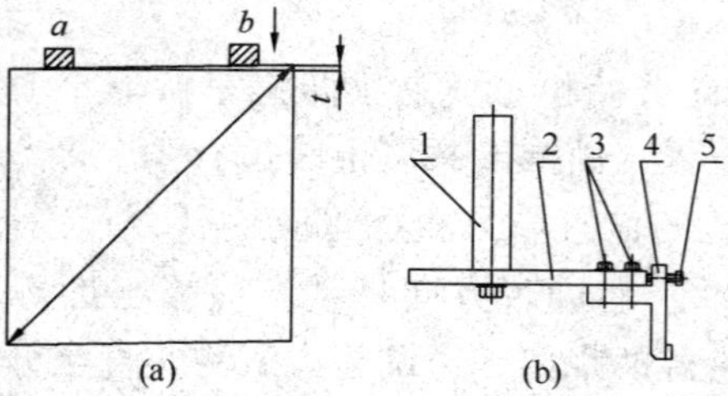

图 6-65　调整对角线偏差示意图

1—活动轴；2—推砖板；3—紧定螺钉；4—推砖叉；5—调节螺钉

(1) 松开被调推砖叉的紧定螺钉 (3)。

(2) 调进调节螺钉(5)，推砖叉往前移动。调进调节螺钉的量可用经验公式计算出：(对角线偏差长度－标准对角线长度)×0.47＝调节螺钉拧进的量。

(3) 拧紧推砖叉紧定螺钉，试磨一片砖后测量，如还有偏差可继续调，直至对角线没有偏差为止。

(4) 如果推砖板上的腰孔长度已到位，不能往前移动时，可用退后推砖叉 a 来调整，其操作方法一样。

十六、调整倒角砂轮磨损极限位置和报警时间

当倒角砂轮磨损到极限时，即磨料在塑料座上只剩 3～5mm 厚为极限，此时倒角磨头

受到限位和报警，通知操作人员更换倒角砂轮。新机安装时和更换倒角磨头总成时应该要对限位进行调整，其调整步骤如图 6-66 所示。

（1）先量出未经使用的倒角砂轮有效磨削部分的高度 t，量过后将这片倒角砂轮装入倒角磨头的砂轮夹盘上。

（2）将一片已磨砖经对中后走进磨边机内，到倒角磨头下面停止。

（3）降下倒角砂轮（8）至砖面，测量倒角砂轮到倒角支座的距离 h。此时气缸连接体（3）在图 6-66 中虚线位置。

（4）让倒角砂轮上升离开砖面，将已磨砖走出磨边机，再把倒角砂轮（8）自由地下降。

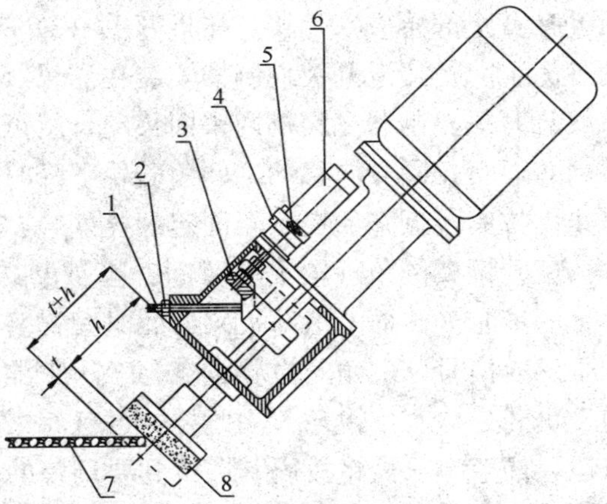

图 6-66　调整倒角轮磨损极限位置和报警开始时间

1—限位螺钉；2—锁紧螺母；3—气缸连接体；4—磁性感应块；5—感应块固定螺钉；6—气缸；7—砖；8—倒角砂轮

（5）松开锁紧螺母（2），调节限位螺钉（1），边调节边测量倒角砂轮端面到倒角支座的距离，当这一距离达到 $h+t$ 时止，然后拧紧锁紧螺母（2）。此时气缸连接体（3）在图 6-66 中实线位置，倒角砂轮（8）在图中虚线位置，限位螺钉（1）头部顶着气缸连接体（3）。当倒角砂轮将有效磨削部分 t 磨完后，由于有限位螺钉顶着，倒角砂轮再也不能下降，这就是磨损极限位置。

（6）在倒角砂轮磨损极限位置调好的基础上，松开感应块固定螺钉（5），将倒角气缸（6）上的磁性感应块（4）沿气缸上下移动，直到报警灯亮为止，锁紧磁性感应块固定螺钉（5）。此时倒角砂轮磨损极限报警时间已调好。

（7）将倒角砂轮上升到等待位置，调整结束。待更换倒角砂轮时检查换下的旧倒角砂轮，如发现存下的磨料厚度超过要求时，可再次进行微量调整。

十七、调整倒角砂轮下降、上升时间

（1）调整倒角砂轮下降时间：如图 6-67 所示，倒角轮下降时间早晚是通过接近开关控制器（2）来实现的。当被磨砖在同步带的挟持下往出砖方向运行，砖的前边碰撞接近开关控制器的摆臂（5）下部的滚轮，如图 6-67（a）所示，并使其爬上砖面，如图 6-67（b）所

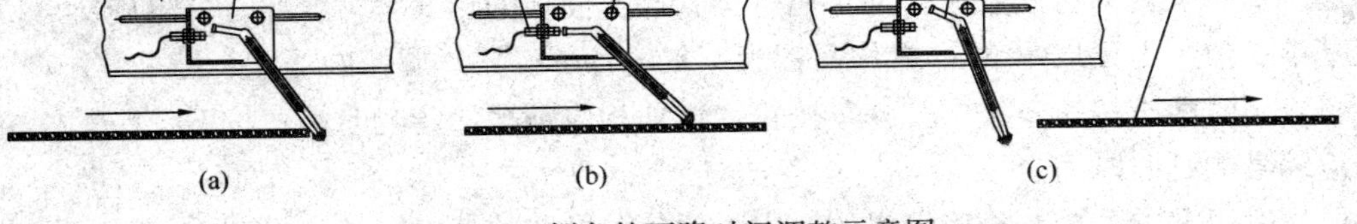

图 6-67　倒角轮下降时间调整示意图

（a）倒角轮开始下降时摆臂位置；（b）倒角轮工作时摆臂位置；（c）倒角终了时摆臂位置

1—压梁；2—接近开关控制器；3—接近开关；4—固定螺栓；5—摆臂；6—砖

示，摆臂上部感应铁片接近接近开关（3）感应区，接近开关发出信号，倒角气缸换向，倒角砂轮下降。接近开关控制器安装在压梁（1）的腰槽内，调整时先拧松固定螺栓（4），再将接近开关控制器在腰槽内来回移动，就可以调节倒角砂轮下降时间。将接近开关控制器与被磨砖运行相同方向移动，倒角砂轮下降时间就晚。反之则提前。边调边试，直至达到要求时止。拧紧接近开关控制器固定螺栓（4），此时倒角砂轮下降时间已调好。

（2）调整倒角砂轮上升时间：当被磨砖继续往出砖方向运行时，接近开关控制器摆臂（5）的滚轮从砖面上滑落下来，此时摆臂上部感应铁片离开了接近开关感应区，接近开关没有了感应信号，倒角气缸换向带动倒角砂轮上升。但此时如果立即上升，会使砖倒角不均匀，出砖处会产生锐角，因此要通过延时来解决此问题。在操作面板上有调整延时的增、减按钮，调节时只需将拨码开关拨到要调整的倒角磨头的相应编码，前倒角为2、后倒角为3，要调晚上升时间则按增加延时按钮，要提早上升时间则按减少延时按钮，延时按钮每按压一次，将增加或减少1s，边调边试，直至符合要求时止。

十八、调整主传动速度和推砖速度

主传动电机和推砖电机的速度是用两个变频器来进行调速的。最低下限速度和最高上限速度在设备出厂时都已设置好，在这个速度范围内调节，只需转动操作面板上的相应电位器旋钮就可以了。顺时针转动电位器旋钮速度增加，逆时针转动电位器旋钮速度降低。只有在超上限和超下限调节时才需用变频器操作面板设置变频器程序，但一般情况下是不允许的。

第六节　磨边工序的操作与故障排除

磨边倒角设备是集机、电、气于一体的设备，并且由两台主机、进砖线架、转向线架、风干扫尘线架等组成，因此，操作时首先要注意机、电、气都在正常范围内，启动和停止都要按先后顺序进行，先启动磨边头电机，再启动线架、推砖等电机，最后启动主传动电机、风机电机，使被磨砖从进口到出口都必须能顺利通过。

一、操作面板说明

由于磨边机制造厂家繁多，电气设计各有特点，有的将气动控制与电器控制分开，有的将操作面板与电器柜合在一起，有的前后两台机共一个操作面板，有的将前后两台机分开操作，下面以目前较为规范、电柜与操作箱分开、每台机一个独立操作箱，并且是电与气共在一块操作面板上的形式进行操作面板说明。此种形式有操作方便、直观，便于检查排除故障的优点。图6-68是24＋8形式的操作面板，一般磨边机都是24＋4形式，因此每块面板上有两套倒角磨头气动控制旋钮作为备用。不管操作面板的形式怎样变化，各种旋钮、按钮的功能基本一致。下面以图6-68操作面板为例叙述各种按钮、旋钮的功能。

（1）延时增减按钮：按下“＋”按钮，增加相应编号的延时时间；按下“－”按钮，减小相应编号的延时时间。

（2）拨码开关：控制相应编码的对中、倒角、推砖的延时时间。

（3）倒角旋钮：当此旋钮拧到前时，倒角磨头电机工作。拧到后时，倒角磨头电机停止工作。

（4）磨边旋钮：当此旋钮拧到前时，磨边头电机工作。拧到后时，磨边头电机停止。

（5）磨头启动按钮：当“手动/自动”旋钮拧到手动时，按下此按钮，磨头电机自动顺序启动。

（6）传动按钮：当“手动/自动”旋钮拧到手动时，按下此按钮，传动电机自动顺序启动。

（7）转向线架旋钮：当此旋钮拧到前时，转向线架电机工作；拧到后时，电机停止。

（8）调速电位器：用于调节磨边机主传动速度，调节此电位器改变变频器输出频率，从而达到调节磨边机主传动输出速度。

（9）变频器显示和操作面板：主要用来显示磨边机主传动速度（输出频率）和参数设置操作。

（10）传动旋钮：当此旋钮拧到前时，传动电机工作，拧到后时，电机停止。

（11）自动启动按钮：当手动/自动旋钮拧到自动位置时，按下此按钮，则所有电机自动按顺序启动。

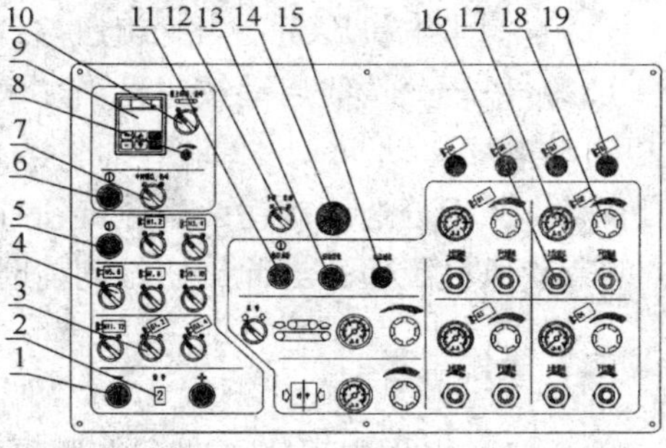

MB650/24+8~MB1200/24+8前台机用

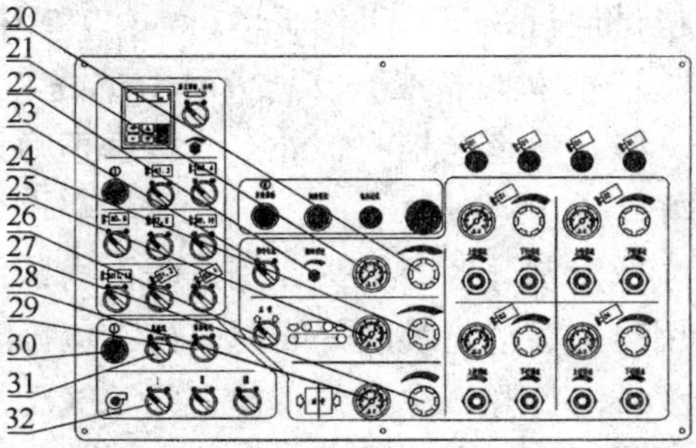

MB650/24+8~MB1200/24+8后台机用

图 6-68　磨边机操作箱面板

（12）手动/自动旋钮：当此旋钮拧到手动位置时，可单独启动各电机；当此旋钮拧到自动位置时，按下启动按钮，则所有电机自动按顺序启动。

（13）倒角复位按钮：按下此按钮，倒角磨头恢复到报警前状态。

（14）急停按钮：紧急停机用，当系统发生异常情况时按下此按钮，系统内所有电机停止工作，待异常情况排除后，右旋此钮，再进行开机操作。当系统在自动运行状态时，因故障引起停机，排除故障后再次启动时，则需先按下此按钮再右旋后，方能进行再次启动。

（15）电机过载指示灯。

（16）单向节流阀：用于调节倒角轮下行速度。

（17）压力表：用于显示倒角磨头工作时的压力值。

（18）减压阀：用于调节倒角磨头工作时的压力值。

（19）倒角磨头电源指示灯。

（20）减压阀：用于调节推砖叉升、降气缸工作时的压力值。

（21）压力表：用于显示推砖叉升、降气缸工作时的压力值。

（22）调速电位器：用于调节推砖电机运行速度。

（23）推砖电机旋钮：当此旋钮拧到前时，进砖线架和推砖电机工作；拧到后时，电机停止。

（24）减压阀：用于调节压梁气缸工作时的压力值。

（25）压力表：用于显示压梁气缸工作时的压力值。

（26）压梁旋钮：当此旋钮拧到前时，压梁上升；拧到后时，压梁下降。

（27）减压阀：用于调节对中气缸工作时的压力值。

（28）压力表：用于显示对中气缸工作时的压力值。

(29) 扫尘电机旋钮：当此旋钮拧到前时，扫尘电机工作；拧到后时，电机停止。

(30) 风干分选线启动按钮：当“手动/自动”旋钮拧到自动时，按下此按钮，风干分选电机自动顺序启动。

(31) 风干分选线旋钮：当此旋钮拧到前时，风干分选电机工作；拧到后时，电机停止。

(32) 风机旋钮：当此旋钮拧到前时，风机电机工作；拧到后时，电机停止。

二、操作规程

磨边机的操作规程应分四个步骤和更换磨边轮、倒角砂轮步骤：(1) 开机前检查；(2) 空机试运行；(3) 工作试运行；(4) 停机；(5) 更换磨边轮；(6) 更换倒角砂轮。

1. 开机前检查，也叫开机前准备

(1) 检查电柜内、外接线是否正确无误，电源电压是否在规定范围内，保护接地线是否完好。

(2) 拿开各磨边头、倒角磨头水罩盖，用手转动各磨边轮、倒角轮，检查有无卡死、磨料用尽、磨边轮跳动等问题，如有应排除或更换。

(3) 打开气源开关，检查气源气压是否有 0.6MPa 以上，推砖、压梁、倒角、对中各点气压是否在规定范围内。不符合时应给予调整。

(4) 检查各传动齿轮箱、线架传动蜗箱、无级变速机油面高度是否在规定范围内，不足时应予以补充。

(5) 检查上、下压带是否有缺损、拉伸，松紧程度是否一致，松紧程度不一致时应予以调整，拉伸严重时应予以更换。

(6) 检查上、下压带之间的间隙是否符合被磨砖要求，前台机与后台机上、下压带之间的间隙是否一致，如不符合应予以调整。

(7) 检查各种安全装置，如水罩、防尘罩是否完好无损，如有应予以修理或更换。

(8) 打开水源开关，检查冷却水的流量是否够用，各管路是否有阻塞现象，如有阻塞应予以疏通。

(9) 检查对中装置对中轮的开度是否与被磨砖规格要求相符合，如不符合应予以调整。

(10) 检查推砖机构的位置是否与被磨砖规格要求相符合，如不符合应予以调整。

(11) 检查各线架的导向铁的开度是否与被磨砖规格要求相符，如不符合应予以调整。

(12) 检查扫尘器毛刷高度是否合适，如不合适应予以调整或更换。

(13) 检查各线架和 90°转向器的传动皮带、托槽的磨损程度和松紧程度，不符合要求时应予以调整。

(14) 以上检查无问题可合上电源开关，检查操作面板各指示灯，检查变频器状态指示灯，检查 PLC 状态指示灯是否正常，如有问题应加以排除。

经上述静态检查无问题就可以进行空机试运行。

2. 空机试运行

在进行空机试运行时一定要先试手动操作，后试自动操作。

(1) 手动操作步骤如下：

①合上各电机断路器，把前后两台机磨边头电机旋钮合上，前后两台机的传动电机旋钮合上，风机电机旋钮合上，线架、转向电机旋钮合上，推砖电机旋钮合上，前后压梁气缸电

控阀通电旋钮合上，分选、线架电机和清扫电机旋钮合上。

②将手动/自动旋钮拧到手动位置，按先磨边头、倒角磨头、后线架、主传动的顺序启动电机。

③检查各磨边头电机、倒角磨头电机、各传动电机的旋转方向是否对，如不对应及时纠正。

④用手感应前后对中光电开关，检查对中滑块的动作是否灵活，如不灵活要加以排除。

⑤用手感应推砖光电开关，检查推砖叉下插情况和推砖架动作情况是否符合要求，如不符合要求及时纠正。

⑥用手拨动倒角接近开关感应铁，观察前后两台机的倒角磨头上升、下降是否灵活，同台机的两个倒角磨头的动作是否同步，如有不灵活和不同步的现象应予以调整。

⑦检查完毕后，按下急停开关，检查急停是否有误，如无误就可进行自动操作试验。

（2）自动操作步骤如下：

①将前后两台机磨边头电机、倒角电机、前后主传动电机、各线架传动电机、转向电机、推砖电机、风机、扫尘电机旋钮合上，前后压梁电控阀电源旋钮合上。

②把手动/自动旋钮旋到自动位置，所有电机将按从后至前的顺序自动启动。

③对中、推砖、倒角都由 PLC 及光电开关自动控制。

④当系统自动检测到倒角磨砂轮用完时，报警器自动报警，为了不让报警器一直响着，按下倒角复位按钮，报警器停止，换上新的磨块再重新启动。

⑤当系统处于自动运行状态时，因运行故障引起停机，当故障排除后要再次启动时，则需先按下急停按钮再右旋后才能再次启动。

（3）工作试运行：空机试运行没有问题就可以进行工作试运行。

①打开水源、气源、电源开关，将磨边机按空机试运行操作程序启动。

②检测一片待磨砖的外形尺寸和对角线，做到心中有数。

③将这片被检测过的待磨砖放上进砖线架，送进第一台磨边机进行试磨。

④仔细观察第一台磨边机对中机构的对中情况，如有异常应停机调整后重试对中。

⑤仔细观察和聆听第一台磨边机磨边头在磨边时的情况和声音。如有异常应停机检查排除。

⑥仔细观察第一台磨边机倒角砂轮下降、上升时间与砖的位置是否相符，如不符应停机调整。

⑦当被磨砖从第一台磨边机出来后，立即检查磨后尺寸、砖边平直度、对角线和倒角均匀情况，如有异常应检查排除，直至第一台磨边机能磨出符合要求的砖为止。

⑧将经第一台磨边机磨后符合要求的砖经 90°转向后送进第二台磨边机。

⑨仔细观察第二台磨边机对中机构的对中情况，如有异常应停机调整后重试对中。

⑩仔细观察推砖机构的工作情况，包括推砖叉下插，推砖开始，推砖终点和返回的时间、位置。如有异常应停机检查排除。

⑪仔细观察和聆听第二台磨边机磨边头在磨边时的情况和声音。如有异常应停机检查排除。

⑫仔细观察第二台机倒角砂轮下降、上升时间与砖的位置是否相符，如不符应停机调整。

⑬当被磨砖从第二台磨边机出来后，立即检查磨后尺寸、砖边平直度、对角线和倒角均匀情况，如有异常应检查排除，直至能磨出合格砖为止。

⑭经以上单片砖试磨合格后，应该做一次连续磨削试验，在进砖线架上连续放上三片砖，连续送进第一台、第二台磨边机，待砖磨出后，经检验各项指标都符合要求，即为磨边机工作试运行结束，可进行连续式生产。

（4）停机

待全部砖走出磨边机后，关闭各磨边、倒角电机，推砖、主传动电机，线架，风机，扫尘电机，按下急停按钮。关闭总电源、总气阀、总水阀。

（5）更换磨边轮

磨边轮的金刚砂部分用尽后应该立即更换，有停机更换和工作中更换两种方式。停机更换就是将磨边机停止工作而更换磨边轮，这种更换多选择在班前或班后进行，不然会影响班产量。在实际操作中，工作中更换磨边轮经常发生，下面叙述工作中更换磨边轮步骤。

①断开该磨边头电源，关闭该磨边头冷却水，提起防水罩盖。

②松开磨头轴承座止紧螺钉或锁紧手柄。

③转动微调手轮，将磨头轴承座后退，后退 15～20mm 均可。

④用内六角扳手折掉磨边轮紧固螺钉。

⑤用手锤轻击旧磨边轮背面，边击边转，使其从磨头轴止口上卸下。

⑥用水冲洗或擦净磨头轴止口和结合面上的脏物，必要时可修锉毛刺。

⑦将新磨边轮的内孔对准磨头轴止口，同时使其安装孔对准磨头轴上的螺孔，用手锤轻击磨边轮盘体部位，使其背面紧贴磨头轴结合面。

⑧拧上内六角紧固螺钉，并用内六角扳手拧紧。

⑨合上该磨边头电源开关，启动该磨边头，试看新磨边轮有无摆动和振动。如有摆动即为磨边轮安装有歪斜，应校正。如有振动即为磨边轮动平衡不好，应更换。

⑩磨边轮经试运转正常后，转动微调手轮，将磨头轴承座调进，当要接触砖边时减慢进给速度，仔细观察新磨边轮所调进的吃刀量，或用计算微调手轮的圈数来计算新磨边轮吃刀量。

⑪吃刀量调好后，盖上防水罩盖，打开冷却水开关。

⑫锁紧磨头轴承座止紧螺钉或锁紧手柄，更换磨边轮结束。

（6）更换倒角砂轮

当倒角报警时，查明是哪个倒角磨轮用尽，然后立即更换。同样也有停机更换和工作中更换两种方式，以工作中更换为例进行叙述，其步骤如下：

①按下倒角复位按钮，使报警器响声停止。断开该倒角磨头电源开关。

②关闭该倒角磨头冷却水，拿开防水罩盖。

③用扳手松开支撑螺杆和翻板锁紧螺栓，将倒角磨头放到水平位置。

④用专用工具或偏錾将用尽的倒角砂轮塑料座取下。

⑤用水冲洗倒角砂轮夹盘内的脏物，必要时修锉倒角砂轮夹盘平面上的毛刺。

⑥选择平行度较好的倒角砂轮，按螺旋方向拧紧倒角砂轮，并转动观看塑料座与夹盘平面是否结合好，如结合不好应予以调换（平行度指倒角砂轮磨削平面与塑料座同夹盘的结合面的平行度）。

⑦将倒角磨头放到与砖面成45°的工作位置，拧紧翻板锁紧螺栓和支撑螺杆。

⑧放上防水罩盖，打开冷却水开关，打开该倒角磨头电源开关。此时倒角磨头已进入工作状态，更换倒角砂轮结束。

⑨更换倒角磨头应速度快，避免漏倒角砖过多。在更换倒角轮时，应该有一个人在磨边机出口处将没有倒角的砖捡下线来，等到下班前将横梁摇开2mm左右，然后把漏倒角砖送进磨边机补倒角，漏倒角砖磨完后应将磨边机横梁摇回原来工作位置。

三、磨边工序故障排除

磨边工序同样存在设备性故障和工艺性故障，但是有相当一些问题是绞合在一起的，难以确切地定义，这些问题最终会反映到磨边倒角质量上来，于是我们把一些直观现象归纳为设备故障，把一些影响磨边倒角质量的问题归纳为工艺性故障。

1. 磨边机设备故障排除（表6-18）

表6-18　磨边工序设备故障排除一览表

序号	故障名称及现象	故障原因	排除方法
1	横梁调不动	1. 导向轴，调节螺杆锈蚀 2. 导向座铜套、调节螺母损坏 3. 机头传动轴卡死	1. 拆开后清除导向轴和调节螺杆锈蚀、加注润滑油重装、严重时应更换 2. 更换导向座铜套、调节螺母 3. 拆开排除卡死原因、清洗、润滑、重装
2	磨边头振动	1. 磨边轮没有安装好 2. 磨边轮动不平衡 3. 磨头轴定位止口与轴承位不同轴 4. 联轴器偏重，静不平衡 5. 联轴器六角胶损坏 6. 轴承损坏	1. 重装磨边轮 2. 更换动平衡好的磨边轮 3. 更换磨头轴 4. 更换联轴器 5. 更换六角胶 6. 更换轴承
3	磨边头轴承座内进水	1. 在装配磨头轴承座前透盖时未装密封垫或未涂密封胶 2. 油封损坏	1. 加装密封垫或涂密封胶 2. 更换油封
4	倒角砂轮轴向或径向跳动	1. 倒角砂轮平行度不好 2. 倒角砂轮与砖边接触的位置不正确 3. 滑动轴与滑套配合间隙大 4. 轴承损坏	1. 更换平行度好的倒角砂轮 2. 调整倒角砂轮与砖边接触位置 3. 更换间隙合适的滑套 4. 更换轴承
5	对中不稳定	1. 对中轮、内轴承损坏 2. 对中轮磨损严重 3. 对中板固定螺丝脱牙 4. 对中滑块铜套（或塑料套）磨损严重 5. 气压低于0.4MPa或不稳定	1. 更换轴承 2. 更换对中轮 3. 重新攻牙更换螺丝 4. 更换铜套（或塑料套） 5. 解决气源气压，使其稳定可靠

续表

序号	故障名称及现象	故障原因	排除方法
6	推砖机构工作不正常	1. 推砖同步带断裂或有拉伸 2. 两条推砖同步带松紧不一致 3. 同步齿形带轮安装座紧固螺钉脱牙或没有拧紧 4. 同步齿形带轮内轴承损坏 5. 推砖减速机损坏 6. 推砖叉紧固螺钉没有拧紧或拧不紧 7. 推砖架内导轴、活动杆铜套（塑料套）磨损严重	1. 更换同步带 2. 调整同步带松紧一致 3. 重新攻牙，拧紧紧固螺钉 4. 更换轴承 5. 更换推砖减速机 6. 拧紧推砖叉紧固螺钉 7. 更换导轴、活动杆铜套（塑料套）
7	主传动减速机发热	1. 润滑油不够 2. 压梁压力过大 3 上下压带之间的距离过小 4. 磨边机线速度过快，超负荷运行	1. 补充润滑油 2. 调整压梁压力到正常范围 3. 正确调整上下压带之间的距离，使其符合标准要求 4. 适当减慢线速度
8	线架用无级变速机不能调速	1. 摩擦轮磨损严重 2. 固定凸盘、调速凸盘磨损严重 3. 调速滑块损坏 4. 蝶形弹簧失效	1. 更换摩擦轮 2. 更换固定凸盘、调速凸盘 3 更换调速滑块 4. 更换蝶形弹簧

2. *磨边头故障分析与排除*

蝶式磨边头主要故障有轴承座内进水、轴承座发热和振动三个方面，分别进行分析，如图 6-27～图 6-29 所示。

（1）磨边头轴承座内进水的原因主要是透盖与轴承座的结合面在安装时没有涂抹密封胶或未垫密封垫。特别是有的轴承座轴承安装止口深度没有加工到位或走了下差，透盖止口台阶长度又走了上差，装配时就会造成透盖止口台阶压住轴承外圈后，透盖与轴承座结合面存在微量间隙，此间隙可能是 0.05mm、0.1mm、0.15mm、0.2mm 等，而在装配时又没有在此间隙中加入密封垫或涂抹平面密封胶，再由于防尘罩的防水性能差，因为在实际使用时，冷却水连续不断浇洒，于是冷却水就通过此间隙渗入磨边头轴承座内，时间一长，轴承座内的水就越积越多，造成稀释润滑脂、损坏轴承的后果。透盖油封损坏也会使轴承座内进水。

排除方法是在装配轴承座前应该检测安装轴承止口深度和透盖止口台阶高度，计算其装配后是否会造成透盖与轴承座结合面有间隙存在，如有间隙应垫入适量厚度的轻壳纸垫，如没有间隙也应在两结合面涂抹平面密封胶。这样就可以杜绝冷却水渗入轴承座内。

在装配透盖油封时先将油封压入透盖后组成透盖组件，检查磨边头轴的油封导入角是否有尖锐、磕碰现象，如有应进行修整，修整后在油封位和导入角处涂抹少许润滑脂，再将透盖组件小心套入磨边头轴油封位置上，不能使油封唇口受损，不然就会引起轴承座进水故障。

（2）磨边头轴承座发热的原因主要是磨头轴上前后两轴承在损失游隙的状态下和润滑不良的状态下高速运行所致。磨边头轴两轴承安装位不同轴和轴承座两轴承安装孔不同轴会使轴承损失游隙，这两个问题可采用一次性装夹加工出两轴承位和两轴承孔来解决。

最容易使大家忽视的是由于结构原因使装配过程中损失轴承游隙。首先分析其结构，磨边头轴头部大、尾部小，轴承无法从头部装入，只能将轴承从尾部逐个装入，轴承内圈与轴的装配关系是轻压合，将头部大轴承压入后用圆螺母锁紧，此轴承是承载切削力和轴向力，尾部小轴承只起支承作用。当把大小轴承都压入轴承位组成磨边头轴组件，涂抹润滑脂后，将磨边头轴头部朝上、尾部朝下放入轴承座安装孔内，按装配工艺要求此时应用轴承压套抵住轴承外圈，将磨边头轴组件压入轴承座安装孔内，但是由于磨边头轴头部大，无法放入轴承压套，因此装配时只能用紫铜棒或木锤轻击磨边头轴头部。轴承与孔的装配关系应是轻迫合，其配合关系应是过渡配合，如果轴承孔加工成下公差时，轻迫合就会转为迫合，轴承外圈与孔的装配阻力增大，此时大轴承外圈在轻击的状态下不会百分之百的到位，有可能大轴承外圈与轴承座止口存在微量间隙，此时如果透盖止口台阶是加工成上公差时，当把透盖压紧后就会将大轴承外圈压入而消除微量间隙。在这种状态下，两轴承就损失了游隙，以2800r/min 的高速运行就会发热，排除方法是：

①轴承座两轴承安装孔应加工成中上差，减小轴承装配阻力。

②透盖止口台阶长度与大轴承外圈应保持 0.05～0.1mm 的间隙，不要压死外圈，当把透盖紧固后，用紫铜棒轻击磨头轴尾部一下，使两轴承恢复和保持原有游隙。

③把磨边头轴组件装入轴承座孔内时，只能是轻击磨边头轴头部，注意不能重击，特别要注意做到的是当大轴承外圈快要到达或已到达轴承座孔底时不能重击，因这种装入方式本身就是使轴承滚珠受到冲击，如果再重击就会使轴承滚珠受损，从而影响轴承的使用性能和寿命。如果当感到装配阻力大时，应将磨边头轴组件退出，检查孔的尺寸公差是否符合要求，如果偏小应用砂纸对孔进行修磨，直至符合要求时止，千万不能蛮干。

④装配磨边头轴联轴器时，一定要将磨边轴头部平放在工作台上，再从尾部压装入联轴器，这样可保证轴承滚珠不受冲击、不受损。

⑤磨边头装好后空载试运行时一定要模拟工作状态（即将磨边头平放，不要立放）进行，这样轴承是在有游隙的状态下运行，不会发热。

⑥每班必须压注一次润滑脂，保持良好的润滑，才能确保磨边头正常工作。

(3) 磨边头振动是由于零件动不平衡而引起。当发生此现象时，首先检查磨边轮是否有偏重现象，如有就立即更换。在排除磨边轮偏重的情况下还有振动，则是联轴器引起，因为联轴器大部分都是采用精密铸造成型后，只对安装孔进行加工，其他不加工。在加工孔时稍有不慎就会产生偏心偏重现象，有这种现象的联轴器在 2800r/min 的情况下，就会使磨边头产生振动，更换联器后故障就会排除。

3. 磨边工序工艺故障排除（表 6-19）

表 6-19 磨边工序工艺故障排除一览表

序号	故障名称	示意图	故障原因	排除方法
1	大小头		1. 磨边轮不锋利 2. 磨边头轴承磨损严重或损坏，使磨头轴产生轴向移动 3. 磨削量过大或单个磨边头磨削量过大	1. 更换磨边轮 2. 更换有问题的磨边头轴承 3. 调整磨削量（吃刀量）或调整磨后尺寸

续表

序号	故障名称	示意图	故障原因	排除方法
2	弯边		1. 相对两组磨边头磨削量不一致 2. 压梁压不紧砖	1. 重新调整磨削量 2. 调整压梁压力和上、下压带之间的间隙
3	圆头、沟头		1. 相对两组磨边轮前锋连线与主机中心线不垂直 2. 磨头轴有轴向窜动	1. 校正某两组磨边轮前锋连线与主机中心的线垂直度 2. 检修有问题的磨边头
4	锯齿边	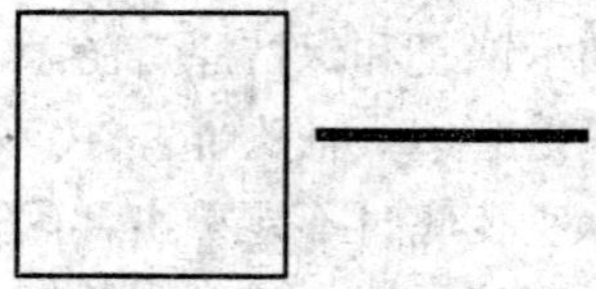	1. 磨边轮与砖边的倾角过大 2. 磨边轮粒度号过粗	1. 重新调整磨边轮与砖边的倾角 2. 更换粒度号合适的磨边轮
5	棱形砖（连续性出现）		1. 对中轮外圆连线与主机中心线不平行 2. 两推砖叉连线与主机中心线不垂直 3. 两推砖同步带松紧不一致 4. 某一组磨边头磨削量过大，使砖在上、下压带之间转动	1. 调整对中轮外圆连线与主机中心线平行 2. 调整两推砖叉连线与主机中心线垂直 3. 调整两同步带松紧一致 4. 调小某一组磨边头磨削量
6	棱形砖（间歇性出现）		1. 下压带有拉伸或有一段齿距不标准 2. 传动轴承座内轴承损坏	1. 更换不合格的同步带 2. 检修传动轴承座，更换轴承
7	棱形砖（无规律性出现）		1. 对中气压不稳定 2. 压梁气压不稳定 3. 对中轮轴承损坏 4. 推砖齿形带轮安装座紧固螺丝松动	1、2. 在磨边机气源三联体前面加装储气罐，使磨边机气源压力稳定 3. 更换对中轮轴承 4. 拧紧安装座紧固螺丝

续表

序号	故障名称	示意图	故障原因	排除方法
8	崩砖面		1. 磨边轮与砖边的倾角过小，磨边轮后锋带崩砖面 2. 磨边轮不锋利 3. 磨削量过大 4. 砖质过脆	1. 适当调大磨边轮与砖边的倾角 2. 更换锋利磨边轮 3. 调整磨削量和磨后尺寸 4. 改善砖质
9	崩砖底		1. 磨边轮与砖边的倾角过大 2. 磨边轮不锋利 3. 磨削量过大	1. 适当调小磨边轮与砖边的倾角 2. 更换锋利磨边轮 3. 调整磨削量和磨后尺寸
10	烂角 烂边		1. 对中后砖偏离主机中心，造成偏切 2. 某个磨边轮磨削量过大 3. 压梁压不紧砖 4. 磨边轮不锋利	1. 调整对中与主机中心吻合 2. 适当调小某个磨边轮磨削量 3. 调整压梁压力和上下压带之间的间隙 4. 更换锋利磨边轮
11	砖的进砖端倒角偏大		倒角轮磨削面与砖边的倾角过大	适当调小倒角轮磨削面与砖边倾角
12	倒角后砖面出现规律性崩瓷	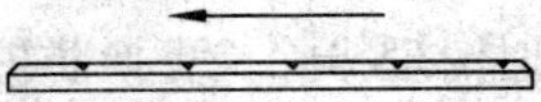	倒角轮磨削面与砖边的倾角过小，致使后锋接触砖边	略调大倒角轮磨削面与砖边倾角
13	出砖端倒角偏大		倒角时间过长	适当减小延时
14	出砖端倒角偏小	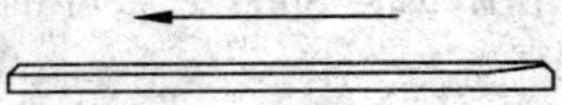	倒角时间过短	适当增加延时
15	进砖端倒角规律性崩瓷	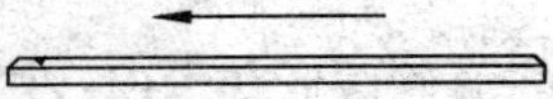	接近开关控制器安装位置略偏后，致使倒角砂轮下降时间略早	略往前（机头方向）调一些，接近开关控制器
16	进砖端倒角圆角	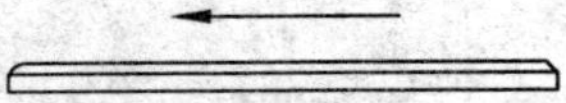	接近开关控制器安装位置过偏后，倒角砂轮下降时间过早，致使砖的前角挤在倒角砂轮圆孔内	往前（机头方向）调，接近开关控制器

续表

序号	故障名称	示意图	故障原因	排除方法
17	进砖端倒角偏小	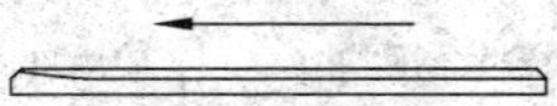	倒角砂轮下降时间过晚，致使进砖端倒成锐角	略往后（活动轮方向）调，接近开关控制器
18	进砖端倒角偏小，而后逐渐变宽	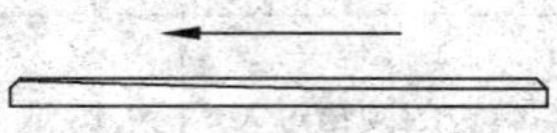	单向节流阀开的太小，倒角气缸下部排气过慢，使倒角轮不能一次性下降到位	略调大一些单向节流阀

四、磨边机维护保养

磨边倒角设备的保养按七个方面进行，即检查、清理、擦洗、润滑、电气保养、现场卫生、交接班制度。

1. 检查

分为静态检查和动态检查两种。

(1) 静态检查：是在磨边机没有运转的状态下进行检查。

①检查电源电压是否在规定范围内，接地、接零、安全装置是否完好。

②检查导向、调宽装置、推砖导杆、对中机构、磨边头、倒角磨头、传动减速机、传动齿轮箱、无级变速机的润滑状况是否完好。

③检查磨边轮、倒角磨轮是否磨完，磨头轴是否有松动，轴承是否有损坏，如有应进行更换和修理。

④检查导向轴和调节螺杆是否有锈蚀，如有应及时清理排除，更换防护罩。

⑤检查各防水罩是否完好，不完好应予以修复或更换。

⑥检查冷却水管是否有阻塞，如有立即排除。

⑦检查气源三联体气压是否在规定范围，油杯内的油量是否够，如气压不到规定范围内应予以调整，油量不够应加注，同时排放滤水杯内的水。

⑧检查每个磨边头、倒角头排屑槽内是否有碎砖和淤泥，如有应立即清理，不能让其影响磨边轮运转。

(2) 动态检查：设备在静态检查完好的情况下进行动态检查，就是将设备接通电源，启动各功能电机，观察设备的运转情况。

①检查上、下压带的磨损状况、拉伸和划痕，是否有碎砖嵌在带内。如拉伸严重，影响对角线时应于更换新带，有内嵌碎砖应于清除。

②检查传动减速机、传动齿轮箱和线架无级机的运转情况，如响声异常、振动等现象应予以排除。

③检查各磨边头和倒角磨头的运转情况，如有响声异常、振动、跳动等现象应予以排除。

④检查控制对中的光电开关、控制推砖的光电开关和接近开关、控制倒角的接近开关是否有失灵和不正常现象，如有应予以更换。

⑤检查压梁气缸、推砖叉升降气缸、倒角气缸上升和下降是否正常，如有不正常应予以排除或更换；各点气压是否在规范范围内，如不在范围内应予以调整。

2. 清理

就是清理在检查中发现的一些影响设备运转的障碍物。

①清理磨边头、倒角磨头排屑槽内的碎砖和淤泥。

②清理冷却水管内水垢。

③清理设备内外，设备底下的碎砖和烂泥。

④清理上、下压带内的内嵌砖渣。

3. 擦洗

每班下班前必须将设备内外擦洗干净。

①用水管冲洗磨边机横梁、压梁、磨头水罩内外、机架上的淤泥和碎渣，冲洗设备底下的淤泥和碎渣。冲洗时注意不能将水冲到电机、电器上，以免电机受潮烧坏。

②用干抹布擦净电机、电气柜、操作箱外壳上的灰尘，擦净机身上的脏物和油污。

4. 润滑

按规定的时间给各润滑点加注规定润滑油。润滑一览表见表 6-20。

表 6-20 磨边机润滑一览表

序号	润滑位名称	润滑油名称	润滑周期	注油量	备 注
1	无级变速器	U6-1 润滑油	每 24h 加注一次；首次工作 300h 换油，以后每 3000h 换油	润滑油加至油标线	加油不可过多
2	传动减速机（力克产）	N220 工业齿轮油	每星期检查补充一次，首次工作 2000h 换油，以后工作 12 个月换油	润滑油加至油标线	加油不可过多
3	摆线针轮减速机	N46 工业齿轮油	每星期检查补充一次，首次工作 1000h 换油，以后工作 6 个月换油	润滑油加至油标线	加油不可过多
4	磨边机主传动装置	轴承部位用钙基脂，齿轮箱用 N46 齿轮油	润滑脂每 24h 压注一次，N46 同无级变速器	润滑脂注满油杯；润滑油加至油标线	加油不可过多
5	调宽装置	钙基润滑脂	导向座内每星期压注一次	注满导向座内孔、调宽蜗箱内涂抹均匀	从油嘴处压注
6	磨边头	美孚润滑脂	每 8h 压注一次，半年换油一次	润滑脂注满腔	从油嘴处压注

续表

序号	润滑位名称	润滑油名称	润滑周期	注油量	备　注
7	倒角磨头	美孚润滑脂	每 8h 压注一次，半年换油一次		从油嘴处压注
8	对中齿轮与齿条	钙基润滑脂	每 24h 涂抹一次	涂抹均匀，覆盖零件表面	涂抹
9	对中导轴与活块、铜套	钙基润滑脂	每 8h 压注一次	注满为止	从油嘴处压注
10	转臂装置	钙基润滑脂	每 24h 压注一次	注满为止	从油嘴处压注
11	推砖装置	钙基润滑脂	每 8h 压注一次	注满为止	从油嘴处压注
12	活动轮、托轮压梁过渡轮	钙基润滑脂	每 24h 压注一次	注满为止	从油嘴处压注

5. 电气保养

①每周将电柜、气柜、操作箱内外的灰尘用高压空气吹净一次。

②检查各点连接是否牢固可靠，如有松动应于排除。

③检查电柜内是否受潮，各种元件是否有损坏现象，如有应予以排除。

④工作时把电气柜门关好，避免尘土飞入柜内。

6. 现场卫生

设备本身和工作场所在工作时的卫生。

①工作时遇有烂砖碎片应及时捡出，放在专用的料架上或废料车内，并码放整齐，交班前点清数量登记后，一并送到废料场。

②被换下的旧磨边轮按规定摆放好，交班时送仓库以旧换新。

③机前检下来的待磨砖、超大砖、漏倒角砖，分别摆放在料架上，下班前分别将其磨完。

④保持工作场所整洁，工具、量具、磨边轮、倒角轮摆放整齐。

⑤注意做到道路畅通，所用物品不能占道摆放。

⑥保持工作场所干净，做到地面无污水垃圾，一切垃圾放入垃圾桶内，下班前一并倒掉。

7. 交接班制度

磨边机在运行中要做好运行记录，内容包括设备各部件的运行、润滑、维修记录，上下压带拉伸、破损、更换记录，磨边轮规格、牌号和吃刀量记录，磨边质量记录，设备及现场卫生记录。经接班人检查验收后交班人方可离开。这样有利于分清设备事故责任和分析设备坏损原因，对延长设备使用寿命和降低生产成本都有很大的益处。同时还有利于信息通畅、资源共享，有利于技术沉淀和积累，有利于相互学习、相互促进、共同进步，达到技术进步、提高设备使用率、企业赢利的目的。20+4 型双压带式对磨磨边机电气原理图如图 6-69（一）（二）所示。

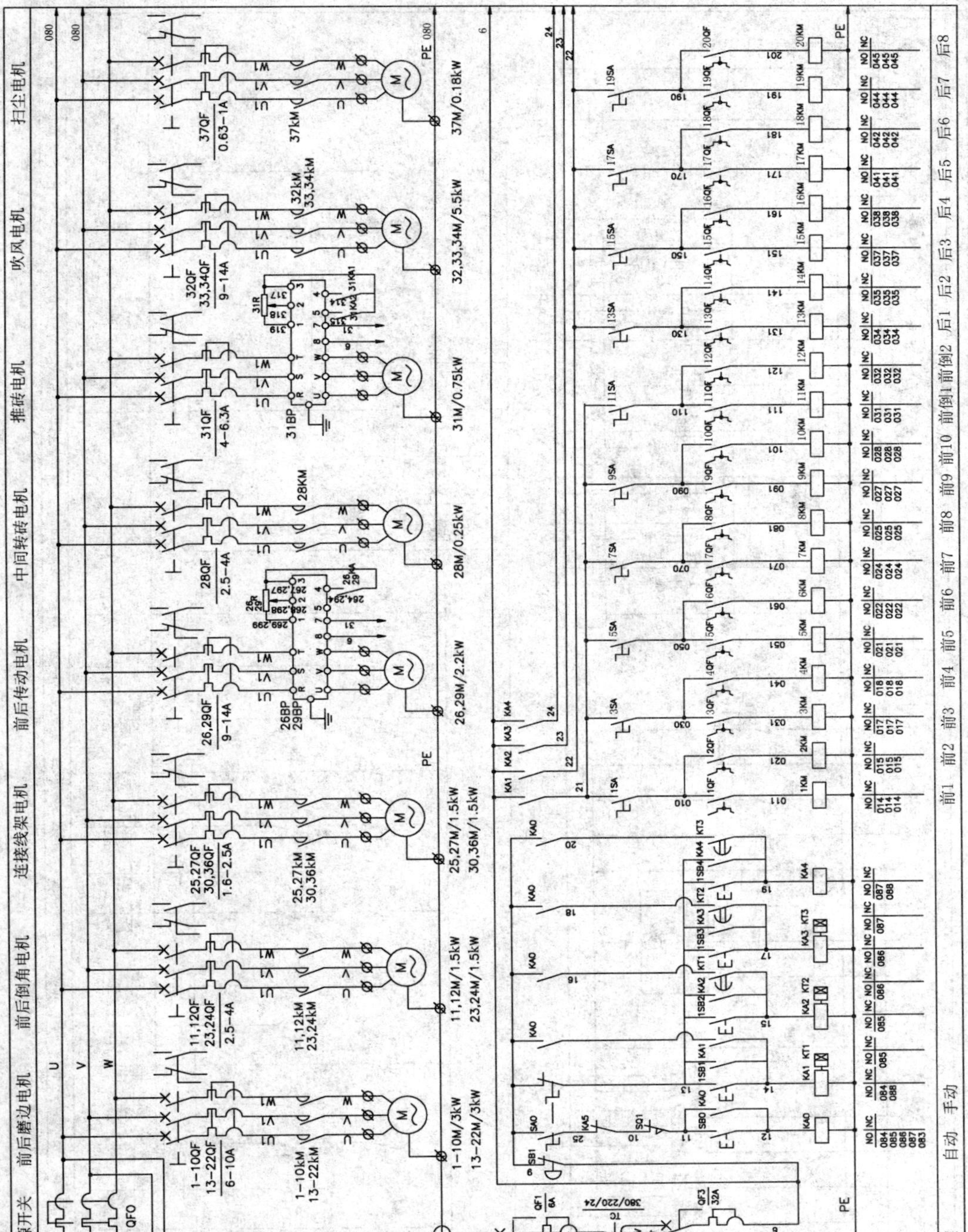

图 6-69　20＋4 型双压带式对磨磨边机电气原理图（一）

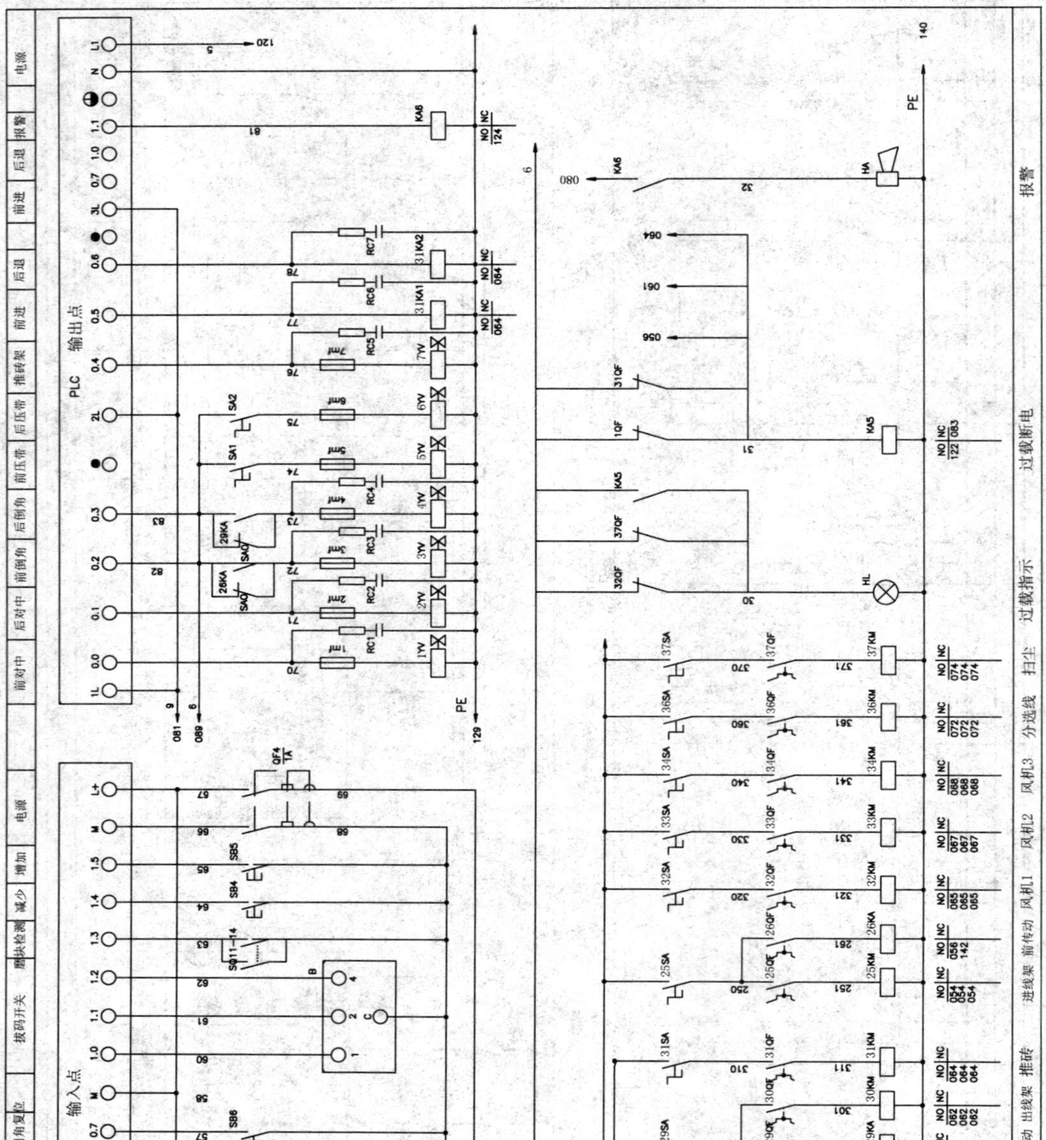
电源
报警
后退
前进
后退
前进
推砖架
后压带
前压带
后倒角
前倒角
后对中
前对中
电源
增加
减少
磨块检测
拔码开关
倒角复位
后限位
前限位
推砖架
后倒角
前倒角
后对中
前对中
PLC 输出点
PLC 输入点
后9 后10 后倒1 后倒2 中线架 中转砖 后传动 出线架 推砖 进线架 前传动 风机1 风机2 风机3 分选线 扫尘 过载指示 过载断电 报警

（三）

例如通过记录设备的有效运行时间，可以考核有效时间内的工作内容和效率分析。

记录平均线速度有利于分析效率高低。记录返磨边数量、磨边倒角缺限数量、烂砖原因分析、对角线偏差、砖边质量等有利于了解优等品率高低、本道工序设备性能好坏、磨边轮吃刀分配是否合理和操作技能高低的综合分析。

记录磨前、磨后的尺寸有利于了解待磨砖的总磨削量，给下一班留下参考数据。

记录设备润滑状况有利于了解和促进员工自觉检查设备润滑状况和按期加注润滑油。

记录设备检修部位和更换零件名称有利于了解设备的易损部位和易损零件名称，便于设计改进和及时制定备件采购计划或加工计划。

记录现场卫生状况和设备卫生状况有利于促进员工自觉搞好现场卫生和设备卫生，有利于企业执行“5S”管理，便于各班相互监督。磨边倒角工序交接班记录表见表 6-21。

表 6-21　磨边倒角工序交接班记录表

日期　　　　班次　　　　交班人　　　　接班人

实际运行时间		砖坯名称		磨边轮规格、牌号、吃刀量							
故障检修时间		砖坯规格		前 1				后 1			
待料及其他时间		砖坯编号		前 2				后 2			
平均线速度		磨前尺寸		前 3				后 3			
返磨边数量		磨后尺寸		前 4				后 4			
磨边缺限数量		对角线偏差		前 5				后 5			
倒角缺限数量		边直度		前 6				后 6			
烂砖数量		边粗糙度		前 7				后 7			
设备润滑	1～3	4	5	6	7	8、9	10	11	12		
烂砖原因		检修部位及更换零件名称									

现场卫生	整齐	清洁	清理	畅通	定置			设备卫生	外表	内表	机架	磨头	电控	操控	

复习思考题

1. 简述磨边机工作原理，简述磨边头和倒角磨头工作原理。
2. 默画出磨边机气路工作原理图，写出对中、推砖、倒角各点工作压力值。
3. 磨边轮和倒角轮必须具备哪些性能？抛光砖磨边一般使用哪种磨边轮？
4. 怎样调整上、下压带松紧和上压带跑偏？
5. 上、下压带之间的距离是多少？怎样调整？
6. 磨边轮和倒角轮与砖边的倾角是多少？倒角轮与砖面的夹角是多少？为什么？怎样调整？
7. 怎样分配每组磨边头的吃刀量？用什么方法调整最好？
8. 简述对中和推砖机构的工作原理。
9. 怎样调整对中开始时间和对中时间长短？

10. 怎样调整推砖开始位置和推砖终点位置？磨后砖产生对角线偏差怎样调整？
11. 怎样调整倒角轮下降、上升时间？
12. 简述倒角轮下降到砖边的位置要求，为什么？
13. 延时按钮要与拨码开关组合使用吗？为什么？
14. 当磨后砖倒角进砖端产生锐角，而后逐渐变宽的原因是什么？怎样调整？
15. 当磨后砖产生圆角、勾头是什么原因？怎样调整？

第七章　连线设备及调整

前面叙述的刮平设备、粗磨设备、抛光设备、磨边倒角设备只是整条抛光生产线的主要设备，怎样使它们连成整线协调的工作呢？那就需要连线装备，所谓连线设备就是起到桥梁和输送作用，把主要设备连结起来，但是这些连线设备在不同的位置时有不同的功能和作用，它们有自动进砖设备、90°转向设备、连接线架、吹干线架、烘干线架、打脂设备和分选台等。下面分别叙述。

第一节　自动进砖设备

自动进砖设备又称自动喂砖机，目前500mm×500mm以下砖多用排放法喂砖，600mm×600mm以上砖由于砖面积大、质量重，目前国内多采用人力喂入，也有部分厂家采用推砖法喂入，国外多用机械手和高压真空吸附法来喂入。根据目前国内外情况，下面重点介绍排放法喂砖机、推砖法喂砖机和真空吸附机械手。

一、排放法喂砖机

（一）结构（图7-1）

其结构由搁砖部分和喂砖部分组成。搁砖部分主要由搁砖机架（33）、滚动托槽（3）、

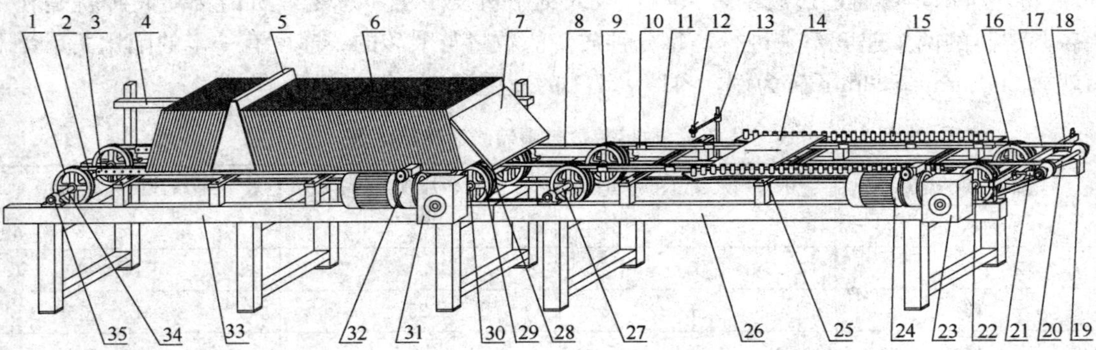

图7-1　排放法喂砖机结构图

1—从动带轮；2—搁砖皮带；3滚动托槽；4—靠杆；5—三角架；6—排列整齐的砖；7—正在放平的砖；8—放砖皮带；9—从动带轮（2）；10—输送皮带；11—托条；12—光电开关；13—光电开关支架；14—正在往机内走的砖；15—挡砖滚轮组件；16—主动带轮（2）；17—过渡皮带；18—过渡带轮支架；19—过渡带轮；20—过渡带轮支架；21—带座轴承（2）；22—主动轴（2）；23—减速蜗箱（2）；24—无级变速器（2）；25—横向托条；26—喂砖机架；27—从动带轮轴（2）；28—空套带轮；29—主动带轮；30—主动带轮轴；31—减速蜗箱；32—无级变速器；33—搁砖机架；34—从动带轮轴；35—带座轴承

搁砖皮带（2）、从动带轮（1）、主动带轮（29）、空套带轮（28）、主动轴（30）、减速蜗箱（31）、无级变速器（32）等组成。喂砖部分由喂砖机架（25）、放砖皮带（8）、输送皮带（10）、过渡皮带（17）、从动带轮 2（9）、主动带轮 2（16）、过渡带轮（19）、主动轴 2（22）、托条（11）、挡砖滚轮组件（15）、减速蜗箱 2（23）、无级变速器 2（24）组成，搁砖机架和喂砖机架在安装时要对齐，高低一致。放砖皮带一端与喂砖机从动带轮 2 连接，另一端与搁砖机空套带轮连接，通过放砖皮带将两台机连接成一个整体。两台机用一个小型操作箱控制。光电开关（12）是用来控制放砖动作的。

（二）工作原理

将砖如图 7-1 的方式排放在滚动托槽（3）上的搁砖皮带（2）上，由无级变速器（32）、减速蜗箱（31），通过主动轴（30）、主动带轮（29）带动搁砖皮带（2）缓慢地向前移动，放砖无级变速减速机的速度是 0.12～0.6r/min，传动带轮的直径一般选在 ϕ250mm 范围内，当减速机调到最慢时，搁砖皮带每分钟只移动 80mm，最快可达 460mm，砖每片厚约 10mm，那么放砖速度为每分钟放 8～46 片砖。

搁砖机架与喂砖机架是用放砖皮带（8）来联接的，放砖皮带的传动是由无级变速器 2（24）、减速蜗箱 2（23）通过主动带轮 2（16）和输送皮带（10）来提供的，其线速度与喂砖输送皮带（10）的线速度保持一致，放砖皮带（8）与搁砖传动主动带轮轴（30）的联接是用空套带轮（28）的形式，因此搁砖皮带的速度不会影响到放砖皮带的速度。

喂砖无级变速减速器的速度为 8～40r/min，喂砖输送皮带的线速度最慢为 6.2m/min，最快为 31.4m/min，喂砖输送皮带和放砖皮带的速度较搁砖皮带的速度要快得多，当排放在搁砖皮带上的砖缓慢地移过搁砖传动主动带轮的切点时，就滑落到放砖皮带上，由于放砖皮带的速度很快，那么就拉着砖的下边往前移动，如图 7-1（7）所示，砖的上边就延着排放的倾斜角度慢慢下滑，直到把砖放平。放平后的砖就被喂砖输送皮带拉着往前走，如图 7-1（14）所示，再通过过渡皮带（17）喂入刮平机皮带上。总之，所谓自动放砖就是利用搁砖和喂砖的两个速度差来进行，每分钟放砖的数量与喂砖的线速度有一定的配比关系，下面就放 500mm×500mm 砖为例，参照表 7-1 的速度配比。

表 7-1　放砖片数与喂砖线速度配比表

放砖片数/min	喂砖线速度（m/min）	放砖片数/min	喂砖线速度（m/min）
8	6	22	13
10	7	24	14
12	8	26	15
14	9	28	16
16	10	30	17
18	11	32	18
20	12	40	22～23

表 7-1 中每分钟放 8～20 片砖为抛光生产线常用速度，16～22 片为玻化砖磨边线的速度，24～40 片为水晶砖磨边线的速度。

从表 7-1 中还可以看出，喂砖的速度总比放砖的速度要快，如果喂砖速度不快，被放下的砖就会重叠。再由于抛光设备在生产过程中不允许有断砖的现象，因此喂砖线架就要有追砖的效果，使砖一片接着一片喂进入刮平机。

当每分钟 8 片的速度还快怎么办？由于搁砖无级变速器无法再调慢，只有采用间歇式放砖来控制喂砖量，就是在喂砖线架上安装一个光电开关（12），当喂砖线架上摆满砖时，光电开关发出信号使搁砖无级变速器停止工作，让喂砖线架将其上面的砖喂掉一部分；当光电开关发现其下面没有砖时，马上发出信号通知搁砖无级变速器开始工作。就是用光电效应来自动开启和停止搁砖无级变速器，从而控制了放砖速度。

排放法喂砖机的调整就是放砖速度和喂砖速度的调整，只需把这两个速度的配比调好后即可，原则是不能使刮平机空砖，也不能叠砖。光电开关在喂砖线架上的位置也是可以调整的，往喂砖方向移动每分钟放砖数量减少，往搁砖方向移动每分钟放砖数量增加。两组挡砖滚轮组件（15）的作用是使砖在喂砖线架中间运行，同时使砖对准刮平机滚刀位置，不能偏移。当砖没有对准刮平机滚刀时，就要对其进行调整，调整时松开其紧固螺栓，将两组挡砖滚轮组件在横向托条（25）上前后移动，直至于符合要求时止。

在喂砖机架的后面装有一个控制箱，上有放砖电机和喂砖电机的启动和停止按钮，并还有一个急停按钮，急停按钮的作用与前面各章所叙述的相同，两台电机的功率都很小，只有 0.55kW。

搁砖皮带、放砖皮带采用 C 型橡胶三角带，喂砖皮带多用 B 型聚氨酯三角带，整个设备结构简单，操纵方便。很多抛光砖厂为了节省电力和设备的维修费用，多采用人工喂入法来满足生产。

二、推砖法喂砖机

推砖法喂砖机适用于 600mm×600mm、650mm×650mm 规格砖，目前国内有多家厂制造和使用。这种喂砖机不用人工摆放，是用机动叉车作业。一个工人可以同时看管几台喂砖机。较第一种喂砖机更有效地降低了工人劳动强度，进一步提高了生产效率。

（一）结构（图 7-2、图 7-3）

它主要由送砖机（1）、收砖机（8）、提升架（9）、提升架链轮（10）、推砖机（12）、升降链轮（15）、升降链条（17）、线架输送皮带（21）等组成。收砖机（8）安装在提升架（9）上，通过升降链条（17）带动与提升架同步升降，升降减速机（16）一般选用带制动的电机。推砖机（12）是安装在外框架上，主要是将收砖机上的砖一片一片地推向线架皮带。

（二）工作原理

首先用叉车将砖堆（2）放在送砖机（1）同步带上，当光电开关（6）发现收砖机（8）同步带上没有了砖时，发出信号通知升降减速机（16）反向启动，通过升降链条（17）、升降链轮（15）、提升架链轮（10）带动提升架（9）、收砖机（8）下降。当提升架碰到行程开关 1（5）时（此时送砖机和收砖机同步带面高度是一致的），行程开关 1 发出停止下降信号，同时通知送砖减速机（3）和收砖减速机（7）启动。将砖堆（2）送入收砖机，收砖机继续将砖堆按箭头方向输送，当砖堆盖过光电开关（6）时，光电开关（6）发出停止输送信号，同时通知升降减速机正向启动，通过升降链条（17）、升降链轮（15）、提升架链轮（10）带动提升架（9）、收砖机（8）、砖堆（2）上升。当砖堆最上面一片砖碰到行程开关 2（11）时，行程开关 2（11）发出停止上升信号，同时通知推砖减速机（19）开始推砖。当推砖架（12）上的感应块碰上接近开关 2（18）时，推砖架开始后退，当感应块碰上接近开

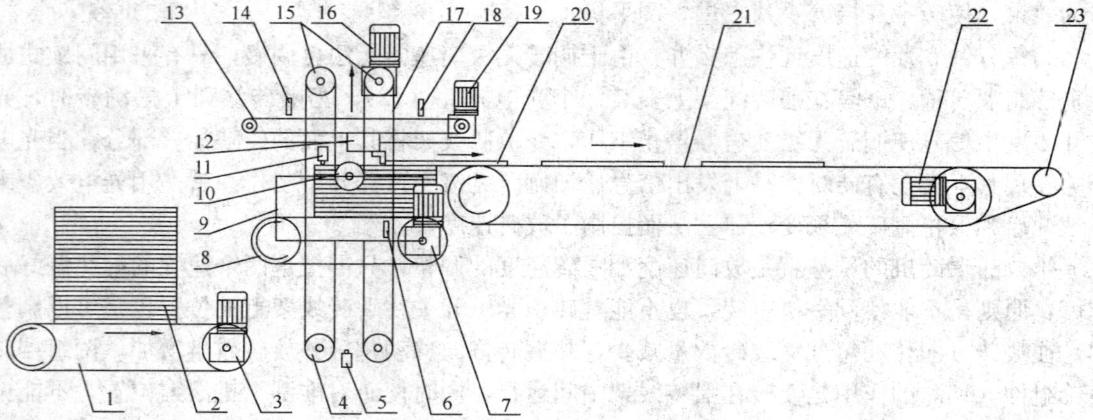

图 7-2　推砖法喂砖机结构和工作原理示意图

1—送砖机；2—砖堆；3—送砖减速机；4—固定链轮；5—行程开关 1；6—光电开关；7—收砖减速机；8—收砖机；9—提升架；10—提升架链轮；11—行程开关 2；12—推砖机；13—推砖同步带；14—接近开关 1；15—升降链轮；16—升降减速机；17—升降链条；18—接近开关 2；19—推砖减速机；20—被推上线架的砖；21—线架输送皮带；22—线架传动减速机；23—过渡带轮

关 1（14）时后退停止。此时由于砖堆上已被推走了一片砖，行程开关 2（11）的触头已被释放，于是又发出信号，通知升降减速机正向启动上升，当行程开关 2（11）的触头受压时停止上升，同时通知推砖机开始推砖。它们就是按以上程序周而复始地工作，当把收砖机上砖堆喂完后，光电开关（6）发出下降信号。重复上述动作。

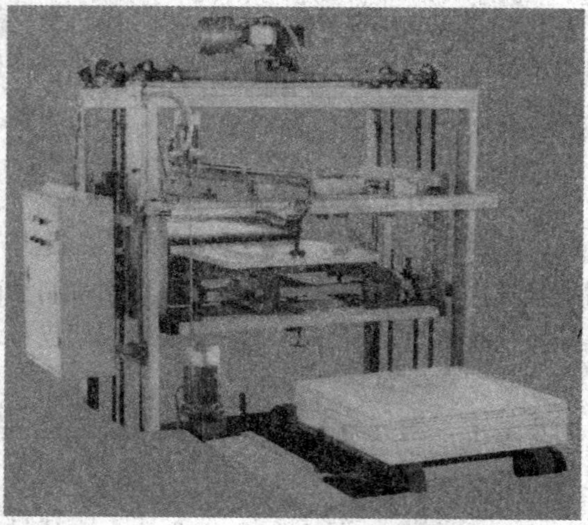

图 7-3　推砖法喂砖机照片

（三）调整

此种喂砖机调整较为简单，首先是各种光电开关、接近开关、行程开关的位置调整，采用边试验边调整方法，直至符合要求时止，二是推砖速度、升降速度、送砖和收砖速度的调整，它们都是用变频器进行控制的，只需改变输入频率就可以调整以上各种速度。速度不宜太快，只要能满足抛光线整线速度的需要即可。

三、真空吸附机械手

真空吸附机械手是近年发展起来的，也是较先进的现代喂砖设备，它适应各种规格的砖，国外普遍在使用，国内也有厂家使用。它有龙门式、悬臂式和翻转式三种形式，不管其形式怎样变化，其结构和工作原理基本相同。

（一）结构

它主要由横梁、纵导轨、滑块、升降气缸、吸盘架、真空发生器和吸盘组成。横梁可做成龙门式或悬臂式（图 7-4）。纵导轨在横梁上左右移动，滑块在升降气缸的驱动下在纵导轨上做快速上下运动，吸盘架安装在滑块的下端，多个真空发生器和吸盘安装在吸盘架上，用来吸附要喂入的砖。

（二）工作原理

砖堆要用专用的托盘存放，并且每次都要求放在规定的位置上，不能有较大的偏移，并且要求托盘上所有的砖堆高度必须一致。工作开始时，纵导轨在横梁上快速地向左移动，到达砖堆上空时，停止移动，气缸换向阀换向，气缸推动滑块在纵导轨上快速向下移动。当吸盘接触到砖面时停止移动，真空发生器换向阀换向，真空发生器排汽孔开始排汽，使吸盘内形成真空，于是吸盘就牢固地吸附在砖的表面上，气缸换向阀换向，滑块带着吸盘架、吸盘和砖在纵导轨上快速向上移动。当移动到一定高度时停止，接着纵导轨在横梁上快速向右移动，当移动到输送线架上空时停止，滑块以稍慢速度下移。当砖接触到输送线架的输送皮带时，真空发生器换向阀换向，排汽孔停止排汽，外部空气通过排汽孔开始向吸盘内充气，使吸盘恢复原样，砖与吸盘产生分离，此时滑块上移离开砖面，同时随纵导轨快速向左移动，重复以上的动作，此时线架上的砖被输送带送入刮平机。因吸盘架上有多个吸盘，可同时吸附几片砖，每分钟动作 3～6 次，最快每分钟可输送 24 片 600mm×600mm 砖。

图 7-4　悬臂式真空吸附机械手

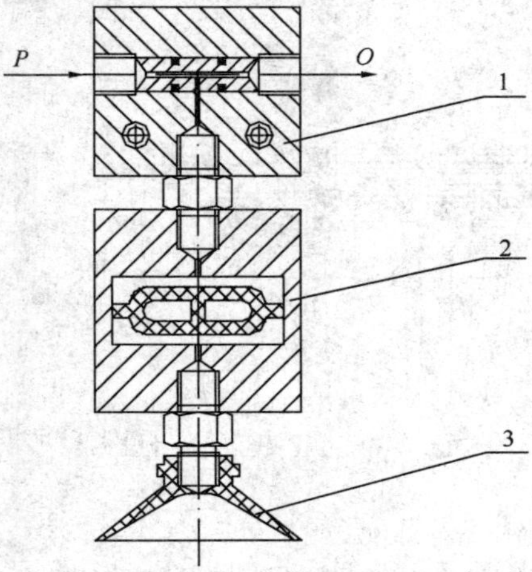

图 7-5　真空发生器、过滤器、吸盘连接示意图

1—真空发生器；2—真空过滤器；3—吸盘

（三）真空发生器、真空过滤器和真空吸盘

如图 7-5 所示，真空发生器（1）是一种粗真空发生装置，它是利用压缩空气经喷嘴处喷射而产生的卷吸作用，在吸气口（真空口）处产生真空。图中 P 处接压缩空气，O 处为排气口。真空过滤器（2）内部装有滤片，可用于过滤空气中和吸附物表面的杂质，以保证真空发生器正常工作。真空吸盘（3）是因真空发生器或真空泵的抽吸作用，使吸盘内表面与被吸物外表面之间形成真空，在大气压力作用下将被吸物提起。在通常情况下，真空发生器、真空过滤器和真空吸盘是连在一起使用的，它们的连接方式如图 7-5 所示。为了使砖在提起和运行过程中保持平稳，通常每片砖要有三个以上吸盘同时吸住。吸盘可提升物体的质量与吸盘的直径大小有关，真空发生器的吸力与喷嘴的直径有关。技术参数见表 7-2。

表 7-2　真空发生器、真空吸盘技术参数一览表

真空发生器				真空吸盘				
喷嘴真径（mm）	0.8	1.0	1.5	吸盘直径（mm）	40	50	60	85
工作介质	洁净、干燥的压缩空气			对提升重物表面要求	光滑、不透气			
环境、介质温度	5～60℃							

续表

真空发生器				真空吸盘				
使用压力范围（MPa）	0.2～0.8			真空工作压力	−0.08～−0.04			
最高真空度（MPa）	−0.075			提升搬运重物的速度	≤400/mm·s^{-1}			
耗气量（L/min）	26	40	100					
最高吸入流量（L/min）	17	27	68	允许提升质量（kg）（真空压力−0.06MPa时）	7.38	12.0	19.7	39.7

注：表中耗气量和最高吸入流量是在输入压力 0.4MPa 时的数值。

第二节　连接线架

所谓连接线架是安装在两台设备中间，起到连线和传输作用，在整条全自动抛光生产线中要安装 4～5 台连接线架。结构如图 7-6 所示。

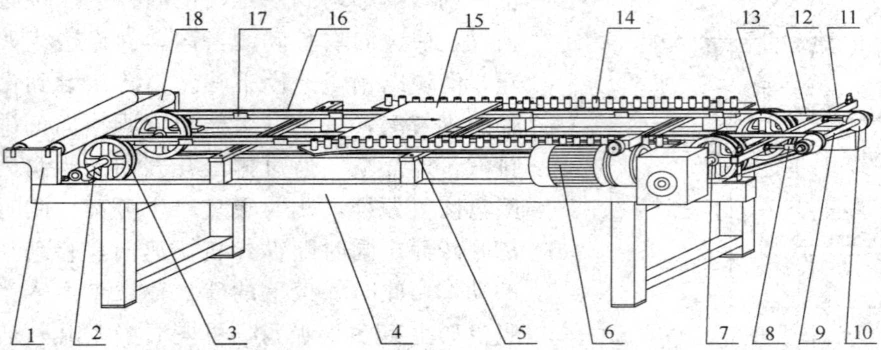

图 7-6　连接线架结构图

1—过渡辊支架；2—从动带轮轴；3—从动带轮；4—机架；5—横向托条；6—无级变速机；7—主动带轮轴；8—带座轴承；9—过渡带轮轴；10—过渡带轮；11—过渡带轮支架；12—过渡皮带；13—主动带轮；14—挡砖滚轮组件；15—正在行走的砖；16—输送皮带；17—皮带托条；18—过渡辊

它主要由机架（4）、从动带轮（3）、主动带轮（13）、过度带轮（10）、输送皮带（16）、过渡辊（18）和无级变速机（6）组成。主、从动带轮各有两组，并双双装在各自的同一轴上。机架用不等边角铁或巨型方管焊接而成，一般输送 600mm×600mm 砖的线架内空宽度在 700mm 左右，长度一般选 3m，用两条输送皮带输送，如磨 600mm×600mm 以上规格砖，由于砖的面积大并且重，要用四条输送带进行输送。带轮在同一轴上的开度（带轮与带轮之间的距离）要根据所输送砖的规格而定，原则上小规格砖两边露出带外有 75～100mm 均可，大规格砖两边露出带外有 50～80mm 均可。装配和调整带轮距离见表 7-3。

表 7-3　各砖规格与带轮距离参照表

砖规格（mm）	两带轮之间距离（mm）	砖规格（mm）	四带轮之间距离（mm）
400×400	250	650×650	105
500×500	300	800×800	140
600×600	400	1000×1000	190

过渡辊是使主机大皮带上的砖能平稳地过渡到线架上来，过渡辊的高度应与输送皮带面保持一致。过渡轮是使线架上的砖能平稳地过渡到主机大皮带上去，过渡带轮与主动带轮之间的距离是可以用支撑螺杆来调节，调节时注意使过渡带轮刚好快要碰着主机皮带即可。无级变速机一般都选 0.55kW，转速在 8～40r/min 范围内可调，它是整个线架的动力来源，用输出孔与主动轴联接。电气控制由该线架的下一台主机同步控制，这样可避免启动主机时产生空砖和停止主机时产生叠砖。

调整线架输送皮带的线速度时应注意做到略快于主机的带速，这样可有追砖的效果，避免主机皮带上空砖。

第三节　90°转向机

（俗称掉头机）抛光生产线中在刮平机与刮平机中间，第一台磨边机与第二台磨边机中间都安装有 90°转向机（俗称掉头机），用来将经第一台机加工后的砖旋转 90°方向后送进第二台机再加工一次。90°转向机有皮带式转向机和平台式转向机，一般的抛光线、磨边线都配用皮带式转向机，只有大砖或长、宽不一致的砖，如 1000mm×1000mm 以上砖、800mm×1200mm 的砖才用平台式转向机，现分别叙述如下。

一、皮带式转向机

由图 7-7 可以看出，转向线架就是在连接线架上安装转向机。皮带式转向机就是利用主、从动半月板弧形托槽内的转向皮带的速度差来将砖转过 90°后，重新落到连接线架的输送皮带上。其结构主要由被动带轮（3）、机架（6）、线架传动无级变速器（7）、主动带轮（10）、输送皮带（18）、转向无级变速器（4）、主动半月板（5）、从动半月板（13）、转向带轮（12）、弧形托槽（14）、转向皮带（15）、张紧小带轮（21）和公共带轮（22）组成。早期的转向机是用多个小带轮按弧形排列安装在主、被动半月板上，来形成转向皮带的弧形轨迹，如图 7-8 所示。现代转向机多用弧形托槽代替了多个小带轮。皮带式转向机有单电机差

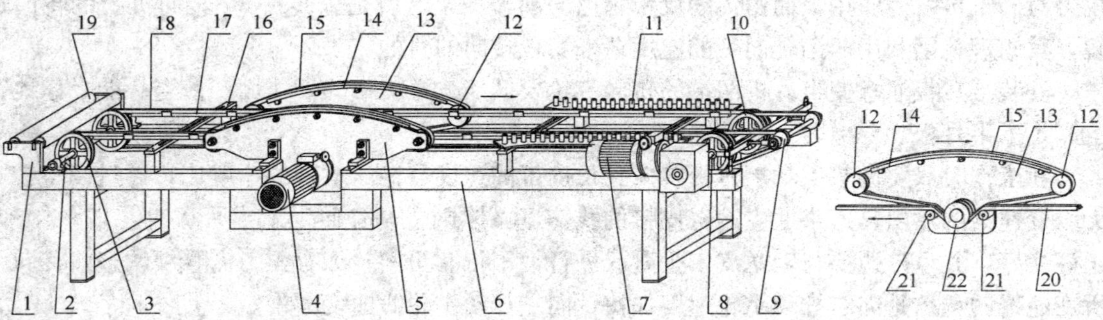

图 7-7　转向线架结构图和从动半月板传动图

1—过渡辊支架；2—从动轴；3—被动带轮；4—转向无级变速器；5—主动半月板；6—机架；7—线架传动无级变速器；8—主动轴；9—过渡带轮；10—主动带轮；11—挡砖滚轮组件；12—转向带轮；13—从动半月板；14—弧形托槽；15—转向皮带；16—横向托条；17—纵向托槽；18—输送皮带；19—过渡辊；20—输送皮带松边；21—张紧小带轮；22—公共带轮

速式（图 7-7、图 7-8）和双电机差速式（图 7-9）两种传动形式。

图 7-8　单电机差速式转向机

图 7-9　双电机差速式转向机

单电机差速式转向机传动原理：主动半月板（5）弧形托槽内的转向三角皮带的动力是由大皮带轮（图中未画出）提供的，大皮带轮直接安装在转向变速器（4）的输出轴上，转向变速器的输出速度是 25～125r/min，其主动边转向三角皮带的线速度可在 15.7～78.5m/min 之间任选，因此可适应各种输送速度段的转向需要。被动半月板（13）上弧形托槽（14）内的转向三角皮带（15）的动力是由线架输送皮带（18）提供的，输送皮带（18）是由线架传动无级变速器（7）通过主动带轮（10）带动的。根据输送皮带（18）的受力情况，把在纵向托槽（17）内运行的叫做紧边，紧边是用来输送砖的，与紧边相对的叫做松边，松边的运行方向正好与紧边相反，如图 7-7 所示。将输送皮带的松边（20）和转向三角皮带（15）同时安装在公共带轮（22）相应的三角槽内，用两个张紧小带轮（21）将两条带同时张紧。当输送皮带松边按图中箭头方向运行时，带动公共带轮（22）旋转，公共带轮又带动转向三角皮带按图中箭头方向运行，转向三角皮带与输送皮带紧边的运行方向和带速是一样的，它们的线速度是 6.2～31.4m/min，可以看出，主动半月板弧形托槽内转向三角皮带速度是被动半月板弧形托槽内转向三角皮带速度的 2～3 倍。

当砖在线架上匀速运动，并平稳地爬上主、从动半月板的圆弧上，由于主动半月板的带速度快，就带着砖快速向前走，再由于被动半月板的带速慢，相对来说他就好像拉着砖的半边，半月板是圆弧状的，相对于砖底面的接触就一个点。假设这个点是移动着的圆心点，而主动半月板与砖底面也是点接触，这个点在砖底面不断的改变位置，就迫使砖随着假设的圆心点转动，当砖从半月板的圆弧顶点走到出口的低点时，砖正好转过 90°角，此时转向三角皮带对砖不再发生作用，而由传动皮带匀速向前输送，这就是瓷砖在 90°转向机上的转向过程，其原理就是利用两条转向带的速度差来实现转向的目的。

安装半月板注意使半月板两端的转向带轮要低于输送皮带的工作面，使瓷砖能平稳地爬上和走下半月板。

在工作时只要调整主动半月板转向三角皮带的速度与输送皮带的速度比，通过调整转向无级变速器的输出转速来适应输送皮带的线速度，原则上是瓷砖走下半月板时，其 90°方向正好换好，并且砖边要与输送皮带垂直或平行，不得有歪斜；如有歪斜需继续调整，转向无机变速器的调整是向右拧动手轮速度加快，向左拧动手轮时速度减慢。

变换砖的规格时需要调整主、从动半月板的开度 400～500mm 砖主、从动半月板的开度应该是 250～300mm 宽；500～600mm 砖主被动半月板开度是 350～400mm 宽。

双电机差速式转向机传动原理：在主、从动半月板的一端各安装一台小型无级变速器，如图 7-9 所示，分别直接驱动各自的转向带轮和转向三角皮带，各自都有独立的动力，输送皮带不与转向机发生传动关系。要求主动半月板上的小型无级变速器速度是从动半月板上的无级变速器速度的两倍。只要调整两台小型无级变速器的速度差就能实现砖在半月板上转过90°，当然要与线架输送皮带的速度相匹配，还要与整线速度相匹配。此种转向机多用于较大规格砖的转向，如650mm×650mm、800mm×800mm规格砖。

二、平台式90°转向机

一般大规格砖，如800mm×800mm以上的砖有的选用平台式90°转向机，如图7-10所示。主要由辊子平台（1）、挡轮（3）、靠轮（4）、转向无级变速器（5）和锥形转向轮（6）组成。实际上就是一个滚动工作平台，辊子的一端装有链轮，靠传动无级变速器拖动链条来带动辊子转动，起到输送砖的作用。挡轮是挡住砖的一个角便于砖转向，当转向后的砖紧靠靠轮时，靠轮就起到校正砖边与辊子垂直，与机架中心线平行。锥形转向轮在无级变速器的作用下给转向砖施以动力，使砖能顺利转向。

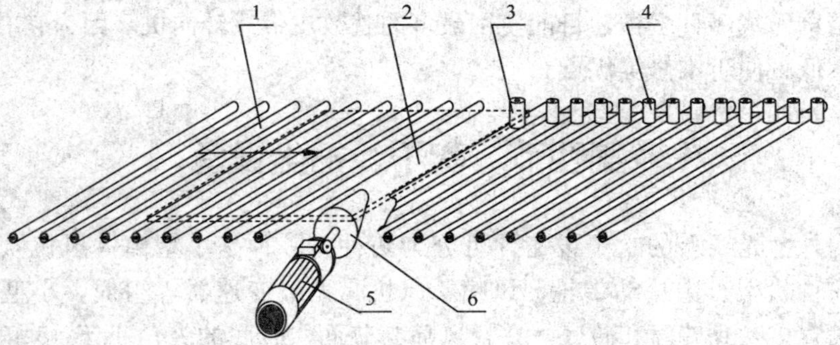

图7-10　平台式90°转向机结构示意图

1—辊子平台；2—虚线表示在开始转向的砖；3—挡轮；
4—靠轮；5—转向无级变速器；6—锥形转向轮

其工作原理是在辊子的作用下，砖在滚动平台上沿箭头的方向向前移动，当砖移动到锥形转向轮（6）上面时，同时砖的一个角又碰上挡轮（3），于是该角就不能向前移动，由于锥形转向轮（6）的工作母线略高于辊子台面，而又在转向无级变速器的作用下转动，并且锥形转向轮小端与大端的线速度是不一致，大端的线速度高，在其作用下，迫使着砖绕着挡轮（3）做圆周运动。当砖转过90°角，砖边抵住一排靠轮（4）时，此时砖已离开了锥形转向轮，砖就随着辊子的转动继续往前走，此时90°转向完毕。

调整转向快慢时，只需调整带动锥形转向轮的无级变速器的输出转速。当更换砖规格时，就需调整锥形转向轮在辊子平台上的位置，砖规格大锥形转向轮往外移，砖规格小锥形转向轮往里移，原则是锥形转向轮不能露出砖边。

图7-11是一种新型多功能平台式转向机，这种转向机适用于大规格砖和大规格不等边砖的转向，转向频率可达每分钟16次。其结构较为复杂，由一个间歇式旋转的工作平台和机座组成，工作平台有两种传动机构，辊子式传动和皮带式传动，这两种传动机构的传动方向互为90°。工作原理是当砖由辊子传动来到工作平台中间位置时，光电开关发出信号，辊子停止转动，工作平台旋转机构开始旋转。当转过90°位置时，接近开关发出信号，工作台停止旋转，皮带传动机构升降气缸换向，将皮带传动机构升起，同时皮带传动机构开始工作，将停在工作台中间的砖送出转向机，同时在进砖端又输入一片砖，当此片砖来到工作平

图 7-11　新型多功能平台式转向机

台中间时，光电开关又发出信号，皮带传动机构停止工作，工作平台旋转机构开始旋转，升降气缸换向，皮带传动机构下降，砖落在辊子上。当转过 90°位置时，接近开关发出信号，工作台停止旋转，辊子传动机构开始工作，将此片砖送出工作台，同时输入一片砖到工作台中间位置，然后周而复始地重复上述动作。工作程序是用 PLC 工业微电脑进行控制，所以工作性能稳定。此种转向机不但能进行 90°转向，只要根据需要调整接近开关位置，就可以进行任意角度转向。

转向机结构形式多种多样，目前使用最多的就数皮带式转向机，因为它有结构简单、调整方便、成本低、便于维修等优点。

第四节　吹干、扫尘设备

综合国内外抛光线上的吹干设备，可分为两种。一种是小型单体风机吹干设备，如图 7-12 所示。它由机架、主从动带轮、风嘴、风机、无级变速器等组成，小型风机工作时其压力风经风嘴直接吹到砖面和砖底，并且风嘴与砖面、砖底的夹角小于 45°角，风嘴朝进砖方向吹，一般每台机有 8～10 个风机，分两排安装，吹砖底的一排风机可直接安装在线架非操作面的地面或高度合适的铁架上，吹砖面的一排风机安装在较高的铁架上，在安装时只需调整风嘴与砖面的角度和风嘴离砖面、砖底的距离，其距离一般为 20mm，距离太大吹不干砖面、砖底的水分。这种结构的吹干设备结构简单，安装方便，单一风机出现故障时也不会影响生产，但是由于多个风机的高速旋转而引起的噪声大。

另一种是组合式风管吹干设备，它把数条小风管将出风口按 40°角分上下两层同时对称焊接在主风管上，主风管与风机的出口用软管连接在一起，风机是大功率离心式风机，上下风管与砖面、砖底的距离按设计要求一般是 20mm。这种吹干设备实际使用效果很好，就是组合式风管制作困难，现在也有制造厂家将小风管单独制作，再在风机出风口上安装有多个出风口的树枝风管，然后用软管逐个将树枝风管的出口与小风管连接起来，并且使小风管能在安装支架上上、下移动和任意偏转角度，调整极为方便。

图 7-12　吹干、扫尘线架结构图

总之，吹干设备就是在连接线架上安装风机、风管和风嘴，让抛光磨边后砖随着线架输送皮带在上、下风嘴之间往出砖方向行走，高速旋转的风机将高速风同时吹向砖面和砖底，将砖面和砖底水分吹干。砖面经吹干后，表面会产生薄薄的一层粉尘，此粉尘会防碍打蜡和分选，因此必须将此粉尘扫除干净。所以在吹干线架出砖处都安装有扫尘器。如图 7-12 所示安装有两台扫尘器，此扫尘器是用电机直接驱动滚筒形毛刷对砖面进行扫尘的形式。

国内多用电机通过皮带间接驱动滚筒形毛刷的形式，如图7-13所示。此种形式毛刷的转速较慢，因此可提高毛刷的耐用度。扫尘器顶部有一圆筒形出风口，用软管将出风口与引风机相连，可将扫出的粉尘吸走。抛光磨边后砖表面需经吹干，但砖内部含水量还是很大，对防污打蜡、分选包装有很大的影响，因此陶瓷厂家都在吹干线架后面配置了烘干设备，经烘干后砖会再次产生薄薄的一层粉尘，于是扫尘器可安装在烘干设备后面。

图7-13　扫尘器

第五节　烘干设备

抛光砖经吹干设备吹干后，还不能直接进入防污打蜡工序，还必须经过烘干，才能转入下道工序。烘干设备目前有两种形式，一是远红外线烘干箱，二是热风烘干箱。分别叙述如下：

一、远红外线烘干箱

如图7-14所示，远红外烘干箱长度一般为8～10m，宽度是根据加工砖的规格而定的，如加工800mm×800mm砖时其箱体内腔宽度应≥1000mm。主要由机架、箱体、保温层、传输辊棒、传动轴、主动齿轮、从动齿轮、传动无级变速器、热循环风机、风管、石英玻璃远红外线发热管和电控箱组成。传输辊棒采用钢管制成，辊棒的间距为80～100mm，在辊棒的一端装有从动齿轮，与传动轴上的主动齿轮相啮合，如图7-15所示。整箱采用一根传动轴进行组合式传动，有多少根辊棒传动轴上就装多少个主动齿轮，整箱用一台传动无级变速器提供传动动力。传动无级变速器通过链轮、链条带动传动轴旋转，传动轴以通过主、从动齿轮带动每根辊棒同速转动，瓷砖从进口处平稳输送到出口，干燥速度可在4～12m/min之间调节。

图7-14　远红外线烘干箱

石英玻璃远红外发热管均匀分布在箱体内上壁，干燥功率为30～40kW，箱内温度可达150℃。在箱体的上方装有两台热循环风机，箱底装有一台热循环风机，因此箱内温度分布均匀，热效率高，加快了砖体的干燥速度。

速度调节只需调整变速器上的调速手轮即可，砖在烘箱内的移动速度不宜过快，使砖在箱内停留的时间尽量长一些，所以要尽量放慢速度。但也不能太慢，太慢时跟抛光磨边的速

图 7-15　烘干箱传动系统

度匹配不上时，砖就会堆积在烘箱进口处，或使烘箱内叠砖而堵死，被迫停产，严重时会损坏烘箱内远红外发热管。正确的速度是砖与砖之间保持有 10～20mm 的缝，也就是说使砖与砖之间不要拉开距离，也不要砖挤着砖，如果砖互相挤着，会产生磕碰崩面、掉角而使砖成废品或降级。

二、热风烘干设备

所谓热风烘干是利用瓷砖烧成窑炉排放的热风来对抛光砖进行烘干，其结构如图 7-16 所示。热风烘干箱主要由从动链轮（1）、排风管（3）、箱体（4）、导向板（5）、进风管（7）、风闸（8）、传输链条（10）、主动链轮（11）、烘箱支承脚（12）和传动无级变速器组成。热风烘干箱一般做成扁半圆形，长度在 6m 左右，宽度根据抛光砖规格制作。输送一般采用链条，也有采用耐温橡胶三角带，传动用无级变速器。进风管用来引进窑炉排放出来的热风，风闸用来控制或截止热风的流量，导向板用来引导热风流动方向，排风管用来排出箱内已使用过的低温风，排风管一般要接到车间外面。烘箱支承脚是起将烘箱工作面支承到与其他线架的工作面一样高的作用，使抛光砖能平稳的送进、送出烘箱。

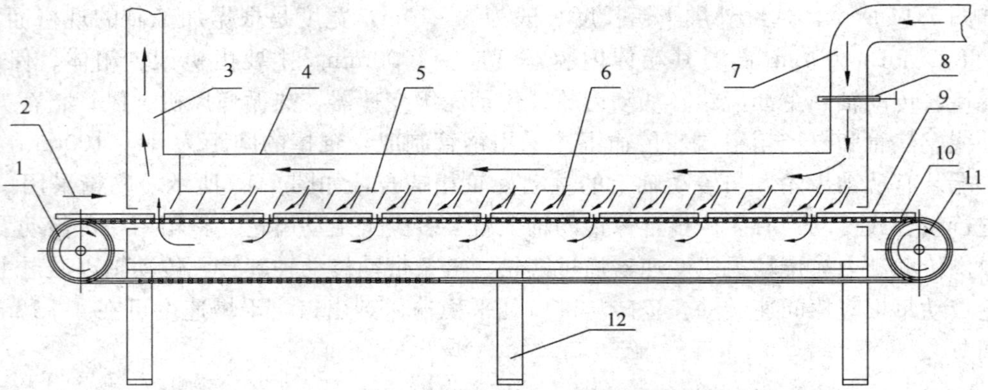

图 7-16　热风烘干箱结构和热风流向示意图

1—从动链轮；2—抛光砖运行方向；3—排风管；4—箱体；5—热风导向板；6—热风流动方向；7—进风管；8—风闸；9—抛光砖；10—传输链条；11—主动链轮；12—烘箱支承脚

其烘干原理如图 7-16 所示热风流向箭头。热风经进风管（7）进到烘箱上部，烘箱的上部与下部用热风导向板（5）隔开，由于风压高，热风经导向板风口吹到砖面上，使砖体升温，由于热风不断往下压，经过砖面的热风由砖的四周往箱体下部走，所有从砖面下来的风都聚在箱体的下部，被迫向出风口移动。在移动的过程中，同时对砖底面进行加温烘干，最后由排风管排出厂房外。瓷砖运行的方向是与热风流动的方向相反，整个烘道内排风管端温度低，进风管端温度高，砖是从排风管端走进箱内，越往前走温度越高，砖是在一个逐步升温的过程中运行，砖体内的水分变成水蒸气，随着烘道下部的低温风通过出风口带出烘箱外，以达到将抛光砖烘干的目的。

调整烘干速度要根据抛光砖经过烘道后的干燥程度，干燥程度好可调快烘干速度或调小风闸，干燥程度不好可先开大风闸，如开大风闸还不行就应调慢烘干速度。在调速时，要注意千万不能在箱体内出现叠砖和卡砖，如果出现此类故障排除较困难，因为箱体较长。

由于热风烘干箱是利用窑炉余热，节约能源，属节能环保型。一般有窑炉的厂家都可以用此烘干箱。但是如果窑炉车间离抛光车间距离很远，引风管路长，热风压力损失大，要用大功率增压风机对热风进行增压，这样就会增加成本，那就没有必要用此烘干箱了。

第六节　防污打蜡机的使用和调整

瓷质砖经抛光线的刮、磨、抛之后，表面的釉化层已经不存在，而将瓷化层暴露在外，虽经抛光后其光亮度非常好，但在显微镜下面还是能看到细微的孔隙，在实际的使用中，一些渗透性较强的污渍就会渗进孔隙里面去，例如墨水、油类、菜汤等，从而破坏了砖面的美观。为了防止污渍的侵害，人们在生产实践中研究出了防污剂。防污剂实际上就是一种液体溶解蜡，把这种防污剂涂在抛光后的砖面上，也就是用防污剂来填充抛光砖面的孔隙，增加了砖的表观密度，污渍难以渗透到抛光砖孔隙里面去。涂防污剂是用机器带动打蜡盘不停地在砖面进行旋转摩擦，强制性地使防污剂渗进抛光砖面的孔隙内，从而也提高了砖面的光洁度。我们把这种涂擦防污剂的设备叫做打蜡机，其结构主要由机架、防护板、打蜡头、蜡桶、传动无级变速器、气控部分、电控部分组成。

一、机架部分

机架部分的功能主要是传输抛光砖，由于没有什么压力，所以传动带较薄，且传动无级变速器的功率较小，并且对工作台的平面度要求不很严格。

二、打蜡头

如图7-17所示，由电机（1）、传动带（2）、升降气缸（3）、限位螺钉（4）、刷盘主轴（5）、带轮（6）、传动套（7）、刷盘连接法兰（8）、刷盘固定环（9）和海绵蜡垫（10）组成。刷盘主轴（5）在升降气缸（3）的作用下，可在传动套（7）孔内上下滑动，并通过导向键进行传动连接。刷盘主轴下端安装刷盘，刷盘下面用胶水粘贴一片海绵蜡垫（10）。工作时电机（1）通过传动带（2）、带轮（6）带动刷盘主轴（5）和刷盘旋转，当喷有防污剂的抛光砖随皮带移动到刷盘下面，通过光电开关把信号传给换向阀，升降气缸（3）带动刷盘主轴下移，当海绵蜡垫接触砖面时，旋转着的海绵蜡垫将防污剂在砖面涂擦均匀。在气缸下面有限位螺钉（4），当海绵蜡垫磨损后，只需调整限

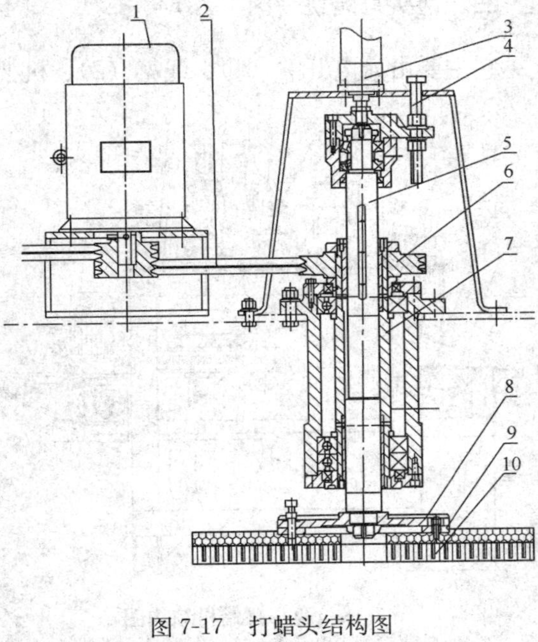

图 7-17　打蜡头结构图

1—电机；2—传动带；3—升降气缸；4—限位螺钉；5—刷盘主轴；6—带轮；7—传动套；8—连接法兰；9—固定环；10—海绵蜡垫

位螺钉（4），可使刷盘主轴继续下降。当传动皮带上没有砖时，通过光电开关将信号传给换向阀，升降气缸带动刷盘主轴，刷盘立即上升，离开抛刷位置。

打蜡头刷盘的直径不能太大，直径太大离心力也相应加大，电机功率也要加大。刷盘直径一般在 ϕ400～ϕ500mm 之间，大规格砖打蜡时是靠错开打蜡头的安装位置来实现。

打蜡头的转速也不能太高，一般不能高于 300r/min，如果转速过高会由于离心力大而把防污剂抛甩到打蜡机的防护板上，而砖面上又没有刷着防污剂，从而引起浪费。

调整限位螺栓时，先把刷盘、蜡垫降落到砖面上，松开上下锁紧螺母，转动限位螺栓（4），让其头部与升降气缸支承架上平面有 1～1.5mm 间隙为宜，拧紧锁紧螺母，将刷盘上升，调整结束。工作时蜡垫就有 1～1.5mm 的压缩量。

我们可把防污打蜡分为两个过程，一是涂刷防污剂；二是抛刷砖面。有的设备制造厂将这两个过程用一台打蜡机来完成，有的将这两个过程用两台打蜡机来完成。如果用一台打蜡机来完成涂蜡、抛刷两个过程，优点是可节约一些设备购置费用，可缩短抛光线全线长度。但没有留下时间空间让防污剂渗进砖面孔隙内，而是一涂上防污剂紧接着就抛刷，会将防污剂抛甩到打蜡机的防护板上，降低打蜡效果，造成一些浪费。如果用两台打蜡机来完成涂蜡、抛刷两个过程，此过程将涂刷防污剂用一台或两台打蜡机来完成，抛刷过程用一台多头（一般配置 8～11 头）打蜡机来完成，两台打蜡机中间用一台 3m 长的线架连接，优点是当砖面涂刷上防污剂后，在连接线架上运行时，防污剂会在这段时间内渗进砖面孔隙内，操作人员可利用这段时间来检查砖面防污剂是否涂抹均匀，如果不均匀可对两头打蜡机和滴蜡量进行调整，可保证打蜡质量，提高打蜡效果；但会增加一些设备购置费用，会增加抛光线整线长度。下面以两台打蜡机完成涂刷和抛刷两个过程为例叙述其结构和工作原理。

三、两头打蜡机（图 7-18）

它主要由光电开关（1）、线架（2）、机架（3）、蜡桶和滴蜡装置（4）、刷盘（5）、打蜡头（6）、打蜡头调速电机（7）、升降限位螺栓（8）、升降气缸（9）和传动无级变速器（10）组成。两头打蜡机的主要功能就是把防污剂均匀地涂刷到砖面上去，打蜡头是用无级变速器传动的，速度可以调节，最慢可调至 20r/min。

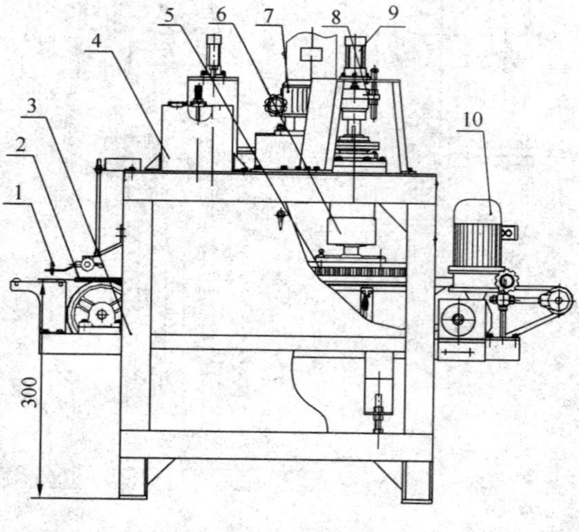

图 7-18　两头打蜡机结构图

1—机前检测光电开关；2—线架；3—机架；4—蜡桶和滴蜡装置；5—刷盘；6—打蜡头；7—打蜡头调速电机；8—升降限位螺栓；9—升降气缸；10—传动无级变速器

其工作原理是当机头光电开关（1）检测到来砖后，两头打蜡机喷蜡装置（4）会得到光电信号，当砖进到喷蜡头位置时，开始喷蜡，喷蜡量通过喷蜡控制闸阀的通电时间长短来调节。蜡桶内通有一定压力的压缩空气给防污剂液面加压，保证喷头供蜡可靠。当机头光电开关（1）检测到缺砖时，喷蜡头停止喷蜡，直至检测到来砖又重新开始喷蜡。每个打蜡头设有一个光电开关，在开机状态输进第一片砖到达时，打蜡头在光电信号的作用下，由升降气缸控制自动下降开始工作，当最后一片砖走出打蜡头时，打蜡头在光电信号的作用下自动上升停止工作。打蜡头工作原理前面已叙述。传动速度可在 3.6～18m/min 之间调节，每平方米砖耗蜡（防污剂）量 3.3mL。

四、十一头打蜡机（图 7-19）

它主要由机前检测光电开关（1）、刷盘（2）、打蜡头（3）、升降气缸（4）、打蜡头电机（5）、升降限位螺栓（6）、机架（7）和传动无级变速器（8）组成。两头打蜡机的传输皮带是用线架三角皮带，目的是在涂刷防污剂时不会滴落在传输带表面。十一头打蜡机是用 5.3mm 厚的宽幅平皮带传动，由于防污剂在涂刷后要经过一段线架的输送，输送时防污剂会渗进砖面孔隙中去，同样也就不会滴落在输送的平皮带上。因此刷盘旋转速度也有所提高，转速可达 700r/min。抛刷传动速度最高可达 18m/min。

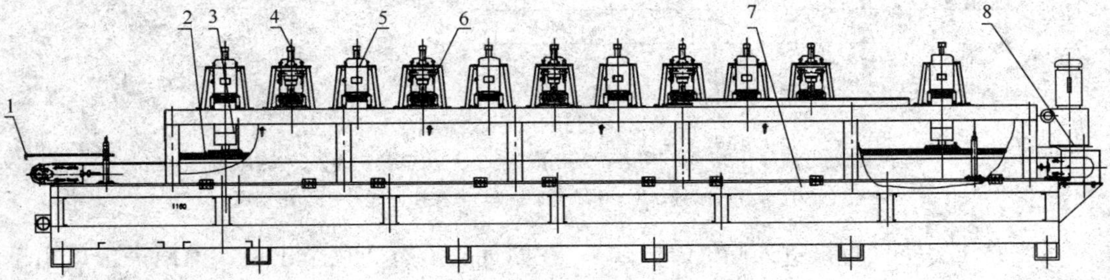

图 7-19　十一头打蜡机结构图

1—机前检测光电开关；2—刷盘；3—打蜡头；4—刷盘升降气缸；5—打蜡头电机；6—升降限位螺栓；7—机架；8—传动无级变速器

其工作原理是：第一至第四个打蜡头带动刷盘在气缸压力下对砖面进行高速抛磨，使砖表面温度升高，进一步加速了蜡（防污剂）的渗透。蜡垫有一定的硬度。

第五至第十个打蜡头是对砖面进行抛光，以提高砖面光泽度。蜡垫较为柔软。

第十一个打蜡头的刷盘直径较大，能罩住整个砖面，作用是消除前面刷盘抛光后留下的重叠部位的色差，对整砖面再一次抛光。蜡垫较为柔软。砖面经这以上多个打蜡头的抛光，其光泽度可提高 10 度以上。

在十一头打蜡机机头部位安装有机前检测光电开关（1），工作时先启动主传动无级变速器（8），带动输送带传动，启动各打蜡头电机（5），带动刷盘（2）旋转。当光电开关（1）检测到来砖或缺砖时，由从动传输辊端头上的编码器将来砖或缺砖信号经电柜内的 PLC 处理后传送至各刷盘升降气缸（4）的换向阀，当来砖到达刷盘下时换向阀得电，升降气缸带动刷盘下降，刷盘开始工作。当缺砖到达刷盘下时，换向阀失电，升降气缸带动刷盘上升，刷盘停止工作。

五、打蜡机气动控制系统

打蜡机气动系统较为简单，如图 7-20 所示。气源高压气体经三联体（1）、总压力表（2）进入分气座（3），压力空气从分气座出来分成两路，工作时，失电截止阀（4）得电导通，一路压力空气经失电截止阀（4）、调压阀（5）进入蜡桶对防污剂液面加压，压力大小可通过调压阀（5）进行调节，由压力表（6）显示其压力值。工作停止时，失电截止阀失电换向，截止压力空气流出，使蜡桶内防污剂液面无压，可有效地控制防污剂在停机时产生滴漏现象。

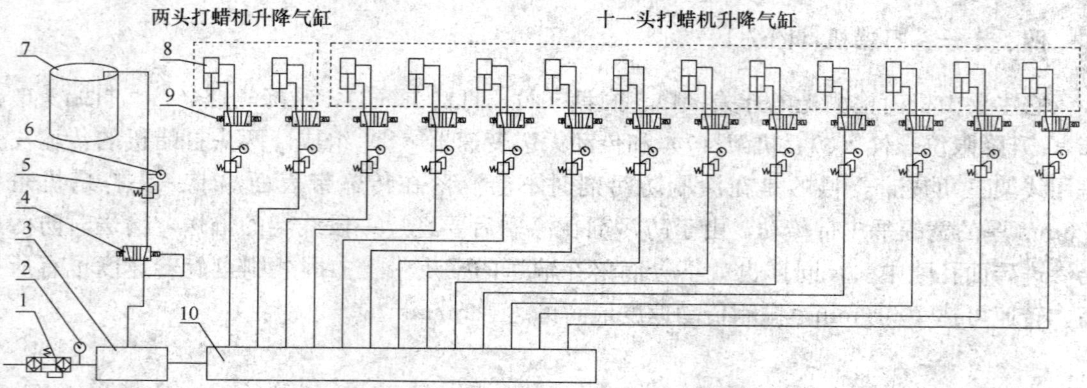

图 7-20　打蜡机气动系统图

1—气动三联体；2—总气压表；3—分气座；4—失电截止阀；5—调压阀；6—压力表；7—蜡桶；8—升降气缸；9—电控换向阀；10—储气罐

另一路压力空气直接进入储气罐（10），在储气罐上有十三个出口，前两个出口用于两头打蜡机升降气缸控制，后十一个出口用于十一头打蜡机升降气缸控制。压力空气从储气罐出来经调压阀（5）、电控换向阀（9），当电控换向阀得电时，压力空气进入气缸上部，驱动活塞杆下降，从而带动刷盘下降对砖面进行抛刷。对砖面的压力可通过各支气路上的调压阀进行调节，由各相应压力表（6）显示压力。当电控换向阀失电时，压力空气进入气缸下部（图 7-20 中活塞杆端），推动活塞杆上升，带动刷盘上升，离开砖面。从图 7-20 中还可以看出，十三个升降气缸上升和下降的压力值是相等的，所以各支气路压力不能调得太低，压力值太低会使刷盘上升速度过慢。所以调整压力时应该综合考虑，既要保证刷盘在工作时对砖面有一定的压力，又要保证在停止工作时刷盘能够上升。调整各点气动压力值见表 7-4。

表 7-4　打蜡机各点气动压力参考表

各点名称	三联体	蜡桶	两头打蜡机气缸	十一头打蜡机气缸	
				1～4 头	5～11 头
压力值（MPa）	4～6	1.5～2	1.5～2	2～2.5	1.5～2

第七节　分选线架、样板架、分选台和分选用灯光

抛光砖经打蜡机出来后，紧接着就进入抛光线整线配置的最后一道工序——质量分选工序。分选工序有电脑自动分选和人工分选，国内多用人工分选。人工分选的设备为分选线架（1）、分选台（2）、样板架（3）和分选用灯光（4），如图 7-21 所示。分别叙述如下：

（1）分选线架跟一般的连结线架没什么两样，同样有主、被动带轮，传动减速机。不同的是此线架较长，一般有 5～10m，根据分选情况还可以加长；在线架出口处装有一块聚砖

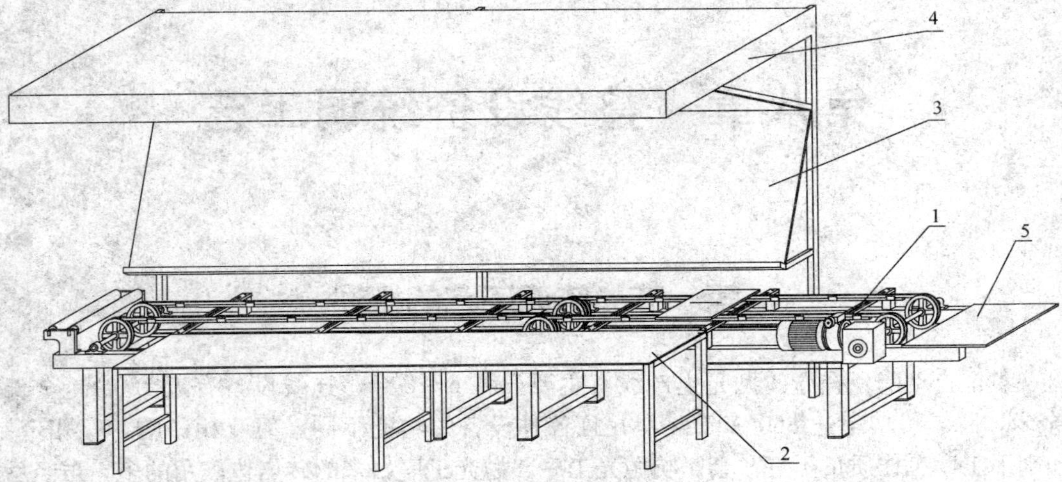

图 7-21　分选线架、分选台、样板架、灯箱结构示意图

1—分选线架；2—分选台；3—样板架；4—灯箱；5—聚砖板

板（5），此聚砖板用来聚集次品砖或无色号砖：

(2) 分选台一般做成长条桌形式，桌面高度要比线架输送皮带面低 15～20mm，整个台面用胶粘上废旧抛光机皮带或橡胶板，紧靠线架的操作面摆放。

(3) 样板架是用来摆放样板砖的，放砖板与支架要有一定的角度，一般选为 15°～20°范围内。放砖板用木板制作，支架及放砖板框用角铁制作，板框的下沿应用较软的橡胶板包好，以免碰伤样板砖。样板架安装在线架的后面（即非操作面），紧靠线架。

(4) 灯箱：分选用光线要求严格，要求无影日光灯，亮度要充足和均匀，不能强弱相差，要直照到砖面。要求用日光灯管，灯管排放的距离要求 200mm 左右，吸顶安装在灯箱内，整个灯箱不能吊得太高，一般高度要求离地面 2.5m 左右。

复习思考题

1. 自动喂砖设备有哪几种？国内常用哪几种？
2. 叙述推砖法喂砖机的工作原理。
3. 90°转向机有几种差速形式？分别叙述其工作原理。
4. 吹干线架上的风嘴与砖面的角度是多少？
5. 远红外烘干箱使用何种发热管？
6. 叙述打蜡头的结构形式。其与抛光磨头上部是否有相似之处？
7. 两头打蜡机与十一头打蜡机的功能各是什么？如果用一台打蜡机完成整个打蜡工序有什么不良之处？
8. 试画出打蜡机气动原理图，蜡桶内为什么要加注压力空气？
9. 人工分选用何种光源？

第八章　整线设备统调工艺

第一节　统调工艺的概述

一条全自动陶瓷瓷质砖抛光生产线有主要设备6～8台，连线设备有近10台，全长达96余米，总装机功率达860多千瓦，并且各种设备的功能不同，但互相影响，互相牵制，例如刮平工序工作质量不好，会影响抛光工序。抛光工序出来的砖崩边破角的多，虽经后道工序加工，但还是得不到好的结果。磨边工序的工作质量不好，将使前面几道工序的工作前功尽弃。整条抛光线好比人的手，各种设备就好比各个手指，只有统一行动，才能将拳头握得紧。只有各种设备都统一协调，才能生产出优等的抛光砖。怎样才能使各种设备统一协调呢？这就需要对整条抛光线进行统一调试，也就是要进行统调。

所谓统调就是对各种不同功能的设备进行统一的调试，使其能发挥各自的作用，又相互不受到影响，并且能最大限度地发挥生产效率，最后实现共同的目的，高效率地生产出高质量的抛光砖，这就是统调。所谓统调工艺就是在对整线设备的统一调试中，采取各种设备相适应的方式、方法和手段，使整条抛光生产线统一协调，高效率地生产出高质量的抛光砖的全过程叫作统调工艺。

统调工艺贯穿和融合在整个抛光生产过程中，并且时刻都存在着。

统调的内容范围很广，包括机、电、气、磨具磨料、砖坯、冷却水。

一、统调的种类

究竟有哪几种情况需要进行统调，归纳为以下五种：

(1) 新机安装后需进行试机统调。

(2) 设备经过修理后要进行统调。

(3) 更换待抛砖规格、品种时要进行统调。

(4) 产品出现质量问题时要进行统调。

(5) 设备在运行中，根据出现的产品质量情况要进行跟踪统调。

二、统调的步骤

不管在何种情况下进行统调，它们都有共同之处，我们从中找出这些规律：

(1) 首先应对设备的运行条件进行检查调整，如电压是否正常，电流量是否够用，压缩空气的压力是否够，压缩空气的质量（含水量）是否合格，冷却水的清净度是否够，流量和水压是否足。

(2) 检查设备运行状况和各种磨具、磨料的使用状况，单机启动各设备（空机试运行），采用一听、二看、三摸的方法进行检查，听设备运转声音是否正常。看设备的润滑状况，刮平刀是否需要更换，抛光磨块是否有用尽的，抛光磨头是否有摆动、振动，上升、下降是否灵活可靠，磨边轮是否有用尽的，是否有摆动、振动。摸各传动减速机、各轴承位、抛光磨头、磨边磨头等是否有发热现象。如有就要加以排除，直至设备运行正常为止。

(3) 对待抛砖的变形大小、强度和外形尺寸等进行检测，做到心中有数，选择好进砖方向。设定磨后尺寸，分配前、后台磨边机的磨削量。设定刮、抛后的厚度尺寸，分配好第一、第二台刮平机的刮削量。

(4) 根据砖坯、设备的综合状况，进行整线数据设定（也叫编制工艺参数）：设定出整线起始速度、日产量、优等品率和返抛率，分配单个磨边头的磨削量、各刮平刀的刮削量，设定出各单机运行参数。选用磨边轮型号规格，刮平刀粗、中、细的配置，抛光磨块的工艺搭配。

(5) 根据数据设定，更换各单机所需的磨具、磨料，并按工艺搭配的数据调整好磨具、磨料。对各单机输入运行参数。

(6) 单机运行调试：按设定数据的要求，对各单机进行运行调试，先从前磨边机开始，一台一台地往下进行。也可由多个调试人员进行分段调试，但要按统一的数据标准。

(7) 联线运行调试：各单机调试结束后，接着进行联线运行调试。

(8) 检测产品质量：当产品出现质量问题，应首先进行分析，找出问题出在哪道工序、哪台设备，然后单一对该工序、该设备进行排故性调试。

(9) 整线提速：在联线生产稳定后，就要进行整线提速。按逐步提快的原则，不能一步到位，每提一次速待稳定后再进行下一次提速，达到期望值时止。

(10) 设备在运行中，由于各种磨具、磨料的磨损，待抛砖的质量有变化等情况，还要进行跟踪、监控调试。

第二节 统调工艺

任何事物都有普遍性和特殊性，那么抛光生产线的统调工艺也有它的通用性和特殊性。例如新机安装后的试机统调，设备大修后要进行调试等的统调程序和方法及技术数据叫做通用性统调工艺，产品出现故障时及产品质量的跟踪调试的方式、方法叫做特殊性调整工艺。

一、通用性统调工艺及程序

1. 设备运行条件

(1) 电流在380V的稳定电压，电流在800kVA以上。

(2) 循环冷却水要求洁净，每小时流量不得少于1200L，水压要有2～3kg。

(3) 压缩空气压力主输气管道不得低于0.8MPa，进入各台设备的气动三联体的压力不得低于0.6MPa，并且压缩空气质量要求无水。

(4) 各传动减速机和设备各润滑点按规定加注润滑油。

(5) 各设备的安全设施要求完好，例如防护罩、防护板、防尘罩、挡水板、磨边水罩、倒角水罩、防护门等。

(6) 各设备的电、气控制设施要求完好，例如电路、气路和主令电器等。

2. 空机试运行

(1) 刮平定厚机：大皮带松紧合适，不跑偏。滚刀运转正常，滚刀工作母线与工作台面平行。同台机的几把滚刀的位置相对于工作台中心线要求一致，滚刀架升降灵活。

（2）粗磨机：大皮带松紧合适，不跑偏。各粗磨头运转正常，粗磨轮不能有振动，摆动。调整粗磨头与工作台的倾角和倾斜的方向。粗磨头升降灵活。

（3）抛光机：大皮带不跑偏，松紧合适。各抛光磨头上、下部都运转正常，旋向正确。排尽自动加油系统中的空气，各润滑点接头处出油正常。调整三联体、磨头上升、下降的气压。粗调磨块用尽限位开关，按要求给每个磨头装上相应的磨块。

（4）磨边机：上下压带运转正常，松紧合适，不跑偏。给各磨头安装磨边轮，并试运转正常，磨边轮无振动、摆动。粗调压带、对中、推砖、倒角气压。调整压梁在压紧时的限位螺钉位置。调整磨边头的偏转角度。调整倒角磨头磨轮磨尽时的限位螺钉和磁性开关位置。

（5）将各种设备的传动速度都调到起始速度。以 40 头配置抛光生产线为例，见表 8-1。

表 8-1　各设备传动起始速度参考表

砖规格（mm）	刮平机（mm）	粗磨机（mm）	抛光机（mm）	摆动次数	磨边机（mm）	连接线架（mm）	吹干线架（mm）
400～500	8	8	8	15	9.3	10	8.5
600	7	7	7	15	7.9	8.9	7.4
800～1000	3	3	3	12	3.3	3.5	3.15

3. 检测所抛砖坯

（1）测量砖坯的外形尺寸。

（2）测量砖坯厚度和变形尺寸。

（3）测称砖坯加工前质量，测试砖坯硬度值。

4. 数据设定

（1）根据砖坯的外形尺寸，确定磨边后尺寸。如果有前磨边工序，要确定前、后磨边的磨后尺寸，前倒角的宽度。前磨边机的总磨削量应在 4～8mm 范围内，前倒角（固定倒角磨头）宽度 2～3mm，后磨边机的总磨削量应在 3～6mm 范围内。综合磨削量和砖质硬度选择磨边轮型号规格，及粗、细、精磨边轮的工艺配置，分配单个磨边头的磨削量。设定前、后台磨边机对中、倒角、推砖、延时的工艺参数。后对中时间：0.6s；后延时对中：0.2s。后倒角延时：0.2s；推砖延时：0.1s。前对中延时：0.4s。前倒角延时：0.2s。推砖线速度：5m/min。如前磨边是用固定倒角时，不用设定倒角延时。

（2）根据砖坯的变形尺寸，确定该砖坯的总刮削量，正确分配第一台、第二台刮平机的刮削量。总刮削量等于砖坯变形量加 0.15mm。第一台刮平机的刮削量是总刮削量的 60‰，第二台刮平机的刮削量是总刮削量的 40‰。选择滚刀型号及粗、细、精滚刀的工艺配置，分配单个刮平头的刮削量。

（3）综合砖坯变形和砖质情况，设定出粗磨轮的型号及粗、细、精磨轮的工艺配置，分配单个粗磨头的磨削量。

（4）综合砖坯变形和砖质情况，设定出抛光磨块的工艺搭配和抛光机横梁的前后等待时间；横梁前等待时间 0.4s，横梁后等待时间 0.4s，横梁摆动线速度 5.0s（15 次）左右。

5. 确定进砖方向

6. 调整各机导砖导轨的宽度

根据砖坯的变形情况，确定进砖方向。参阅第三章第三节二。

根据砖坯的外形尺寸，调整各机导砖导轨的宽度，见表 8-2。

表 8-2　各种机型导砖导轨宽度与砖坯之间的关系表

机型	刮平机导砖导轨	粗磨机导砖导轨	抛光机导砖导轨
较砖宽（mm）	3～5	5～8	6～10

7. 单机调试

（1）前台和后台磨边机：将所设定的数据输入磨边机，更换所需磨边轮。

调整磨边机的横梁开度位置，要求砖坯超出下压带边 50mm。

调整对中机构，使砖的中心线与磨边机的中心线重合，允许误差 1～2mm。

调整对中开始时间。

调整磨边机速度，此速度应快于所设定的起始速度（整线速度）。因要给对中、推砖留出 60～80mm 的空位，按下式计算：

磨边线速度＝整线速度＋整线速度÷砖坯外形尺寸×（60～80mm）

调整的推砖速度、推砖开始时间和终点位置。

调整单个磨边头的吃刀量。

调整倒角磨头开始时间。

调整推砖爪的位置，使磨出砖对角线保持在 0.5～0.8mm 范围内。

启动磨边机，进行试磨边，当砖进入磨边机时仔细观察磨边效果，如出现尖叫、砖歪斜、弯边、圆角等问题，应要重新调整。在每台磨边机出口处检查磨边倒角效果，在第二台磨边机出口处检测磨边后砖的对角线误差是否在规定范围内，如有异常立即调整，直至能连续地磨出合格砖时止。

（2）第一、第二台刮平机：更换所需滚刀，启动刮平机，进行试刮砖。按所设定的数据调整各刀吃刀量。在第二台刮平机出口处用橡胶板刮净砖面水分，观察刮平效果，如原定的总刮削量不能将砖面的釉层刮掉时，应重新调整刮平刀的吃刀量，直至能连续刮出合格砖时止。

（3）粗磨机：更换所需粗磨轮，启动粗磨机，进行试磨砖。按所设定的数据调整各粗磨头吃刀量。在粗磨机出口处用橡胶板刮净砖面水分，再用压力空气吹干砖面，检查砖面如有漏磨、啃边、扫尾、挖坑、鸡爪痕等问题时，应及时调整，直至能连续磨出合格砖时止。

（4）粗、精抛光机：输入设定数据，按所设定的工艺搭配形式更换磨块。调整横梁摆动幅度，分别启动粗、精抛光机，喂入刮平砖进行试抛砖，抛砖的压力逐步加大，不能猛地加到规定气压。在第二台抛光机出口处，用高压空气吹净砖面水分，观察抛光效果，如有漏抛、光度不均、不够等现象应及时调整，直至抛出合格砖时止。

8. 连线设备调试

（1）调整自动喂砖速度：如有前磨边时，此速度应与所设定的整线起始速度相稳合（以砖片数计），没有前磨边时应略快于起始速度，以备刮平工序烂砖补缺。

（2）调整刮平机、粗磨机、抛光机连接线架速度：此速度应略快于所设定的起始速度，因要有一定的追砖作用。比所设定起始速度每分钟略快 500～800mm。

（3）调整 90°转向机：调整主、从动转向带速度差，使砖转过 90°后正好落到线架输送皮带上。

(4) 调整磨边机连接线架速度：此速度应等于所设定的起始速度（应快于整线速度）。

(5) 调整风干扫尘、烘干、打蜡、分选线架速度：此速度应略慢于磨边线速度，按下式计算：

风干扫尘、烘干、打蜡、分选线架速度＝整线速度＋整线速度÷砖坯外形尺寸×（30～40mm）。

(6) 调整吹干风管的角度和离砖面、砖底的距离：让其成 45°角对着砖面，距离为 20mm。

(7) 调整扫尘器毛刷的高度：要求能刷净灰尘又不能把毛刷压得太低，毛刷压缩量为 5mm。

(8) 调整各连接线架上的导向角铁或挡砖滚轮组件的位置，使砖能平稳地过渡到后台机中间位置。

(9) 调整打蜡机限位螺栓高度和各头气压压力值，使蜡垫有 1mm 的压缩量，气压值按表 7-4 打蜡机各点气动压力参考表进行调整。

9. 连线运行

以上各项工作都做好后，可进行连线试运行。到分选台上观察试产的产品情况，如出现一些特殊情况将按特殊调整形式再行调整，如漏刮、漏磨、漏抛、单边上光，光度不均、对角线不好、倒角不均匀和砖边质量不好等。针对以上情况做过特殊调整后，正常抛砖半小时以上就可以考虑整线提速。

10. 整线提速

(1) 提速时见表 8-3 加工各种规格砖的最高线速度参照表进行。

表 8-3 加工各种规格砖的最高线速度参照表

砖规格（mm）	400～500	600×600	800×800	1000×1000
最高线速度（m/min）	11～13	10～12	6～8	3～4.5

(2) 提速时不能一步提到最高线速，要逐步、多次地提，从起始速度到最高线速度的过程，可 500mm 一次，再还要仔细观察每次提速后的结果。如果提速后的抛光砖质量有下降，要找出原因，解决后再提速。如果确因速度过快而致使砖面质量差时，应考虑减慢速度。在提速过程中要考虑适当调整摆动次数。

二、统调数据设定举例

当已知所抛砖种类和砖规格时就可以进行统调数据设定，现在以一条 MB24＋4＋6G＋6G＋20P＋20P＋MB24＋4/650 型抛光生产线为例，该线前磨边机为固定式倒角，第十一、十二把刮平头为小摆动式刮平头。

(一) 已知数据

所抛砖规格是 650mm×650mm，种类是渗花砖。经检测砖坯实际尺寸是 660～665mm，厚度 12mm，变形度 0.6～1mm，砖质硬类砖中等。该砖坯外形尺寸偏大，变形量略大，又是渗花砖，在分配刮削量时要注意。

（二）期望数据

整线起始速度设定为 8m/min，日产量 7200m²，光泽度 55 度以上，优等品率 85‰，返抛率 3‰，破损率 2‰。因此砖种为渗花砖，要求尽量减少返抛。

（三）分配磨削量和刮削量

前磨磨后尺寸定为 656mm，磨削量是为 9mm。后磨磨后尺寸是 650mm，磨削量是 6mm。第一台刮平机刮后厚度定为 11.3mm，刮削量是 0.7mm。第二台刮平机刮后厚度定为 10.9mm，刮削量为 0.4mm。总刮削量为 1.1mm。

（四）各单机数据

1. 前磨磨边机

（1）进砖线架、转向线架速度：8m/min；

（2）两台磨边机速度：8.8m/min；

（3）推砖速度：6.5m/min；

（4）推砖延时：0.1s；

（5）后对中时间：0.6s；

（6）后延时对中：0.2s；

（7）前对中延时：0.5s；

（8）倒角宽度：2mm；

（9）对中气缸压力：0.4MPa；

（10）推砖气缸压力：0.4MPa；

（11）压梁气缸压力：0.2MPa；

（12）磨边轮直径：ϕ250mm；

（13）磨边轮型号：B250（粗）常规型；

（14）倒角轮直径：ϕ150mm；

（15）倒角轮型号：B150（粗）锋利型；

（16）分配单个磨边头磨削量（进砖处为第一组，往后类推）0.7mm、0.9mm、0.9mm、0.9mm、0.8mm、0.3mm。

2. 刮平定厚机

（1）进砖线架、转向线架速度：8.8m/min；

（2）刮平机速度：8m/min；

（3）滚刀配置（进砖处为第一组，往后类推）：粗、粗、粗、粗、粗、中、中、中、中、中细、中细、细；

（4）分配单个滚刀吃刀深度（进砖处为第一组，往后类推）：0.15mm、0.15mm、0.15mm、0.15mm、0.1mm、0.1mm、0.1mm、0.05mm、0.05mm、0.05mm、0.03mm、0.02mm。

3. 抛光机

（1）进砖线架，中间连接线架速度：8.8m/min；

（2）抛光机速度：8m/min；

（3）横梁摆动线速度：5.0m/min；（15 次）；

（4）横梁前等待时间：0.4s；

（5）横梁后等待时间：0.4s；

（6）横梁摆幅：270mm；

（7）磨块配置（进砖处为第一组，往后类推）：由于11号、12号刮平头是小摆动形式，砖表面没有了粗糙的刮刀纹，可直接从46号磨块开始。46、46、46、46、46、60、60、60、60、80、80、80、120、120、120、150、150、150、180、180、240、240、240、320、320、320、400、400、600、600、800、800、1000、1000、1200、1200、1200、1500、1500抛光；

（8）抛光磨头压力：0.3MPa，此压力可示情况增减。

4. 后磨磨边机

（1）进砖线架、转向线架速度：8m/min；

（2）两台磨边机速度：8.8m/min；

（3）推砖速度：6.5m/min；

（4）推砖延时：0.1s；

（5）后对中时间：0.6s；

（6）后延时对中：0.2s；

（7）前对中延时：0.5s；

（8）前倒角延时：0.2s；

（9）后倒角延时：0.2s；

（10）磨边轮直径：ϕ250mm；

（11）倒角轮型号：D180#碳化硅+树脂结合剂；

（12）倒角轮直径：ϕ150mm；

（13）对中气缸压力：0.4MPa；

（14）推砖气缸压力：0.4MPa；

（15）压梁气缸压力：0.2MPa；

（16）倒角气缸压力：0.15～0.2MPa；

（17）磨边轮型号（进砖处为第一组，往后类推）1组、2组、3组为250（粗）常规型、4组为M250（中粗）环型、5组、6组为M250（细）环型；

（18）分配单个磨边头磨削量（进砖处为第一组，往后类推）0.7mm、0.7mm、0.7mm、0.4mm、0.3mm、0.2mm。

5. 风干扫尘、烘干、打蜡、分选线架

（1）风干扫尘、烘干、打蜡、分选线架速度：8.4m/min；

（2）烘干温度：150℃；

（3）打蜡头气缸压力（进砖处为1#气缸，往后类推）：蜡桶1.5～2MPa、两头打蜡机1.5～2MPa、11头打蜡机1#～4# 2～2.5MPa、5号～11号1.5～2MPa。

统调数据设定要依据设备配置、设备状况、磨具、磨料、砖坯尺寸和砖质情况综合分析而定。数据设定好后并不是不能变化，而是要根据实际生产情况可作实当调整。以上举例只作为参考。

三、特殊性调整工艺（俗称排故技术）

抛光线经过通用性统调后，可进行正常的抛光生产，但是在实际生产过程中，会遇到砖坯质量不稳定、磨具磨块质量变化、工艺选择不当、人员素质等问题，最后会反映到抛光砖的砖面质量上，影响产品质量和生产效率。那么我们就要经常注意产品质量的变化，一旦发生变化，立即分析并做出相应的调整，使问题得到及时的解决。影响产品质量的因素非常多，它包含人、机、料、法、环五个方面，一般以工艺性问题较多，我们把跟踪产品就出现的特殊性问题作及时性的调整叫作特殊性调整（俗称排故）。针对砖面出现的质量问题，分析该问题出在哪个工序，然后参照相关工序的设备性故障排除方法和工艺性故障排除方法进行排除。各工序对设备和工艺性故障排除都作了详细的叙述。在此不再作相关的叙述，作特殊性调整时请参照下表进行。

（1）表 3-18 刮平工序设备故障排除方法。

（2）表 3-19 刮平工序工艺性故障排除方法。

（3）表 4-12 粗磨工序设备故障排除一览表。

（4）表 4-13 粗磨工序工艺故障排除一览表。

（5）表 5-28 抛光工序设备故障排除一览表。

（6）表 5-29 抛光工序工艺故障排除一览表。

（7）表 6-18 磨边工序设备故障排除一览表。

（8）表 6-19 磨边工序工艺故障排除一览表。

第三节　统调结果的评定和稳定

全自动抛光生产线经统调后，应该能连续生产出抛光砖，但是统调的效果怎样，那就要看生产出的抛光砖的质量。所有的设备问题、磨具磨料问题、砖坯质量问题、人的因素问题、生产现场管理等问题，都是通过抛光砖的质量和效率来反映的，说的更具体一些，应该在线速度、班产量、优等品率、合格品率、四级品数、返抛率、破损率方面上反映出来。

（一）线速度

线速度是衡量抛光线生产效率的基数，既要有线速度又要有产品质量，二者必须兼得，不能顾此失彼。单纯地强调线速度，而产品质量达不到，造成返抛砖多。返抛砖一多破损自然就多，这样就没有达到效果，欲速则不达。

（二）班产量

班产量是直接衡量该班生产效率的指标，班产量因与线速度成正比，一旦比例失调或形成反比例，那就说明统调还没有达到良好的状态，设备没有发挥出应有的效率。影响班产量的原因有破损率高、返抛率高、四级品率高、优等品率低。根据这些原因去找出真正的问题所在，加以调整和解决。

（三）优等品率

优等品率是含量产品质量一个标准，优品率应该同班产品成正比，单纯的追求优等率，而忽视班产量，这样一来就迫使生产成本上升，同时也说明调整没有达到最佳状态。影响优等品率的方面主要有合格品率高、四级品率高、返抛率高等。

（四）合格品率

合格品率是含量抛光生产线的工作正常与否的重要数据，合格品率高就说明该线生产不正常或砖坯质量等原因，合格品率与优等品率、班产量成反比，使合格率升高的原因较多，如设备、工艺、磨具磨料、砖坯等。总之，它存在于抛光生产的全过程，现象有亮度不匀、划痕、磨花、针孔、黑点、边角微缺、对角线不良、倒角崩面、杂色、缺花等。最重要的原因是返抛率高，如果返抛率高就直接促使合格品率升高，从而就说明统调工作的欠缺或不良。

（五）四级品率

四级品是接近废品的一种等级标准，主要反映在砖面的缺陷多、烂边、破角、对角线超差、裂纹、溶洞、缺花严重等。促使四级品率升高的原因主要是设备和砖质。四级品率越低越好，要想控制四级品率不升高，对设备要做到精心的调整和维护，对砖坯的生产或购进要加强质量监控。

（六）返抛率

返抛率是衡量整线调试成功与失败的标志，返抛率如与产量成正比，与优等品率成反比的话，就会使生产成本上升。使返抛率上升的原因是工艺和磨具磨料，也相关于砖坯的质量。现象是砖面出现磨痕、划痕、扫尾、亮度不够、刮刀痕未抛掉等。遇上返抛率升高时，应立即停止生产，查找原因，予以排除。如果原因不明时，应重新从单机调试开始重做，或更换磨具和磨料，重新搭配磨块的粒度顺序号，直到返抛率下降。

（七）破损率

破损率就是说砖在抛磨的过程中产生破损，这种现象越少越好。引起磨损的原因是设备和砖质。如果是新设备产生此现象，应考虑到磨头振动或气压过大，老设备则考虑到设备失修和工作台面耐磨垫板磨损。在考虑以上问题的同时要考虑砖质的暗裂、风裂等。

在实际生产中，用来衡量统调好坏的标准，就是以上各种解释的综合比例。我们把统调结果分成三种形式，即好、一般、差，分别以表格形式说明，见表 8-4。以 500mm×500mm 砖或 600mm×600mm 砖在 40 头抛光线上抛光为例。

表 8-4 统调结果综合比例说明表

结果	线速度（m/min）	班产量（m^2）	优等品率（%）	合格品率（%）	返抛率（%）	四级品率（%）	破损率（%）
好	11～12	9300	90	5	3	1	1
一般	8～10	7500	80	10	6	2	2
差	6～7	5300	65	10	15	5	5

从表 8-4 可以看出，同样都是抛砖，结果好与差真是无法比拟。因此，正确看待统调，在每次调试中都追求卓越，能做到 100％的好，切不能做 98％。当调试出现好的结果时，就要设法让其稳定，没有必要随意改变线速度、进砖方向、进刀深度和磨块的工艺搭配。当结果在一般的情况时，要认真查找原因，找出问题的根源加以排除，让结果向好的方向发展和靠近。当结果很差时，应该果断地下令整线停下来，重新分析、重新调试，绝对不能勉强生产，如勉强生产会对成本和效率带来更大的影响。

第四节 统调实例分析

此为一条650型MB24＋4＋6G＋6G＋16P＋20P＋MB24＋4有人机界面、触摸屏操作、全自动抛光生产线，针对其在调试时留下的人机界面照片，作一些统调数据的说明和分析。

（一）前磨磨边机（图8-1）

（1）进砖线架速度：5.5m/min；

（2）第一台磨边机速度：6m/min；

（3）转向线架速度：5.5m/min；

（4）第二台磨边机速度：6m/min；

（5）推砖线速度：4.8m/min；

（6）后对中时间：0.6s；

（7）后延时对中：0.2s；

（8）后倒角延时：0.2s；

（9）推砖延时：0.1s；

（10）前对中延时：0.7s；

（11）前倒角延时：0.2s。

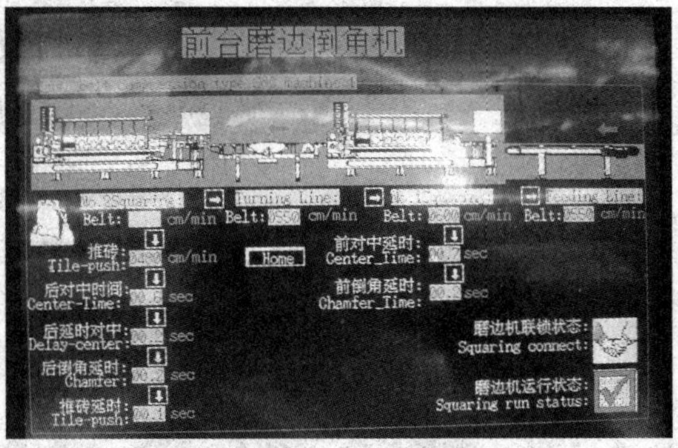

图8-1 前磨边机显示屏数据图片

线架速度5.5m/min，每分钟可输送650mm×650mm砖8.46片，磨边机速度6m/min，快于线架速度，正好使每片砖相隔60mm，便于推砖叉插入。推砖速度4.8m/min，推砖行程为250mm，推砖机往复一次要6.3s，加上推砖延时和原位等待时间，正好每分钟可完成8.46次推砖。后对中时间0.6s，也就是对中轮夹着砖要0.6s时间再退后，这是为了使每片之间有60mm的间隔，便于推砖叉插入。前对中延时0.7s，就是前对中光电开关检测到来砖信号，过0.7s再开始对中，这时砖正好走到对中区域，如果改变对中光电管位置时应重设对中延时。其他的时间设置无问题。前磨边处于联机运行状态。

（二）刮平定厚机（图8-2）

（1）两台连接线架最高线速5.5m/min，最低线速5.0m/min。

（2）两台刮平机速度5.5m/min。

刮平机速度正好与前磨边机速度相吻合，但连接线架的速度设置不合理，当连接线架处于最低速度时，刮平机上的砖就要脱档。因此应重设刮平机连接线架的速度，最高线速度应设置5.8m/min，最低速度设置为5.5m/min。这样连接线架就具有一定的追砖功能。因此图中刮平机没有处于联机状态，而是处于单机运行状态。

（三）粗抛抛光机（图8-3）

（1）抛光机皮带线速度：5.5m/min；

（2）横梁摆动线速度：5.0m/min；

（3）横梁前等待时间：0.4s；

（4）横梁后等待时间：0.4s；

（5）连接线架速度：5.5m/min；

（6）线架追砖速度：6.5m。

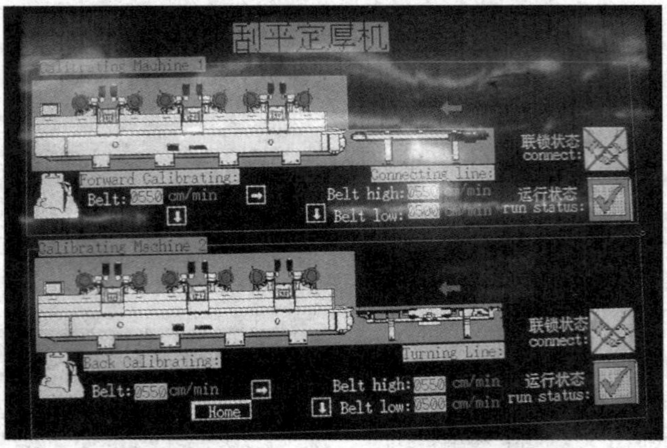

图 8-2　刮平定厚机显示屏数据图片

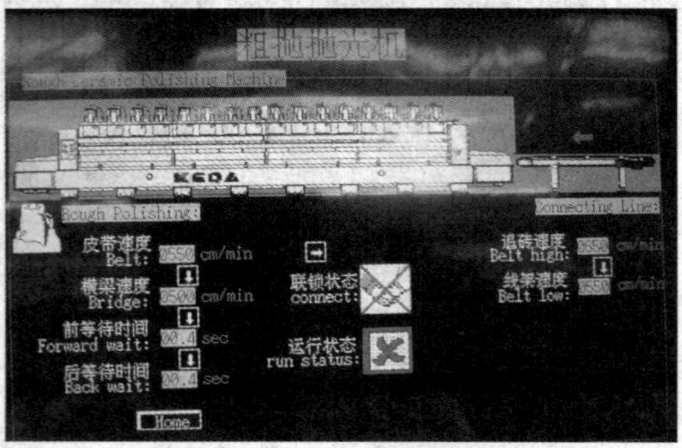

图 8-3　粗抛抛光机显示屏数据图片

抛光机速度与前磨边机、刮平机相吻合。横梁摆动速度 5.0m/min，抛 650 砖，减除前后等待时间，经计算得正好是每分钟摆动 15 次。所谓等待时间就是横梁在摆到终点位置时停止，要略等待一点时间再接通反向电流进行返程摆动，这样有两个好处，一是可提高摆动电机的使用寿命，二是可提高砖两边光泽度。追砖的目的就是让砖一片接着一片进入抛光机，防止抛光机有空砖现象，速度较主机速度要快 1.0m/min，可适当调低一些，如 0.8m/min。追砖速度太快，对追砖皮带的使用寿命有影响。从图上看该机处于停机调试状态。

（四）精抛抛光机

精抛抛光机设置的数据与粗抛抛光机一样，处于停机调试状态。

（五）后磨边机（图 8-4）

（1）进砖线架速度：4.5m/min；

（2）第一台磨边机速度：6m/min；

（3）转向线架速度：6.0m/min；

（4）第二台磨边机速度：6.5m/min；

（5）出砖线架速度：5.0m/min；

（6）推砖速度：4.8m/min；

（7）后对中时间：0.6m/min；

（8）后延时对中：0.2m/min；

（9）后倒角延时：0.2m/min；

（10）推砖延时：0.1m/min；

（11）前对中延时：1.0m/min；

（12）前倒角延时：0.4m/min。

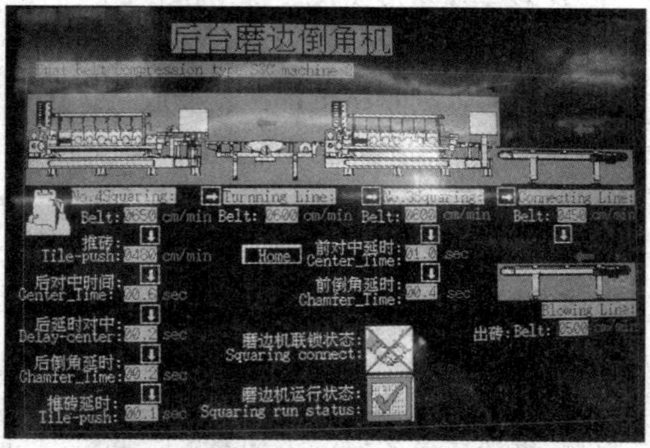

图 8-4　后磨边机显示屏数据图片

从后磨边机显示屏数据看，进砖线架、出砖线架速度偏低，转向线架速度略高，两台磨边机的速度不统一，并且偏高，与前磨边机、刮平机、抛光机的速度不吻合。前对中延时偏多，应将光电开关往机内方向移动一些位置，可避免延时太长。该机正处在单机调试状态。

从以上各机显示屏的数据看，该线正处在单机调试状态，调试者设置的整线起始速度是 5.5m/min，日产量 5000m^2。要求各单机都必须向此速度靠拢，当各单机在 5.5m/min 速度段运行正常，就可以进行联线生产，联线生产正常就可以进行逐步提速，直到满负荷、高效率地生产。把数据设定、单机调试、联线生产这三个过程归纳为整线统调阶段，认真做好每个过程是使统调成功的先决条件。调试者还要对整线设备状况、砖坯质量状况、操作人员素质状况都必须要了如指掌，才能使统调工作进展顺利。

复习思考题

1. 什么是统调和统调工艺？它们有什么不同？
2. 简述整线统调的步骤。
3. 什么是通用性统调工艺？什么是特殊性调整工艺？它们有联系吗？
4. 依据什么原则进行整线统调数据设定？
5. 解释优等品率、合格品率、返抛率、破损率的含义。
6. 怎样评价整线统调结果？

第九章　污水处理工序

第一节　抛光污水处理的重要性

瓷质砖抛光生产是用水量大、污染严重的生产环节，一条 MB24＋4＋12G＋40P＋MB24＋4 抛光生产线，以每日工作 20h 计，日产量在 8600m² 左右，用水量高达 2604m³。经实验表明，一片 500mm×500mm 的砖经刮平、粗磨、抛光、磨边后质量减轻 600g 左右，每平方米砖抛光成成品后，质量减轻 2400g，此 2400g 砖都变成泥浆随着冷却水排出车间外。抛光砖日产量与污水含泥量关系见表 9-1。

表 9-1　抛光砖日产量与污水含泥量关系表

抛光线配置	10G＋28P＋MB24＋4		MB24＋4＋12G＋40P＋MB24＋4			
日产量（m²）	4500	5500	6500	7500	8000	8600
每平方米砖经抛磨去掉量（g）	2400	2400	2400	2400	2400	2400
每立方米污水含泥量（kg）	6.96	7.0	5.9	6.9	7.3	7.9
全天 20h 计污水含泥量（t）	12.9	13.2	15.6	18.0	19.2	20.6

由表 9-1 可以看出，每立方米污水的含泥量高达 6～8kg，全天的污水含泥量高达 20t，如果一个厂同时安装十条抛光线，那么全天产生的污泥高达 200t，如此巨大的污泥流如果流入下水道或排入河流，将会造成下水道阻塞和河床淤积。污水颜色呈奶白状，pH 值很高，此污泥均是一种粉末状无机物，对农作物和鱼类有严重的危害，对环境会造成严重的污染，因此环保部门严禁随意排放。

每条线每日用水量高达 2600t 左右，如果用自来水，按北方的水价每吨 4.00 元计，全天水费 3900 元；按南方的水价每吨 1 元计，全天水费 2600 元，全月分别是 11.7 万元和 7.8 万元，对于企业来说这是一笔不小的开支，因此为了节约开支和保护环境，抛光产生的污水必须要进行回收、处理和再利用，这对企业、社会和保护环境都有着极其深远的意义。

第二节　抛光污水处理设备

目前国内抛光污水处理设备由污水处理池、泥浆泵和压滤机组成，分别叙述如下。

一、污水处理池

污水处理池必须有污水回收、污泥沉淀和清水利用功能。污水处理池是以多个小水池，用进出水口连接而成，一般以 6～8 个小水池组合，如果场地允许可做到 6～12 个小水池组合，单个小水池的容量应根据安装抛光线的多少而定，一般的 1～2 条线单个水池容量在

50m³ 以上，单个水池也可做成正方形和长方形，深度一般以 1.5m 为宜，太深不利于淤泥清理，其平面布置如图 9-1 所示。由图 9-1 可以看出，污水由排水沟进入池口时的流速是很高的，流到池内后，由于池的面积大，水流的速度急剧减慢，再由于同一个池的进水口和出水口不在同一条直线上，而是互相错位的，因此池内污水流向不是直线，而是绕着弯平缓流动，这样同一单位的污水在池内停留的时间就长，流速相对减慢，便于污泥和颗粒碎砖沉淀下来。经过 6～8 个水池逐级沉淀，水质就变清洁了，再通过抽水泵送入输水管道，供给车间生产用。污泥在 1 号、2 号污水池沉积速度快，因此每班必须要用泥浆泵抽吸 1 号、2 号污水池内淤泥。当 1 号污水池污泥淤积过多时，可关闭 a、b、c、d、g 闸门，打开 h、e、f 闸门，让污水直接进入 2 号污水池，然后对 1 号污水池进行清理。当清理 2 号污水池时，关闭 h、b、d、e、f 闸门，打开 a、c、g 闸门，让污水经旁路水沟进入 1 号污水池，再由 c 出口经 g 进入沉淀池。1 号污水池和 2 号污水池交替着使用和清理，沉淀池中也有淤泥，相对于 1 号、2 号污水池要少得多，定期用泥浆泵抽吸，保持池内的容积。单个水池的容积与抛光线的多少成正比。其容积与抛光线数量的关系见表 9-2。

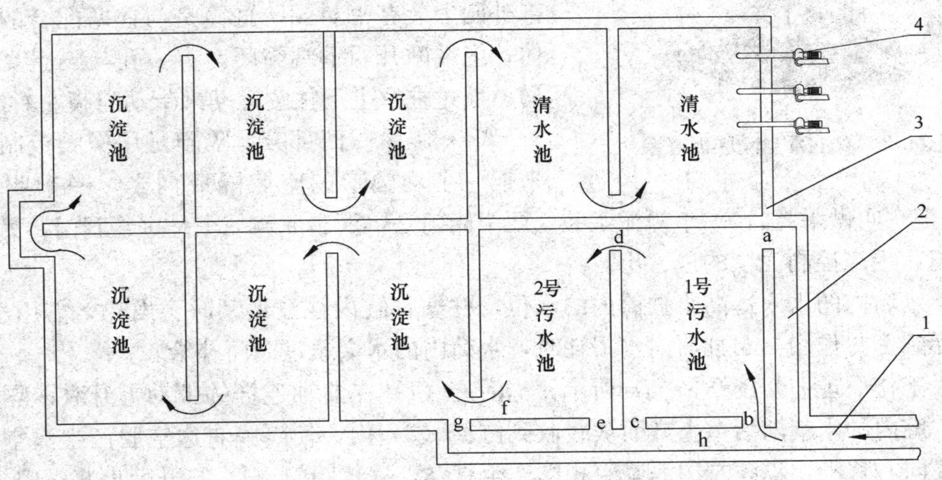

图 9-1　污水处理池平面布置

1—车间排水沟；2—旁路水沟；3—池墙；4—水泵

a、b、c、d、e、f、g、h 为闸门；箭头为污水流动方向

表 9-2　单个水池容积与抛光线数量关系表

抛光线数量	2 条线	4 条线	6 条线	8 条线	10 条线
容积（m³）	48	90	130	165	200

表 9-2 中的数据属建议使用，建水池应根据场地的大小，如场地宽可做大一些，场地紧张可做小一些，原则是最后的清水池的水质必须要好，不然会影响抛光砖的质量。

污水处理池一般建在地下，池口略高于地面。池底用水泥浇灌，池墙用砖砌筑，每 500mm 高度应浇灌一次钢筋水泥腰圈，以防水压涨裂池墙，墙内用高浆水泥抹面，以防渗漏。墙外用泥土夯实，以提高池墙耐水压强度。水口、闸门深度在 300～350mm 之间。

二、泥浆泵

抛光污水经沉淀后，在池底就形成一层很厚的泥浆，泥浆由于比重大，用一般的离心泵难以抽取，只有用泥浆泵。泥浆泵一般有机械式双缸真空隔膜泵、压缩空气隔膜泵和液压柱塞泵。

图 9-2　双缸真空隔膜泥浆泵

1. 机械式双缸真空隔膜泵

它由传动部分、曲轴连杆部分、柱塞缸筒部分、隔膜阀门部分和水筒组成，如图 9-2 所示。

（1）传动部分：由电机、二级减速皮带轮带动曲轴做慢速旋转，有的泥浆泵用蜗轮、蜗杆减速箱来代替复杂的皮带减速。

（2）曲轴连杆部分：一根轴上两个曲柄，它们相隔 180°。连杆采取双叉式结构，通过可转动的支点与柱塞连接。功能是通过曲轴旋转带动两柱塞在缸内做上下往复运动。

（3）柱塞缸筒部分：柱塞是一件圆柱体，下端部外圆上装有密封圈，缸筒是与柱塞配合的一个筒体，上端敞开，下端封闭，有一孔与隔膜真空腔连通，通过柱塞上下往复运动来带动隔膜左右运动。

（4）隔膜阀门部分：隔膜是用橡胶板制成，用来把一个扁圆形的空腔隔成两半，一半叫真空腔（也有人把它叫做水腔），一半叫泥浆腔。两个阀门是铸铜制成，一个是进浆阀门，另一个是出浆阀门，用来控制泥浆的进、出。

（5）水筒内的水永远高于缸筒内的水位，柱塞在缸内往复运动时会发热，需用水冷却，同时又起到密封作用，当缸筒内水损耗时，水筒内的水会通过阀门补给。

（6）工作原理：如图 9-3（a）所示，当活塞（1）在曲轴连杆的带动上升时，隔膜（3）右边其空腔内的水就随活塞上升而被吸收到缸筒（2）内，使隔膜右边空腔产生真空腔，从而使隔膜向右移动，隔膜左边泥浆腔相继产生真空，进浆阀门（4）打开，出浆阀门（5）关闭，泥浆在外界空气的压力下和腔内真空的吸引下，快速通过进浆阀门（4）进入泥浆腔，当活塞上升到最高点时，泥浆腔的泥浆已被吸满。此时活塞在曲柄的作用下开始下行，如图 9-3（b）所示，活塞将缸筒内的水压向真空腔，迫使隔膜向左移动，此时进浆阀勺（4）关闭，出浆阀勺（5）打开，泥浆在隔膜的压力下，从出浆阀排出，再通过管道送进滤泥机。此时一个工作循环完成，活塞不断地上、下运动，泥浆就源源不断地被抽出污水池。

双缸真空隔膜泵的型号、规格是以缸径来称谓的，目前我国生产的有三种型号，其缸径分别为 ϕ92mm、ϕ110mm、ϕ125mm。生产能力分别为 1.8～7m^3/h，具体参数见表 9-3。

表 9-3　双缸真空隔膜泵型号、规格和基本参数表

型号	输浆能力 (m^3/h)	最大压力 (MPa)	工作压力 (MPa)	缸筒尺寸 (mm)	电机 (kW)	传动形式
NB92	1.8	1	0.7	ϕ92×150	Y100L1－4/2.2	蜗轮
NB125	7	1	0.7	ϕ125×184（两个）	Y132S－4/5.5	皮带
NB110	6.1	2	1.8	ϕ110×180（两个）	Y132M2－6/5.5	蜗轮

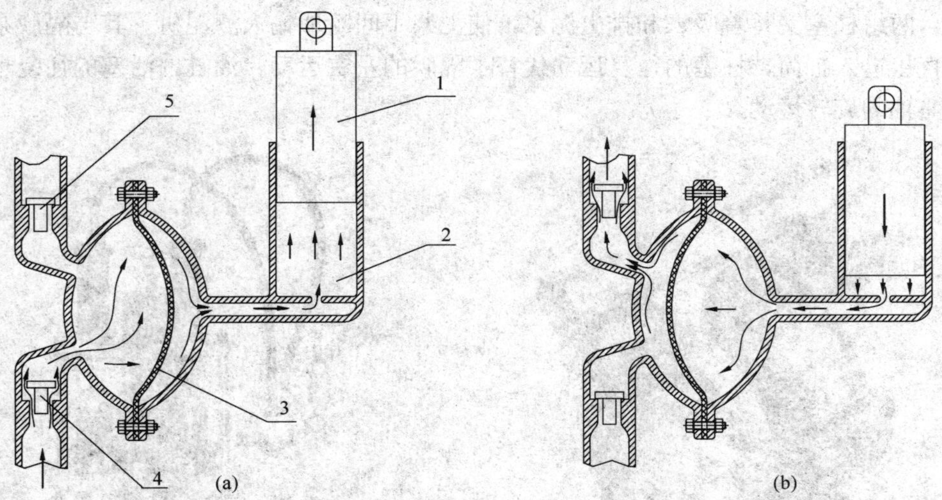

图 9-3 隔膜泵工作原理示意图

1—活塞；2—缸筒；3—隔膜；4—进浆阀门；5—出浆阀门

(a) 进浆原理；(b) 出浆原理

双缸真空隔膜泵的最大特点是泥浆不到缸筒内，避免了活塞和缸筒的磨损，能有效地延长该泵的使用寿命，减少维修次数，节约生产成本。

2. 气动隔膜泵

其结构简单，如图 9-4 所示，体积小，它的工作原理与机械式双缸隔膜泵基本一样，只是用高压空气来推动隔膜做往复运动，代替了活塞与缸筒的往复运动，使用时需要配置相应的空压机。其技术数据如下：

出浆口直径：ϕ50mm；

最大流量（相对于水）：1.5m^3/h。

最大吸程（相对于水）：7m。

允许通过的最大颗粒直径：ϕ6mm。

允许最大供气压力：0.7MPa。

配套空压机容量：1.5m^3/min。

由于其体积小，吸程大，可以多台泵组合使用，因此泵用于污水处理时多与带式压滤机配套使用。

3. 液压柱塞泥浆泵

其结构由液压站、油缸、活塞、电磁换向阀、缸筒、柱塞、进浆阀门、出浆闸门和增压瓶组成，如图 9-5 所示。

工作原理：压力油进入油缸的下腔，推动油缸内的活塞上升，通过活塞杆带动缸筒内的柱塞上升，此时进浆阀打开，泥浆直接被吸到缸筒内。当柱塞上升到最高位时，电控换向阀换向，压力油进入油缸的上腔，推动活塞下行，从而带动柱塞下行，对缸筒内的泥浆加压，当压力超过增压瓶施加给出浆阀门的压力时，出浆阀门打开，泥浆快速通过出浆阀门排出，再经过输送管道送到滤泥机内。当活塞下行到终点位置时，电控换向阀换向，压力油又进入油缸的下腔，活塞和柱塞重复上述动作。此泵一般都是双缸，当一组柱塞上升时，另一组柱塞下降，两组柱塞交替着吸入和排出泥浆，使泥浆不间断地输入滤泥机。其与隔膜泵不同的是泥浆直接进入缸筒，柱塞的往复运动代替了隔膜的左右运动，油缸内活塞的往复运动代替了机械曲轴的旋转运动。

图 9-4　气动隔膜泵

图 9-5　液压柱塞泥浆泵

增压瓶的作用是用来关闭出浆阀门。因泥浆较稠，如果没有压力就关闭不严，关闭的速度也慢，从而会影响该泵的生产效率。

柱塞和缸筒直接与泥浆接触，会加速磨损，因此柱塞和缸筒采用陶瓷材料制成，提高了耐磨度。

由于液压油不断运动，会使液压油发热而降低黏度，需用冷却水在油箱内进行循环冷却降温。

由于此泵对泥浆吸入高度不理想，安装时尽量离污水面近一些。用于抛光污水处理时，多与片式滤泥机配套使用。目前国内生产的液压柱塞泵的缸径有 ϕ140mm、ϕ200mm 两种规格，但柱塞的往复次数有多种。其性能和参数见表 9-4。

表 9-4　液压柱塞泥浆泵性能、参数表

型　　号	NB140-1	NB140-2	NB140-3	NB140-4	NB140-5	NB200 型
柱塞每分钟往复次数	10.1	16.7	23.4	30.2	38.3	18
配用电机功率(kW)	3	5.5	7.5	11	15	22
泥浆流量(L/h)	1200～2400	2000～4000	2800～5600	3600～7200	4500～9000	9000～12000
最大工作压力(MPa)	2.5	2.5	2.5	2.5	2.5	2.5
工作压力(MPa)	0.5～2	0.5～2	0.5～2	0.5～2	0.5～2	0.5～2
泥浆吸入高度(m)	0.4	0.4	0.4	0.4	0.4	0.4
油压系统最高压力(MPa)	12.5	12.5	12.5	12.5	12.5	12.5
柱塞直径(mm)	ϕ140	ϕ140	ϕ140	ϕ140	ϕ140	ϕ200
冷却水耗量(L/min)	20	20	20	20	20	28

三、压滤机（滤泥机）

目前我国生产的压滤机有两种形式，即滤片式压滤机和滤带循环式压滤机，两种压滤机的结构是绝然不同的。下面分别叙述。

1. 滤片式压滤机

有机械压紧式和液压压紧式两种，机械压紧是用电机带动蜗杆、蜗轮转动，从而使大螺杆作直线移动来压紧滤片；液压压紧是用压力油推动油缸活塞往复移动来压紧滤片，如下图9-6所示。

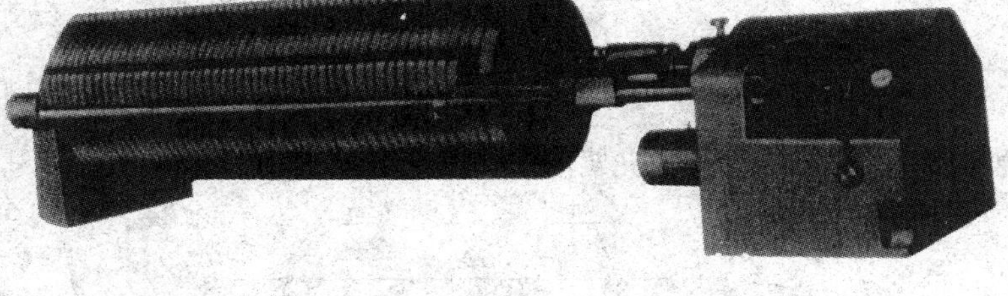

图 9-6 液压压紧式滤片压滤机

压滤机的结构简单，由液压站、压紧油缸、导杆、滤片和支架组成。导杆用圆钢棒精车而成，也有用厚钢板做成，它是用来承载滤片的。滤片有用铸铁或聚氯乙烯做成，直径一般有 ϕ600mm、ϕ700mm、ϕ800mm。有的做成圆形，有的做成方形。每台机的滤片数量在50片左右，滤片的片与片之间用滤网板和滤布隔出泥饼腔，泥浆从每片滤片中心孔内通过，分别流向泥浆腔，水通过滤布和网板孔流到滤片的沟槽内，再由沟槽流出滤片，污泥则被滤布包裹着。由于泥浆不断的涌入，压力不断升高，泥浆内的水分被挤干，这种压滤机压出的泥饼含水量在20%～25%范围内。还有一种高压压滤机，其榨出泥饼的含水量在18%～20%范围内。作为污水处理，含水量在20%～25%范围内已经可以，不用高压，当压力升高到一定范围时，泥浆无法再压进压滤机滤片内时，就应该退出顶紧螺杆，松开滤片，清理两滤片之间泥块。清理完后，重新压紧滤片，启动泥浆泵进行输浆，此为一个工作循环，一般一个工作循环要50min左右，每次能压滤泥饼1t以上。各种机型、规格不同其性能参数也不同，见表9-5。

表 9-5 各型号压滤机性能、参数表

型　号	YL735A	ϕ800C	ϕ800D	ϕ800E	TY800C
生产能力（t/次）	0.85（含水25%）	1.5（含水21%）	1.1（含水21%）	1.1（含水21%）	1.5（含水16%～20%）
滤片材质	铸铁	铸铁	铸铁	铝合金	高分子聚乙烯
滤片数量（片）	40	60	50	50	60
压滤方式	人工	油压	油压	油压	油压
压紧力（t）		100	100	100	80
配用电机（kW）		1.5	1.5	1.5	2.2
进浆压力（MPa）	0.7	1.6	1.6	1.6	1.8

图 9-7　带式压滤机

2. 带式压滤机

随着陶机工业的不断发展，在 20 世纪 90 年代末期，我国研制出这种带式压滤机，它的结构完全打破了原来压滤机的结构形式，特性就是利用网状皮带夹带着泥浆在连续不断地循环运动中，受到多组滚棒的连续滚压，将泥浆中的水分挤出网状皮带外，泥浆则慢慢滚压成泥饼吐出机外，把原来间歇式生产改造成连续式生产，提高了工作效率。

①结构：它的主要结构有传动系统、网状压滤带、网状滚筒、压力滚子和机架部分，如图 9-7 和图 9-8 所示。

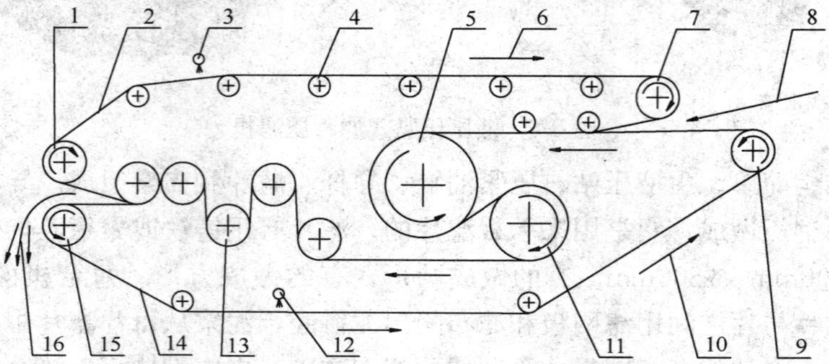

图 9-8　带式压滤机工作原理图

1—上传动滚筒；2—上网状压滤带；3—上喷水管；4—托辊；5—1 号网状压滤滚筒；6—上压滤带运行方向；7—上张力滚筒；8—泥浆输入口；9—下张力滚筒；10—下压滤带运行方向；11—2 号网状压滤滚筒；12—下喷水管；13—压力滚子；14—下网状压滤带；15—下传动滚筒；16—泥饼出口

传动系统由摆线针轮减速器传动链条来带动上传动滚筒（1）和下传动滚筒（15）轴头上的链轮做同步转动。从而带动上网状压滤带（2）和下网状压滤带（14）运行。

网状压滤带（2）（14）是一种带微孔的网状宽幅尼龙带，既能起传动作用，又能一边传动一边漏掉泥浆中的水分。

网状滚筒（5）（11）安装在设备的中心部位，当网状压滤带夹带泥浆贴着其表面转动时，由于滤带的拉力把泥浆中的水分挤出来，这水分就通过网状滚筒上的孔漏掉。

压力滚子（13）：当泥浆经过网状滚筒挤压后，泥浆中的水分已经减少，泥浆变成了很湿润的泥块，这泥块夹在上、下网状压滤带中间，并一同进入多组压力滚子之间，经过多组压力滚子的滚压，泥块就形成了泥饼，然后经机器出口处吐出。

上、下张力滚筒（7）（9）在网状压滤带的传动中起从动滚子的作用，同时又有张紧上、下压滤带的功能，当泥饼压滤不够干时，就要调节上、下张力滚筒。

喷水管（3）（12）是用来向上、下压滤带面喷射清洁水清洗带面污泥。

机架是用来支承以上这些传动件和将它们的位置分布合理，机架上还有较多的调节装置，调节网状带的张力机构，调节各滚子的位置和清洗网状压滤带的喷水装置等。

②工作原理：如图 9-8 所示，泥浆由泥浆泵从污水池内抽出，通过管道输入到带式压滤机泥浆入口（8），由上网状压滤带（2）和下网状压滤带（14）夹裹着一同经过 1 号网状压滤滚筒（5）和 2 号网状压滤滚筒（11）压滤，此时泥浆内大部分水已被压滤掉，形成含水量大的泥块，此泥块随着上、下网状压滤带继续往该机的压力滚子（13）区域运行，经过 5 组压力滚子（13）的多次压滤，泥块就变成了含水量只有 20%～25%范围内的泥饼，而后从泥饼出口（16）处吐出。

图 9-9　带式压滤机规模化生产场面

这种压滤机一般与气动隔膜泥浆泵配套使用。产泥量与设备的规格型号有关，一般都在 2～4t/h 范围内。型号有 500、1000、1500、2000、3000 系列。

这种压滤机可进行多台组合，生产的泥饼可直接吐在皮带输送机上，如图 9-9 所示，再由皮带输送机将泥饼送进运输车的车斗内，减少了运输车辆的装载时间和费用，这样可以很方便地形成工业化、规模化生产。

在抛光污水处理方面，现在这种连续式带式压滤机逐步在替代滤片式压滤机。

第三节　抛光污水处理工艺

一、抛光污水处理工艺

抛光污水处理工艺，目前国内一般都采用沉淀法，沉淀法有自然沉淀法和中和沉定法两种。

（一）自然沉淀法

自然沉淀法就是抛光车间排放的抛光污水，经排水沟排放到水处理池中，使水流速度减慢，经过多级沉淀池缓流，使抛光污水中的污泥利用自重自然沉入池底，最后使污水变成清水。在抛光污水处理中，自然沉淀法是目前最简便，也是最经济的污水处理方法。国内绝大部分陶瓷厂都采用此种方法。

（二）中和沉淀法

由于抛光污水是含碱性的，在污水处理池中加入一定比例的酸液，对抛光污水进行中和，可加快污泥的沉定，缩短污水变成清水的时间。由于加入酸液的比例掌握不好，再由于抛光用水是循环使用的，时间一长会使处理池中的水变成酸性水。酸性水对设备会有腐蚀作用。长期使用酸性水会加速设备的坏损和老化。例如：抛光磨头外壳是用铸铝制成的，酸性水对铝有严重的腐蚀性，不要多长时间就会把磨头外壳腐蚀出深坑，如再继续使用酸性水，就会使磨头外壳因腐蚀穿孔而报废，这样就缩短了设备使用周期。因此，在抛光污水处理中，本文不提倡使用中和沉淀法。

二、抛光污水处理流程

抛光污水处理流程有污水处理流程和污泥处理流程。

(1) 污水处理流程就是抛光车间污水→排水沟→污水池沉淀→沉淀池沉淀→清水池→抽水泵→总输水管→各设备水管→循环使用。

(2) 污泥处理流程就是抛光车间抛光时产生的污泥随着污水一同→排水沟→在污水池沉入池底→在沉淀池沉入池底→泥浆泵抽吸池底污泥→滤泥机压滤成泥饼→装载运出厂外→深埋。污泥的开发利用正在研究开发之中，国内有多家机构正在进行，在不久的将来一定会使污泥变废为宝。

第四节　污水处理设备的调整、操作和故障排除

(一) 机械式隔膜双缸泵的调整

(1) 安装时的调整：双缸泵在安装时要注意做到使柱塞与水平面垂直，用方框水平仪测校柱塞表面或曲轴表面。

(2) 冷却水大小的调整：调整冷却水筒中心阀门弹簧的压力，即可得到大小合适的冷却水；调整自来水开关出水量的大小，保持冷却水筒内的水位是满的即可。

(3) 泥浆腔的工作压力一般为0.2MPa，当压力表显示高于或低于此值时应给予调整。

(二) 机械式隔膜双缸泵的操作

其操作极为简单，将进浆管放入污水池内，打开出浆管阀门和冷却水开关，启动电机按钮，设备开始运行。关闭时按下停止按钮，关闭冷却水。

(三) 机械式隔膜双缸泵和液压柱塞泵的故障排除

(1) 启动时不出浆，是因进浆阀或出浆阀漏气，应进行修复，再启动时在出浆管内加入适量的引浆水。

(2) 工作时突然不出浆，并且柱塞缸内有泥浆流入，此属隔膜橡胶板破裂，使泥浆腔和真空腔互通，应立即停机换掉隔膜橡胶板。

(3) 液压柱塞泵的油温高，原因是油缸运行次数超出设计要求和油箱内循环冷却水的流速过低、流量过少，降低运行次数和加大冷却水的流速、流量。

(四) 滤片压滤机的安装调整

(1) 滤片式压滤机在安装时，注意使两导杆的轴线和其连线要水平，用方框水平仪和桥式平板给予校正、调整。

(2) 在滤泥片的平面外圆沟槽内嵌上密封条，滤片的两边先放上网板，再蒙上过滤布，然后用铜芯穿过滤布、网板和滤片，用螺母压紧，将它们组合为一体，就可以将滤片组件放在滤泥机的套杆上。

(五) 滤片式滤泥机的操作

将规定数额的滤片组件放到套杆上，启动电机，让大螺杆向滤片方向移动，直至压紧滤片，然后打开输浆管闸阀，开启隔膜双缸泵，使泥浆输进滤泥机的滤片腔内，到规定时间(一般在50～60min内)，停止隔膜双缸泵，关闭输浆管闸阀，反向启动电机，使大螺杆退出松开滤片。由两人分别握住滤泥片的手柄，向松开方向移动滤泥片，滤泥腔的泥饼会自动掉下，如有粘结应用圆滑的铁钩或铲将粘接泥饼铲净，当每隔泥饼都清净后，重新压紧滤片，开始第二轮压滤。

(六) 滤泥机的故障排除

（1）漏浆：是滤布破损或密封条破损所致，发现此现象应找出相应的滤片，立即给予更换滤布和重新压嵌密封条。

（2）滤泥不干，含水量高：其原因有输浆泵压力不足，滤布由于长期使用未清洗，目孔阻塞不能过水，应加大输浆泵的压力和清洗滤布。

（七）连续带式压滤机故障排除

（1）漏浆：网状压滤带破损，用粘贴法修补。

（2）滤泥不干，含水量高：网状压滤带的张力不够，应调大网状压滤带张紧气缸的压力。

第五节　污水处理设备的维护保养

污水处理设备长期在恶劣的环境下工作，要提高设备的耐用度和保持完好率，对设备的维护保养尤为重要。对其维护保养也应该按检查、清洗、润滑和交接班制度进行。

（一）检查

每天上班时必须检查设备状况，检查网状压滤带是否有破损，隔膜是否有破损，蜗箱和减速机的润滑油高度是否够，各暴露部分的防锈情况，过滤布和滤网板是否有破损，各运动件的（带座轴承）的磨损情况和润滑状况。以上检查如有问题必须立即排除。

（二）清洗

设备在每班下班之前必须清洗干净，将设备上的污泥和滤布上的粘接泥都必须要冲洗干净，设备表面油漆要擦出本色，地面及设备底下的污泥，也应冲洗干净。

（三）润滑

所有带座轴承每周加注一次钙基脂，曲轴连杆部分每班加注二次 40 号机械油，每周检查一次蜗箱、减速器的油位，不足要及时补充。每周检查一次液压站的油面高度，不足时要及时补充。

（四）交接班手续

同其他设备一样，污水处理设备在运行中要做好运行记录，内容包括水处理池的清理记录、双缸泵和压滤机的运行记录、维修记录、润滑记录和压滤次数。交接班时要记录设备的交接班状况和现场卫生。接班人员应检查验收，这对于分清设备责任事故和分析设备损坏原因是有很大益处的，见表 9-6。

表 9-6　污水处理设备运行及交接班记录表

班次__________　　操作者__________　　日期__________　　接班者__________

设备部位	机别	加油时间	润滑状况	运行状况	修理记录	交班状况
蜗箱减速机	柱塞泵、压滤机					
带座轴承	柱塞泵、压滤机					
连杆	柱塞泵					
液压站						
电机	柱塞泵、压滤机					

续表

本班清理水池号	1号	2号	3号	4号	5号	6号	7号	8号	9号	10号
本班次数										
隔膜橡胶板										
压滤布										
压滤网板										
现场卫生	设备	良	好	差	场地	良	好	差		
备注										

复习思考题

1. 泥浆泵有哪几种？分别与何种滤泥机配套？
2. 简述隔膜泵的工作原理。
3. 在抛光污水处理中常用哪几种压滤机？何种压滤机便于形成规模化生产？
4. 简述带式压滤机的工作原理。
5. 叙述抛光污水处理工艺和流程。
6. 漏浆和滤泥不干的原因是什么？怎样解决？

第十章　瓷质抛光砖的分选工序和质量管理

瓷质砖经刮平、抛光、磨边、风干、打蜡后进入分选工序，分选是对抛光、磨边后的砖进行尺码、等级、色号分类，使相同的尺码、等级、色号的抛光砖聚集在一起，便于销售，进一步提高铺贴效果和美感，从而使抛光砖的品位得到提升。

分选工序包括分级、分色、质量管理和质量信息反馈。在整个瓷质砖抛光生产中，分选是非常重要的一项工序。该工序控制和管理到位，会给产品更新换代、销售带来极大的方便，同时会提高企业形象和信誉，树立产品品牌，从而给企业带来很大的效益；反之，将会给产品销售和售后服务带来极大的麻烦，从而使企业蒙受极大的经济损失。因此，该工序是抛光砖生产企业的管理者重点抓的一项工序。根据本企业的实力，制定本企业的质量标准，编制相关的质量控制程序，制定相关的报表和图表，建立质量反馈和改善机制，是该工序的精髓所在。

第一节　等级标准和等级划分

一、等级标准

瓷质抛光砖的标准目前有国际标准（ISO）、西欧标准（EN）、1997 年我国建材局发布了行业标准（JC）、1999 年我国又发布了国家标准（GB），由于建筑陶瓷行业的飞速发展，原标准已不实用，2006 年我国重新修订和发布了国家标准 GB/T 4100—2006《陶瓷砖》，新标准涵盖和超过了 2006 年以前所发布的行业标准和国家标准。建筑陶瓷企业现在执行的是 GB/T 4100—2006 国家标准。实力雄厚的企业，为了创品牌，所制定的企业标准中的某些项目略高于现行国家标准。瓷质抛光砖的技术要求和特性》，见表 10-1。

表 10-1　瓷质抛光砖技术要求与特性表

抛光砖试验项目	ISO 标准	EN 标准	GB/T 4100—2006 标准	企业标准
吸水率（%）	≤0.5	≤0.5	≤0.5	≤0.3
破坏强度（N）	>1300	—	≥1300	≥1400
断裂模数（MPa）	>35	>27	≥35	40
长度（%）	±0.6	±0.6	每块抛光砖（2 条或 4 条边）的平均尺寸相对于工作尺寸的允许偏差为±1.0mm	
宽度（%）	±0.6	±0.6		
厚度（%）	±5	±5	±5	±4
边直度（%）	±0.5	±0.5	±0.2；最大偏差≤2mm	±0.2
直角度（%）	±0.6	±0.6	±0.2；最大偏差≤2mm	±0.2

续表

抛光砖试验项目		ISO 标准	EN 标准	GB/T 4100—2006 标准	企业标准
表面平整度偏差	侧边弯曲度（%）	±0.5	±0.5	±0.2； 最大偏差≤2mm	±0.2
	中心弯曲度（%）	±0.5	±0.5	±0.2； 最大偏差≤2mm	±0.2
	翘曲度（%）	±0.5	±0.5	±0.2； 最大偏差≤2mm	±0.2
	GB/T 4001—2006 规定抛光砖边长大于 600mm 的砖，表面平整度用上凸和下凹表示，其最大偏差≤2.0mm				
耐热震性		10 次不裂	10 次不裂	10 次不裂	13 次不裂
线性热膨胀系数		—	＜9 * 10-6K-1	—	＜8 * 10-6K-1
莫氏硬度		≥6	≥6	≥6	≥6.5
耐磨性		＜175	＜205	≤175	＜140
光泽度		≥55	—	≥55	≥55；打蜡后≥65； 纳米抛光后≥85
耐化学腐蚀性		＞UB 级	＞B 级	＞UB 级	＞UB 级
耐污性		—	—	—	4 级
抗冻性		100 次不裂	50 次不裂	100 次不裂	100 次不裂
摩擦系数		—	—	—	0.71 干；0.45 湿

注：表中的长度、宽度、厚度、边直度、直角度、侧边弯曲度、中心弯曲度、翘曲度都是相对于被检测抛光砖的工作尺寸。

在表 10-1 中的吸水率、破坏强度、断裂模数、耐热震性、线性热膨胀系数、莫氏硬度、耐化学腐蚀性、抗冻性八个项目，都是在未进入抛光生产工序前，在实验室完成试验和检验的。耐磨度、耐污性、摩擦系数三个项目是砖被抛光后在实验室进行试验和检验的，只有长、宽、厚的尺码，边直度、直角度、弯曲度、翘曲度、光泽度这八个项目是在抛光生产过程中进行检测的。根据 1997 年国家建材局发布的行业标准中规定，瓷质抛光砖按表面质量和变形程度分为优等品、一等品和合格品三个等级，目前国内的抛光砖生产厂家都是按此要求来划分等级的，有的企业增设一个四级品的等级。四级品砖是不能直接出售的，都是崩边、崩角、杂质和缺陷超标的砖，需经重新磨边（即将尺码改小），简易包装后，作特价出售。直接影响等级的因素有 3 个，即尺寸偏差、表面质量和变形程度。

1. 尺寸偏差

由表 10-1 可知，国家标准中规定："每块抛光砖（2 条或 4 条边）的平均尺寸相对于工作尺寸的允许偏差为±1.0mm"，它适用于各种规格抛光成品砖的长、宽偏差值，见表 10-2。

表 10-2　瓷质抛光砖尺寸允差值表 mm

规格（mm×mm）		400×400	500×500	600×600	800×800	1000×1000
允差值	长	±1	±1	±1	±1	±1
	宽	±1	±1	±1	±1	±1

从表 10-2 中的允差值没有分出各等级的允差值，显得较为笼统，在实际分选工作中不好把握。很多陶瓷企业根据本企业的质量目标，制定了各种等级的尺寸允差标准，见表 10-3。

表 10-3 瓷质抛光砖尺寸允差企业等级标准（参考）mm

允差值 \ 等级		优 等	一 级	合 格
允差值	长	（工作尺寸）±0.5	（工作尺寸）±1	（工作尺寸）±2
	宽	（工作尺寸）±0.5	（工作尺寸）±1	（工作尺寸）±2
厚度允差		工作厚度最大允差±5%，同一批砖要求厚度基本一致		

从表 10-3 中可以看出，由于我国设备的先进性，大、小砖磨边后的尺寸精度都基本一致，所以标准不分规格，只用工作尺寸加允差值。等级不同，允差值也不同，例 600mm×600mm 砖优等品最大尺寸是 600.5mm，最小为 599.5mm；一级品最大为 601mm，最小 599mm；合格品最大为 602mm，最小 598mm；厚度允差仍引用国家标准，对厚度的允差值要求不是很严，但是同一批砖的厚度基本要求一致，不能相差太大。

2. 表面质量

抛光砖的表面质量是等级划分的重要依据，在 GB/T 4100—2006《陶瓷砖》标准中对表面质量的要求是"至少 95%的砖其主要区域无明显缺陷。"显得较为笼统，在实际分选工作中不好把握。但在 1997 年的行业标准里作了较为详细的规定。JC/T 665—1997 行业标准发布的时间虽然较为久远，但由于它是将表面缺陷做了细致的分类，并将表面缺陷按等级进行了量化，使陶瓷企业在制定企业内控表面质量等级标准时便于引用和执行，所以现在它仍然是陶瓷企业制定内控表面质量等极标准的重要依据，见表 10-4。

表 10-4 无釉瓷质砖表面质量要求（摘录 JC/T 665—1997）

缺陷名称		优等品	一等品	合格品
分层、开裂		不允许		
裂纹		不允许		不超过对应边长的 6%
斑点、起泡、熔洞、落脏、磕碰、坯粉、麻面、斑火		距离砖面 1m 处目测，缺陷不明显	距离砖面 2m 处目测，缺陷不明显	距离砖面 3m 处目测，缺陷不明显
色差		距离砖面 3m 处目测不明显		
抛光砖	漏磨	不允许	不允许	不明显
	漏抛	不允许	不允许	边面漏抛允许长度＞1/3 边长、宽限 3mm
	磨痕	不可见	不明显	稍有
	划痕	不可见	不明显	稍有

注 1. 当色差作为装饰目的时，不算作缺陷品。
2. 瓷质砖的背面和侧面不允许有影响使用的附着物和缺陷。

国家标准和行业标准对抛光砖表面质量的要求，是对砖本身的缺陷和在抛光过程中产生的缺陷作了规定，对在磨边倒角工序所产生的缺陷未做出详细的规定，在实际生产使用的分级标准中，企业都要作较多的详细的补充规定。

3. 变形

抛光砖变形包含两方面：未加工之前的变形和加工过程中产生的变形。对于抛光砖来说，未加工之前的变形也是至关重要的，通常把未加工之前的砖叫做砖坯，如果砖坯变形太大，会给加工带来极大的困难，如由于弯曲度超标，在刮平时就容易产生烂边、掉角，在抛光过程中容易产生烂砖；大小头和直角度超标会给磨边工序带来极大的困难，严重时会产生漏磨。在加工过程中，由于设备的调试不当或操作技能不熟练会造成变形，如直角度不够、弯边和砖的中心产生凸或凹的现象。所以在砖坯未进入抛光工序之前，首先对砖坯要进行检查，这种检查不是每片都检，只要抽检就可。在抛光、磨边、打蜡后的检查应该是每片砖都要检查，并根据检查的结果来划分等级。国家标准 GB/T 4100—2006 对待抛砖（即干压瓷质砖）作了明确的规定，见表 10-5。

表 10-5　待抛砖（即干压瓷质砖）允许变形范围（摘录 GB/T 4100—2006）

变形类别	产品表面积（S/cm^2）		
	$190<S\leqslant410$	$410<S\leqslant1600$	>1600
边直度：相对于工作尺寸的允许偏差（%）	±0.5	±0.5	±0.3
直角度：相对于工作尺寸的允许偏差（%）	±0.6	±0.6	±0.5
表面平整度：相对于工作尺寸的允许偏差（%）			
a. 相对于由工作尺寸算得的对角线的中心弯曲度	±0.5	±0.5	±0.4
b. 相对于由工作尺寸算得的对角线的翘曲度	±0.5	±0.5	±0.4

国家标准对抛光成品砖也作了明确的规定，在 GB/T 4100—2006 中提出抛光砖的边直度、直角度和表面平整度允许偏差为±0.2%，且最大偏差不超过 2.0mm。

由于标准编写的时间差异，单项标准的某些量也存在差异。由于时代在前进，陶瓷工业的技术在进步，标准只会越写越严、越写越细，国家标准始终是对企业制定分级标准具有指导性和权威性。

二、等级划分

企业在瓷质砖抛光生产环节中，对抛光砖的实际分级标准都得制定本企业的内部标准。在制定内部标准时，主要参照国家标准，根据自身企业的实力和自身产品在市场的定位。内部等级标准也是决定企业自身产品是高端、中端还是低端的重要因素，因此在制定内部标准时要认真对待。

为了便于分级员工的操作，内部分级标准都要做到以下几点：

1. 细致

(1) 把国标的某句话所包含的内容分成多个能独立存在的项目，并加以描述、规定，使其成为内部标准。

(2) 把国标中没有规定到的，但在实际生产中会遇到的某个项目，也同样列入内部标准。

(3) 为了提升企业自身的品牌，认为有必要增加某个或几个检验项目，也必须要写进内部标准。

(4) 对某些检验项目实行量化规定，如斑点、溶洞、崩角、欠磨边等，要明确规定出优等品允许有几处，一等品允许有几处，合格品允许有几处。

2. 明确

界定两个项目或上、下两个级别之间的某个检测内容，要做到明确归宿，不能在实际分选操作中产生扯皮而导致漏检、漏查。

表 10-6 是某个企业的抛光砖内控分级标准，供读者参考。此标准适用范围广，她适用于全色抛光砖、渗花抛光砖、大颗粒抛光砖、微粉抛光砖、微晶抛光砖等。有些企业是按抛光砖的种类来制定分级标准，例如有：大颗粒、渗花抛光砖内控分级标准、微晶抛光砖内控分级标准、微粉抛光砖内控分级标准等。

表 10-6　600mm×600mm、800mm×800mm 高级抛光砖分级标准（mm）

缺陷名称	表示方法	优等品	一级品	合格品	四级品（切边处理）
分层		正面不允许	正面不允许，侧面不明显不限	正面不允许，侧面不严重不限	正面不允许
裂纹	长度	正面不允许	正面最长限 5，非正面总长限 20	正面最长限 15，非正面总长限 40	正面边沿长限 20，中间限 10
斑点	平均直径/个数	不允许	1.5～2.5/2，密集不允许	2.5～3.0/4，密集不允许	不限
起泡、溶洞	平均直径/个数	不允许	1.5～2.0/4，密集不允许	2.0～2.5/4，密集不允许	不限
缺角	斜边长度	正面不允许，背面 1/3 砖厚时限 6，通角不允许	面长限 1，背面 1/2 砖厚时限 6，通角限 1.0	面长限 4，背面 3/4 砖厚时限 12，通角限 3	面长限 40，背面 3/4 砖厚时限 40，通角限 5（只允许邻角出现以上同样的缺陷，如对角出现则作次品处理）
缺边	长、宽	不允许	面宽限 1.5，长限 10，总长限 15，底超砖厚 1/2 小于 3/4 时宽限 4，底超 3/4 时宽限 3，通边宽限 1，长限 4	面宽限 4，长限 10，总长限 15，底超砖厚 1/2 小于 3/4 时宽限 6，底超 3/4 时宽限 5，通边宽限 2，长限 6	通边宽限 3.8，长不限（只允许邻边出现以上同样的缺陷，如对边出现则作次品处理）
面漏抛	面宽度/处	1～1.5/1	1.5～2.0/2	2.0～3.0/2	3.0～40/2（只允许邻边出现同样缺陷）
	面长度	限 40	限 80	限 120	长不限（只允许邻边出现以上同样的缺陷）
大小头	邻边宽度差	≤0.5	≤1	≤1.5	1.5～4.0
大小腰	边凹凸	≤0.5	≤1	≤1.2	1.2～4.0
倒角	斜边宽度	1～1.2，均匀，倒角 45°，不允许头宽头窄	1～1.2，倒角 45°，允许少有不均	1.2～2	1.2～2
光泽度	测光仪	55°以上，打蜡后 65°	55°以上，打蜡后 65°	50°以上	50°以上

续表

缺陷名称	表示方法	优等品	一级品	合格品	四级品（切边处理）
色差、色痕	目测	距1米目测不明显	距2米目测不明显	3米目测不明显	不分色
菱形	对角线之差	≤1.2	≤1.8	≤2.5	≤3.0
边欠磨	边长/宽	不允许	底超1/2小于3/4时长限100，宽限3～5；通底长限20，尺寸偏差小于0.8	底小于3/4时长限200，宽不限；通底长限40，尺寸偏差小于1.0	长宽不限
崩瓷	直径/处	$1mm^2$/2处，四条边不允许同时存在	＜$1.5mm^2$/4处，不允许4边同时有	≤$1.5mm^2$/6处	8处
中心凹	深度/砖规格	＜0.8/600×600，＜1/800×800	＜1.0/600×600＜1.2/800×800	＜2	＜2
中心凸	高度/砖规格	＜0.6/600×600，＜0.8/800×800	＜0.8/600×600＜1.0/800×800	＜1.5	＜2
划痕	长	距0.8m目测不可见	距1.5m目测到3条，不明显	不限	不限
缺花、糊花	目测	距0.8m目测不明显	距1.5m目测不明显	距2.5m目测不明显	不限
尺寸偏差		−0.7～0	±1.0	±2.0	不限
产品厚度		600：9.5±0.5 800：10.5±0.5			
经纳米抛光后的光泽度		≥85°			

注：1. 同一块产品外观缺陷，优等品不超两处，一级品不超三处。
2. 色泽不均、西瓜皮纹等根据具体板面，视其影响的严重性考虑是否降级处理。

第二节 色号分选

抛光砖随着皮带的传动来到分选工序，第一步是分级，第二步就是分色。分色工作是一个非常复杂、细致的工作，要求准确、迅速。目前国内最理想的分色还是用人工分色，国内外都在研究用电脑来代替人工分色，但是由于色差的变化随机性太强，所以该项研究没有很好的突破，电脑分色的理想在世界范围内暂时还没有实现，故只能就人工分色进行叙述。

根据美学的原则，任何一种颜色可按深浅的不同层次分为多层色，不同层次的色之间存在着深浅的差别，这种差别就叫做色差。

一种颜色粗分为三层色，即深、浅、淡；细分有五层色，即深、浅深、浅、浅淡、淡；精细分有七层色，即深、次深、浅深、浅、次浅、浅淡、淡。每一层色叫一个色号，同一批砖有三层色的叫做该批砖有三个色号，如有五层色叫做该批砖有五个色号，依此类推。

色号是表示某种颜色的那层色的代号，通常用数字表示，如01、02、03、04、05等，称做1号色、2号色、3号色、4号色、5号色等。抛光砖的色号分选就是将该批砖内色号相同的砖聚集在一起，同一色号砖保持色层的一致性，色差控制在规定的范围内。色号分选一般有三种操作方法：一是线上对色分选法，二是线下定色分选法，三是线上记忆分选法。分别叙述如下。

一、线上对色分选法

就是抛光、磨边后的砖在分选线架上的运行过程中，分选工参照色号样板给每片砖画上色号，再经搬运下线，按相同色号分类摆放的过程称为线上对色分选法。它包含开色板、对板划色、分类摆放三个过程。

1. 开色板

当某一品种的首批砖来到分选工序时，由有经验的分选工选出各层色的代表砖，作为各色号的样板砖，并给其编号，一般以先出现的色层代表砖编为1号，次出现为2号，依此类推。当色号出到3～5号时，该批砖再没有新的色层出现，那么该批砖即为3～5个色号。将这些样板砖摆放在分选台前面的样板架上，配上均匀的日光灯照明，便于分选工在分色时参照，这就是开色板的过程。

所选的样板砖必须是代表其色层的代表砖，相邻的两色层之间的距离不能太宽，太宽会产生色差超标。距离也不能太小，太小会使色号多而杂，使该批砖产生小色号，只要符合分级标准中的色差标准即可。

介于相邻两色层之间的砖要用色差标准和对比法来确定其归属，方法是将相邻两层色的色板，分别放在有均匀光照的地面上，再将有争议的两色层之间的砖分别与它们摆在一起，然后将眼睛与砖面保持2m远的距离，用视线观察对比效果，看该片砖与哪一号色板相近而色差又符合标准，就将该片砖归属到该色层。如果与相邻两色层的色板都不相近，无法归属，应该将该片砖新开色号，那么该片砖就成为新开色号的样板砖。

2. 对板画色

参照样板架上的样板砖色号，对线上每片运动着的砖画上色号，此工作每条抛光线由一人来完成，如果多人参与，会引起色号混乱。要求画色准确、动作迅速，画色工要有良好的记忆力和分辨率，工作时精力要集中。

画色笔不能用深色和难以擦除的笔和色彩，一般用淡色和易擦除的笔，例如白色粉笔。

3. 分类摆放

将已画色、分级的砖搬下生产线，按各自的级别和色号分类摆放在规定的木架上，或镶有防护皮的铁架上。当聚集到一定数量时，由搬运工运到包装工序进行打包进仓。也有的厂家直接将已分级、分色的砖搬进相对应的包装箱内，再由包装工在分选现场打包进仓。

线上对色分选法的工艺程序简单易行，已分色砖搬运的次数少，可减少破损和搬运造成的崩边、掉角。但要求画色工的技术熟练和责任感强。由于此种分选法是砖经画色后直接进入包装入库程序，没有进行复检，存在一定的风险性，但是应组织对已打包砖进行比例抽查和随机抽查，来证实该批砖的分检合格率，以便发现问题及时纠正。

二、线下定色分选法

首先由分选工自己选出每层色的样板砖，并放在自己的分选工作台前面，各分选工将线上经风干、打蜡后的砖按自己的色号样板砖对线上运行着的砖进行分类，并搬下生产线，分别摆在相应的架子上，由搬运工将已放满架的分类砖拉到定色包装区，然后由专业质检开出统一色板并编号，再用这些色板去校对各个架子上的分类砖的色号，确定色号后就在该架分类砖面上写出色号标记，再由包装工打包进库。整个工艺过程包含选出色层样板砖、对照样板分类下线、开出统一色板、定色包装四个过程。

1. 选出色层样板砖

由分选工自己根据色层选出样板砖，其选板工作必须在每班的开班时进行，每条生产线2～4名分选工同时作业。选色板的原则、方法与线上对色分选法开色板一样，但是这种色板只能作为每个分选工自己的标准，不能作为统一样板，并且这种样板换班时，将其作为合格品处理掉，接班人员必须重新选出自己所用的样板砖。

2. 分类下线

分选工选出样板砖后，用这些样板砖去校对线上运行着的砖的色层，也就是按样板将线上的砖进行分类，并搬运下线。在自己的分选区域内摆放着与样板砖数量一样多的集砖架，将分类砖分别摆在这些集砖架上，每个集砖架只能摆放一种类别砖，不能摆放两种类别。当某个集砖架摆满后，应由专职搬运工运到质检包装区域，并给分选区域换上空的集砖架。

3. 开出统一色板

由质检工在众多的分类砖中选出各色层的色板，并编上色号，这些色板使用于所有区域汇集的同型号砖的对色，所以叫统一色板。就是将各分选工送来的分类砖归纳在若干个色号之中，这若干色号的代表砖就是统一色板。开统一色板的工艺过程和注意事项与线上对色分选法的开色板的工艺过程和注意事项基本一致，不同的是前者是随线上砖的色层陆续出现而陆续开出色板，直至再没有新的色层出现为止。后者是在各分类堆里选出各个色号的代表砖，前者选板时间仓促，不容细细观察，后者有充分的时间来细细观察和比较，因此后者开出的色板色层之间的差距应该较前者控制得要好。

4. 定色包装

用统一色板去核对各分选区域送来的分类砖的色层，确定其色号，并在该架分类砖上用粉笔写好确定色号标记，交包装工打包入库。在核对色层的过程中，每架分类砖中抽取3～5片砖与样板砖核对，如都能对上同一色板，表示该架砖色层准确，如发现该架砖所抽取的砖中有4片与同一色号样板能对上，另有一片与别的色号相近，那么该架砖有20%的砖色差混乱，应该返工，重新分类。如该架砖的色层介于两个相邻的色号之间，应该采取比较归纳法来确定，将其归纳到相近的色号内，但是色差又要符合要求，经比较后确实与相邻色号的差距都大，应该重开新色号。在抽检定色的过程中，同时要对等级的划分，也要进行复核，因砖已下线，定色的时间较为充裕，所以色差超标的现象可以控制在极小的范围内。

线下定色分选法就是把对色下线的工作分两步走，也可以把分类下线看成是初步分色，把定色看成是检查复合。因此色差超标和等级混乱的现象要少，色号的一致性要比线上分选法强，但是各分选工每班自用的色板降级处理，以及分类砖经搬运、抽检后，会引发磕碰现象，致使崩边、破角现象增加而造成这些砖降级，会对生产厂家带来不小的损失，同时会影响生产部门的优等品率。

三、线上记忆分选法

此种分选法实际上与线上对色分选法相似，不同的是将由一人对板画色工作改由多个人来记忆定色，也就是每一个分选工记好自己所选的色层，对线上移动着的砖进行观察。当观察到与自己所记忆的色层相同或相近的砖，立即搬运下线，放在规定的架子上，再由包装工打包进库，它包含开色板、记忆定色下线两个过程。

1. 开色板

由有经验的质检员在某一型号的首批砖中选出各色层的代表砖，并且编上色号，再将这些编号的样板砖分给每个分选工，每人一个色号，让他们记熟该色号样板的色层特征。开色板的注意事项和程序与线上对色分选法基本一致。

2. 记忆定色下线

各分选工都站在生产线操作面一边，根据自己的记忆来观察线上移动的砖的色层，发现有与自己记忆的色层相同或相近的砖，当即搬运下线。当某片砖流过了所有的分选工，而没有被检出，也就是该片砖与所有分选工的记忆色号都对不上，那么该片砖就成为无色砖或杂色砖而随生产线流到终点，并聚集在一起，最后由质检来复合和确定。当这种无色砖集聚的数量太多时，应考虑重开新色号，不能让其成为杂色而降级。

线上记忆分选法由于分工明细，色差的控制较前两种方法都要好，但也存在问题，如某分选工将砖搬运下线时，由于视线离开生产线的砖面，会使与该分选工所记忆色层相同的砖错过定色机会而被流到终点成为杂色砖，再就是所用人员过多，造成劳动效率低下，成本上升。

以上三种色号分选方法各有优缺点，都有多家陶瓷厂在应用。各企业采用哪种色号分选方法要根据企业自身的条件和砖质情况而定，例如厂房宽裕的可采用线下定色分选法，厂房紧张的可采用线上对色分选法和线上记忆分选法。所生产的砖色号多而杂可采用线下定色分选法，色号少时可采用线上对色分选法，总之可灵活运用。

第三节　质量管理

众所周知，质量是企业的生命，质量是产品在激烈的市场竞争中生存的首要条件，因此任何企业都有自己的质量方针，总之，质量管理的最终目的是使客户满意。抛光砖的质量管理不单是在抛光磨边工序中进行管理，它包含抛光砖生产的全过程，即原料、成型、烧成、抛磨、分选、包装等。各道工序的质量问题最后都要反映到抛光砖的内在质量和表面质量上来，内在质量定期在实验室做试验检测，表面质量是在分选线上检定。影响抛光砖质量主要有以下六个方面，其中人是主要因素，其次就是机器、砖坯、工艺方法、磨具磨料和冷却水，如图 10-1 所示。优质的产品是员工做出来的，不是检出来的，检验是一种事后挑选，主要还是要靠事前预防和控制，因此，在质量问题上要求全员参与，各道工序都要严把质量关，最后才能得到优质的产品，下面就尺码、等级、色号、质量记录和图表、质量反馈和质量改进六个方面叙述其管理要素。

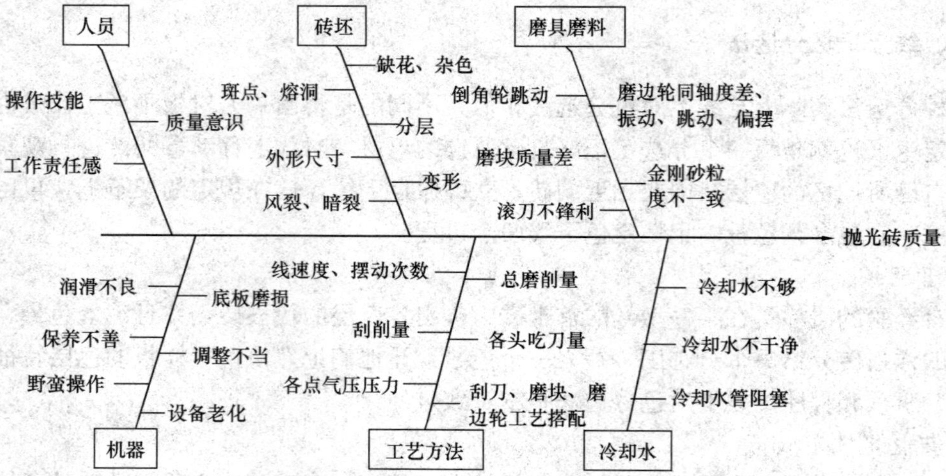

图 10-1　影响抛光砖质量因果图（也叫鱼刺图）

一、尺码管理

尺码是抛光砖规格的代名词，它一般包含两种意义，即名义尺寸和实际尺寸，例如500规格抛光砖的名义尺寸是500mm×500mm，而实际尺寸有可能是499mm×499mm，也有可能是501mm×501mm，实际尺寸和名义尺寸之差就叫做该种抛光砖的尺码差（尺寸差）。陶瓷厂对这种尺码差都有明确的规定，规定在一定的范围内，例如名义尺寸500规格抛光砖的优等品其尺码差允许在名义尺寸±0.5mm范围内，即实际尺寸在499.5～500.5mm的范围内，都可判为优等品。这种规定允许超出名义尺码的尺寸量就叫做允差；允许变化的范围叫做允差范围；超出允差范围就叫做超差。允差范围越小，那么其实际尺寸就越接近名义尺寸，抛光砖的等级就越高；允差范围越大，那么其实际尺寸就离名义尺寸越远，抛光砖的等级就越低，并且要求同一等级的抛光砖其尺寸变化都要在规定的范围内，因此做好尺码管理，是正确划分抛光砖的等级和提高铺贴效果的必要手段，是质量管理工作的重要一环，尺码管理就是对抛光砖实际尺寸的管理。控制抛光砖的实际尺寸都在允差范围内，杜绝或尽量减少超差，从而达到提升等级和品牌的目的。尺码管理可分名义尺码的定位、抛磨前砖坯实际尺码管理和磨边后实际尺码管理的三个部分。

（一）名义尺码的定位

名义尺寸本来是一种清晰的尺寸概念。但在陶瓷行业里，特别是陶瓷地砖刚开始兴起时，名义尺寸的界限显得模糊，不精确。例如，名义尺寸500mm×500mm砖，它包含着496mm、498mm、500mm、502mm、504mm这几种尺寸的砖，范围极为宽广，这种不精确的名义尺寸，给产品的仓储、销售带来了极大的麻烦。由于以上5种尺寸都有优等、一级、合格级，各种等级又有几个相同的色号，这些相同色号的砖又不能混在一起铺贴，因此一批砖做完后就产生很多不同尺寸而色号相同的小色号砖，小色号砖在销售上没有优势，只有降低价位来迎合市场。在长期的生产、经营实践中，人们深深认识到，名义尺寸不精确使企业深受其害，人们为什么要选择这种不精确的名义尺寸呢？这里主要有三个方面的原因：

（1）由于我们的陶瓷抛光砖的砖坯尺寸不稳定，难以控制在规定的范围内，例如500mm×500mm名义尺寸的抛光砖坯出炉尺寸可能在505mm、503mm、508mm、510mm、

512 等多种尺寸，这与我们的烧成技术有密切关系。

（2）由于我们的陶机设备滞后于陶瓷地砖的飞速发展，例如抛光砖坯的尺寸为 510mm，而磨边机的磨削能力只能磨去 5～8mm，那么该种砖的抛光磨边的尺码即为 502mm×502mm。

（3）由于经营者的头脑不清晰，总认为地砖没有必要那么精确，人为造成名义尺寸模糊，致使定位不精确。

随着陶瓷工业的飞速发展，人们对抛光砖的品位要求越来越高，促使陶机工业相应的发展，在创新思维的范畴内，寻找出解决名义尺寸定位不精确的办法，其办法有两种：

（1）增加磨边机的实际磨削能力，例如磨边机的配置磨边头数量由原来单线 12 头、16 头配置上升到单线 24 头、28 头、32 头等配置。

（2）改进抛光线的配置，例如增加前磨边机，使进入后磨边机的砖的尺寸一致，并且不超过后磨边机的实际磨削能力，从而达到名义尺寸定位精确的目的，提升了抛光砖的品位。

根据市场的需求，现在全国范围内的陶瓷厂家都把名义尺寸定位在精确的位置上，并且把它的允差量也在相应的缩小，从而达到提高企业名誉、产品品牌和提高效率的目的，也解决了仓储和销售的困难。

（二）抛磨前砖坯尺码的管理

通常把抛磨前的瓷质砖叫做抛光砖坯，抛磨前的砖坯尺码就是未经抛光、磨边的砖坯外形尺寸。抛磨前的砖坯尺寸要分两种情况而定：一种是整线没有配置前磨边机的情况下，就要要求砖坯烧成尺寸变化不能大，一般都要控制在名义尺寸加 3～7mm 为宜，超出这个范围就给抛光后磨边带来极大的困难；另一种是整线配置有前磨边机的情况下，对砖坯的烧成尺寸要求就不十分严格，范围可适量放宽，但是也应有一定范围，其外形尺寸应控制在名义尺寸加 6～12mm。经前磨边机出来的砖坯外形尺寸应控制在名义尺寸加 5～6mm。前磨边机多用固定倒角，倒角宽度应控制在 2×45°，800mm×800mm 以上砖应控制在 3×45°，具体见表 10-7。

表 10-7　前磨边前、后砖坯外形尺码要求表　　mm

砖坯名义尺寸	无前磨砖坯尺寸	有前磨砖坯尺寸	出前磨砖坯尺寸	出前磨砖坯倒角要求
500×500	503～507	505～510	505～506	2×45°
600×600	604～608	606～612	605～606	2×45°
800×800		807～815	807～808	3×45°
1000×1000		1008～1015	1007～1008	3×45°

对抛磨前的砖坯尺码一定要严格要求，不能放任自由，具体控制的方法有以下几点：

（1）制定标准：标准要求砖坯外形尺码符合抛光线的工艺要求，根据所订标准制定出压制模框尺寸、压机压力、窑炉烧成温度等相关的要求。

（2）建立砖坯出窑检验制度：登记质检报表，便于查找和分析原因。

（3）建立质量反馈制度：当质检发现砖坯尺寸超差时，立即就应该把问题反映到当班负责人和窑炉主管。

（4）及时召开质量分析会：分析砖坯尺码超差的原因，制定解决问题的措施，并加以监督落实。影响砖坯尺寸变化的几个主要原因见表10-8。

表10-8 影响砖坯尺寸变化的几个主要原因

序号	砖坯尺寸偏大的原因	砖坯尺寸偏小的原因
1	模框内腔尺寸偏大	模框内腔尺寸偏小
2	粉料湿度不够	粉料湿度大
3	压机压力设置过大	压机压力设置过小
4	窑炉烧成温度偏低	窑炉烧成温度偏高

（三）抛光、磨边后成品砖尺码管理

经抛光、磨边后的砖就叫成品砖。成品砖的尺码就是名义尺寸加允差范围，对后磨边尺寸的管理实际上就是管理允差范围，只要使每片砖的尺码都控制在允差范围内，就是对后磨边工序控制得当，具体控制方法如下：

（1）要求磨边工要有高度的责任感，操作技能熟练。

（2）建立检验制度，采取专检、自检相结合，专检是对每片砖都必须进行测量，自检是操作者定时对磨后的砖进行测量，了解砖的尺寸变化及时调整磨边轮的进给量。

（3）建立质量报表，便于分析尺码超差原因。

（4）建立质量反馈制度，当专检员发现连续三片以上砖磨后尺寸超差或每隔一定时间就有规律性地出现磨后尺寸超差时，应立即把情况反馈到当班班长和磨边机操作者，便于及时调整设备，杜绝事态发展。

（5）及时召开质量分析会，分析尺寸超差原因，是人为还是设备和磨轮，制定出解决问题的办法。

影响成品砖尺寸超差的主要原因就是当磨边轮磨损时未及时调整设备，也就是未及时调整磨边轮的进给量。

二、等级管理

抛光砖的等级是含量抛光砖优劣的表示方法，在本章第一节讲过，抛光砖的等级不但是含量抛光砖的优劣，同时也可以反映该企业的实力和产品的品牌档次。因此搞好等级管理是每一个陶瓷企业刻不容缓的重要问题，等级管理应包含等级定位、等级控制和等级提升三个方面。

（一）等级定位

目前国内市场抛光砖有高、中、低三种档次，并且每种档次都有优等、一级、合格等级别。同样是抛光砖，同样是优等，但其存在档次上的差别，原因就是生产厂家不同，等级的标准也相应的不同，也就是等级定位不同。每个企业在自己的产品走上市场之前，都要对自身的产品制定等级标准。制定等级标准要根据企业自身的能力，选择自身产品在市场中的消费群体，企业管理者对自身产品的期望和信心进行综合考虑，来确定等级标准的档次。确定档次的依据是国家标准，高于国家标准称之谓高档，与国家标准基本并齐的属中档，低于国家标准属低档。高档抛光砖适用于楼、场馆、所的高级建筑，高级住宅区、别墅的装修，主要销区是沿海周边发达地区、内地的大中城市；中档抛光砖适用于一般的城市居民群体，主要销区是内地的中小城市；低档抛光砖适用于内地农村居民及一些不发达地区。

影响抛光砖等级的因素主要分为三大类：

(1) 抛光砖的物理性能：吸水率、硬度、强度、抗冻、抗腐蚀、耐磨性等。

(2) 表面质量：平整度、斑点、熔洞、针孔、色差、花色能否让大众接受的程度。

(3) 加工质量：光泽度、直角度、边长偏差、边直度、倒角均匀度、缺损等。

下面列举高、中、低档的三种企业标准，供参考，见表 10-9。

表 10-9 抛光砖高、中、低档三种企业标准比较表

检测项目	高档优等标准	中档优等标准	低档优等标准
吸水率（%）	≤0.2	≤0.4	≤0.6
断裂模数（MPa）	≥41.5	≥35	≥27
破坏强度（N）	≥2500	≥1800	≥1300
莫氏硬度	≥7	≥6	≥5
抗冻性	0～－10℃循环 100 次不裂	＋5～－5℃循环 100 次不裂	0℃左右不裂
耐酸碱性	—	—	—
光泽度	≥68	≥58	≥50
边长偏差（mm）	±0.6	±0.8	±1.0
厚度偏差（%）	±4	±5	±6
表面平整度（%）	±0.1	±0.2	±0.3
边直度（%）	±0.06	±0.08	±0.1
耐磨度	≤140	≤175	≤205
边角缺损	不允许	允许有一处 0.5～1mm	允许有两处 1～2mm
倒角均匀度	一致	基本一致	允许有 0.5mm 不均匀
斑点	不允许	没有	允许有 1～2 处直径＜1m
熔洞	不允许	没有	允许有 1～2 处直径＜1m
针孔	没有	允许有 1～2（不明显）	允许 3～4 个，不能密集
漏花、漏色	绝对没有	基本不明显	距 2m 不明显
色差	距 0.8m 不明显	距 1.2m	距 2m 不明显
直角度（%）	±0.1	±0.15	±0.2

抛光砖的等级标准既然制定在整个生产过程中，就要维护它的严肃性，任何人（包括企业的所有者）都不能降低这个标准，更不可能任意更改这个标准；如果造成等级混乱，将失信于自身的客户、消费者及市场，随之而来的将是企业的灭顶之灾。

(二) 等级控制

用各种手段和方法使生产的抛光砖达到既定的等级标准叫做等级控制。等级控制应该从以下三个方面来实施。

（1）性能控制：每生产一批抛光转，都应该抽样进行检测和试验它的物理性能，当结果低于所定标准时，就应分析原因、重新调整各种原料的配比和各工序的工艺方法，直至达到标准要求。也就是说，使低于性能标准的砖得到控制和杜绝。具体的控制方法是建立工序控制点，其控制点为原料、配方、压制工序、烧成工序，再就是建立定期抽检制度、发现问题及时处理和调整。

（2）缺陷控制：抛光砖表面产生缺陷的原因，绝大部分是由于原料内有杂质，粉料的含水量超标，生坯干燥温度过低，烧成温度曲线与要求不符，因此缺陷控制的重点是原料的生产和干燥、烧成的全过程。其控制点是原料、球磨、制粒、干燥、烧成工序，要建立和落实各道工序的操作规程。

（3）抛、磨加工过程控制：砖坯在抛光、磨边的过程中，会产生漏刮、漏抛、漏磨、亮度低及不均、崩边崩角、尺寸不标准、倒角不标准、直角度不好、平整度不够等。主要控制点为刮平、抛光、磨边倒角三大工序，建立和落实各道工序的操作规程及质量指标。

（三）等级提升

前面谈到等级的定位要根据企业自身的能力和自身产品在市场中的位置，当企业在某一标准的范畴内生产几年后，企业自身的素质和能力都提高到一定高度时，企业可重新考虑自身产品的等级定位，此时的定位应该是由低往高处定，产品消费群体也应该是由低层次向中、高层次发展，从而使价格和利润上升，这样一个过程就叫做等级提升。

等级提升是企业发展的必然规律，但是如果在生产全过程中，各控制点失控，从而造成等级混乱，这样的状况就保不住原来的等级标准，随之而来的是等级滑坡。

三、色号管理

所谓色号管理，就是用主观的思想意识去寻找色差的客观规律，采取科学的办法，使每批砖的色层尽量减少（也就是少色号）。在成品砖分选的过程中，用准确的判断能力，力求分色准确的整个过程管理就叫做色号管理。

在整个抛光砖的生产过程中，色号、色差是变化较大且难以摸准规律的问题，是影响抛光砖档次和级别最敏感的问题，一旦疏于管理，会引起客户投诉和集体降级的后果，因此必须要规范管理、严格操作、认真对待、决不放松是色号管理的要决，实践表明应该从以下六个方面去做工作。

1. 色号定位

在本章第二节谈过抛光砖有粗、细、精三种分色原则，这三种分色原则是分别适用于高、中、低三种档次的抛光砖，因此色号的定位是等级定位的一个相关条件，高档抛光砖一定要执行精分色，中档砖用细分色，低档砖只能用粗分色。高档砖如果用粗分色，那么该砖就不属高档了，低档砖用精分色就显得不经济。高档抛光砖的精分色也不是无休止地将砖的色号分成很多个，而是视线离砖面在一定的距离内观察同一色号的砖面，不易看出色差为原则，而这种视线与砖面的距离就是分色的标准。档次不同的抛光砖分色的标准相应也不同，见表 10-10。

表 10-10　各种档次抛光砖分色标准

档　次	分色原则	视线离砖面距离（m）	色差要求
高档抛光砖	精	0.8～1.2	色差不明显
中档抛光砖	细	1.5～1.8	色差不明显
低档抛光砖	粗	2.0～2.5	色差不明显

2. 色差控制

一种抛光砖如果其色差大且色号又多，我们说这种抛光砖的生产工艺不成熟，怎样才能生产色差小、色号少的抛光砖呢？只有在整个生产过程中进行色差控制，其定义就是色号管理定义的前半部分，色差控制从原料采购开始，它包括原料、色料、印花、抛光加工这几个方面。

（1）原料：每批砖的原料应该用同一产地、同一质量，而且要求纯度高、杂质少。

（2）色料：每批砖用的色料应该是同一产地、同一质量、同一颜色、不含杂色。

（3）印花：每批参花砖的生坯在印花前，它的干燥程度应该是一致的，印花时施加的压力也是一致的，色料渗进生坯的深度每批砖应该一致，而每片砖各点的渗花深度也应该一致。印花所用色料每批砖前、后一致。

（4）烧成：烧成的温度曲线要一致，尽量减少炉温的变化。

（5）抛光加工：每批砖加工后，其厚度基本一致，进砖方向一致，尽量减少返抛。

以上五个工序控制点如果控制得当，那么其色号就少，色差就小。因此，要制定各控制点的操作规程和岗位责任制，加强巡回检查，预防色号混乱发生。

3. 准确分色

分色工作是一种人为意识很强的工作，主要是靠人的眼睛观察和头脑的判断力，如果判断失误就会造成色号混乱，为了保证同一色号的砖没有色差，这就要做到准确分色。影响准确分色除人为因素外，还有客观的问题。

（1）成品砖的含水量：抛光砖在进入分选工序之前是要进行风干或烘干，当风干不够、含水量就多，视线判断色层就深；含水量少，视线判断色层就浅。因此，抛光砖在分选前必须要进行干燥处理，而且要求每批砖的干燥程度一致，不能一会儿干、一会儿湿。

（2）打蜡的蜡量多少和是否打得均匀：现在的抛光砖在风干后要进行防污打蜡处理。打蜡时，如果蜡层打的厚薄不均，也会影响分色的效果，因此打蜡时要求做到厚薄一致，同时还要求每批砖所用防污蜡是同种品牌、同种型号，不能中途更改。

（3）灯光的强弱：灯光强弱也会影响分色的准确性，要求用日光灯，并且光线均匀，不能特强、特弱。

（4）分选方法一致：每批砖所用的分选方法要求一致，不能一会儿用线上对色分选法，一会儿用线下对色分选法，再一会儿又用记忆分选法。选定哪种分选法，就要用此种分选法将该批砖分选完，不得随意更改。

（5）尽量避免更换分选人员：随意更换分色人员，会造成分选判断上的差异，应该是每批砖完成后，再考虑人员调配。

（6）为了做到准确分色，还要求分色的主管加强巡回检查，预防色号混乱发生。

4. 色板的复制和保存

如果同时有几条或更多条抛光生产线抛同一批、同一型号、同一颜色的砖，开出一套色板就不够用，那么就要进行色板的复制。复制色板是一种非常细致的工作，要求在同一光线、同一场所，将原色板与复制板放在一起进行比较。比较时要求复制人员要在不同的角度，用远近不同的距离细致地观察，仔细对比。同时复制几块色板时，应该把几块复制板互相交换位置并与原色板对比，先由一人选定，再由 2 个或 2 个以上人来复核，直到大家意见一致方可结束，只有这样才能保证复制色板无误，将复制的色板分发到各条生产线，作对色样板用，原色板应该予以保存。分色主管应同时对几条生产线的分色工作进行监督检查，并且经常用原色板与已分好色的产品砖对照，以此来控制色号混乱。

当一批砖做完后，要把色板进行编号保存，摆放在规定的架子上，同时做好档案登记，保存后的色板有以下几个作用：

(1) 当过一段时间后，又生产此种规格、牌号和颜色的砖时，可以使用原色板。

(2) 当定期对库存砖进行质量复查时，可以用此色板对照复查。

(3) 当遇上客户投诉色号问题时，可用此色板进行复核。

(4) 当相隔很长时间后，根据市场的需求又重新生产此种颜色砖时，可参照原色板进行色料的配制。

5. 多批次的色号管理

当某种型号和颜色的砖销售一批后，由于市场需求，生产厂家应组织第二批、第三批或更多批次的生产，来充实市场和满足客户需求。此时如果在原料和色料的配比、制作工艺没有保持原样时，会造成该种颜色砖的色号随着批次而增多，同样会使喜欢原色号的老客户失去信心，要保持与原色不偏移，应做好如下几点：

(1) 当开发生产某种牌号、颜色砖时，从一开始就要认真做好记录，当此种砖生产结束时，立即将记录、配方、配比色料成分、制作工艺封存、编号、保管，当第二批生产该种砖时，就严格按原材料、配方工艺进行生产。

(2) 第二批生产时，原料的产地、质量应与第一批原料产地质量相同。

(3) 用原色板进行分色，使色号与原色号保持一致，当遇上少数砖与原色板对不上时，只能在原色号的基础上增加色号，尽量避免重开色板。

6. 库存成品砖定期抽查

要定期对库存成品砖进行抽查，当抽查到某种色号与包装封面所标色号不对时，就应该用原色板进行核对，如果是某种色号就只有一包或几片砖与原色对不上，应考虑为分选工粗心，打包工拿错，根据包装箱上的编号查找责任人。当发现某种色号或几个色号都对不上时，可考虑是由于砖风干不够，砖存放一定时间后含水量下降，色号产生变化所致。总之，定期检查库存成品砖的色号，有如下几个好处：

(1) 可根据抽查情况来判断色号分选工作的质量好坏。

(2) 可根据抽查情况分析色号偏移的原因，从而加以改进。

(3) 通过抽查，使管理者对库存砖的质量了如指掌，放心销售。

(4) 当抽查到某个色号问题确实大时，可以组织重新分色，避免乱色砖流向市场，影响企业信誉。

四、质量记录和图表

质量是指产品的性能、材料、使用期限、外观等技术指标。将各工序控制点事实质量指标按日期、班次用各种形式记录下来，用作判断产品质量优劣的依据和评价员工工作质量好坏的依据，叫做质量记录。质量记录一般有三种方式，即文字记录、数据记录和图表记录。

1. 文字记录

就是用文字记载当天的质量状况和当天所发生的质量问题的时间、工序点、操作者、经过、原因和所产生的后果，同时还可以记录就以上事实进行分析和实施解决的方法。这种记录多以工作日记形式出现，质量主管和分选班长应采用此种记录方式。

2. 数据记录

用数字来记录各工序控制点当天所产生质量数据，如每班的砖坯投入量、风裂数量、磨前尺码、刮平工序烂砖片数、抛光工序烂砖片数、漏抛漏磨片数、返抛片数、磨边工序出现的各种缺陷数量和烂砖数量、磨后尺寸、分选工序的优等品、一级品、合格品和四级品数量等数据。这些基础数据由各工序控制点当班员工记录并上报给车间统计员。质量主管可进行抽查这些数据是否如实，促使基础数据的及时性和准确性。

3. 图表记录

车间统计员将各工序控制点上报的基础数据进行统计，填写到相应的表格中，我们可把这种表格叫做质量报表。质量报表由质量主管核实、签名上报。车间统计员还可以根据质量报表填画出该条抛光生产线当天的推移图和直方图，供车间管理者进行看板管理。

质量报表见表 10-11；推移图、直方图其参考式样如图 10-2、图 10-3 所示。

表 10-11　抛光车间质量报表

线号　　　　班次　　　　线长　　　　日期　　　　质量

产品名称		规格（mm）		砖坯尺寸		磨后尺寸	
砖坯投入数量（件）		优等品数		一级品数		合格品数	
				烂砖总数		四级品数	
砖坯质量（件）	风裂	熔洞	斑点	分层	缺花	杂色	变形
加工质量（件）	刮烂	抛烂	磨烂	返刮	返抛	返磨	磨花
	光泽不匀	倒角不匀	大小头	对角线差	凸、凹	崩角	崩边
总体比率（‰）	优等品率	一级品率	合格品率	四级品率	返抛率	破损率	光泽度

填报人：　　　　　　当班质检：　　　　　　审核：

①质量报表一式四份，一份报生产副总，一份报车间生产主管，一份报质量主管，一份统计员留底。质量主管可根据砖质和生产情况，适当增加或减少表中所设定项目，但要能明确反映质量状况。质量主管还可以将自己根据质量报表的分析反馈给生产主管。该报表是月度产量和质量统计的依据，每月装订成册，作为质量档案保存。

②质量推移图：利用质量推移图可记录全月每天各班的质量综合百分点，然后用各种不同颜色的笔将各点连成线条，该线条是一根曲折线。车间管理者可根据这曲线的走势进行分

析，例如从图 10-2 可以看出，一班比二班的优等品率要高，当月 6 号是质量低谷，优等品率降低到 80%以下，合格品增高到 10%，可分析出是由于砖坯变形严重引起返抛所致。还可看出一班在出现质量低谷的第二天就将优等品率提升到 88%，证明一班在质量低谷的第二天就进行了磨具磨料和各机工艺数据的调整。而二班经过了三天的摸索才将优等品率提升到 87%。由此可知，一班员工比二班员工的素质和操作技能要高，车间管理者可根据分析的结果进行人员调配，使两个班都能齐头并进。所以说质量推移图是管理者的有力武器。

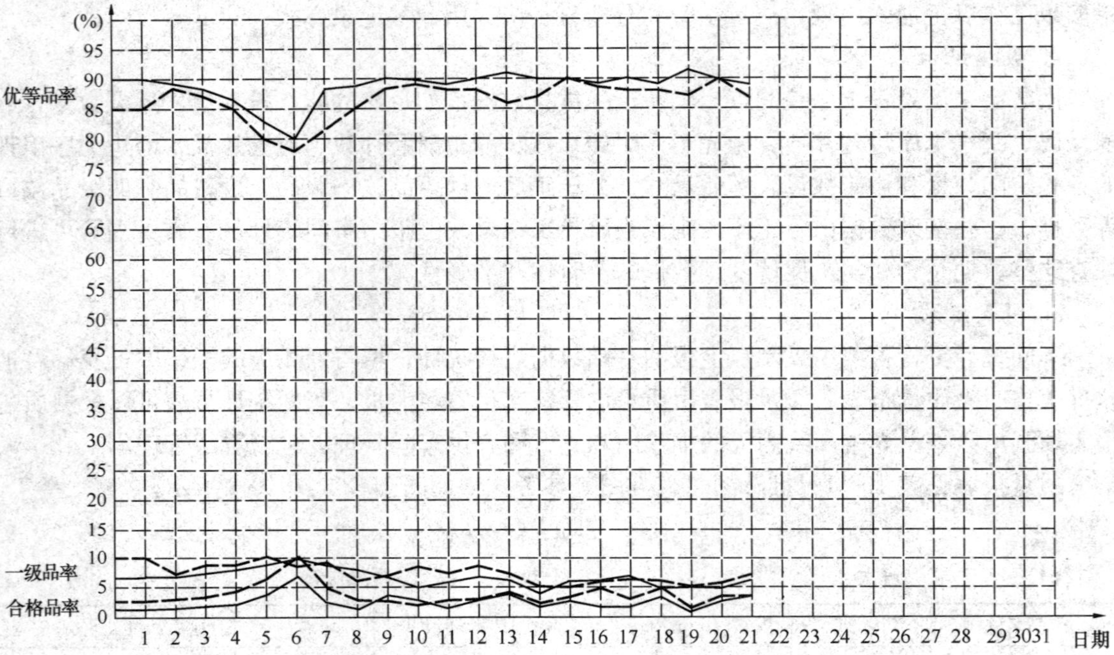

图 10-2 抛光车间 1 号线各班质量推移图

一班用细实线表示＿＿＿＿＿＿＿＿；二班用粗虚线表示— — — — — — — —

③直方图：直方图是记录产品各种等级的数量，将各种等级的数量绘成宽度一致、高度根据数量变化的方框，然后将这方框进行分类叠加，随着生产日期的增加，将各种等级的方框叠加成垂直的长方形图形，这种图形就叫直方图。直方图能直观地反映出当天产量和累计产量，也能反映出各种等级产品的当天数量和累计数量，从直观图上可以很方便地看出各线各班的生产进度和质量状况，便于管理者跟踪督促和进行改进。

陶瓷厂一般都是将优等品数和一级品数记入产量，而其他等级的产品不记入产量，因此提高优等品率，减少返抛数量是提高产量的唯一途径。图 10-3 是某陶瓷厂 1 号抛光线各班一周内的生产进度记录。可以看出，一班的进度比二班要快，因二班的合格品数量、四级品数量和破损量都比一班要多，由此可以得出二班员工的操作技能较一班要低，可采取对二班员工进行操作技能培训或调配人员来解决。

质量记录是发现问题、制定措施、质量改进、评定结果的重要依据，质量记录贯穿到整个生产过程，基础数据来自基层员工，因此质量管理是一个全员参与的生产过程管理。文字记录、数据记录和图表记录三者有机地结合，从而使质量管理做到标准化、数据化和图表化，也是使质量管理从人为性管理过渡到科学管理的重要途径。

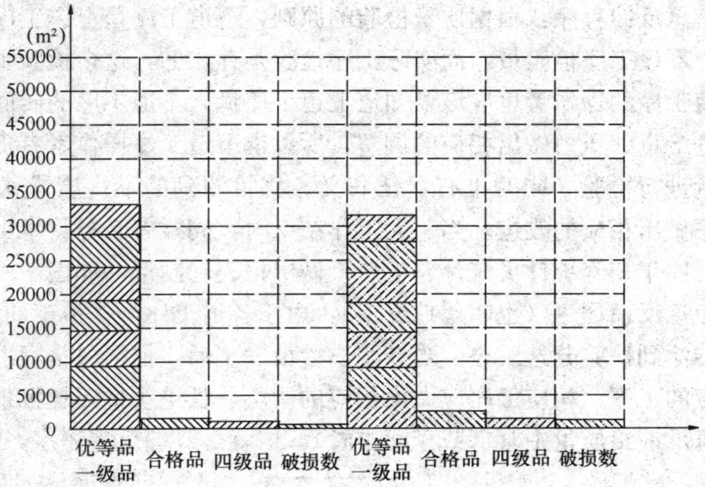

图 10-3　抛光车间 1 号线各班生产进度直方图

一班用 ▨ 表示；二班用 ▨ 表示

五、质量信息反馈和质量改进

现在是信息时代，各种信息的快速传递和反馈推动了各行各业的发展，在抛光生产过程中，同样也存在信息反馈，例如：粗抛工序的操作员工在粗抛机出口处检查砖面质量时发现砖面局部有未抛掉的釉层，立即用语言通知刮平工序，刮平工序员工得到该信息后，立即加大吃刀量，增加刮削深度，不让釉面未刮净的砖流到粗抛工序。这条例子前半部分叫做质量信息反馈，后半部分叫做质量改进。如果各工序之间互不沟通，各自为战，其结果就不堪设想。由此看来，在抛光生产过程中，质量信息反馈犹为重要。

1. 质量信息反馈方式

在抛光生产过程中，质量信息反馈有语言反馈、书面反馈和图表反馈三种方式。

①语言反馈：信息反馈者与接受者相隔距离很近，可用语言进行沟通的反馈方式叫语言反馈，这种反馈方式多用于各工序之间的沟通，也可用于基层员工口头向管理者反馈生产环节中出现的质量状况。

②书面（文字）反馈：信息接收者不在生产现场，信息反馈者以书面方式向管理者或职能管理部门反馈本工序当天的质量数据或质量状况。如前面谈到的各工序员工以书面形式向车间统计员报告当天本工序的烂砖数量、返抛数量和漏磨数量等，就是书面反馈方式。

③图表反馈：车间统计员或职能管理人员将当天收集到的质量数据或信息进行分类、归纳和统计，而后将结果填写在相应的表格和图形上，反馈给管理者，以便于管理者根据图表的信息做出相应改进和调整的决策，例如前面谈到的质量报表、推移图和直方图就是图表反馈的方式。

2. 质量信息反馈的程序和路线

给各种信息反馈设计和规定相应的程序和路线，可杜绝信息丢失，防止信息传递混乱，加快信息处理速度，使各种问题得到及时解决，有着极其重要的意义。在抛光生产过程中，信息反馈一般有工序反馈程序、终端反馈程序和会议回馈程序三种。

①工序质量信息反馈程序：根据质量检验的原则，下道工序是上道工序的检验员。因此在抛光生产过程中不设工序检验员，而实际工序检验是存在的，这个检验员就是下道工序的操作者。作为下道工序的操作者也应该要知道上道工序流入本道工序的砖面质量，以便自己对磨具、磨料、进给量、压力做出相应的调整，所以说下道工序操作者有责任和义务要对上道工序的砖面质量进行检验，同时也有责任和义务将检测到的不良质量状况反馈给上道工序，便于上道工序做出相应的改进。当一天工作结束时，同样有义务将本工序的事实数据反馈给车间统计员，便于车间统计员统计、汇总，做出报表和图形，如图 10-4 所示。

②终端质量信息反馈程序（也叫尾首反馈）：由于各道工序操作员工的疏忽或经验不足，让有质量问题的砖流到检验分选工序。当专职质检员发现后，根据质量问题的属性，立即用语言通知以上相应的工序，相应工序应做出相应的调整，杜绝质量问题批量发生。质检员同时有义务将此信息反馈给质量主管（或车间主管），这就是终端反馈程序，如图 10-5 所示。

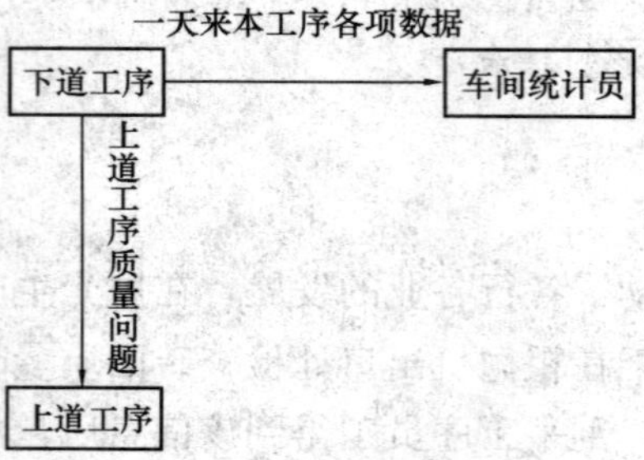

图 10-4　工序质量信息反馈程序图

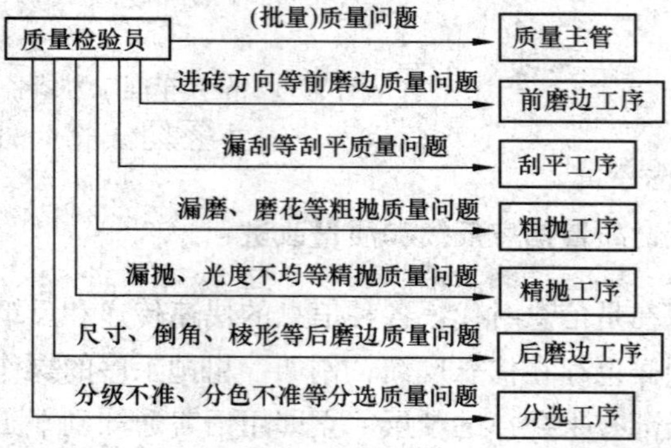

图 10-5　终端质量信息反馈程序图

③会议回馈程序：如图 10-6 所示，车间主管（质量主管）根据一天来所出现的质量问题和各种信息反馈，做出分析和判断，制定出改进措施，然后在班后或第二天的班前会议上将这些信息回馈给所有员工，同时下达调整或改进指令。当遇上凝难问题时，要利用班前或班后会议进行讨论，根据讨论结果制定出改进措施，这种形式称为会议回馈程序。经常进行会议回馈有助于整体提高员工队伍的素质，同时也会增加团队的凝聚力。

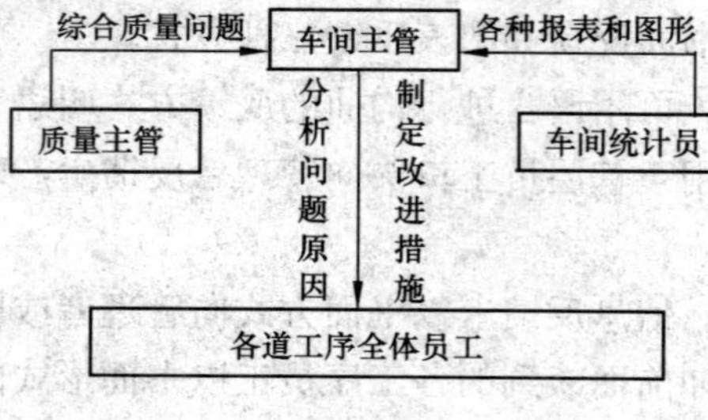

图 10-6　会议回馈程序图

④信息反馈路线：从图 10-7 可以看出，工序质量反馈路线（1）和终端质量反馈路线（2）都是在质量管理环（5）控制之内的，当一旦发现此两条反馈路线中任何一条堵塞时，都会使质量管理环中断，管理者必须及时给予疏通，不然就会出现批量质量事故。从图 10-7 中还可以看出，工序质量信息反馈路线最短、最快捷，因此搞好工序质量信息反馈是工序质量控制的关键，也是杜绝和预防批量质量事故的有力武器。图 10-7 中还可以看出，终端质量信息反馈实际上是事后质量检验信息的反馈，而且路线长，纠正速度慢。因此等到终端信息反馈到各工序时，已有一小批砖产生了质量问题。所以说工序质量信息反馈是事前预防，终端质量信息反馈是事后控制。为了预防质量事故发生，可以由专职质检员加强巡回检查。

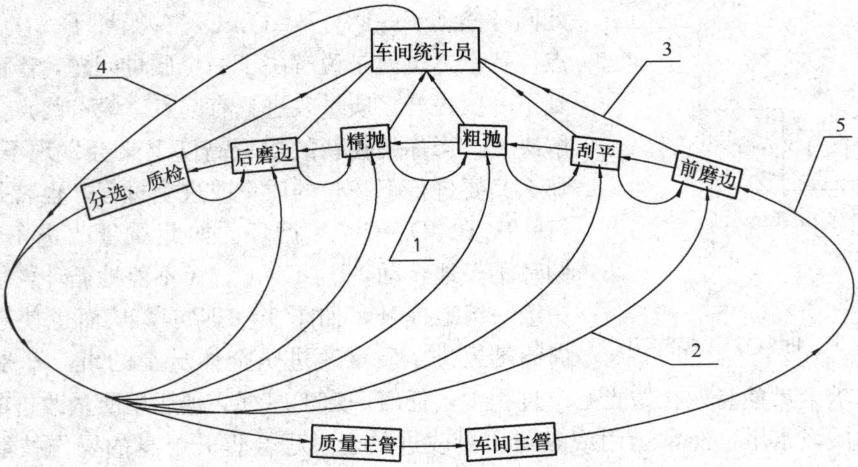

图 10-7　质量信息反馈路线图

1—工序反馈路线；2—终端反馈路线；3—工序数据反馈路线；
4—各类报表反馈路线；5—质量管理环

3. 质量改进

生产主管可根据质量报表上的数据和质检部门反馈的信息进行分析，得出影响优等品率是砖坯质量问题，还是加工质量问题。然后还可以进一步分析原因：是砖坯变形，还是砖面杂质；是设备调整不当，还是磨具、磨料选用不合理；是工艺数据选择不合理，还是操作员工责任感不够。再可根据分析结果制定改进措施，按改进措施进行各项调整，跟踪调整后的产品质量，直至质量稳定，这个全过程就是质量改进。质量改进有以下四个过程。

①分析原因：对所产生的事实质量问题进行原因分析。例如，现有一批抛光砖产生磨边后崩角，经现场观察是在第二台磨边机崩角，崩角的原因一般是由于磨削过大产生，经测量发现是由于砖经第一台磨边机磨后产生了棱形，使砖的一个角磨削量大而产生崩角。这种原因分析可由技术人员、该工序操作工一同进行，或由主管召集各工序员工集体讨论。总之一定要分析出真正的原因。

②制定措施：根据分析的原因制定出改进措施。还是用以上例子进行说明，通过分析明确是由于棱形使某个角磨削量过大产生崩角，那么要消除棱形，而只在第一台磨边上消除棱形才能保证第二磨边机的磨边质量，因此措施就是在第一台磨边机上消除棱形，方法是按特殊调整法调整第一台磨边机的对中轮。

③实施改进：根据所制定的措施，对设备进行调整或对工艺进行改进，这就是实施改进过程。继续用以上例子说明，对棱形砖进行测量，测出两对角线相差的数据，由此计算出对中轮调出的量，然后对第一台磨边机对中轮进行特殊性调整。调整后试磨棱形消除，再进行与第二台机连线试磨，崩角现象消除。

④评定结果：对所实施改进的结果进行定性的评定，可以将改进结果定为三种性质，即优良、一般、差或无效。对优良的结果要进行记载、归档和推广。对一般的结果要进行下一次质量改进的全过程，直至改进结果达到优良，对无效的结果要推倒重来。

质量改进的四个过程是首尾相连的，也是一个封闭的圆环，把以上四个过程用字母 P、D、C、A 来表示，并分别标定在圆环的四个位置上，当进行一次质量改进全过程就相当于

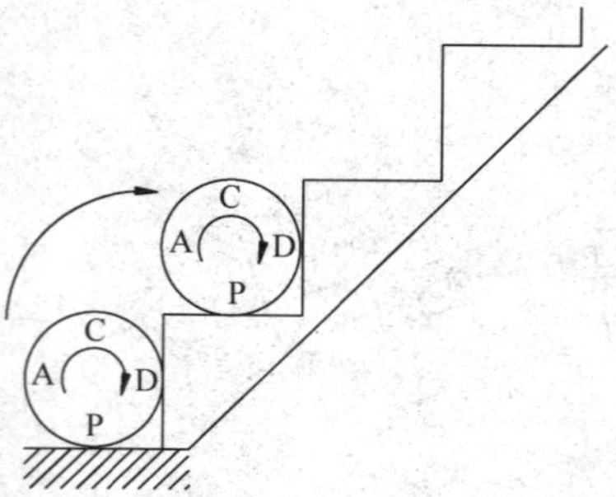

图 10-8　P、D、C、A 循环图

此圆环滚动了一圈，P、D、C、A 循环了一次，P 又在起点位置上，也就是说解决了一个质量问题，产品质量就得到了一次提升。质量改进只有起点，没有终点。一个问题解决了，当你站在新的质量高度上又会发现下一个问题，那么又要进行下一轮的质量改进全过程，也就是说又要进行一次 P、D、C、A 循环。如此质量改进不停地进行，圆环不停地转动，P、D、C、A 不停地循环，使产品质量一级一级地提升，如图 10-8 所示，从而也使产品从低端向高端迈进。质量改进是全体员工的事，不是几个人的事，所以要求全员参与。在抛光生产过程中，任何一道工序都必须运用质量改进的方法来提升本工序的质量水平，经常运用或参与质量改进的全过程会提升自身的操作技能和技术水平，从而会提升员工整体素质和品质。

第四节　分选工序岗位设置

设置分选工序的岗位必须要根据分选工序的工作内容和抛光砖的主要检测点来设定，其工作内容有光度检测、平整度检测、分级、分色、检砖下线、巡查质检六个方面。因此要设定如下岗位。

一、后磨边前检验（也叫磨前检验）

如图 10-9 所示，此道检验的目的是控制光度不够、光度不均、漏抛、划痕的砖进入后磨边工序。因为这些砖是要返抛的，如果让这些砖经过后磨边工序再去返抛会产生崩角、崩边现象，而使砖降级，从而降低了优等品率，所以要在此处设置质量检验岗位。此处检验工作一般由精抛工序操作员工承担，如果遇上砖坯变形大，产生漏抛的数量多，操作工忙不过来时可派分选工在此检验。总之此岗位一定要设置，人员可以灵活安排。

二、平整度检测

如图 10-10 所示。抛光砖不但在烧制过程中会产生砖面凹凸现象，在抛光过程中也会产生砖面凹凸现象，特别是大规格砖砖面凹凸现象较多，因此要设立平整度检测岗位。该岗位的工作就是用平直尺放在砖面上，用塞尺检测砖面凹凸的量，当凹凸超过规定标准时，就用

图 10-9　磨前检验岗位

图 10-10　平整度检测岗位

白色粉笔将测量数据写在砖面上，供分级人员定级时使用。该项检测一般要求每片砖都要测量，大规格砖每片砖要测量2～4个位置，所以工作量较大，人员数量要根据抛光线速度而定，一般要设置一至三人。

三、分级

该岗位就是根据砖面、砖边质量状况和外形尺寸，对照分级标准给抛光砖定级。将所定出的等级用白色粉笔标记在砖面上，供检砖下线人员使用。优等品不用标记，只标出一级、合格、四级。该工作责任性大，专业性强，一般由一人承担。如抛光线速度高时可由两人轮换，不能两人同时进行，因为两人同时进行会由于意见不统一而引起等级混乱。

四、分色

就是把抛光砖按不同的色层进行定色并标出色号，供检砖下线人员使用。一般只对优等和一级进行分色，合格和四级砖一般不分色。该工作责任性大，专业性强。设置人员时要根据采用何种分色方式和抛光线速度而定，如是线上对板画色法安排一至两人轮换，线下定色法安排三至四人，线上记忆分色法安排三至五人（视色号多少而定）。

五、检砖下线

就是将线上已分级、分色的抛光砖检拿下线，并按不同的级别和色号分类摆放在不同的转运架子上。该岗位只有线上对板画色法才安排此岗位，其余两个分色法都不用安排此岗位。

六、巡查质检

该岗位就是负责当班的质量巡查和质量管理工作，掌控质量标准，不定时地抽查分级、分色工作质量，解决在分级、分色中所遇到的问题，负责开色板和线下定色工作，负责分选工序的数据统计并报告给车间统计员，负责当班分选工序的质量信息反馈。遇上出现批量质量问题时有权下令停线。该岗位一般设置一人，如采用线下定色分选法时应增加一人。

第五节 现代科学分选技术

随着现代科学技术水平的提高，很多研发机构设想用现代科学技术来替代人工分选，该项研究从20世纪90年代开始，经过近二十年的研究，在各种砖的分级方面有所突破，现在已应用在尺码、直角度、边直度和大小头的检测方面，并能根据检测结果给被检测砖定级。在世界建陶行业的范畴内，已在线使用的有尺码机、自动分选机、自动分选包装机。国内于2006年已研发成功了全自动分选包装机。

以上这些机器都是采用多点布控式光电检测技术和精密传输技术相结合，配以计算机系统和人机界面显示，如图10-11所示。其工作原理是：首先要将被检测砖的分级参数输入该机的计算机系统，当砖来到自动检测工位时，多点布控光电检测系统对该片砖进行 X 坐标和 Y 坐标的尺码检测，检测精度可达微米级。检测系统将检测数据通过数据线传输给该机计算机系统，计算机系统对输入的检测数据进行归纳和计算，而后将计算结果与分级参数进行比较，根据比较结果定出该片砖的等级，并在显示屏上显示出来，告知操作者，如图 10-12 所示。再由精密传输系统将该片砖送到相同等级的线架上，经人工分色后进行包装。如果是不需分色的砖（釉面砖、仿古砖等）就由精密传输系统将该片砖送到相同等级的砖堆上，当该堆砖够一箱数量时，传输系统又将该堆砖送进自动包装工位进行包装，再由传输系统将该砖包送进自动喷码工位，在砖包装箱上喷出该包砖的规格、级别和生产日期。最后输送下线。

图 10-11　分选机正在对砖进行检测

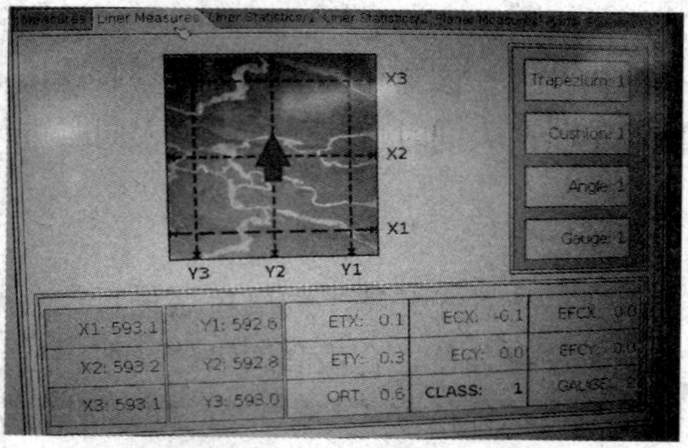

图 10-12　显示屏显示检测结果

从图 10-12 可以看出，分选机对砖的检测是非常细致的，在每片砖的 X 方向检测三次，Y 方向检测三次，这是人工分选难以做到的。因此分选机在尺码检测和等级划分上是很准确的，能做到等级一致性。但是它也有一定的缺陷，例如对斑点、熔洞和分层的控制就不能做到，这也就是国内很少有陶瓷厂家使用分选机的一个原因，要想弥补这方面的缺陷，只有提高砖坯的质量，避免这些缺陷出现，才能放心地使用分选机进行分级。

在自动分色方面也是如此，如果一批砖色号少，实现自动分色就容易，如果是色号多又杂，那就难以做到。要想完全实现自动分级和分色，一要提高分选机对色层的分辨能力和对砖面缺陷的识别能力，二要提高砖坯的内在质量和控制色差。随着分选机的制造技术不断进步和高分辨率的色差检测仪的研发成功，以及砖坯内在质量和色差控制手段的提高，完全自动分选一定会实现。

复习思考题

1. 依据什么来制定抛光砖企业等级标准?
2. 抛光砖等级标准包含哪些内容?
3. 抛光砖分色有几种方式? 分别叙述其内容。
4. 影响抛光砖质量的原因有哪些? 请试画出因果图。
5. 叙述尺码管理的重要性。
6. 根据什么进行等级定位和色号定位?
7. 叙述质量记录和信息反馈的重要性。对工序质量控制有何作用?
8. 叙述质量改进的四个过程，不断地进行 P、D、C、A 循环对产品质量有何作用?

第十一章　抛光砖的包装及标识

抛光砖与其他瓷砖一样属于易碎物体，为了使其在搬运过程中不被损坏，防止砖面与砖面相互摩擦而磨花砖面，用一种抗冲击的柔性材料将其包裹起来，再用带状物将其捆绑结实，称为包装。在包装物上用文字或数字标明该包砖的型号、规格、等级和色号，便于辨认和识别，称做标识。

第一节　包装的种类

按包装材料分为三种包装，即聚氯乙烯泡沫包装、纸箱包装和混合包装。

一、聚氯乙烯泡沫包装

如图 11-1 所示，这种包装材料为聚氯乙烯泡沫颗粒，在高温高压下模压成盒状，并且在盒中做成 2～3 道小隔挡便于将砖分开，避免砖面相互摩擦而磨花砖面。此种包装盒四件为一套，即左包装盒（1）、右包装盒（1）和两个腰枕（2），然后用塑料 PP 打包带（4）将砖包捆扎成如图 11-1（6）所示，用带扣（5）锁紧。在包装带与包装盒之间放上带垫（3），避免包装带勒破包装盒。这种形式由于其材料是泡沫塑料颗粒，可塑性好，防冲击，对抛光砖的防护性能较好，但是也有以下三点不足之处：

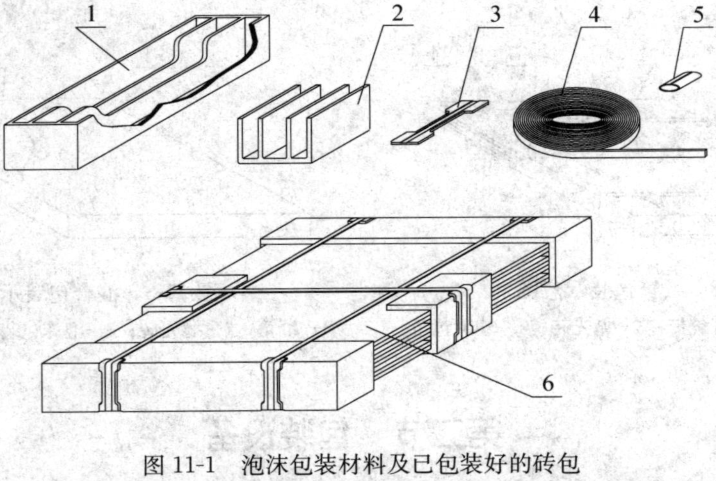

图 11-1　泡沫包装材料及已包装好的砖包

1—左、右包装盒；2—腰枕；3—带垫；4—PP 打包带；5—带扣；6—已包装好的砖包

①由于包装盒上不能印刷花纹图案，因此不能美化砖包，从而使砖显得不高档。

②由于其材质较软，码垛库存时容易产生倾斜、倒塌。

③再由于此种包装每片砖之间存在缝隙，库存时间一长灰尘就粘附在砖面，当顾客开包时觉得有陈旧感。

因此这种包装在1998年以前较盛行，1998年后就被纸箱包装所代替。现在也有用这种包装盒的，但是只是用来包装四级品和档次较低的抛光砖。

二、纸箱包装

如图11-2所示，用瓦楞纸做成包装箱（1），配匹塑料包角（4）和聚氯乙烯泡沫软隔页，将砖放入纸箱（1）内，用塑料PP打包带（2）捆绑结实即为纸箱包装。塑料包角（4）是防护砖角在搬运过程中不会碰崩。这种包装缩小了砖包的外形尺寸，可防止灰尘进入包装箱内，在包装盒的表面可印刷与企业品牌有关的精美图案和文字，使消费者感到包内是高品质的瓷砖，无意中提升了抛光砖的品质，在销售抛光砖的同时能起到宣传和广告作用，从而达到扩大企业品牌的知名度。当然也存在缺陷，主要是防潮性不好，当纸箱一旦受到潮湿，瓦楞纸就会淅出黄色纸浆汁，此黄色浆汁会从每片砖的砖边渗进砖内，从而使抛光砖面形成黄色斑痕，会破坏抛光砖原有的砖面质量。因此防潮防湿是纸箱包装的重点。

三、混合包装

如图11-3所示，是先把抛光砖（2）装在较薄的聚氯乙烯泡沫包装盒（3）内，再用纸箱（1）包装一次，也就是对采用聚氯乙烯泡沫包装盒和纸箱双重包装。混合包装所用的聚氯乙烯泡沫包装盒的厚度只有第一种包装的包装盒的三分之二或二分之一，泡沫腰枕（4）的长度较长，使抛光砖的四周都有聚氯乙烯泡沫套着，加强了防护性。这种包装如果是整体包装箱的，一般不用PP打包带捆绑，而只用不干胶封口带将纸箱口封住即可；如果是折叠式（即包装时边包装边折叠）包装箱的，就一定要用PP打包带捆绑。这种包装吸取了泡沫包装和纸箱包装的优点，同时又避免了双方面的缺点，既有较强的防护能力，又能有提升抛光砖的品质和扩大品牌知名度的作用，但是也还是要加强防止潮湿现象。这种包装一般称为高档包装。

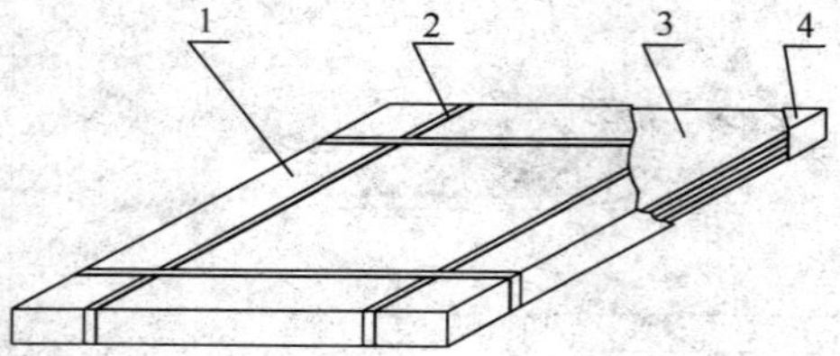

图11-2　纸箱包装示意图

1—纸箱；2—PP打包带；3—抛光砖；4—塑料包角

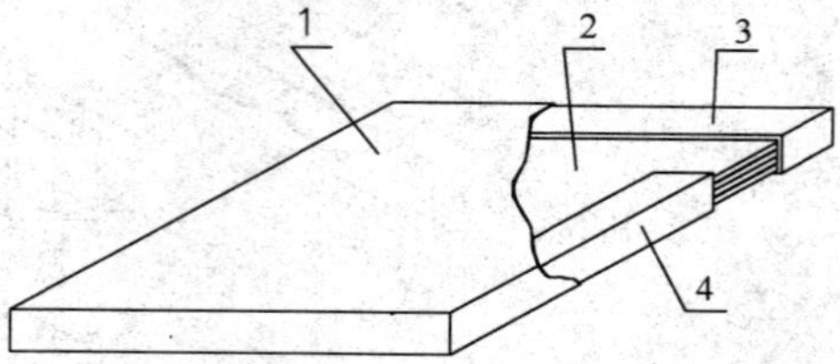

图11-3　混合包装示意图

1—纸箱；2—抛光砖；3—泡沫包装盒；4—泡沫腰枕

第二节　包装设备

在抛光砖的包装中使用的设备有手工打包机、半自动捆扎机、自动捆扎机、半自动包装喷码线和全自动包装线。分别叙述如下。

一、手工打包机

如图11-4所示，该打包机分两部分，即拉紧器和咬扣器。拉紧器有固定端和移动端，用一根齿条连接，固定端与齿条是紧固连接，移动端与齿条是活动连接，移动端可在齿条上来回移动，移动端手柄下部装有一齿轮与齿条啮合，固定端和移动端上分别装有一个夹带器。工作时，先将移动端相对于固定端拉开到最大距离，把 PP 打包带的一端夹紧在固定端上，将 PP 打包带的另一端绕过砖包夹紧在移动端上，摇动手柄使齿轮在齿条上滚动，从而通过移动端带动 PP 打包带向固定端移动。当 PP 打包带拉紧到一定状态时，用装在固定端上的刀片将 PP 打包带切断，将 PP 打包带头、尾两个端头穿过用铁制的带扣孔，此时用两手拿住咬扣器的两个手柄，使其张开到最大位置，再将咬扣器的下部套住带扣，两手同时相对向内用力，使两手柄收拢到最小位置，将带扣压紧并压出凹凸齿形，使 PP 打包带不能松动。松开固定端和移动端上的两夹带器，移开拉紧器，这就是手工打包的工作原理和工作过程。手工打包工人劳动强度大，生产效率低，但能适用于任何物体打包。

二、半自动捆扎机

也叫半自动打包机，如图 11-5 所示。所谓半自动打包机就是人工装好砖包，搬到打包机的工作平台上，先用手拿住 PP 打包带的一端绕过砖包后插进电热熔合槽内，再由半自动打包机电动收紧、电热熔合和切断。其结构有工作平台、电动收紧器、电热熔合器和切断器。其电源为单相 220V 电压，功率是 300～660W。打包速度每道 1.5s，适应 PP 打包带宽度 6～15mm、厚度 0.55～1.2mm。工作平台是用来承载包装物体的，有高台和低台之分，它们的离地高度分别是 820mm 和 680mm。平台中间有一条 20mm 宽的通槽，PP 打包带就从此通槽内穿过。电动收紧器是将 PP 打包带收紧，收紧力是 60kg。电热熔合器是将 PP 打包带首尾端进行电加热熔合，熔合后由切断器切断。该机打包速度快，效率高，在国内陶瓷厂内使用广泛。

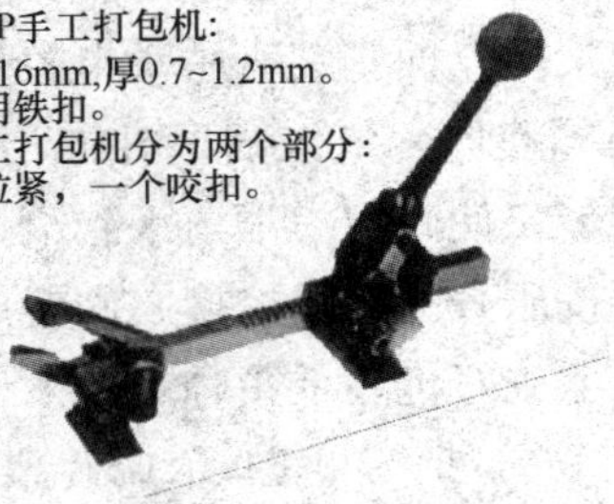

图 11-4 手工打包机

图 11-5 半自动捆扎机

三、自动捆扎机

也叫自动打包机，如图 11-6 所示。所谓自动打包机就是只要人工将装好的砖包搬上自动打包机工作台面上的方框内，对好要捆扎的位置，按下按钮，打包机就会自动穿带、绕带、插带、收紧、熔合和切断。有点动和连动方式，有 220V 和 380V 两种电源任选，功率 1000～1200W，打包速度每道 2.5s，整个打包程序用 PLC 控制。其结构除台面上装有一绕带方框外，其余与半自动打包机相同。

半自动捆扎机和自动捆扎机的使用与包装材料的改变有密切关系，此两种打包机适合使用于纸箱包装和混合包装。

四、半自动包装喷码线

也叫满箱喷码滚棒台，其外观如图 11-7 所示。其结构由输砖线架、搁箱架、横向滚道、升降气缸、输包滚棒台、喷码器和电气控制部分组成。输砖线架将经分级和分色的抛光砖输送到装箱包装区域。搁箱架安装在输包滚棒台的一侧并紧靠输砖线架，是专门用来搁放包装纸箱的，一条线要安装 6～10 个搁箱架，因为每种等级、每个色号要专用一个搁箱架，不能共用。横向滚道安装在搁箱架下面，是用于将满箱砖包过渡到输包滚棒台上。升降气缸一端用铰支连接在输包滚棒台的下横梁上，活塞杆与横向滚道连接，用于升降横向滚道。输包滚棒台的滚棒是用链条传动，是将满箱砖包平稳的向喷码区域输送。整个控制用光电开关、电磁换向阀和 PLC 控制。

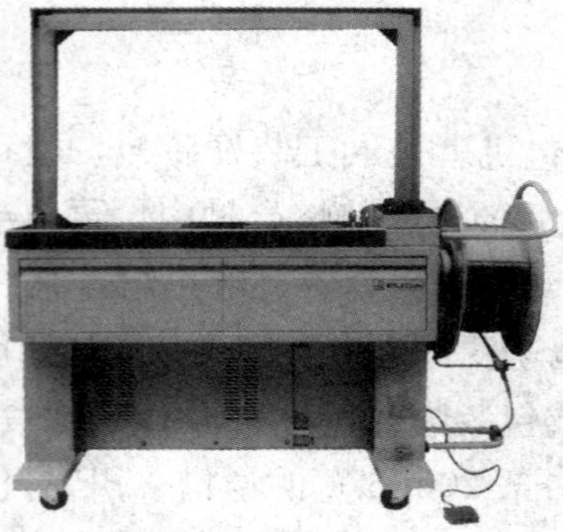

图 11-6　自动捆扎机

图 11-7　满箱喷码滚棒台外观图

工作原理如图 11-8 所示。从图 11-8 中可以看出输包滚棒台、搁箱架、横向滚道、升降气缸和输砖线架的安装位置，还可以看出在输砖线架操作面安装有手动电控换向阀。当一箱砖装满后，工人用左手按压电控换向阀开关，换向阀换向，气缸活塞杆推动横向滚道升起。当滚道托住搁箱架上的砖包时，工人用右手推动砖包，使砖包沿滚道滚到滚棒台上，再由滚棒台输送到喷码区域直至出口。此时工人左手离开按压开关，电控换向阀换向，气缸活塞杆带动横向滚道下降回到起始位置。工人又在搁箱架上放好包装纸箱，进行下一个工作循环。

装箱如图 11-9 所示，把每个搁砖架示为一个工位，如该线有八个搁砖架就有八个工位，每个装箱工人负责两个工位，那么在输砖线架操作面就要安排 3～4 个装箱工人，每个工位只能装一种等级色号的抛光砖。例如 1 号工位装优等 1# 色的抛光砖，2 号工位装优等 2# 色

图 11-8　工作原理说明图

图 11-9　装箱示意图

抛光砖，依次类推，安排完优等各色号，再安排一级各色号，并将这些安排设定到控制电路PLC内。合格品和四级品不用装箱，让其随输砖线架流到最后进行简单包装。装箱工人在搁箱架上放好纸箱，当自己负责的等级色号砖来到时，检起该片砖放入纸箱内，放入时注意做到砖面对砖面，避免磨花砖面。当装满箱时按上述工作原理进行操作。

喷码控制如图11-10和图11-11所示，从图中可以看出每个纸箱后面的输包滚棒台上面都悬吊着一个光电开关，在滚棒台出口处悬装着一个喷码器喷头，同时要在PLC内设定各个光电开关得电后砖包到达喷码器喷头下面时间，也就是延时设定。例如当1号工位的砖包从横向滚道上滚到输砖滚棒台上时，该处光电开关检测到来包信号，将信号送进PLC内，经过PLC运算，输出1号工位相应的等级、色号和要求延时的时间给喷码器，喷码器按PLC输入的数据进行变换相应的数码并进行延时等待，当1号工位的砖包来到喷头下面，喷头立即开始在砖包上喷出相应数码（型号、规格、等级、色号、生产日期）。如果是2号工位光电开关检测到来包信号喷码器就会按2号工位相应的数码喷出。

图11-10　喷码控制说明图

图11-11　喷码头安装图

此种包装不用PP打包带打包，只用封口胶带粘贴。此种包装喷码线在国外较为盛行。优点是分选后立即进行包装喷码，不会产生混色、混级现象，避免因转运产生磕碰崩角现象，可以形成流水线作业，便于现场管理。同时可将该机PLC与仓库电脑进行数据连接，将当天生产的各种型号、规格、等级、色号的数据输进仓库电脑，可省除繁杂的进仓报表，从而达到节约人力物力、高效的目的。

五、全自动分级包装线

全自动分级包装线是由多个工作序位组成，有精密传输系统、检测系统、信息处理系统、人机界面操作系统和检测工位、各种等级砖集垛工位、包装工位和喷码标识工位。其外观如图11-12所示。该线是对砖进行自动分级、包装和喷码标识。全自动分级包装线的包装形式分笼式和坛式两种，其工作原理基本相同。

工作原理：首先只要将砖的尺码、分级标准数据和每箱数量通过人机界面操作系统输入

图11-12　全自动分选包装线外观图

到信息处理系统内，这就是数据设定。数据设定后就可以进行分级包装作业，将要分级包装的砖通过线架送进该线精密传输系统，当传输带将砖送进检测区域时，各种光电检测器开始检测，并将检测数据送进信息处理系统，经信息处理系统对检测数据进行运算，并将运算结果与原输入数据进行对照确认被检测砖属于何种等级，将确认结果通知精密传输系统和后续各工序，传输系统根据信息中心的指令将被检测砖送到某种等级砖的集垛工位。当该集垛工位砖的数量已满足包装数量时，该工位就将此垛砖放到传输链上，由传输链将此垛砖送进包装工位，包装工位将此垛砖顶进包装纸箱进行包装，砖包打好放回到下一级传输带上，又由传输带将此砖包送进喷码工位，喷码头根据信息处理系统的指令给该砖包喷上相应的型号、规格、等级、数量和生产日期等标识内容，而后经传输带将该砖包送出包装线。整个过程全自动运行，不需人为干预。

由于该线现在还不能对抛光砖进行分色，因此目前该分级包装线只能适用于釉面砖、水晶砖、亚光砖、耐磨砖、瓷片等砖种的分级包装。

六、大规格抛光砖全自动包装线

由于抛光砖的规格不断增大，每片、每包砖的重量在大幅增加，打包工人的劳动强度也在大幅增加，对抛光成品砖及时打包入库造成了困难。2009 年我国已研制出大规格抛光砖全自动包装线，适应 600mm×600mm 及以上各规格抛光砖的包装、捆扎、码包。它由上砖机、包装机、捆扎机、码垛机、输垛机组成。采用纸箱包装形式，全线自动生产，效率是每分钟可包 5～12 包，从而达到降低工人劳动强度，提高生产效率的目的。

工作原理：由上砖机将抛光成品砖（已分级、分色、防污处理好的砖）按规定的片数送上进砖线架，输进包装机内，包装机设有自动取放包角装置、自动取放包装纸装置、自动折叠成包工位。当折叠成包的砖包来到自动捆扎工位时，多台（最少是两台）捆扎机会按设置的捆扎要求对砖包进行自动捆扎。叠垛机则将捆扎好的砖包从输包线架上提起，自动放到输垛机上的木托盘上，满盘（木托盘上放满了规定的包数）后，输包机则自动移动一个工位，让空木托盘移到叠垛机旁边的规定位置上，因此叠垛机则可以不间断地工作，人工叉车则将已满盘的木托盘叉进仓库。整条生产线只需两人操作，全线集机、电、气于一体，用 PLC 控制，其效率是人工包装的十二倍。目前此种包装线正在推广使用之中，还需要不断地完善和改进。

第三节　包装工艺

抛光砖的包装工艺较为简单，可分为包装箱的容量设计、装箱和捆扎三个方面。

一、包装箱容量设计

陶瓷抛光砖的包装容量设计是以每包砖的质量标准为依据来进行设计的，为了便于砖包的搬运和装卸，把每包砖的质量标准定为 35kg 左右。各种规格的抛光砖每包质量基本一致，每包砖因规格不同而片数也不同，见表 11-1。有了质量标准和每箱砖的片数，包装箱的设计就方便了。

表 11-1　每包砖片数与砖规格之间的关系表

抛光砖规格（mm×mm）	400×400	500×500	600×600	650×650	800×800	1000×1000
每包包装片数（片）	10	7	5	4	3	2
每包砖平方数（m^2）	1.6	1.75	1.8	1.69	1.92	2

二、装箱方法（以人工包装方式叙述）

将抛光砖按相同的型号、规格、等级、色号，按一定的顺序装到一个包装箱里。不同的包装方式有不同的装箱方法。

（1）泡沫包装的装箱方法是将一个包装盒放在干净的地面或专用木板上，先将中间隔挡内放上规定片数的抛光砖，再在两边隔挡内分别放上规定片数的抛光砖，盖上另一包装盒，将腰枕在砖包的两边中间位置各压进一个，然后双手拿住砖包搬上打包工作台进行捆扎。

（2）纸箱包装又分两种形式，一种是折叠式纸箱，另一种是整体式纸箱。

1）折叠式纸箱：折叠式纸箱实际上就是一块平纸板，四个角已开好折叠的缺口，先把折叠式纸箱平铺在包装平台上，纸箱的背面朝上，用双手拿好该箱应装片数的抛光砖放在纸箱的中间位置上，将四个塑料包角套在该箱砖四个砖角上，再将砖四周的纸板按要求随着砖边砖角进行折叠，而后进行捆扎。

2）整体式纸箱：如果是留有两个箱口的整体式纸箱，装箱前应将一个箱口盖好并放在有 60°斜度的装箱专用工作台上，另一个没有盖好的箱口朝上，用双手拿好该箱应装片数的抛光砖（注意整齐）对准并插进箱口，让砖顺着斜度滑进箱内，给上面两个砖角套好塑料包角，盖好上面箱口盖，双手搬起砖包放到捆扎工作台上，扒开第一个盖好的箱口盖，给两个砖角套好塑料包角，再盖好箱口盖，然后进行捆扎。如果是只有一个箱口的整体式纸箱就不用塑料包角，而只是按上述方法装箱后盖上箱口盖就可以进行胶带封口或捆扎。

（3）混合包装的装箱方法与纸箱包装方法相同，将纸箱放在有 60°斜度的装箱专用工作台上，箱口朝上，在抛光砖上套好一个泡沫包装盒和两个腰枕，而后双手拿住腰枕对准纸箱口并插进箱口，待腰枕进入纸箱内才能松手，再用手将砖沿着斜度推到箱底，套好另一个泡沫包装盒，盖好箱盖口就可以进行胶带封口或捆扎。

三、捆扎和封口

（1）捆扎材料：捆扎所用的材料是塑料 PP 打包带，该带是以聚丙烯为原料，具有拉力大、耐腐蚀、外表美观和多种颜色，带面上可以印制企业名称、产品品牌等字样或图案。此带有普通经济性和高强度性两种，普通经济性打包带一般用在手工打包和泡沫包装上，半自动打包机、自动打包机、纸箱包装和混合包装多用高强度性打包带。常用塑料 PP 打包带的型号、规格参数见表 11-2。

表 11-2　常用塑料 PP 打包带的型号、规格参数表

型　号	宽度（mm）	厚度（mm）	断裂拉力（≥kg）	断裂延伸率（≤%）	偏斜率（≤mm）
PP-12006	12	0.6	120	25	25
PP-12007	12	0.7	130	25	25

续表

型 号	宽度（mm）	厚度（mm）	断裂拉力（≥kg）	断裂延伸率（≤%）	偏斜率（≤mm）
PP-13506	13.5	0.6	130	25	25
PP-13507	13.5	0.7	140	25	25

注：0.6mm厚的包装带每卷长度为2000m，0.7mm厚的包装带每卷长度为1720m，纸管内径为ϕ200mm。

（2）封口材料：纸箱包装常用的封口材料是BOPP封箱胶带，此胶带是采用在透明塑料薄膜上涂覆了一层透明不干胶。此胶带有机用和人工用两种，机用胶带每卷直径大，人工使用胶带每卷直径小，可根据需要在胶带上印字或图案。

（3）两横一竖捆扎方式：如图11-1所示的捆扎就属于此种方式。这种方式多适合于有腰枕的泡沫包装、整体式纸箱包装和混合包装。此种捆扎方式有简单、节约材料的优点。

（4）井字形捆扎方式：如图11-2所示的捆扎就属于此种方式。这种方式适合于折叠式纸箱包装，此种包装有捆扎严实和不容易散包的优点。

四、用木托盘包装的砖包摆放方式和捆扎方式

为了加快砖包转运和装卸速度，特别是纸箱包装和混合包装后用封口胶带封口的砖包，都要用木托盘进行第二次集中包装，如图11-13所示。此种集中包装便于转运和装卸使用机械化作业，提高工作效率，便于仓储码垛，还可有效地预防潮湿，也是抛光砖包装卸转运朝现代物流管理方面发展的方向和趋势。

（1）砖包在木托盘上的摆放方式：如图11-14所示，砖包在木托盘上应该立着放，而不能平放，平放容易压烂砖，立着的方向应该互为90°，这样砖包能互相支撑，不会产生朝一个方向倾倒。摆放砖包前要求在与木托盘脚成90°方向摆好两条打包带，再放上砖包，让砖包压着此两条打包带，为捆扎工序做好准备。

图11-13 用木托盘对砖包进行集中包装

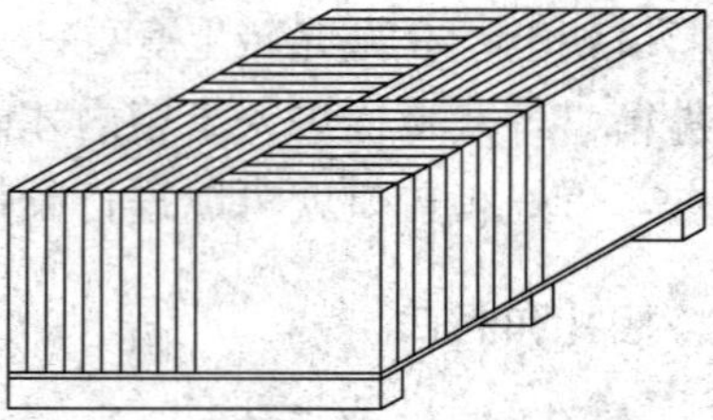

图11-14 砖包在木托盘上的摆放方式

（2）木托盘包装的捆扎方式：如图11-15所示，砖包摆放好后，先在水平方向捆扎两条打包带（俗称是打腰箍），此两条带的中间距离一般等于两条带到上、下砖包边距离之和。再将预放在木托盘上的两条带捆扎好，最后两条带应穿过木托盘将砖包与木托盘牢牢地捆扎在一起，使砖包与木托盘不会轻易产生错位。采用井字形捆扎方式，两条带中间距离等于两条带到包边的距离之和。

（3）PE拉伸膜缠绕方式：用PE拉伸膜对木托盘上的砖包缠绕可在经打包带捆扎后进行，也可不用打包带捆扎直接进行。经缠绕后可使砖包长期保持张力而不至于松散，将砖包

与木托盘裹在一起，具有良好的防松散、防雨、防潮、防尘、防盗等效果，达到保护产品和节约成本的目的。

PE 拉伸膜是一种透明、富有弹性、强度、无毒无害、柔软的聚乙烯塑料薄膜，可在不加热的情况下，进行纵向和横向冷拉伸，依靠它本身自黏性包装各种产品。该薄膜的厚度有 16～40μm，拉伸强度≥360kg/cm^2。

用拉伸膜进行包装有人工拉伸缠绕包装和机器拉伸缠绕包装。人工缠绕的效率低，用拉伸薄膜缠绕机进行包装的速度快、效率高。该机有半自动和自动形式，如图 11-16 所示，结构有转盘工作台、压盘、立柱、放卷器和升降机构。转盘工作台的直径一般在 ϕ1500～ϕ2000mm 范围内，转速每分钟最快可达 12 次。将装满砖包的木托盘放在转盘工作台的中央，启动转盘工作台木托盘和砖包就随工作台一起转动。当包装物高度较高时，就要用压盘压住包装物，以免包装物在转动时倒塌，压盘压力为 20kg。放卷器是用来放卷拉伸膜的，它能给拉伸膜预加一定的拉伸应力。放卷器安装在升降机构上，随升降机构上下升降，升降机构采用 PLC 控制，能自动控制拉伸膜每圈的间距和升降换向。该机总功率一般为 1.2～2kW/380V。

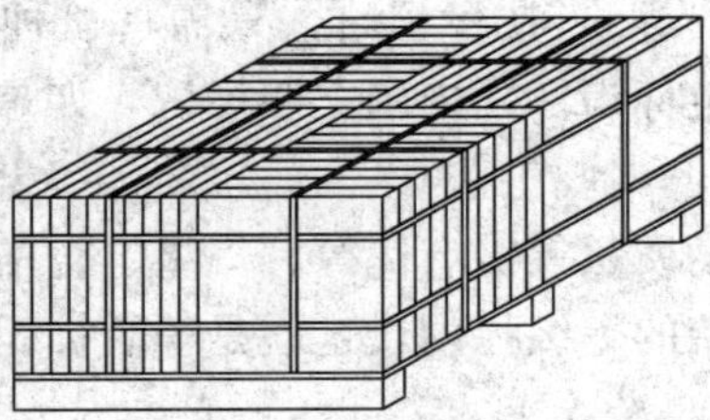

图 11-15　木托盘包装的捆扎方式

图 11-16　拉伸薄膜缠绕机

第四节　抛光砖包的标识

抛光砖在包装好后，要在其包装箱或盒上用文字、字母、符号和数字记录该包砖的型号、规格、颜色、等级、色号和生产日期，这就是标识。标识是为了便于明确该包砖的属性、质量状况和生产日期，便于仓储时进行归纳和分类摆放，便于装卸、搬运、销售时识别和寻找，当一旦发生质量问题时，便于查找问题原因和责任人，能有效地防止成品砖的等级及色号混乱，防止发货错误和货不对板的现象发生，实现进出明确、仓储有序和用户放心的目的。抛光砖包的标识应包含标识规范和标识方法。

一、标识规范

标识应该有一定的规范，对标识内容、标识位置、标识字体的大小都必须要有明确的规定，不能随意乱标，这样也是便于库库管理人员、使用者、搬运者和装卸者方便、快捷地明确箱内砖的型号、规格、质量状况和生产日期。

1. 标识内容

标识内容一般有型号、规格、颜色、质量状况、生产日期、每包数量、每包质量、生产企业名称和地址、联系方式等。详细标识还应有生产班次、生产人员代号、质检人员代号和包装人员代号。

（1）型号：包括企业品牌或企业名称的缩写、抛光砖的种类和生产编号（试制编号）。抛光砖的种类繁多，有大颗粒砖、全色砖、渗花砖、微粉砖、仿石砖、仿玉砖、微晶砖和复合微晶砖等。品牌或企业名称、砖种一般用每个字的汉语拼音第一个字母标识，生产编号是以该种砖的试制编号进行标识。举例说明：盈喜牌渗花砖，试制编号是 028 #，就先将盈喜、渗花四个字的拼音写出来：分别是 YING、XI、SHEN、HUA，取出每个字拼音的第一个字母，分别是 Y、X、S、H，将它们与试制编号进行组合就形成该种砖型号，即是 YXSH028。将此型号标识在包装箱的型号栏内，这就是型号标识。

（2）规格：表示该箱砖的名义尺寸，实际尺寸一般不标，例如实际尺寸 502mm×502mm 的砖则标 500mm×500mm，648mm×648mm 的砖则标 650mm×650mm。将该箱砖名义尺寸标识在包装箱的规格栏内，这就是规格标识。

（3）颜色：抛光砖的颜色多样，例如：大颗粒砖有粉红、豆绿、灰白、金黄等；全色砖有红棕、粉红、墨绿、全白、全黑等；渗花砖的颜色更加丰富，有金花米黄系列、白底蓝花系列、行云流水系列、仿大理石纹系列等。（微粉砖有洞石系列、木纹系列、冰川世纪系列、普拉提系列、3 元素系列、郁金香系列、铂金系列等。）在标识时，只需将该种砖所用颜色用文字或拼音标在包装箱的颜色栏内，这就是颜色标识。国内用文字标识，如是出口砖则用英文或拼音标识。

（4）等级：表示该箱砖的质量等级，抛光砖的质量等级有优等、一级、合格和四级，在标识时只需将该箱砖的事实质量等级标识在包装箱的等级栏内，这就是等级标识。国内用文字标识，如是出口砖则用英文或拼音标识。

（5）色号：表示该箱砖的色层号，标识时只需将该箱砖的色号用数字加“#”标在包装箱的色号栏内，这就是色号标识。

（6）生产日期：表示该箱砖实际生产日期，不能以包装日期和进库日期标识。因为以实际生产日期标识便于查找质量原因、质量责任班组和质量责任人。如果以包装日期和进库日期标识就难以查找真实质量原因和责任人。标识时，只需将生产日期用数字形式标在包装箱的生产日期栏内即可，例如 2007 年 8 月 28 日的标识形式是 2007/08/28。年、月、日字样一般不用标识。

（7）每包数量：是指一个包装箱内有多少片抛光砖，用泡沫包装时此数量不用标识，因为泡沫包装不是将砖全部包裹，而是留有很多空间，可以直观看出每包有多少片砖。用纸箱包装和复合包装必须标识。

（8）每包质量：这质量是包括包装物和被包装物的质量之和，一般在包装箱上标识毛重。

（9）企业名称和地址：包装箱或盒上一定要如实标识生产企业名称、联系地址和邮政编码，这样可以提高企业的知名度、信誉度。

（10）联系方式：包装箱或盒上一定要标识联系电话号码、传真号码和网址。这便于客户反馈、联系和沟通。

2. 标识形式

标识形式有单个标识和组合标识两种。

（1）将以上标识内容进行单个标识的称为单个标识，此种标识一般都在包装箱上规定了每种标识的区域，标识时只能对号入座，不能标错。例如将盈喜牌渗花砖、生产编号二十八、500mm×500mm 规格、金花米黄、优等品、第二种色号、二零零七年八月二十八日生产、每包 35kg 标识到包装箱上的单个标识形式是：型号：YXSH028，规格：500×500，颜色：金花米黄，等级：优等，色号：2＃，生产日期：2007/08/28 或 2007.08.28，数量：7 片，毛重：35kg。此种标识适用于人工包装和印章标识法、标签标识法。

（2）将所有标识内容组合在一起进行标识称为组合标识，组合标识是在包装箱上规定的区域内进行。组合标识有斜杠组合和横杠组合两种形式。将以上例子标识在包装箱上的斜杠组合标识形式是：YXSH028/500×500/金花米黄/优等/2＃/2007.08.28/7 片/35kg；横杠组合形式是：YXSH028-500×500-金花米黄-优等-2＃-2007/08/28-7 片-35kg。组合标识适用于半自动包装和自动包装，适用于喷码标识。

3. 标识位置

型号、规格、颜色、等级、色号、生产日期、数量和质量要求标在包装箱上醒目、容易看到、不易被覆盖的位置，泡沫包装标识在左右包装盒的外侧面上，纸箱包装和复合包装标识在纸箱两侧边。为什么要标在侧面呢？因为砖包在摆放和码垛时都是一箱紧靠着一箱，而只有侧面露在外面，所以标识在侧面就不易被覆盖，使辨认者容易看见。如果标在包装箱的面上或底部就不容易看到了。但是现在用自动喷码机标识是标识在包装箱的面上，这是因为便于自动喷码机垂直方向喷字，这是自动喷码标识美中不足之处。企业名称、地址和联系方式要求标识在包装箱的正面。

4. 标识字体和大小

标识字体为仿宋体，字体大小一般为一号或小初，也有的喷码标识将字体大小调到初号或加大号。只要标识的位置允许，字体可尽量大一些。

二、标识方法

就现在陶瓷厂常用的标识方法有印章法、标签法和喷码法三种。使用何种标识方法与包装方法和所使用的包装材料有关系。泡沫包装较多使用印章标识法和标签粘贴标识法。纸箱包装和复合包装较多使用喷码法。人工包装较多使用印章标识法和标签粘贴标识法。半自动包装线和全自动包装线必须使用喷码标识法。

1. 印章标识法

把要标识的内容分别刻成印章形式，标识时分别将各个标识内容印在包装箱的相应位置上，这就是印章标识法。印章标识法只需刻制单个英文字母印章、单个数字印章（0～9）、单个“＃”字印章、各种等级印章和各种颜色印章即可，标识时可按需进行字母组合、数字组合和字母与数字混合组合，再配上等级印章和颜色印章就可以满足需要。标识字样的颜色分别是红色印泥和蓝色印泥。

如果用印章标识以上十个标识内容，就费工费时了，实际上用印章标识的内容只有等级、色号和生产日期，其他的标识内容都是纸箱生产厂家在印制包装箱时一并印好，并且同时印好等级、色号、生产日期字样，只是在等级、色号、生产日期字样后面留下空白位置，打包人员只需用印章在此空白位置标出该包砖的事实等级、色号和生产日期即可。

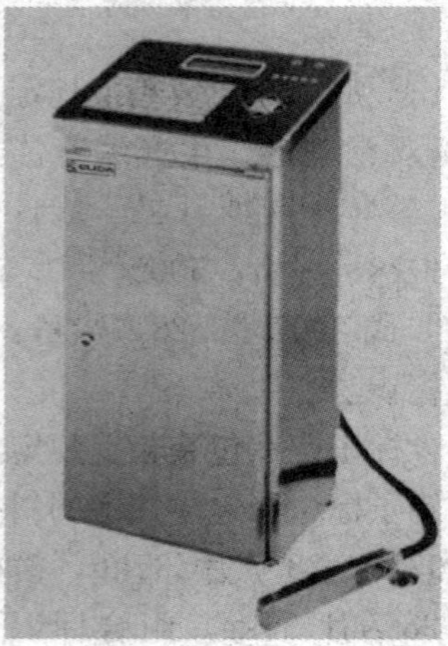

图 11-17　喷码机外观图

2. 标签粘贴标识法

标签粘贴标识法有两种形式：一是将所有要标识的内容全部印在一张标签纸上，当然要根据等级、色号的不同印制不同种类的标签纸，使用时选择符合该包砖的等级、色号、颜色的标签纸粘贴在该砖包上即可；二是将各种要标识的内容单个印制标签纸，使用时对号入座进行粘贴。标签纸背面涂有不干胶，粘贴时非常方便。但是此种标识成本高，并要提前预印制，稍有计划不当就会造成生产脱节。因此在抛光砖包装标识中一般不提倡使用。

3. 喷码标识法

喷码标识法是现代科学标识方法，也是使标识进入自动化作业的必要途径，所用的设备是喷码机。喷码机是现代科技进步的产物，它是集机、电、气于一体的现代化设备。它的外部结构如图 11-17 所示，由机柜、喷头和操控面板组成，机柜内有自动泵墨系统和墨路自动清洗系统。喷头能按操控系统提供的数据进行喷墨，操控系统由人机界面操作面板和信息处理系统（PLC）组成。操作面板如图 11-18 所示，通过键盘将所要标识的内容输入到信息处理系统进行编辑，编辑后会在显示屏上显示出来，当操作人员确认后按下执行键，泵墨系统启动，延时一定时间后墨从喷头喷出，如图 11-19 所示。喷头由操作人员用手拿着，可进行任意角度喷字。该机还有数据库存储系统，自动计数系统，商标、图形和特殊字符编辑功能，全自动同步序列号、灵活日期选项和实时时针功能。该机可进行人工手持自由喷码和与自动包装线组合成自动喷码，具有喷码速度快、效率高、字迹清楚、字体规范整齐的优点。随着现代科技的普及和应用，抛光砖包采用喷码标识会越来越多，正在取代印章标识和标签标识。

图 11-18　喷码机操作面板

图 11-19　喷码头正在喷字

复习思考题

1. 叙述抛光砖的包装定义和标识定义。
2. 抛光砖有几种包装形式？
3. 包装设备有哪几种？哪种包装设备体现了现代性？
4. 叙述纸箱包装和混合包装的作业过程。

5. 捆扎有哪两种方式？各有什么优缺点？
6. 木托盘包装与现代物流管理有联系吗？为什么？
7. 对抛光砖包进行标识的意义是什么？
8. 抛光砖包有哪些标识内容？
9. 喷码标识法应该用哪种标识形式？

第十二章　产品进库和仓库管理

抛光砖经包装、标识后就形成了产品，不能再放在生产现场，应该送进仓库贮存。抛光砖产品对仓库设置和其在库房内摆放、码垛有一定的规定和要求。再由于每天都有相同的型号和不同的等级、色号的抛光砖进出库，如果管理方法不对或疏于管理将会造成产品流通混乱，使有的小色号抛光砖压库，而有的大色号产品又要拆开当小色号产品出售的尴尬局面，这样会给企业带来一定的损失，同时也会失去客户。因此，搞好产品进库和仓库管理是非常重要的。以下从仓库设置、码垛、定置和流通管理几方面进行叙述。

第一节　仓库的设置和要求

一、产品对仓库的要求

要求仓库必须具有防雨、防晒、防潮、防火、通风、明亮的性能，如图 12-1 仓库断面图所示。

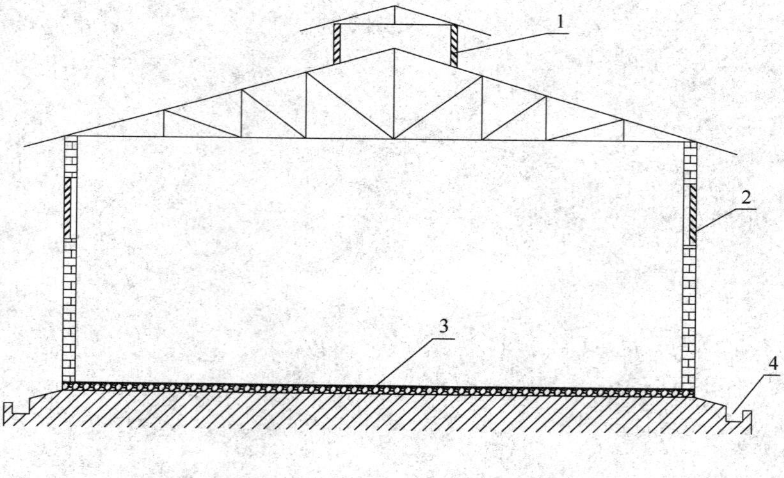

图 12-1　仓库断面图

1—气楼百叶窗；2—墙壁百叶窗；3—水泥地面；4—排水沟

（1）防雨：仓库房顶要求结实可靠，不能有倾塌和泄漏，因为现在都是采用纸箱包装和复合包装，一旦产生漏雨现象，纸箱就会潮湿，黄色的纸浆汁会污染抛光砖面，将会给企业带来很大的损失。

（2）防晒：要避免太阳光直接照射到砖包上，有的将仓库房顶盖透明玻璃钢瓦，这样不可取，因强烈的阳光会透过透明玻璃钢瓦照射到砖包上，现在的纸箱包装都印有彩色图案，照射的时间一长，纸箱会变成陈旧的颜色，给消费者带来不满意的感觉，有损企业信誉。仓库房顶瓦最好用塑钢复合瓦或水泥瓦。

（3）防潮：由于纸箱包装不能受潮，因此要求仓库地面干燥，并且要求仓库地面比其他车间地面要高一些，这样可预防遇暴雨时地面积水不会涌进仓库地面。摆设纸箱砖包的地面要平铺一层木板，以防纸箱吸取地面潮气，同时要求仓库四周排水沟要畅通无阻。

（4）防火：仓库内要设置消防水管和消防器材，如灭火器、砂堆等。仓库内外要设置防火警示和严禁烟火警示标识牌。因为纸箱、泡沫塑料包装盒、打包带等都是易燃物质，一定要防患于未然。

（5）通风：要求仓库空气流通，因此仓库四周墙壁上要有通风百叶窗，屋顶要有透气采光窗，使其产生对流，能有效地抽走地面潮湿空气，防止包装物霉烂，同时也改善了搬运工人作业环境。

（6）明亮：仓库白天是通过四周墙壁上百叶窗和屋顶采光窗进行采光的，因此要求墙壁百叶窗要开得大一些，屋顶采光窗的高度要高一些。仓库内还要装有照明灯，以备夜间作业。

仓库要设置在离生产现场不远的地方，这样可减少转运费用，节约转运时间，还要方便发货装车，发货装车区域要有防雨、防晒功能。

二、库位和通道设置

一个仓库小则有一千多平方米，大则有几千平方米，当这个仓库全部堆满砖包时，要想找一包某个等级某个色号的砖，那是如大海里捞针，无法找到的，所以要将仓库分成若干个库位，并将这些库位进行编号标识，如1号、2号、3号……28号等，用中号标识牌挂在每个库位靠主通道边的上方。如果一个工厂有多个仓库时，对仓库也要用英文字母进行编号标识，可编为A库、B库、C库等，用大号标识牌挂在每个仓库大门的上方墙壁上，也可用红色油漆书写。每个库位面积在30～40m^2之间为宜，如果是专放小色号的仓库，库位面积还要划小，以15～20m^2为宜。

如果将一个个库位看成一个个细胞组织，那么通道就是联系这些细胞组织的血管。通道有主通道和次通道之分，主通道贯穿整个仓库，就是仓库有多长主通道就有多长，主通道一端正对着仓库大门，这样方便产品进出库，主通道宽度不能小于3m。库位与库位之间也要有通道，此通道就是次通道，次通道一端与主通道连通，一端从两库位之间伸向墙壁。次通道宽度不能小于1m，主通道与次通道的连接就像鱼刺图一样，也就是一条主通道两边有若干条次通道与其连接。

库位和主、次通道设置好后，要用黄色油漆在地面划出界线，界线宽度一般为60mm，长度方向可为间断形式直线。也可为不间断形式直线。如果采用间断形式，则要求间断的距离相等，界线要求直和宽度一致，如有拐弯和圆角处则要求圆弧过渡，做到规整美观。界线划好后要形成规定，产品要求摆放在库位四周黄线以内，人和搬运车辆只能在主、次通道内行驶。

三、产品进出库位登记卡

也叫库位卡片。此卡片是记录该库位进出产品的型号、规格、等级、色号和数量，同时也要记录进库责任人、出库责任人和产品进出库时间。也是产品进出库现场原始账页，也是电脑记账的原始凭证，其式样见表12-1。

表 12-1　产品进、出库位登记卡

库号：　　　　库位号：　　　　页号：　　　　库管员：

日期		进库产品					进库人	日期		出库产品					出库人
月	日	型号	规格	等级	色号	数量		月	日	型号	规格	等级	色号	数量	

此卡片用较厚纸板印制而成，用铁皮盒装好或用铁夹夹好吊挂在每个库位规定的位置上，卡首库号、库位号、页号由库管员填写，产品进、出库栏由进、出库责任人（进、出库搬运工人）按事实填写，当记录完一页后立即续放上第二页，每月依据此卡对本库位库存产品进行一次盘点，物卡相符表示正常，如果物卡不相符应查明原因予以纠正。用过后的记录卡片不能废弃，应集中作为仓库档案保存，如果发现或客户反馈进、出库产品中有错包，混级、混色现象按卡上记录查找责任人，予以处理。

第二节　成品砖包进库、码垛和定置

一、成品砖进库的方式

进库的方式有两种：一是人工进库；二是机动叉车进库。

1. 人工进库

小型抛光砖厂一般较多使用人工进库，人工进库的运输工具是板车和手用叉车，人工进库适用于未用木托盘进行集中包装的砖包，包括泡沫包装、纸箱包装和混合包装。人工进库要进行组织和分工，不然会引起混乱。库管员在接到车间统计员当天的进库报表后，要认真看清当天进库的砖是何种型号、规格，各种等级和色号的砖各有多少数量，而后到仓库观察哪些库位是空的，哪些库位原有的库存砖与当天要进库的砖是否是相同的型号、规格、等级和色号。然后进行计划安排，指定某个搬运工人进某个等级、色号的砖到某个库位，一个工人负责一种色号，遇上大色号砖一个工人不够时，也可安排几个工人同时作业，此时一定要指定临时责任人。经过分工后，当发现某个库位或某种色号砖有混乱时，或码垛不合格时，就方便查找责任人，并可责成责任人进行返工。

2. 机动叉车进库

用机动叉车进库是现代物流的一种高效率作业方法。此种进库方式只适用于木托盘集中包装。同样在进库之前，库管员在接到车间统计员当天的进库报表后，要认真看清当天进库的砖是何种型号、规格，各种等级和色号的砖各有多少数量，而后到仓库观察哪些库位是空的，哪些库位原有的库存砖与当天要进库的砖是否是相同的型号、规格、等级和色号，写出书面计划安排，然后将此计划书交给当天进库的叉车司机，要求其按计划将某种等级、某种色号的砖进到某个库位。只要计划周密，机动叉车进库的效率会更高。

二、成品砖包码垛方式

砖包码垛高度和砖包码垛方式都必须有一定的要求，砖包码垛方式有两种：一是砖包码垛；二是木托盘码垛。

1. 砖包码垛高度

码垛高度一般在 1.8～2.0m 范围内。太高搬运工人的手拿不着，容易引起掉包而摔烂砖，底层砖的承重能力有限，会引起把底层砖压烂；砖包码得太低，增加仓库占地面积，会浪费仓库空间。由于砖的规格不同，码垛的层数也有不同，因此对每种规格砖的码垛层数有如下规定，见表 12-2。

表 12-2　各种规格砖包允许码垛层数表

砖规格（mm×mm）	400×400	500×500	600×600	650×650	800×800	1000×1000
砖包允许码垛层数	5	4	3	3	2	2
砖包在木托盘上码放层数	2	2	1	1	1	1
托盘包装后托盘码垛层数	2	2	3	3	2	2

砖包在木托盘上码放的层数也不能高，只允许 400mm×400mm、500mm×500mm 规格砖码放两层，600mm×600mm 规格以上的砖只允许码放一层，见表 12-2 第二行。用托盘进行了集中包装后的托盘码垛层数又有不同，见表 12-2 第三行。

2. 砖包码垛方式

如图 12-2 所示，砖包码垛要求立着放，砖包的码垛方式一般用方块形式，第二层也是一个方块形，只是砖包摆放的方向与第一层砖包互为 90°，第二层垒在第一层上，第三层垒在第二层上，当码放层数达到标准时就形成一个立着的长方体，每个长方体都有自身承重能力，一个长方体要紧靠着另一个长方体，使它们看似相互依靠，实际上又能独立存在。这种码垛形式方便发货，发货时可一个长方体、一个长方体发清，每个长方体都能从顶层拿到底层，从而也很方便地清出了库位空间。

3. 托盘码垛方式

如图 12-3 所示，托盘码垛的形式与砖包码垛形式基本一样，把第一个托盘摆好后，第二个托盘就垒在第一个托盘的砖包上，第三个托盘又垒在第二个托盘的砖包上。每组托盘也是一个立着的长方体，也有自己的承重能力，各组托盘互相靠着，但不互相依赖。这样也是方便发货，发货时每组托盘可以从上至下地用叉车叉到运输车辆上，有利于清出库位空间。

图12-2　砖包码垛方式

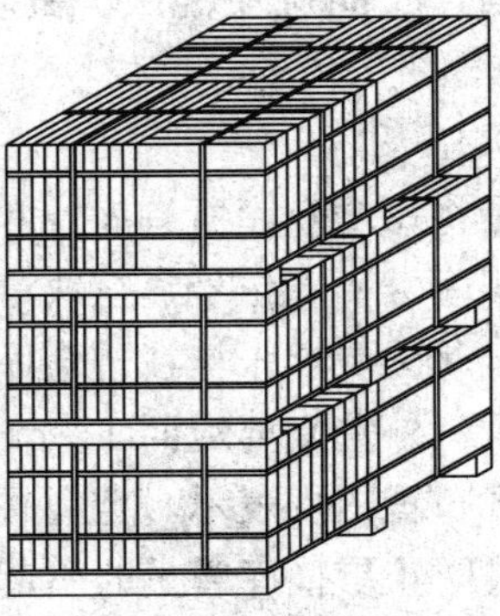

图12-3　托盘包装码垛方式

三、成品砖定置管理

对仓库和库位实行定置管理，是仓库规范化管理的一种手段，也是更加方便快速地查找被库存物资的必要方法。其内容有仓库定置、库位定置和定置图。

1. 仓库定置

仓库定置有两种形式，一是以抛光砖规格设定仓库，二是以抛光砖等级设定仓库，分别举例说明如下：

(1) 按抛光砖规格设定仓库：依据各种规格抛光砖的生产量大小、综合各仓库的容量进行设置，生产量大的规格砖定置在大仓库，生产量小的规格砖定置小仓库。例如现有A、B、C、D四个仓库，其中B库容量大，而抛光砖是以600mm×600mm、650mm×650mm规格生产量大，可将A库定为放置400mm×400mm、500mm×500mm规格抛光砖，B库定为放置600mm×600mm、650mm×650mm规格抛光砖，C库放置800mm×800mm规格抛光砖，D库放置1000mm×1000mm、1200mm×1200mm规格抛光砖。这种定置较为直观，多数陶瓷厂采取这种定置方法。

(2) 按抛光砖等级设定仓库：就是依据抛光砖某种等级的量的多少来选择仓库容量，抛光砖优等品率要占每批产量的百分之八十以上，其他等级只占百分十五以下。例如现有A、B、C、D四仓库，四个仓库的容量基本一致，那么就将A、B、C库定置为优等品仓库，一级品、合格品和四级品定置在D仓库。这种定置可有效防止等级混乱，突出了重点。

2. 库位定置

搞好了仓库定置只是一个大的方向，库位定置会更具体、更细致。库位定置要具体到色号止。库位的分配原则还是根据各等级抛光砖的量来进行，如果一个仓库有四十个库位，优等品所占库位应有80%以上，其他等级只能占15%，还有5%的库位用作库存小色号砖、断色砖和散包砖（断色砖就是某种色号砖销售后只存下几箱，而以后再也不生产此种色号）。根据以上计划优等品所占库位是30个，一级品所占库位是4个，合格品所占库位是2个，四级品所占库位是2个，小色号砖、断色砖和散包砖所占库位是2个。优等品库位还有细分，可分为优等1号色6个，优等2号色6个……优等5号色6个。这样分配只是一种定置计划，还要进一步落实库位号，例如1号、2号、3号、4号、5号、6号库位定置为优等1号色，7号、8号、9号、10号、11号、12号库位定置为优等2号色等。一级品砖也要如此定置。只有这样才能使仓库管理工作做到规范、规整、明确、细致，才能使产品进出库做到有条不紊，才能避免乱级、乱色现象出现。库位定置也可根据实际情况做相应的调整和更改。

3. 定置图

就是将每个仓库所有库位和每个库位摆放产品的等级和色号用图的形式表示出来，在图上要标明库号、库位号、摆放产品的等级和色号，还要标明该库的南北方位、大门位置和主次通道。此图要求张挂在进仓库大门左侧离地面1.8m高墙壁上，也可制成标识牌形式，挂在仓库大门外左侧离地面1.8m高墙壁上。库位定置是某仓库库位定置图形式，仓库定置应放在厂区布置图内表示。定置图是仓库规范管理的标志，也是库存产品规范摆放的图形文件，也是防止更换库管员时引起仓库混乱的有力措施。当库位设置有更改时，定置图也应进行相应的更改。定置图样式如图12-4某库库区定置图所示。

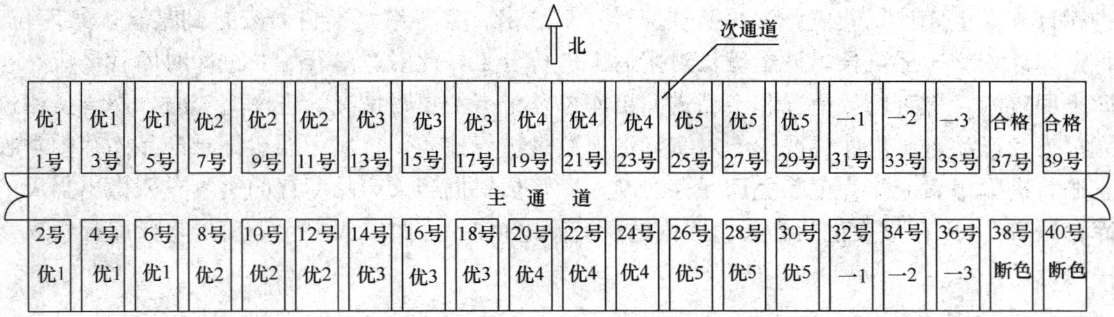

图 12-4　某库库区定置图

第三节　成品砖流通管理

一个陶瓷厂，不论其规模大小，每天都有产品进库和出库，如果管理不当便会带来产品进出库混乱，下面从三个方面进行叙述。

一、产品流通的必然性和管理的重要性

这里所描述的产品流通是相对于仓库而言，仓库就像一个大型的水库，每天生产出来的成品砖就像雨水流进水库一样流进仓库，当销售部将砖出售给客户发货时就像水库开闸放水一样而出库。我们把这一个过程叫做产品流通，产品流通的频率越快，企业赚取的利润就越多，如果说产品只进不出，就会引起仓库爆满或无法装下，这就叫爆仓。爆仓给企业带来的压力是资金压库，没有资金周转，无法购进原材料，严重时会引起停产和破产。当产品进不敷出时，这是每个企业都希望的事情，在这种情况下企业管理者会加大投入产出管理，来充实仓库，从而达到满足市场需求的目的。因此相对于仓库来说，产品从仓库不断的流通是一件大好事，也是必然的。

水库将雨水通过各种渠道收集起来，然后按需、按时将水排放出去，我们说水库相对于雨水进行了管理，仓库通过一定的程序将产品收集进库，又通过一定程序出库，仓库相对于产品进行了流通管理。在产品的流通过程中，如果不建立一些必要流程，不对仓库和库位进行定置和进出记录，不建立发货手续，必然会导致一片混乱，会带来客户抱怨和企业信誉损失，严重时会使企业亏损。因此加强产品流通管理，建立相关的流程和进出库手续，对于堵塞漏洞、杜绝错误发生、减少客户抱怨显得尤为重要。作为库管员来说，加强每个库位的产品流通管理是仓库管理的重要一环。

二、产品流通程序

产品流通程序有产品进库程序和出库程序。

1．产品进库程序

如图 12-5 上半部分所示，首先由车间统计员对本车间当天生产的产品进行统计，做出进库报表，经车间主管审核签名后交库管员，库管员根据进库报表上的型号、规格、等级、色号和数量到车间现场进行验货，验货后在进库单上签收，而后综合仓库库位空实情况做出

进库计划，进库计划上应详细写明某型号、某规格、某等级、某色号安排到某仓、某库位。将进库计划交搬运班长，搬运班长对搬运工进行分工，此时进库开始。进库时库管员应在仓库来回观察，检查码放情况和产品进、出库位登记卡的填写情况，进库完毕时，库管员用进库报表和产品进、出库位登记卡对实际进库数量进行核实，核实无误后记录产品库存归类收支账，进库报表应作为记账凭证保存。晚上库管员根据当天产品库存归类收支账做出当天的库存报表，（库存报表包括当天仓库内的所有新老产品）。第二天早上上班时将此库存报表交销售部。

2. 产品出库程序

如图 12-5 下半部分所示，销售人员根据客户意愿开出产品提货单，提货单上必须写明何种型号、何种规格、何种等级、何种色号、多少数量、单价和合计金额，客户持提货单到财务部交纳货款，财务部收取货款后在提货单盖上财务章，客户方可用提货单到仓库提货，库管员接到提货单后，做出产品出库计划，出库计划上必须详细写明某种型号、某种规格、某种等级、某种色号、多少数量从某库位发出。将出库计划交搬运班长，出库时要求搬运班集体作业，不能分工作业，因为要一种型号、一种规格、一种等级、一种色号发清后才能发第二种。发货开始，库管员要和收货人员（客户）在一起共同计算出库数量，核对型号、规格、等级和色号。发货结束后，要求收货人员在提货单上签收。同时要求搬运工人在产品进、出库位登记卡填写出库数量，对已发出货的库位进行清扫，准备下轮产品进库。而后库管员要记录当天产品库存归类收支账，提货单应作为记账凭证保存。产品进库数量记在收入一栏，产品出库数量记在支出一栏。晚上库管员根据当天产品库存归类收支账做出当天的库存报表，第二天早上上班时将此库存报表交销售部。

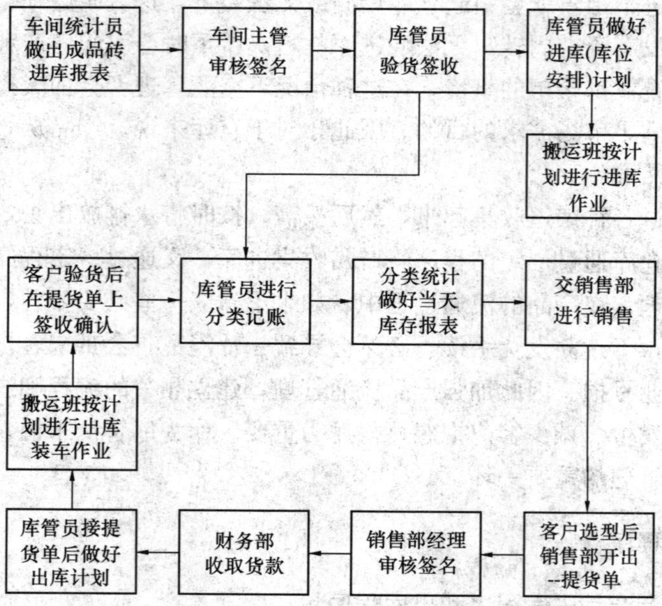

图 12-5　成品砖进、出库程序

三、产品流通管理方式

产品流通管理方式视企业大小和实力而论，小型企业多用全人工管理，中型企业多用人与计算机结合管理，大型企业多用现代信息化管理。分别叙述如下：

1. 全人工管理

人工管理方式是传统管理方式的延续，从速度上和效率上是落后于现代信息化管理，对于小型企业来说，减少初始期的资金投入，稳步发展是小型企业从创业期走向发展期的必然选择。人工管理模式是现代管理模式的基础，初始性企业抓好人工管理，建立好各种流程，对以后实行人机结合管理和现代信息化管理就方便多了。产品流通程序所叙述的产品进库和出库流程就是人工管理的模式。所谓人工管理模式就是各种报表、记账都是人用手工抄写和记录的，这种模式只要管理人员做到三勤，即勤于沟通、勤于记账记录、勤于现场观察和了解，一样能把流通管理做好。

2. 人机结合管理

也叫计算机辅助管理，就是管理人员借助于计算机进行管理叫做人机结合管理模式。人机结合管理的条件是每个管理岗位必须有计算机，计算机内必须装置必要的办公软件，如Microsoft Word、Microsoft Excel 等。此模式有单机模式和联网模式。

（1）单机模式：此模式实际与人工模式相似，车间统计员将车间当天生产抛光砖的型号、规格、等级、色号和数量输入计算机，做成进库报表，通过打印机打印出来，提交给库管员，库管员接到进库报表后验货签收、做出进库计划，安排进库，待产品进库后，库管员将当天的进库单和出库单上的数据输进仓库电脑（计算机），这就叫电脑记账，输入出库数量时应在数据前面加“—”号，输入时只需按流水形式输入，不需查找相同型号栏目，然后利用电脑软件进行自动排列，组合，求和。将相同型号、规格、等级、色号的进库数量进行自动相加，把相同型号、规格、等级、色号的出库数量进行自动相减，经过自动求和后就形成了当天的库存报表，通过打印机打印出当天的库存报表提交给销售部。库管员在输入进库数据时，根据自己的进库计划，同时输入某种砖存放的库号和库位号，当下次发货时只要在电脑上查到某种型号、规格、等级和色号时就知道该砖存放的库号和库位号，便于制订出发货计划。从以上叙述可以看出，单机模式也还是走报表形式，但是，原来人工抄写报表已改为电脑打印报表，原来人工账本记账已改为电脑输单记账，原来人工统计已改为电脑自动求和。这已做到了报表规范化，降低了管理人员的劳动强度，节约了时间，提高了效率，是一个很大的管理进步。

（2）联网模式：联网模式较单机模式又进步了一层，但是企业要组建一个局域网，就是将企业内的所有计算机进行联网，联网后可省除报表。数据可在网上进行查阅和传递。其操作是车间统计员将当天的生产产品数据输入电脑，形成进库报表形式，打印一份给库管员现场验货签收，库管员可在电脑上利用网络将统计员的进库报表下载输入到仓库库存数据中来，当天的出库数据还是要采用输单的形式输入仓库电脑，再利用电脑自动求和功能生成当天的库存报表。销售部门通过网络可查阅到当天的库存报表，并且多个销售员可同时查阅，这样可省除销售报表。联网后数据传输速度快、准确，进一步提高了效率。

3. 现代信息化管理

现代信息化管理是现代大型企业的必由之路，它是利用计算机硬件和软件技术，按照人为设计的程序来处理和传播信息。要实现信息化管理，企业首先要进行硬件和软件投资，建立信息系统，而后要在专业管理人员的指导下，建立一整套适合本企业管理程序和数据库，培训好信息系统的操作人员，企业信息系统才能运行。现化信息化管理是一门独立的学科，它适用于企业各个部门，各个层面的各种信息管理，例如人事、行政、财务、生产、供应、销售、物流等。本文中涉及的成品砖流通管理只是其系统内的一小部分。硬件就是计算机和网络系统，软件的种类较多，现化较为流行是 ERP 软件系统。下面就 ERP 软件系统应用于成品砖流通管理上的程序进行叙述。

在第十一章第二节第 4 小节中谈到喷码机可将当天生产数据输进车间统计员电脑，这就是生产终端数据输入，统计员报据喷码机提供的数据与车间实际产量进行核对，核对无误后车间核算员在电脑界面上点确认签名，系统将自动生成当天进库数据并通过网络传输给车间主管电脑，经车间主管审核后在电脑界面上点确认签名，网络又将进库数据传输给库管员，经库管员验货进库后，在仓库电脑界面上点确认签名，系统自动将进库数据全加到库存数据上，生成进库后的库存数据。由系统将库存数据传输给销售部门。信息化管理成品砖进、出库程序如图 12-6 所示。

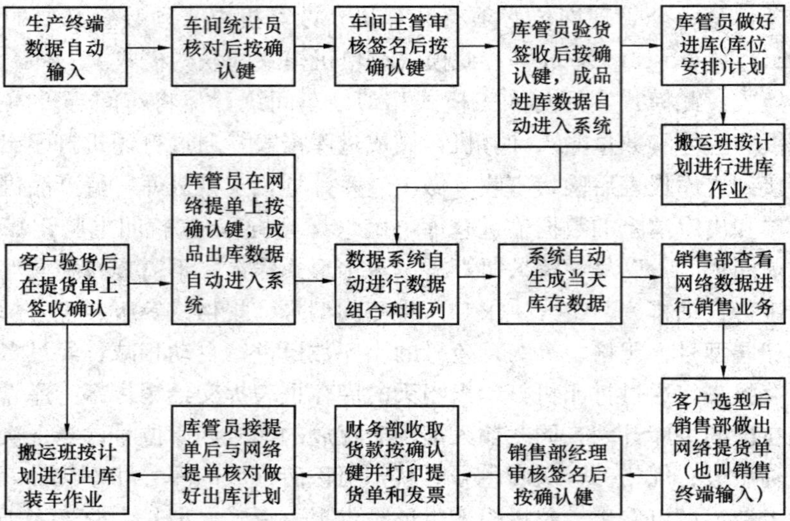

图 12-6　信息化管理成品砖进、出库程序

销售部门根据客户的需求，在销售部电脑上填写提货单，这就是销售终端数据，经销售部经理审批确认后，网络将提货单自动传输给财务部，财务出纳员在收取客户提货款后，在财务电脑上点确认签名，系统将提货数据自动传输给仓库电脑，同时打印纸质提货单给客户作提货凭证，库管员在接到客户提货单后与电脑上提货单进行核对，发货。发货结束时要求客户在提货单上签名确认，同时库管员在仓库电脑界面上点确认签名，系统将出库数据与库存数据进行自动求差，生成出库后的库存数据，由系统将库存数据传输给销售部门。

企业的高层管理者只要在自己的电脑界面上输入姓名和密码就可以进入网络系统，可以查找各处的数据，了解生产、销售、财务等情况，无须各种报表，可以做到无纸办公。

复习思考题

1. 仓库设置有哪几点要求？设置库位有哪些好处？
2. 产品进出库位登记卡的作用是什么？
3. 库位定置图的作用是什么？库位分配原则是什么？

4. 简述砖包码垛和托盘码垛的方式。
5. 简述成品砖流通的必然性和管理的重要性。
6. 简述成品砖进、出库管理程序。
7. 简述人机结合管理模式下的成品砖进、出库管理程序。
8. 现代信息化管理必须具备什么条件?
9. 简述现代信息化管理模式下的成品砖进、出库管理程序。

第十三章　抛光设备摆布及抛光车间设计

第一节　抛光设备摆布

抛光生产线是由多台设备连线而成，其总长度可达 100 多米，宽度近 3m，不仅如此，在线的进砖端还要留有进砖位置和摆放砖坯的位置，在线的出砖端还要留有包装位置和摆放成品砖包的位置。抛光线的操作面应有通道和摆放抛光磨具的位置，抛光线非操作面要设置排水沟和清理污泥通道。所以合理摆放抛光设备，有利于节约车间面积，保持通道畅通，方便操作。一个车间同时摆放两条抛光线时，有面对面摆放方式和背靠背摆放方式。一个车间同时摆放三条以上线时这两种方式都存在。

一、面对面摆放方式

如图 13-1 所示，就是将两条抛光线的操作面对着操作面摆放，非操作面靠墙，总电缆线槽、总水管和总气管安装在墙壁上，线槽顶盖离地面高度为 3.5m。两条抛光线操作面中间留有通道，通道宽度最少要保持 3m。墙壁离排水沟边宽为 1.1m，以便清理排水沟淤泥和维修设备时用。单线用排水沟宽度≤500mm，可保证污水不会溢出。墙壁离抛光线中线距离 H 值要视抛光线规格大小而定，见表 13-1 距离 H 值与抛光线规格关系表。

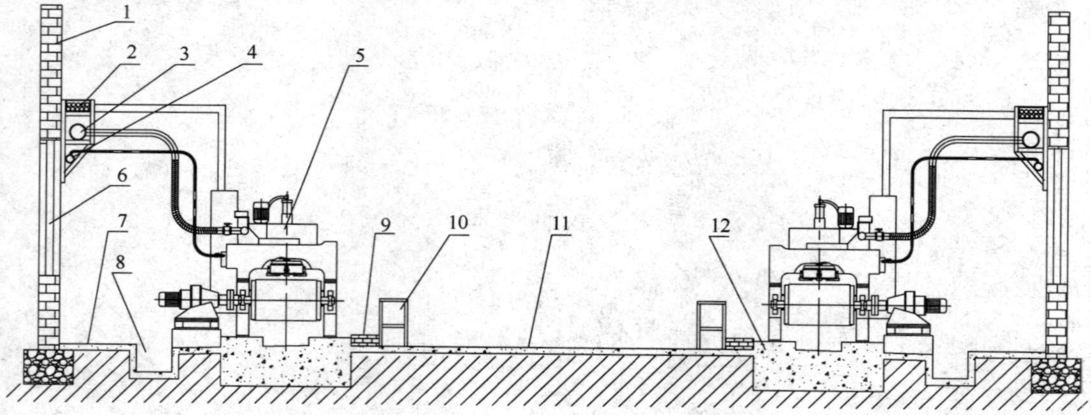

图 13-1　抛光线面对面摆放方式横断面图

1—厂房墙壁；2—总电路线槽；3—总水管；4—总气管；5—抛光线；6—窗户；7—清理淤泥通道；8—排水沟；9—挡水坝；10—抛光磨具摆放架；11—通道（车间地面）；12—设备基础

表 13-1　距离 H 值与抛光线规格关系表

抛光线规格	600 型	650 型	800 型	1000 型	1200 型
H 值（mm）	3200	3220	3300	3400	3500

此种摆放方式的优点是中间有共用通道，便于管理和沟通，便于操作者进行技术交流，便于搬运车辆通过。靠墙留有通道，便于设备维修和清理排水沟淤泥。电、水、气路都挂在墙壁上，不占用车间面积，因此绝大部分陶瓷厂都是采用此种摆放方式。

二、背靠背摆放方式

如图 13-2 所示，就是将两条抛光线的非操作面靠着非操作面摆放，操作面对着墙壁。排水沟修在两条抛光线的非操作面之间，两条线共用一条排水沟，沟宽≤700mm。沟边离抛光机机脚墩要≥1.7m 的距离，便于清理抛光机底下的淤泥和烂砖，便于清理沟内淤泥。电缆线槽、总水管和总气管安装在水沟上的铁支架上，两条抛光线共用一个电缆线槽、一根总水管、一根总气管，线槽顶盖离地面高度为 2.5m。抛光线操作面与墙壁之间要有 2m 宽的通道，便于搬运磨块和返抛砖。排水沟中线与抛光线中线的距离 X 值比面对面摆放方式的 H 值要少近 300mm。X 值同样也是要视抛光线规格而定，见表 13-2 距离 X 值与抛光线规格关系表。

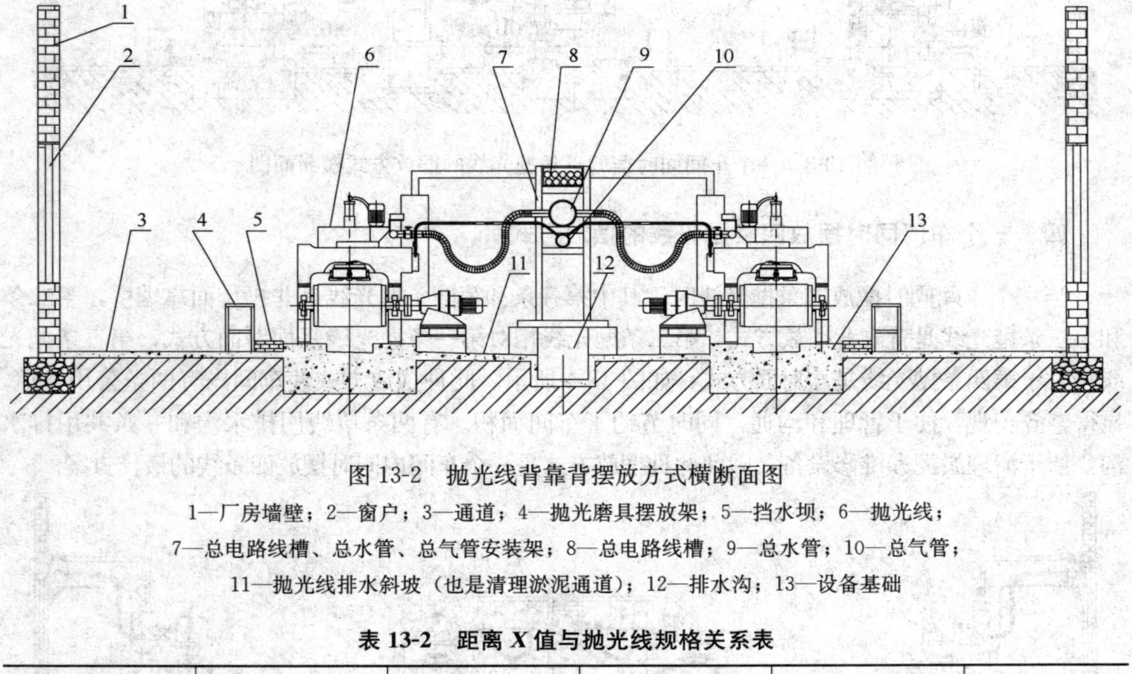

图 13-2　抛光线背靠背摆放方式横断面图

1—厂房墙壁；2—窗户；3—通道；4—抛光磨具摆放架；5—挡水坝；6—抛光线；
7—总电路线槽、总水管、总气管安装架；8—总电路线槽；9—总水管；10—总气管；
11—抛光线排水斜坡（也是清理淤泥通道）；12—排水沟；13—设备基础

表 13-2　距离 X 值与抛光线规格关系表

抛光线规格	600 型	650 型	800 型	1000 型	1200 型
X 值（mm）	2900	2920	3000	3100	3200

由表 13-2 可以看出 X 值略小于 H 值，可节省一定的车间面积。此种摆放方式的优点是电、水、气管路和排水沟集中，节约架设和修建费用，但是由于两条抛光线都摆在车间中间，使车间显得拥挤，背靠背摆放方式不便于清理排水沟淤泥和维修设备，同时也不便于管理和沟通，操作者也不便于技术交流。再由于总电路线槽、总水管、总气管都架设在水沟上，给维修带来了很大的不方便。因此，在一个车间同时摆放两条抛光线时，很少用这种摆放方式。

三、一个车间同时摆放三条抛光线的摆放方式

有的车间厂房跨度较大，摆两条抛光线显得很空，为了充分利用车间面积，可同时摆放三条抛光线，摆放三条抛光线时其中第一条抛光线是非操作面靠着墙，第三条抛光线是操作面靠着墙，中间一条抛光线相对于第一条抛光线是面对面摆放方式，相对于第三条抛光线是背靠背摆放方式，如图 13-3 所示。车间内有一条共用通道和一条单线用通道，有一条共用排水沟和一条单线用排水沟。一个车间同时摆放三条抛光线只有如图 13-2 的摆放方式，没有其他的方式可选择。

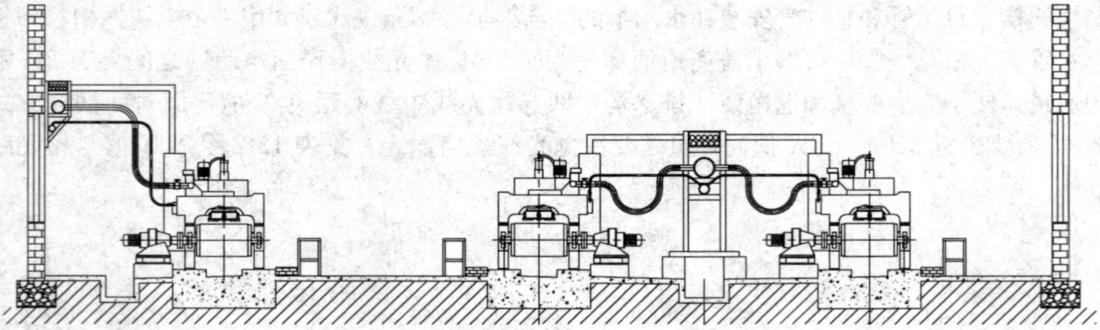

图 13-3　一个车间同时摆放三条抛光线的摆放方式横断面图

四、一个车间同时摆放四条抛光线的摆放方式

当一个车间同时摆放四条抛光线时，其中第一条和第四条抛光线是非操作面靠墙壁，第二条和第三条抛光线是背靠背摆放方式，第二条抛光线相对第一条抛光线是面对面方式，第三条抛光线相对于第四条抛光线是面对面方式，如图 13-4 所示。此种摆放方式使车间内有两条公用通道，显得整齐美观，便于管理和沟通，同时节约了车间面积。有两条单线用排水沟和一条共用排水沟，便于清理淤泥和维修设备。因此此种摆放方式是一个车间内同时摆放四条线的最佳方案。

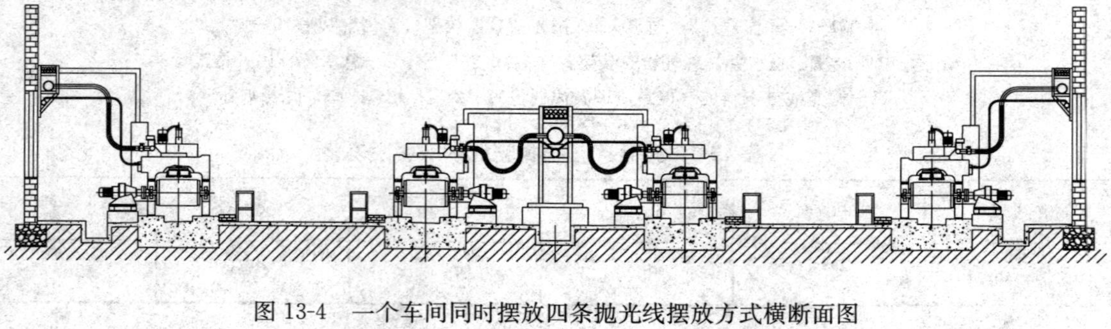

图 13-4　一个车间同时摆放四条抛光线摆放方式横断面图

第二节　抛光车间设计

抛光车间要求具备防雨、防晒、防火、通风和明亮的功能，地面要求能耐压、耐冲击。排水沟要求排水畅通，不能有溢漫现象。设备基础要求牢固可靠。下面对车间厂房、车间地面和排水沟、抛光设备基础三个方面进行叙述。

一、车间厂房

在设计厂房之前，我们必须要明确该厂房内摆设几条抛光线，每条抛光线有多长、多宽、多高。由于抛光线的规格不同，其长和宽是有差别的，高度没有差别，其高度是2260mm。排水沟的宽度、清理淤泥的通道和公用通道的宽度各是多少。这些数据了解清楚后才能确定车间厂房的跨度和长度。抛光机在工作时会产生水雾和粉尘，因此要在厂房屋面开设气楼，如图 13-5 所示。

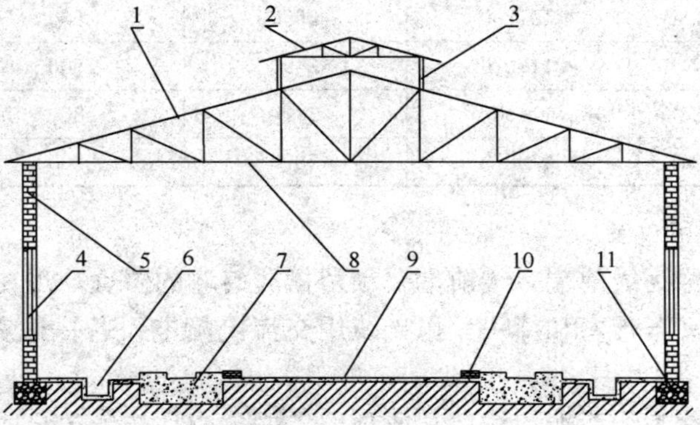

(a)

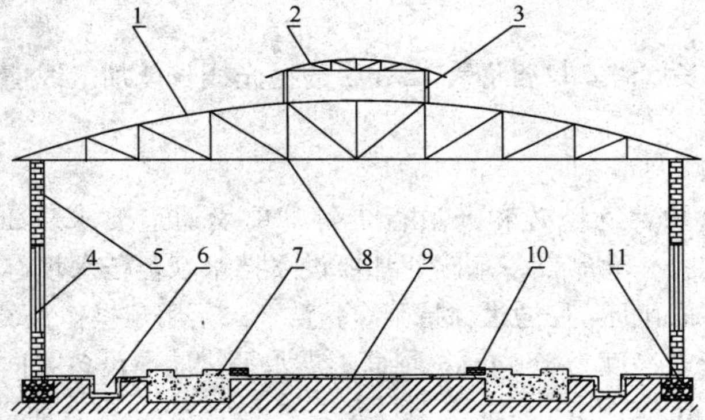

(b)

图 13-5　车间厂房结构横断面图

(a) 人字形屋面；(b) 拱形屋面

1—屋面瓦；2—气楼；3—玻璃百叶窗；4—墙壁窗户；

5—墙壁；6—排水沟；7—设备基础；8—人字（拱形）屋架；

9—车间地面；10—挡水坝；11—墙壁基础

1. 抛光线总长度和宽度参数

由于抛光线的制造厂家不同，其参数会有一定的差异，要以各厂家的说明书为准，各种配置不同其长度又有不同。下面列举一些市场拥有量较多的抛光线总长和宽度数据，供设计厂房时参考，见表 13-3。

从表 13-3 中可以看出，抛光线各种设备宽度不是一致的，设计时以抛光机宽度为基准。如果由于建厂房地面长度方向受到限制，可采取转 90°直角弯的形式来摆布抛光线，厂房可设计成 90°直角形式。

表 13-3　各种型号、各种配置抛光线总长度和宽度参数表　mm

抛光线型号和配置	总长度	刮平机宽	抛光机宽	磨边机宽
650/24B+12C+36A+28B	87700	2290	2200	2760
650/24B+12C+40A+28B	90500	2290	2200	2760
650/20B+12C+48A+24B	96390	2290	2200	2760
800/24B+12C+40A+28B	96800	2490	2400	3160
800/20B+12C+48A+24B	116670	2490	2400	3160
1000/28B+12C+40A+28B	109800	2690	2600	3160
1000/20B+12C+48A+24B	119970	2690	2600	3160
1200/28B+12C+40A+28B	114500	2870	2800	3360
1200/20B+12C+48A+24B	122870	2870	2800	3360

2. 线前、线后预留位置

在抛光线进砖端称为线前端，线前端要预留摆放砖坯的位置，现在一般都用机动叉车运送砖坯，要考虑机动叉车转弯和掉头，抛光线用交流电配电设备一般都安装在线前位置上。因此线前长度方向预留 12～18m。

在抛光线出砖端称为线后端，线后端要预留出摆放成品砖和包装成品砖的位置，同时还要考虑机动叉车作业、转弯和掉头的位置，一般的车间办公室都设在线后端，因此线后长度方向要预留 24m。

在设计抛光车间长度时，只要将表 13-3 中的抛光线长度加上线前预留长度和线后预留长度即可。

3. 通道和挡水坝

通道用于搬运磨块、返抛砖和人员行走等，单线通道要求≥2m，双线通道要求≥3.5m。每条抛光线在操作面靠设备基础处都要设立挡水坝，挡水坝有两个作用：一是用来挡住抛光污水不流到通道上，使通道保持干净整洁；二是用于操作人员站脚和行走。挡水坝的宽度一般为 400mm，高度为 160mm，坝面不需水平，应向设备方向略有倾斜，这样可使坝面积水不会流向通道。

4. 厂房跨度

厂房跨度实际上就是厂房的宽度，这里所指的是墙内宽度。根据以上所叙述的各项数据，可以计算出每条抛光线的占地宽度。我们以 650 型抛光线为例，试计算其占地宽度。其宽度组成由墙壁到机架中心宽 H 值加 1/2 机架宽加 1/2 基础墩宽加挡水坝宽。设抛光线占地宽度为 B、机架宽度为 T、基础墩宽为 D、挡水坝宽为 F。可得计算公式如下：

$$B=H+\frac{T}{2}+\frac{D}{2}+F$$

查表 13-1 得 H 值是 3220mm，650 型机架宽是 1250mm，基础墩宽 600mm，挡水坝宽是 400mm。代入公式得：$B=3220+1250/2+600/2+400=4545$mm。

以一个车间安装两条 650 型抛光线形式计算其内空跨度：我们将计算结果乘 2，再加上通道宽可得面对面安装时的宽度是 12590mm。背靠背安装时，应将公式中 H 值改为 X 值进行计算，再加上两条单线通道宽度，总宽度是 12490mm。

以一个车间安装三条 650 型抛光线时的宽度是 19135mm。

为了便于查阅，我们将各种型号抛光线以一个车间安装两条线和三条线的宽度数据用表格形式表达如下，见表 13-4。

表 13-4　各型号抛光线安装宽度数据表　　mm

抛光线型号		600 型	650 型	800 型	1000 型	1200 型
一个车间安装两条线	面对面	12500	12590	12900	13300	13700
	背靠背	12400	12490	12800	13200	13600
一个车间安装三条线		17900	18035	18500	19100	19700

从表 13-4 可以看出一个车间安装两条抛光线时，可把内空跨度定在 14m，一个车间安装三条抛光线时可把跨度定在 20m，因为这样定制的跨度可适应安装任何型号的抛光线。如果在一个车间内安装两条 800 型以下抛光线时，跨度只需 13000mm，安装三条 650 型以下抛光线时跨度只需 18000mm。一个车间同时安装三条 1200 型抛光线的可能性不大，应考虑大小型号搭配。在一个车间内（即一个跨度内）同时安装四条抛光线是不太可能的，因为跨度越大，厂房的制造难度就越大，成本就越高。一般厂家会选择小跨度连拼式车间，这样制造难度也不大，成本也不会高，而达到了大车间的效果，这种连拼式车间在两跨连接处用屋柱支撑着。在这样连拼式大车间内安装抛光线，我们可按一个车间内安装两条抛光线或三条抛光线的模式来规划。规划时尽量让排水沟靠屋柱一边，通道应规划在车间中间位置。

5. 厂房高度和墙壁窗户

厂房高度是指由人字架底梁至车间地面的高度。一般选择在 5～6m 之间，这个高度既实用，造价又不高。太低会使车间显得闷热，人员会感到压抑，太高会增加制造成本。墙壁上必须开设窗户，便于采光、透气和空气对流，一般多用四开窗，宽度多在 1.8～2m。厂房高度在 5m 范围内时窗户高度为 2m，厂房高度在 6m 时窗户高度为 3m。

6. 屋面和气楼

屋面多用人字形或拱弧形，如图 13-5 所示。屋面瓦采用水泥瓦或复合塑钢瓦，为了加强采光，有的在屋面间隔铺盖透明瓦。抛光线在工作时会产生水雾和粉尘，多条抛光线同时工作时其水雾和粉尘会更大，因此要在屋面增设气楼，气楼的高度一般为 1m 左右，用玻璃百叶窗封住气楼两侧。由于气楼是建在屋面人字架最高处，对车间内空气有抽吸作用，因此气楼的优点是既抽走了水雾和粉尘，又方便了采光。

7. 防火设施

抛光车间在工作时有水雾和粉尘，空气潮湿，再因所用电机功率大，工作时电缆容易发热，电器柜内温度高，因此要谨防电器、电缆短路起火，要谨防电器漏电发生意外。在车间内除设立专用消防水管外，还要设立干粉、二氧化碳灭火器。

二、车间地面和排水沟

在铺设车间地面之前，应先修好排水沟和浇灌好设备基础。

1. 排水沟

排水沟有总排水沟、单线排水沟和双线排水沟。修排水沟时先要确定总排水沟的位置，总排水沟是与车间外面污水处理池相连接，因此要求总排水沟尽量直，少转弯，这样可减少污泥在总排水沟内沉积。单线排水沟和双线排水沟的走向是向着总排水沟。

（1）单线排水沟：单线排水沟的宽度为 500mm，起始端的深度是 300mm，按 0.3/100 的落差率计算，单线排水沟到与总排水沟汇合处的深度是 500mm 左右。

（2）双线排水沟：双线排水沟的宽度为 700mm，起始端的深度是 300mm，按 0.3/100 的落差率计算，双线排水沟到与总排水沟汇合处的深度是 500mm 左右。

（3）总排水沟：总排水沟与各线排水沟的连接形式有梳状连接和鱼刺状连接两种（图 13-6 和图 13-7），梳状连接是将总排水沟修在抛光线的线首或线尾，与车间呈横向形式，与各线排水沟成 90°连接。鱼刺状连接是将总排水沟修在各条抛光线的中段，横向穿过每条抛光线，这种连接形式可使各单线排水沟排水迅速，但在清理总排水沟淤泥时较为困难。这两种连接形式都可使用。总排水沟的宽度要视其排放多少条线的污水而定，排放一条线的污水其宽度为 500mm，排放二条线的污水其宽度为 700mm，排放三条线以上的污水其宽度为 1000mm。总排水沟起始端深度为 550mm，落差率为 0.3/100，与污水处理池连接处的深度为 650mm 左右。

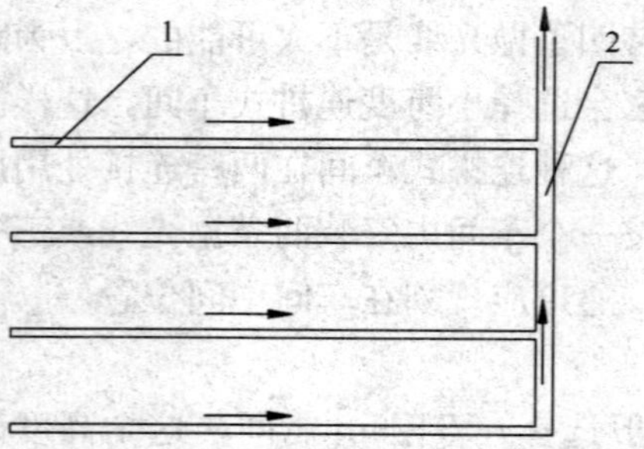

图 13-6　排水沟梳状连接平面图

（箭头为排水方向）

1—单线或双线排水沟；2—总排水沟

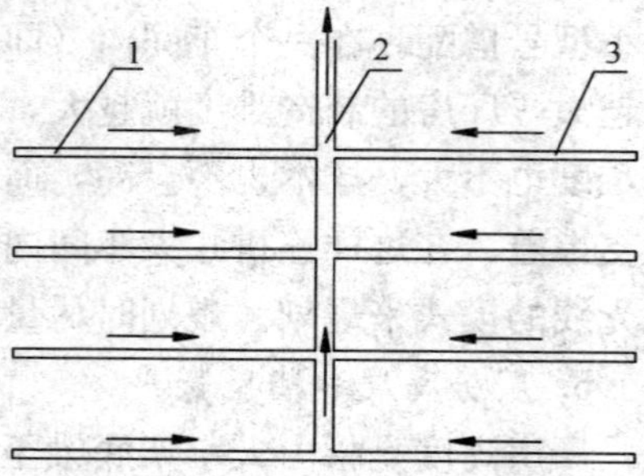

图 13-7　排水沟鱼刺状连接平面图

（箭头为排水方向）

1、3—单线或双线排水沟；2—总排水沟

2. 车间地面

做好排水沟和设备基础后，将车间内泥土地面进行整平夯实，然后就可以对车间铺设水泥地面，水泥地面的厚度为 100～120mm。通道地面略高于排水沟边沿，并呈微微的倾斜，这样便于车间内排水，使通道保持干净整洁。

三、抛光设备基础

抛光线是由多台单机组成，其设备基础也是以单机形式施工的。整条抛光线要求做基础的单机是刮平机、粗磨机、抛光机，磨边机基础可做也可不做，所有的连接线架、上砖机、打蜡机、烘干箱和分选线都不用做基础，直接安装在车间地面上。

1. 刮平机、粗磨机、抛光机基础

这三种机的基础结构基本一致，只是长度和宽度上有所差异。每种机型由于型号不同，基础长度和宽度又有所差异，设备的生产厂家不同，其基础的长度和宽度也会有所差异，因此在做设备基础时应严格按照所购设备的基础图要求来做。每台设备基础实际上是一块长方体混凝土墩，其厚度要求≥600mm，在每个机脚位置留出 300mm×300mm 的二次灌浆孔，基础面与地面一样平，并向水沟边沿倾斜，其落差率为 3/100。待混凝土基础墩基本凝固后（不能完全干透），再在二次灌浆孔内放入设备基础板，使基础板面高出零线 110mm，并定好位置，以防基础板在二次灌浆时移位。在基础板四周围上木板框，木板框内空为 600mm ×600mm，高度为 100mm，然后进行二次灌浆，灌浆时要用铁钎将二次灌浆孔内的混凝土钎实。待二次灌浆凝固后，拆除木板框，再用高浆水泥对机脚墩进行抹面，使机脚墩平整美观。墩面中心向墩边缘微微倾斜，使墩面不能积水。

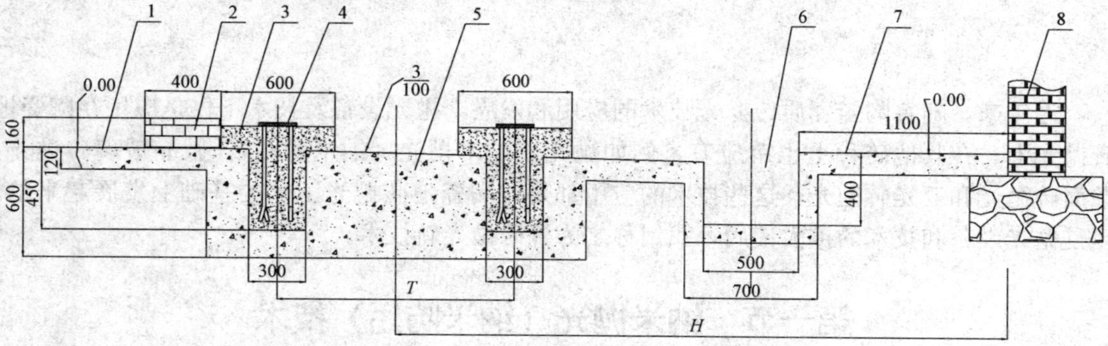

图 13-8　刮平机、粗磨机、抛光机基础断面图

1—车间地面；2—挡水坝；3—机脚墩；4—设备基础板；5—基础墩；6—排水沟；7—清理淤泥用通道；8—墙壁

2. 磨边机基础

由于磨边机体重较轻，底架脚宽度大，不要求进行二次灌浆；再由于车间地面混凝土层厚度在 100mm 以上，其承重性能允许，所以有的厂家直接在车间地面上进行安装，这样安装比较节约，但是由于地面是平的，磨边机在工作时排水就不太理想。

实际上磨边机基础是较为简单的，只需在铺设地面时将磨边机安装位置的混凝土面做成向排水沟边沿倾斜，其落差率也为 3/100，这样就方便磨边机在工作时排水。倾斜面的混凝土适当加厚即可。

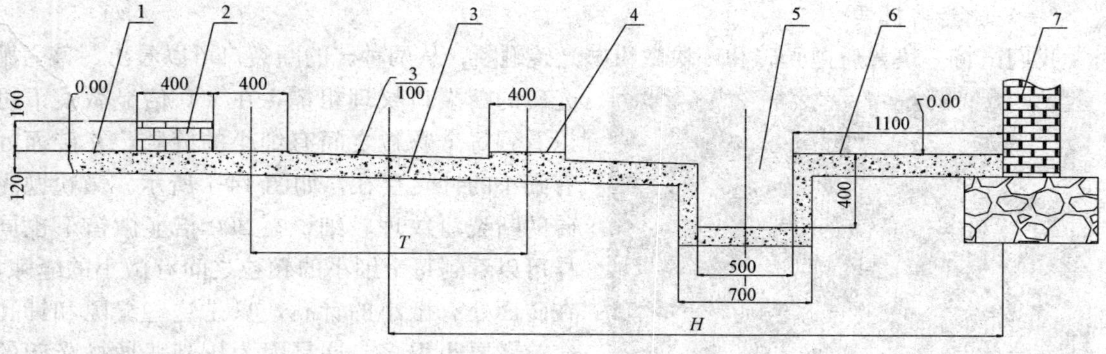

图 13-9　磨边机基础断面图

1—车间地面；2—挡水坝；3—有斜度的磨边机基础；4—磨边机脚安装墩；5—排水沟；6—清理淤泥通道；7—墙壁

复习思考题

1. 简述抛光线面对面和背靠背摆放方式的各自优缺点。

2. 在摆放抛光线时在线前、线后都要预留空位，为什么？当厂房长度不够用时怎样摆放抛光线？

3. 怎样计算厂房内空跨度，试计算一个车间内摆放四条 650 型抛光线的跨度。

4. 怎样安排设备基础，排水沟和地面的施工顺序？

第十四章　瓷砖抛光新技术

近年来，随着陶瓷瓷质砖抛光技术的应用和发展，抛光设备及技术不仅是应用在陶瓷地砖抛光上，在其他砖种上也有应有，例如抛光砖纳米抛光（纳米防污）、微晶玻璃砖抛光、釉面砖抛光和亚光砖抛光，这些技术的应用都是在陶瓷地砖抛光工艺的基础上发展起来的，也是抛光设备和技术的扩大使用，我们称之为瓷砖抛光新技术。

第一节　纳米抛光（纳米防污）技术

纳米抛光技术也叫纳米防污技术，是从2005年开始研究开发的。该技术就是在陶瓷抛光砖表面上多次施布防污纳米液，再经专用抛光轮多次抛磨，使抛光砖表面生成持久性的纳米保护膜，同时最大程度地提高了抛光砖表面光泽度（从55度可提高到90度），这样可改善抛光砖表面防污和抗磨损性能，同时也使抛光砖质感更通透、色彩更清晰、纹理更具立体感。该技术使陶瓷抛光砖提高了一个档次，同时也给陶瓷厂带来了丰厚的利润，因此该技术已得到陶瓷厂的广泛应用。

一、纳米液成膜原理

（一）抛光砖机理

我们试将一块普通抛光砖和一块微粉抛光砖砸断，从两种砖的断裂口可以看出，普通抛光砖的断裂口纹理粗糙，在200倍显微镜下可以看到每个颗粒之间有细小的缝隙，在砖面处有细小的针孔存在，如图14-1所示。微粉抛光砖的断裂口纹理较细，在200倍显微镜下也同样可以看到每个细小的颗粒之间有微小的缝隙，在砖面处有微小的针孔，只是这些缝隙和针孔较前者要小得多。这是因为压制普通抛光砖的粉料比压制微粉抛光砖的粉料要粗，微粉抛光砖所用的粉料是在普通抛光砖所用粉料的基础上再经高速微粉机细化了一次。抛光砖在铺贴后的实际使用过程中，茶水、咖啡汁、菜汁、油污等生活污汁会渗入到针孔和缝隙中去，使抛光砖表面受到污染，针对这一污染现象，人们设法使压制抛光砖的粉料细化，使其结构致密，来防止茶水、咖啡汁、菜汁、油污等生活污汁渗入，于是就研制出微粉抛光砖。尽管微粉抛光砖防止生活污汁渗入的性能较普通抛光砖要强得多，但还是不能完全防止，因此抛光砖防污染问题就成为了陶瓷行业的一个课题。

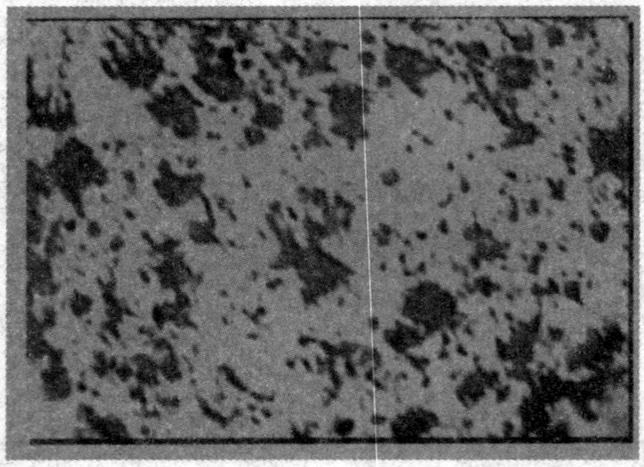

图14-1　未经纳米抛光的抛光砖面200倍显微图片

（二）纳米防污液

也叫纳米蜡、化学抛光剂、超洁亮纳米材料等，是一种纳米级高分子合成无机材料，合成后呈浆液态，有无色和乳白色之分，其粒度只有 20～100μm，具有极强的渗透性能。由于制造厂家不同，其型号也不同，有的将此种材料分为 A 液、B 液和 C 液。它们分别有渗透和堵塞砖面针孔及缝隙作用、砖面成膜作用和增亮作用，三种液体搭配使用。

由于受知识产权保护，不能公开纳米防污液的化学成分和配比，根据其使用性能，可分析出该材料中有两种物质，一种是溶解液，另一种是填充物。当然这两种物质的粒度都要达到纳米级，合成时使填充物溶解在溶解液中，填充物的作用是填充抛光砖面的针孔和缝隙，溶解液具有极强的渗透性和挥发性。就是利用溶解液的渗透性将填充物带进抛光砖面的针孔和缝隙中去，同时又利用其挥发性使渗透到抛光砖针孔和缝隙中的填充物凝固及使抛光砖面生成防污膜层。在以上两种物质合成时，按一定的配比加入增亮剂、杀菌剂等，就会使纳米防污液具有多种功能，并且绿色环保。

（三）成膜过程

通过对抛光砖的机理和纳米防污液性能的分析，再来讨论其成膜过程就容易得多了。将纳米防污液喷洒在洁净干燥的抛光砖面上，用特殊的抛光轮在喷洒有纳米防污液的砖面不停地抛磨，使纳米防污液快速地渗进砖面针孔和缝隙中去，不需多长时间，砖面纳米防污液就不见了，也就是说纳米防污液完全渗进砖面针孔和缝隙。由于溶解液的渗透和挥发，纳米防污液中的填充物就吸附在砖面针孔和缝隙的四周壁上，形成了一层极薄的填充物膜，第二次在该砖面喷洒纳米防污液，继续用特殊抛光轮不停地抛磨，一定时间后，第二次喷洒在砖面的纳米防污液又不见了，说明第二次喷洒的纳米防污液又完全渗入到砖面针孔和缝隙中，在砖面针孔和缝隙的四周壁上又生成了一层极薄的填充物膜，这层膜是在第一层膜的基础上生成的，也就是说填充物膜加厚了一层。经过多次的喷洒纳米防污液和抛磨，砖面针孔和缝隙四周壁上的填充物膜在逐渐加厚，砖面针孔和缝隙在逐渐缩小，最后填充物膜完全封堵住砖面针孔和缝隙。此时仍继续在该砖面喷洒纳米防污液，继续进行抛磨，由于溶解液的挥发，填充物就在砖面生成一层极薄的膜，此层膜是与砖面针孔和缝隙中的填充物膜连接在一起的，并将砖面所有针孔和缝隙中填充物膜连成一片，形成一个整体。还继续在该砖面喷洒纳米防污液和抛磨，使砖面填充物膜逐渐加厚，当厚到一定程度时，砖面的亮度增加，有明显的镜面亮丽和玉质通透的视觉效果。如图 14-2 所示，在 200 倍显微镜下检测，砖面平整细腻，原有的砖面针孔、缝隙已被纳米膜层封堵和覆盖。用光度计检测砖面光亮度可达 90 度以上，此时表示砖面膜层已达到规定厚度，产品可进行下线、包装、入库和销售。

图 14-2　经纳米抛光后的抛光砖面 200 倍显微图片

由于砖面针孔和缝隙中充满了填充物和砖面生成了填充物膜，生活污汁无法进入抛光砖内，这就起到了防污的作用，再由于砖面填充物膜与针孔和缝隙中的填充物形成整体，针孔和缝隙中的填充物就像一个个钉子将砖面填充物膜牢牢地钉在砖面上，这也就使抛光砖面具有了持久的防污性能和耐磨性能。

从以上叙述可以看出，整个成膜过程是一个多次喷洒纳米防污液和多次抛磨的过程，因此一片砖要经过 20～30 次喷洒纳米防污液和抛磨，才能达到预期的效果。

二、纳米抛光设备

纳米抛光设备（也叫纳米抛光机、超洁亮生产线等）是在瓷质砖抛光机的基础上进行了一些功能上的改进而成。其机架和横梁的结构、摆动机构、传动皮带和传动机构与瓷质砖抛光机完全一致，横梁有摆动式和固定式两种。抛光磨头上部和下部的结构有较大的改进，其升降仍用气动控制，增加了喷液装置、压辊装置、温控装置和吸尘装置。下面分别进行叙述。

图 14-3　上部为皮带传动的纳米抛光机外观图

图 14-4　上部为蜗箱减速机传动的纳米抛光机外观图

该设备一般以 2～3 台机组成一条生产线，其型号有 800 型、1000 型和 1200 型，一般以每线磨头配置数量来衡量其生产能力，总装机功率一般在 100～130kW 之间，横梁摆动频次为每分钟 12～18 次，输送带速度在 3～9.5m/min 之间。其参数见表 14-1。

表 14-1　纳米抛光线技术参数表

型　号	抛光轮数量（个/线）	工作宽度（mm）	整线长度（mm）	总功率（kW）	摆动频次（次/min）	产量（m/22h）
800/1 型	168	600～800	35000	105	18	≥4000
800/2 型	216	600～800	39000	125	18	≥6000
800/3 型	240	600～800	41500	136	18	≥6500
1000/1 型	216	600～1000	41000	125	15	≥6000
1000/2 型	240	600～1000	43500	136	15	≥6500
1200 型	240	600～1200	43500	136	12	≥5500

注：此表综合了各种机型的技术参数，如相对于单一某种机型时表中数据会有出入，其中摆动频次只针对有摆动机构的机型而言，无摆动机构的机型可不用参考此栏数据。

（一）纳米抛光磨头上部

纳米抛光磨头上部有两种传动方式，一种是皮带传动，另一种是减速蜗箱传动，其中皮带传动的纳米抛光磨头上部与瓷质砖抛光磨头上部的结构原理一致，只是零件尺寸大小不同；减速蜗箱传动方式取消了皮带轮，直接用蜗箱孔输出传动上部主轴，其安装方式如图 14-5 所示。皮带传动方式的磨头上部公转速度较快，一般在 400～600r/min 之间，蜗箱传动的公转速度在 40～60r/min 之间。两种传动方式与其使用的抛光磨头下部有密切的关系，皮带传动方式多用于小直径行星磨盘或小直径单一磨轮，蜗箱传动方式多用于大直径行星磨盘或大直径单一磨轮。

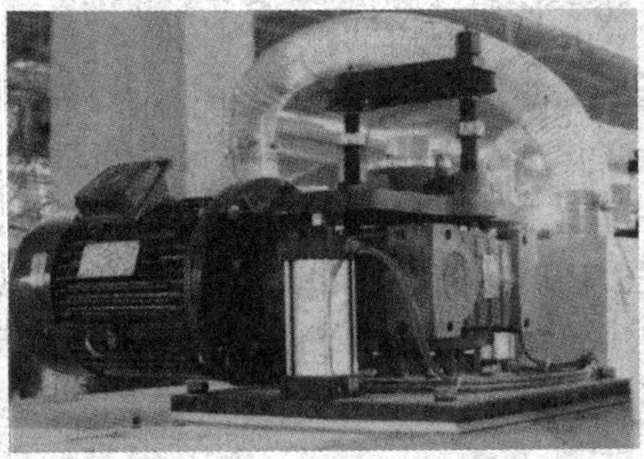

图 14-5　传动蜗箱减速机的安装方式

（二）纳米抛光磨头下部（也叫纳米抛光磨头）

此磨头有三种形式，第一种是大直径单一磨轮形式，第二种是行星磨盘形式，第三种是复合行星磨盘形式。纳米抛光磨头是利用旋转的磨轮的端面对抛光砖面进行抛磨的，每个磨盘上行星磨轮越多，那么该磨头的抛光效率就越高。磨盘在上部主轴带动下进行公转的同时，带动每个行星磨轮进行自转。在行星轮的端面粘贴有缓冲层和羊毛抛光轮。

（1）单一磨轮磨头（图 4-6）结构简单，就像一块大法兰，由上部主轴直接带动旋转，在这个法兰下平面上粘贴着缓冲层和羊毛抛光轮。此种磨头多用在线首和线尾，用在线首时的作用是扫除抛光砖面上的灰尘和杂物，通过对砖面进行抛磨使砖面升温，蒸发砖体内水分，降低砖体内含水率，便于纳米液渗入；用在线尾时的作用是使砖面膜层厚度均匀，亮度一致。

（2）星行磨盘就是在一个磨盘下平面安装有 4～8 小直径磨轮，磨轮直径一般在 180～250mm 之间，传动方式有单面齿形带传动、双面齿形带传动和全齿轮传动。

①图 14-7 属于单面齿形带传动行星磨轮，从图中可以看出一个磨盘上有三个电机和六个行星磨轮，每个电机通过单面齿形带带动两个行星磨轮转动。由此可知，该盘的公转是由上部主轴直接带动，三个电机在随磨盘公转的同时，带动行星轮实现自转。此种传动方式会使同一磨盘上的六个行星磨轮有三个是正转，三个是反转。

(a)

(b)

图 14-6　单一磨轮磨头外观图

(a) 法兰式；(b) 圆盘式

图 14-7　单面齿形带传动的行星磨盘外观图

②图 14-8 属于双面齿形带传动行星磨盘，从图中可以看出一个磨盘上有八个行星磨轮，用一条双面齿形带传动。轴套上有两个齿形带轮，上面一个是主动齿形带轮，与轴套是键连接，当磨盘公转时它是不转的。下面一个是活动齿形带轮，与轴套是轴承连接，当磨盘公转时它的转动方向与公转方向一致。上部主轴通过轴套中心孔与磨盘体连接，由于主动齿形带轮是固定不转的，当上部主轴带动磨盘体实现公转时，主动齿形带轮就拖动双面齿形带位移，从而带动八个行星磨轮旋转（它们的旋转方向是一致的）。此种传动方式要求双面齿形

带要有足够的强度。

③图 14-9 属于全齿轮传动行星磨盘，从图中可以看出一个磨盘上有多个（一般有4～8个）行星小齿轮围绕着中间一个大齿轮。大齿轮通过键连接安装在轴套上，是固定不转的。上部主轴通过轴套中心孔与磨盘连接。由于大齿轮是不旋转的，当磨盘在上部主轴带动下实现公转时，行星小齿轮在大齿轮的作用下实现自转，从而带动行星磨轮旋转，其自转速度的快慢是由公转速度来决定的。行星磨轮转速一般在 600～800r/min 之间。

图14-8　双面齿形带传动的行星磨盘外观图

图 14-9　全齿轮传动行星磨盘外观图

④全齿轮传动复式行星磨盘：行星磨盘上的行星磨轮都是安装在紧靠磨盘外沿的，磨盘中间是空着的，如果在磨盘中间也能安装上磨轮，可能会改进抛光效果和提高抛磨效率。在这种思路的指引下，对行星磨盘进行了改进，在磨盘的中间位置也装上了行星磨轮，于是复式行星磨盘就这样诞生了，其外观如图 14-10 所示。从图中可以看出，磨盘下平面安装有内、外两圈行星磨轮，它有两个大齿轮重叠地安装在轴套上，当磨盘公转时这两个大齿轮都是不转的。下大齿轮较上大齿轮的直径要小得多，下大齿轮与安装在磨盘内圈的行星小齿轮啮合，上大齿轮与安装在磨盘外圈的行星小齿轮啮合。当磨盘在上部主轴的驱动下进行公转时，内、外两圈行星磨轮在与磨盘一同公转的同时，在上、下两个大齿轮的作用下实现自转。内、外行星磨轮的转速会有一定的差异，可通过调整内、外行星齿轮的齿数来使其转速相近。

图 14-10　全齿轮传动复式行星磨盘外观图

（3）纳米抛光用行星磨盘的润滑方式一般都采用干式润滑，即润滑脂润滑。如果采用稀油润滑，当密封圈磨损后会产生漏油，润滑油滴到砖面上会引起该砖报废，当抛光轮粘上了油脂就会污染很多砖。来到纳米抛光工序的砖都是瓷质抛光成品砖，一旦发生油脂污染会造成很大损失，因此，纳米抛光用行星磨盘最好采用润滑脂润滑。

（三）纳米抛光磨轮（也叫纳米抛光磨具）

因为纳米抛光的砖坯是抛光成品砖，不能允许纳米抛光磨轮对砖面有任何磨损，而又要对抛光成品砖面不停的抛磨，这就要选择对砖面没有任何磨削能力的材料来制造纳米抛光磨轮。根据试验结果人们选择了用羊毛来制造纳米抛光轮。将脱脂羊毛加入一定比例的结合剂、耐温剂，在一定的温度下用高压压制成型。如图 14-11 所示，成型后的羊毛轮要求结构紧密、强度好、耐磨耐温和使用寿命长，同时要求不能对纳米防污液有吸附性能。该磨轮直径在 180～250mm，厚度在20～30mm，要根据纳米抛光磨盘的要求进行选择。

图 14-11　纳米抛光磨轮（羊毛轮）

（四）喷液装置（也叫喷蜡装置）

就是将纳米防污液用一定的方式方法喷到被抛砖面上。常用的方法有两种，一种是自动电控喷液法，另一种是滴液管滴液法。

1. 自动电控喷液法

纳米抛光机有多个纳米喷液点，一般在两个磨头之间安装一根喷液管，在喷液管上钻有一排细小的喷液孔，喷液管一端封闭，一端与电控阀连接，电控阀的进液孔与总输液管相连，总输液管的一端接在液桶下部，液桶内充有 0.2MPa 的压缩空气，电控阀用 PLC 控制，喷液开始时间程序和喷液时间的长短程序都已设定好并输入 PLC 内。

其工作原理是：当砖的进砖端来到某一喷管下面，PLC 指令电控阀开启，喷液开始，当该片砖的出砖端快要到达喷液管下面时，PLC 指令电控阀关闭，停止喷液（不然就会喷到两片砖之间的传输大皮带上而造成浪费）。喷液时间长短与纳米抛光机线速度有关系，线速度快时喷液时间就短，线速度慢时喷液时间就长。为了使线速度快与慢时喷到一片砖面的纳米防污液的量相等，只有通过调节施加在液桶内液空气压力来解决，线速度快时加大空气压力，线速度慢时减小空气压力。调节的原则是，使纳米防污液够用而又不浪费。

如要同时施喷 A 液、B 液和 C 液，按工艺布置在第一台机上施喷 A 液，在第二台机上施喷 B 液，在第三台机上施喷 C 液。如果只有 A、B 两种纳米液时，前两台机喷 A 液，后一台机喷 B 液。如果只有两台机的配置时，A 液、B 液各用一台机施喷。

2. 滴液管滴液法

如图 14-12 所示，在纳米抛光机每个磨头处的总输液管下吊挂着两根滴液管，这两根滴液管分布在砖面的中间部位，其滴液量的多少是通过调节每根滴液管上的手动开关来实现的，其调节量的大小与纳米抛光机线速度有关系，线速度快开关调大，线速度慢开关调小。由于滴液管是透明塑料制成，可通过管路中间的气囊观察液体的流量。此种滴液法液桶内同样要施加压力空气。该滴液法造价低，调节方便直观，但在两片砖之间略有浪费。

图 14-12　纳米抛光机滴液管和压辊分布图

（五）压辊装置

如图 14-12 所示，就是横跨在纳米抛光机工作台大皮带面上，表面包有橡胶或聚氯乙烯塑料管（图 14-7 中的压辊就是采用聚氯乙烯塑料管）的钢管滚筒，滚筒与心轴之间装有轴承，心轴两端浮动安装在机架梁上。滚筒表面与砖面紧密接触，当砖随大皮带运动时，滚筒就在砖面上滚动，将喷滴在砖面上的纳米防污液滚压均匀，如同对纳米防污液施加了一定的压力，将其压入砖面的针孔和缝隙中去。这就是压辊装置的作用。此压辊装置没有动力装置，是靠砖面来拖动使其滚动。为了适应砖的厚度差异和便于清洗，采用了浮动安装方式。

（六）温控装置

因为温度对纳米抛光的影响很大，所以在先进的纳米抛光机内装有测温装置。有的纳米抛光机未装有测温装置，操作工人采用远红外温度检测仪进行检测。检测的对象是砖面，因为砖面经过多个纳米磨轮抛磨，会使砖面温度升高，当温度高到一定值时就会使纳米防污液烧成黑色，并形成坚硬的黑色斑点粘附在砖面，破坏了纳米抛光效果，因此控制温度超过标准是至关重要的。先进的纳米抛光机内设有数据处理系统，当远红外检测仪把检测到的温度数据传输给数据处理系统，该系统会将收到的数据与设定的数据进行比较。当温度超标时，除显示屏显示温度数据外，警报器响起，同时会启动两台纳米抛光机之间的连接线架上的冷却风机，操作人员听到警报后会迅速做出降温操作，如提起磨头、减慢磨头速度或加快大皮带线速度等。

（七）吸尘装置

从图 14-1 中可以看出，在该机的顶部每个磨头处安装有吸尘软管，软管另一端与吸尘总管相连。由于纳米防污液是一种较易挥发的液态材料，在有温度状态下进行抛磨，会产生一些气味，因此就安装了吸尘装置，目的是改善操作环境。安装的吸尘装置还有控制机内温度升高的作用，因为多个磨头同时作业，会使机内砖面温度和空气温度升高，吸尘装置会及时将机内热空气抽走，更换上正常温度的空气。安装吸尘装置时要求纳米抛光机的密封性能要好，横梁摆动式的、密封性能不好的纳米抛光机不能安装吸尘装置。

三、纳米抛光工艺

纳米抛光是近年发展起来的，设备制造厂家不同，纳米防污液生产厂家不同，所要求的抛光工艺也会有较大的差异，总之现在还没有统一的工艺，下面从对抛光砖面的要求、温度选择范围和纳米抛光的工艺流程三个方面进行叙述。

1. 对抛光砖面的要求

纳米抛光是在抛光砖面上多次施布纳米防污液后，再用行星磨头对砖面进行多次抛磨，使纳米防污液封堵住砖面针孔和缝隙，并在砖面上生成防污膜层，从而达到防污增亮的效果。基于这一前提，该工艺对抛光砖面的质量有一定要求和规定。

（1）等级：作为纳米抛光用的抛光砖一定要是优等级别，表面不能有溶洞、杂质、黑点、漏抛、划痕等表面缺陷，不能有崩角、漏磨边等缺陷。

（2）光亮度：抛光砖表面光亮度一定要大于 55 度以上，不能有光度不均现象。表面光亮度越高，经纳米抛光后的光亮度就越高，低于 55 度不宜进行纳米抛光。

（3）含水率：含水率越低，纳米防污液越容易渗入，含水率高时会影响纳米抛光效果，因此要求其含水率不能大于 2%。

（4）砖面清洁度：作为纳米抛光用的抛光砖面不能有灰尘和污染，如果砖面被污染后不能进行纳米抛光。

2. 温度要求

经多次试验表明，砖面温度在60℃左右时是最佳纳米抛光（成膜）温度，砖面温度最高不能超过80℃，当砖面温度升到80℃时就会使纳米防污液烧成黑色，并形成坚硬的黑色斑点粘附在砖面，破坏了纳米抛光效果。当温度低于40℃时，纳米防污液渗入的速度和渗入的量不理想。因此当砖进入纳米抛光机时，前几组磨头的压力可稍微加大一些，使砖面温度升高，便于后续喷液和抛磨。当温度升高到80℃时采用吹风冷却的方式使砖面降温，不宜采用喷水降温，因为当砖面吸水后，纳米液渗入就困难，会降低纳米抛光效果和效率。

3. 喂砖方式

纳米抛光喂砖的方式不同于瓷质砖抛光，在瓷质砖抛光工艺中我们提到其喂砖方式是一片接着一片喂养入抛光机。在纳米抛光时，如用此种方式喂砖会使砖产生崩面、崩边和崩角，因为用作纳米抛光用的砖都是经磨边倒角的成品优等砖，如果一片接着一片喂入时，由于砖边挤着砖边，再在行星磨盘旋转力作用下，会产生挤崩砖面、砖边和砖角现象，从而造成产品报废。因此要采用间隔式喂入方式，就是将每片砖拉开一定的距离，使它们相互不产生挤压和碰撞，从而达到防止产品报废的目的。每片砖拉开的距离一般为20～30mm。尽量调整大皮带不跑偏，少用或不用导砖导轨，这也是防止产品崩边、崩角的一个行之有效的方法。

4. 纳米抛光工艺流程

纳米抛光工艺流程与纳米抛光线的配置有密切关系，有单机反复抛模式、双机慢速抛模式和三台机组合快速高效抛模式。我们以三台机配置、每台机八个磨头的模式叙述其工艺流程。图14-13为三机/24头模式纳米抛光工艺流程图。

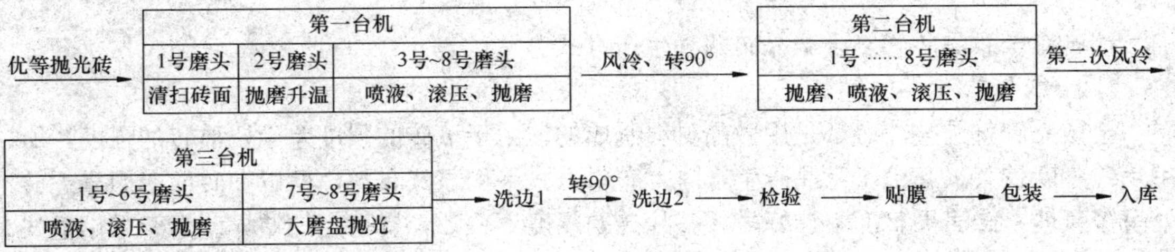

图14-13　三机/24头模式纳米抛光工艺流程图

结合工艺流程图对纳米抛光工艺流程和名词进行解释：

（1）第一台机1号、2号磨头是大磨盘，用于清扫砖面和抛磨升温。经1号、2号磨头抛磨后，砖面达到40℃以上温度时，可进行喷液。当经过第一台机3号～8号磨头连续喷液、滚压和抛磨后，砖面温度可能会升到临界温度80℃，此时砖正在走出第一台机。

（2）当砖走出第一台机来到连接线架上，为了使砖面温度降低，启动冷却风机对砖面进行吹风，使砖面温度降到40℃左右。为了使砖面膜层厚度更均匀，可在此线架上进行90°转向后送进第二台机。

（3）砖在第二台机内得到八组行星磨头充分抛磨，同时也得到了八次喷液和滚压，经过第二台机抛磨后，砖面针孔和缝隙已经封堵，砖面也生成了较薄的膜层，此时砖面温度又会升到临界温度80℃左右，因此在第二台机出口处又要进行第二次吹风冷却，使砖面温度再一次降到40℃左右，而后进入第三台机。

（4）砖在第三台机内前六组磨头处，仍然进行喷液、滚压和抛磨，使砖面膜层增厚，当来到第三台机 7 号和 8 号大磨盘处，此时应该喷滴有增光效果的纳米液，同时用 7 号、8 号大磨盘进行抛光，使砖面光亮度得到更好的提升，均匀性会更好。此时砖走出第三台机，来到洗边工序。

(5) 洗边工序就是用旋转着的毛刷对经纳米抛光后的四周砖边进行无水洗刷，主要是刷掉粘结在四周砖边上的纳米液残留物。经第一台洗边机滚刷两条边后，在转向线架上转过 90°进入第二台洗边机，洗刷另外两条边，砖的四条边上的残留物都洗刷干净后进入检验工序。

(6) 经检验员对砖面光亮度、膜层厚度均匀性及相关检测项目检测合格后，为了使砖面在包装和运输过程中不会被磨花和损坏，因此要对砖面进行贴膜保护。贴膜是在专用的贴蜡机上进行的，就是将聚氯乙烯薄膜平铺在砖面，再用包裹了橡胶层的辊棒对薄膜进行滚压，把薄膜与砖面之间的空气压出，使薄膜与砖面之间形成真空，这样薄膜就平整地铺贴在砖面上，起着保护砖面的作用。

(7) 贴膜后的纳米抛光砖就可进行包装、入库。

第二节　微晶砖抛光技术

微晶砖是 2000 年就开始研发，到近几年才得以推广生产。砖体的分子结构呈透明或半透明状微结晶体，砖面经抛光后晶莹剔透，花纹图案清晰可见，有如水晶般的效果，所以被称为微晶砖，也叫微晶玻璃砖。该砖的莫氏硬度较瓷质砖要低，只有 R6 左右。

一、微晶砖的种类

该砖有全微晶砖和复合微晶砖两种生产方式。

1. 全微晶砖

全微晶砖就是整片砖都是用微晶材料制成的。由于该砖的强度差于瓷质砖的强度．所以每片砖厚度较大。又由于微晶砖生产时，布料方式采用显式布料，所以在砖面四周靠近砖边处呈缓弧坡，砖面平整度不够好，并整片砖的厚度不一致，有一定的差异。由于采用显式布料，在烧成过程中的排气性能不好，因此砖体中会夹带着一些小形气泡。

2. 复合微晶砖

复合微晶砖是用瓷质砖做基料，再在资质砖面上布以微晶材料进行第二次烧成，也就是一片砖底层是瓷质砖材料，面料是微晶材料，这就是复合微晶砖。复合微晶砖的砖面平整度、缓弧坡、砖体强度较全微晶砖都要好得多。再由于砖体微晶层较薄，其中夹带的气泡也少。复合微晶砖是一种既经济装饰效果又好的装饰用砖。

二、微晶砖抛光工艺

根据微晶砖的结构和其性能，先要分析其工艺性能，才能制定出抛光工艺。

1. 工艺性能分析

①由于其砖体的分子结构是微结晶体，如果用刮刀对砖面进行刮削，会引起微结晶体剥落，给抛光工序带来困难。因此砖面不能用刮刀进行刮削。

②由于砖体内夹带有气泡，如果将砖面上一层致密的封盖层刮掉或抛磨掉，气泡就会露出砖面而形成空洞，成为质量缺陷。因此砖面不仅不能动用刮刀，而且还要求抛磨的量尽量

少，避免气泡露出砖面。

③如果是全微晶砖，砖面又不平整，厚度又不一致，又不能刮削，那么抛光磨头就无法将砖面抛平。经过多次试验，以砖面为基准，对砖底进行刮削，使砖底与砖面平行，并且厚度一致，这样再来抛磨砖面就能达到抛光效果。砖底经过粗刀刮削后还会增加铺贴强度。

④由于砖面靠边处呈缓弧坡，砖面经抛光后，缓弧坡处是无法抛到的，因此只有用加大磨边量来解决。就是用磨边机将缓弧坡磨掉，使砖面形成平整的而且尺码符合要求的微晶抛光砖。由于磨边量增加，磨边设备也要相应增加。

2. 全微晶砖抛光工艺

综合以上工艺分析，可制定出如下全微晶砖抛光工艺路线：全微晶砖坯底面朝上输入→刮平1→刮平2→翻转180°使砖面朝上→粗抛→中、精抛→磨边1→90°转向→磨边2→磨边3→90°转向→磨边4→风干扫尘→烘干打蜡→分选定级→贴膜→包装标识→入库。此工艺路线在全微晶砖抛光生产中实践证明是成熟的工艺路线。刮刀尽量选粗号的，磨边1、磨边2用的磨边轮尽量选粗号的，粗号磨块不需很强，只要求能将砖面抛平即可，其他磨具、磨料工艺搭配按瓷质砖抛光工艺和磨边工艺进行。

3. 复合微晶砖抛光工艺

由于复合微晶砖的平整度和平行度都较好，所以一般不对砖底进行刮平，而是直接进入粗抛工序。其工艺路线为：复合微晶砖坯面朝上输入→粗抛→中、精抛→磨边1→90°转向→磨边2→磨边3→90°转向→磨边4→风干扫尘→烘干打蜡→分选定级→贴膜→包装标识→入库。如果砖面靠砖边处的缓弧坡小时，可以不用磨边3和磨边4。其磨具、磨料工艺搭配按瓷质砖抛光工艺和磨边工艺进行。复合微晶砖抛光工艺路线较全微晶砖抛光工艺路线要短，抛光费用要低，并且还可以与瓷质砖抛光共用一条生产线。多家陶瓷厂实践证明此工艺路线是成熟的。

4. 磨块目号工艺搭配

微晶砖抛光用的磨块是T形菱苦土磨块。微晶砖抛光时的磨块工艺搭配基本上与瓷质砖抛光时磨块工艺搭配相同，同样要视整线配置磨头数量多少来搭配磨块号，只是由于微晶砖表面硬度没有瓷质砖硬，因此粗抛磨块不要搭配太强。一般从60号磨块起，粗抛过强会使砖面露出气孔。在线尾增加两组2500号、3000号树脂复合T形磨块，这样可使微晶砖表面光亮度增加。树脂复合T形磨块外观如图14-14所示。

图14-14　树脂复合T形磨块外观图

三、微晶砖抛光设备

微晶砖抛光设备与瓷质砖抛光设备完全一样，抛光磨头和磨边设备也完全一样。很多陶瓷厂就是在瓷质砖抛光线上进行复合微晶砖抛光生产，所以不需另外购置设备。如果抛全微晶砖，只要在刮平2与粗抛之间增设一台180°翻转机，在线尾再增设一台磨边机，即可满足工艺要求。

第三节　釉面砖抛光技术

釉面砖抛光是近几年才发展起来的，目的是想突破原有釉面砖的装饰效果，提升人们对釉面砖装饰的视觉感观。由于釉面砖的特性较瓷质砖的特性有较大的差异，要对釉面砖进行抛光就要有相应的工艺方法。下面就釉面砖特性、釉面砖抛光设备及其工艺方法进行叙述。

一、釉面砖的特性及抛光的作用

1. 釉面砖的特性

釉面砖的烧成温度没有瓷质砖的烧成温度高，砖体没有完全瓷化，所以其强度就低，不耐压。液态的釉料是通过一定的方式施布在砖体面上，每次施布的厚度很薄，一般只有0.2～0.3mm。要想让釉层适应抛光的需要，一般要施布釉料2～3次，使釉层的总厚度要达到0.5～0.8mm之间。施布一次釉料就要烧成一次，所以抛光用的釉面砖通常叫做三度烧釉面砖。

2. 釉面砖抛光的作用

釉面砖一般都用作内墙装饰砖，例如餐厅、厨房、洗手间等，传统的釉面砖铺贴后虽然洁净无瑕，但给人们的视觉效果不是很平整，砖面没有镜面效果。在瓷质砖抛光工艺的启迪之下，釉面砖抛光工艺也就由此而生。釉面砖经抛光后，砖面平整，光亮如镜，光泽度可达80～90度，釉层晶莹通透，釉下图案清晰可见、色彩艳丽，更富有立体感。抛光修边后的釉面砖铺贴后，给人们一个全新的视觉效果，使装饰显得华雍高贵，从而提升了釉面砖的档次。

3. 釉面砖抛光的种类

釉面抛光有半抛和全抛两种。

（1）半抛釉面砖：釉面砖面在宏观下是一个平整的表面，但在微观下砖面像是由一个个小山丘组成。所谓半抛釉面砖就是将这一个个小山丘的山岭抛除一部分，呈现出一个个小平台，而这些小平台是在一个平面内的，山丘与山丘之间的山坳仍是原来的釉面。这种半抛釉面砖会给人们的视觉带来新奇的效果。半抛釉面砖要求釉层厚度在0.3～0.5mm之间，因此一度烧、二度烧釉面砖适用于生产半抛釉面砖。

（2）全抛釉面砖：结合以上叙述，全抛釉面砖就是将砖面上的一个个小山丘彻底抛平，使砖面成为一个平整的镜面。因此，它就要求釉层要有一定的厚度，三度烧釉面砖适用于生产全抛釉面砖。

二、釉面砖抛光设备及抛光磨具

釉面砖抛光设备主要就是釉面抛光机，下面就釉面抛光机、釉面抛光磨头和釉面抛光磨具三个方面进行叙述，其他的连线设备、风干扫尘设备、烘干分选设备与瓷质砖抛光工艺所用的一样，在此不再作叙述。

1. 釉面砖抛光机

如图14-15所示，釉面抛光机的结构和工作原理与瓷质砖抛光机完全一样，由于釉面砖抛光的磨削力比瓷质砖抛光要小得多，对零件的强度要求也就小，因此各种零件的尺寸相应也就小，磨头传动电机功率是5.5kW，只有瓷质砖抛光机的二分之一。主传动电机功率2.2kW，采用曲柄连杆摆动机构，摆动机构功率为3～4kW。该机目前只有500/12型、500/16型和600/16型。仍采用水冷却。单机配置时的线速度每分钟1～3m，每日工作22h，

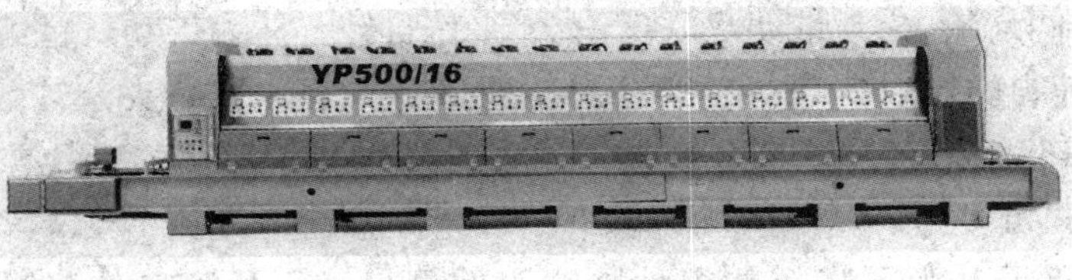

图 14-15　釉面砖抛光机外观图

产量可达 2300m²；双机配置时的线速度每分钟可达 6m 以上，产量可达 4500m²。

2. 釉面砖抛光磨头

釉面抛光磨头是一个小型的行星磨头，磨头的外径为 ϕ400mm，行星磨轮直径 ϕ100mm，每个磨头安装有 5 个行星磨轮。由于制造厂家不同，磨头直径和行星磨轮的个数有所差异，其外观和工作状况如图 14-16 所示，其结构和传动原理基本相同，如图 14-17 所示。

（1）结构：从图 14-17 中可以看出该磨头是采用内齿圈增速机构和双联齿轮驱动行星齿轮轴的形式。该磨头最大的特点是行星齿轮轴（10）通过蝶形弹簧（9）可进行上下浮动，当单个磨轮在工作中遇到高点时，与该磨轮连接的行星齿轮轴就可以上升，蝶形弹簧压缩，当行星磨轮走过高点时，行星齿轮轴在蝶形弹簧的弹力下而下降。尽管这种上升和下降都是微量的，但对于未经刮平定厚的釉面砖抛光来说，有着极其重要的作用，能克服釉面砖厚度差异和砖面高低的缺陷，抛光行星磨轮始终贴着砖面进行抛磨。因此也有把此磨头叫做柔性抛光磨头。

图 14-16　釉面砖抛光磨头工作状况图

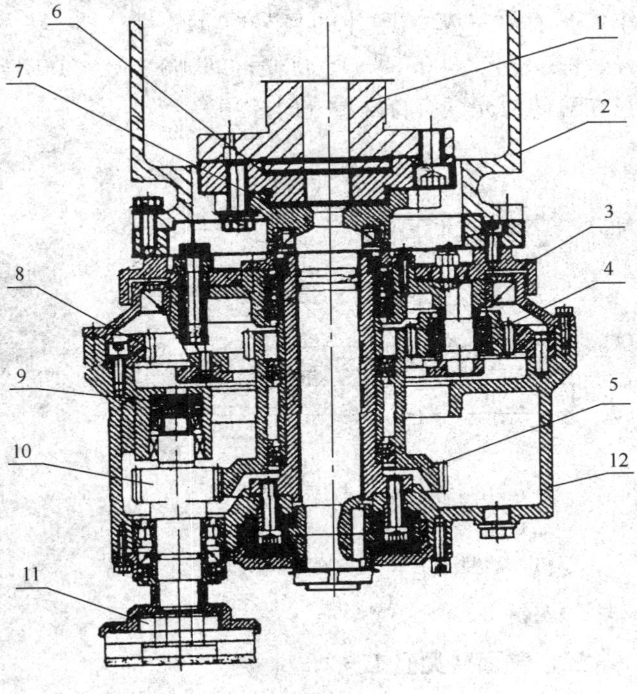

图 14-17　釉面砖抛光磨头结构原理图

1—磨头上部主轴；2—固定筒；3—固定盖；4—中间齿轮；5—双联齿轮；6—连接法兰；7—磨头轴；8—内齿圈；9—蝶形弹簧；10—行星齿轮轴；11—行星磨轮；12—磨头体

（2）传动原理：上部齿轮（1）通过连接法兰（6）、磨头轴（7）带动磨头体（12）做公转运动，从而带动内齿圈（8）一同公转。内齿圈（8）与中间齿轮（4）啮合，中间齿轮（4）又与双联齿轮（5）上部小齿轮啮合，双联齿轮（5）下部大齿轮与齿轮轴（10）啮合。固定筒（2）通过固定盖（3）将中间齿轮（4）固定，不与内齿圈（8）一同公转，因此内齿圈（8）就通过中间齿轮（4）带动双联齿轮（5）作自转，从而带动行星齿轮轴（10）、行星磨轮（11）作高速自转，以实现行星磨轮对砖面进行抛磨。该磨头公转数为200r/min，行星磨轮自转数为1650r/min，增速比为1∶8.25。

3. 釉面砖抛光磨具

如图14-18所示，为了降低整个釉抛磨头的重量，行星磨轮体（1）用铝合金制成，磨轮体上部中心是一螺纹孔，用于与行星齿轮轴连接，下部端面用强力胶粘贴一块与端面一样大小的百子扣（2）。釉抛圆磨片（通俗叫磨片）由软塑胶圆片（3）与复合树脂磨料（4）在一定的温度下模压成型，并在磨料面压出若干条沟槽，如图14-19釉抛磨片外观图所示。此沟槽是方便冷却水进入和排除磨屑用。在磨片的软塑胶圆片上面也用强力胶粘贴一块与磨片一样大小的百子扣（2），安装和更换磨片时非常方便，只需将用尽后的磨片从磨轮体上撕下来，把新磨片对准磨轮体往上一按，两个百子扣就牢牢地粘在一起。磨片的目号有120号、150号、200号、320号、500号、800号、1000号、2000号、3000号、5000号、6000号、8000号。其中6000号和8000号一般不使用，只在对砖面光度有特殊要求时才用。

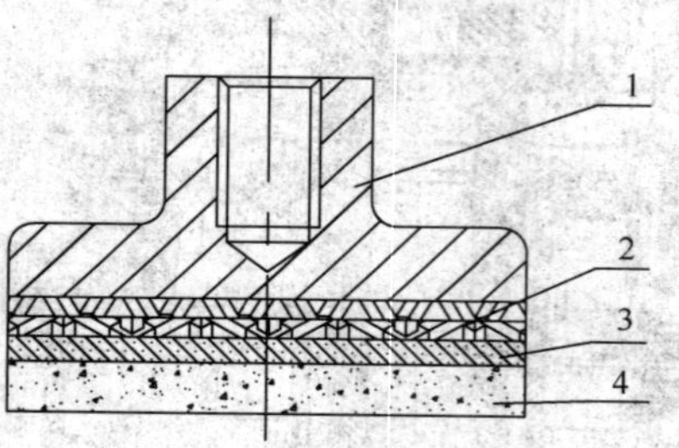

图14-18　釉抛磨轮与磨片结合图

1—铝合金磨轮体；2—百子扣；
3—软塑胶圆片；4—复合树脂磨料

图14-19　釉面砖抛光磨片外观图

三、釉面砖抛光工艺

釉面砖抛光不需要刮平和粗抛工序，直接从中抛工序开始，后续工序不能少。

1. 工艺路线

釉面砖抛光工艺路线要视设备配置而定，一般有单机配置工艺路线和双机配置工艺路线两种。

（1）单机配置工艺路线：釉面砖坯输入→中、精抛→磨边1→90°转向线架→磨边2→风干扫尘→烘干→分选→包装入库。

（2）双机配置工艺路线：釉面砖坯输入→中抛→精抛→磨边1→90°转向线架→磨边2→风干扫尘→烘干→分选→包装入库。

第二种配置的产量是第一种配置的2倍，因此一般都选用第二种配置。

2. 釉面砖抛光磨片的工艺搭配

以单机16头和双机32头为例，见表14-2。

表 14-2　釉面砖抛光磨片工艺搭配表

磨头序号	1号	2号	3号	4号	5号	6号	7号	8号	9号	10号	11号
单机目号	120	150	150	200	200	320	320	500	500	800	800
双机目号	120	120	150	150	150	200	200	200	320	320	320
磨头序号	12号	13号	14号	15号	16号	17号	18号	19号	20号	21号	22号
单机目号	1000	1000	2000	3000	5000						
双机目号	500	500	500	800	800	800	800	1000	1000	1000	1000
磨头序号	23号	24号	25号	26号	27号	28号	29号	30号	31号	32号	
双机目号	2000	2000	2000	3000	3000	3000	3000	5000	5000	5000	

注：表中磨头序号是从整线进砖端开始。

釉面砖抛光磨片的工艺搭配可根据整线磨头数量的配置状况及抛光磨头的结构形式来灵活搭配，例如有的釉面抛光机在进砖端第一号磨头位上配置的是大直径单一圆盘式磨头，此磨头是用于釉面砖定厚而设置，而后续抛光磨头数只有十个。这样的配置在搭配磨片目号时就要减少每种目号的数量，放慢进砖速度，观察抛后质量再做相应调整。

3. 釉面砖抛光磨头压力的选择和调整

釉面抛光磨头升降气缸的正向压力一般选择在≤0.15MPa，太大会产生烂砖，太小会影响抛光效率。其调整方法与瓷砖抛光气压调整方法相同。

经试验证明，同种磨片目号的磨头气压应成递减方式为最好，例如：200号磨片一共装有四组磨头，从进砖方向开始，第一组磨头气压为0.15MPa、第二组为0.14MPa、第三组为0.13MPa、第四组为0.12MPa。这种调整气压的好处是同种目号的磨痕深度在逐渐减浅，到第四组时的磨痕深度已接近下一种磨片目号的磨痕深度，这样就便于下一种磨片目号的磨痕覆盖住上一种磨片目号的磨痕，有利于提高釉面砖抛光效率。

在釉抛机上抛超薄瓷质砖时，磨头正向压力不能加大，只能定在0.1～0.15MPa范围内，并且磨片超出砖面的量尽量要少，这样可减少破损。

第四节　仿古亚光砖抛光技术

仿古砖是继抛光砖之后而出现的一种含有较高文化底蕴和东方情调的砖种，该砖也属瓷质砖的一种。人们在过多的欣赏抛光砖的光亮度之后，感觉到视觉疲劳，再来欣赏仿古砖时，给视觉带来了新奇之感，同时感觉到仿古砖的铺贴效果具有文化和情调，因此仿古砖现正走俏于市场。

也有部分人在对抛光砖感到视觉疲劳时，同时对仿古砖砖面无光感到欠缺，设想追求一种处于亚光状态下的砖，于是仿古亚光砖就应运而生了。亚光砖是在仿古砖坯的基础上，延用瓷质砖抛光工艺，使仿古砖面处于亚光状态。仿古砖经亚光抛光后有气度恢弘和融合东、西文明的效果。其铺贴后有空明、澄净、雅致、自然、祥和的效果。

（一）仿古亚光砖抛光设备及磨具磨料

1. 设备

仿古亚光砖抛光设备与瓷质砖抛光设备完全一样，在实际生产中就是用瓷质砖抛光设备来进行亚光砖抛光，其工序也基本一致。

图 14-20　研磨刷外观图

2. 磨具磨料

刮平工序用的刮刀和粗抛工序用的磨块与瓷质砖刮平工序用的刮刀和瓷质砖粗抛工序用的磨块完全一样，所不同的是在亚光砖抛光中、精抛工序用的不是磨块，而是研磨刷，如图 14-20 所示。其形状就如洗衣刷一样，不同的是在刷毛上用胶粘剂粘附一层碳化硅磨料颗粒，而刷毛也因粘附碳化硅磨料颗粒而变成有一定硬度，就是用刷毛上的碳化硅磨料颗粒对经刮平、粗抛后的仿古砖面进行抛磨。该研磨刷也有粒度号之分，一般有 46 号、70 号、120 号、180 号、240 号、320 号、400 号、500 号等。

（二）仿古亚光砖抛光工艺

仿古亚光砖抛光工艺要根据抛光线的配置状况来制定，但是其工艺过程是一样的，下面我们以 650/4C＋4C＋14P＋14P＋24B 的抛光线来叙述其工艺路线、磨具磨料工艺搭配和抛光气压要求。

1. 工艺路线

仿古亚光砖抛光工艺路线与瓷质砖抛光工艺路线基本一致。其工艺路线如下：仿古亚光砖坯→4 头刮平机 1→90°转向线架→4 头刮平机 2→粗抛工序（T 型磨块）→中、精抛工序（研磨刷）→磨边机 1→90°转向线架→磨边机 2→风干扫尘→烘干打蜡→定级分选→包装入库。

2. 磨具磨料工艺搭配

仿古亚光砖抛光工艺中的刮平滚刀工艺搭配与瓷质砖刮平工艺中的滚刀搭配完全一样，磨边轮的工艺搭配与瓷质砖磨边工艺中的磨边轮搭配完全一样，其磨削量分配和吃刀深度的调整都与瓷质砖刮平工序和磨边工序中的要求一样，因此不再作叙述。在此我们只讨论仿古亚光砖抛光工序中粗抛磨块工艺搭配和中、精抛研磨刷工艺搭配。

表 14-3　仿古亚光砖抛光磨块和研磨刷工艺搭配表

顺序	1 号	2 号	3 号	4 号	5 号	6 号	7 号	8 号	9 号	10 号	11 号	12 号	13 号	14 号
T 型	36	36	36	46	46	60	60	80	80	120	120	150	180	180
顺序	15 号	16 号	17 号	18 号	19 号	20 号	21 号	22 号	23 号	24 号	25 号	26 号	27 号	28 号
研 1	46	46	46	70	70	70	120	120	120	120	180	180	180	180
研 2	46	46	70	70	70	120	120	120	180	180	180	240	240	240
研 3	46	46	70	70	120	120	180	180	180	240	240	240	320	320
研 4	46	46	70	70	120	120	180	180	240	240	320	320	400	400
研 5	46	70	70	120	180	180	240	240	320	320	400	400	500	500

表 14-3 是以 28 头抛光线抛仿古亚光砖的磨块和研磨刷工艺搭配数据，1 号～14 号磨头为粗抛 T 型磨块，T1 型磨块和 T2 型磨块都可以使用，一般以使用 T1 型磨块较多。

15号～28号磨头为中、精抛研磨刷，共有五个搭配方案，其中研1的砖面光度在8～10度，研2的砖面光度在12～15度范围内，研3的砖面光度在15～18度范围内，研4的砖面光度在18～20度，研5的砖面光度在19～22度范围内。在实际生产中，可根据所抛仿古亚光砖对光度的需要，选用研磨刷搭配方案。

3. 亚光砖抛光气压

在整个抛光工序中，粗抛磨头的气压要求与瓷质砖抛光一致，在中、精抛装有研磨刷磨头的气压要求应该要低一些，并且要打上负压（背压），因为研磨刷毛的强度是有限的，压力一大会把刷毛压成弯曲状，这样会使研磨刷产生不正常磨损，同时也会影响抛光效果。一般研磨时的正负压力差都取0.12～0.15MPa，即正压大于负压（背压）0.12～0.15MPa。在磨头下降时，一定要在有负压（背压）支持的情况下操作，如果没有负压（背压），磨头下降速度过快也会把研磨刷压成弯曲状，同时还会造成烂砖，因此一定要做到缓慢下降。

4. 冷却水

仿古亚光砖抛光时，所用冷却水与瓷质砖抛光所用冷却水完全一样，都是采用循环水冷却。

5. 亚光砖面光度要求

亚光砖面光度要求在10～20度范围内，低于10度时砖面色彩呆板，没有灵气；高于20度时砖面形同瓷质抛光砖，没有亚光砖那种特殊的视觉效果。因此在选用和搭配研磨刷时一定要注意砖面的光度变化。

参 考 文 献

[1] 鲍杰军. 瓷质砖抛光设备的现状及发展 [J]. 佛山：陶城报，1997.

[2] 华勇，李亚萍. 磨料磨具导论 [M]. 北京：中国标准出版社，2004.

[3] 黄净. 电气控制与可编程序控制器 [M]. 北京：机械工业出版社，2004.

[4] 蔡飞虎，冯国娟. 实用墙地砖生产技术 [J]. 佛山：陶瓷增刊，2003.

[5] 周鹏，何高等. 瓷质抛光砖“超洁亮”技术 [J]. 佛山：陶瓷，2007，17，5.

[6] 仲秋雁，刘友德. 管理信息系统 [M]. 大连：大连理工大学出版社，1998.

[7] 瓷质砖 [M]. 北京：中国标准出版社，GB/T 4100—2006.

[8] 陶瓷瓷质砖抛光技术装备　第 1 部分：抛光机. JC/T 970.1—2005 北京：国家发展和改革委员会.

[9] 陶瓷瓷质砖抛光技术装备　第 2 部分：磨边倒角机. JC/T 970.2—2005 北京：国家发展和改革委员会.

[10] 陶瓷瓷质砖抛光技术装备　第 3 部分：刮平定厚机. JC/T 970.3—2005. 北京：国家发展和改革委员会.